国际电气工程先进技术译丛

大功率变频器及交流传动

（原书第2版）

High-Power Converters and AC Drives（Second Edition）

［加拿大］吴　斌（Bin Wu）
［伊朗］迈赫迪·纳里马尼（Mehdi Narimani）　著

卫三民　苏位峰
宇文博　荣　飞　译

郭小强　李发海　校

机械工业出版社

本书详细而又完整地介绍了大功率变频器及中压交流传动的前沿技术，包括各种大功率变频器的拓扑结构、脉冲调制方法、先进的控制策略以及工业产品设计经验等。本书对目前的主要理论和控制方法都给出了计算机仿真结果和试验波形，并详细分析了实际产品设计和工业应用中的各种问题。本书是作者30多年大功率变频器设计及应用的经验积累，可作为本科生和研究生的教材使用，对广大科研人员、产品设计人员及工程技术人员也有非常高的学习和参考价值。

图书在版编目（CIP）数据

大功率变频器及交流传动：原书第2版/（加）吴斌（Bin Wu），（伊朗）迈赫迪·纳里马尼（Mehdi Narimani）著；卫三民等译. —北京：机械工业出版社，2018.12（2025.4重印）
（国际电气工程先进技术译丛）
书名原文：High-Power Converters and AC Drives（Second Edition）
ISBN 978-7-111-61013-7

Ⅰ. ①大…　Ⅱ. ①吴…②迈…③卫…　Ⅲ. ①大功率-变频器-交流电传动　Ⅳ. ①TN773

中国版本图书馆 CIP 数据核字（2018）第220354号

机械工业出版社（北京市百万庄大街22号　邮政编码100037）
策划编辑：张俊红　　责任编辑：张俊红
责任校对：刘雅娜　　责任印制：郜　敏
北京中科印刷有限公司印刷
2025年4月第1版第7次印刷
184mm×260mm · 18印张 · 546千字
标准书号：ISBN 978-7-111-61013-7
定价：99.00元

凡购本书，如有缺页、倒页、脱页，由本社发行部调换
电话服务　　网络服务
服务咨询热线：010-88361066　　机 工 官 网：www.cmpbook.com
读者购书热线：010-68326294　　机 工 官 博：weibo.com/cmp1952
010-88379203　　金 书 网：www.golden-book.com
封面无防伪标均为盗版　　教育服务网：www.cmpedu.com

译者序

2008 年，我们非常荣幸地翻译了 Bin Wu 教授的经典之作《High-Power Converters and AC Drives》，并在国内出版发行。时光飞逝，10 年时间一晃就过去了。在这 10 年中，很多从事电力电子、电气传动等相关领域的专家和学者，就书中的内容和我们进行了多次的交流和探讨，使我们对 Bin Wu 教授的著作也有了更加深刻的理解。为此，我们衷心感谢大家就本书中译本提出的非常多的、具体的宝贵修改意见和建议。

2017 年，本书的英文原书第 2 版在美国出版发行。结合近 10 年来行业的最新技术发展，书中对第 9 章、第 12 章的内容进行了比较大的修订，并增加了第 15 章、第 16 章、第 17 章内容。对于全书中的其余所有章节，结合英文原著的第 2 版和我们收到的翻译修改建议，我们也进行了大量的细节修改和完善。

在本次翻译中，苏位峰博士对第 1 章的 1.3、1.4 节进行了翻译，我对第 8 章的 8.6 节进行了翻译，宇文博博士对第 9 章、第 12 章的新增部分进行了翻译，荣飞博士对新增加的第 15 章、第 16 章、第 17 章进行了翻译。此后，我又和郭小强博士对全书进行了全面的校核，并就许多具体内容请清华大学李发海教授（本人及苏位峰博士在攻读博士学位时的导师）进行了具体指导。

在此，衷心感谢 Bin Wu 教授和李发海教授对全书的翻译工作给予的所有帮助、指导和支持！同时，衷心感谢以高强博士、周友博士、蒲绍宁博士、周京华博士、耿华博士、白志红博士、康劲松博士、刘淳博士、郎永强博士、王政博士，以及中车永济电机的王彬、郭海军、苟军善、李伟宏、李文科为代表的众多的电力电子或电机方面的学者和专家，感谢他们针对第 1 版中译本所提出的具体修改意见，以及在第 2 版翻译中的具体技术探讨。

限于时间和水平，本书中仍然会有很多翻译不准确或不正确的地方，欢迎大家继续多提宝贵意见和进行技术交流。衷心希望借助 Bin Wu 教授的精心之作，能对我国相关行业的发展起到促进作用！

卫三民于北京
2018 年 7 月

原书第2版前言

自2006年本书第1版出版以来，中压大功率传动技术已取得一系列新进展。本书的第2版新增加了3章内容，并对两章内容进行了修订，涵盖了这些新的技术进步。

新增加的内容，主要包括第15章同步电动机传动系统控制，其中介绍了同步电动机传动系统的各种控制方案；第16章用于中压传动的矩阵变换器，分析了用于中压传动系统的多模块级联矩阵变流器；以及第17章无变压器的中压传动系统，该章详细阐述了无隔离变压器的中压传动系统技术。此次修订的两章内容，包括第9章其他多电平电压源型逆变器、第12章电压源型逆变器传动系统，增加了对近年来出现的新型变流器拓扑结构和传动系统结构的介绍。

本书第2版共包含6个部分、17章。

第1部分为绪论，由两章内容组成：第1章概述了大功率变流器、传动系统拓扑结构和典型工业应用，第2章介绍了大功率半导体器件。

第2部分为多脉波二极管和晶闸管整流器，包含3章内容，介绍了作为前端变换而广泛应用于大功率传动系统的多脉波整流器。其中，第3章介绍了多脉波二极管整流器，第4章介绍了多脉波晶闸管整流器，第5章介绍了多脉波整流器中经常用到的移相变压器。

第3部分为多电平电压源型逆变器，由4章内容组成，涉及各种大功率电压源型逆变器。其中，第6章介绍了两电平逆变器的调制技术，为研发多电平逆变器的调制方案奠定了基础；第7章主要介绍了串联H桥多电平逆变器；第8章对二极管箝位式多电平逆变器进行了详细分析；第9章介绍了应用于中压传动系统的其他新型多电平变流器拓扑结构。

第4部分为PWM电流源型变频器，包含2章内容。第10章着重介绍了电流源型逆变器的调制方法，第11章主要介绍了电流源型整流器的功率因数控制和有源阻尼控制。

第5部分为大功率交流传动系统，包含4章内容。其中，第12章介绍了电压源型逆变器中压传动系统的结构；第13章介绍了基于电流源型逆变器的传动系统；第14章介绍了感应电动机中压传动系统高性能控制方案，包括磁场定向控制和直接转矩控制；第15章介绍了同步电动机中压传动系统高性能控制方案，如最大转矩电流比控制和直接转矩控制。

第6部分为中压传动系统专题，分两章介绍中压传动系统的最新进展。第16章主要介绍了多模块级联矩阵变换器拓扑结构和基于矩阵变换器的传动系统；第17章介绍了基于电流源型逆变器或者电压源型逆变器的无变压器传动系统拓扑结构。

本书第2版反映了中压大功率传动领域最新发展的前沿技术。不但通过表格、框图、波形图等给出了系统设计具体参考，还介绍了实际产品设计中的各种关键技术难点及其解决方法。对于所有重要的基础概念、控制原理和核心技术，书中都给出了计算机仿真结果，并和实际装置的试验波形进行对比以加强理解。本书可以作为学术研究、产品开发等专业人士或产品工程师的参考。书中同时详细地给出了多个专题的相关技术比较，也非常适合于作为电力电子与交流传动专业的

研究生教材。

最后，谨向Rockwell Automation（加拿大）公司的同事们表示最诚挚的感谢，尤其是Navid Zargari博士，感谢20年来在研究和开发高性能中压传动系统中愉快而又富有成效的合作！感谢所有在Ryerson大学电气传动应用及研究实验室（LEDAR）先后工作过的博士后、博士和硕士生们，感谢他们在准备本书书稿中给予的协助和支持！特别感谢Jiacheng Wang博士和Kai Tian博士为第16章和第17章的准备工作给予的帮助！感谢Wiley-IEEE出版编辑Mary Hatcher女士给予的宝贵帮助和支持！同时，对Wiley编辑助理Brady Chin先生和Divya Narayanan女士的帮助表示诚挚的感谢！

Bin Wu
Mehdi Narimani
于加拿大多伦多

原书第1版前言 >>

随着电力半导体器件（尤其是IGBT和GCT）的迅速发展，中压大功率传动设备在石油化工、矿山开采、轧钢和冶金、运输等工业领域得到了越来越广泛的应用，节约了电能、增加了产量并提高了产品质量。

虽然专家、学者和技术人员对于中压（2.3～13.8kV）大功率（1～100MW）传动系统的研究工作一直在持续进行，但介绍相关最新前沿技术的书籍却并不多见。本书则致力于此，完整而又详尽地介绍了各种大功率变频器的拓扑结构及原理、传动系统的组成，以及与此相关的各种先进控制策略。

本书包括了中压大功率传动领域最新发展的前沿技术。不但通过表格、框图、波形图等给出了系统设计参考，而且还介绍了实际产品设计中的各种关键技术难点及其解决方法。对于所有重要的概念、控制原理和核心控制技术，书中都给出了计算机仿真结果和实际装置的试验波形。本书可作为学术研究、产品开发等专业技术人员或产品工程师的参考。书中同时详细地给出了多个专题的相关技术背景，也非常适合于作为电力电子及交流传动专业的研究生教材。

本书可分为5个部分，共14章。

第1部分为引言，总体介绍了中压大功率变频器的市场分析、系统结构、工业典型应用、变频器拓扑结构以及各种电力半导体器件等。其中，重点介绍了中压变频器具有普遍意义的关键技术要求和难点（对于低压传动系统来说，从不同角度分析时，关键技术和难点也往往不同。）

第2部分介绍多脉波二极管及晶闸管整流器，内容包括中压变频器中为降低网侧线电流畸变常用到的12、18和24脉波整流器的拓扑结构；同时也介绍了多脉波整流器中经常用到的移相变压器，并详细讨论了基于移相变压器消除主要谐波的原理。

第3部分为多电平电压源型逆变器，详细分析并比较了各种多电平电压源型逆变器的拓扑结构，包括典型的中点箝位多电平结构和串联H桥多电平结构；在此基础上，介绍了基于载波和基于空间矢量的两大类多电平脉宽调制方法。

第4部分讨论了中压逆变器中的PWM电流源型逆变器和整流器，分析了梯形波调制方法、特定谐波消除方法以及电流源型变频器的空间矢量调制方法；在这部分中，同时分析了功率因数为1的控制方法，以及有源阻尼控制方法。

最后，第5部分介绍了大功率交流传动系统，给出了国际上各大公司开发的电压源型和电流源型变频器，并比较了各种结构的特点和优缺点。此后，介绍了磁场定向矢量控制和直接转矩控制两种最为广泛使用的控制方法。书中力争用最简单和最容易理解的方式把两种控制方法介绍得清晰简洁。

附录为在研究生课程教学中使用的12个基于计算机仿真的教学作业，各教学作业的详细分析和答案可参见指导手册（另单独发行）。指导手册中同时有各章节的讲解演示文稿（基于幻灯片形式)。

最后，谨向 Rockwell Automation（加拿大）公司的同事们表示最诚挚的感谢，尤其是 Steve Rizzo、Navid Zargari 和 Frank DeWinter，感谢和他们进行的无数次技术探讨，感谢12年来一起在研究开发中压传动系统中愉快而又富有成效的合作！同时真诚感谢我的恩师，Shashi Dowan 博士和 Gordon Slemon 博士，感谢两位导师在我于 Toronto 大学攻读硕士和博士学位期间的谆谆教导，是他们使得我在大功率传动系统的研究方面受益匪浅！感谢 RPM 工程公司的 Robert Hanna 博士，感谢他对原稿的仔细审读，并提出了很多宝贵的意见！同时，感谢所有在 Ryerson 大学电气传动应用及研究实验室（LEDAR）先后工作过的博士后、博士和硕士生们，感谢他们在准备本书书稿中给予的协助和支持！感谢 ASI Robicon、ABB、Siemens AG 及 Rockwell Automation 公司，感谢他们为书中提供了中压传动系统的照片。最后，非常感谢我的夫人 Janice 及我的女儿 Linda，感谢她们在完成此书期间给予的关心、理解、支持，以及在写作上带来的灵感。

Bin Wu

于加拿大多伦多

目　录

第3部分　多电平电压源型逆变器

第4部分 PWM 电流源型变频器

第5部分 大功率交流传动系统

第 6 部分 中压传动系统专题

第 1 部分　绪　　论

第1章 概述

1.1 简介

20世纪80年代中期，4500V门极关断（Gate Turn Off，GTO）晶闸管的商业化生产，促进了中压大功率变频器以及传动行业的发展[1]。GTO晶闸管㊀在很长一段时间内都是中压传动所采用的标准功率器件。直到20世纪90年代后期，才出现了大功率绝缘栅双极型晶体管（Insulated Gate Bipolar Transistor，IGBT）和门极换流晶闸管（Gate Commutated Thyristor，GCT）[2,3]。这些开关器件具有优越的开关特性、较小的功率损耗、简单的门（栅）极控制，且无需复杂的吸收电路等特性，在大功率电力电子的主要应用场合得到了快速的推广和应用。

一般来讲，中压传动大体覆盖了0.4～40MW的功率等级，电压等级为2.3～13.8kV；但其功率范围最大可超过100MW，在这个功率等级多数使用负载换相逆变器同步电动机传动系统[4]。据统计，已安装的中压传动系统主要集中在1～4MW、3.3～6.6kV的等级范围之内，如图1-1所示。

中压大功率传动系统已在工业生产中得到了广泛应用，例如石化行业中的管道泵[5]、水泥行业中的风机[6]、水泵站的供水泵[7]、运输行业中的牵引机械[8]以及冶金行业中的轧机[9]等。文献［10，11］还给出了其他行业的一些应用情况。本章的附录总结了中压传动系统的主要应用场合[12]。

市场调查结果显示，大约有85%的中压传动系统用于泵、风机、压缩机和传送带等负载[13]，这些应用场合的传动系统不需要很高的动态性能，标准的中压传动系统即可满足要求。在所有已安装的中压传动系统中，只有大约15%为非标准传动系统，如图1-2所示。

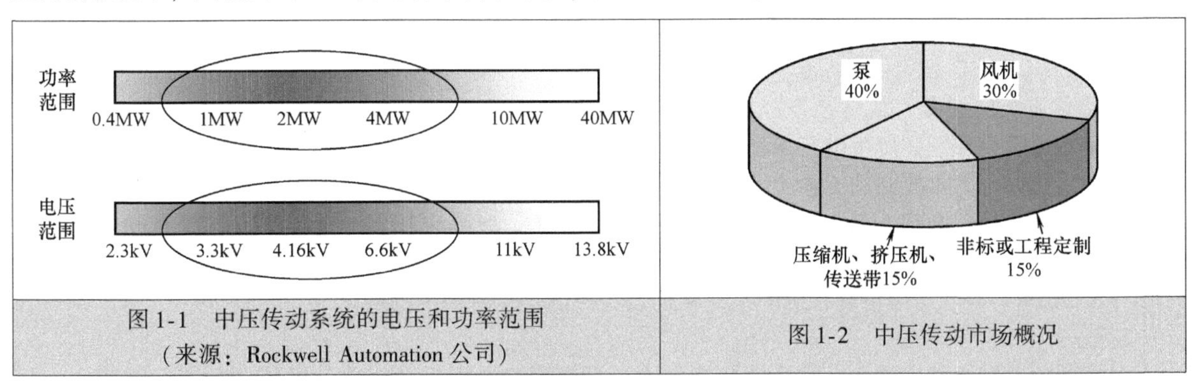

图1-1 中压传动系统的电压和功率范围（来源：Rockwell Automation公司）

图1-2 中压传动市场概况

旧设备的改造是中压传动系统应用的一个主要市场。在过去的30年中，中压变频传动系统已被广泛接受，但许多电动机仍在现场以恒速方式运行。拖动大功率风机、泵、压缩机等负载的电动机恒速运行时，空气或液体流量一般采用节流控制、挡板、流量控制阀门等传统的机械手段来调节，造成了

㊀ 门极关断（Gate Turn Off，GTO）晶闸管应简称为GTO晶闸管，但为书写方便，人们往往习惯用“GTO”代表门极关断晶闸管。——编辑注

巨大的能源浪费。在这种情况下，采用中压传动系统会带来很好的节能效果。据统计，中压传动设备的投资回收期大约需要 1 ~2.5 年[7]。

在一些行业应用中，采用中压传动也有助于提高生产效率。生产水泥所用的鼓风机就是一个例子[11]。当风机恒速运行时，其扇叶上积累的灰尘必须经常清理，因此每年有大量停产时间用于维修保养。采用变频调速后，只需在每年一次的生产间隔期间清理扇叶即可。生产效率的提高，再加上显著的节能效果，使得上述案例只用了 6 个月就收回了投资中压传动设备的成本。

图 1-3 给出了中压传动系统的总体框图。其中，根据系统需求以及所采用整流器的种类，网侧和电动机侧滤波器都是可选的。另外，为了降低网侧电流畸变，经常采用有多个二次绕组的移相变压器。

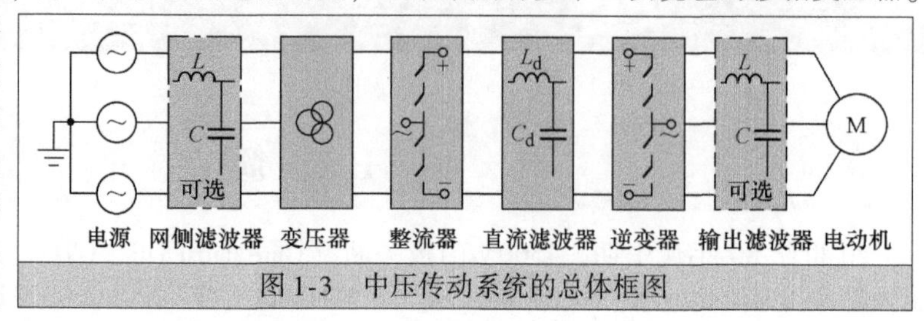

图 1-3　中压传动系统的总体框图

系统中，整流器的作用是将网侧交流电压变换成幅值固定或可调的直流电压。经常采用的整流器拓扑结构包括：多脉波二极管整流器、多脉波晶闸管整流器以及脉宽调制（Pulse Width Modulation，PWM）整流器。作为直流部分的滤波器，电压源型传动系统中采用电容支撑直流电压，而电流源型传动系统则采用电感来平滑直流电流。

逆变器可大体分为两类：电压源型逆变器（Voltage Source Inverter，VSI）和电流源型逆变器（Current Source Inverter，CSI）。VSI 将直流电压转换为幅值和频率可调的三相交流电压，而 CSI 则是将直流电流转换为可调的三相交流电流。中压传动已发展出很多种逆变器拓扑结构，本书将对主流的拓扑结构进行分析。

1.2　技术难点

与低压（≤600V）传动相比，中压传动在很多方面都有更高的技术要求和挑战。在低压传动中，一些无足轻重甚至根本不存在的问题，在中压传动中却是必须解决的关键问题，这些技术难点大体包括：与网侧整流器电能质量相关的技术要求、与电动机侧逆变器设计相关的技术难点、开关器件的限制和传动系统的整体要求。

1.2.1　网侧的技术要求 ★★★

1. 网侧电流的畸变

整流器通常会在网侧产生电流谐波，从而使电压波形产生畸变。畸变的电流和电压波形可能造成很多问题，例如计算机控制的工业生产被干扰中断、变压器过热、设备故障、计算机数据丢失以及设备通信故障等。受此影响，工业生产装配线可能经常停工，废品也较多，造成很大的经济损失。针对谐波治理问题已有一些标准，例如国际电工委员会标准 IEC 1000 和美国电气与电子工程师学会标准 IEEE 519-2014[14] 等。中压传动系统中整流器的设计应满足这些规范的要求。

2. 输入功率因数

对普通的电气设备来说，一般希望有高的输入功率因数。由于中压传动系统的功率往往较大，其输入侧功率因数的高低就变得尤其重要了。

3. *LC* 谐振

在中压传动系统中，通常在电网侧采用电容器来降低电流谐波并改善功率因数，这样滤波电容就与系统的线路电感构成 *LC* 谐振回路。电网的谐波电压或整流器产生的谐波电流都可能引起 *LC* 回路的谐振。由于中压电网的线路电阻通常很小，*LC* 回路的小阻尼谐振就可能引起电压的剧烈振荡或过电压，从而造成整流器的开关器件和其他器件损坏。在设计传动系统时，必须考虑 *LC* 谐振问题。

1.2.2 电动机侧的技术要求 ★★★

1. 电压变化率（dv/dt）和波反射

半导体器件的快速开关动作，会导致逆变器输出电压波形在上升沿和下降沿的 dv/dt 很高。受逆变器直流母线电压幅值和器件开关速度两方面因素的影响，在某些情况下，dv/dt 甚至会超过 10000V/μs。输出电压中过高的 dv/dt 可能导致电动机绕组之间局部放电，过早出现绝缘老化问题。它还会通过定、转子间的寄生电容在转子上感应出轴电压，产生轴电流，使得轴承过早损坏。另外，过高的 dv/dt 还会在逆变器与电动机间的电缆上产生电磁辐射，影响附近敏感电子设备的正常工作。

更糟糕的是，由于长电缆的波反射效应，过高的 dv/dt 会使得电动机端电压波形的上升/下降的幅值加倍。波反射现象是由阻抗不匹配引起的，即逆变器和电动机端的阻抗与电缆的线路阻抗不匹配。当电缆长度超过一定值时，每个开关暂态过程中，电动机侧的电压就会与反射电压叠加，达到两倍幅值。当 dv/dt 为 500V/μs 时，连接电缆的临界长度约为 100m；当 dv/dt 为 1000V/μs 时，临界长度约为 50m；而在 10000V/μs 的情况下，电缆长度不能超过 5m[15]。

2. 共模电压应力

整流器和逆变器的开关动作通常会产生共模电压[16]。从本质上来讲，共模电压就是叠加了开关噪声的零序电压。如果不对共模电压加以抑制，它将在电动机的中点与大地之间形成较高的电压。而一般情况下，当电动机采用平衡的三相电网电压供电时，其中点对大地的电压为零，电动机的线路对地电压等于线路对中点的电压（即相电压）。因此，如果存在共模电压，电动机线路对地电压的峰值就会大幅增加，从而导致电动机绕组之间的绝缘过早损坏，电动机的寿命也因此缩短。

值得注意的是，共模电压是在变频器的整流和逆变过程中产生的，与功率器件快速开关动作导致的 dv/dt 问题不同。此外，在低压传动系统中，共模电压问题经常被忽略，这与低压电动机绝缘的保守设计有关。而在中压传动系统中，高的共模电压可能导致电动机损坏，而电动机的损坏除了造成生产停顿之外，更换损坏电动机的成本也很高。

3. 电动机降额使用

大功率逆变器经常会产生大量的电压谐波和电流谐波。这些谐波会造成电动机额外的功率损耗，包括铁损和铜损。因此，电动机不能满载运行，需要降额使用。

4. *LC* 谐振

对于电动机侧带有输出滤波电容的中压传动系统来说，其输出电容与电动机的电感形成了 *LC* 谐振回路。逆变器所产生的高频电压谐波和电流谐波可能引起该 *LC* 回路谐振。虽然电动机绕组电阻对此谐振有一定的阻尼，但在传动系统设计阶段，应充分考虑这种 *LC* 谐振问题。

1.2.3 开关器件的限制 ★★★

1. 器件的开关频率

电力电子器件的开关损耗在中压传动系统总损耗中占有相当大的比例。减小开关损耗会降低系统的运行成本，同时由于开关器件散热要求的降低，系统的外形尺寸和制造成本也会有所降低。开关频率需要降低的另一个原因为开关器件和散热器之间存在热阻，它会影响两者之间的热交换。在实际的大功率系统中，GTO 的开关频率通常被限制在 200Hz 左右，而 IGBT 和 GCT 则通常被限制在 500Hz 左右。

开关频率的降低，一般会造成系统网侧和电动机侧谐波和 THD（总谐波畸变率）的增加，因此在较低的开关频率限制下，需要采取措施以减小波形畸变率。

2. 器件串联

在中压传动系统中，开关器件往往需要串联以满足耐压要求。由于串联的器件及各自的门（栅）极驱动器的稳态、动态特性不可能完全相同，所以它们在关断或切换过程中所承受的电压也就有所不同。为保护开关器件、增强系统的可靠性，串联器件需要采用可靠的均压方案。

1.2.4 对传动系统的整体要求 ★★★

对中压传动系统的总体要求包括：高效率、低成本、小的外形尺寸、高可靠性、有效的故障保护、易于安装、自检测以及最少的停机检修时间等。一些特殊的应用场合可能还需要有较高的动态性能、再生制动或四象限运行能力等。

1.3 变流器拓扑结构

为满足对网侧谐波的要求，多脉波整流器结构经常用于中压传动系统中。图 1-4 分别给出了 12 脉波、18 脉波和 24 脉波整流器的结构。这些多脉波整流器实质上都是由具有多个二次绕组的移相变压器组成的，而每个二次侧的三相绕组均给一个 6 脉波整流器供电。

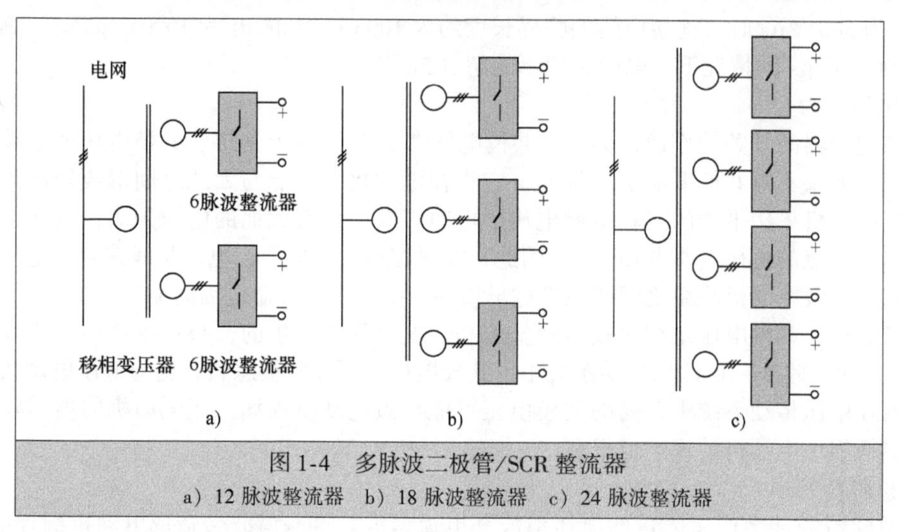

图 1-4 多脉波二极管/SCR 整流器
a）12 脉波整流器 b）18 脉波整流器 c）24 脉波整流器

在多脉波整流器中，二极管和普通晶闸管（Silicon Controlled Rectifier，SCR㊀）为常用的开关器件。多脉波二极管整流器多用于 VSI 传动系统，而 SCR 整流器则常用于 CSI 传动系统。根据逆变器的不同结构，6 脉波整流器的输出既可以互相串联，组成一个单一的直流电源，也可以分别连接到多个需要独立供电的多电平逆变器上。除了二极管和 SCR 整流器以外，也可以采用基于 IGBT 或 GCT 等器件的 PWM 整流器。该整流器通常与对应的逆变器具有相同的拓扑结构。

为了满足电动机侧的技术要求，可以在中压传动系统中采用多种不同的逆变器拓扑结构。图 1-5 给出了几种常用的三相多电平 VSI 中一相的拓扑结构，分别包含传统的两电平逆变器、电容悬浮式（Flying Capacitor，FC）逆变器、中点箝位式（Neutral Point Clamped，NPC）逆变器、串联 H 桥（Cascaded H - Bridge，CHB）逆变器以及模块化多电平逆变器（Modular Multilevel Converter，MMC）等。在上述前三种逆变器拓扑结构中，均可以采用 IGBT 或 GCT 作为其主开关功率器件；而对于后两种拓扑结构，则只能用 IGBT 作为其主开关功率器件。

在工业传动中，CSI 技术也得到了广泛的应用。图 1-6 为中压传动系统中几种不同 CSI 拓扑结构中的一相。在大功率同步电动机传动系统中，特别适合采用基于 SCR 的负载换相逆变器（Load Commutated Inverter，LCI）；对于大多数中压大功率工业应用场合，PWM 型 CSI 则是更好的选择；在超大功率的应用场合，经常采用 PWM 型 CSI 的并联结构，该系统由两个或者更多个 CSI 并联组成。PWM 电流源型逆变器经常采用对称门极换流晶闸管（Symmetrical GCT，SGCT）作为主开关功率器件。

㊀ 普通晶闸管（Triode Thyristor）曾称硅可控整流器（Silicon Controlled Rectifier，SCR），为书写方便起见，至今人们仍习惯用 SCR 代表普通晶闸管。——编辑注

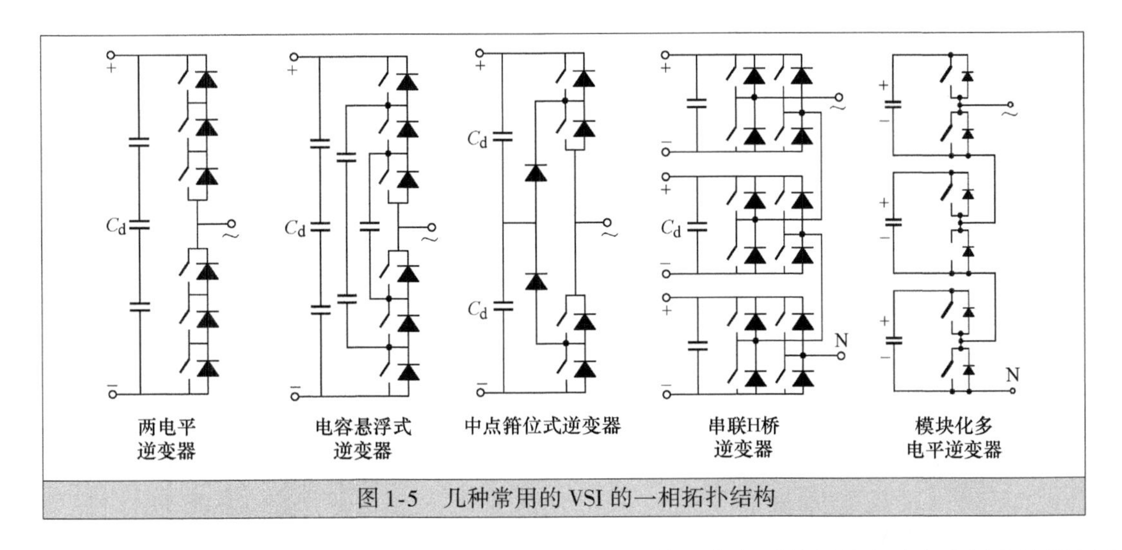

图 1-5 几种常用的 VSI 的一相拓扑结构

级联矩阵式变换器（Cascaded Matrix Converter，CMC）是一种相对较新的大功率中压变流器拓扑结构，如图 1-7 所示。基于该拓扑结构的中压传动系统已经商业化应用。与 VSI 和 CSI 不同的是，CMC 无需直流环节即可实现交交变换。CMC 拓扑结构中的每相桥臂由多个级联起来的矩阵式变换器（Matrix Converter，MC）模块组成，以生成高质量的输出电压波形，但是需要为每个 MC 模块提供独立的三相供电电源。这种拓扑结构主要采用 IGBT 器件。

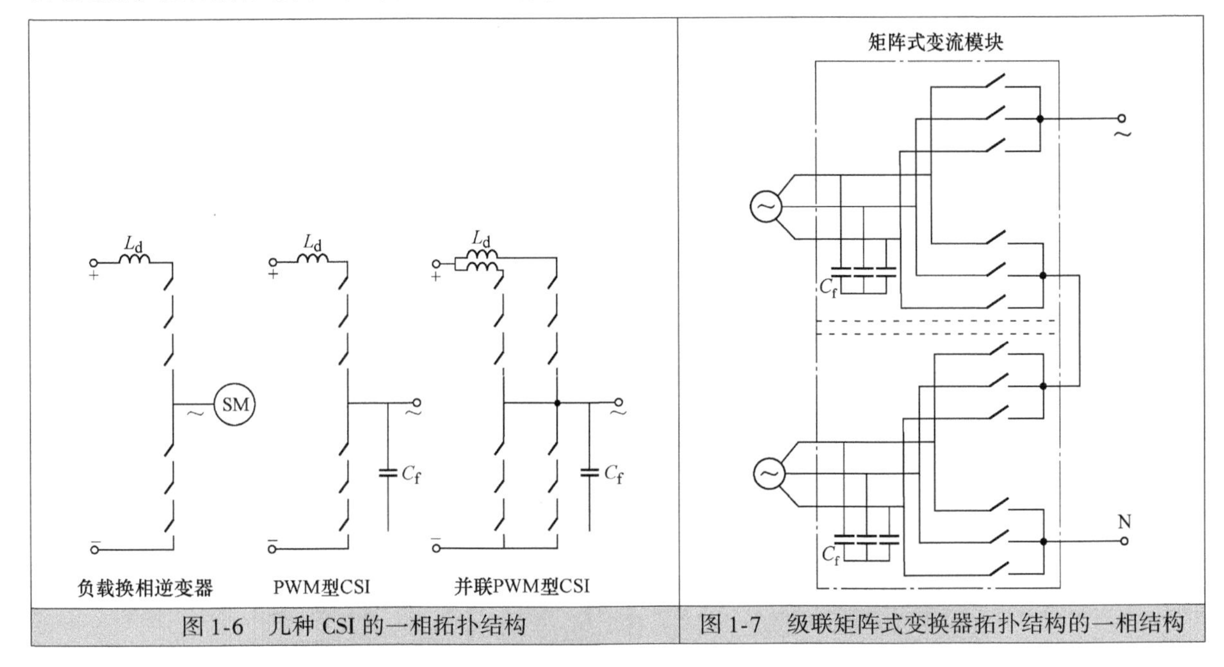

图 1-6 几种 CSI 的一相拓扑结构

图 1-7 级联矩阵式变换器拓扑结构的一相结构

1.4 中压传动工业产品

目前，市场上已有大量的中压传动工业产品，这些传动系统采用了不同的功率变换拓扑结构和控制方案，每种产品都有其各自的特点和优缺点。产品的多样化促进了传动技术的进步和市场竞争。下面就目前几种典型的中压工业传动产品进行介绍。

图 1-8 为 4.16kV/1.2MW 的中压传动系统。该系统由一个作为前端的 12 脉波二极管整流器和一个采用 GCT 的三电平 NPC 逆变器两部分组成。系统的数字控制器安装在图中所示的左柜中，中间柜体为

二极管整流器和风冷系统，逆变器和输出滤波器则被安放在图中的右柜中，给整流器供电的移相变压器通常放置在系统柜体的外部。

图 1-9 所示的中压传动系统采用了基于 IGBT 的三电平 NPC 逆变器。中间柜体中的 IGBT 和散热器模块采用标准化模块封装结构，便于生产装配和更换。为降低电网侧的电流谐波，系统的前端为标准的 12 脉波二极管整流器方案。为整流器供电的移相变压器不包括在图示系统柜体中。

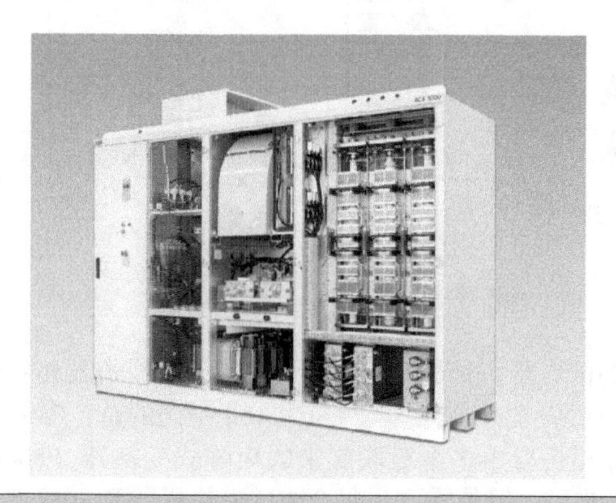

图 1-8　基于 GCT 的三电平 NPC 逆变器供电的中压传动系统
（ACS1000 产品图片，得到 ABB 公司授权使用）

图 1-9　基于 IGBT 的三电平 NPC 逆变器供电的中压传动系统
（SIMOVERT MV 产品图片，得到西门子公司授权使用）

图 1-10 给出了一个 6.6kV 基于串联 H 桥拓扑结构的中压变频器，其容量范围为 0.2～3.72MW。该变频器有 18 个 IGBT 功率单元，图中的中间部分为功率柜。逆变器输出线电压的波形为 25 电平，非常接近正弦波。图中的左侧部分为变压器柜，该移相变压器二次侧具有 18 个独立的绕组。移相变压器可消除功率单元产生的大部分网侧谐波，使得网侧电流近似正弦。图中右侧部分为控制柜，装有变频器的数字控制器等。

图 1-10　采用 IGBT 功率器件基于串联 H 桥拓扑结构变频器的中压传动系统
（PowerFlex 6000 产品图片，得到 Rockwell Automation 公司授权使用）

图 1-11 所示为一个 2.3～7MW 功率范围的 CSI 中压传动系统。该系统包括两个完全相同的基于 GCT 的 PWM 电流源型变流器：一个作为整流器，另一个则作为逆变器。这两个变流器均被安装在图中从左边数的第 2 个柜体中。电流源型系统所需的直流电抗器装在从左边数的第 4 个柜体中。最右边的柜体则是整个装置的水冷系统。系统采用特殊设计的直流电抗器，可同时起到差模电抗器和共模电抗器的作用。该系统不需要隔离变压器来抑制共模电压，生产成本可进一步降低。

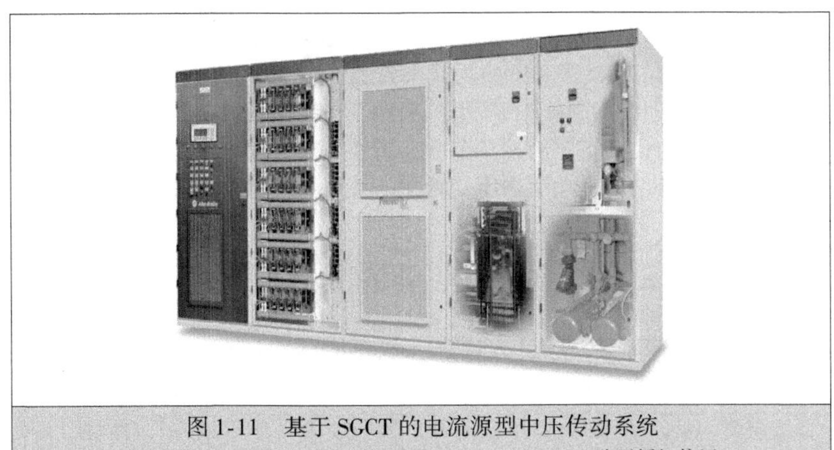

图 1-11 基于 SGCT 的电流源型中压传动系统
(PowerFlex 7000 产品图片，得到 Rockwell Automation 公司授权使用)

表 1-1 给出了全球主要传动厂商所提供的中压传动产品的主要信息，其中包括变频器结构类型、开关器件和功率范围等技术指标。

表 1-1 主要传动厂商生产的中压传动产品示例

变频器结构类型	开关器件	功率范围/MVA	生产厂商
两电平电压源型逆变器(VSI)	IGBT	1.4-7.2	Alstom (VDM5000)
二极管箝位式三电平逆变器(NPC)	GCT	0.3-5 3-36	ABB(ACS1000) (ACS6000)
	IGBT	3-21	GE Power Convertion (MV7000)
	IGBT	0.6-7.2	Siemens (SIMOVERT-MV)
基于多电平串联 H 桥(CHB)拓扑结构的逆变器	IGBT	0.2-13	利德华福[①] (HARSVERT A/S/VA)
		0.3-60	Siemens(Perfect Harmony) (GH180)
		0.31-16.7	Hitachi (HIVECOL-HVI)
		0.32-5.6	Rockwell Automation (PowerFlex 6000)
NPC/串联 H 桥式逆变器	IGBT	0.4-4.8	Toshiba (TOSVERT 300 MV)
		0.2-3.75	Yaskawa (MV1000)
电容悬浮式(FC)逆变器	IGBT	0.5-9	Alstom (VDM6000 Symphony)
PWM 电流源型逆变器(CSI)	SGCT	0.2-25	Rockwell Automation (PowerFlex 7000)
负载换相逆变器(LCI)	SCR	>10	Siemens (SIMOVERT S)
		>10	ABB (LCI)
		>10	Alstom (ALSPA SD7000)

① 该公司已被施耐德收购。——译者注

1.5 小 结

本章对大功率变频器和中压传动系统进行了概括介绍，包括市场分析、传动系统的类型、大功率变频器的拓扑结构、传动产品的分析以及主要制造厂商等。此外，还总结了中压传动的技术要求和技术难点。在后续章节中，将会对不同拓扑结构大功率中压变频器的特点和关键技术进行详细的介绍和分析。

附录1A 中压传动系统的应用概况

行 业	应 用 案 例
石油化工	管道泵、气体压缩机、卤水泵、搅拌机、挤出机、电潜泵、引风机、锅炉给水泵、注水泵等
水泥制造	窑炉引风机、送风机、除尘风机、预热塔风机、生料研磨引风机、窑炉烟气风机、冷凝器排风机、分离器风机等
采矿与冶金	泥浆泵、通风机、除垢泵、级联带式输送机、集尘室风机、旋风式给料泵、碎矿机、轧机、起重机、卷取机、提升机、绕线机等
污水处理	污水泵、生物初级处理泵、净化泵、清水泵、排水泵等
运输	舰船、油轮、破冰船、巡洋舰的推进器，火车、轻轨电车的牵引传动系统等
电力	给水泵、引风机、送风机、排污泵、压缩机等
造纸	引风机、锅炉给水泵、制浆机、精制机、烘干炉传动系统、主轴传动等
其他行业	风洞、搅拌机、试验台、炼胶机等

参考文献

[1] S. Kouro, J. Rodríguez, B. Wu, S. Bernet and M. Perez, “Powering the future of industry-high power adjustable speed drive topologies,” IEEE Industrial Applications Magazine, Vol. 18, No. 4, pp. 26-39, 2012.
[2] B. K. Bose, Power Electronics and Motor Drives: Advances and Trends, Academic Press, 2006.
[3] P. K. Steimer, H. E. Gruning, J. Wetninger, and S. Lindet, “IGCT-a new emerging technology for high power low cost inverters,” IEEE Industry Application Magazine, Vol. 5, No 4, pp. 12-18, 1999.
[4] R. Bhatia, H. U. Krattiger, A. Bonanini, D. Schafer, J. T. Inge, and G. H. Syndor, “Adjustable speed drive with a single 100-MW synchronous motor,” ABB Review, No. 6, pp. 14-20, 1998.
[5] P. E. Issouribehere, G. A. Barbera, F. Issouribehere, and H. G. Mayer, “Power Quality Measurements and Mitigation of Disturbances due to PWM AC Drives,” IEEE Power and Energy Society General Meeting, pp. 1-8, 2008.
[6] Z. Andonov, D. Gjorgjeski, Z. Efremov, G. Cvetkovski, B. Jeftenic, G. Arsov, “Medium Voltage Inverter for Energy Savings with Kiln Fan in Cement Industry,” The 15th IEEE Power Electronics and Motion Control Conference (EPE/PEMC), pp. DS2a. 11-1-DS2a. 11-5, 2012.
[7] B. P. Schmitt and R. Sommer, “Retrofit of Fixed Speed Induction Motors with Medium Voltage Drive Converters Using NPC Three-Level Inverter High-Voltage IGBT Based Topology,” IEEE International Symposium on Industrial Electronics, pp. 746-751, 2001.
[8] S. Bernert, “Recent development of high power converters for industry and traction applications,” IEEE Transactions on Power Electronics, Vol. 15, No. 6, pp. 1102-1117, 2000.
[9] H. Okayama, R. Uchida, M. Koyama, et al., “Large Capacity High Performance 3-level GTO Inverter System for Steel Main Rolling Mill Drives,” IEEE Industry Application Society (IAS) Conference, pp. 174-179, 1996.
[10] L. Xiaodong, N. C. Kar, and J. Liu, “Load filter design method for medium-voltage drive applications in electrical submersible pump systems,” IEEE Transactions on Industry Applications, Vol. 51, No. 3, pp. 2017-2029, 2015.
[11] J. K. Steinke and P. K. Steimer, “Medium Voltage Drive Converter for Industrial Applications in the Power Range from 0. 5MW to 5MW Based on a Three-Level Converter Equipped with IGCTs,” IEE Seminar on PWM Medium Voltage Drives, pp. 6/1-6/4, 2000.
[12] N. R. Zargari and S. Rizzo, “Medium Voltage Drives in Industrial Applications,” Technical Seminar, IEEE Toronto Section, 37 pages, November 2004.
[13] S. Malik and D. Kluge, “ACS1000 world's first standard AC drive for medium-voltage applications,” ABB Review, no. 2, pp. 4-11, 1998.
[14] IEEE Standard 519-2014, “IEEE Recommended Practices and Requirements for Harmonic Control in Electrical Power Systems,” IEEE Standard, 2014.
[15] J. K. Steinke, “Use of an LC filter to achieve a motor-friendly performance of the PWM voltage source inverter,” IEEE Transactions on Energy Conversion, vol. 14, no. 3, pp. 649-654, 1999.
[16] N. Zhu, D. Xu, B. Wu, N. R. Zargari, M. Kazerani, and F. Liu, “Common-mode voltage reduction methods for current-source converters in medium-voltage drives,” IEEE Transactions on Power Electronics, vol. 28, no. 2, pp. 995-1006, 2013.

第2章 大功率半导体器件

2.1 简　　介

半导体开关器件的发展本质上就是对理想开关的研究和探索过程。已有大量的研究致力于降低器件的功率损耗、提高开关频率以及简化门（栅）极驱动电路等。开关器件的更新换代，促进了大功率变频器的发展。与此同时，大功率变频器在工业传动领域的广泛应用，也促进了半导体技术向更高的功率等级发展，使其具有更好的可靠性和更低的成本。

应用于各种变频器中的大功率开关器件主要有两种类型：晶闸管型和晶体管型。前者主要包括普通晶闸管（SCR）、门极关断（GTO）晶闸管和门极换流晶闸管（GCT）；后者包括的典型器件有绝缘栅双极型晶体管（IGBT）和注入增强绝缘栅晶体管（Injection Enhanced Gate Transistor，IEGT）等。还有一些其他器件，例如功率场效应晶体管（Power MOSFET，PMOS）、发射极关断晶闸管（Emitter Turn-off Thyristor，ETO）、MOS 控制晶闸管（MOS Controlled Thyristor，MCT）和静电感应晶闸管（Static Induction Thyristor，SIT），这些器件尚未在大功率领域中得到广泛应用。

图 2-1 给出了大功率变频器主要采用的一些商用开关器件的电压和电流等级[1]。半导体制造厂商目前可批量提供 12kV/1.5kA 或 1.8kV/6.1kA 的 SCR；GCT 的电压和电流等级分别可以达到 6kV 和 6kA；而 IGBT 则相对较低，目前可达到 6.5kV/0.75kA 或 1.7kV/3.6kA 等级。

本章将主要介绍常用的大功率半导体器件的特性，讨论器件串联的静态和动态均压技术，并对各器件的性能进行比较。

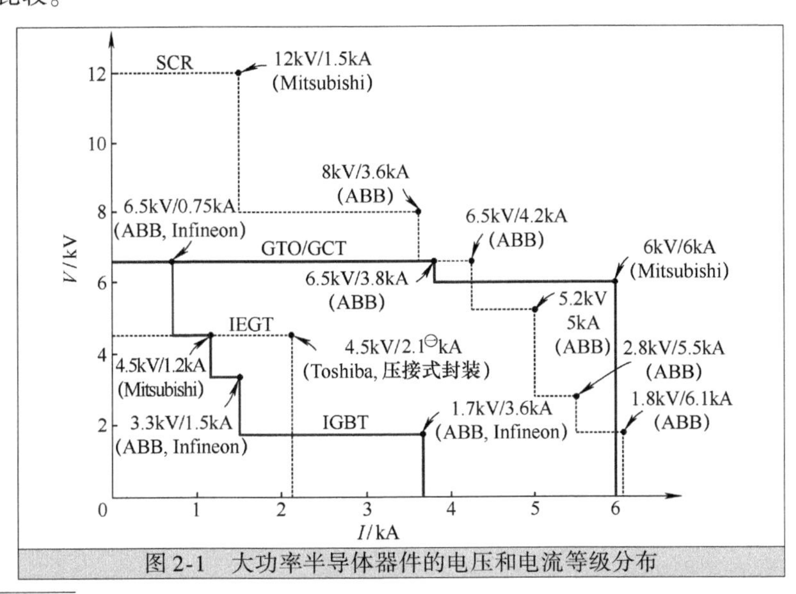

图 2-1　大功率半导体器件的电压和电流等级分布

⊖ 原书中为 1.5kA 有误，应为 2.1kA。——译者注

2.2 大功率开关器件

2.2.1 二极管 ★★★

大功率二极管大体可分为两种：普通型和快恢复型。前者主要用于普通二极管工频整流器，后者则可作为续流二极管用于电压源型变频器中。上述二极管作为商用产品主要采用了两种封装技术：压接式和模块式，如图2-2所示。

这两种封装二极管的散热装置安装方式有所不同，如图2-3所示。压接式二极管采用两面冷却的方式，热阻较小。在大量二极管串联的中压传动应用中，二极管和散热器仅需两个螺栓进行连接固定，这种方式使得系统的功率密度很高，且组装成本较低，这就是压接式半导体器件在中压传动中不断得到普及应用的主要原因之一。与此不同的是，模块式二极管采用单面散热，绝缘基板隔离，因此大量的二极管可以被安装在一块散热器上。

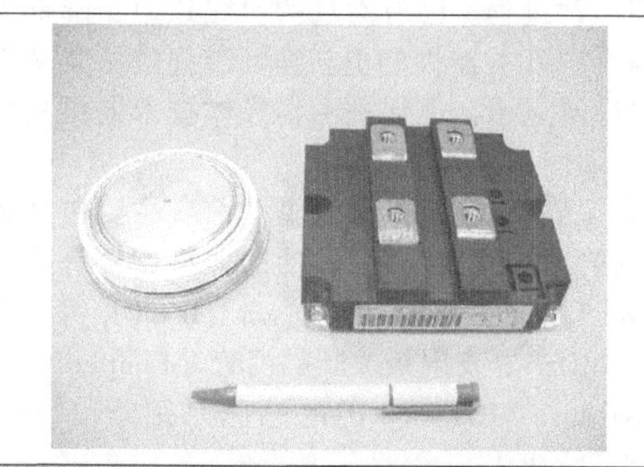

图2-2 4.5kV/0.8kA压接式二极管和1.7kV/1.2kA模块式二极管

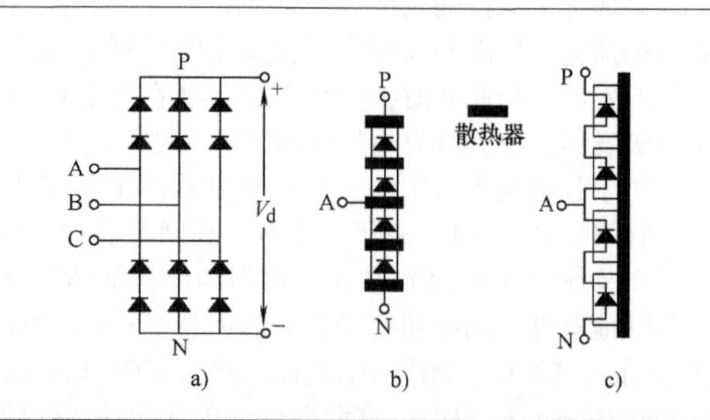

图2-3 压接式二极管和模块式二极管的散热安装方式
a）二极管整流器 b）压接式封装 c）模块式封装

2.2.2 普通晶闸管 ★★★

SCR是一种基于晶闸管的器件，它有3个接线端：门极、阳极和阴极。在SCR阳极和阴极之间加有正向电压的情况下，为其提供一个短时间的正向门极脉冲电流即可使之导通。一旦SCR被触发导通，就会一直维持导通状态。通过功率电路提供反向的阳极电流，可以实现SCR的关断。

SCR可以用于PWM电流源型变频传动系统中的相控整流器或者同步电动机传动系统中的负载换相逆变器等。在自关断器件（如GTO和IGBT）出现以前，SCR也曾用在强迫换相的电压源型逆变器中。

大多数的大功率SCR均采用压接式封装，如图2-4所示。而具有绝缘基板的SCR模块则多用于中小功率的应用场合。

图2-5给出了SCR的开关特性，包括门极电流i_G、阳极电流i_T和阳阴极间电压v_T的典型波形。通过给SCR提供正向门极电流i_G，可以使其开始导通。导通过程由延迟时间t_d、上升时间t_r和导通时间t_{gt}组成。

为使SCR关断，在t_1时刻为其提供反向电流，使得阳极电流i_T开始减小。在整流应用中，反向电流是通过电网电压产生的，在负载换相逆变器中，反向电流则是由负载电压产生的。关断暂态过程包括反向恢复时间t_{rr}、反向恢复峰值电流I_{rr}、反向恢复电荷Q_{rr}以及关断时间t_q等参数。

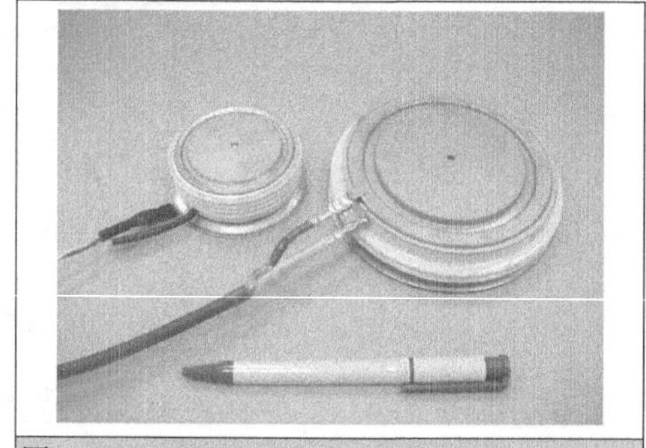

图2-4 4.5kV/0.8kA和4.5kV/1.5kA的SCR

表2-1列出了12kV/1.5kA SCR的主要特征参数，其中V_{DRM}为断态重复峰值电压，V_{RRM}为反向重复峰值电压，I_{TAVM}为通态最大平均电流，I_{TRMS}为通态最大方均根电流。导通时间t_{gt}为14μs，而关断时间t_q为1200μs。在设计变频器时还应充分考虑到两个重要的参数，分别为通态电流上升率di_T/dt和断态电压上升率dv_T/dt。为使系统正确可靠地运行，这两个参数必须低于最大限值。另外一个重要参数是反向恢复电荷Q_{rr}，其大小由反向恢复时间t_{rr}和反向恢复电流I_{rr}两者共同决定。为降低关断时的功率损耗，最好选用Q_{rr}较小的SCR。

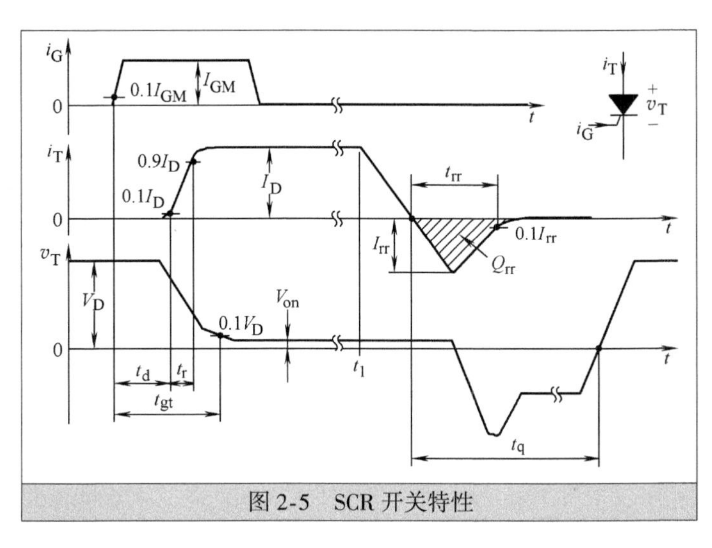

图2-5　SCR开关特性

表2-1　12kV/1.5kA SCR的主要特征参数

最大允许参数	V_{DRM}	V_{RRM}	I_{TAVM}	I_{TRMS}	—
	12000V	12000V	1500A	2360A	—
开关特性	导通时间	关断时间	di_T/dt	dv_T/dt	Q_{rr}
	$t_{gt}=14\mu s$	$t_q=1200\mu s$	100A/μs	2000V/μs	7000μC

器件型号：FT1500AU-240(Mitsubishi)

2.2.3　门极关断晶闸管 ★★★

GTO是一种自关断器件，只需要提供反向的门极电流即可关断。GTO通常采用压接式封装，市场上没有模块式封装的产品，如图2-6所示。目前，一些制造厂商可以提供额定电压和额定电流分别高达6kV/6kA的GTO。

GTO具有对称型和非对称型两种结构。对称型GTO具有反向电压阻断能力，比较适合于电流源型变频器，其断态重复峰值电压V_{DRM}与反向重复峰值电压V_{RRM}基本一致。而非对称型GTO通常用于电压源型变频器，此时不需要具有反向电压阻断能力。其V_{RRM}的典型值一般为20V左右，远低于V_{DRM}的值。

图2-7给出了GTO的开关特性，其中，i_T和v_T分别为阳极电流和阳极与阴极间的电压。GTO的导通特性用延迟时间t_d和上升时间t_r来衡量，而关断特性则用存储时间t_s、下降时间t_f和拖尾时间t_{tail}来表征。一些厂商在其数据手册中只提供导通时间t_{gt}（$t_{gt}=t_d+t_r$）和关断时间t_{gq}（$t_{gq}=t_s+t_f$）两个时间参数。在GTO门极上加几百毫安的正向脉冲电流，即可驱动GTO导通。要使其关断，则需提供反向门极电流。为可靠关断，反向门极电流的变化率di_{G2}/dt必须满足一定的要求。

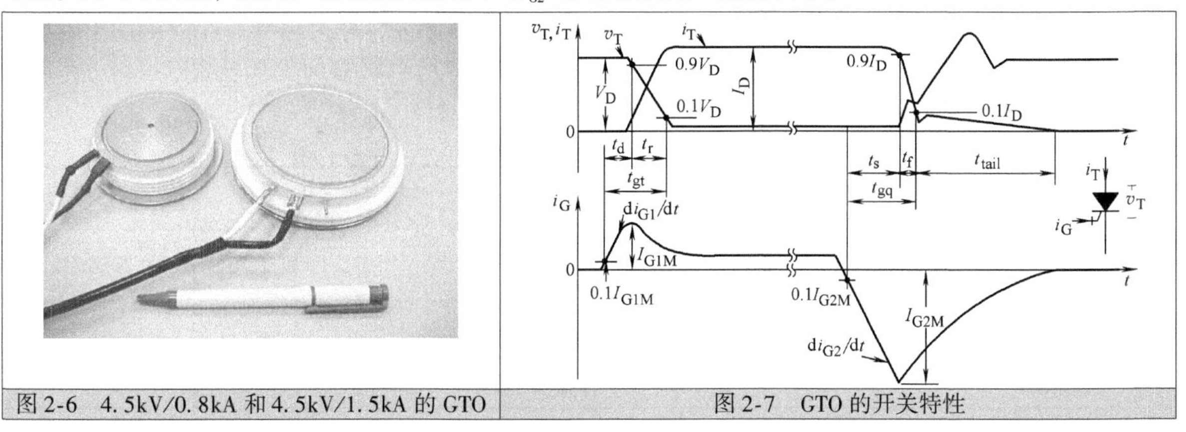

图2-6　4.5kV/0.8kA和4.5kV/1.5kA的GTO　　图2-7　GTO的开关特性

表2-2中给出了4.5kV/4kA非对称型GTO的主要技术参数，其中V_{DRM}、V_{RRM}、I_{TAVM}和I_{TRMS}与前述SCR对应参数的定义相同。需要指出的是，4000A GTO的电流等级是由通态重复可控最大电流I_{TGQM}定义的，而不是由平均电流I_{TAVM}定义的。该GTO的导通延迟时间t_d与上升时间t_r分别为2.5μs和5.0μs，而关断时的存储时间t_s和下降时间t_f分别为25μs和3μs。此外，表中还给出了阳极电流、门极电流和器件电压等所允许的最大上升率。

表2-2　4.5kV/4kA非对称型GTO的主要技术参数

最大允许参数	V_{DRM}	V_{RRM}	I_{TGQM}	I_{TAVM}	I_{TRMS}	—
	4500V	17V	4000A	1000A	1570A	—
开关特性	导通过程	关断过程	di_T/dt	dv_T/dt	di_{G1}/dt	di_{G2}/dt
	t_d = 2.5μs t_r = 5.0μs	t_s = 25.0μs t_f = 3.0μs	500A/μs	1000V/μs	40A/μs	40A/μs
通态电压	I_T = 4000A时，$V_{T(通态)}$ = 4.4V					
器件型号：5SGA 40L4501（ABB）						

GTO具有高通态电流和高阻断电压的优点，不过GTO也有很多缺点，包括：①由于电压上升率dv_T/dt较低，其关断吸收电路体积大、成本高；②开关损耗和吸收电路的损耗比较大；③门极驱动电路复杂。此外，GTO还需要一个导通吸收电路来限制电流上升率di_T/dt。

2.2.4　门极换流晶闸管 ★★★

GCT是从GTO结构发展出来的一种新型器件，也可以称为集成门极换流晶闸管（Integrated Gate Commutated Thyristor，IGCT）[2,3]。从过去20年的工业应用中可以看出，GTO正逐渐被GCT所取代。GCT由于具有无需吸收电路和低开关损耗的特点，已成为中压传动的首选器件之一。

图2-8　6.5kV/1.5kA的对称GCT器件

GCT的核心技术包括：硅片的重大改进、门极驱动电路和器件的封装形式。GCT的硅片比GTO的硅片要薄很多，使得通态功率损耗有了很大的降低。如图2-8所示，GCT的门极驱动采用特殊的环形封装，使得门极电感非常小（通常小于5nH），因此无需吸收电路。GCT关断时，其门极电流的变化率通常可以高于3000A/μs，而GTO的则只有大约40A/μs。由于GCT内部集成了驱动电路，用户只需要为其提供20～30V的直流电源即可。驱动电路与系统控制器的连接采用两条光纤，以传输通断控制信号和器件故障反馈信息。

一些制造厂商可以提供6kV/6kA等级的GCT。此外，10kV的GCT在技术上也是可行的，其发展应用将取决于市场需求情况[4]。

GCT可分为非对称型、反向导通型和对称型3种，如表2-3所示。非对称型GCT一般用于电压源型变频器，这种应用不需要开关器件具有反向电压阻断能力；反向导通型GCT在封装内集成了续流二极管，降低了组装成本；而对称型GCT则通常用于电流源型变频器中。

表2-3　GCT的分类

类　型	反并联二极管	阻断电压	典型器件（6000V GCT）	应　用
非对称型GCT	外接	$V_{RRM} \ll V_{DRM}$	V_{DRM} = 6000V V_{RRM} = 22V	外接反并联二极管，用于电压源型变频器
反向导通型GCT	内置	$V_{RRM} \approx 0$	V_{DRM} = 6000V	用于电压源型变频器
对称型GCT（反向阻断）	无	$V_{RRM} \approx V_{DRM}$	V_{DRM} = 6000V V_{RRM} = 6500V	用于电流源型变频器

图2-9给出了GCT的典型开关特性，其中延时时间t_d、上升时间t_r、存储时间t_s和下降时间t_f与前述GTO对应参数具有相同的定义。有一点需要注意，一些半导体制造厂商可能对这些开关时间有不同的定义，或者使用不同的符号表示。图中还给出了门极电流i_G的波形，可以看出，GCT关断时的门极电流变化率di_{G2}/dt远远高于GTO的变化率。

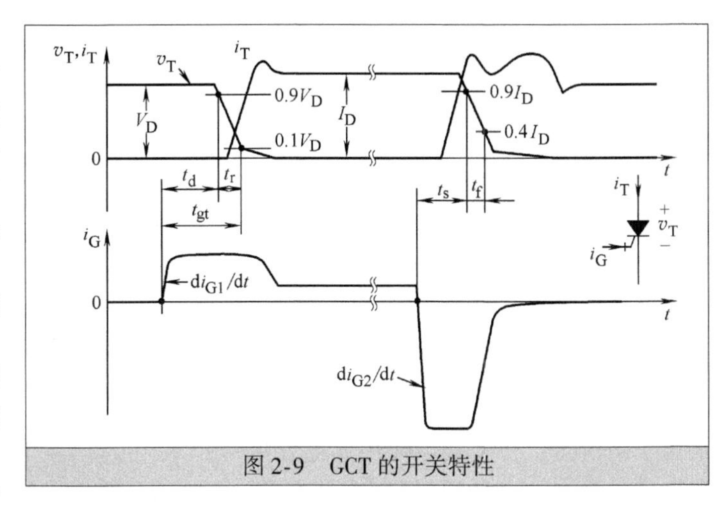

图2-9 GCT的开关特性

表2-4列出了6kV/6kA非对称型GCT的主要技术参数，其通态最大可控电流I_{TQRM}为6kA。从表中可以看出，GCT的导通和关断时间比GTO的要短得多。特别是GCT的存储时间t_s只有3μs，而表2-2所示的4000A GTO的相应时间则长达25μs。另外，GCT的最大dv_T/dt可高达3000V/μs，最大门极电流变化率di_{G2}/dt可高达10000A/μs，后者有助于降低关断时的动作时间。GCT在I_T=6000A的情况下的通态压降只有4V，而GTO在I_T=4000A时的通态压降则有4.4V。

表2-4 6kV/6kA非对称型GCT的主要技术参数

最大允许参数	V_{DRM}	V_{RRM}	I_{TQRM}	I_{TAVM}	I_{TRMS}	—
	6000V	22V	6000A	2000A	3100A	—
开关特性	导通过程	关断过程	di_T/dt	dv_T/dt	di_{G1}/dt	di_{G2}/dt
	t_d<1.0μs t_r<2.0μs	t_s<3.0μs t_f—无此参数	1000A/μs	3000V/μs	200A/μs	10000A/μs
通态压降	I_T=6000A时，$V_{T(通态)}$<4V					
器件型号：FGC6000AX120DS(三菱)						

由于GCT所允许的最大导通电流变化率di_T/dt约为1000A/μs，因此通常需要一个开通吸收电路。图2-10a给出了电压源型变频器的一个典型的开通吸收电路[5]。在这个电路中，当6个GCT中的某一个被触发导通时，缓冲电感L_s限制了阳极电流的上升率，电感中储存的能量则部分消耗在电阻R_s上。变频器中的6个GCT可以共用一个吸收电路。在电流源型变频器中，吸收电路具有不同的形式，例如图2-10b所示。其中，在每个变频器桥臂中串接几微亨的电感以限制di/dt，而无需其他的无源元器件。

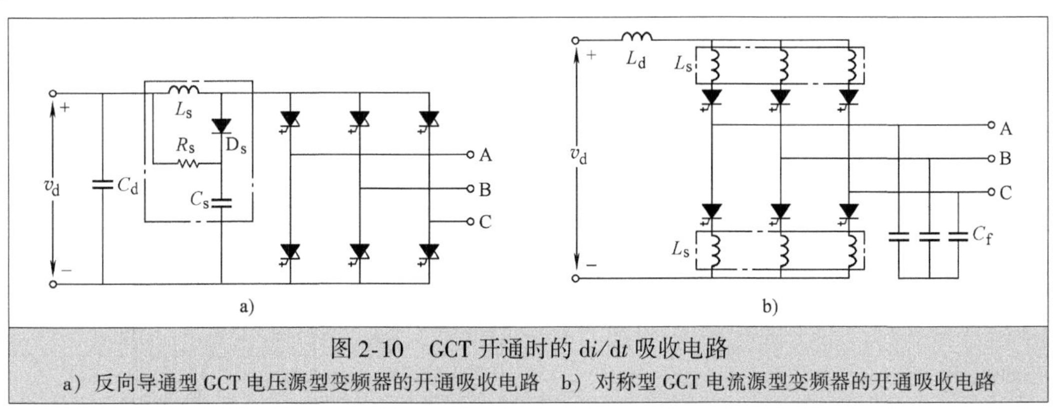

图2-10 GCT开通时的di/dt吸收电路
a）反向导通型GCT电压源型变频器的开通吸收电路 b）对称型GCT电流源型变频器的开通吸收电路

2.2.5 绝缘栅双极型晶体管 ★★★

IGBT 是一种电压控制型开关器件。+15V 的栅极电压即可使其导通，0V 的电压即可关断。不过在实际应用中，为了提高 IGBT 的抗干扰能力，通常采用几伏的负栅极电压来使其关断。当 IGBT 完全导通或关断时，则不再需要栅极电流来驱动了。不过，由于栅极和发射极间存在寄生电容，在 IGBT 开关切换的暂态过程中，需要几安的栅极峰值电流。

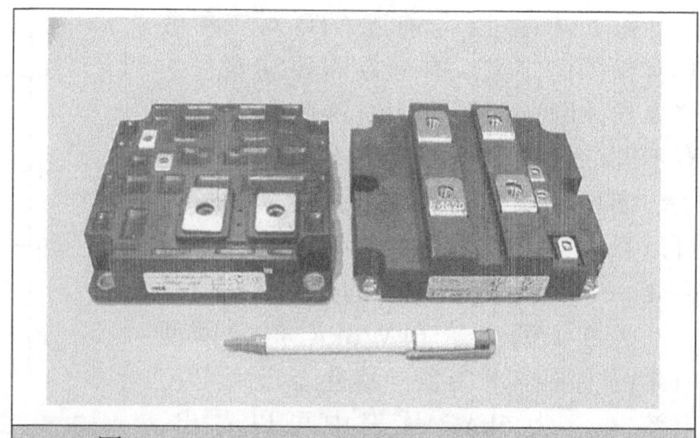

图 2-11 1.7kV/1.2kA 和 3.3kV/1.2kA 的 IGBT 模块

绝大多数的大功率 IGBT 都采用模块式封装，如图 2-11所示。为了减小体积并提高散热效率，压接式封装的 IGBT 也可以在市场上买到，不过这种器件的规格较少，选型受限制较多。

图 2-12 描述了 IGBT 的典型开关特性。图中定义了导通延迟时间 t_{don}、上升时间 t_r、关断延迟时间 t_{doff}和下降时间 t_f等参数，并给出了栅极驱动电压 v_G、栅极-发射极电压 v_{GE} 和集电极电流 i_C 的波形。当 IGBT 完全导通或者关断时，电压 v_{GE}与 v_G相等。不过，在开关暂态过程中，这两个电压并不相等，这是由于栅极和发射极之间的寄生电容造成的。另外，为了调整器件的开关速度和限制暂态栅极电流，一般应在 IGBT 的栅极串接电阻 R_G。

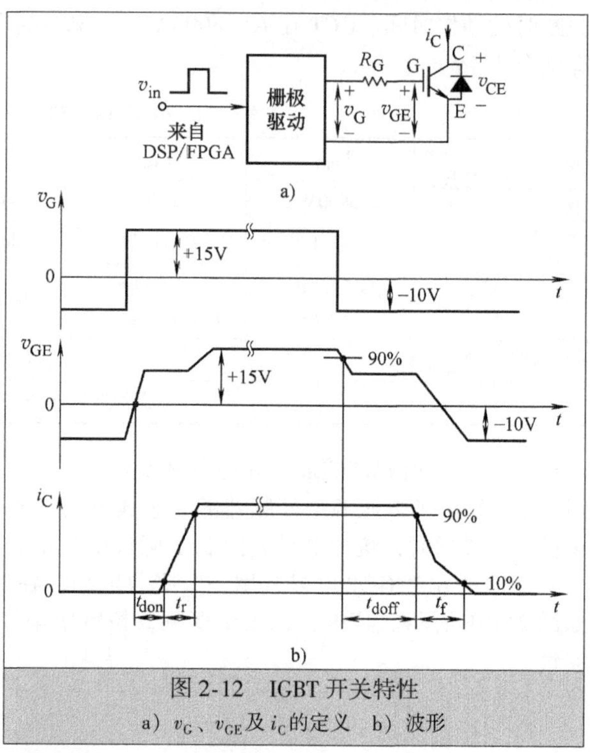

图 2-12 IGBT 开关特性
a）v_G、v_{GE}及 i_C的定义 b）波形

表 2-5 给出了 3.3kV/1.2kA IGBT 的主要技术参数。其中，V_{CE} 为额定的集电极-发射极电压；I_C为集电极额定直流电流；I_{CM} 为集电极最大可重复峰值电流。该 IGBT 具有优越的开关特性，可在 1μs 内导通、在 2μs 内关断。

IGBT 的特点在于栅极驱动电路比较简单、无需吸收电路、开关速度较高以及带有绝缘基板的模块化设计。更为重要的是，IGBT 可以运行在有源放大区。IGBT 的集电极电流受栅极电压控制，因此可以有效地实现短路保护、电压变化率 dv/dt 和关断过电压的主动控制。

采用 IGBT 串联实现的中压变频器结构需要考虑和解决很多问题，比如布局要易于散热、直流母线的优化设计和基板对地的杂散电容等。相反的，压接式封装的 IGBT 可以方便地实现直接串联，也可以利用压接式晶闸管所采用的安装和散热技术。

表 2-5 3.3kV/1.2kA IGBT 的主要技术参数

最大允许参数	V_{CE}	I_C	I_{CM}	—
	3300V	1200A	2400A	—
开关特性	t_{don}	t_r	t_{doff}	t_f
	0.35μs	0.27μs	1.7μs	0.2μs
饱和电压	I_C = 1200A 时，$V_{CE饱和}$ = 4.3V			

器件型号：FZ1200 R33 KF2（Eupec）

2.2.6　其他开关器件 ★★★

除了上述器件之外，还有很多其他的半导体器件，包括功率场效应晶体管（MOSFET）、发射极关断晶闸管（ETO）[6]、MOS控制晶闸管（MCT）、静电感应晶闸管（SIT）以及电子注入增强栅晶体管（IEGT）等[7]。

碳化硅（SiC）器件是一种新兴的功率半导体器件，属于由硅元素和碳元素组成的化合物半导体。和IGBT之类的硅基器件相比，SiC功率器件能以更低的开关损耗和通态损耗运行在更高的开关频率及工作温度下[1,8]。随着技术的进步，SiC器件的功率容量将会得到显著提高。据报道，在2013年已开发出1700V/1200A的混合SiC功率器件模块[9]，而到了2015年已有3.3kV/1500A的SiC功率器件模块的变频器被开发出来，并用于牵引领域[10]。预计在未来几年内，具有更高电压和更大电流等级且成本更低的SiC器件可能会商业化应用，这将为降低大功率中压传动系统的功率损耗和提高其系统性能带来巨大潜力。目前，这也是世界上研究人员及主流中压传动设备制造商正在积极研究的内容。

2.3　功率器件的串联

中压传动系统中经常会需要开关器件串联以提高耐电压能力。由于单个器件的电流容量通常足够大，因此一般不必并联。例如，在一个6.6kV/10MW的传动系统中，电动机额定电流只有880A，而与此相比，GCT的额定电流则可以高达6000A，IGBT的额定电流也有3600A。

由于串联的器件以及各自驱动电路的静态和动态特性不可能完全一致，因此它们在阻断状态或开关过程中，每个器件的压降不可能完全相同。器件串联的主要任务在于确保静态和动态条件下实现器件均压。

2.3.1　电压不均衡的主要原因 ★★★

静态电压不均衡主要是由串联开关器件的断态漏电流 I_{lk} 不同而导致的，该漏电流又受器件结温和工作电压影响。动态电压不均衡的原因可分为两类：①器件开关特性的不一致导致的不均衡；②门（栅）极信号在系统控制器和开关间传输延迟不同所导致的不均衡。表2-6分类总结了电压分配不均的主要原因，其中Δ表示串联器件间的参数差异。

表2-6　串联器件电压分配不均衡的主要原因

类　　型	电压不均衡的原因	
静态电压不均衡	ΔI_{lk}：器件的断态漏电流 ΔT_j：结温	
动态电压不均衡	器件	Δt_{don}：导通延迟时间 Δt_{doff}：关断延迟时间（IGBT） Δt_s：存储时间（GCT） ΔQ_{rr}：反向恢复电荷 ΔT_j：结温
	门（栅）极驱动电路	Δt_{GDon}：门（栅）极驱动电路导通延迟时间 Δt_{GDoff}：门（栅）极驱动电路关断延迟时间 ΔL_{wire}：门（栅）极驱动电路输出与器件门（栅）极间的引线电感

2.3.2　GCT的电压均衡 ★★★

1. 静态电压均衡

图2-13a给出了一种静态电压均衡的常用方法，其中每个开关器件由一个并联电阻 R_p 进行均压保护。R_p 的阻值可由下述经验公式计算得到：

$$R_{\mathrm{p}}=\frac{\Delta V_{\mathrm{T}}}{\Delta I_{\mathrm{lk}}} \tag{2-1}$$

式中，ΔV_{T}为串联器件间允许的最大电压差；ΔI_{lk}为断态漏电流的误差容限。

对于非对称型和对称型 GCT，公式（2-1）均成立，R_{p}的阻值一般在 20～100kΩ 之间[11]。

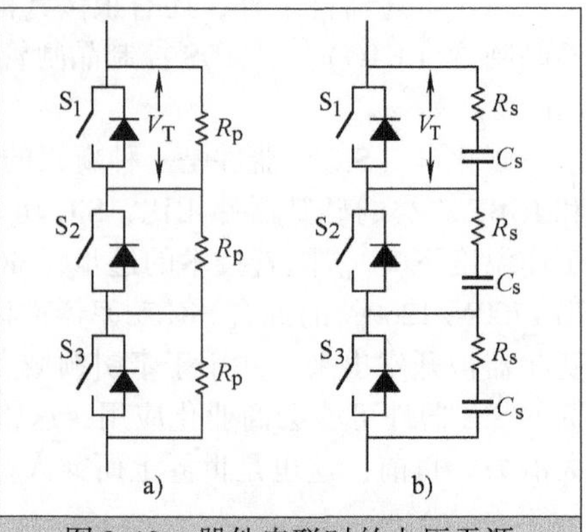

图 2-13　器件串联时的电压无源均衡技术
a）静态电压均衡　b）动态电压均衡

2. 动态电压均衡

对于动态电压均衡，需要考虑 GCT 运行的 3 种模式：

1）开通暂态过程；

2）门极换流的关断暂态过程；

3）自然换流的关断暂态过程（只针对对称型 GCT）。

用于电压源型变频器中的非对称型 GCT 和反向导通型 GCT，其工作过程中存在前两种模式。而用于电流源型变频器中的对称型 GCT，则存在上述所有 3 个模式。

为了确保动态过程中的电压均匀分配，可以采用以下技术：

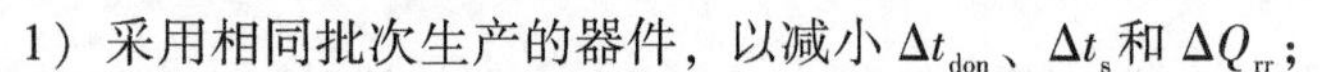
1）采用相同批次生产的器件，以减小 Δt_{don}、Δt_{s}和 ΔQ_{rr}；

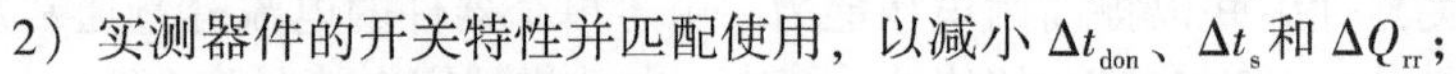
2）实测器件的开关特性并匹配使用，以减小 Δt_{don}、Δt_{s}和 ΔQ_{rr}；

3）器件采用相同的散热条件，以减小 ΔT_{j}；

4）设计对称的门极驱动电路，以减小 Δt_{GDon}和 $\Delta t_{\mathrm{GDoff}}$；

5）使门极驱动电路尽可能对称分布，以减小线路电感量的差别 ΔL_{wire}。

采用上述技术有助于减小器件开关暂态过程中的电压不均衡，但是并不能确保得到满意的结果。为了保护串联开关器件，经常采用 *RC* 吸收电路，如图 2-13b 所示。

为了尽量减小延迟时间不一致对 GCT 电压均衡带来的影响，应合理选择吸收电容 C_{s}的大小。由于 GCT 的导通延迟时间 t_{don}通常比关断时的存储时间 t_{s}短得多，因此优先考虑关断时的技术要求。C_{s}的参数值可以由下述经验公式求得：

$$C_{\mathrm{s}}=\frac{\Delta t_{\mathrm{delay}} I_{\mathrm{Tmax}}}{\Delta V_{\mathrm{Tmax}}} \tag{2-2}$$

式中，$\Delta t_{\mathrm{delay}}$为总关断延迟时间（包括 t_{s}和门极驱动电路延迟时间）的最大误差；I_{Tmax}为阳极换流最大电流值；ΔV_{Tmax}为串联开关器件间的最大允许电压差[11]。

电流源型变频器的 GCT 可采用自然换流方式关断，此时开关器件通过其功率主电路所产生的反向阳极电流实现换流。该换流过程与 SCR 相似。这种情况下，影响动态电压不均衡的主要因素在于 GCT 反向恢复电荷的差异 ΔQ_{rr}。这样，对于吸收电容 C_{s}值的选择增加了另一个判据条件，如式（2-3）所示。

$$C_{\mathrm{s}}=\frac{\Delta Q_{\mathrm{rr}}}{\Delta V_{\mathrm{Tmax}}} \tag{2-3}$$

对于 GCT，C_{s}的取值通常在 0.1～1μF 之间，相比于 GTO 的 C_{s}取值要小很多。吸收电阻 R_{s}的取值应满足下列条件：①R_{s}阻值应足够小，以实现 PWM 工作模式下较短脉宽时吸收电容可快速充放电；②R_{s}阻值也应足够大，以限制导通时通过 GCT 的放电电流。因此，R_{s}应折中取值，以满足上述两个条件。

2.3.3　IGBT 的电压均衡 ★★★

用于 GCT 的静态和动态电压均衡技术也可同样用于 IGBT。另外，一种过电压有源箝位方案可用以限制 IGBT 开关暂态过程中的集电极-发射极电压 v_{CE}。由于晶闸管结构与 IGBT 不同，该方案并不适用于 GCT。

图2-14给出了过电压有源箝位方案的原理框图[12]。每个IGBT的v_{CE}需要被检测，并与参考电压V^*_{max}进行比较（V^*_{max}为器件的最大允许电压），将比较得到的差值Δv送至比较器。如果关断时检测得到的v_{CE}低于V^*_{max}，则比较器输出为零，器件正常工作不受影响。当v_{CE}要超过V^*_{max}时，$|\Delta v|$被叠加到栅极信号v_G上，则会强制将v_{CE}拉至低电位。通过采用这种IGBT有源放大区内的反馈控制，暂态过程中v_{CE}会被箝位到限制值V^*_{max}，有效地避免了器件过电压。不过，这种方案也同时会增加器件的开关损耗。

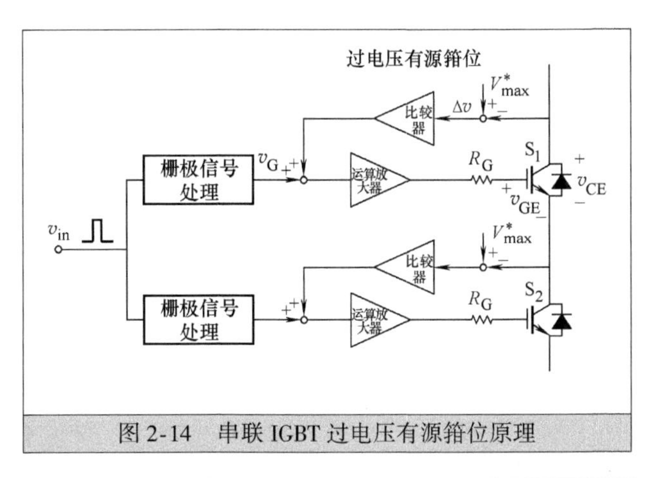

图2-14 串联IGBT过电压有源箝位原理

2.4 小 结

本章着重介绍了常用的大功率半导体器件，包括SCR、GTO、GCT和IGBT，介绍了这些器件的开关特性，并讨论了其主要的技术参数。由于它们在中压大功率应用中经常串联使用，所以本章详细阐述了静态和动态电压的均衡技术。表2-7对GTO、GCT和IGBT在总体上进行了定性比较。

表2-7 GTO、GCT和IGBT在总体上的定性比较

比 较 内 容	GTO	GCT	IGBT
最大电压和电流等级	高	高	低
封装	压接式	压接式	模块式/压接式
开关速度	慢	中	快
开通(di/dt)吸收电路	需要	需要	不需要
关断(dv/dt)吸收电路	需要	不需要	不需要
过电压有源箝位	无	无	有
di/dt与dv/dt的主动控制	无	无	有
短路主动保护	无	无	有
通态损耗	低	低	高
开关损耗	高	中	低
损坏后的特性	短路	短路	开路
门(栅)极驱动电路	复杂,分立器件	复杂,集成器件	简单,紧凑型器件
门(栅)极驱动电路功率损耗	高	中	低

参考文献

[1] V. Yaramasu, B. Wu, P. C. Sen, S. Kouro, and M. Narimani, "High power wind energy conversion systems: state-of-the-art and emerging technologies," Proceeding of IEEE, vol. 103, no. 5, pp. 740-788, 2015.

[2] P. K. Steimer, H. E. Gruning, J. Werninger, and S. Linder, "IGCT-a new emerging technology for high power low cost inverters," IEEE Industry Application Magazine, vol. 2, no. 4 pp. 12-18, 1999.

[3] U. Vemulapati, M. Rahimo, M. Arnold, et al., "Recent Advancements in IGCT Technologies for High Power Electronics Applications," the 17th European Conference on Power Electronics and Applications, pp. 1-10, 2015.

[4] J. Vobecky, "Design and technology of high-power silicon devices" the 18th International Conference on Mixed Design of Integrated Circuits and Systems, pp. 17-22, 2011.

[5] A. Nagel, S. Bernet, T. Btuckner, et al., "Characterization of IGCTs for Series Connected Operation," IEEE Industry Applications Conference, Vol. 3, pp. 1923-1929, 2000.

[6] A. Meyer, A. Mojab, and S. K. Mazumder, "Evaluation of First 10-kv Optical ETO Thyristor Operating without any Low-Voltage Control Bias," the 4th IEEE International Symposium on Power Electronics and Distribution Generation Systems, pp. 1-5, 2013.

[7] K. Fujii, P. Koellensperger, and R. W. De Doncker, "Characterization and comparison of high blocking voltage IGBT and IGCTs under hard and soft-switching conditions," IEEE Transactions on Power Electronics, vol. 3, no. 1, pp. 172-179, 2008.

[8] K. Kaminski, "State of the Art and the Future of Wide Band-Gap Devices," the 13th European Conference on Power Electronis and Applications (EPE), pp. 1-9, 2009.

[9] M. Imaizumi, S. Hasegawa, et al., "Remarkable Advances in SiC Power Device Technology for Ultra Hight Power Systems," IEEE International Electron Devices Meeting, pp. 6. 5. 1-5. 5. 4, 2013.

[10] K. Hamadal, S. Hino, N. Miura, et al., "3. 3kV/1500A Power Modules for the World's First AII-SiC Traction Inverter", Japanese Journal of Applied Physics, Vol. 54, 04DP07, pp. 1-6, February 2015.

[11] N. R. Zargari, S. C. Rizzo, Y. Xiao, H. Iwamoto, K. Satoh, and J. F. Donion, "A new current-source converter using a symmetric gate-commutated thyristor (SGCT)," IEEE Transactions on Industry Applications, vol. 37, no. 3, pp. 896-903, 2001.

[12] M. Bruckmann, R. Sommer, M. Fasching, and J. Sigg, "Series Connection of High Voltage IGBT Modules," IEEE Industry Applications Society Conference, pp. 1067-1072, 1998.

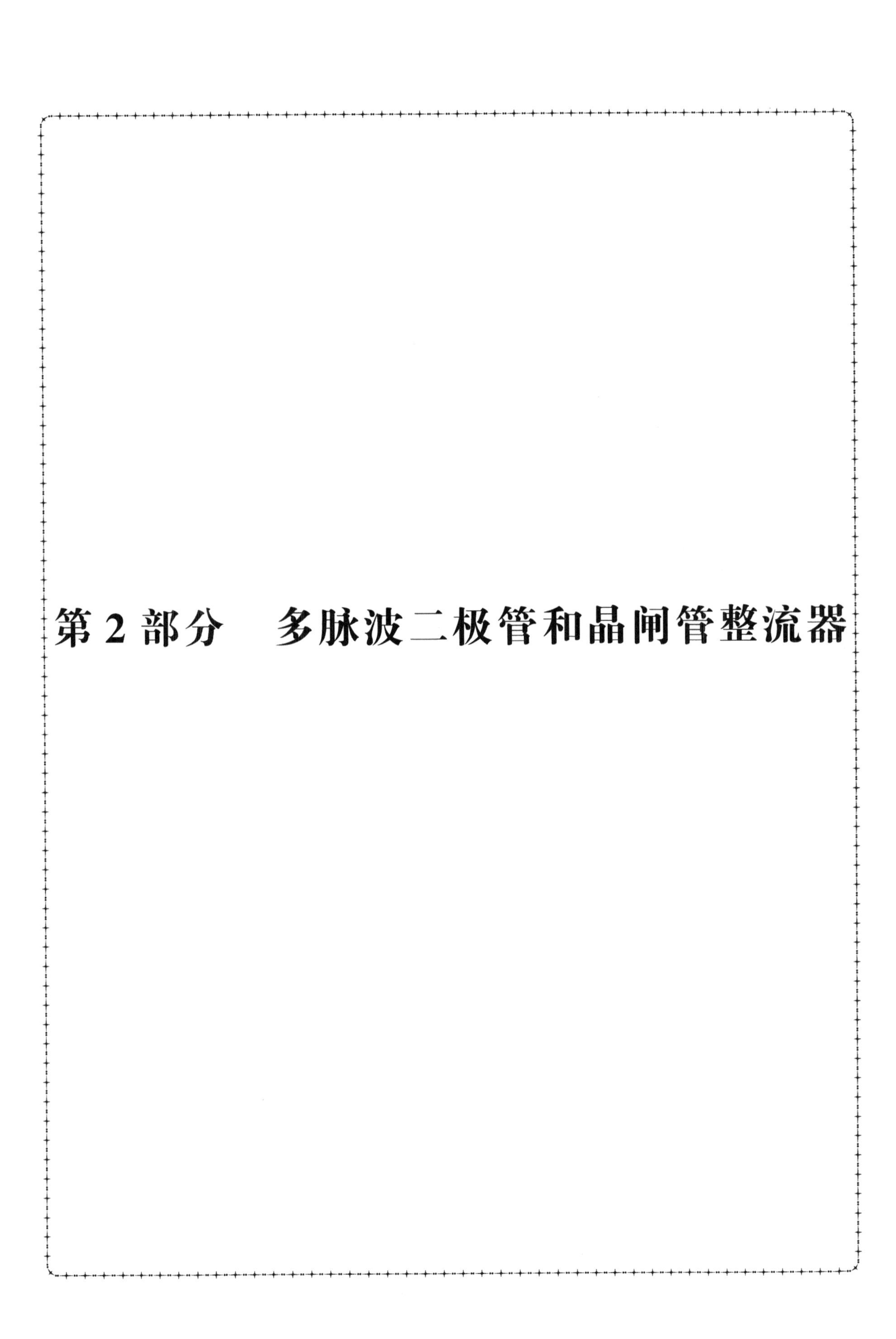

第2部分　多脉波二极管和晶闸管整流器

第3章 多脉波二极管整流器

3.1 简　　介

为了满足北美和欧洲制定的严格的谐波标准，例如IEEE 519-2014标准[1]，目前世界各国的大功率传动设备制造商都越来越多地采用多脉波二极管整流器[2-5]，如12、18和24脉波的二极管整流器。这些整流器都由带有多个二次侧绕组的移相变压器供电，每个二次侧绕组给一个6脉波的二极管整流器供电，各二极管整流器的直流输出侧可连接一个电压源型逆变器。

多脉波二极管整流器的主要特点是可以降低网侧电流的谐波畸变，其主要原因在于所采用的移相变压器，通过它可使各6脉波二极管整流器产生的低次谐波相互抵消。一般说来，二极管整流器脉波数目越多，网侧电流的谐波畸变越小。但在实际产品中，很少采用脉波数多于30的二极管整流器，主要原因在于变压器的成本会增加很多，而性能的改善却不明显。

多脉波二极管整流器还有一些其他特点，如通常不需要*LC*滤波器或者功率因数补偿器，这就解决了*LC*滤波器有可能引起的谐振问题。采用的移相变压器，可以有效防止整流器和逆变器在电动机接线端产生共模电压，该电压会导致电动机定子绕组绝缘过早损坏[6,7]。

多脉波二极管整流器可以分为以下两类：

（1）串联型多脉波二极管整流器

在串联型多脉波二极管整流器中，所有6脉波二极管整流器在直流输出侧串联连接。这种类型的二极管整流器，可以作为中压传动系统中仅需要一个直流供电的变频器的前端。例如二极管箝位式（NPC）三电平逆变器和电容悬浮式多电平逆变器[1,2]。

（2）分离型多脉波二极管整流器

在分离型多脉波二极管整流器中，每一个6脉波二极管整流器给一个单独的直流负载供电。这种类型的二极管整流器，可以用在需要多个独立直流供电电源的串联H桥多电平逆变器中[4,5]。

本章首先对6脉波二极管整流器进行介绍，然后将详细讨论串联型和分离型多脉波二极管整流器。同时也对它们的输入功率因数和网侧电流的总谐波畸变率（Total Harmonic Distortion，THD）进行研究，结论将以图表的方式给出。多脉波二极管整流器所必需的移相变压器将会在第5章中进行讨论。

3.2　6脉波二极管整流器

3.2.1　简介 ★★★

带纯电阻负载的6脉波二极管整流器的简化电路如图3-1所示，其中v_a，v_b和v_c是三相供电电源的相电压。在实际的中压变频器中，每个二极管可由两个或多个低压二极管串联组成。为简化起见，下面的分析中假定所有二极管均为理想二极管（即没有功率损耗或没有通态压降）。

图3-2给出了带纯电阻负载的6脉波二极管整流器的电压和电流波形。供电电源的相电压为

$$
\begin{aligned}
v_a &= \sqrt{2}V_{PH}\sin(\omega t)\\
v_b &= \sqrt{2}V_{PH}\sin(\omega t-2\pi/3)\\
v_c &= \sqrt{2}V_{PH}\sin(\omega t-4\pi/3)
\end{aligned}
\tag{3-1}
$$

式中，V_{PH}为相电压的有效值；ω为供电电源的角频率，$\omega=2\pi f$。

供电电源的线电压为

$$v_{ab}=v_a-v_b=\sqrt{2}V_{LL}\sin(\omega t+\pi/6) \tag{3-2}$$

式中，V_{LL}为线电压的有效值，它和相电压有效值的关系为$V_{LL}=\sqrt{3}V_{PH}$。

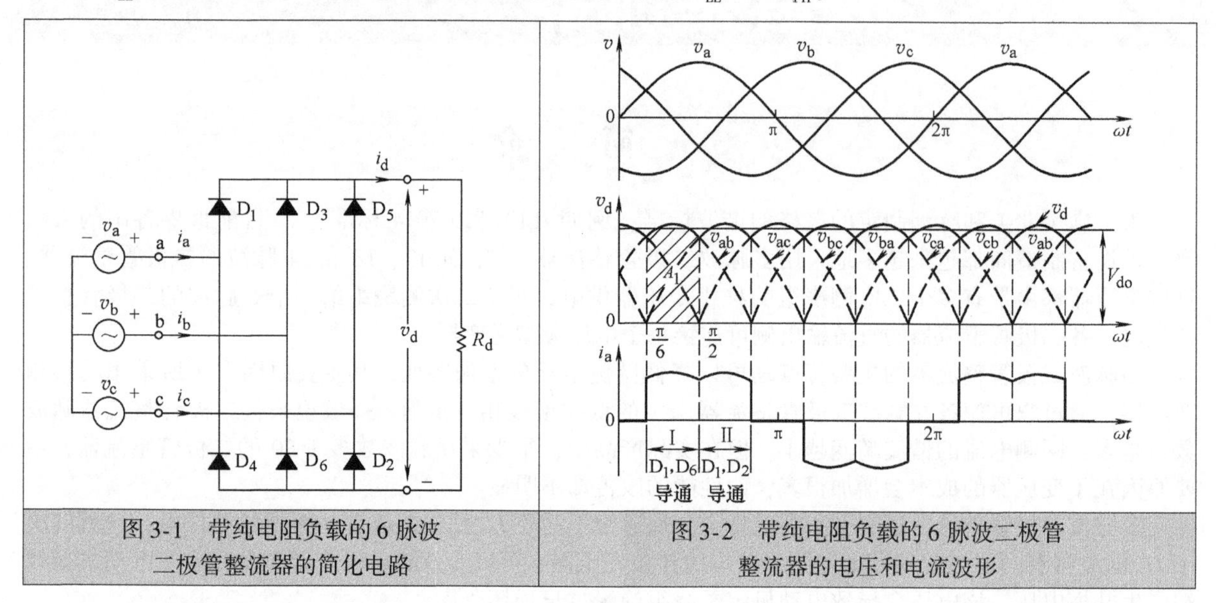

图3-1　带纯电阻负载的6脉波二极管整流器的简化电路

图3-2　带纯电阻负载的6脉波二极管整流器的电压和电流波形

在供电电源的每半个周期内，网侧电流i_a有两个波头。在Ⅰ区间，线电压v_{ab}比其他两个线电压高，二极管D_1和D_6正向偏置导通，输出电压v_d等于线电压v_{ab}，网侧电流$i_a=v_{ab}/R_d$。在Ⅱ区间，D_1和D_2导通，$i_a=v_{ac}/R_d$。依此类推，i_a在负半周期中（从π到2π）的波形也可得到。另外两相的电流i_b和i_c，与i_a的波形相类似，只是分别滞后了2π/3和4π/3角度。

直流电压v_d，在每个供电电源周期内含有6个波头，因此通常把此整流器称为6脉波整流器。v_d的平均值为

$$V_{do}=\frac{\boldsymbol{A}_1}{\pi/3}=\frac{1}{\pi/3}\int_{\pi/6}^{\pi/2}\sqrt{2}V_{LL}\sin(\omega t+\pi/6)\,d(\omega t)=\frac{3\sqrt{2}}{\pi}V_{LL}\approx1.35V_{LL} \tag{3-3}$$

3.2.2　容性负载 ★★★

图3-3a为带容性负载的6脉波二极管整流器的简化电路，其中L_s为供电电源和整流器之间的线路总电感，包括供电电源的内部等效电感，以及在实际产品中为了降低网侧电流THD而额外串接的滤波电感。如果在供电电源和整流器之间有隔离变压器，则L_s还包括变压器的漏电感。C_d为直流滤波电容，在分析中可假定为足够大，从而使直流输出电压没有纹波，为一恒值。基于这个假设，滤波电容和直流负载可以替换为一个直流电压源V_d，如图3-3b所示。V_d随负载情况不同而略有变化。轻载时，V_d接近交流侧供电电源线电压的峰值，直流电流i_d可能为断续的，称之为断续电流模式。随着直流电流i_d的增加，L_s上的压降也会增加，V_d则会下降。当i_d增加到一定值时，它就会变为连续，整流器也就工作在连续电流工作模式下了。

1. 断续电流工作模式

图3-4为6脉波二极管整流器工作在轻载时的电压和电流波形。在每半个交流供电电源周期内，三

相电流 i_a，i_b 和 i_c 各包含两个波头。整流器工作在断续电流模式下，是因为直流侧电流每个供电电源周期内有 6 次减小为零。

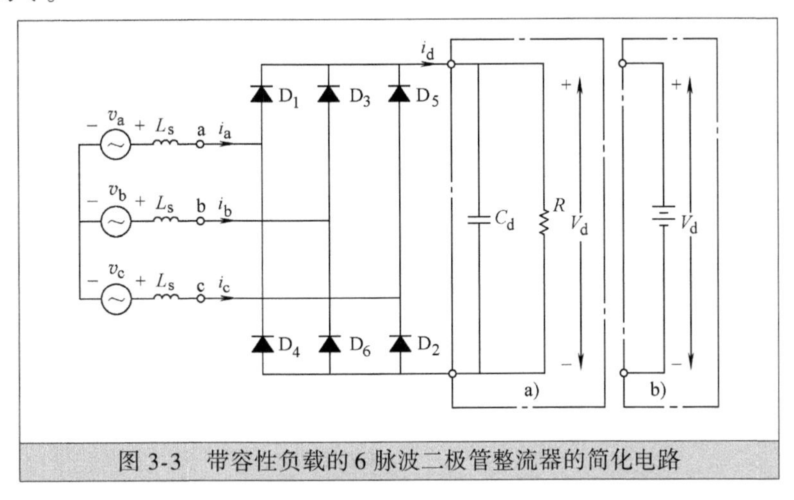

图 3-3　带容性负载的 6 脉波二极管整流器的简化电路

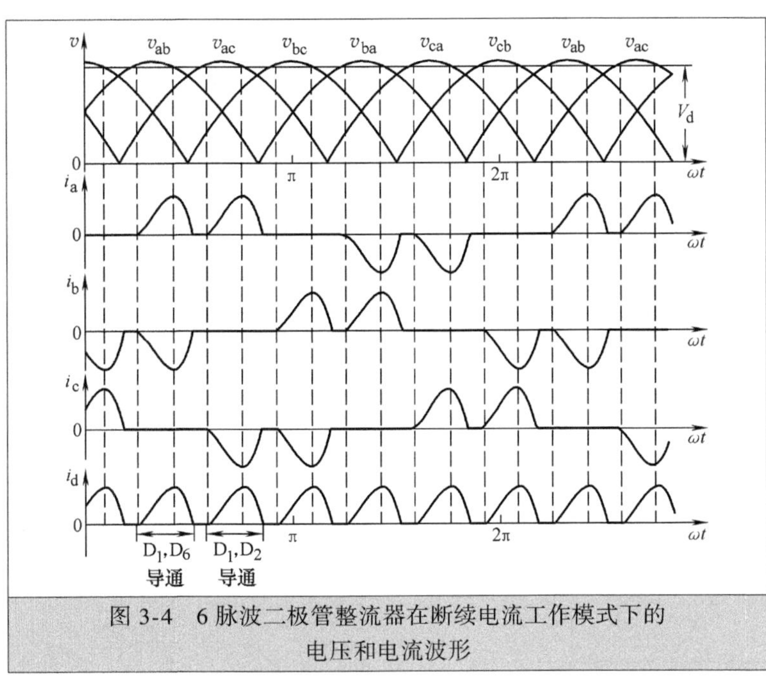

图 3-4　6 脉波二极管整流器在断续电流工作模式下的电压和电流波形

图 3-5 给出了 6 脉波二极管整流器在断续电流工作模式下，电压和电流波形的放大图。当 $\theta_1 \leqslant \omega t < \theta_2$ 时，线电压 v_{ab} 比直流电压 V_d 大，因此 D_1 和 D_6 导通，i_d 从 0 开始增加，L_s 储存能量。在 θ_2 时刻，v_{ab} 与 V_d 相等，L_s 两端的电压降为 0，i_d 达到最大值。当 $\omega t > \theta_2$ 时，v_{ab} 低于 V_d，储存在 L_s 中的能量通过 D_1 和 D_6 向负载释放。当 $\omega t = \theta_3$ 时，L_s 中的能量全部释放，i_d 减小到 0。当 $\theta_4 \leqslant \omega t < \theta_5$ 时，电压 v_{ac} 大于 V_d，二极管 D_1 和 D_2 导通。显然，每个二极管在一个供电电源周期内各导通两次。各二极管的导通角可以由下式计算

$$\theta_c = 2(\theta_3 - \theta_1) \tag{3-4}$$

式中，$0 \leqslant \theta_c \leqslant 2\pi/3$。

在 θ_1 和 θ_2 时刻，线电压 v_{ab} 等于 V_d，则有

$$\theta_1 = \sin^{-1}\left(\frac{V_d}{\sqrt{2}\,V_{LL}}\right) \tag{3-5}$$

和
$$\theta_2 = \pi - \theta_1 \tag{3-6}$$
D_1和D_6导通时，a相和b相两个电感上总的压降为（$\theta_1 \leqslant \omega t < \theta_3$）
$$2L_s \frac{di_d}{dt} = v_{ab} - V_d \tag{3-7}$$
由此可进一步得到
$$\begin{aligned} i_d(\theta) &= \frac{1}{2\omega L_s}\int_{\theta_1}^{\theta} (\sqrt{2}V_{LL}\sin(\omega t) - V_d)d(\omega t) \\ &= \frac{1}{2\omega L_s}(\sqrt{2}V_{LL}(\cos\theta_1 - \cos\theta) + V_d(\theta_1 - \theta)) \end{aligned} \tag{3-8}$$
把θ_2代入式（3-8）可以得到直流电流的峰值
$$\hat{I}_d = \frac{1}{2\omega L_s}(\sqrt{2}V_{LL}(\cos\theta_1 - \cos\theta_2) + V_d(\theta_1 - \theta_2)) \tag{3-9}$$
直流电流的平均值则为
$$I_d = \frac{1}{\pi/3}\int_{\theta_1}^{\theta_3} i_d(\theta)d(\theta) \tag{3-10}$$
把$i_d(\theta_3) = 0$代入式（3-8），可以得到
$$\frac{V_d}{\sqrt{2}V_{LL}} = \frac{\cos\theta_3 - \cos\theta_1}{\theta_1 - \theta_3} \tag{3-11}$$
当V_{LL}和V_d已知时，可以根据上式计算出θ_3。需要指出的是，θ_1、θ_2和θ_3只是V_{LL}和V_d的函数，而与线路电感L_s无关。

2. 连续电流工作模式

如前所述，整流器输出的直流电压V_d随负载电流的增加而降低，而V_d的降低则使得图3-5中θ_3和θ_4相互靠近。当θ_3和θ_4相互重叠时，直流电流i_d就会变为连续，整流器进入连续电流工作模式。

图3-6为6脉波二极管整流器在连续电流工作模式下的电流波形。在区间Ⅰ，正向电流i_a使得D_1导通，负向电流i_c使得D_2导通，整流器输出的直流电流则为$i_d = i_a = -i_c$。

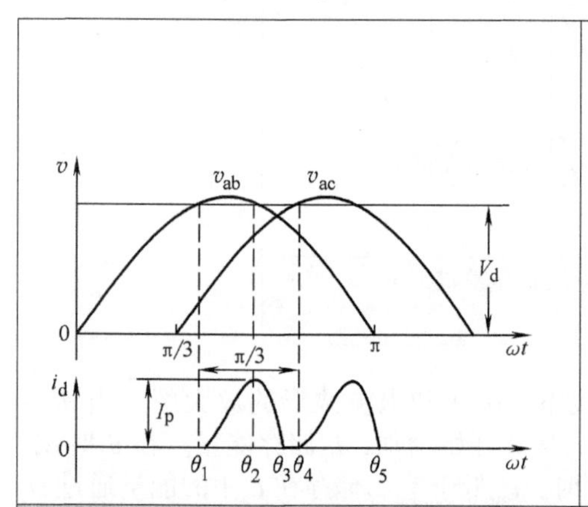

图3-5 6脉波二极管整流器在断续电流工作模式下电压和电流波形的放大图

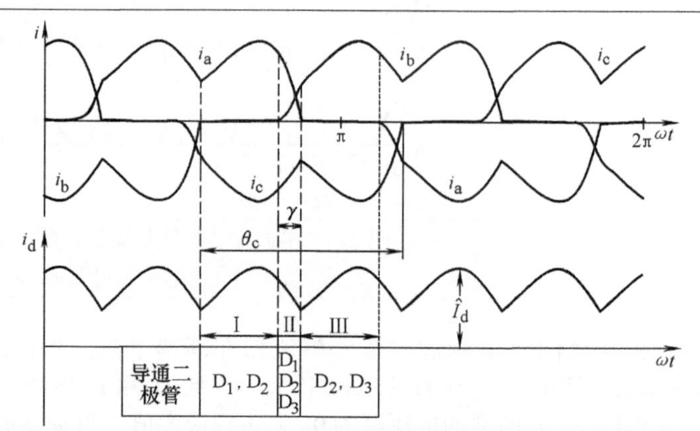

图3-6 6脉波二极管整流器在连续电流工作模式下的电流波形

在区间Ⅱ，整流器进行换相，流过D_1的电流被转移到D_3中。当D_3上为正向偏置电压时，D_3导通，换相开始。由于系统中存在线路电感L_s，换相过程不可能立即完成，D_3中的电流i_b增加和D_1中电流i_a的减小都需要一个短暂的时间。在换相过程中，3个二极管（D_1，D_2和D_3）同时导通，直流电流为$i_d = i_a + i_b = -i_c$。当i_a减小到0时，D_1关断，换相过程结束。

在区间Ⅲ，二极管D_2和D_3导通，直流电流$i_d = i_b = -i_c$。连续电流工作模式下，二极管的导通角θ_c

为 $2\pi/3+\gamma$，其中 γ 为换相重叠角。与断续电流工作模式相比，连续电流工作模式下，整流器从电源吸收的电流谐波含量更低。关于电流谐波方面的分析将在下面几节中详细介绍。

3.2.3 THD 和 PF 的定义 ★★★

假定供电电源相电压 v_a 为纯正弦波，则

$$v_a = \sqrt{2}V_a \sin\omega t \tag{3-12}$$

而整流器的网侧电流 i_a 通常为周期性的非正弦波，其可用傅里叶级数表示为

$$i_a = \sum_{n=1,2,3,\cdots}^{\infty} \sqrt{2}I_{an}(\sin(\omega_n t) - \phi_n) \tag{3-13}$$

式中，n 为谐波次数；I_{an} 和 ω_n 分别为第 n 次谐波电流的有效值和角频率；ϕ_n 为电源电压 V_a 和谐波电流 I_{an} 之间的相移。

网侧畸变电流 i_a 的有效值为

$$I_a = \left(\frac{1}{2\pi}\int_0^{2\pi}(i_a)^2 \mathrm{d}(\omega t)\right)^{1/2} = \left(\sum_{n=1,2,3,\cdots}^{\infty} I_{an}^2\right)^{1/2} \tag{3-14}$$

电流的 THD（Total Harmonic Distortion，总谐波畸变率）则定义为

$$\mathrm{THD} = \frac{\sqrt{I_a^2 - I_{a1}^2}}{I_{a1}} \tag{3-15}$$

式中，I_{a1} 为 i_a 中基波电流的有效值。整流器从每相供电电源吸收的平均功率为

$$P = \frac{1}{2\pi}\int_0^{2\pi} v_a i_a \mathrm{d}(\omega t) \tag{3-16}$$

把式（3-12）和式（3-13）代入式（3-16）中，可得

$$P = V_a I_{a1}\cos\phi_1 \tag{3-17}$$

式中，ϕ_1 为 V_a 和 I_{a1} 之间的相移。供电电源每相输出的视在功率为

$$S = V_a I_a \tag{3-18}$$

输入功率因数定义为

$$\mathrm{PF} = \frac{P}{S} = \frac{I_{a1}}{I_a}\cos\phi_1 = \mathrm{DF}\cdot\mathrm{DPF} \tag{3-19}$$

式中，DF（Distortion Factor）为畸变因数，DPF 为相移功率因数，它们分别为

$$\begin{cases} \mathrm{DF} = I_{a1}/I_a \\ \mathrm{DPF} = \cos\phi_1 \end{cases} \tag{3-20}$$

当 THD 和 DPF 已知时，功率因数（PF）也可以由式（3-21）计算得到

$$\mathrm{PF} = \frac{\mathrm{DPF}}{\sqrt{1+\mathrm{THD}^2}} \tag{3-21}$$

3.2.4 标幺值系统 ★★★

在分析能量转换系统时，为了方便，通常采用标幺值系统进行分析。

假定研究对象为一个三相对称系统，其视在功率为 S_R，额定线电压为 V_{LL}，则标幺值系统中的电压基值可取为系统的额定相电压，即

$$V_B = \frac{V_{LL}}{\sqrt{3}} \tag{3-22}$$

电流基值和阻抗基值分别定义为

$$I_B = \frac{S_R}{3V_B},\quad Z_B = \frac{V_B}{I_B} \tag{3-23}$$

频率基值为

$$\omega_B = 2\pi f \tag{3-24}$$

式中，f为供电电源的频率或逆变器的额定输出频率。

电感和电容的基值则分别为

$$L_B = \frac{Z_B}{\omega_B} \quad 和 \quad C_B = \frac{1}{\omega_B Z_B} \tag{3-25}$$

以实际系统为例，假定一个三相整流器系统的额定电压为4160V，额定频率为60Hz，额定容量为2MVA，则可以计算出其电流基值 I_B 为 277. 6A，电感基值 L_B 为 22. 9mH。如果整流器的线路电感为2. 29mH，从供电电源吸收的电流为138. 8A，则二者相对应的标幺值分别为0. 1pu（per-unit，标幺值）和0. 5pu。

3. 2. 5　6 脉波二极管整流器的 THD 和 PF ★★★

图 3-7 给出了6 脉波二极管整流器网侧电流的两种典型波形。当整流器运行在轻载条件下，网侧电流的基波含量为 I_{a1} =0. 2pu 时，可以看出其波形有尖峰。在每半个供电电源周期内包含有两个独立的脉波，这也是整流器的输出直流电流断续的原因。当整流器运行在额定条件下，即 I_{a1} =1. 0pu 时，两个电流脉波会有部分重叠，从而使得整流器输出连续的直流电流。

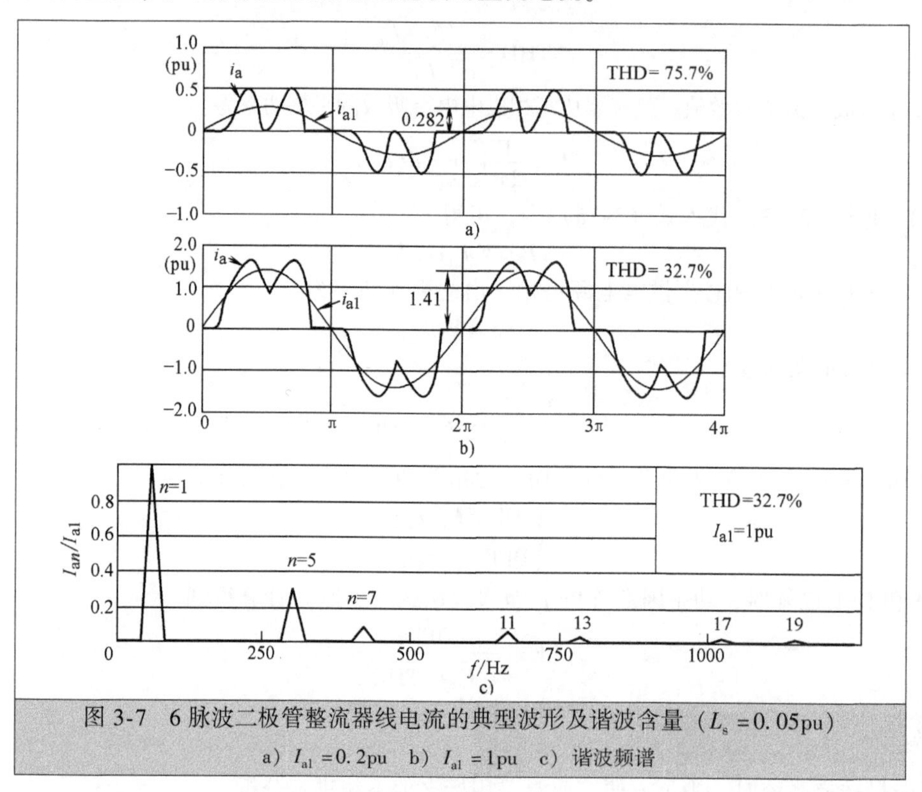

图 3-7　6 脉波二极管整流器线电流的典型波形及谐波含量（L_s =0. 05pu）
a）I_{a1} =0. 2pu　b）I_{a1} =1pu　c）谐波频谱

图 3-7c 给出了6 脉波二极管整流器网侧电流的谐波频谱。由于波形为半波对称，即 $f(\omega t) = -f(\omega t + \pi)$，所以网侧电流 i_a不含有任何偶次谐波。由于是三相对称系统，所以也不含有3 的整数倍次谐波。主要的低次谐波为5 次和7 次谐波，且幅值相比于其他谐波而言要大很多。网侧电流的 THD 为基波电流有效值 I_{a1}的函数，在 I_{a1} =0. 2pu 和 I_{a1} =1. 0pu 时的 THD 分别为75. 7% 和32. 7% 。

6 脉波二极管整流器的 THD 和 PF 曲线如图 3-8 所示。其中基波电流 I_{a1}的范围为0. 1 ~1pu，线路电感 L_s的范围为0. 05 ~0. 15pu。可以看出，随着 I_{a1} 的增加，THD 逐渐减小，整流器的功率因数逐渐提高。THD 的减小，可改善整流器的相移功率因数，它也是功率因数逐渐增大的主要原因。当 THD 和 PF 已知时，DPF 为

$$DPF = \cos\phi_1 = PF\sqrt{1 + THD^2} \tag{3-26}$$

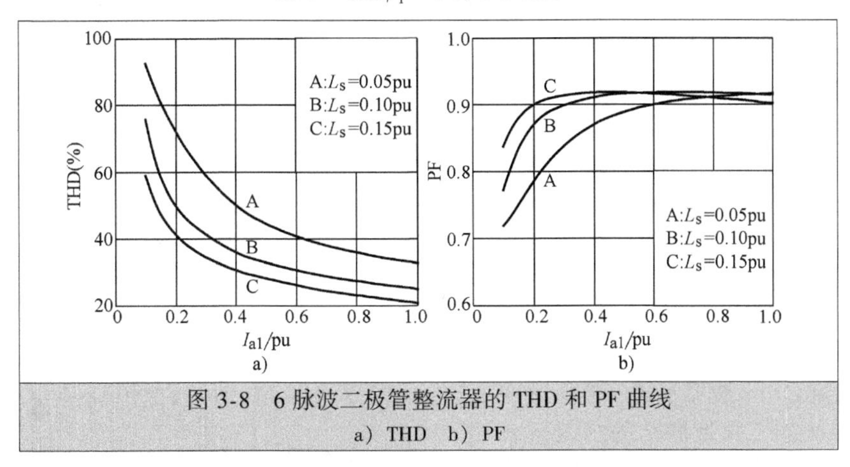

图 3-8 6 脉波二极管整流器的 THD 和 PF 曲线

a) THD b) PF

如前所述，网侧电流主要的低次谐波幅值都很大。减小网侧电流总谐波畸变率的一种有效方法是从系统中消除这些谐波，这可通过多脉波二极管整流器来实现。

3.3 串联型多脉波二极管整流器

在这一节中，将介绍 12、18 和 24 脉波串联型二极管整流器的拓扑结构，并对这些整流器的 THD 和 PF 性能进行计算机仿真和实验研究。

3.3.1 12 脉波串联型二极管整流器 ★★★

1. 整流器结构

图 3-9 为 12 脉波串联型二极管整流器的典型结构，其中包括两个完全相同的 6 脉波二极管整流器，分别由移相变压器二次侧两个三相对称绕组供电。两个整流器的直流输出串联连接。为了消除网侧电流 i_A 中的低次谐波，可令变压器二次侧星形联结的绕组的线电压 V_{ab} 与变压器一次侧绕组线电压 v_{AB} 同相，而变压器二次侧三角形联结的绕组的线电压 $v_{\tilde{a}\tilde{b}}$ 超前 v_{AB} 一个相角，即

$$\delta = \angle v_{\tilde{a}\tilde{b}} - \angle v_{AB} = 30° \tag{3-27}$$

二次侧绕组线电压的有效值为

$$V_{ab} = V_{\tilde{a}\tilde{b}} = V_{AB}/2 \tag{3-28}$$

则变压器的绕组匝数比为

$$\frac{N_1}{N_2} = 2 \qquad \frac{N_1}{N_3} = \frac{2}{\sqrt{3}} \tag{3-29}$$

图 3-9 中的 L_s 表示供电电源和变压器之间总的线路电感，L_{lk} 为折算到二次侧的变压器总的漏电感。在下面的分析中，假定直流滤波电容 C_d 足够大，从而可以忽略直流电源 V_d 中的纹波含量。

图 3-9b 为 12 脉波串联型二极管整流器的简化结构框图，变压器的绕组用中心含“Y”和“△”的圆圈表示，其中“Y”表示星形联结的三相绕组，“△”表示三角形联结的三相绕组。

2. 电流波形

图 3-10 为一组 12 脉波串联型二极管整流器工作在额定条件下，由计算机仿真得到的电流波形。假定 L_s 为 0，移相变压器总漏电抗取 L_{lk} 典型值 0.05pu。

从图 3-10a 中可以看出，直流电流 i_d 连续，且在每个供电频率周期内包含有 12 个脉波。在任何时刻（换相过程除外），上、下两个 6 脉波二极管整流器中各有两个二极管导通，i_d 同时经过 4 个二极管形成电流回路。由于两个 6 脉波二极管整流器的输出为串联连接，二次侧绕组的漏电感也可以认为是串联连接，直流电流的纹波相对较小。

变压器二次侧星形联结的绕组中的电流 i_a 近似为梯形波，只是在顶端有 4 个纹波。变压器二次侧三角形联结的绕组中的电流 $i_{\tilde{a}}$ 和 i_a 的波形形状相同，只是在相位上相差 30°，在图中没有给出。

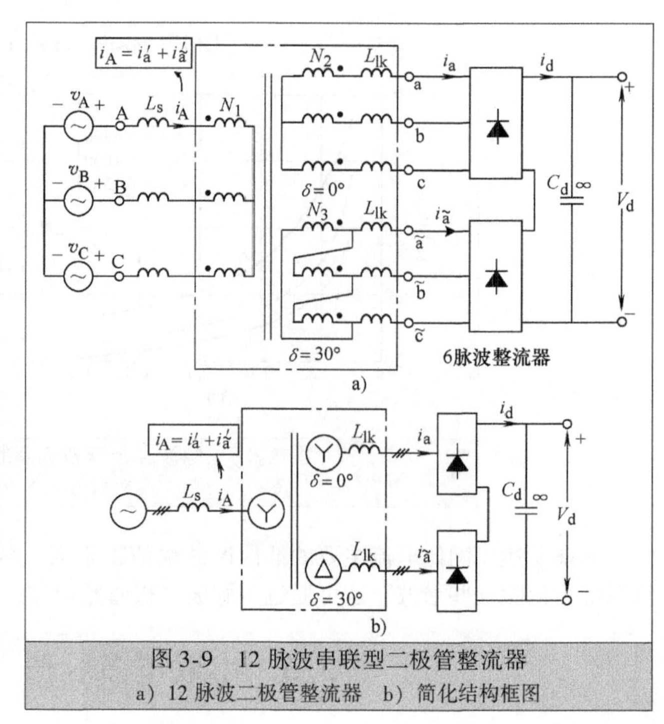

图 3-9　12 脉波串联型二极管整流器
a）12 脉波二极管整流器　b）简化结构框图

图 3-10b 中电流 i_a'、$i_{\tilde{a}}'$分别为二次侧线电流 i_a、$i_{\tilde{a}}$折合到变压器一次侧的波形。由于变压器一次侧和二次侧上面的绕组都为星形联结，折合后的电流 i_a'和折合前的电流 i_a波形形状相同，只是幅值减小了一半（可根据两个绕组匝数比计算得到）。而当 $i_{\tilde{a}}$折合到一次侧时，折合后的电流 $i_{\tilde{a}}'$与 $i_{\tilde{a}}$波形不同。波形改变的原因是由于二次侧三角形联结的绕组折合到一次侧星形联结的绕组时引起了谐波电流的相移。相移使折合后的电流 $i_{\tilde{a}}'$和 i_a'中的谐波不同相，例如两者中的5 次和7 次谐波折合后的相位相反。因此，这些谐波电流在变压器的一次侧绕组中相互抵消，从而不会出现一次侧线电流中，因为

$$i_A = i_a' + i_{\tilde{a}}' \tag{3-30}$$

图 3-11 给出了图 3-10 中电流的谐波频谱，其中 I_{an}'、$I_{\tilde{a}n}'$和 I_{An}分别为电流 i_a'、$i_{\tilde{a}}'$、i_A中的第 n 次谐波（有效值）。从图 3-11 中可以看出，尽管折合后的电流i_a'和 $i_{\tilde{a}}'$波形截然不同，但它们的谐波含量却完全相同。这是因为，当变压器的二次侧电流折合到一次侧时，谐波含量并不会发生变化。i_a'和 $i_{\tilde{a}}'$中的 5 次和 7 次谐波含量分别为 18.6% 和 12.4%，远大于其他谐波。同时可以看出，尽管变压器二次侧线电流 i_a的 THD 为 24.1%，变压器一次侧线电流 i_A的 THD 却仅为 8.38%。总谐波畸变率大幅度减小的原因是由于采用了移相变压器，从而使得幅值较大的低次谐波相互抵消。关于谐波电流中的相移及如何通过采用移相变压器而相互抵消的更多介绍，可参阅第 5 章。

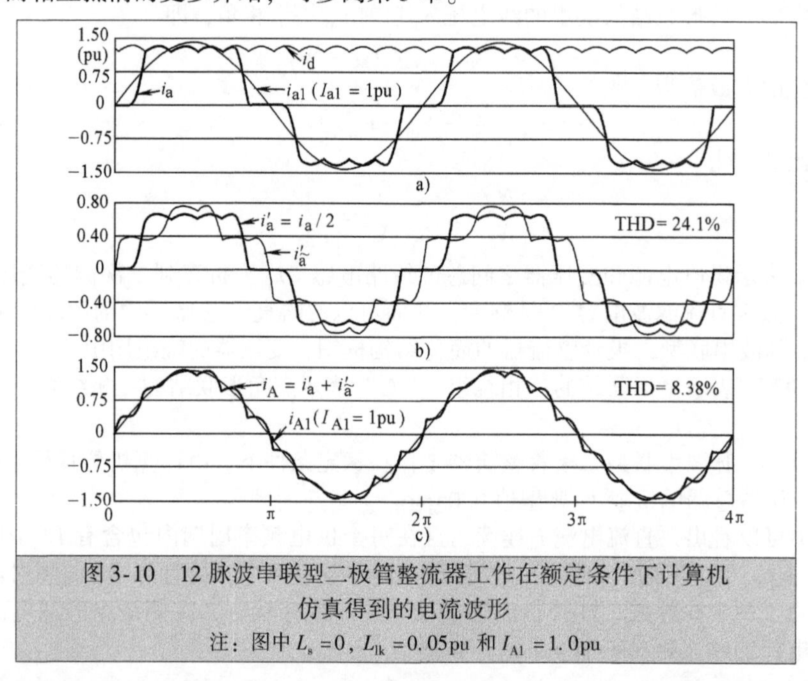

图 3-10　12 脉波串联型二极管整流器工作在额定条件下计算机仿真得到的电流波形

注：图中 L_s =0，L_{lk} =0.05pu 和 I_{A1} =1.0pu

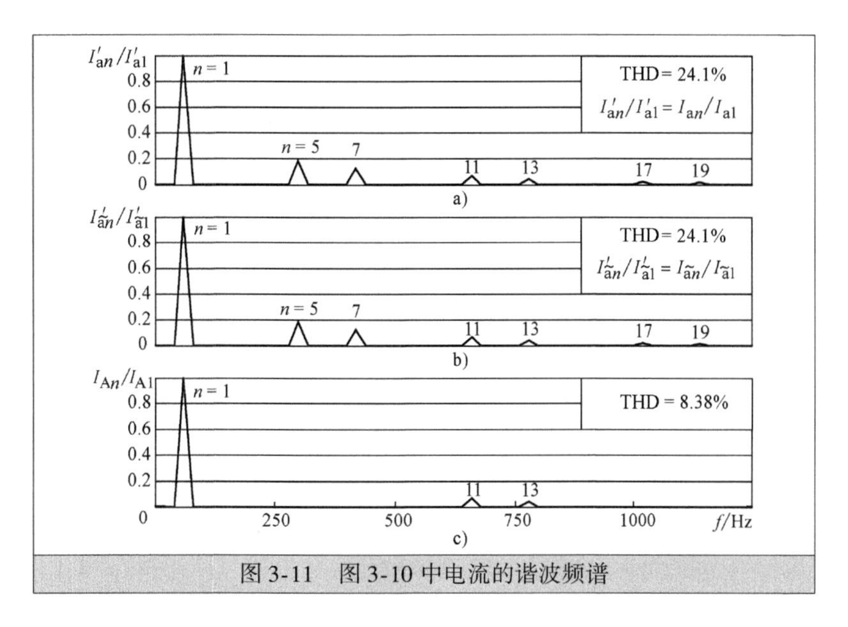

图 3-11 图 3-10 中电流的谐波频谱

图 3-12 给出了 12 脉波二极管整流器工作在额定条件下的实验波形。实验中采用的移相变压器的总漏电抗为 0. 045pu，$V_{AB}/V_{ab} = V_{AB}/V_{\tilde{a}\tilde{b}} = 2.05$。由于供电电源功率远远大于整流器的额定功率，供电电源和变压器之间的线路电感 L_s 可以被忽略。

测量得到的变压器二次侧电流 i_a 和 $i_{\tilde{a}}$ 都为准梯形波，但有 30°的相移。如图 3-12b所示的谐波频谱显示，i_a、$i_{\tilde{a}}$ 都含有 5 次和 7 次谐波，但这些谐波通过移相变压器可相互抵消，因此不会出现在 i_A 中。应该指出的是，图 3-12b 中的 i_a 和 i_A 的基波幅值不完全相同，这是由于实验中所用变压器一次侧和二次侧电压比为 2. 05，而不是 2。

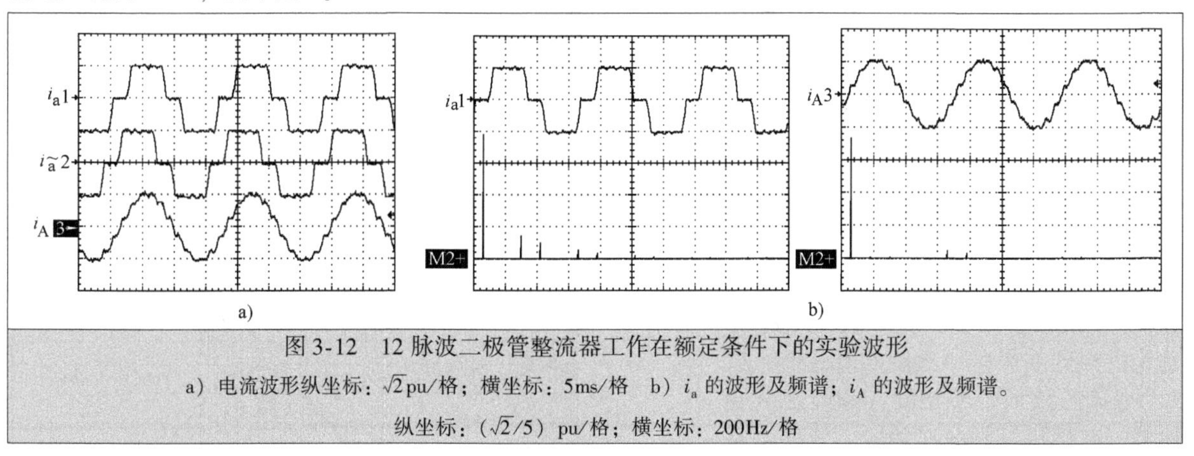

图 3-12 12 脉波二极管整流器工作在额定条件下的实验波形

a）电流波形纵坐标：$\sqrt{2}$pu/格；横坐标：5ms/格 b）i_a 的波形及频谱；i_A 的波形及频谱。纵坐标：（$\sqrt{2}/5$）pu/格；横坐标：200Hz/格

3. THD 和 PF

图 3-13 为 12 脉波串联型二极管整流器网侧电流的 THD 及输入 PF，横坐标为网侧电流的基波幅值。漏电感 L_{lk} 取其典型值 0. 05pu，而电感 L_s 通常随供电电源的功率及运行情况而变化。为了考察 L_s 的影响，图 3-13 中取了 3 个典型值，即 0、0. 05pu 和 0. 10pu。可以看出，当 i_{A1} 和 L_s 增加时，网侧电流 i_A 的 THD 将会减小。和 6 脉波二极管整流器相比，12 脉波二极管整流器网侧电流的 THD 可大幅降低。较低的网侧电流 THD 和较高的相移功率因数，使得整流器的输入 PF 也得到了改善。

一般说来，12 脉波二极管整流器的输入电流仍然不能满足 IEEE 519-2014 的谐波标准，除非 12 脉波二极管整流器工作在额定功率下，且 L_s 大于或等于 0. 1pu。在实际系统中，为了降低网侧电流 THD，可以通过增加三相进线电抗器或者增大移相变压器的漏电感来得到较高的 L_s。

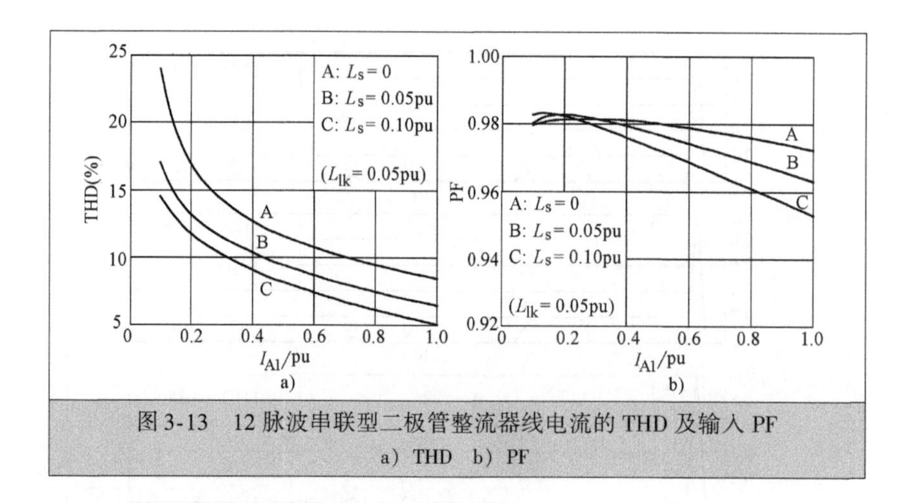

图 3-13　12 脉波串联型二极管整流器线电流的 THD 及输入 PF

a）THD　b）PF

3.3.2　18 脉波串联型二极管整流器 ★★★

1. 整流器结构

18 脉波串联型二极管整流器的结构如图 3-14 所示，其中二次侧为 3 个完全相同的 6 脉波二极管整流器，由同一台移相变压器供电。图 3-14 中含有⅄和⅄的圆圈符号分别表示变压器二次侧一个延边三角形连接的三相绕组，可以产生一次和二次绕组线电压之间所需要的相移角 δ。移相变压器的详细设计和分析，请读者参阅第 5 章。

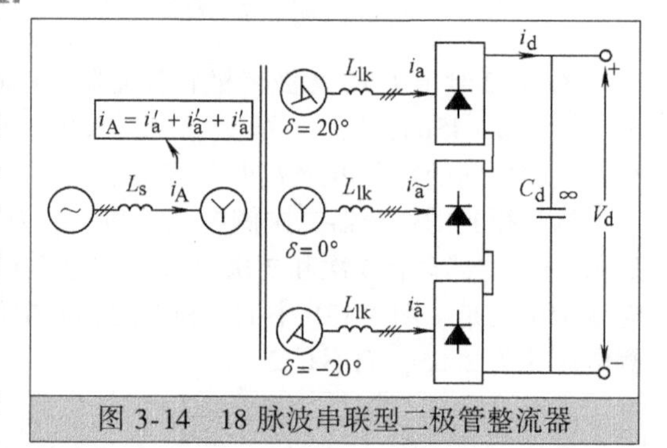

图 3-14　18 脉波串联型二极管整流器

18 脉波二极管整流器可以消除 4 个主要的低次谐波，即 5、7、11 和 13 次谐波。为了实现这个目的，移相变压器任意两个相邻的二次绕组都要有 20°的相移，例如一组典型的取值方法如图 3-14 所示，δ 分别为 20°、0° 和 −20°。δ 也可以采用其他的取值方法，例如 δ = 0°、20°和 40°。变压器的匝数设计，一般是使得每个二次绕组的线电压为变压器一次侧线电压的 1/3。

2. 波形图

假设图 3-14 中所示的 18 脉波串联型二极管整流器运行在额定负载下，且 $L_s = 0$，$L_{lk} = 0.05$pu，图 3-15 给出了一组计算机仿真波形图，其中 i'_a、$i'_{\tilde{a}}$和$i'_{\bar{a}}$分别为折算到变压器一次侧的电流值。这 3 个电流的波形各不相同，原因是从变压器二次侧折算到一次侧时，谐波电流的相位有不同的改变。二次侧的电流 i_a、$i_{\tilde{a}}$和 $i_{\bar{a}}$在图中没有给出，但是它们和 $i'_{\tilde{a}}$波形的形状相同。图 3-15c 为变压器一次侧和二次侧线电流的谐波含量比较。二次侧线电流的 THD 为 23.7%，而在一次侧线电流中，由于 4 个主要的低次谐波成分相互抵消，其 THD 仅为 3.06%。

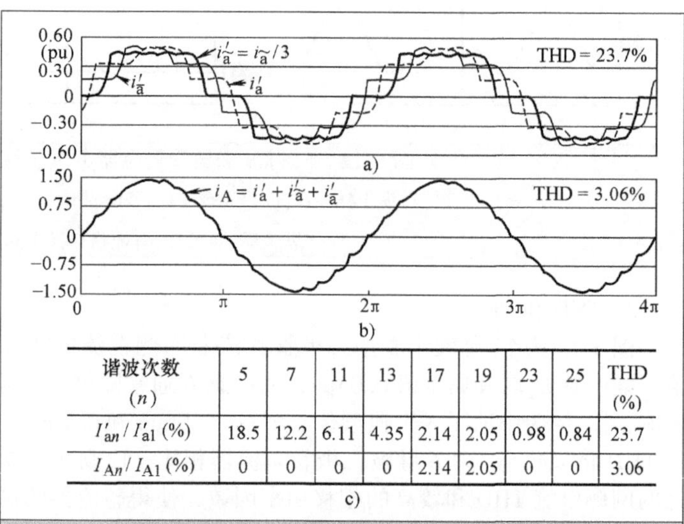

谐波次数 (n)	5	7	11	13	17	19	23	25	THD (%)
I'_{an}/I'_{a1} (%)	18.5	12.2	6.11	4.35	2.14	2.05	0.98	0.84	23.7
I_{An}/I_{A1} (%)	0	0	0	0	2.14	2.05	0	0	3.06

c)

图 3-15　18 脉波串联型二极管整流器的电流波形

注：图中 $L_s = 0$，$L_{lk} = 0.05$pu，$I_{A1} = 1.0$pu

图 3-16 给出了 18 脉波串联型二极管整流器的实验波形。在实验中，移相

变压器漏电抗为0.05pu，电压比为 $V_{AB}/V_{ab}=V_{AB}/V_{\tilde{a}\tilde{b}}=V_{AB}/V_{\bar{a}\bar{b}}=2.95$。变压器二次侧的线电流 i_a，$i_{\tilde{a}}$和$i_{\bar{a}}$相互之间有20°的相移。谐波频谱证实了变压器一次侧线电流不包含5、7、11或13谐波，因此非常接近正弦波。

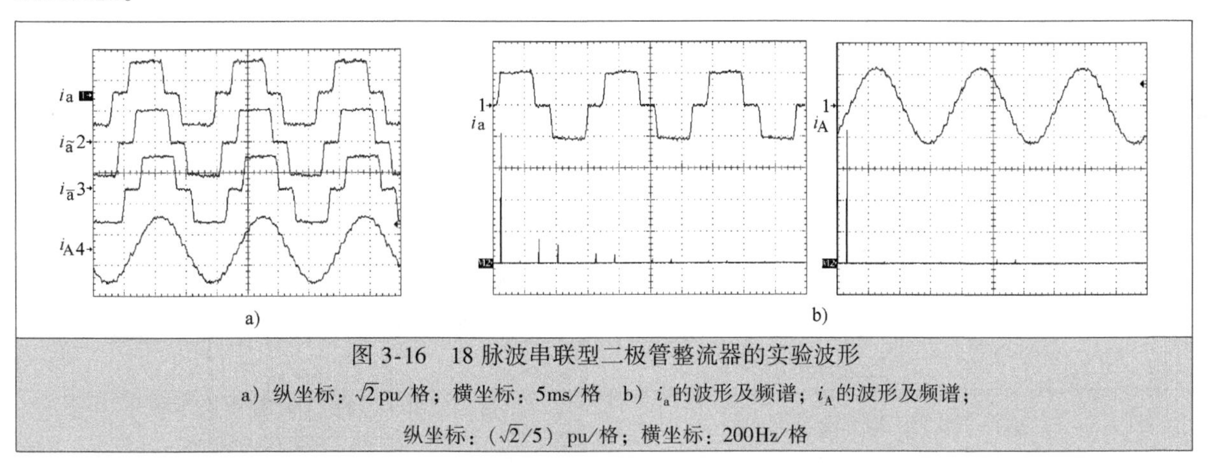

图 3-16　18 脉波串联型二极管整流器的实验波形

a）纵坐标：$\sqrt{2}$pu/格；横坐标：5ms/格　b）i_a的波形及频谱；i_A的波形及频谱；

纵坐标：（$\sqrt{2}$/5）pu/格；横坐标：200Hz/格

3. 网侧电流 THD 及输入 PF

18 脉波串联型二极管整流器网侧电流的 THD 及输入 PF 如图3-17 所示。与12 脉波二极管整流器相比，18 脉波二极管整流器的 THD 更低，PF 更高。例如，当18 脉波二极管整流器工作在额定负载条件下，即 $I_{A1}=1$pu 及 $L_s=0.05$pu 时，网侧电流 i_A的 THD 从 12 脉波二极管整流器的 6.4% 降低到 2.3%，功率因数也略有增加。

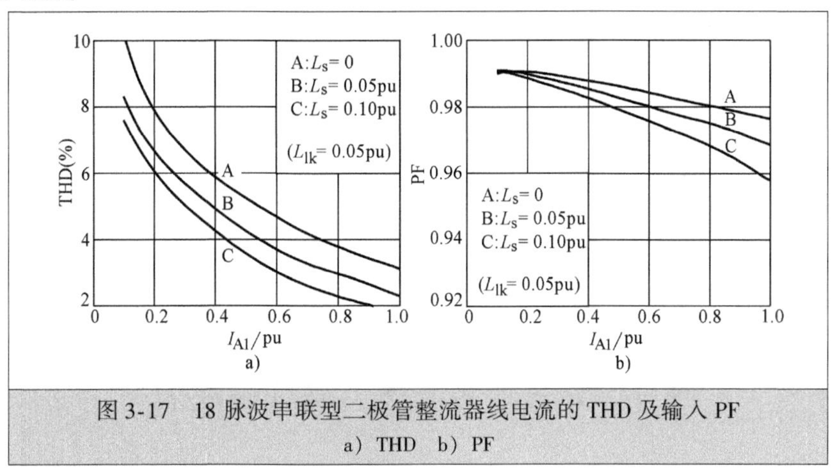

图 3-17　18 脉波串联型二极管整流器线电流的 THD 及输入 PF

a）THD　b）PF

3.3.3　24 脉波串联型二极管整流器 ★★★

24 脉波串联型二极管整流器的结构如图 3-18 所示，其中 4 个整流器由移相变压器的 4 个二次侧绕组供电。为了消除 5、7、11、13、17 和 19 次 6 个主要的谐波，变压器的 4 个二次绕组中任意两个相邻绕组的线电压之间都有 15°的相移。每个二次绕组的线电压都是一次绕组线电压的 1/4。

图 3-19 为 24 脉波串联型二极管整流器额定负载下的电流波形，其中 i'_a、$i'_{\tilde{a}}$、$i'_{\bar{a}}$和 $i'_{\hat{a}}$为从变压器二次侧折算到一次侧的电流，THD 皆约为 24%。而一次侧线电流 i_A 近似为正弦波，THD 仅为 1.49%。

24 脉波串联型二极管整流器网侧电流的 THD 及输入 PF 如图 3-20 所示。可以看出，此类整流器的 THD 非常低，满足了 IEEE 519-2014 标准的谐波要求。

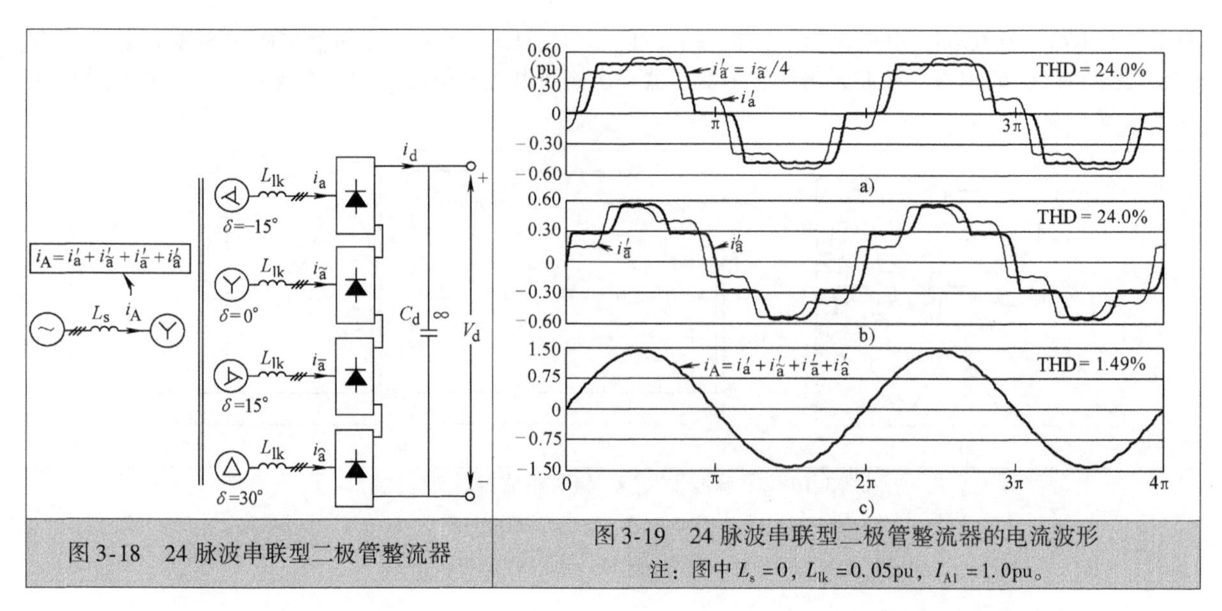

图 3-18　24 脉波串联型二极管整流器

图 3-19　24 脉波串联型二极管整流器的电流波形

注：图中 $L_s=0$，$L_{lk}=0.05$pu，$I_{A1}=1.0$pu。

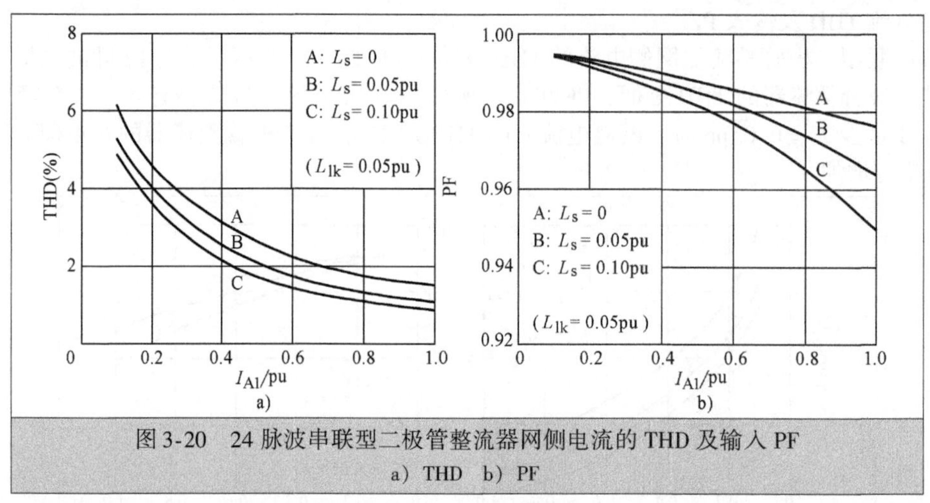

图 3-20　24 脉波串联型二极管整流器网侧电流的 THD 及输入 PF

a）THD　b）PF

3.4　分离型多脉波二极管整流器

前面已经讨论了串联型二极管整流器，其中所有 6 脉波二极管整流器的直流输出相互串联连接。本节将介绍分离型多脉波二极管整流器，每个 6 脉波二极管整流器分别给一个独立的直流负载供电。

3.4.1　12 脉波分离型二极管整流器 ★★★

图 3-21 为 12 脉波分离型二极管整流器的结构图，它和 12 脉波串联型二极管整流器基本相同，唯一的区别是它有两个独立的直流负载。

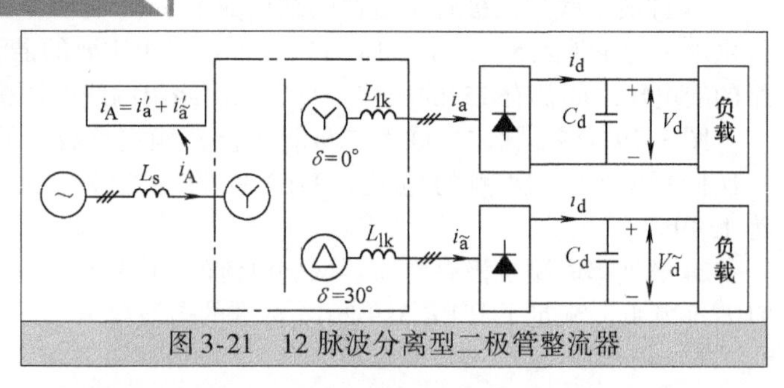

图 3-21　12 脉波分离型二极管整流器

图 3-22 给出了一个 12 脉波分离型二极管整流器的应用实例，它用作串联 H 桥多电平变频器的前端输入。移相变压器有 6 个二次侧绕组，3 个为星形联结，$\delta=0°$，其他 3

个绕组为三角形联结，δ 为 30°。每个二次侧绕组给一个 6 脉波二极管整流器供电。由于所有星形联结的二次绕组相同，所有三角形联结的二次绕组也相同，所以这个移相变压器实际上是一个 12 脉波变压器。所有 6 脉波二极管整流器各为一个 H 桥逆变器提供独立的直流电源，逆变器的输出串联连接形成一个三相交流电压，为电动机供电。

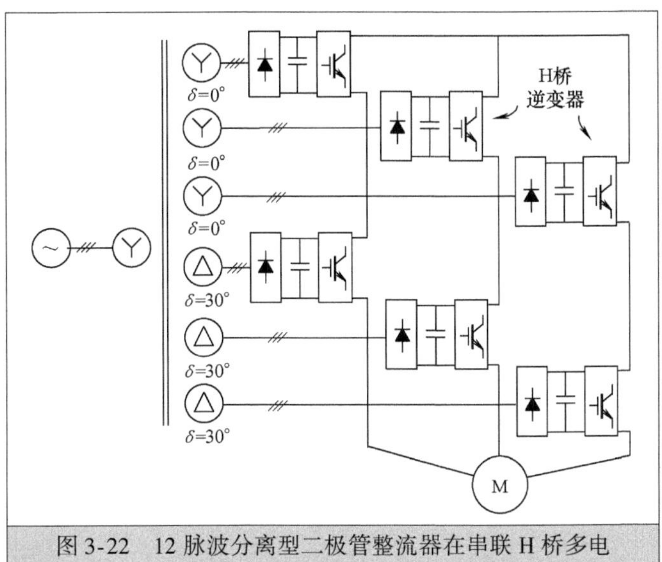

图 3-22　12 脉波分离型二极管整流器在串联 H 桥多电平变频器驱动系统中的应用实例

图 3-23 为 12 脉波分离型二极管整流器额定运行时的电流仿真波形。二次侧线电流 i_a 的波形与独立的 6 脉波二极管整流器输出波形非常相似，这是因为仿真中假设线路电感 L_s 为 0，则 12 脉波二极管整流器基本上就是两个独立的 6 脉波二极管整流器了。两个整流器的输出直流电流 i_d 和 $i_{\tilde{d}}$ 与 12 脉波串联型二极管整流器相比纹波较大，这是因为在串联型整流器中，从直流负载端看，两个二次绕组的漏电感是串联连接的。

图 3-23b 中 i'_a 和 $i'_{\tilde{a}}$ 为 i_a 和 $i_{\tilde{a}}$ 折算到一次侧的电流。如前述原因，i'_a 和 $i'_{\tilde{a}}$ 都含有 5 次和 7 次谐波，但这些谐波的相位相反，从而在变压器一次侧相互抵消，并不会出现。

需要指出的是，尽管 i_a 和 $i_{\tilde{a}}$ 的波形与 12 脉波串联型二极管整流器中的波形相差很大，两种类型的整流器中变压器一次电流 i_A 的波形却十分相似，它们的 THD 也很接近。这主要是由于 12 脉波的结构所致，5 次和 7 次谐波这两个影响最大的低次谐波都被消除了，剩下的谐波对网侧电流的波形和它的 THD 的影响便很小了。

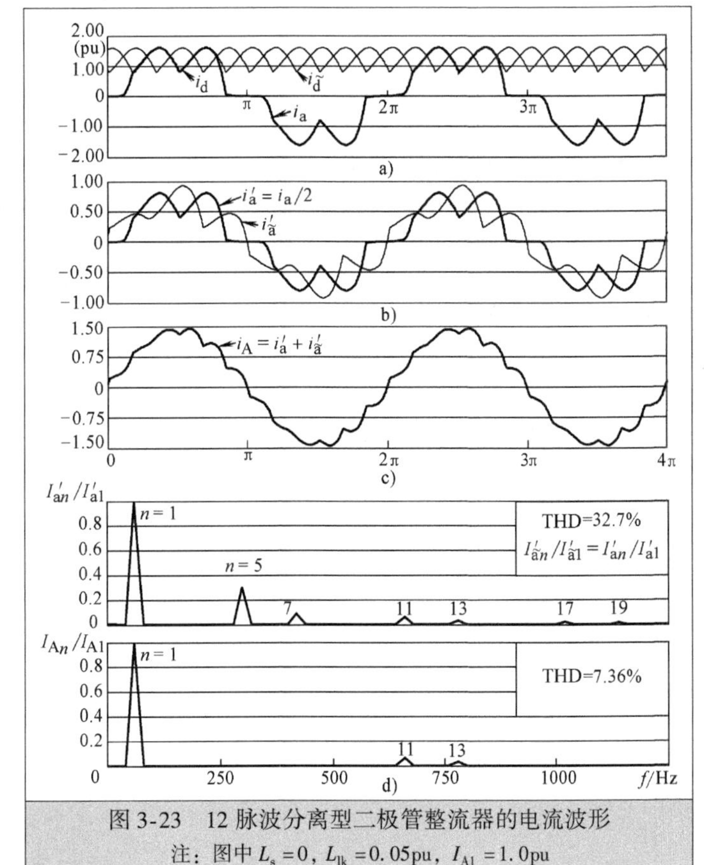

图 3-23　12 脉波分离型二极管整流器的电流波形

注：图中 $L_s=0$，$L_{lk}=0.05$pu，$I_{A1}=1.0$pu

图 3-24 为额定条件下 12 脉波分离型二极管整流器的输出波形，移相变压器的漏电抗为 0.045pu，电压比为 $V_{AB}/V_{ab}=V_{AB}/V_{\tilde{a}\tilde{b}}=2.05$。二次侧线电流 i_a 和 $i_{\tilde{a}}$，在每半个周期内都有两个波头，但是一次侧线电流 i_A 却近似为正弦波（如图 3-24b 右图所示），原因是 5 次和 7 次谐波都被消除了。

12 脉波分离型二极管整流器网侧电流的 THD 如图 3-25 所示，它比 12 脉波串联型二极管整流器的 THD 小一些，原因在于谐波的分布情况不一样。和串联型整流器相比，分离型整流器二次侧线电流中 5 次和 7 次谐波含量更高一些，11 次和 13 次谐波含量要低一些。当这些谐波折算到一次侧时，5 次和 7 次谐波都被消除掉了，只剩下幅值较低的 11 次和 13 次谐波，这就可使其 THD 更小一些。

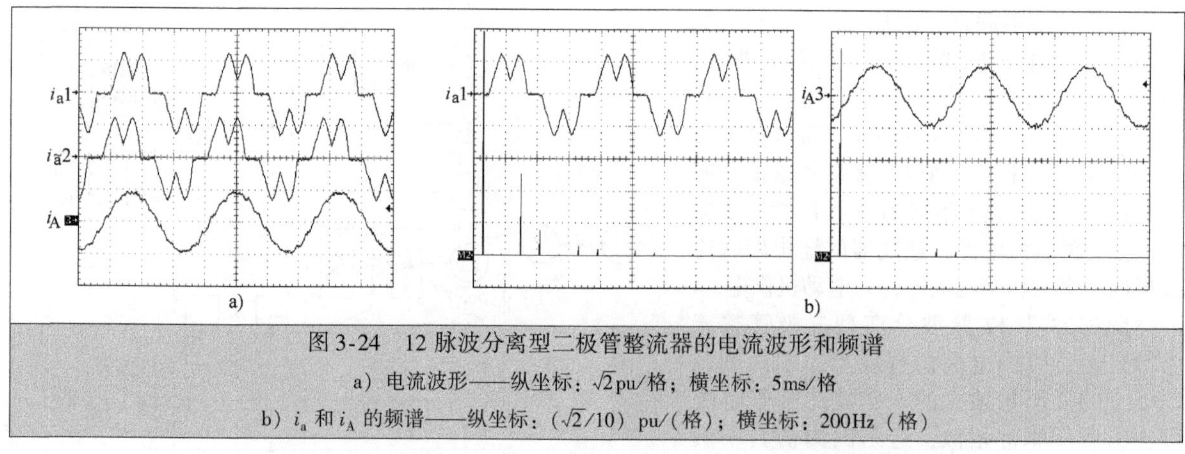

图 3-24　12 脉波分离型二极管整流器的电流波形和频谱

a）电流波形——纵坐标：$\sqrt{2}$pu/格；横坐标：5ms/格

b）i_a 和 i_A 的频谱——纵坐标：（$\sqrt{2}$/10）pu/（格）；横坐标：200Hz（格）

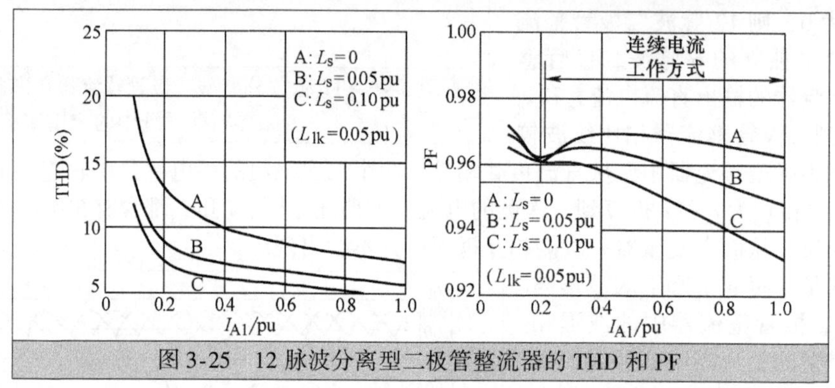

图 3-25　12 脉波分离型二极管整流器的 THD 和 PF

12 脉波分离型二极管整流器的功率因数也和 12 脉波串联型二极管整流器不一样，大约在 I_{A1} = 0.22pu 处出现了一个凹槽，这是整流器断续电流和连续电流运行的分界线。断续电流运行模式一般不会出现在串联型整流器中，这是因为从直流侧看，变压器二次绕组的漏电感为串联连接，从而使得直流电流在几乎全部运行范围内连续。分离型整流器的功率因数比串联型整流器的稍低，主要是由于直流负载连接方式影响了从供电电源侧看的等效电感的大小。

3.4.2　18 和 24 脉波分离型二极管整流器 ★★★

图 3-26 为 18 脉波分离型二极管整流器的结构图。与 18 脉波串联型二极管整流器相比，除了直流侧连接方式不同外，实质上基本相同。

18 脉波分离型二极管整流器的电流波形如图 3-27 所示。由于 4 个主要的低次谐波都被消除，一次侧线电流 i_A 的 THD 仅为 3.05%，非常接近正弦波。

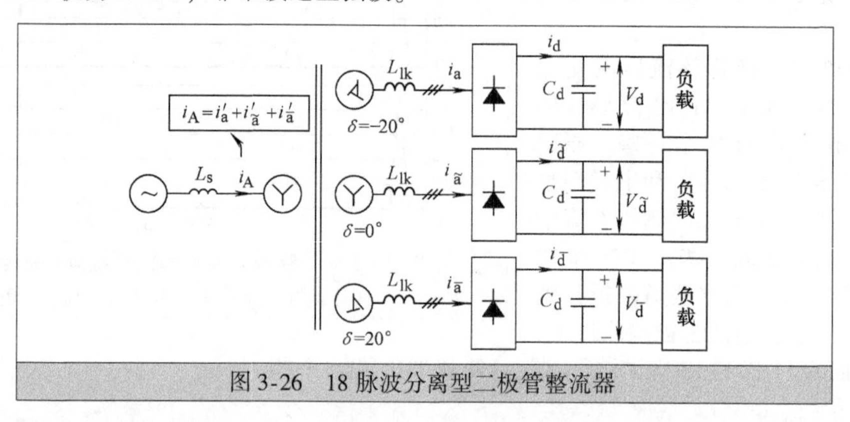

图 3-26　18 脉波分离型二极管整流器

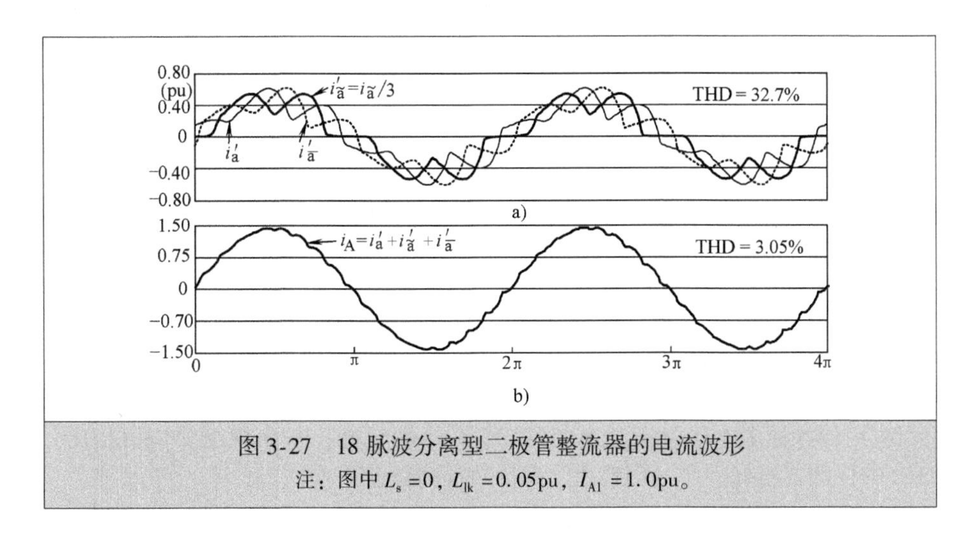

图 3-27　18 脉波分离型二极管整流器的电流波形

注：图中 $L_s=0$，$L_{lk}=0.05$pu，$I_{A1}=1.0$pu。

图 3-28 分别给出了 18 脉波和 24 脉波分离型二极管整流器网侧电流的 THD 及输入功率因数。一般说来，和串联型整流器相比，分离型整流器的 THD 稍好一些，功率因数则稍差一些。

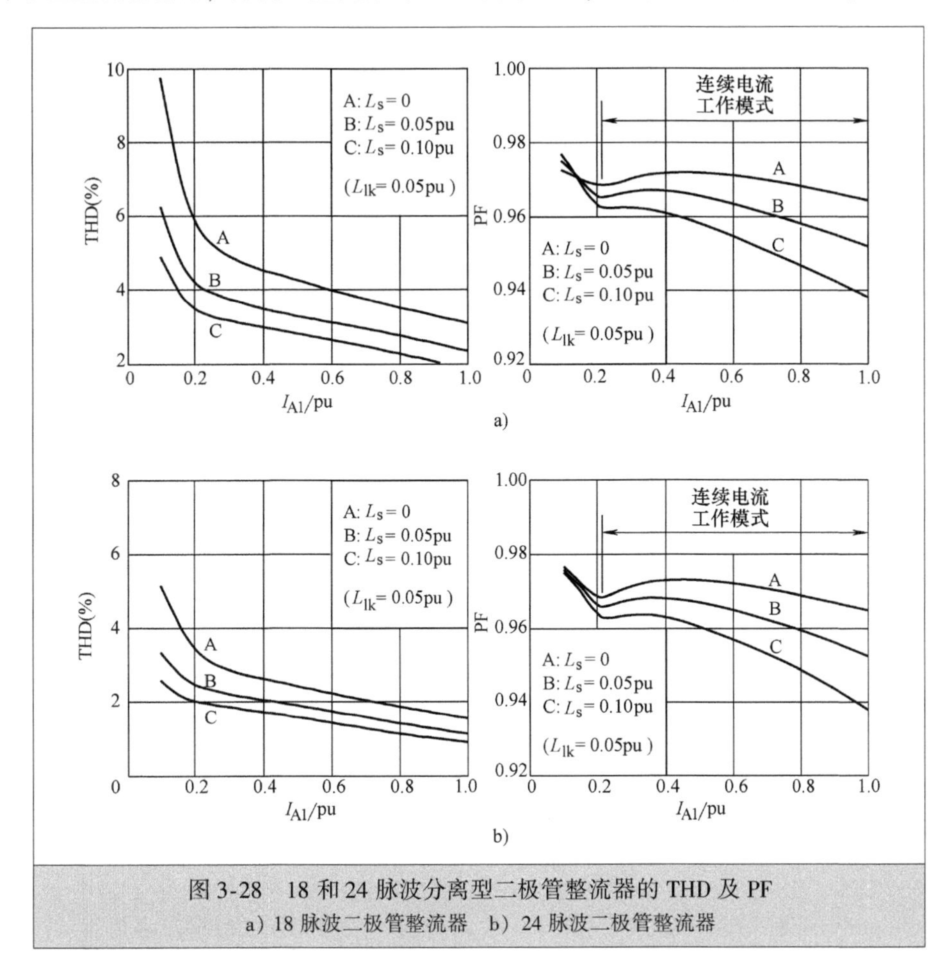

图 3-28　18 和 24 脉波分离型二极管整流器的 THD 及 PF

a) 18 脉波二极管整流器　b) 24 脉波二极管整流器

3.5 小　结

多脉波二极管整流器在大功率传动系统中常用作前端整流器，本章对此进行了全面的分析，主要包括以下内容。

1）系统地分析了 12、18 及 24 脉波二极管整流器。分析了多脉波二极管整流器网侧电流的 THD 及输入 PF。12 脉波二极管整流器一般无法满足 IEEE 519-2014 的谐波标准，18 脉波二极管整流器稍好一些，24 脉波二极管整流器则具有非常好的谐波性能。本章对多脉波二极管整流器的输入 PF 因数也进行了分析。大于 30 脉波的二极管整流器在实际系统中很少使用，这是因为变压器的成本会增加很多，但所改善的性能却非常有限，因此在本章中没有讨论。

2）对串联型和分离型多脉波二极管整流器进行了比较。多脉波二极管整流器可以分为串联型和分离型两种，可以应用到各种多电平电压源逆变器场合。一般说来，与串联型整流器相比，分离型整流器网侧电流 THD 的性能要稍好一些，但输入功率因数却略微差一些。

参 考 文 献

[1] IEEE Standards Association, "IEEE Std 519-2014 -Recommended Practice and Requirements for Harmonic Control in Electric Power Systems," IEEE power and Energy Society, 29 pages, 2014.

[2] S. Malik and D. Kluge, "ACS 1000-World's first standard AC drive for medium voltage applications," ABB Review, no. 2, pp. 4-11, 1998.

[3] V. Yaramasu, and B. Wu, "Predictive control of a three-level boost converter and an NPC inverter for high power PMSG-based medium voltage wind energy conversion systems," IEEE Transactions on Power Electronics., vol. 29, no. 10, pp. 5308-5322, 2014.

[4] A. Marzoughi, R. Burgos, D. Boroyevich, and X. Yaosuo, "Investigation and Comparison of Cascaded H-bridge and Modular Multilevel Converter Topologies for Medium-Voltage Drive Application," IEEE 40th Annual Conference on Industrial Electronics Society (IECON), pp. 4033-4039, 2014.

[5] M. Abolhassani, "Modular multipulse rectifier transformers in symmetrical cascaded H-bridge medium voltage drives," IEEE Transactions on Power Electronics, vol. 27, no. 2, pp. 698-705, 2012.

[6] J. Das and R. H. Osman, "Grouding of AC and DC low-voltage and medium voltage drive systems," IEEE Transactions on Industry Applications, vol. 34, no. 1 pp. 205-216, 1998.

[7] B. Horvath, How Isolation Transformers in MV Drives Protect Motor Insulation, TM GE Automation Systems, Roanoke, VA, 2004.

第4章 多脉波晶闸管整流器

4.1 简　　介

前一章介绍的多脉波二极管整流器多用于电压源型逆变器（VSI）传动系统，本章讨论的多脉波晶闸管整流器则主要用于电流源型逆变器（CSI）传动系统。晶闸管整流器为 CSI 提供了可变的直流电流，CSI 将直流电流变换为幅值和频率可变的三相 PWM 交流电流。

本章首先介绍6脉波晶闸管整流器，接下来对12、18和24脉波晶闸管整流器进行分析，研究整流器的网侧电流 THD 和输入 PF，并以图表方式对结果进行总结。

4.2 6脉波晶闸管整流器

图4-1中给出了6脉波晶闸管整流器的简化电路图，图中没有画出晶闸管的阻容（*RC*）吸收电路。

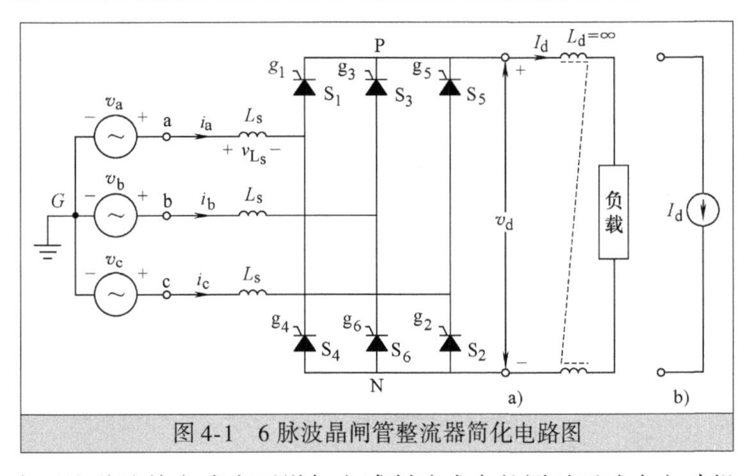

图4-1　6脉波晶闸管整流器简化电路图

图4-1中，L_s为供电电源和整流器之间的线路总电感，包括供电电源的内部等效电感以及为了降低网侧电流 THD 而额外串接的滤波电感。如果在供电电源和整流器之间有隔离变压器，则L_s还包括变压器的漏电感。整流器直流侧的直流电感L_d则用于平滑直流电流，L_d通常由一个铁心和两套绕组组成，一个绕组串接在正直流母线上而另一个则串接在负直流母线上。由于这种连接方式在不增加电感制造成本的同时可减小电动机上的共模电压，故常用于中压传动系统[1,2]。

为简化分析，假设直流电感L_d的值足够大，使直流电流I_d没有纹波，则L_d和负载可以用幅值可调的直流电流源代替，如图4-1b所示。

4.2.1　理想6脉波晶闸管整流器 ★★★

首先考虑理想的6脉波晶闸管整流器，此时图4-1中的网侧电感L_s假设为零。图4-2给出了整流器的典型波形，其中v_a、v_b和v_c是电网的相电压，$i_{g1}\sim i_{g6}$为晶闸管$S_1\sim S_6$的门极驱动信号，α为晶闸管的触发角。

在时间段Ⅰ$\left(\frac{\pi}{6}+\alpha\leqslant\omega t<\frac{\pi}{2}+\alpha\right)$内，$v_a$高于其他两相电压$v_b$和$v_c$，使得晶闸管$S_1$承受正向电压。在$\omega t=\frac{\pi}{6}+\alpha$时，驱动信号$i_{g1}$触发$S_1$使其导通，则正直流母线对地G点电压$v_P$等于$v_a$。假设$S_6$在$S_1$导通

之前就已导通，并将继续保持导通状态直到时间段Ⅰ结束，在这个期间负直流母线电压 v_N 等于 v_b。根据上面的分析可以得到，直流输出电压为 $v_d=v_P-v_N=v_{ab}$。直流电流 I_d 通过 S_1、负载和 S_6 从 v_a 流到 v_b，这一时间段内的三相线电流 $i_a=I_d$、$i_b=-I_d$ 和 $i_c=0$，如图4-2所示。

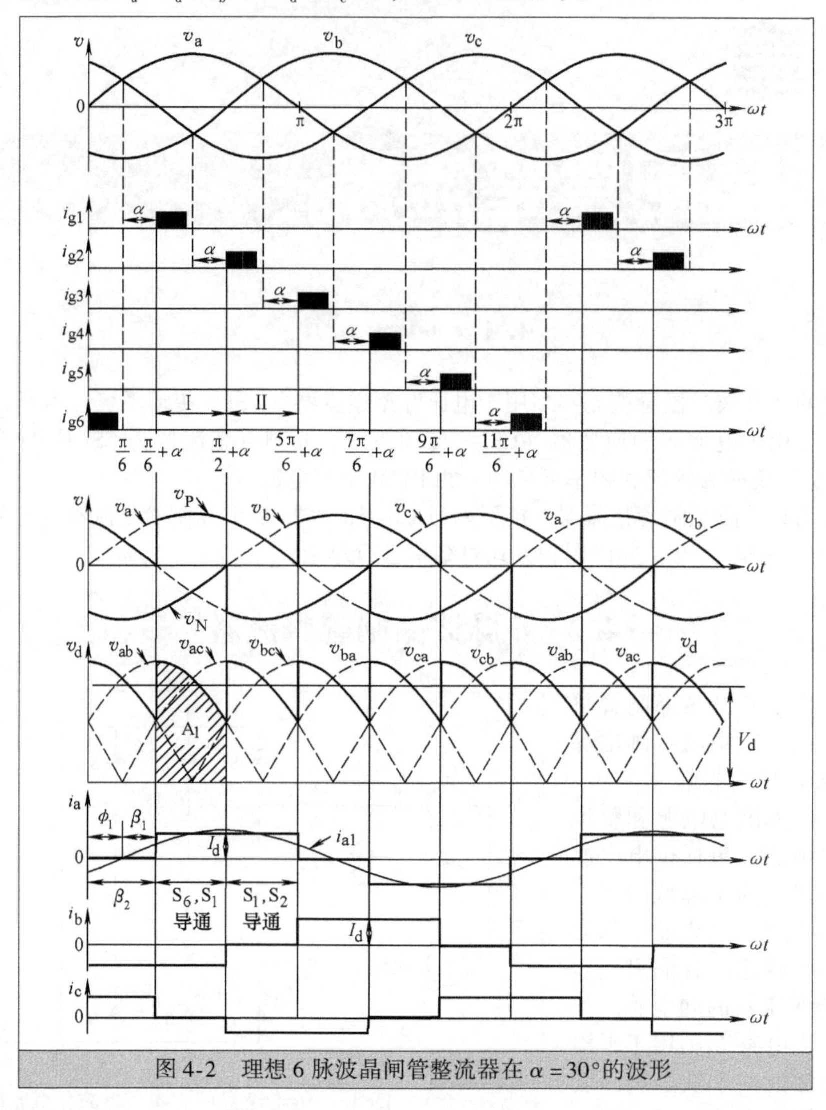

图 4-2　理想 6 脉波晶闸管整流器在 $\alpha=30°$ 的波形

在时间段Ⅱ$\left(\dfrac{\pi}{2}+\alpha\leqslant\omega t<\dfrac{5\pi}{6}+\alpha\right)$内，$v_c$ 小于其他两相电压 v_a 和 v_b，使得 S_2 承受正向电压。当驱动信号 i_{g2} 出现时 S_2 立即导通。S_2 的导通使 S_6 承受反向电压，被迫关断。直流电流 I_d 从 S_6 换相到 S_2，从而有 $i_b=0$ 及 $i_c=-I_d$。由于没有网侧电感存在，换相过程可瞬间完成。在这个时间段内，直流输出电压为 $v_d=v_P-v_N=v_{ac}$。依此类推，可以得到其他时间段的电压和电流波形。直流输出平均电压可由式（4-1）得到

$$V_d=\frac{A_1}{\pi/3}=\frac{1}{\pi/3}\int_{\pi/6+\alpha}^{\pi/2+\alpha}v_{ab}\mathrm{d}(\omega t)=\frac{3\sqrt{2}}{\pi}V_{LL}\cos\alpha=1.35V_{LL}\cos\alpha \tag{4-1}$$

式中，$v_{ab}=\sqrt{2}V_{LL}\sin(\omega t+\pi/6)$。

式（4-1）表明，当触发角 α 小于 $\pi/2$ 时，直流输出平均电压 V_d 为正，而当 α 大于 $\pi/2$ 时则为负。直流电流 I_d 总是为正，和直流输出平均电压的极性无关。

当整流器输出正的直流电压时，功率从电源流向负载。在整流器输出为负直流电压时，整流器运行在有源逆变模式下，功率从负载回馈到电源。这种情况通常发生在 CSI 传动系统运行在回馈制动过程时。在

此过程中，逆变器将电动机转子和机械负载的动能转化为电能并通过整流器回馈到电源，以达到快速回馈制动的目的。晶闸管整流器的双向功率流动能力，使得 CSI 传动系统可以实现四象限运行。

图 4-2 中的网侧电流 i_a 的傅里叶级数为

$$i_a = \frac{2\sqrt{3}}{\pi} I_d \left(\sin(\omega t - \phi_1) - \frac{1}{5}\sin 5(\omega t - \phi_1) - \frac{1}{7}\sin 7(\omega t - \phi_1) + \frac{1}{11}\sin 11(\omega t - \phi_1) + \frac{1}{13}\sin 13(\omega t - \phi_1) - \frac{1}{17}\sin 17(\omega t - \phi_1) - \frac{1}{19}\sin 19(\omega t - \phi_1) + \cdots \right) \tag{4-2}$$

式中，ϕ_1 为电源电压 v_a 和基波网侧电流 i_{a1} 之间的相角。

i_a 的有效值则可以由式（4-3）计算得到

$$I_a = \left(\frac{1}{2\pi} \int_0^{2\pi} (i_a)^2 \mathrm{d}(\omega t) \right)^{1/2} = \left(\frac{1}{2\pi} \left(\int_{\frac{\pi}{6}+\alpha}^{\frac{5\pi}{6}+\alpha} (I_d)^2 \mathrm{d}(\omega t) + \int_{\frac{7\pi}{6}+\alpha}^{\frac{11\pi}{6}+\alpha} (-I_d)^2 \mathrm{d}(\omega t) \right) \right)^{1/2}$$

$$= \sqrt{\frac{2}{3}} I_d = 0.816 I_d \tag{4-3}$$

则网侧电流 i_a 的总谐波畸变率为

$$\mathrm{THD} = \frac{\sqrt{I_a^2 - I_{a1}^2}}{I_{a1}} = \frac{\sqrt{(0.816 I_d)^2 - (0.78 I_d)^2}}{0.78 I_d} = 0.311 \tag{4-4}$$

式中，I_{a1} 为 i_{a1} 的有效值。

为了得到相移功率因数，首先考察图 4-2 中的 β_1 和 β_2。因为 β_1 固定为 $\pi/6$，β_2 等于 $\pi/6+\alpha$，所以相移角为

$$\phi_1 = \beta_2 - \beta_1 = \alpha$$

则有

$$\mathrm{DPF} = \cos\phi_1 = \cos\alpha \tag{4-5}$$

6 脉波晶闸管整流器的功率因数可以由式（4-6）得到

$$\mathrm{PF} = \mathrm{DPF} \times \mathrm{DF} = \frac{\cos\phi_1}{\sqrt{1+\mathrm{THD}^2}} = 0.955\cos\alpha \tag{4-6}$$

式中，DF 在第 3 章中已给出了具体的定义。

整流器在不同触发角下的电压波形如图 4-3 所示。直流输出平均电压 V_d 在 $\alpha=45°$ 时为正；$\alpha=90°$ 时为零；$\alpha=135°$ 时则为负。在 $\alpha=180°$ 时，直流平均电压 V_d 达到负的最大值。由于实际整流器网侧电感 L_s 不为 0，触发角 α 应该小于 180°，以防止晶闸管换相失败[3]。

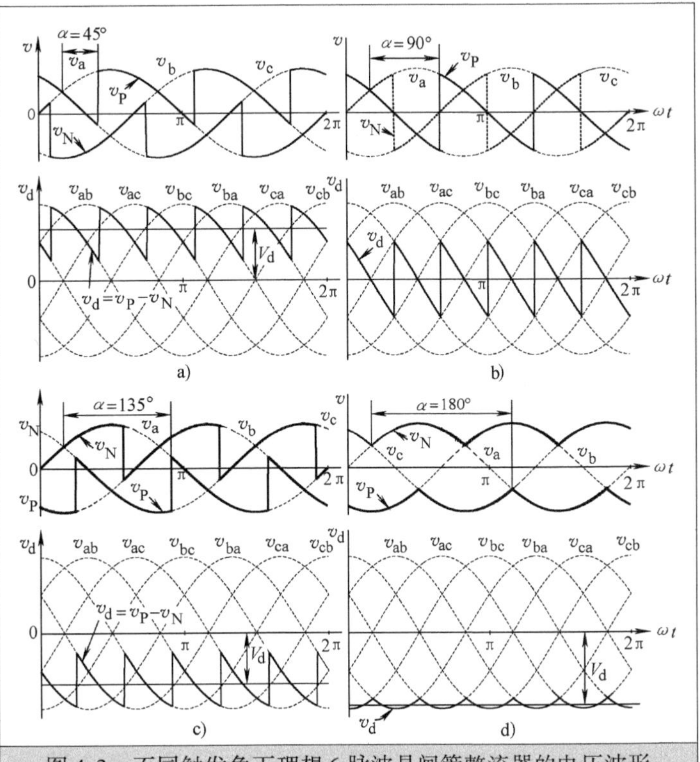

图 4-3　不同触发角下理想 6 脉波晶闸管整流器的电压波形
a）$\alpha=45°$　b）$\alpha=90°$　c）$\alpha=135°$　d）$\alpha=180°$

4.2.2　网侧电感的影响 ★★★

由于实际系统存在网侧电感 L_s，晶闸管器件的换相不会瞬间完成。分析如图 4-4 所示的直流输出电流 I_d 从 S_5 换相到 S_1 的情况，假设 S_5 和 S_6 在 S_1 导通之前已经导通，并且直流电流从这两个器件中流过。换相过程从 α 时刻，即 S_1 被触发开始，由于网侧电感 L_s 的存在，它的电流 i_a 只能从零开始上升，而不能立刻阶跃变化为 I_d。同时，由于 $i_c = I_d - i_a$，S_5 中的电流 i_c 开始减小，这样三个晶闸管器件 S_1，S_5 和

S_6同时导通。在换相阶段γ结束时，完成了整个换相过程，此时S_1中的电流i_a达到了I_d，而S_5中的电流i_c变为了零。

换相过程造成了直流平均电压V_d的降低。由于S_1和S_5在γ时间段内同时导通，正母线对地G的电压v_P可以表示为

$$v_P = -L_s\frac{di_a}{dt} + v_a = -L_s\frac{di_c}{dt} + v_c \tag{4-7}$$

简化后可以得到

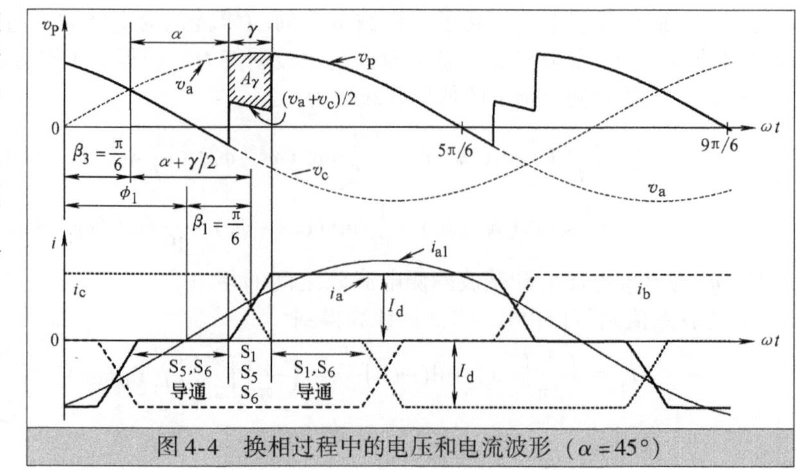

图 4-4　换相过程中的电压和电流波形（$\alpha=45°$）

$$v_P = \frac{v_a+v_c}{2} - \frac{L_s}{2}\left(\frac{di_a}{dt}+\frac{di_c}{dt}\right) \tag{4-8}$$

因为$i_a + i_c = I_d =$常数，则有

$$\frac{di_a}{dt}+\frac{di_c}{dt} = 0 \tag{4-9}$$

将式（4-9）带入式（4-8）得到

$$v_P = \frac{v_a+v_c}{2} \tag{4-10}$$

图4-4中给出了γ时间段内v_P的波形。阴影区域的面积A_γ表示了由于换相造成的电压降低的量，其值可由式（4-11）计算得到

$$A_\gamma = \int_{\frac{\pi}{6}+\alpha}^{\frac{\pi}{6}+\alpha+\gamma}(v_a - v_P)d(\omega t) \tag{4-11}$$

式中

$$v_a - v_P = L_s(di_a/dt) \tag{4-12}$$

将式（4-12）带入式（4-11）得到

$$A_\gamma = \int_0^{I_d}\omega L_s di_a = \omega L_s I_d \tag{4-13}$$

则直流平均电压损失了ΔV，可由式（4-14）计算得到

$$\Delta V = \frac{A_\gamma}{\pi/3} = \frac{3\omega L_s}{\pi}I_d \tag{4-14}$$

考虑到网侧电感L_s的影响，6脉波晶闸管整流器的直流输出平均电压为

$$V_d = 1.35V_{LL}\cos\alpha - \frac{3\omega L_s}{\pi}I_d \tag{4-15}$$

从式（4-11）可以推导得到换相角γ为

$$\gamma = \cos^{-1}\left(\cos\alpha - \frac{\sqrt{2}\omega L_s}{V_{LL}}I_d\right) - \alpha \tag{4-16}$$

图4-5给出了换相角γ和触发角α的关系。当α一定时，L_s和I_d越小，换相角γ越小。输入功率因数同样会受到网侧电感L_s的影响。假设图4-4中的i_a和i_c在换相阶段随时间线性变化，$\beta_1 = \pi/6$，则相移角ϕ_1可以由式（4-17）计算得到

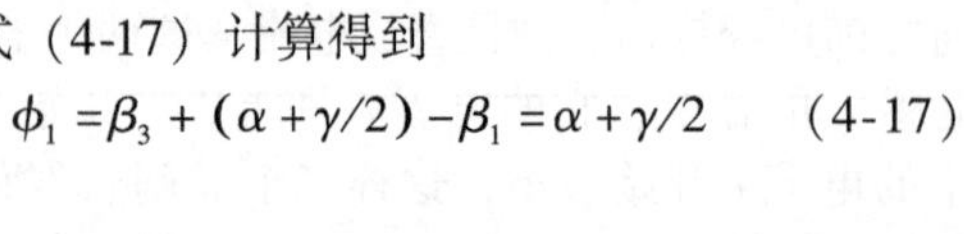

$$\phi_1 = \beta_3 + (\alpha+\gamma/2) - \beta_1 = \alpha + \gamma/2 \tag{4-17}$$

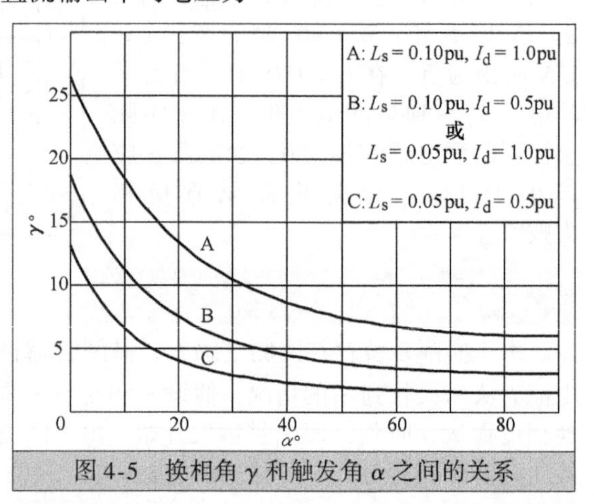

图 4-5　换相角γ和触发角α之间的关系

则有

$$DPF = \cos\phi_1 = \cos(\alpha + \gamma/2) \tag{4-18}$$

则整流器的总 PF 由式（4-19）决定，即

$$PF = DPF \times DF = \frac{\cos(\alpha + \gamma/2)}{\sqrt{1 + THD^2}} \tag{4-19}$$

4.2.3　THD 和 PF ★★★

图 4-6 给出了当整流器运行在额定输入基波电流（I_{a1} = 1pu）且网侧电感 L_s 为 0.05pu 时网侧电流 i_a 的仿真波形，图 4-6a 中的触发角为 0°，图 4-6b 中的触发角为 30°。值得注意的是，在时间段 γ 内，i_a 的波形随着 α 的变化而变化。当 $\alpha = 0°$时，i_a 非线性上升，而当 $\alpha = 30°$时则接近线性，这是因为网侧电流 i_a 在换相期间是 α 的函数，如式（4-20）所示

$$i_a = \frac{V_{LL}}{\sqrt{2}\omega L_s}(\cos\alpha - \cos(\omega t + \alpha)) \tag{4-20}$$

式中，$0 \leqslant \omega t \leqslant \gamma$。

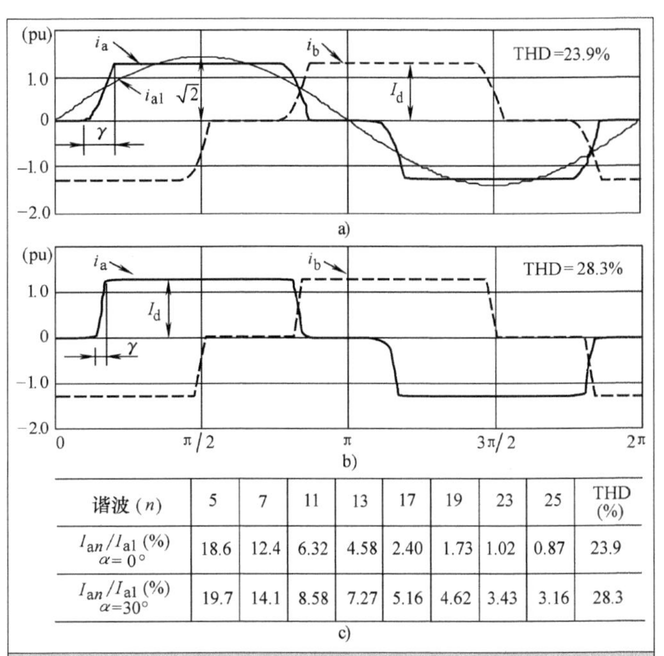

谐波 (n)	5	7	11	13	17	19	23	25	THD (%)
I_{an}/I_{a1} (%) $\alpha=0°$	18.6	12.4	6.32	4.58	2.40	1.73	1.02	0.87	23.9
I_{an}/I_{a1} (%) $\alpha=30°$	19.7	14.1	8.58	7.27	5.16	4.62	3.43	3.16	28.3

c)

图 4-6　L_s = 0.05pu 时 6 脉波晶闸管整流器的线电流仿真波形

a）$\alpha = 0°$，I_{a1} = 1pu　b）$\alpha = 30°$，I_{a1} = 1pu　c）谐波分量

图 4-6c 给出了 6 脉波晶闸管整流器网侧电流的谐波分量，它的 THD 大于 20%，这在实际系统中，尤其是大功率系统中更是不可接受的。

图 4-7 给出了以 L_s 和 α 为参数时网侧电流 THD 随 I_{a1} 变化的曲线。在图 4-7a 中，THD 随着 I_{a1} 和 L_s 的增加而减小；而在图 4-7b 中，THD 随着触发角 α 的减小而减小。

图 4-8 给出了 6 脉波晶闸管整流器输入 PF 随 I_{a1} 和 α 变化的曲线。PF 受网侧电流 I_{a1} 变化影响很小，而当 α 很大时，PF 下降很多，实际上这也是晶闸管整流器的主要缺点。

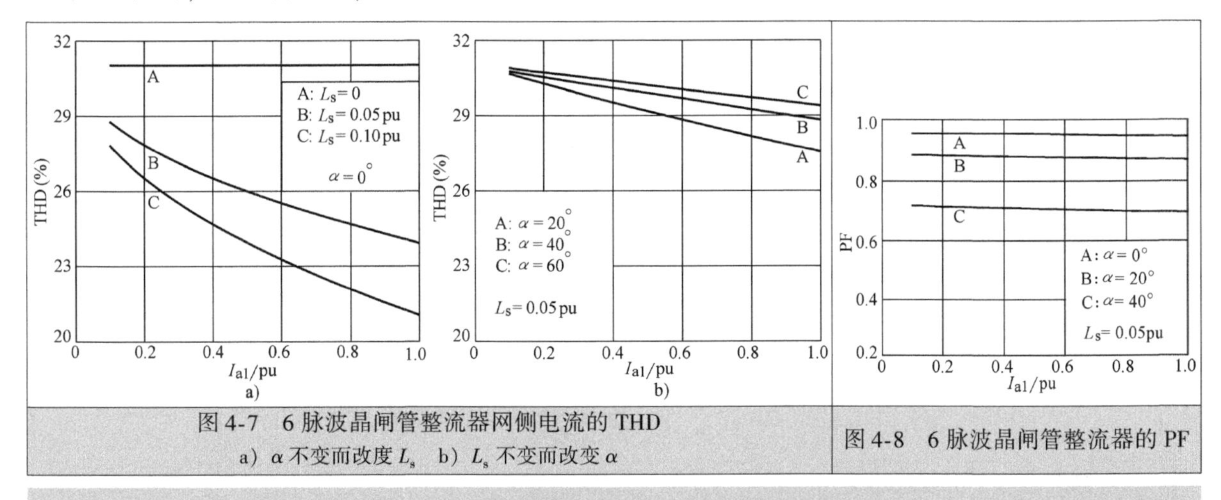

图 4-7　6 脉波晶闸管整流器网侧电流的 THD

a）α 不变而改度 L_s　b）L_s 不变而改变 α

图 4-8　6 脉波晶闸管整流器的 PF

4.3　12 脉波晶闸管整流器

图 4-9 给出了 12 脉波晶闸管整流器的框图，它由一个移相变压器和两个相同的 6 脉波晶闸管整流器组成。变压器有两个二次绕组，分别为星形联结和三角形联结，二次绕组的线电压通常是一次绕组

线电压的一半。两个整流器的直流输出串联起来供给一个直流负载，可以假设直流电感 L_d 足够大，直流电流 I_d 没有纹波。

12 脉波晶闸管整流器可作为 CSI 传动系统的整流前端，如图 4-10 所示。逆变器将直流电流 I_d 转换为三相 PWM 电流。i_w 的幅值和 I_d 成正比，因此可以通过控制整流器触发角来调整其幅值。CSI 传动系统将在后面的章节中讨论。

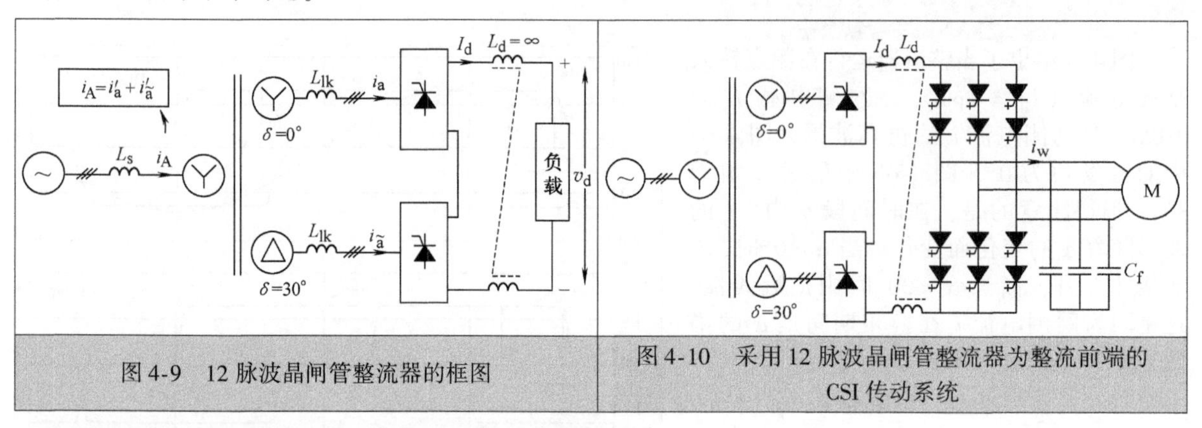

图 4-9　12 脉波晶闸管整流器的框图

图 4-10　采用 12 脉波晶闸管整流器为整流前端的 CSI 传动系统

4.3.1　理想 12 脉波晶闸管整流器 ★★★

考虑理想 12 脉波晶闸管整流器时，网侧电感 L_s 和变压器总漏电感 L_{lk} 都假设为零。整流器电流波形如图 4-11 所示，其中 i_a 和 $i_{\tilde{a}}$ 为二次侧线电流，而 i'_a 和 $i'_{\tilde{a}}$ 为折合到一次侧之后的电流，i_A 为根据 $i_A = i'_a + i'_{\tilde{a}}$ 得出的一次侧线电流。

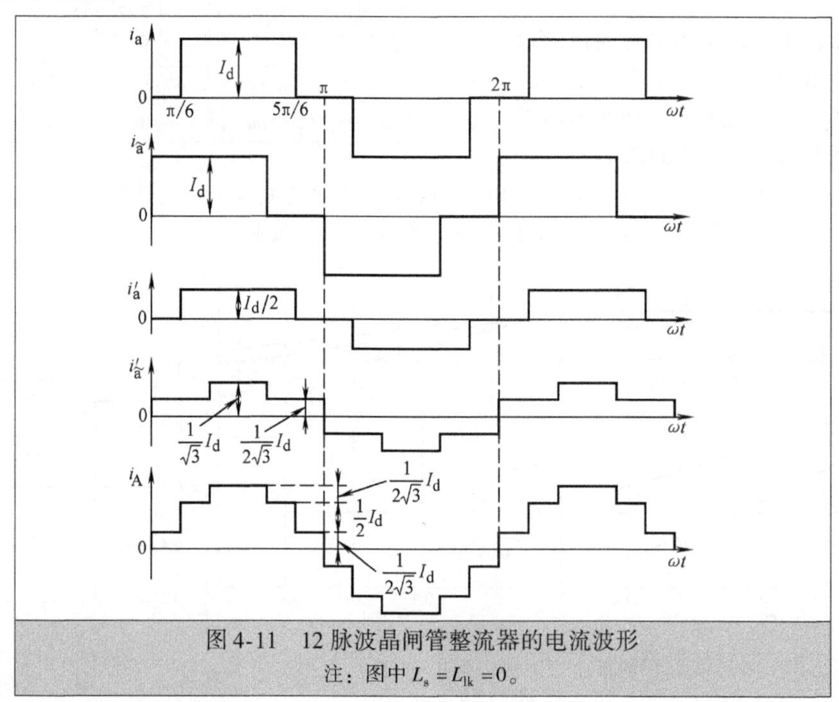

图 4-11　12 脉波晶闸管整流器的电流波形

注：图中 $L_s = L_{lk} = 0$。

二次侧线电流 i_a 可以表示为

$$i_a = \frac{2\sqrt{3}}{\pi}I_d\left(\sin\omega t - \frac{1}{5}\sin5\omega t - \frac{1}{7}\sin7\omega t + \frac{1}{11}\sin11\omega t + \frac{1}{13}\sin13\omega t - \frac{1}{17}\sin17\omega t - \frac{1}{19}\sin19\omega t + \cdots\right) \tag{4-21}$$

式中，$\omega=2\pi f_1$是电源电压的角频率。

由于i_a的波形为半波对称，因此不含有任何偶次谐波。同时，由于是三相对称系统，所以i_a也不包含3的整数倍次谐波。

另一个二次侧电流$i_{\hat{a}}$的相位超前i_a30°，用傅里叶级数表示为

$$i_{\hat{a}}=\frac{2\sqrt{3}}{\pi}I_d\left(\sin(\omega t+30°)-\frac{1}{5}\sin5(\omega t+30°)-\frac{1}{7}\sin7(\omega t+30°)+\frac{1}{11}\sin11(\omega t+30°)+\right.$$
$$\left.\frac{1}{13}\sin13(\omega t+30°)-\frac{1}{17}\sin17(\omega t+30°)-\frac{1}{19}\sin19(\omega t+30°)+\cdots\right) \tag{4-22}$$

图4-11中的折合电流i'_a的波形，除了幅值外和i_a完全一样，由于星形/星形联结绕组匝数比的原因，其幅值只有后者的一半。用傅里叶级数表示为

$$i'_a=\frac{\sqrt{3}}{\pi}I_d\left\{\sin\omega t-\frac{1}{5}\sin5\omega t-\frac{1}{7}\sin7\omega t+\frac{1}{11}\sin11\omega t+\right.$$
$$\left.\frac{1}{13}\sin13\omega t-\frac{1}{17}\sin17\omega t-\frac{1}{19}\sin19\omega t+\cdots\right\} \tag{4-23}$$

当电流$i_{\hat{a}}$折合到一次侧时，由于绕组是星形/三角形联结的，所以使得一些谐波电流的相角发生了变化。结果折合后的$i'_{\hat{a}}$的波形和$i_{\hat{a}}$不一样。$i'_{\hat{a}}$的傅里叶表达式为

$$i'_{\hat{a}}=\frac{\sqrt{3}}{\pi}I_d\left\{\sin\omega t+\frac{1}{5}\sin5\omega t+\frac{1}{7}\sin7\omega t+\frac{1}{11}\sin11\omega t+\frac{1}{13}\sin13\omega t+\right.$$
$$\left.\frac{1}{17}\sin17\omega t+\frac{1}{19}\sin19\omega t+\cdots\right\} \tag{4-24}$$

网侧电流i_A可以由式（4-25）得到

$$i_A=i'_a+i'_{\hat{a}}=\frac{2\sqrt{3}}{\pi}I_d\left\{\sin\omega t+\frac{1}{11}\sin11\omega t+\frac{1}{13}\sin13\omega t+\frac{1}{23}\sin23\omega t+\frac{1}{25}\sin25\omega t+\cdots\right\} \tag{4-25}$$

这里，除了17次和19次之外，5、7次两个主要的电流谐波也被消除了。

二次侧和一次侧线电流i_a和i_A的THD由下式得到

$$\mathrm{THD}(i_a)=\frac{\sqrt{I_a^2-I_{a1}^2}}{I_{a1}}=\frac{(I_{a5}^2+I_{a7}^2+I_{a11}^2+I_{a13}^2+\cdots)^{1/2}}{I_{a1}}=31.1\% \tag{4-26}$$

$$\mathrm{THD}(i_A)=\frac{\sqrt{I_A^2-I_{A1}^2}}{I_{A1}}=\frac{(I_{A11}^2+I_{A13}^2+I_{A23}^2+I_{A25}^2+\cdots)^{1/2}}{I_{A1}}=15.3\% \tag{4-27}$$

理想12脉波晶闸管整流器一次侧线电流i_A的THD相对于二次侧线电流i_a的THD大约减小了50%。

4.3.2 线路电感和变压器漏电感的影响 ★★★

考虑到变压器漏电感L_{lk}的12脉波晶闸管整流器，其典型电流波形如图4-12所示，整流器运行在$\alpha=0°$、$I_{A1}=1\mathrm{pu}$、$L_s=0$以及$L_{lk}=0.05\mathrm{pu}$的工况下。二次侧线电流的波形接近梯形波，包含了幅值分别为18.8%和12.7%的5次和7次谐波。由于变压器的相移使得这两个谐波被抵消了，因而不会出现在一次侧线电流i_A中。由于漏电感的影响，i_A的THD从理想整流器的15.3%减小到了8.61%。

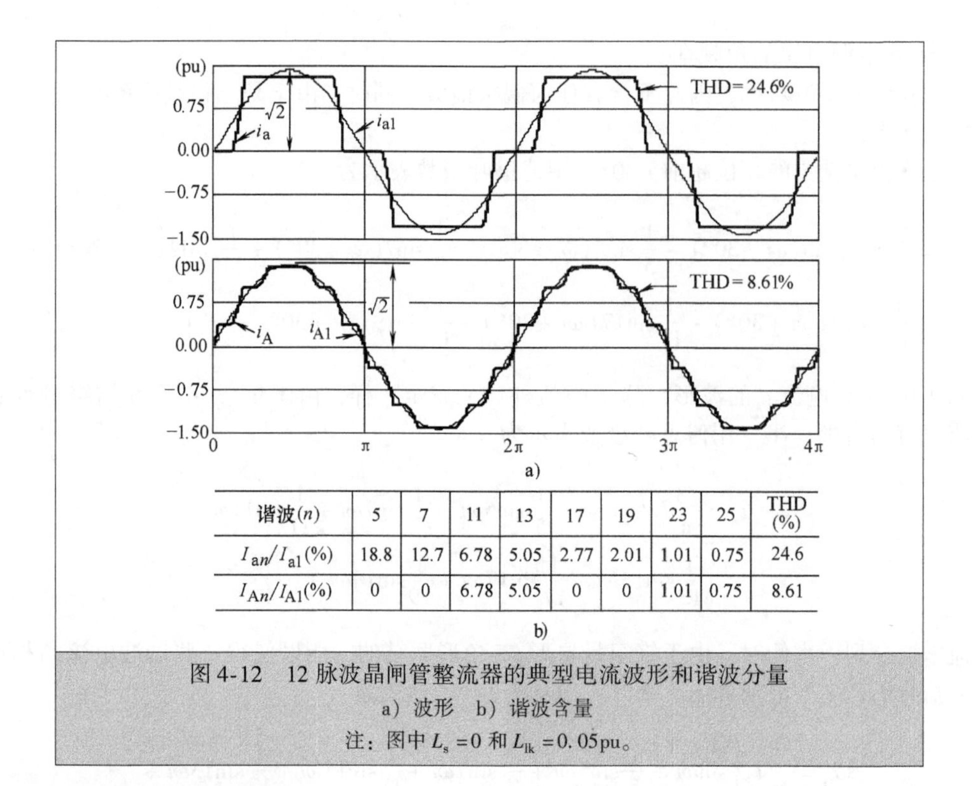

谐波(n)	5	7	11	13	17	19	23	25	THD (%)
I_{an}/I_{a1}(%)	18.8	12.7	6.78	5.05	2.77	2.01	1.01	0.75	24.6
I_{An}/I_{A1}(%)	0	0	6.78	5.05	0	0	1.01	0.75	8.61

b)

图 4-12　12 脉波晶闸管整流器的典型电流波形和谐波分量

a）波形　b）谐波含量

注：图中 $L_s=0$ 和 $L_{lk}=0.05$pu。

4.3.3　THD 和 PF ★★★

图 4-13a 给出了一次侧线电流 i_A 随 I_{A1} 和 L_s 变化的曲线。12 脉波晶闸管整流器的 THD 性能比 6 脉波晶闸管整流器好很多，然而它仍然不能满足 IEEE 519-2014 标准的要求。图 4-13b 则说明了整流器的输入 PF 受触发角 α 影响很大。

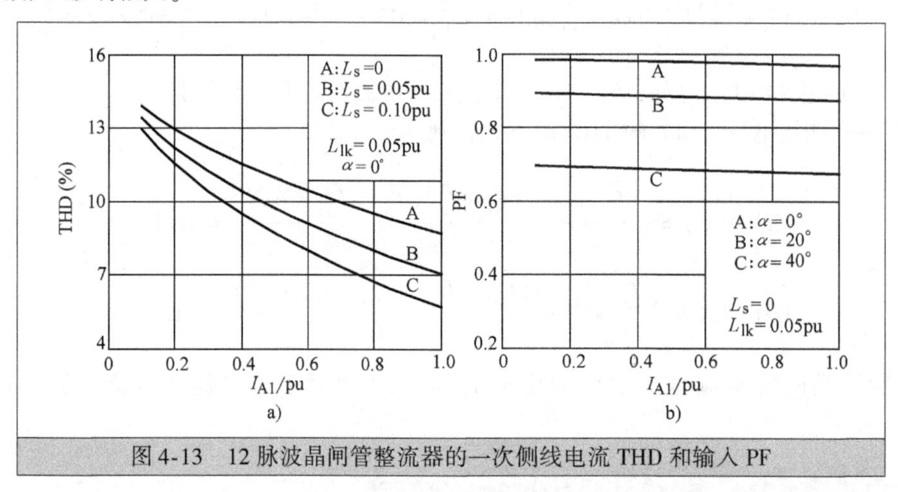

图 4-13　12 脉波晶闸管整流器的一次侧线电流 THD 和输入 PF

4.4　18 和 24 脉波晶闸管整流器

18 脉波晶闸管整流器的框图如图 4-14 所示。和 18 脉波二极管整流器类型相似，整流器也采用了有三个二次绕组的移相变压器，分别给三个相同的 6 脉波晶闸管整流器供电。24 脉波晶闸管整流器的结构可以类似的推导出来，这里不再给出。

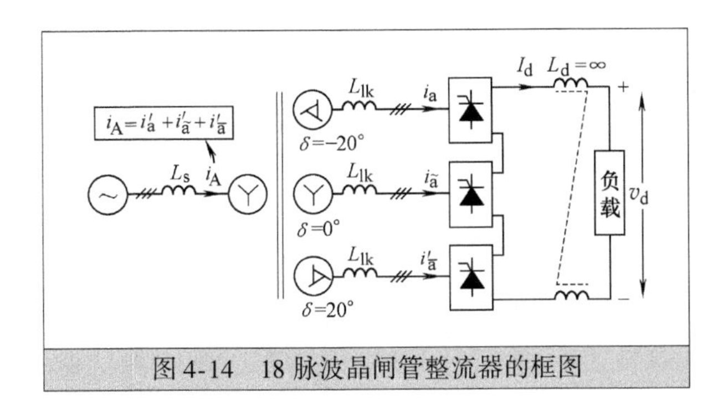

图 4-14　18 脉波晶闸管整流器的框图

图 4-15 所示为 18 脉波晶闸管整流器在 $\alpha=0°$、$I_{A1}=1$pu、$L_s=0$ 和 $L_{lk}=0.05$pu 工况下的典型电流波形，其中 i'_a、$i'_{\tilde{a}}$和 $i'_{\bar{a}}$分别为 3 个二次绕组折合到变压器一次侧的电流。这些电流虽然波形不同，但 THD 都是 24.6%。一次侧线电流 i_A 不包含 5、7、11 和 13 次谐波，波形比较接近正弦波，THD 仅为 3.54%。

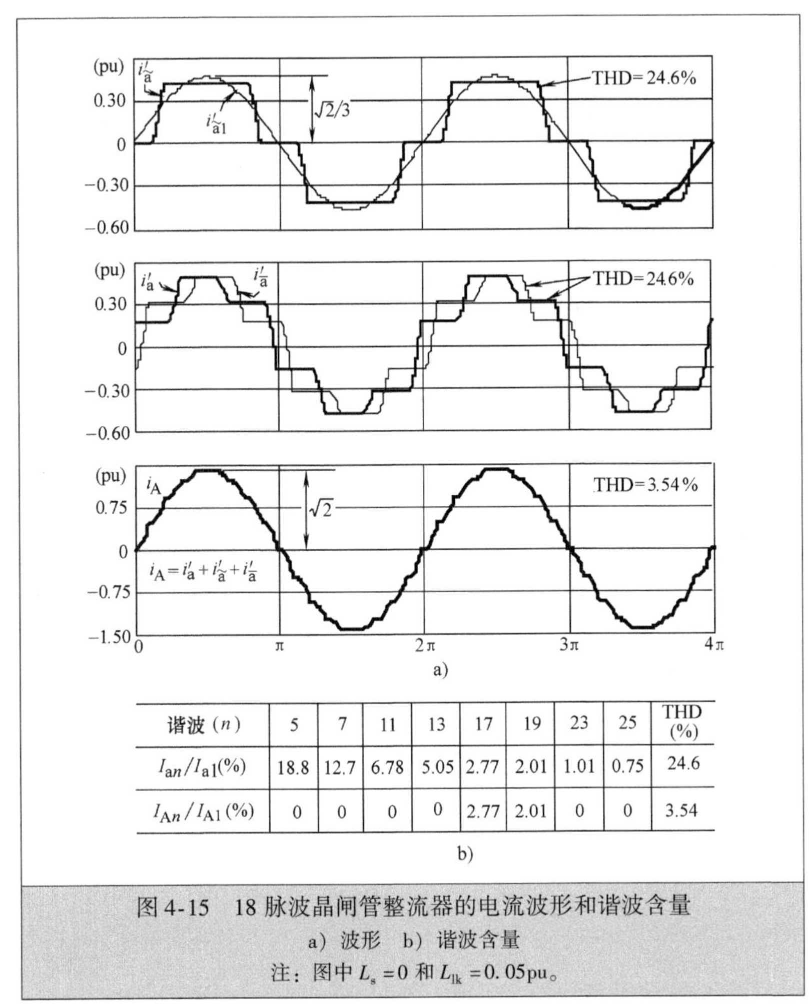

谐波（n）	5	7	11	13	17	19	23	25	THD (%)
I_{an}/I_{a1}(%)	18.8	12.7	6.78	5.05	2.77	2.01	1.01	0.75	24.6
I_{An}/I_{A1}(%)	0	0	0	0	2.77	2.01	0	0	3.54

b)

图 4-15　18 脉波晶闸管整流器的电流波形和谐波含量

a）波形　b）谐波含量

注：图中 $L_s=0$ 和 $L_{lk}=0.05$pu。

图 4-16 所示为网侧电感 L_s 不同值时，18 和 24 脉波晶闸管整流器一次侧线电流的 THD 与 I_{A1} 的关系曲线。正如预期的结果那样，18 脉波晶闸管整流器的网侧电流 THD 优于 12 脉波，而 24 脉波晶闸管整流器的则优于 18 脉波的。由于 18 和 24 脉波晶闸管整流器的输入 PF 和 12 脉波晶闸管整流器的类似，这里不再赘述。

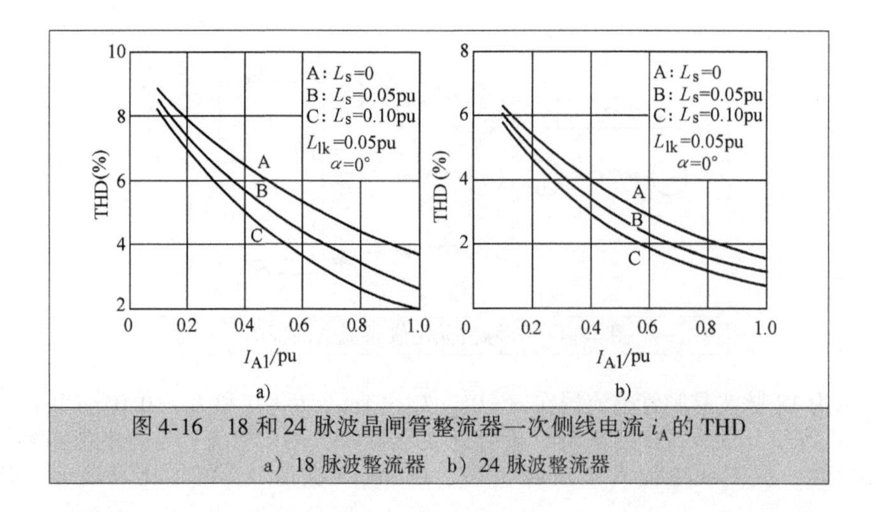

图4-16　18和24脉波晶闸管整流器一次侧线电流 i_A 的THD

a）18脉波整流器　b）24脉波整流器

4.5 小　结

本章介绍了6脉波晶闸管整流器的工作原理，并分析了它的性能。6脉波晶闸管整流器是组成多脉波晶闸管整流器的基本单元，因此对它进行了深入的讨论。12脉波晶闸管整流器的线电流THD通常不能满足IEEE 519-2014标准的要求。18脉波晶闸管整流器的线电流具有较好的谐波性能，当然24脉波晶闸管整流器可以提供更好的谐波性能。晶闸管整流器的输入PF随着触发角而改变，是其主要缺点。

多脉波晶闸管整流器适用于中压CSI传动系统。并且，由于其具有良好的谐波性能以及移相变压器能够提供电气隔离，所以多脉波晶闸管整流器被广泛应用于CSI传动系统的前端。然而基于GCT的PWM电流源整流器，以其更高的输入PF和更好的动态性能，在大多数应用中已取代晶闸管整流器了。

参考文献

[1] B. Wu and F. De Winter, "Voltage stress on induction motor in medium voltage (2300V to 6900V) PWM GTO CSI drives," IEEE Transactions on Power Electronics, vol. 12, no. 2, pp. 213-220, 1997.

[2] B. Wu, S. Rizzo, N. R. Zargari and Y. Xiao, "Integrated DC Link Choke and Method for Suppressing Common-Mode Voltage in a Motor Drive," US patent #7, 132, 812, 2006.

[3] N. Mohan, T. Undeland and W. P. Bobbins, Power Electronics-Converters, Applications and Design, 3rd edition John Wiley & Sons, 2003.

[4] IEEE Standards Association, "IEEE Std 519-2014-Recommended Practice and Requirements for Harmonic Control in Electric Power Systems," IEEE Power and Energy Society, 29 pages, 2014.

第 5 章 »

移相变压器

5.1 简　　介

移相变压器是多脉波二极管/晶闸管整流器不可缺少的组成部分，它具有三个功能：①实现一次侧、二次侧线电压的相位偏移以消除谐波；②变换得到需要的二次侧电压值；③实现整流器与电网间的电气隔离。根据绕组连接的不同，移相变压器一次侧有两种结构，即星形（Y）与三角形（△）两种接法，而二次侧绕组一般都为延边三角形联结。这两种结构均可用于多脉波整流器中。

本章将讨论移相变压器相关的若干问题，包括变压器的连接方式、线圈匝数比以及谐波电流消除的原理等。

5.2 Y/Z 移相变压器

根据绕组的不同连接方式，变压器二次侧绕组线电压的相位可以领先或者滞后其一次侧绕组线电压一个角度 δ。下面将介绍这两种变压器，其中 Y/Z-1 型变压器二次侧线电压相位超前，而 Y/Z-2 型则相位滞后。

5.2.1 Y/Z-1 型移相变压器 ★★★

图 5-1 给出了 Y/Z-1 型移相变压器的连接图和相量图。其一次侧绕组为星形联结，每相匝数为 N_1；二次侧每相绕组由两部分线圈组成，其匝数分别为 N_2 和 N_3。N_2 线圈采用三角形联结方式，再与 N_3 线圈串联。这种绕组接法称为延边三角形联结。从其相量图中可以看出，该变压器可产生移相角 δ，如式（5-1）所示

$$\delta = \angle \overline{V}_{ab} - \angle \overline{V}_{AB} \tag{5-1}$$

式中，$\overline{V}_{AB}$ 和 $\overline{V}_{ab}$ 分别为一次侧和二次侧线电压 v_{AB} 与 v_{ab} 的相量。

以一次侧线电压 $\overline{V}_{AB}$ 为参考电压，规定 $\overline{V}_{ab}$ 超前 $\overline{V}_{AB}$ 的移相角 δ 为正。为计算变压器的匝数比，可以从相量图 $\overline{V}_Q$、$\overline{V}_{by}$ 和 $\overline{V}_{ab}$ 组成的三角形中得到

$$\frac{V_Q}{\sin(30° - \delta)} = \frac{V_{by}}{\sin(30° + \delta)} \tag{5-2}$$

式中，$0° \leqslant \delta \leqslant 30°$；$V_Q$ 为 N_3 线圈的电压有效值；V_{by} 为 b、y 两点间的电压有效值。

对于一个三相对称系统来说，电压 V_{by} 与 V_{ax} 的值相同，式（5-2）可改写为

$$\frac{V_Q}{V_{ax}} = \frac{\sin(30° - \delta)}{\sin(30° + \delta)} \tag{5-3}$$

从式（5-3）可得到二次线圈的匝数比

$$\frac{N_3}{N_2 + N_3} = \frac{V_Q}{V_{ax}} = \frac{\sin(30° - \delta)}{\sin(30° + \delta)} \tag{5-4}$$

当给定了移相角度δ后，即可确定N_3与(N_2+N_3)的比例。

同样地，可推导得到

$$\frac{V_{ab}}{\sin 120°}=\frac{V_{by}}{\sin(30°+\delta)} \tag{5-5}$$

即

$$V_{ax}=V_{by}=\frac{2}{\sqrt{3}}\sin(30°+\delta)V_{ab} \tag{5-6}$$

变压器的匝数比为

$$\frac{N_1}{N_2+N_3}=\frac{V_{AX}}{V_{ax}} \tag{5-7}$$

将式（5-6）代入式（5-7）可得

$$\frac{N_1}{N_2+N_3}=\frac{1}{2\sin(30°+\delta)}\frac{V_{AB}}{V_{ab}} \tag{5-8}$$

式中，$V_{AB}=\sqrt{3}V_{AX}$。

可以检验一下两种极端的情况。假设$N_2=0$，则图5-1中的二次侧绕组变为星形联结，这样电压V_{ab}与V_{AB}的相位一致，即$\delta=0°$。另一方面，如果$N_3=0$，则二次侧绕组变成三角形联结，这时$\delta=30°$。因此，Y/Z-1型变压器的移相角度δ在0°～30°的范围内。

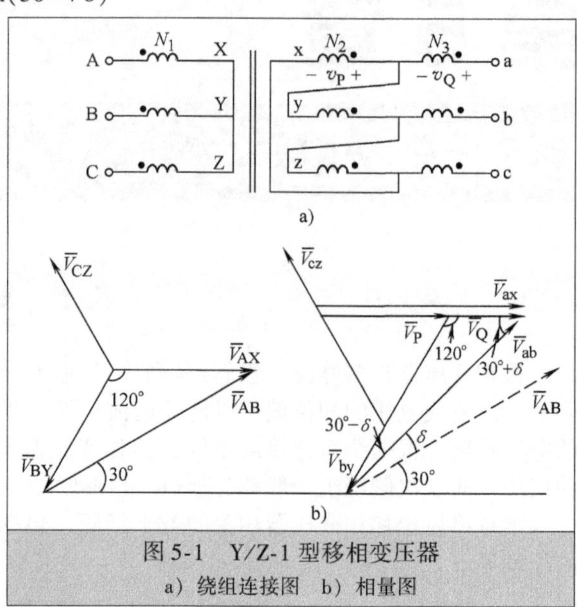

图5-1　Y/Z-1型移相变压器
a）绕组连接图　b）相量图

5.2.2　Y/Z-2型移相变压器 ★★★

Y/Z-2型移相变压器的连接方式和相量图如图5-2所示。其中，一次侧绕组为星形联结，而二次侧三角形联结的绕组则是按照相反的顺序连接的。可见，$\bar{V}_{ab}$滞后于$\bar{V}_{AB}$，所以δ角为负值。同上节的公式推导类似，可以得到该变压器的匝数比，如下式所示

$$\begin{cases}\dfrac{N_3}{N_2+N_3}=\dfrac{\sin(30°-|\delta|)}{\sin(30°+|\delta|)}\\[2ex]\dfrac{N_1}{N_2+N_3}=\dfrac{1}{2\sin(30°+|\delta|)}\dfrac{V_{AB}}{V_{ab}}\end{cases} \tag{5-9}$$

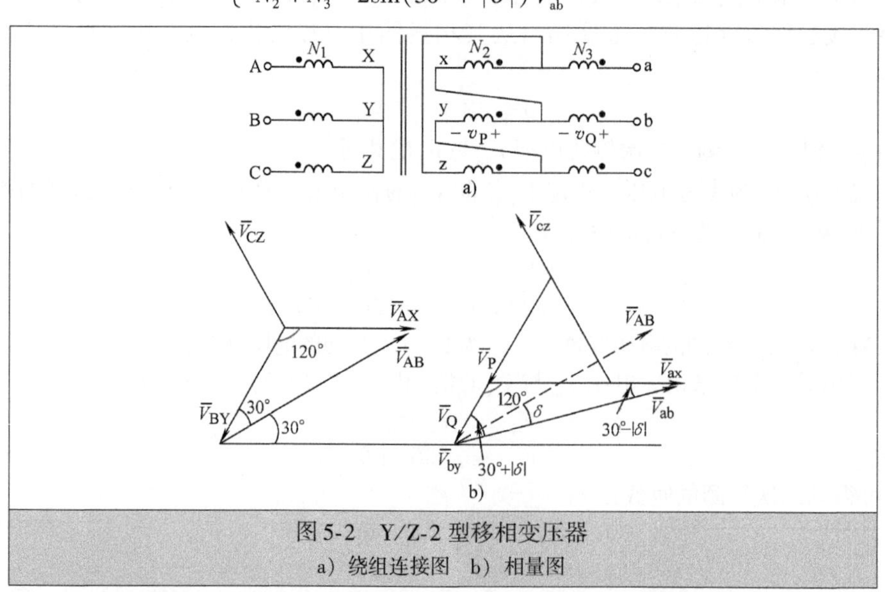

图5-2　Y/Z-2型移相变压器
a）绕组连接图　b）相量图

表5-1给出了多脉波整流器在用上述两种连接的移相变压器时的移相角δ与匝数比的典型值。对于12、18和24脉波整流器，电压比V_{AB}/V_{ab}通常分别为2、3和4。

表5-1 移相变压器绕组匝数比

δ ($\angle\overline{V}_{ab}-\angle\overline{V}_{AB}$)		$\frac{N_3}{N_2+N_3}$	$\frac{N_1}{N_2+N_3}$	应 用
Y/Z-1	Y/Z-2			
0°	0°	1.0	$1.0\frac{V_{AB}}{V_{ab}}$	12、18和24脉波整流器
15°	-15°	0.366	$0.707\frac{V_{AB}}{V_{ab}}$	24脉波整流器
20°	-20°	0.227	$0.653\frac{V_{AB}}{V_{ab}}$	18脉波整流器
30°	-30°	0	$0.577\frac{V_{AB}}{V_{ab}}$	12和24脉波整流器

$\frac{V_{AB}}{V_{ab}}=2$、3和4，分别对应12、18和24脉波整流器

5.3 △/Z移相变压器

图5-3给出了一次侧绕组为三角形联结，二次侧绕组为延边三角形的连接图，也有两种接法△/Z-1和△/Z-2。△/Z-1的相量图如图5-3c所示，其中，二次电压V_{ab}的相位滞后于一次电压V_{AB}角度δ。△/Z-1型变压器的匝数比为

$$\begin{cases}\dfrac{N_3}{N_2+N_3}=\dfrac{V_Q}{V_{ax}}=\dfrac{\sin(|\delta|)}{\sin(60°-|\delta|)}\\ \dfrac{N_1}{N_2+N_3}=\dfrac{V_{AX}}{V_{ax}}=\dfrac{\sqrt{3}}{2\sin(60°-|\delta|)}\dfrac{V_{AB}}{V_{ab}}\end{cases}\quad -30°\leqslant\delta\leqslant0° \tag{5-10}$$

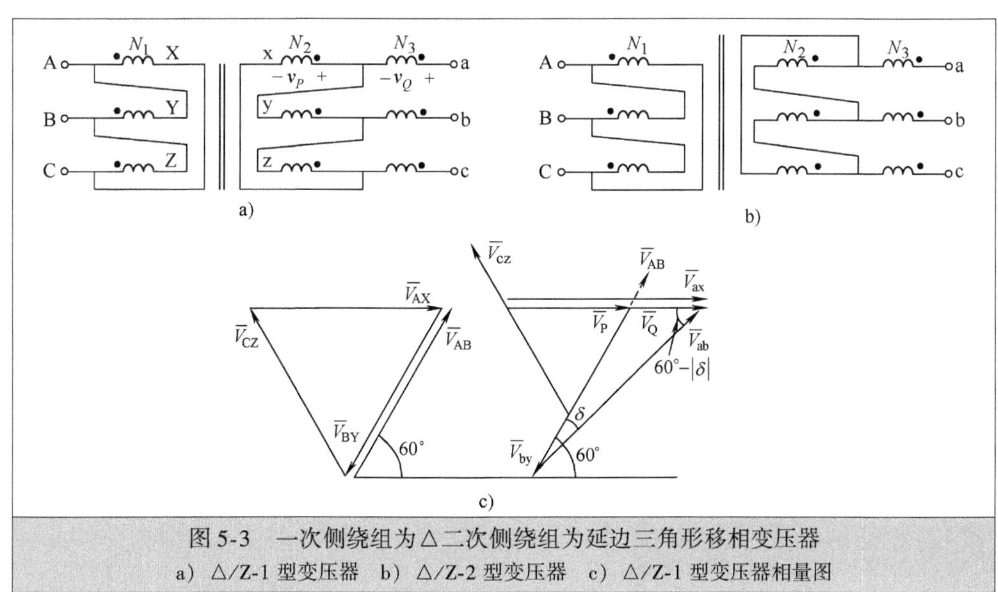

图5-3 一次侧绕组为△二次侧绕组为延边三角形移相变压器

a) △/Z-1型变压器 b) △/Z-2型变压器 c) △/Z-1型变压器相量图

表5-2说明了多脉波整流器用△/Z-1和△/Z-2型移相变压器的移相角δ与匝数比之间的关系。对于△/Z-1型变压器，相角δ的变化范围为-30°~0°，而△/Z-2型变压器则为-60°~-30°。

表 5-2　△/Z 型变压器绕组匝数比

移相变压器	δ （$\angle\overline{V}_{ab}-\angle\overline{V}_{AB}$）	$\frac{N_3}{N_2+N_3}$	$\frac{N_1}{N_2+N_3}$	应　用
△/Z-1	0°	0	$1.0\frac{V_{AB}}{V_{ab}}$	12、18 和 24 脉波整流器
	-15°	0.366	$1.225\frac{V_{AB}}{V_{ab}}$	24 脉波整流器
	-20°	0.532	$1.347\frac{V_{AB}}{V_{ab}}$	18 脉波整流器
	-30°	1.0	$1.732\frac{V_{AB}}{V_{ab}}$	12 和 24 脉波整流器
△/Z-2	-40°	0.532	$1.347\frac{V_{AB}}{V_{ab}}$	18 脉波整流器
	-45°	0.366	$1.225\frac{V_{AB}}{V_{ab}}$	24 脉波整流器
	-60°	0	$1.0\frac{V_{AB}}{V_{ab}}$	18 脉波整流器

$\frac{V_{AB}}{V_{ab}}=2$、3 和 4，分别对应 12、18 和 24 脉波整流器

图 5-4 给出了用于多脉波二极管/晶闸管整流器的几种移相变压器的例子。对于 12 脉波整流器，变压器二次侧为两个绕组，其相位相差 30°。对于 18 脉波整流器，需要有 3 个二次侧绕组，相邻绕组的相位差 20°。而 24 脉波整流器则需要变压器二次侧有四个绕组，且相邻绕组的相位差 15°。

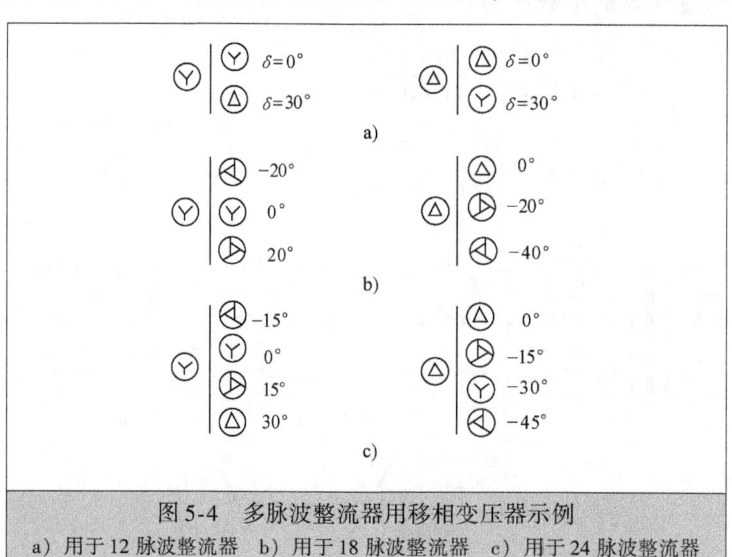

图 5-4　多脉波整流器用移相变压器示例
a）用于 12 脉波整流器　b）用于 18 脉波整流器　c）用于 24 脉波整流器

5.4　谐波电流的消除

5.4.1　谐波电流的相移 ★★★

本节的主要目的是研究谐波电流从移相变压器二次侧折算到一次侧后的相移。这种相移使得消除三相非线性负载产生的某些谐波电流成为可能。

图 5-5 所示为△/Y 型移相变压器带非线性负载的情况。假设绕组匝数比 $N_1/N_2=\sqrt{3}$，变压器一次侧、二次侧电压的比值 V_{AB}/V_{ab} 为 1，则该变压器一次侧、二次侧的相移为 $\delta=\angle\overline{V}_{ab}-\angle\overline{V}_{AB}=-30°$。对于一个三相对称的系统，非线性负载的线电流可以表示为

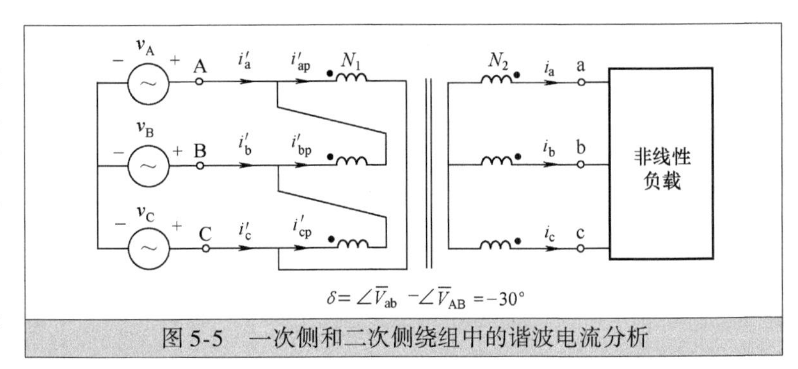

图 5-5　一次侧和二次侧绕组中的谐波电流分析

$$\begin{cases} i_a = \sum\limits_{n=1,5,7,11,\cdots}^{\infty} \hat{I}_n \sin(n\omega t) \\ i_b = \sum\limits_{n=1,5,7,11,\cdots}^{\infty} \hat{I}_n \sin(n(\omega t-120°)) \\ i_c = \sum\limits_{n=1,5,7,11,\cdots}^{\infty} \hat{I}_n \sin(n(\omega t-240°)) \end{cases} \tag{5-11}$$

式中，$\hat{I}_n$ 为第 n 次谐波电流的峰值。

当 i_a 与 i_b 均折算到变压器一次侧时，相应的一次电流 i'_{ap} 与 i'_{bp} 可表示为

$$\begin{cases} i'_{ap}=i_a\dfrac{N_2}{N_1}=\dfrac{1}{\sqrt{3}}(\hat{I}_1\sin(\omega t)+\hat{I}_5\sin(5\omega t)+\hat{I}_7\sin(7\omega t)+\hat{I}_{11}\sin(11\omega t)+\cdots) \\ i'_{bp}=i_b\dfrac{N_2}{N_1}=\dfrac{1}{\sqrt{3}}(\hat{I}_1\sin(\omega t-120°)+\hat{I}_5\sin(5\omega t-240°)+\hat{I}_7\sin(7\omega t-120°) \\ \qquad +\hat{I}_{11}\sin(11\omega t-240°)+\cdots) \end{cases} \tag{5-12}$$

从式（5-12）中可以得到一次侧线电流

$$\begin{aligned} i'_a &= i'_{ap}-i'_{bp}=\hat{I}_1\sin(\omega t+30°)+\hat{I}_5\sin(5\omega t-30°)+\hat{I}_7\sin(7\omega t+30°)+ \\ &\hat{I}_{11}\sin(11\omega t-30°)+\cdots=\sum_{n=1,7,13,\cdots}^{\infty}\hat{I}_n\sin(n\omega t-\delta)+ \\ &\sum_{n=5,11,17,\cdots}^{\infty}\hat{I}_n\sin(n\omega t+\delta) \end{aligned} \tag{5-13}$$

式（5-13）右侧第一个Σ中包含了所有谐波电流的正序分量（$n=1$，7，13，…），而第二个Σ中则包含了所有谐波电流的负序分量（$n=5$，11，17，…）。

将式（5-13）中的一次电流 i'_a 与式（5-11）所示的二次电流 i_a 进行比较，可以得到

$$\begin{cases} \angle i'_{an}=\angle i_{an}-\delta，\text{当 } n=1，7，13，19，\cdots \quad (\text{正序谐波})\text{时} \\ \angle i'_{an}=\angle i_{an}+\delta，\text{当 } n=5，11，17，23，\cdots \quad (\text{负序谐波})\text{时} \end{cases} \tag{5-14}$$

式中，$\angle i'_{an}$ 和 $\angle i_{an}$ 分别为 n 次谐波电流 i'_{an} 与 i_{an} 的相角。式（5-14）给出了移相变压器二次侧谐波电流与折算到一次侧后电流之间的相角关系。可以证明，式（5-14）在任何 δ 值情况下均成立。

5.4.2　谐波的消除 ★★★

为了说明如何通过移相变压器消除谐波电流，下面以一个 12 脉波整流器为例进行研究，如图 5-6 所示。变压器二次侧的星形和三角形绕组的移相角 δ 分别为 0°和 30°。电压变比为 $V_{AB}/V_{ab}=V_{AB}/V_{\tilde{a}\tilde{b}}=2$。二次侧绕组的线电流可以表示为

$$
\begin{cases}
i_{\text{a}} = \sum\limits_{n=1,5,7,11,13,\cdots}^{\infty} \hat{I}_n \sin(n\omega t)\cdots \\
i_{\tilde{\text{a}}} = \sum\limits_{n=1,5,7,11,13,\cdots}^{\infty} \hat{I}_n \sin(n(\omega t + \delta))
\end{cases}
\tag{5-15}
$$

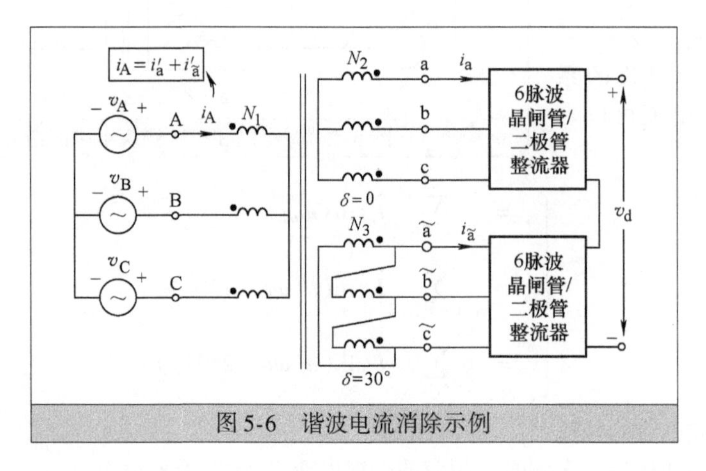

图 5-6　谐波电流消除示例

由于变压器二次侧的星形绕组相对于一次侧为 Y/Y 连接，因此电流 i_{a} 折算到一次侧后，所有谐波电流的相角保持不变。折算后的电流 i'_{a} 为

$$
i'_{\text{a}} = \frac{1}{2}(\hat{I}_1 \sin(\omega t) + \hat{I}_5 \sin(5\omega t) + \hat{I}_7 \sin(7\omega t) + \hat{I}_{11} \sin(11\omega t) + \hat{I}_{13} \sin(13\omega t) + \cdots) \tag{5-16}
$$

为了将电流 $i_{\tilde{\text{a}}}$ 折算到一次侧，可以利用式（5-14）得到

$$
\begin{aligned}
i'_{\tilde{\text{a}}} &= \frac{1}{2}\left(\sum_{n=1,7,13,\cdots}^{\infty} \hat{I}_n \sin(n(\omega t + \delta) - \delta) + \sum_{n=5,11,17,\cdots}^{\infty} \hat{I}_n \sin(n(\omega t + \delta) + \delta)\right) \\
&= \frac{1}{2}(\hat{I}_1 \sin(\omega t) - \hat{I}_5 \sin(5\omega t) - \hat{I}_7 \sin(7\omega t) + \hat{I}_{11} \sin(11\omega t) + \hat{I}_{13} \sin(13\omega t) - \cdots)
\end{aligned}
\tag{5-17}
$$

式中，$\delta = 30°$

一次侧线电流 i_{A} 为

$$
i_{\text{A}} = i'_{\text{a}} + i'_{\tilde{\text{a}}} = \hat{I}_1 \sin\omega t + \hat{I}_{11} \sin 11\omega t + \hat{I}_{13} \sin 13\omega + \hat{I}_{23} \sin 23\omega + \cdots \tag{5-18}
$$

式中，电流 i_{a} 和 i'_{a} 的 5、7、17 和 19 次谐波均相差 180°，因此可以相互抵消。

5.5 小　　结

为了降低大功率整流器网侧电流的总谐波畸变率，经常采用移相变压器供电的多脉波二极管/晶闸管整流器。本章介绍了 12、18 和 24 脉波整流器常用的移相变压器原理，并讨论了相应变压器的结构和相量图。为方便设计，列表给出了所需移相角和变压器匝数比之间的关系。最后，还论证了移相变压器消除电流谐波的原理。

第 3 部分　多电平电压源型逆变器

第6章 两电平电压源型逆变器

6.1 简　　介

电压源型逆变器（VSI）的主要功能，是将恒定的直流电压转换为幅值和频率可变的三相交流电压。图6-1给出了中压大功率系统中应用的两电平电压源型逆变器（以下简称为两电平逆变器）的简化电路框图。该逆变器主要由6组功率开关器件 $S_1 \sim S_6$ 组成，每个开关反并联了一个续流二极管。根据逆变器工作的直流电压不同，每组功率器件可由两个或多个IGBT或GCT等串联组成。

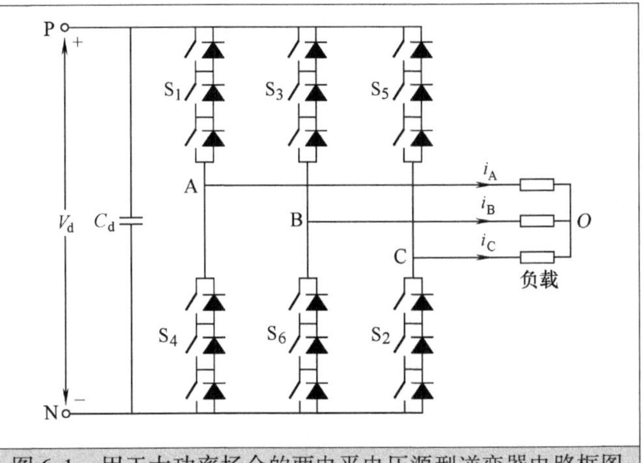

图6-1　用于大功率场合的两电平电压源型逆变器电路框图

本章主要介绍大功率两电平逆变器的PWM方法。在这种情况下，器件的开关频率一般低于1kHz。本章首先对正弦波脉宽调制（Sinusoidal PWM，SPWM）方法进行介绍，然后详细分析空间矢量调制（Space Vector Modulation，SVM）方法。传统SVM方法所产生的电压谐波，既有偶次分量又有奇次分量，本章将分析产生偶次电压谐波的原因和机制，并提出一种消除偶次谐波的改进SVM方法。

6.2　正弦波脉宽调制

6.2.1　调制方法 ★★★

图6-2给出了两电平逆变器正弦波脉宽调制方法的原理。其中，v_{mA}、v_{mB}和v_{mC}为三相正弦调制波，v_{cr}为三角载波。逆变器输出电压的基波分量可由幅值调制因数m_a控制

$$m_a = \frac{\hat{V}_m}{\hat{V}_{cr}} \tag{6-1}$$

式中，$\hat{V}_m$和$\hat{V}_{cr}$分别为调制波和载波的峰值。

一般通过保持$\hat{V}_{cr}$不变而改变$\hat{V}_m$的方法来调整m_a。频率调制因数为

$$m_f = \frac{f_{cr}}{f_m} \tag{6-2}$$

式中，f_m和f_{cr}分别为调制波和载波的频率。

开关器件$S_1 \sim S_6$的控制取决于调制波与载波的比较结果。例如，当$v_{mA} > v_{cr}$时，逆变器A相上桥臂

开关器件 S_1 导通，而对应的下桥臂开关器件 S_4 工作在与 S_1 互补的开关方式，故此时关断。由此产生的逆变器终端电压 v_{AN}（即A相输出节点与负直流母线N之间的电压）等于直流电压 V_d。当 $v_{mA} < v_{cr}$ 时，S_4 导通而 S_1 关断，因此 $v_{AN}=0$，如图6-2所示。由于电压 v_{AN} 的波形只有两个电平（V_d 和0），因此将这种逆变器称为两电平逆变器。要注意的是，为了避免逆变器一相桥臂上下开关器件在开关暂态过程中可能出现的短路现象，需要在开关器件切换过程中增加一个死区时间，此时两个器件均关断。

逆变器的线电压 v_{AB} 可由式 $v_{AB}=v_{AN}-v_{BN}$ 计算得到，其基波分量 v_{AB1} 也已在图6-2中给出。电压 v_{AB1} 的幅值和频率可分别由 m_a 和 f_m 控制。

两电平逆变器的开关频率可由式 $f_{sw}=f_{cr}=f_m \times m_f$ 计算得到。例如，图6-2中 v_{AN} 的波形在每个基波周期内有9个脉冲，每个脉冲都是由 S_1 导通和关断一次所产生的。如果基频为60Hz，则 S_1 的开关频率为 $f_{sw}=60\times 9=540\text{Hz}$，这与载波频率 f_{cr} 也是相等的。需要注意的是，在多电平逆变器中，器件的开关频率并不总是等于载波频率的，这个问题将在后续章节中讨论。

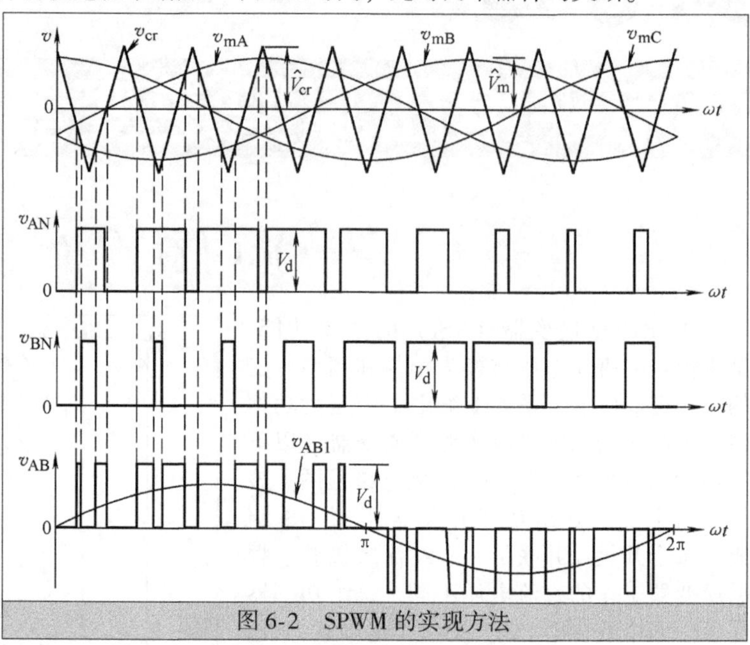

图6-2 SPWM的实现方法

如果载波与调制波的频率是同步的，即 m_f 为固定的整数，则称这种调制方法为同步PWM。反之则为异步PWM，其载波频率 f_{cr} 通常固定，不受 f_m 变化的影响。异步PWM的特点在于开关频率固定，易于用模拟电路实现。不过，这种方式可能产生非特征性谐波，即谐波频率不是基频的整数倍。同步PWM方法更适合于使用数字处理器实现。

6.2.2 谐波成分 ★★★

图6-3给出了两电平逆变器的一些仿真波形。其中，v_{AB} 为逆变器的线电压，v_{AO} 为负载相电压，i_A 为负载电流。逆变器工作于 $m_a=0.8$、$m_f=15$、$f_m=60\text{Hz}$、$f_{sw}=900\text{Hz}$ 以及额定三相感性负载的条件下，每一相负载功率因数均为0.9。从图6-3中可以看出：

1）v_{AB} 的谐波中所有低于（m_f-2）次的谐波均被消除；

2）谐波的中心频率为 m_f 及其整数倍，如 $2m_f$ 和 $3m_f$ 等。

在 $m_f \geqslant 9$，且 m_f 为3的整数倍的情况下，上述结论均成立[1]。

负载电流 i_A 的波形近似于正弦波，其总谐波畸变率为7.73%。其谐波畸变较低，原因在于调制方法对低次谐波的抑制作用以及负载电感的滤波作用。

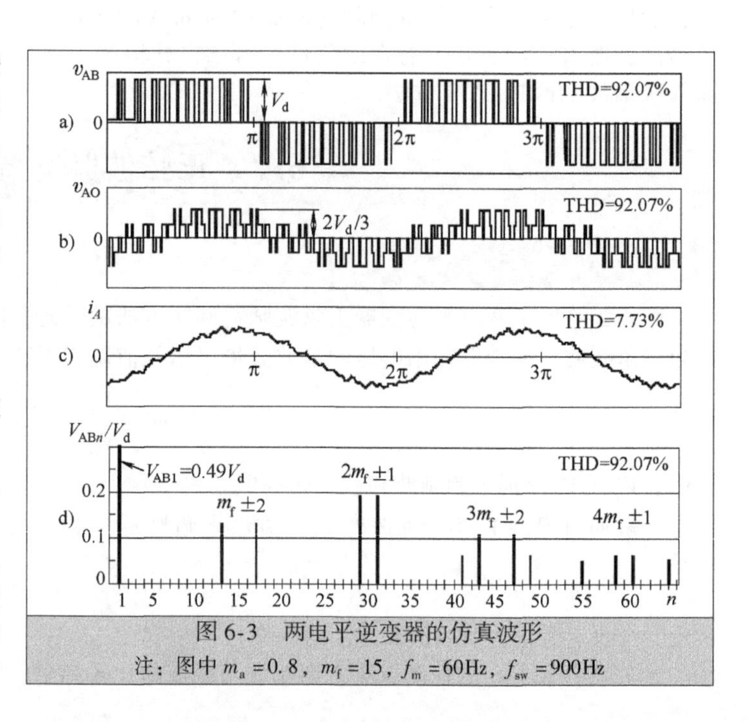

图6-3 两电平逆变器的仿真波形

注：图中 $m_a=0.8$，$m_f=15$，$f_m=60\text{Hz}$，$f_{sw}=900\text{Hz}$

图6-4 给出了逆变器线电压 v_{AB} 的谐波分量随 m_a 变化的曲线。其中，v_{AB} 以直流电压 V_d 为基值进行了标幺化处理，V_{ABn} 为第 n 次谐波电压的有效值。可以看出，基频分量 V_{AB1} 随 m_a 呈线性变化，当 $m_a=1$ 时，其最大值为

$$V_{AB1,max}=0.612V_d \tag{6-3}$$

图中同时也给出了 v_{AB} 的 THD 变化曲线。

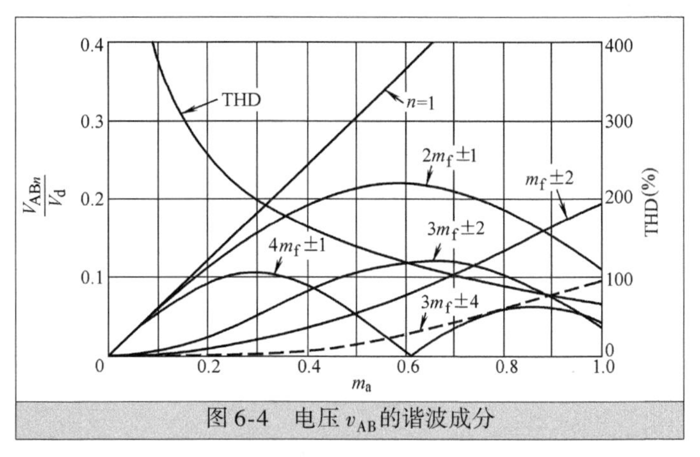

图 6-4 电压 v_{AB} 的谐波成分

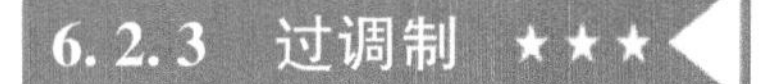

6.2.3 过调制 ★★★

当调制因数 m_a 大于 1 时，即为过调制。图 6-5 给出了 $m_a=2$ 的情况。在过调制模式下，线电压波形中的脉冲数量有所减少，使得电压谐波中出现 5 次、11 次等低次分量。不过，基波电压 V_{AB1} 的幅值升高到了 $0.744V_d$，相比于 $m_a=1$ 时的 $0.612V_d$ 增加了 22%。当 m_a 进一步升高至 3.24 时，v_{AB} 变成方波，其基波电压为 $V_{AB1}=0.78V_d$，这是两电平 VSI 所能达到的最高值。由于滤除低次谐波比较困难，而且 V_{AB1} 与 m_a 为非线性关系，所以过调制方法在实际应用中并不多。

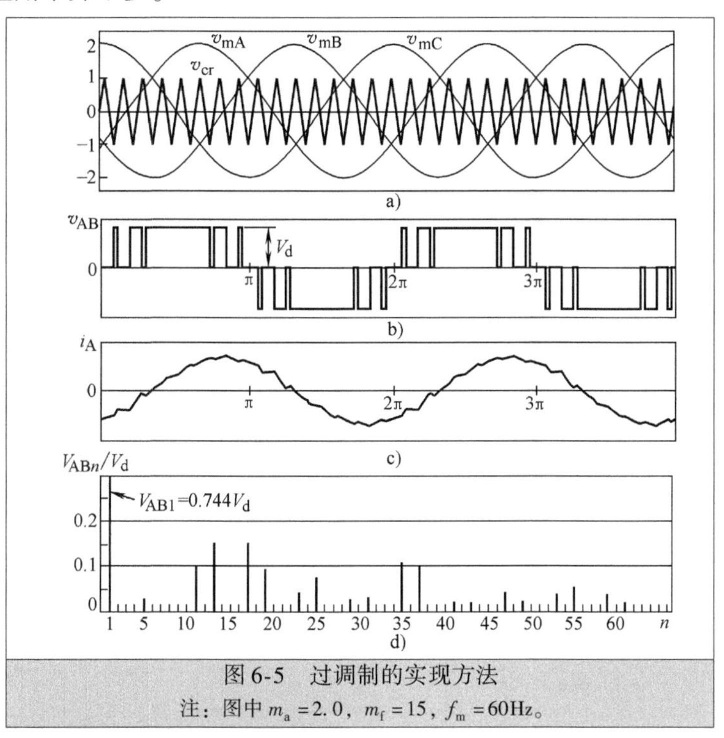

图 6-5 过调制的实现方法

注：图中 $m_a=2.0$，$m_f=15$，$f_m=60Hz$。

6.2.4 三次谐波注入 PWM ★★★

通过在三相正弦调制波上叠加一个三次谐波分量，可提高逆变器的基波电压 V_{AB1}，而且不会导致过调制。这种调制技术称为三次谐波注入 PWM。

图 6-6 说明了三次谐波注入方法的原理。其中，调制波 v_{mA} 由基波分量 v_{m1} 和三次谐波分量 v_{m3} 叠加组成，三次谐波使得 v_{mA} 的波头有些平缓。因此，基波分量的峰值 $\hat{V}_{m1}$ 可高于三角载波的峰值 $\hat{V}_{cr}$，从而提升了基波电压 V_{AB1}。同时，可保持调制波的峰值 $\hat{V}_{mA}$ 低于 $\hat{V}_{cr}$，从而避免过调制可能导致的问题。这种方法可使 V_{AB1} 的最大值提高 15.5%[2,3]。

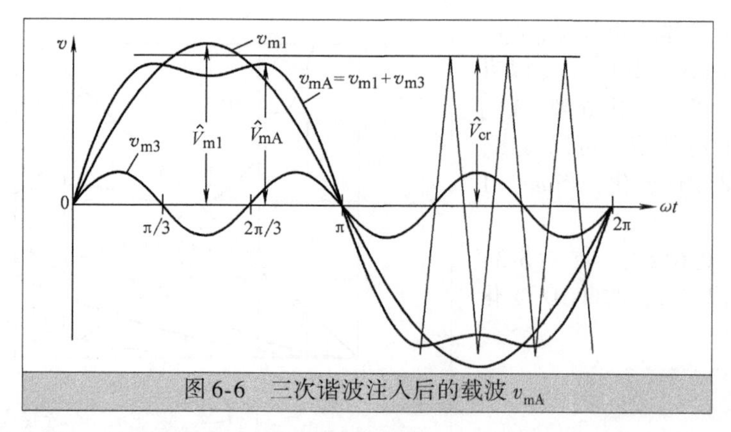

图 6-6　三次谐波注入后的载波 v_{mA}

注入的三次谐波分量 v_{m3} 并不会增加 v_{AB} 的谐波畸变率。虽然该三次谐波存在于逆变器的每相端电压 v_{AN}、v_{BN} 和 v_{CN} 中，但对线电压 v_{AB} 并没有任何影响。这是因为线电压 $v_{AB}=v_{AN}-v_{BN}$ 中，v_{AN} 和 v_{BN} 中的三次谐波幅值和相位均相同，可互相抵消。

6.3　空间矢量调制

空间矢量调制（SVM）是一种性能非常好的实时调制技术，目前广泛应用于数字控制的电压源型逆变器中[3,4]。本节将介绍用于两电平逆变器的 SVM 技术的原理与实现方法。

6.3.1　开关状态 ★★★

图 6-1 所示两电平逆变器的开关工作状态可表述为开关状态，如表 6-1 所示。其中，开关状态 P 表示逆变器一个桥臂的上管导通，从而端电压（v_{AN}、v_{BN} 或 v_{CN}）为正（$+V_d$）；开关状态 O 表示桥臂的下管导通，使得逆变器输出端电压为零。

表 6-1　开关状态的定义

开关状态	A 相桥臂			B 相桥臂			C 相桥臂		
	S_1	S_4	v_{AN}	S_3	S_6	v_{BN}	S_5	S_2	v_{CN}
P	导通	关断	V_d	导通	关断	V_d	导通	关断	V_d
O	关断	导通	0	关断	导通	0	关断	导通	0

两电平逆变器有 8 种可能的开关状态组合，如表 6-2 所示。例如，开关状态［POO］分别对应逆变器 A、B 和 C 三相桥臂开关 S_1、S_6 和 S_2 导通。在这 8 种开关状态中，［PPP］和［OOO］为零状态，其他均为非零状态。

表 6-2　空间矢量、开关状态与导通开关

空间矢量		开关状态（三相）	导通开关	矢量定义
零矢量	$\vec{V}_0$	［PPP］	S_1,S_3,S_5	$\vec{V}_0=0$
		［OOO］	S_4,S_6,S_2	
非零矢量	$\vec{V}_1$	［POO］	S_1,S_6,S_2	$\vec{V}_1=\frac{2}{3}V_d e^{j0}$
	$\vec{V}_2$	［PPO］	S_1,S_3,S_2	$\vec{V}_2=\frac{2}{3}V_d e^{j\frac{\pi}{3}}$
	$\vec{V}_3$	［OPO］	S_4,S_3,S_2	$\vec{V}_3=\frac{2}{3}V_d e^{j\frac{2\pi}{3}}$
	$\vec{V}_4$	［OPP］	S_4,S_3,S_5	$\vec{V}_4=\frac{2}{3}V_d e^{j\frac{3\pi}{3}}$
	$\vec{V}_5$	［OOP］	S_4,S_6,S_5	$\vec{V}_5=\frac{2}{3}V_d e^{j\frac{4\pi}{3}}$
	$\vec{V}_6$	［POP］	S_1,S_6,S_5	$\vec{V}_6=\frac{2}{3}V_d e^{j\frac{5\pi}{3}}$

6.3.2 空间矢量 ★★★

零与非零开关状态分别对应零矢量和非零矢量。图6-7给出了典型的两电平逆变器空间矢量图。其中，6个非零矢量$\vec{V}_1 \sim \vec{V}_6$组成一个正六边形，并将其分为1~6共6个相等的扇区。零矢量$\vec{V}_0$位于六边形的中心。

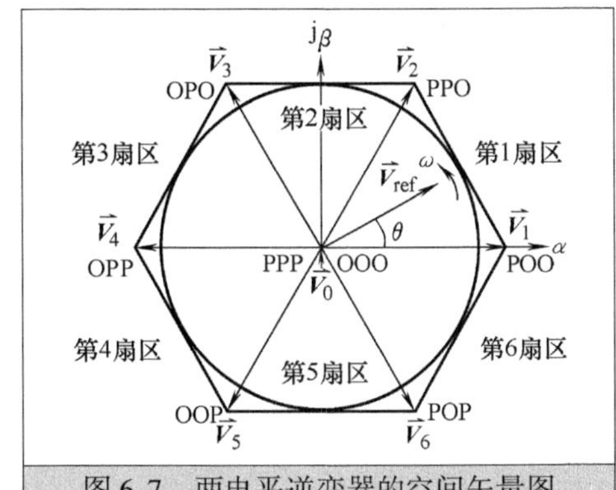

图6-7 两电平逆变器的空间矢量图

可参考图6-1来推导空间矢量与开关状态之间的关系。假设逆变器工作于三相平衡状态，则有

$$v_{AO}(t)+v_{BO}(t)+v_{CO}(t)=0 \tag{6-4}$$

式中，v_{AO}、v_{BO}和v_{CO}为负载瞬时相电压。

从数学运算角度考虑，三相电压中的其中一相为非独立变量，因为给定任意两相电压，即可计算出第三相电压。因此，可将三相变量等效转换为两相变量[5]

$$\begin{bmatrix} v_\alpha(t) \\ v_\beta(t) \end{bmatrix}=\frac{2}{3}\begin{bmatrix} 1 & -\frac{1}{2} & -\frac{1}{2} \\ 0 & \frac{\sqrt{3}}{2} & -\frac{\sqrt{3}}{2} \end{bmatrix}\begin{bmatrix} v_{AO}(t) \\ v_{BO}(t) \\ v_{CO}(t) \end{bmatrix} \tag{6-5}$$

式中，系数2/3在某种程度上是任意选定的，常用的系数值为2/3或者$\sqrt{2/3}$。采用2/3的优点在于，经过等效变换后，两相系统的电压幅值与原三相系统的电压幅值相等。空间矢量通常是根据$\alpha-\beta$坐标系中的两相电压来定义的

$$\vec{\boldsymbol{V}}(\boldsymbol{t})=v_\alpha(t)+jv_\beta(t) \tag{6-6}$$

将式（6-5）代入到式（6-6）中，可以得到

$$\vec{\boldsymbol{V}}(\boldsymbol{t})=\frac{2}{3}[v_{AO}(t)e^{j0}+v_{BO}(t)e^{j2\pi/3}+v_{CO}(t)e^{j4\pi/3}] \tag{6-7}$$

式中，$e^{jx}=\cos x+j\sin x$，且$x=0$、$2\pi/3$或$4\pi/3$。

非零开关状态［POO］所产生的负载相电压为

$$v_{AO}(t)=\frac{2}{3}V_d,\ v_{BO}(t)=-\frac{1}{3}V_d,\ v_{CO}(t)=-\frac{1}{3}V_d \tag{6-8}$$

将式（6-8）代入到（6-7）中，可得到对应的空间矢量$\vec{\boldsymbol{V}}_1$

$$\vec{\boldsymbol{V}}_1=\frac{2}{3}V_d e^{j0} \tag{6-9}$$

采用相同的方法，可推导得到所有的6个非零矢量

$$\vec{\boldsymbol{V}}_k=\frac{2}{3}V_d e^{j(k-1)\frac{\pi}{3}} \quad k=1,\ 2,\ \cdots,\ 6 \tag{6-10}$$

零矢量$\vec{\boldsymbol{V}}_0$有两种开关状态［PPP］和［OOO］，其中的一个看起来似乎是多余的。在后续章节中会讨论冗余开关状态的作用，如用于实现逆变器开关频率的最小化或其他功能。表6-2给出了空间矢量与对应的开关状态之间的关系。

应该注意的是，零矢量和非零矢量在矢量空间上并不运动变化，因此也可称为静态矢量。与此相反，图6-7中的给定矢量$\vec{\boldsymbol{V}}_{ref}$在空间中以$\omega$的角速度旋转，即

$$\omega=2\pi f_1 \tag{6-11}$$

式中，f_1为逆变器输出电压的基频。

矢量$\vec{\boldsymbol{V}}_{ref}$相对于$\alpha-\beta$坐标系$\alpha$轴的偏移角度$\theta(t)$为

$$\theta(t)=\int_0^t \omega(t)\,\mathrm{d}t+\theta(0) \tag{6-12}$$

当给定幅值和角度位置后，矢量 $\vec{V}_{ref}$ 可由相邻的三个静态矢量合成得到。基于这种方法，可以计算得到逆变器的开关状态，并产生各功率开关器件的门（栅）极驱动信号。当 $\vec{V}_{ref}$ 逐一经过每个扇区时，不同的开关器件组将会不断地导通或关断。每当 $\vec{V}_{ref}$ 在矢量空间上旋转一圈，逆变器的输出电压也会随之变化一个时间周期。逆变器的输出频率取决于矢量 $\vec{V}_{ref}$ 的旋转速度，而输出电压则可通过改变 $\vec{V}_{ref}$ 的幅值来调节。

6.3.3 作用时间计算 ★★★

上一节提到，矢量 $\vec{V}_{ref}$ 可由三个静态矢量合成。静态矢量的作用时间，本质上就是选中开关器件在采样周期 T_s 内的作用时间（通态或断态时间）。作用时间的计算基于“伏秒平衡”原理，也就是说，给定矢量 $\vec{V}_{ref}$ 与采样周期 T_s 的乘积，等于各空间矢量电压与其作用时间乘积的累加和。

假设采样周期 T_s 足够小，可认为给定矢量 $\vec{V}_{ref}$ 在周期 T_s 内保持不变。在这种情况下，$\vec{V}_{ref}$ 可近似认为是两个相邻非零矢量与一个零矢量的叠加。例如，当 $\vec{V}_{ref}$ 位于第 1 扇区时，它可由矢量 $\vec{V}_1$、$\vec{V}_2$ 和 $\vec{V}_0$ 合成，如图 6-8 所示。根据伏秒平衡原理，有下式成立

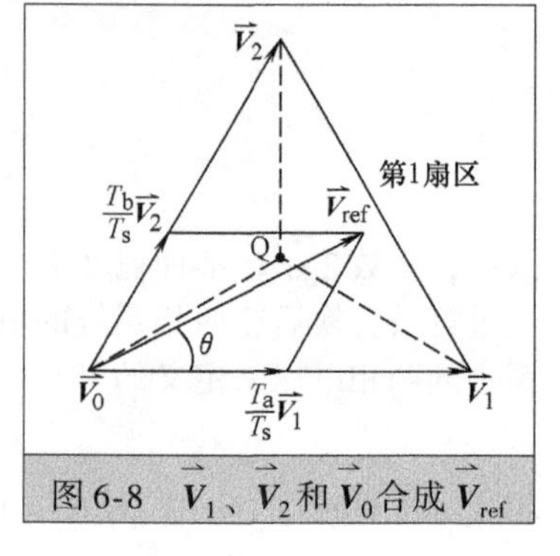

图 6-8 $\vec{V}_1$、$\vec{V}_2$ 和 $\vec{V}_0$ 合成 $\vec{V}_{ref}$

$$\begin{cases}\vec{V}_{ref}T_s=\vec{V}_1T_a+\vec{V}_2T_b+\vec{V}_0T_0\\ T_s=T_a+T_b+T_0\end{cases} \tag{6-13}$$

式中，T_a、T_b 和 T_0 分别为矢量 $\vec{V}_1$、$\vec{V}_2$ 和 $\vec{V}_0$ 的作用时间。式（6-13）所示的空间矢量可表示为

$$\vec{V}_{ref}=V_{ref}e^{j\theta},\ \vec{V}_1=\frac{2}{3}V_d,\ \vec{V}_2=\frac{2}{3}V_d e^{j\frac{\pi}{3}},\ \vec{V}_0=0 \tag{6-14}$$

将式（6-14）代入到（6-13）中，并将结果分为 $\alpha-\beta$ 坐标系的实轴（α 轴）和虚轴（β 轴）分量两部分，可得到

$$\begin{cases}\text{实部：}\quad V_{ref}(\cos\theta)T_s=\frac{2}{3}V_dT_a+\frac{1}{3}V_dT_b\\ \text{虚部：}\quad V_{ref}(\sin\theta)T_s=\frac{1}{\sqrt{3}}V_dT_b\end{cases} \tag{6-15}$$

将式（6-15）与条件 $T_s=T_a+T_b+T_0$ 联立求解，得到

$$\begin{cases}T_a=\dfrac{\sqrt{3}T_sV_{ref}}{V_d}\sin\left(\dfrac{\pi}{3}-\theta\right)\\ T_b=\dfrac{\sqrt{3}T_sV_{ref}}{V_d}\sin\theta\\ T_0=T_s-T_a-T_b\end{cases} \tag{6-16}$$

式中，$0\leqslant\theta<\pi/3$。

为了更形象地描述矢量 $\vec{V}_{ref}$ 的位置与作用时间之间的关系，可通过一些特殊情况进行检验和说明。如果 $\vec{V}_{ref}$ 刚好位于 $\vec{V}_1$ 和 $\vec{V}_2$ 的中间（即 $\theta=\pi/6$），则 $\vec{V}_1$ 的作用时间 T_a 将等于 $\vec{V}_2$ 的时间 T_b。当 $\vec{V}_{ref}$ 更靠近 $\vec{V}_2$ 时，T_b 将大于 T_a。如果 $\vec{V}_{ref}$ 与 $\vec{V}_2$ 重合，则 T_a 为 0。另外，如果矢量 $\vec{V}_{ref}$ 的端部刚好位于三角形中心 Q，则有 $T_a=T_b=T_0$。表 6-3 总结了矢量 $\vec{V}_{ref}$ 的位置与其作用时间之间的关系。

表 6-3 $\vec{V}_{ref}$的位置与作用时间之间的关系

$\vec{V}_{ref}$的位置	$\theta=0$	$0<\theta<\frac{\pi}{6}$	$\theta=\frac{\pi}{6}$	$\frac{\pi}{6}<\theta<\frac{\pi}{3}$	$\theta=\frac{\pi}{3}$
作用时间	$T_a>0$ $T_b=0$	$T_a>T_b$	$T_a=T_b$	$T_a<T_b$	$T_a=0$ $T_b>0$

另外需要注意的是，式（6-16）是以 $\vec{V}_{ref}$位于第 1 扇区为前提推导得到的。当 $\vec{V}_{ref}$位于其他扇区时，该式在采用变量置换后依然成立。也就是说，将实际角度 θ 减去 $\pi/3$ 的整数倍，使修正后的角度 θ'位于 $0\sim\pi/3$ 的区间内，即

$$\theta'=\theta-(k-1)\pi/3 \tag{6-17}$$

式中，$0\leqslant\theta'<\pi/3$；k 为相应扇区的编号（1～6）。例如，当 $\vec{V}_{ref}$位于第 2 扇区时，基于式（6-16）和（6-17）计算得到的作用时间 T_a、T_b和 T_0分别对应矢量 $\vec{V}_2$、$\vec{V}_3$和 $\vec{V}_0$。

6.3.4 调制因数 ★★★

式（6-16）也可以表示为调制因数 m_a的形式，即

$$\begin{cases} T_a=T_s m_a \sin\left(\dfrac{\pi}{3}-\theta\right) \\ T_b=T_s m_a \sin\theta \\ T_0=T_s-T_a-T_b \end{cases} \tag{6-18}$$

式中，

$$m_a=\frac{\sqrt{3}V_{ref}}{V_d} \tag{6-19}$$

给定矢量的最大幅值 $V_{ref,max}$取决于图 6-7 所示六边形的最大内切圆的半径。由于该六边形由六个长度为 $2V_d/3$ 的非零矢量组成，因此可求出 $V_{ref,max}$的值为

$$V_{ref,max}=\frac{2}{3}V_d\times\frac{\sqrt{3}}{2}=\frac{V_d}{\sqrt{3}} \tag{6-20}$$

将式（6-20）代入（6-19）中，可知调制因数的最大值为

$$m_{a,max}=1$$

由此可知，SVM 方案的调制因数的范围为

$$0\leqslant m_a\leqslant 1 \tag{6-21}$$

而其线电压基波的最大有效值则可表示为

$$V_{max,SVM}=\sqrt{3}\left(V_{ref,max}/\sqrt{2}\right)=0.707V_d \tag{6-22}$$

式中，$V_{ref,max}/\sqrt{2}$为逆变器相电压基波的最大有效值。

对于采用 SPWM 方式控制的逆变器，其线电压的基波最大值为

$$V_{max,SPWM}=0.612V_d \tag{6-23}$$

由此可得

$$\frac{V_{max,SVM}}{V_{max,SPWM}}=1.155 \tag{6-24}$$

式（6-24）表明，对于相同的直流母线电压，基于 SVM 的逆变器最大线电压要比基于 SPWM 的高 15.5%。不过，采用三次谐波注入的 SPWM 方案同样可以将逆变器输出电压提升 15.5%。因此，这两种方案具有相同的直流母线电压利用率。

6.3.5 开关顺序 ★★★

前面介绍了空间矢量选取及其作用时间的计算方法，下一步要解决的问题就是如何安排开关顺序。

一般说来，对于给定的矢量 $\vec{V}_{ref}$，其开关顺序的选取方案并不是唯一的，但是为了尽量减小器件的开关频率，需要满足下列两个条件：

1）从一种开关状态切换到另一种开关状态的过程中，仅涉及逆变器某一桥臂的两个开关器件：一个导通，另一个关断；

2）矢量 $\vec{V}_{ref}$在矢量图中从一个扇区转移到另一个扇区时，没有或者只有最少数量的开关器件动作。

图6-9 给出了一种典型的七段法开关顺序以及矢量 $\vec{V}_{ref}$在第1 扇区时逆变器输出电压的波形。其中，$\vec{V}_{ref}$由 $\vec{V}_1$、$\vec{V}_2$和 $\vec{V}_0$这3 个矢量合成。在所选扇区内，将采样周期 T_s分为7 段，可以看出：

1）7 段作用时间的累加和等于采样周期，即 $T_s = T_a + T_b + T_0$；

2）设计方案的第1 个必要条件得以满足。例如，从状态［OOO］切换到［POO］时，S_1导通而 S_4关断，这样仅涉及了两个开关器件；

3）冗余开关状态 $\vec{V}_0$用于降低每个采样周期的开关动作次数。在采样周期中间的 $T_0/2$ 区段内，选择开关状态［PPP］，而在两边的 $T_0/4$ 区段内，均采用开关状态［OOO］；

4）逆变器的每个开关器件在一个采样周期内均导通和关断一次。因此，器件的开关频率 f_{sw} 等于采样频率 f_{sp}，即 $f_{sw} = f_{sp} = 1/T_s$。

下面对图6-10 中给出的例子进行分析，图中输出电压波形是通过将图6-9 中的矢量 $\vec{V}_1$与 $\vec{V}_2$位置互换而得到。此时，在某些开关状态切换过程中，例如从［OOO］切换到［PPO］时，共有两个桥臂的4 个开关器件同时导通或关断。最终导致采样周期内的开关次数从原方案的6 次增加到了10 次。显然，这种开关顺序不能满足设计要求，不应该被采用。

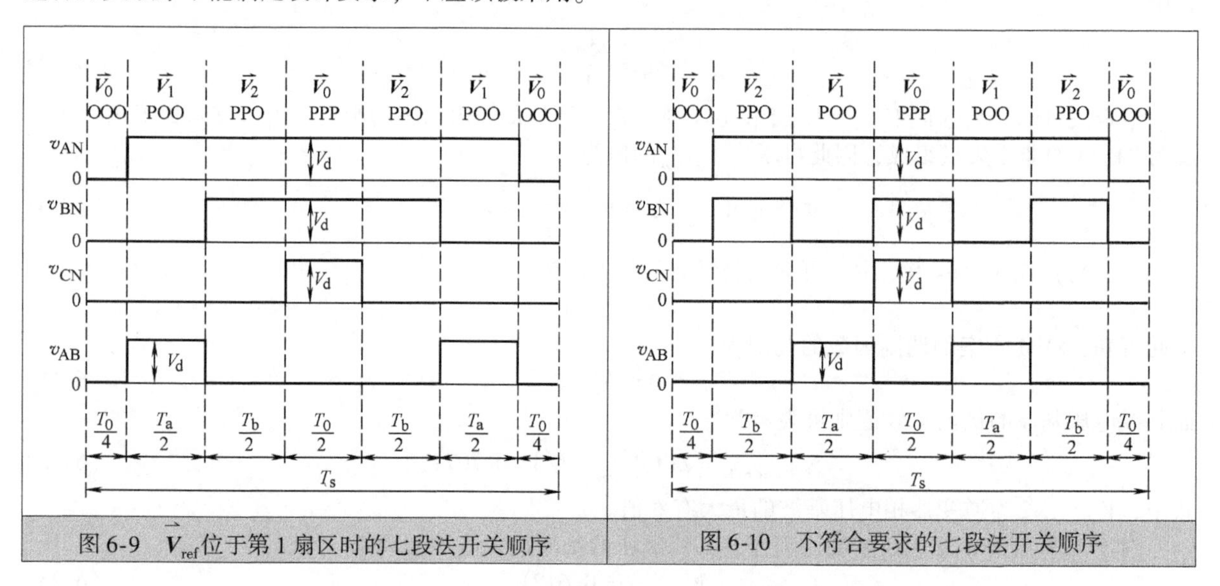

图6-9 $\vec{V}_{ref}$位于第1 扇区时的七段法开关顺序

图6-10 不符合要求的七段法开关顺序

通过对上面两种不同开关顺序的对比研究，可发现一种比较有趣的现象，那就是图6-9 与6-10 中所产生的 v_{AB}波形虽然看起来不同，但在本质上却是相同的。如果把这两个波形在时间轴上连续展开两个或更多周期可以发现，除了有一个较小时间（$T_s/2$）延迟的区别外，它们是完全相同的。而 T_s相比于逆变器的基波周期要短得多，因此这个时延的影响可忽略不计。

表6-4 给出了 $\vec{V}_{ref}$在所有6 个扇区时的七段法开关顺序。需要注意的是，所有的开关顺序都是以开关状态［OOO］来起始和结束的，这表明 $\vec{V}_{ref}$从一个扇区切换到下一个扇区时，并不需要任何额外的切换过程。这样，满足了前面所述的第2 个开关顺序设计要求。

表6-4　七段法开关顺序

扇区	开关顺序						
	1	2	3	4	5	6	7
1	$\vec{V}_0$	$\vec{V}_1$	$\vec{V}_2$	$\vec{V}_0$	$\vec{V}_2$	$\vec{V}_1$	$\vec{V}_0$
	OOO	POO	PPO	PPP	PPO	POO	OOO
2	$\vec{V}_0$	$\vec{V}_3$	$\vec{V}_2$	$\vec{V}_0$	$\vec{V}_2$	$\vec{V}_3$	$\vec{V}_0$
	OOO	OPO	PPO	PPP	PPO	OPO	OOO
3	$\vec{V}_0$	$\vec{V}_3$	$\vec{V}_4$	$\vec{V}_0$	$\vec{V}_4$	$\vec{V}_3$	$\vec{V}_0$
	OOO	OPO	OPP	PPP	OPP	OPO	OOO
4	$\vec{V}_0$	$\vec{V}_5$	$\vec{V}_4$	$\vec{V}_0$	$\vec{V}_4$	$\vec{V}_5$	$\vec{V}_0$
	OOO	OOP	OPP	PPP	OPP	OOP	OOO
5	$\vec{V}_0$	$\vec{V}_5$	$\vec{V}_6$	$\vec{V}_0$	$\vec{V}_6$	$\vec{V}_5$	$\vec{V}_0$
	OOO	OOP	POP	PPP	POP	OOP	OOO
6	$\vec{V}_0$	$\vec{V}_1$	$\vec{V}_6$	$\vec{V}_0$	$\vec{V}_6$	$\vec{V}_1$	$\vec{V}_0$
	OOO	POO	POP	PPP	POP	POO	OOO

6.3.6　频谱分析 ★★★

图6-11给出了逆变器输出电压、负载电流的仿真波形。逆变器的工作条件为：$f_1=60\text{Hz}$，$T_s=1/720\text{s}$，$f_{sw}=720\text{Hz}$，$m_a=0.8$以及额定的三相感性负载，负载的每相功率因数为0.9。可以看出，逆变器输出线电压v_{AB}的波形不是半波对称的，也就是说$v_{AB}(\omega t)\neq -v_{AB}(\omega t+\pi)$。因此，波形中除了奇次谐波外，还包含诸如2、4、8和10次等偶次谐波。v_{AB}和i_A的THD分别为80.2%和8.37%。

图6-12为一个两电平逆变器的实际输出电压波形，其工作条件与图6-13所给出的完全一致。图6-12a中的上、下两个波形分别为逆变器输出线电压v_{AB}和负载相电压v_{AO}，而图6-12b则给出了v_{AB}的频谱。可以看出，实验结果与仿真结果基本一致。

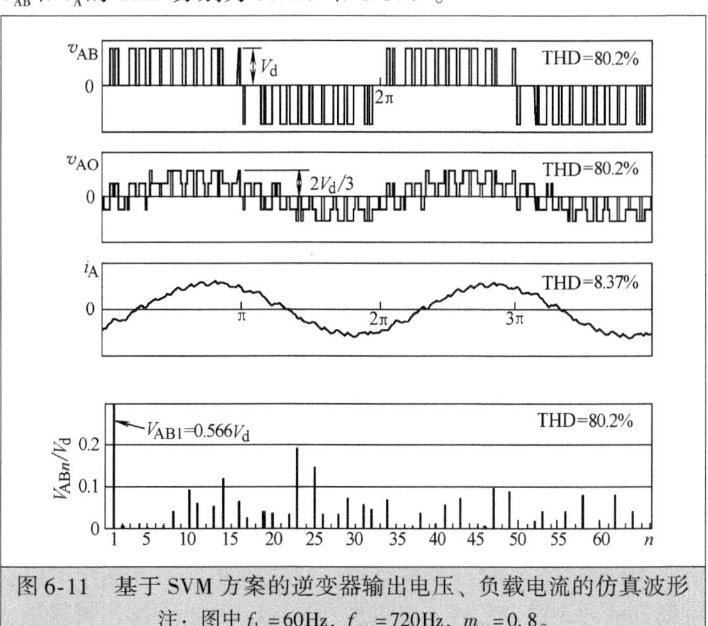

图6-11　基于SVM方案的逆变器输出电压、负载电流的仿真波形
注：图中$f_1=60\text{Hz}$，$f_{sw}=720\text{Hz}$，$m_a=0.8$。

图6-13给出了逆变器工作于$f_1=60\text{Hz}$和$f_{sw}=720\text{Hz}$时，v_{AB}的谐波含量图。虽然没有消除2、4、5和7次等低次谐波，但它们的幅值已很小。当$m_a=1$时，线电压的最大基波有效值可由式（6-25）得出

$$V_{AB1,\max}=0.707V_d \qquad (6\text{-}25)$$

与不采用三次谐波注入的SPWM方案相比（见式6-3)），上述方案的输出电压提高了约15.5%。

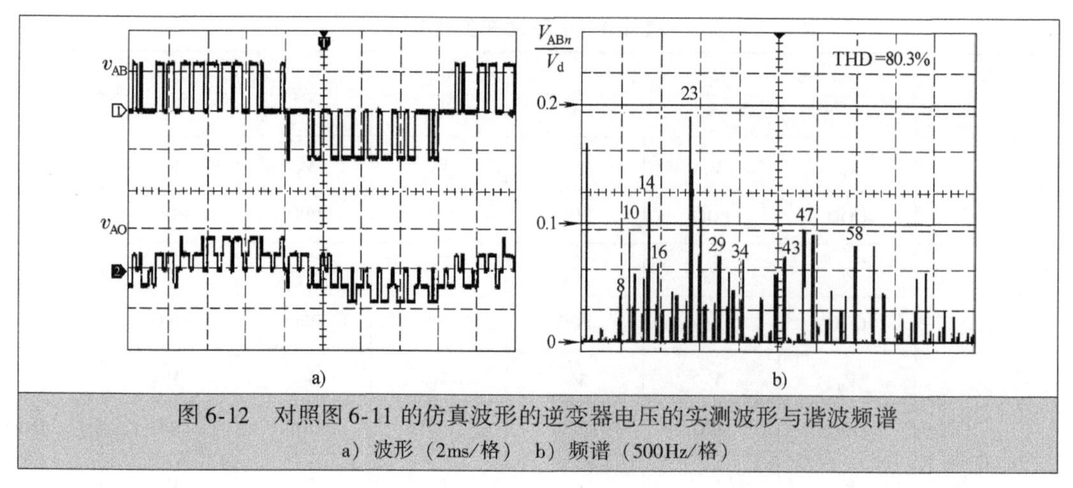

图 6-12　对照图 6-11 的仿真波形的逆变器电压的实测波形与谐波频谱

a）波形（2ms/格）　b）频谱（500Hz/格）

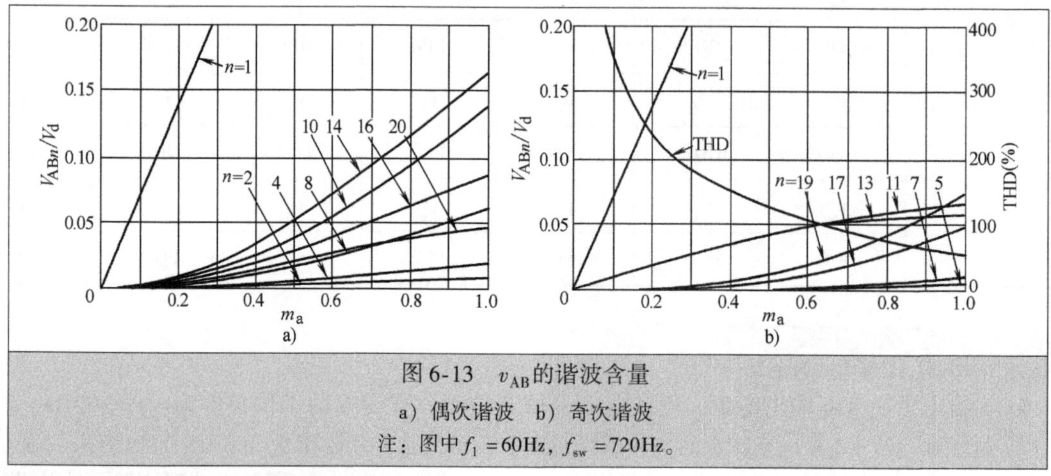

图 6-13　v_{AB}的谐波含量

a）偶次谐波　b）奇次谐波

注：图中f_1 = 60Hz，f_{sw} = 720Hz。

6.3.7　偶次谐波的消除 ★★★

前面的章节已指出，SVM 逆变器的线电压波形中包含偶次谐波。对于采用两电平逆变器的中压传动系统，这种谐波对电动机的正常运行并没有很大的影响。不过，当这种结构作为整流器使用时，其网侧电流的 THD 则应满足 IEEE 519-2014 等谐波标准的规定。相比于奇次谐波，很多标准对偶次谐波的要求和限制更为严格。针对这一点，本节提出了一种消除偶次谐波的改进 SVM 方法。

为研究偶次谐波产生的原因和机制，可以考虑一种给定矢量 $\vec{V}_{ref}$ 位于第 4 扇区时的情况。在表 6-4 所给出的开关顺序的基础上，图 6-14a 给出了逆变器线电压 v_{AB} 在一个采样周期内的波形。与图 6-9 的波形进行对比可以看出，虽然 $\vec{V}_{ref}$ 从第 1 扇区转移至第 4 扇区并有 180°的相移，但这两个波形并不是相对于横轴对称的。这种现象表明，该 SVM 方法所产生的波形不是半波对称的，这导致了偶次谐波分量的产生。

现在考虑另一种 B 型开关顺序，如图 6-14b 所示。这种方法也满足前述的第一个开关顺序设计要求。与图 6-9 的 v_{AB} 波形相比，可以明显地看出，采用这种开关顺序可以使 $v_{AB}(\omega t) = -v_{AB}(\omega t + \pi)$。因此，这种开关顺序可以使得 v_{AB} 波形中不含有任何偶次谐波。

比较图 6-14 所示的两种开关顺序，可以发现 A 型开关顺序以［OOO］状态开始和结束，而 B 型开关顺序则以［PPP］开始和结束，这两种开关顺序所产生的 v_{AB} 波形似乎是不同的。然而，在时间轴上以两个或更多个采样周期展开后，除了一个很小的时延（$T_s/2$）以外，这两个波形实际上也是一样的。

为使得三相线电压半波对称，A 型和 B 型开关顺序可以交替使用。进一步讲，矢量图中的每个扇区都可以分为两个区域，如图 6-15 所示。在非阴影区域采用 A 型开关顺序，而在阴影区域则采用 B 型开关顺序。表 6-5 给出了具体的开关顺序安排。

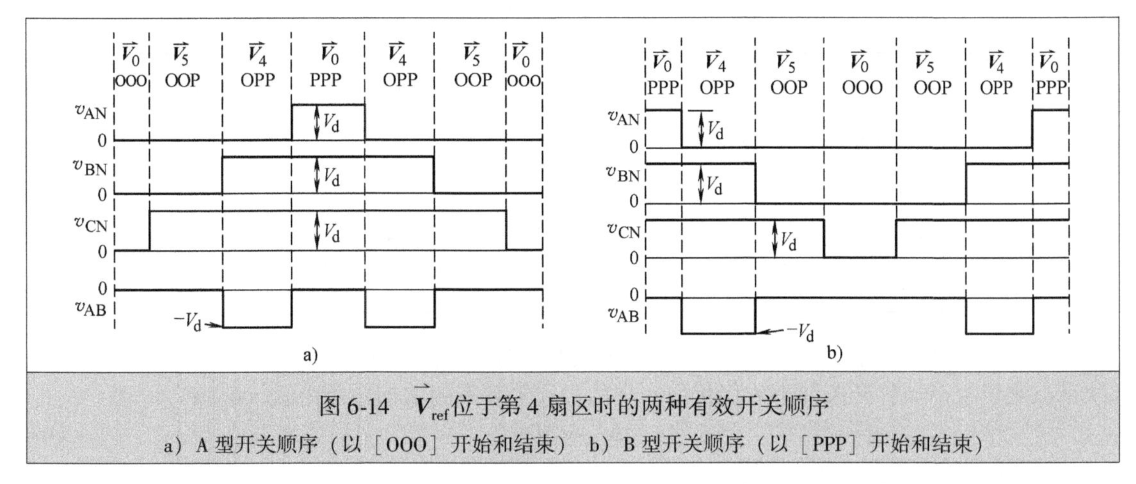

图 6-14 $\vec{V}_{ref}$位于第 4 扇区时的两种有效开关顺序

a）A 型开关顺序（以［OOO］开始和结束） b）B 型开关顺序（以［PPP］开始和结束）

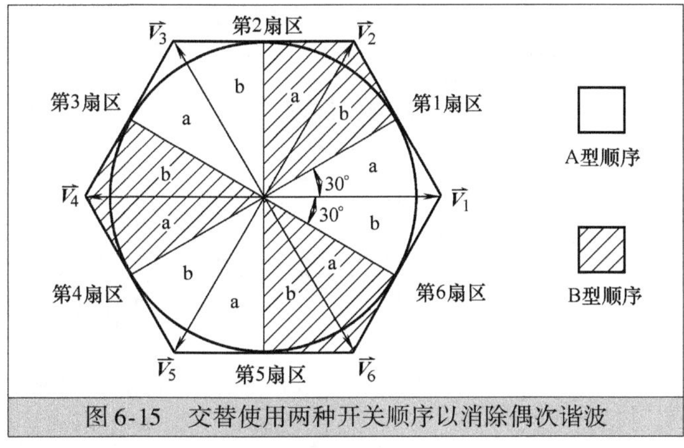

图 6-15 交替使用两种开关顺序以消除偶次谐波

表 6-5 消除偶次谐波的改进 SVM 的开关顺序

扇 区	开 关 顺 序						
1-a	$\vec{V}_0$	$\vec{V}_1$	$\vec{V}_2$	$\vec{V}_0$	$\vec{V}_2$	$\vec{V}_1$	$\vec{V}_0$
	OOO	POO	PPO	PPP	PPO	POO	OOO
1-b	$\vec{V}_0$	$\vec{V}_2$	$\vec{V}_1$	$\vec{V}_0$	$\vec{V}_1$	$\vec{V}_2$	$\vec{V}_0$
	PPP	PPO	POO	OOO	POO	PPO	PPP
2-a	$\vec{V}_0$	$\vec{V}_2$	$\vec{V}_3$	$\vec{V}_0$	$\vec{V}_3$	$\vec{V}_2$	$\vec{V}_0$
	PPP	PPO	OPO	OOO	OPO	PPO	PPP
2-b	$\vec{V}_0$	$\vec{V}_3$	$\vec{V}_2$	$\vec{V}_0$	$\vec{V}_2$	$\vec{V}_3$	$\vec{V}_0$
	OOO	OPO	PPO	PPP	PPO	OPO	OOO
3-a	$\vec{V}_0$	$\vec{V}_3$	$\vec{V}_4$	$\vec{V}_0$	$\vec{V}_4$	$\vec{V}_3$	$\vec{V}_0$
	OOO	OPO	OPP	PPP	OPP	OPO	OOO
3-b	$\vec{V}_0$	$\vec{V}_4$	$\vec{V}_3$	$\vec{V}_0$	$\vec{V}_3$	$\vec{V}_4$	$\vec{V}_0$
	PPP	OPP	OPO	OOO	OPO	OPP	PPP
4-a	$\vec{V}_0$	$\vec{V}_4$	$\vec{V}_5$	$\vec{V}_0$	$\vec{V}_5$	$\vec{V}_4$	$\vec{V}_0$
	PPP	OPP	OOP	OOO	OOP	OPP	PPP
4-b	$\vec{V}_0$	$\vec{V}_5$	$\vec{V}_4$	$\vec{V}_0$	$\vec{V}_4$	$\vec{V}_5$	$\vec{V}_0$
	OOO	OOP	OPP	PPP	OPP	OOP	OOO
5-a	$\vec{V}_0$	$\vec{V}_5$	$\vec{V}_6$	$\vec{V}_0$	$\vec{V}_6$	$\vec{V}_5$	$\vec{V}_0$
	OOO	OOP	POP	PPP	POP	OOP	OOO

（续）

扇区	开关顺序						
5-b	$\vec{V}_0$	$\vec{V}_6$	$\vec{V}_5$	$\vec{V}_0$	$\vec{V}_5$	$\vec{V}_6$	$\vec{V}_0$
	PPP	POP	OOP	OOO	OOP	POP	PPP
6-a	$\vec{V}_0$	$\vec{V}_6$	$\vec{V}_1$	$\vec{V}_0$	$\vec{V}_1$	$\vec{V}_6$	$\vec{V}_0$
	PPP	POP	POO	OOO	POO	POP	PPP
6-b	$\vec{V}_0$	$\vec{V}_1$	$\vec{V}_6$	$\vec{V}_0$	$\vec{V}_6$	$\vec{V}_1$	$\vec{V}_0$
	OOO	POO	POP	PPP	POP	POO	OOO

从表中可以发现，矢量 $\vec{V}_{ref}$ 从区域 a 旋转到区域 b 的时候会产生额外的开关器件动作。这表明，消除偶次谐波是以提高器件开关频率为代价而实现的。开关频率的增加值可由式（6-26）得到

$$\Delta f_{sw}=3f_1 \tag{6-26}$$

式中，f_1 为逆变器输出电压的基波频率。

图 6-16 所示为采用改进 SVM 方案的两电平逆变器的实验室实测电压波形。逆变器的工作条件为：$f_1=60\text{Hz}$、$T_s=1/720\text{s}$ 和 $m_a=0.8$。逆变器的线电压 v_{AB} 和负载相电压 v_{AO} 在波形上均为半波对称型，不包含偶次谐波。与图 6-12所示的频谱相比，电压 v_{AB} 的 5 次和 7 次谐波幅值有所增加，而 THD 则保持不变。

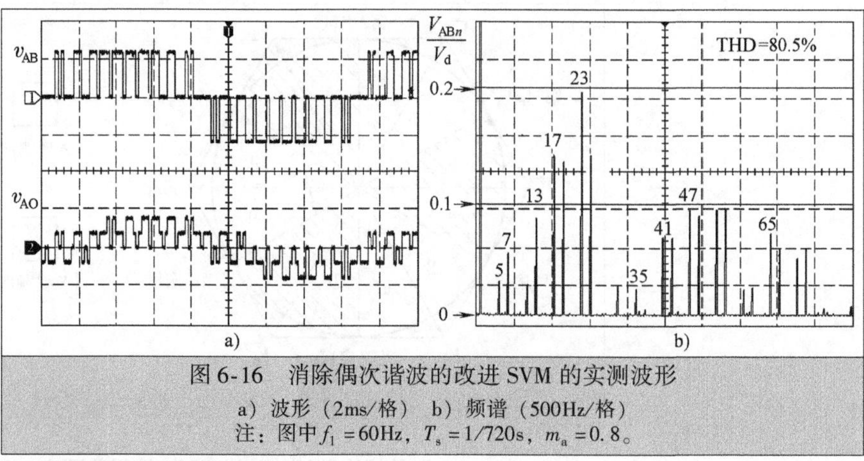

图 6-16　消除偶次谐波的改进 SVM 的实测波形

a）波形（2ms/格）　b）频谱（500Hz/格）

注：图中 $f_1=60\text{Hz}$，$T_s=1/720\text{s}$，$m_a=0.8$。

6.3.8　不连续空间矢量调制 ★★★

如前所述，对于一组给定的静态矢量和作用时间，其开关顺序的安排并不是唯一的。图 6-17 所示为两种五段法开关顺序及矢量 $\vec{V}_{ref}$ 在第 1 扇区时逆变器所产生的端电压波形。对于 A 型开关顺序，零矢量 $\vec{V}_0$ 的开关状态选为［OOO］，而 B 型则采用［PPP］。

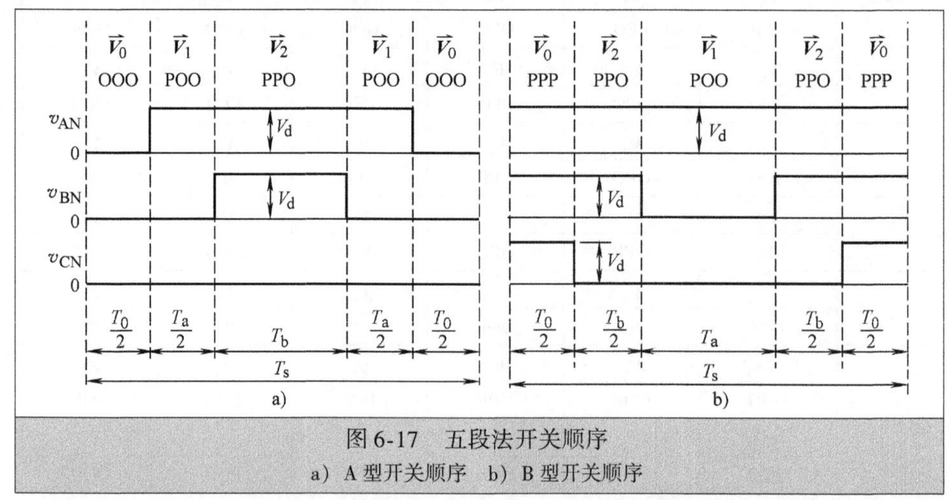

图 6-17　五段法开关顺序

a）A 型开关顺序　b）B 型开关顺序

在五段法开关顺序中，逆变器三相输出端电压中的某一相恒为正或负直流母线电压，在采样周期 T_s 内没有任何开关动作。而且，采取这种开关顺序，可以实现逆变器一个桥臂的开关在1/3个基波周期的时间（2π/3）内持续不动作。例如，输出端电压 v_{CN} 在第1和第2扇区内均被箝位于负直流母线电压，如表6-6所示。由于这种开关切换的不连续性，五段法开关顺序称为不连续空间矢量调制方法[4]。

表6-6　五段法开关顺序

扇区	开关顺序(A型)					
1	$\vec{V}_0$	$\vec{V}_1$	$\vec{V}_2$	$\vec{V}_1$	$\vec{V}_0$	$v_{CN}=0$
	OOO	POO	PPO	POO	OOO	
2	$\vec{V}_0$	$\vec{V}_3$	$\vec{V}_2$	$\vec{V}_3$	$\vec{V}_0$	$v_{CN}=0$
	OOO	OPO	PPO	OPO	OOO	
3	$\vec{V}_0$	$\vec{V}_3$	$\vec{V}_4$	$\vec{V}_3$	$\vec{V}_0$	$v_{AN}=0$
	OOO	OPO	OPP	OPO	OOO	
4	$\vec{V}_0$	$\vec{V}_5$	$\vec{V}_4$	$\vec{V}_5$	$\vec{V}_0$	$v_{AN}=0$
	OOO	OOP	OPP	OOP	OOO	
5	$\vec{V}_0$	$\vec{V}_5$	$\vec{V}_6$	$\vec{V}_5$	$\vec{V}_0$	$v_{BN}=0$
	OOO	OOP	POP	OOP	OOO	
6	$\vec{V}_0$	$\vec{V}_1$	$\vec{V}_6$	$\vec{V}_1$	$\vec{V}_0$	$v_{BN}=0$
	OOO	POO	POP	POO	OOO	

如果只采用A型五段法开关顺序，将使得逆变器一个桥臂的下开关器件比上开关器件导通时间长，引起功率和热量分布的不平衡。如果将两种开关顺序周期性交替使用，将会在很大程度上缓解这个问题。不过，逆变器的开关频率也会相应增加。

图6-18所示为逆变器的 v_{AB} 和 i_A 仿真波形，其工作条件为：$f_1=60\text{Hz}$，$f_{sw}=600\text{Hz}$，$T_s=1/900\text{s}$，$m_a=0.8$ 以及额定三相感性负载，负载的每相PF为0.9。由于 S_1、S_3 和 S_5 的门（栅）极驱动信号在每个基波周期内有2π/3时间持续不变，在相同采样周期的情况下，五段法开关顺序的开关频率比七段法的低1/3。v_{AB} 在波形上并不是半波对称的，其中包含有大量的偶次谐波。v_{AB} 与 i_A 的THD分别为91.8%和12.1%，比七段法的THD高一些。这主要是由于开关频率降低而引起的。

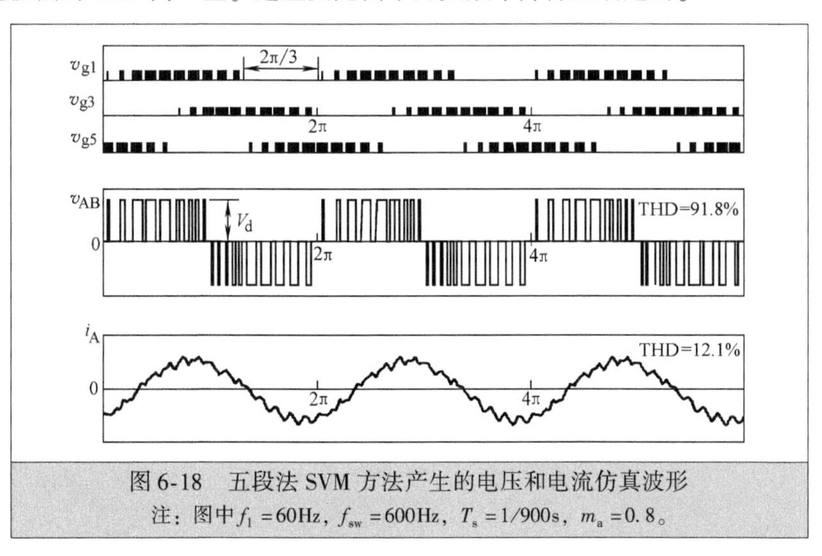

图6-18　五段法SVM方法产生的电压和电流仿真波形

注：图中 $f_1=60\text{Hz}$，$f_{sw}=600\text{Hz}$，$T_s=1/900\text{s}$，$m_a=0.8$。

6.4 小 结

本章主要讨论了两电平电压源型逆变器的脉宽调制方法。对于中压大功率传动系统，功率器件的开关频率一般限制在几百赫兹内。本章首先综述性介绍了基于载波的 SPWM 方法，然后详细分析了 SVM 方法，包括空间矢量的定义、作用时间计算方法、开关顺序设计以及频谱和 THD 分析。

在基于 SVM 方法的逆变器输出电压中，一般均包含有奇次和偶次谐波分量。偶次谐波对电动机的正常运行并没有多大影响，不过当这种结构在中压传动系统中反过来用作整流器时，须严格遵守 IEEE 519-2014 等标准所规定的谐波要求。由于本书没有单列章节讨论两电平电压源型整流器，所以本章对于其偶次谐波产生的机制进行了分析，并给出了一种消除偶次谐波的改进 SVM 方法。

两电平逆变器虽然具有简单的拓扑结构和开关器件的模块化结构等特点，但其输出电压具有高的 dv/dt 和 THD，因此需要在输出端加上 LC 滤波器。用于中压传动系统的两电平逆变器的其他优缺点，将在第 12 章中详细阐述。

参考文献

[1] N. Mohan, T. M. Undeland, and W. P. Robbins, Power Electronics-Converters, Applications and Design, 3rd edition, John Wiley & Sons, 2003.

[2] A. M. Hava, R. J. Kerkman, and T. A. Lipo, "Carrier-based PWM-VSI over modulation strategies: analysis, comparison and design," IEEE Transactions on Power Electronics, Vol. 13, No. 4, pp. 674-689, 1998.

[3] D. G. Holmes and T. A. Lipo, Pulse Width Modulation for Power Converters-Principle and Practice, IEEE Press/Wiley-Interscience, 2003.

[4] M. H. Rashid, Power Electronics Handbook, 3rd Edition, Butterworth-Heinemann, 2010.

[5] P. C. Krause, O. Wasynczuk, S. D. Sudhoff, and S. Pekarek, "Analysis of Electric Machinery and Drive Systems," 2nd edition, IEEE Press/Wiley-Interscience, 2002.

[6] IEEE Standards Association, "IEEE Std 519-2014-Recommended Practice and Requirements for Harmonic Control in Electric Power Systems," IEEE Power and Energy Society, 29 pages, 2014.

第 7 章 串联H桥多电平逆变器

7.1 简　　介

串联 H 桥（Cascaded H-bridge，CHB）多电平逆变器（以下简称串联 H 桥逆变器）是中压大功率传动系统中应用最为广泛的逆变器拓扑结构之一[1~3]。它是由多个单相 H 桥逆变器（也称为功率单元）组成的，把每个功率单元的交流输出串联连接，来实现中压输出，并减小输出电压的谐波。在实际系统中，功率单元的数目由逆变器工作电压和制造成本决定。例如，在线电压为 3300V 的系统中，可采用 9 电平逆变器，即共有 12 个功率单元，功率单元的器件电压为 600V 等级[1]。由于采用了相同的功率单元，故便于模块化设计和制造，有效地降低了成本。

这种逆变器需要由独立的直流电源给每个功率单元供电。可用第 3 章介绍的多脉波二极管整流器得到直流电源。例如，对于 7 电平和 9 电平逆变器，可分别用 18 脉波和 24 脉波二极管整流器，其具有网侧电流 THD 小、输入 PF 高等特点。

本章将首先介绍作为串联 H 桥一个单元的单相 H 桥逆变器的特点，然后再介绍串联 H 桥逆变器的各种结构。在此基础上，将介绍两种基于载波的 PWM 方法，即移相调制法和移幅调制法。最后将介绍阶梯波调制法，可消除指定的谐波。

7.2 H 桥逆变器

图 7-1 是 H 桥逆变器功率单元的简化电路图，它包括两个桥臂，每个桥臂由两个 IGBT 串联组成。逆变器直流母线电压 V_d 固定不变，输出的交流电压 v_{AB} 可通过 PWM 方法进行调节，即双极性调制法或单极性调制法。

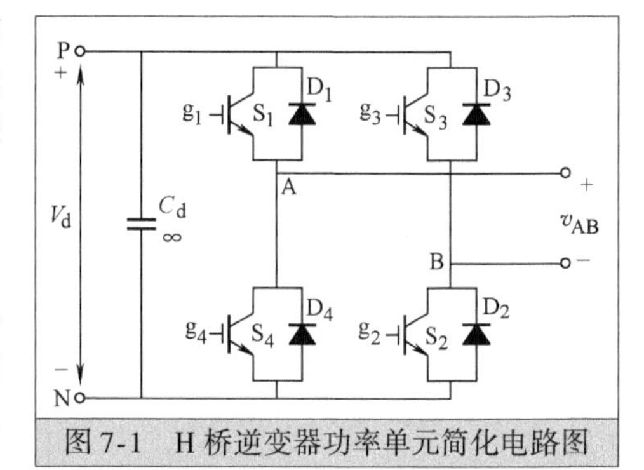

图 7-1　H 桥逆变器功率单元简化电路图

7.2.1 双极性调制法 ★★★

图 7-2 为 H 桥逆变器功率单元采用双极性调制法时的一组典型波形，其中 v_m 为正弦调制波，v_{cr} 为三角载波，v_{g1} 和 v_{g3} 为上部器件 S_1 和 S_3 的门（栅）极驱动信号。同一桥臂中，上部器件和下部器件为互补运行方式，即其中一个导通时，另一个必须关断，两者不能同时导通。因此，在下面的分析中，只研究两个独立的驱动信号 v_{g1} 和 v_{g3}，它们是通过比较 v_m 和 v_{cr} 产生的。依据第 6 章中给出的步骤，可以得到逆变器输出端电压 v_{AN} 和 v_{BN} 的波形，进一步可得到逆变器输出电压 v_{AB} 的波形，即 $v_{AB}=v_{AN}-v_{BN}$。因为 v_{AB} 的波形在正、负直流电压 $\pm V_d$ 之间切换，因此这种方法被称为双极性调制法[4]。

图 7-2b 为逆变器输出电压 v_{AB} 的谐波频谱，其中 v_{AB} 以直流母线电压 V_d 为基值进行标幺化处理，V_{ABn} 为第 n 次谐波电压的有效值。谐波以边带频谱形式出现在第 m_f 及其整数倍谐波处，例如 $2m_f$、

$3m_f$等的两边。阶次低于（m_f-2）的电压谐波成分，或者被消除掉了，或者幅值非常小可忽略。IGBT 的开关频率，通常也称为器件开关频率$f_{sw,dev}$，等于载波频率f_{cr}。

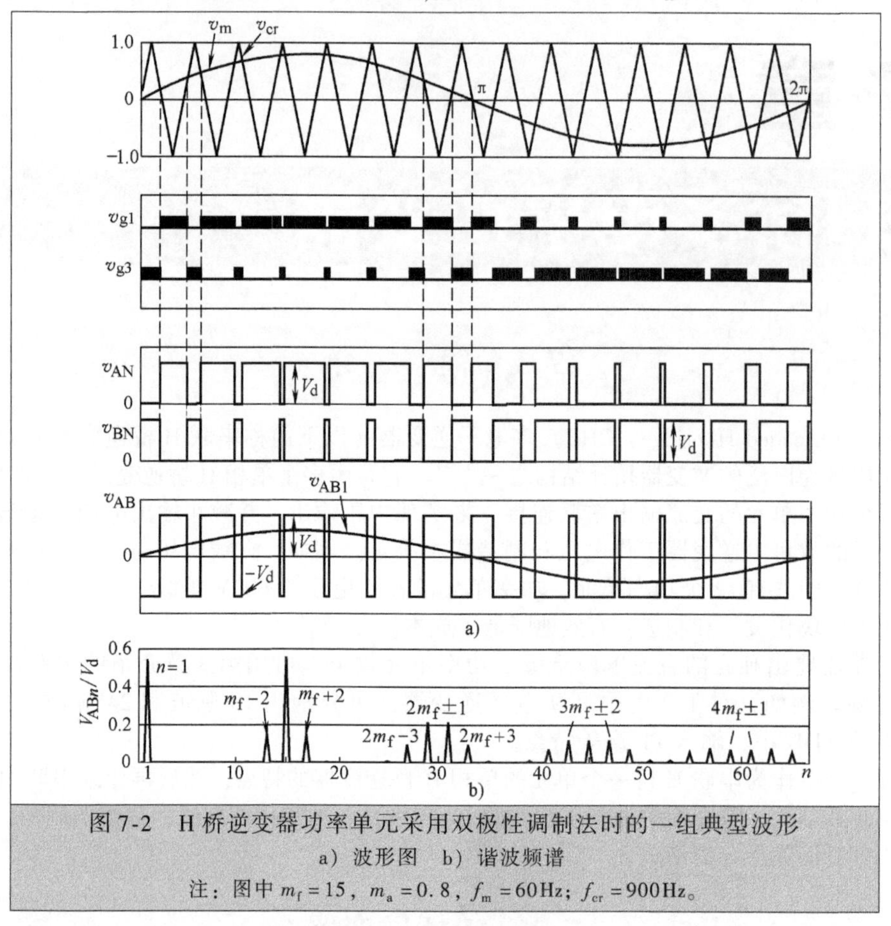

图 7-2　H 桥逆变器功率单元采用双极性调制法时的一组典型波形

a）波形图　b）谐波频谱

注：图中$m_f=15$，$m_a=0.8$，$f_m=60Hz$；$f_{cr}=900Hz$。

图 7-3 为逆变器输出电压v_{AB}的谐波成分与幅值调制因数m_a的关系曲线，从图中可以看出基波电压有效值V_{AB1}与m_a呈线性关系。主要的谐波m_f幅值较高，在$m_a<0.8$时，甚至比V_{AB1}（rms）还高。谐波m_f及其边带谐波可通过下面介绍的单极性调制法消除。

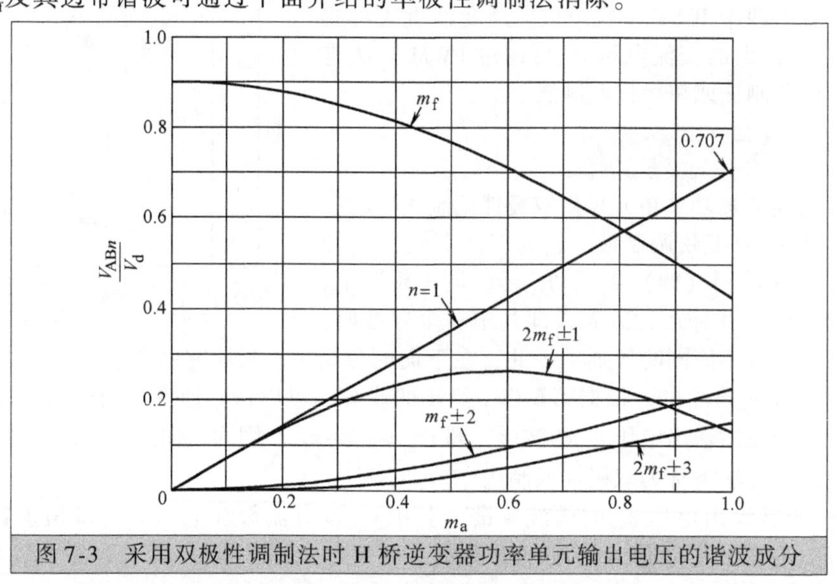

图 7-3　采用双极性调制法时 H 桥逆变器功率单元输出电压的谐波成分

7.2.2　单极性调制法 ★★★

图7-4为单极性调制法，它通常需要两个正弦调制波，即 v_m 和 v_{m-}，它们的幅值和频率相同，相位互差180°，如图7-4a所示。两个调制波都与同一个三角载波 v_{cr} 进行比较，产生两个门（栅）极信号 v_{g1} 和 v_{g3}，分别驱动H桥逆变器上部的两个器件 S_1 和 S_3。从图中可以看出，上面的两个器件不同时动作，这一点和双极性调制法不同。在双极性调制法中，所有4个功率器件都在同一时刻动作㊀。在单极性调制法中，逆变器输出电压在正半周期中只在0和 $+V_d$ 之间切换，在负半周期时，则只在0和 $-V_d$ 之间切换，这也就是其被称为单极性调制法的原因[4]。

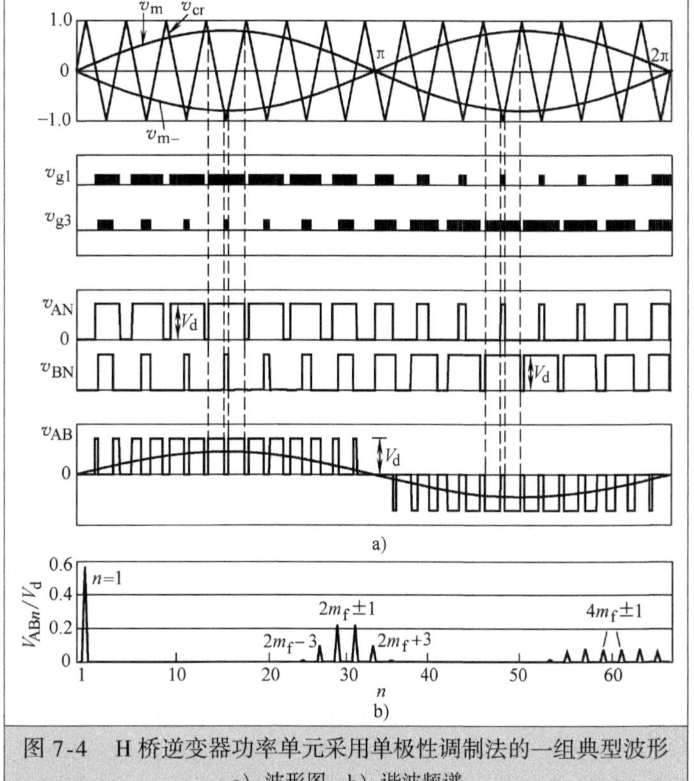

图7-4　H桥逆变器功率单元采用单极性调制法的一组典型波形
a）波形图　b）谐波频谱
注：图中 $m_f=15$，$m_a=0.8$，$f_m=60Hz$，$f_{cr}=900Hz$。

图7-4b为逆变器输出电压 v_{AB} 的谐波频谱，其中边带谐波主要出现在 $2m_f$ 和 $4m_f$ 的两边。在双极性调制法中出现的低次谐波，例如 m_f 和 $m_f±2$ 在单极性调制法中被消除了，主要的低次谐波分布在 $2m_f$ 两边。例如，当 m_f 为15，载波频率为900Hz时，主要谐波分布在1800Hz左右。1800Hz实际上也是负载侧电压波形上体现的开关频率，也称作逆变器等效开关频率 $f_{sw,inv}$。与每个实际功率器件的开关频率（900Hz）相比，逆变器的等效开关频率增加了1倍。这一点也可从另一个角度来解释，H桥逆变器有两组互补导通的功率器件，开关频率皆为900Hz，由于两对器件在不同时刻导通和关断，使得逆变器的等效开关频率 $f_{sw,inv}=2f_{sw,dev}$。

值得指出的是，单极性调制法在 $2m_f±1$ 和 $2m_f±3$ 处产生的低次谐波和双极性调制法产生的这些谐波在幅值上完全相同。因此，可利用图7-3中的曲线得到不同幅值调制因数 m_a 时这些谐波的幅值。

单极性调制法也可以利用一个调制波 v_m 和两个三角载波 v_{cr} 和 v_{cr-} 来实现，实现方法如图7-5所示。两个三角载波频率和幅值都相同，但相位差180°。当 $v_m>v_{cr}$ 时，v_{g1} 驱动器件 S_1 导通，否则关断 S_1；当 $v_m<v_{cr-}$ 时，v_{g3} 驱动器件 S_3 导通，否则关断 S_3。逆变器输出电压 v_{AB} 如图7-5所示。这种调制法在串联H桥逆变器中应用的较多。

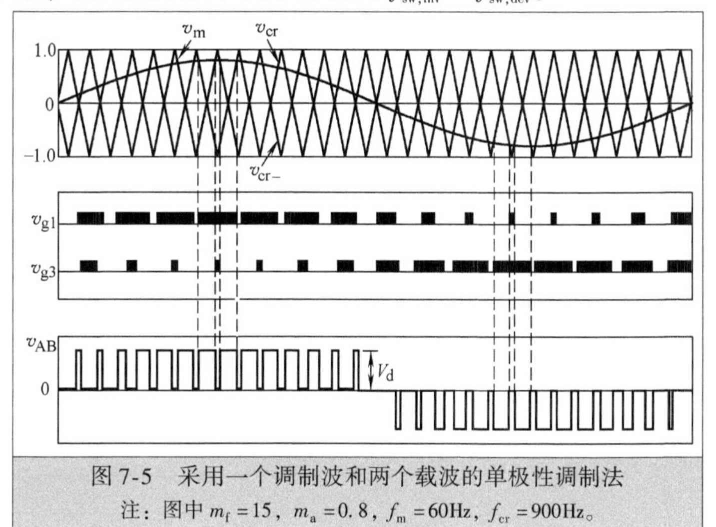

图7-5　采用一个调制波和两个载波的单极性调制法
注：图中 $m_f=15$，$m_a=0.8$，$f_m=60Hz$，$f_{cr}=900Hz$。

㊀ 两个由开通状态到关断状态，另外两个由关断状态到开通状态。——译者注

7.3 多电平逆变器拓扑结构

7.3.1 采用相同电压直流电源的串联 H 桥逆变器 ★★★

串联 H 桥逆变器采用由多个直流电源分别供电的 H 桥单元，各单元的输出串联连接输出高的交流电压。一种典型的 5 电平串联 H 桥逆变器结构如图 7-6 所示，其中每相有两个 H 桥单元，分别由具有相同电压 E 的两个独立直流电源供电，此直流电源可以采用第 3 章讨论过的多脉波二极管整流器实现。

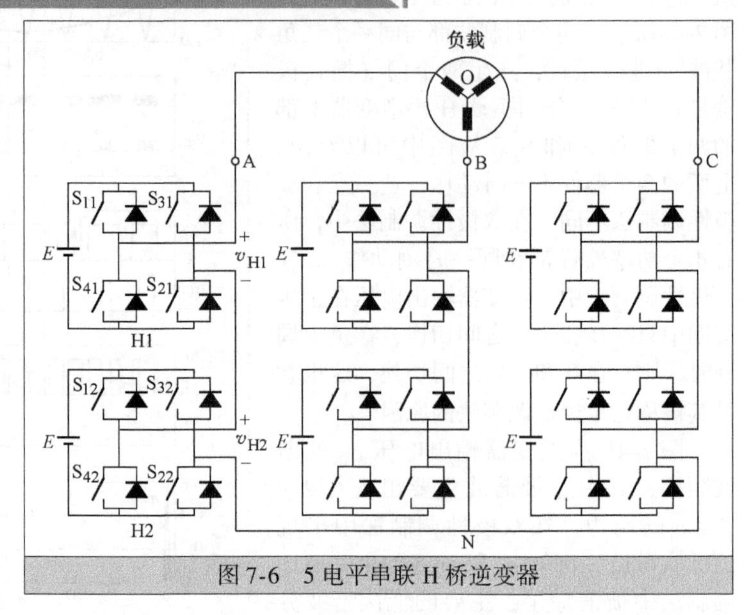

图 7-6 5 电平串联 H 桥逆变器

图 7-6 中所示的逆变器每相可输出含有 5 个不同电平的相电压。当 S_{11}、S_{21}、S_{12}和 S_{22}导通时，H 桥单元 H1 和 H2 的输出都为 E，即 $v_{H1}=v_{H2}=E$。则逆变器输出的相电压，例如端点 A 相对于逆变器中性点 N 的电压为 $v_{AN}=v_{H1}+v_{H2}=2E$。与此类似，当 S_{31}、S_{41}、S_{32}和 S_{42}导通时，$v_{AN}=-2E$。其他 3 个可以输出的电压电平分别为 E、0 和 $-E$，它们分别对应不同的开关状态组合，如表 7-1 所示。需要指出的是，逆变器输出的相电压 v_{AN}并不一定和负载相电压 v_{AO}相等，其中 v_{AO}为负载侧端点 A 相对于负载的中性点 O 的电压。

表 7-1 5 电平串联 H 桥逆变器的输出电压与其对应的开关状态

输出电压 v_{AN}	开关状态				v_{H1}	v_{H2}
	S_{11}	S_{31}	S_{12}	S_{32}		
$2E$	1	0	1	0	E	E
E	1	0	1	1	E	0
	1	0	0	0	E	0
	1	1	1	0	0	E
	0	0	1	0	0	E
0	0	0	0	0	0	0
	0	0	1	1	0	0
	1	1	0	0	0	0
	1	1	1	1	0	0
	1	0	0	1	E	$-E$
	0	1	1	0	$-E$	E
$-E$	0	1	1	1	$-E$	0
	0	1	0	0	$-E$	0
	1	1	0	1	0	$-E$
	0	0	0	1	0	$-E$
$-2E$	0	1	0	1	$-E$	$-E$

从表7-1中可以看出，某些电压电平可由超过一种的开关状态实现。例如，对于电压 E，它可以由4种不同的开关状态实现。这种冗余性的开关状态在多电平逆变器中非常普遍，使开关方式的设计变得很灵活，尤其是在空间矢量调制中。串联H桥逆变器输出电压的电平数 m 可由式（7-1）计算得到

$$m=(2H+1) \tag{7-1}$$

式中，H 为每相中H桥单元的数目。

由式（7-1）可以看出，这种逆变器的电平数目总是奇数。在其他类型的多电平逆变器中，例如二极管箝位式输出电平数目可以是奇数，也可以是偶数。

前面介绍的串联H桥逆变器可完全扩展到任意电平数。图7-7中给出了7电平和9电平逆变器一相的结构。在7电平逆变器中，每相有3个H桥单元；9电平逆变器中，每相有4个H桥单元。对于电平数目为 m 的逆变器，其所需要的功率器件数可以由式（7-2）得到

$$N_{sw}=6(m-1) \tag{7-2}$$

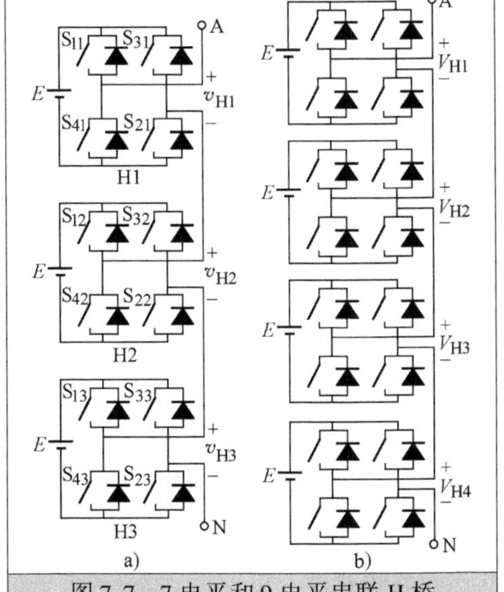

图7-7　7电平和9电平串联H桥逆变器一相的结构
a）7电平逆变器　b）9电平逆变器

7.3.2　采用不同电压直流电源的串联H桥逆变器 ★★★

在上一节中介绍的串联H桥逆变器的直流电源都具有相同的电压，实际上，串联H桥逆变器中，不同的功率单元也可由不同电压的直流电源供电。当采用不同电压的直流电源供电时，在每相H桥单元数不变的情况下，逆变器输出的电压电平数目可以增加。这使得当功率单元数目一定时，输出电压的电平数目进一步提高成为可能[5,6]。

图7-8为两种采用不同电压直流电源的串联H桥逆变器结构。在7电平拓扑结构中，H桥单元H1和H2的直流电源电压分别为 E 和 $2E$。每相虽然只有两个H桥单元，但可以输出7种不同的电压，即 $3E$、$2E$、E、0、$-E$、$-2E$ 和 $-3E$。表7-2给出了输出电压电平和对应开关状态的关系。在9电平拓扑结构中，H2单元的直流电压为H1单元直流电压的3倍，把表7-2中的 $v_{H2}=\pm 2E$ 全部换为 $v_{H2}=\pm 3E$，即可得到 v_{AN} 输出的9个电压电平。

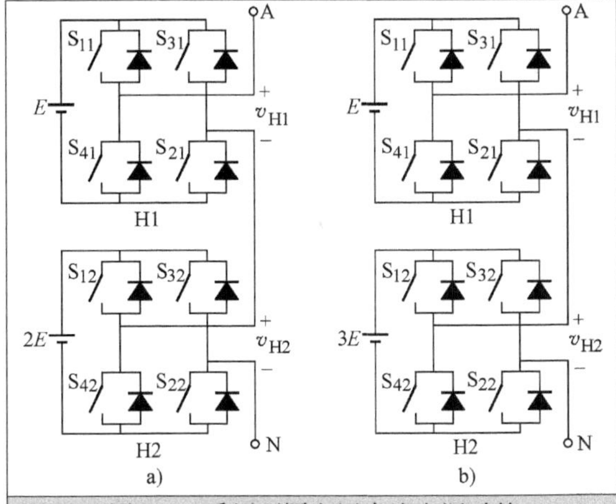

图7-8　采用不同电压直流电源时的串联H桥逆变器
a）2单元、7电平变频器一相结构
b）2单元、9电平变频器一相结构

表7-2　每相采用两个不同直流电压的H桥单元的7电平逆变器开关状态及其输出电平

输出电压 v_{AN}	开关状态				v_{H1}	v_{H2}
	S_{11}	S_{31}	S_{12}	S_{32}		
$3E$	1	0	1	0	E	$2E$
$2E$	1	1	1	0	0	$2E$
	0	0	1	0	0	$2E$
E	1	0	1	1	E	0
	1	0	0	0	E	0
	0	1	1	0	$-E$	$2E$

（续）

输出电压 v_{AN}	开关状态				v_{H1}	v_{H2}
	S_{11}	S_{31}	S_{12}	S_{32}		
0	0	0	0	0	0	0
	0	0	1	1	0	0
	1	1	0	0	0	0
	1	1	1	1	0	0
$-E$	1	0	0	1	E	$-2E$
	0	1	1	1	$-E$	0
	0	1	0	0	$-E$	0
$-2E$	1	1	0	1	0	$-2E$
	0	0	0	1	0	$-2E$
$-3E$	0	1	0	1	$-E$	$-2E$

对于这种逆变器，其缺点是当各H桥单元直流电压不同时，不能模块化制造，同时由于冗余开关状态数目的减少，开关方式的设计也变得更为复杂[5]。因此，这种结构在实际产品中应用的较少。

7.4 基于载波的PWM

多电平逆变器中，基于载波的调制方法可分为两类：移相载波调制和移幅载波调制。两种方法都可以应用到串联H桥逆变器中。

7.4.1 移相载波调制法 ★★★

一般说来，m电平的逆变器调制，需要$(m-1)$个三角载波。移相载波调制法中，所有三角载波均具有相同的频率和幅值，但是任意两个相邻载波的相位要有相移，其值为

$$\phi_{cr}=360°/(m-1) \quad (7\text{-}3)$$

调制信号通常为幅值和频率都可调节的三相正弦波。通过调制波和载波的比较，可以产生所需要的门（栅）极驱动信号。

以7电平为例，图7-9给出了移相载波调制法的规则。其中包含6个三角载波，任意相邻的载波有60°的相移。为简单起见，图中只给出了A相的调制波v_{mA}。载波v_{cr1}、v_{cr2}和v_{cr3}分别用来产生H桥单元H1、H2和H3左桥臂上部3个开关器件S_{11}、S_{12}和S_{13}的门（栅）极信号，如图7-7a所示。其余3个载波v_{cr1-}、v_{cr2-}和v_{cr3-}与载波

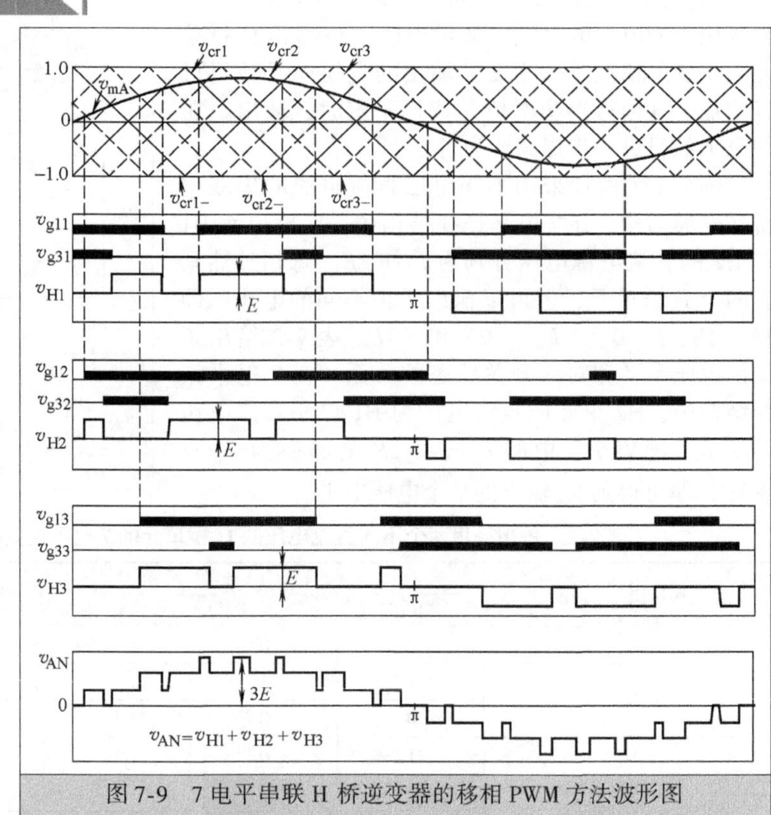

图7-9 7电平串联H桥逆变器的移相PWM方法波形图

注：图中$m_f=3$，$m_a=0.8$ $f_m=60$Hz，$f_{cr}=180$Hz。

v_{cr1}、v_{cr2}和v_{cr3}分别有180°的相移，分别用来产生H桥单元右桥臂上部3个开关器件S_{31}、S_{32}和S_{33}的门（栅）极信号。所有H桥单元下部开关器件的门（栅）极信号，在图中没有给出，它们可由对应上部器件的门（栅）极信号进行互补得到。

上面讨论的PWM控制法本质上为单极性调制法。例如在图7-9中，H桥单元H1上部开关器件S_{11}和S_{31}的门（栅）极信号是由载波信号v_{cr1}和v_{cr1-}与调制波v_{mA}进行比较得到的。H1的输出电压v_{H1}在正半个基波周期时，在$0\sim E$之间切换；在负半个基波周期时，在$-E\sim 0$之间切换。在这个例子中，频率调制因数为$m_f=f_{cr}/f_m=3$，幅值调制因数为$m_a=\hat{V}_{mA}/\hat{V}_{cr}=0.8$，式中，$f_{cr}$和$f_m$分别为载波频率和调制波频率；$\hat{V}_{cr}$和$\hat{V}_{mA}$分别为$v_{cr}$和$v_{mA}$的峰值。

逆变器的输出相电压为

$$v_{AN}=v_{H1}+v_{H2}+v_{H3} \tag{7-4}$$

式中，v_{H1}、v_{H2}和v_{H3}分别为H桥单元H1、H2和H3的输出电压。可明显地看出，逆变器的输出相电压由$+3E$、$2E$、E、0、$-E$、$-2E$和$-3E$共7个电压电平构成。

图7-10为7电平串联H桥逆变器工作在$f_m=60\text{Hz}$、$m_f=10$和$m_a=1.0$条件下的电压仿真波形及其谐波含量图。功率器件的开关频率为$f_{sw,dev}=f_{cr}=f_m\times m_f=600\text{Hz}$。此频率为大功率逆变器系统中功率器件的典型开关频率。各H桥单元v_{H1}、v_{H2}和v_{H3}的输出电压几乎完全相同，微小的差异是由于各载波之间的相移造成的。

v_{AN}的波形包含7个电压电平，其峰值为$3E$。由于不同H桥单元中的IGBT并不同时导通，输出电压v_{AN}每次改变的值为E，而不是$3E$。这不但降低了dv/dt，而且也减少了系统的电磁干扰。线电压v_{AB}包含有13个电平，最大幅值为$6E$。

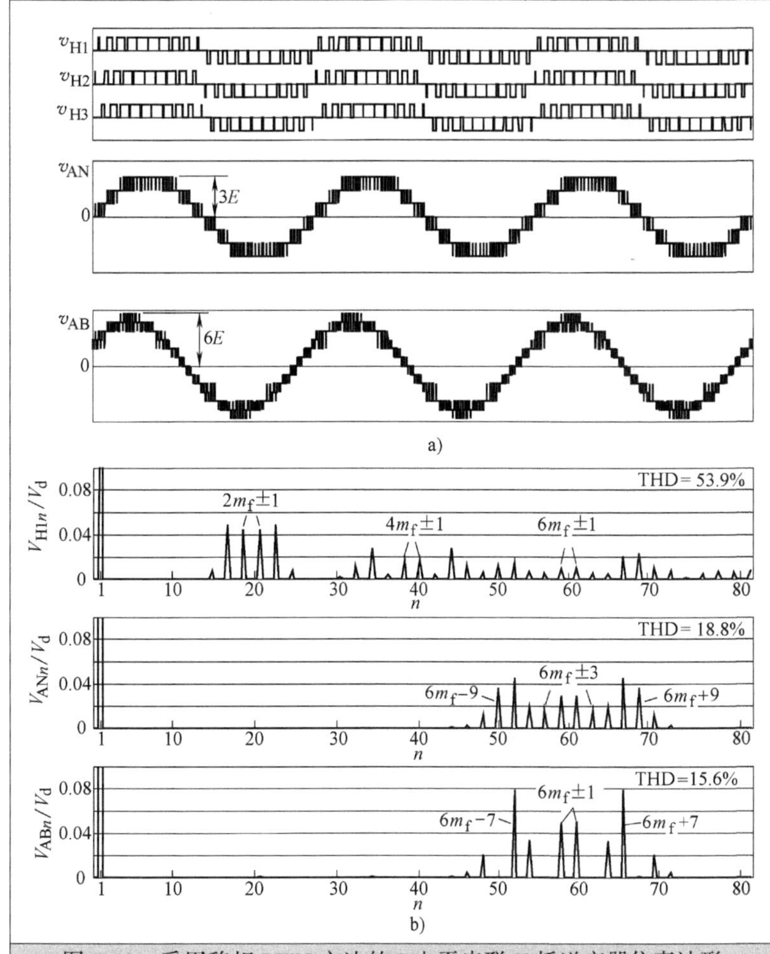

图7-10　采用移相PWM方法的7电平串联H桥逆变器仿真波形

a）波形　b）谐波频谱

注：图中$m_f=10$，$m_a=1.0$，$f_m=60\text{Hz}$，$f_{cr}=600\text{Hz}$。

电压v_{H1}、v_{AN}和v_{AB}的谐波频谱如图7-10b所示。v_{H1}中的谐波以边带谐波的形式出现，其中心为$2m_f$及其倍数，例如$4m_f$和$6m_f$等。v_{H2}和v_{H3}的谐波成分与v_{H1}的相同，图中没有给出。v_{AN}中不包含次数低于$4m_f$的谐波，这就大大降低了电压的THD，使其仅为18.8%，远小于v_{H1}的53.9%。从图中可以看出，v_{AN}包含有3的整数倍次谐波，例如（$6m_f\pm3$）和（$6m_f\pm9$）等，但是，这些谐波不会出现在三相平衡系统的线电压v_{AB}中，使得线电压的THD进一步减小，仅约为15.5%。

如前所述，逆变器输出电压中的主谐波频率代表了逆变器等效的开关频率$f_{sw,inv}$。由于图7-10中的v_{AN}和v_{AB}的主谐波频率为$6m_f$，所以逆变器的等效开关频率为$f_{sw,inv}=6m_f \times f_m=6f_{sw,dev}$，是功率器件开关频率$f_{sw,dev}$的6倍。这是多电平逆变器的又一个优点，即高的逆变器等效开关频率可以消除线电压v_{AB}中更多的谐波；而同时具有低的器件开关频率$f_{sw,dev}$，有助于降低开关损耗。一般说来，采用移相PWM方法时，逆变器等效开关频率和器件开关频率的关系为

$$f_{sw,inv}=2Hf_{sw,dev}=(m-1)f_{sw,dev} \tag{7-5}$$

线电压v_{AB}中的谐波成分与调制因数m_a的关系如图7-11所示。由于高次谐波很容易通过滤波器或负载中的电感滤掉，所以图中只给出了以$6m_f$为中心的主要低次谐波。V_{ABn}(rms）的第n次谐波，通过式（7-6）归一化到总直流电压V_d

$$V_d=\frac{m-1}{2}E \tag{7-6}$$

以7电平逆变器为例，$V_d=3E$。从图7-11中可以看出，当$m_a=1$时，最大的基波电压幅值为

$$V_{AB1,max}=1.224V_d=0.612(m-1)E \tag{7-7}$$

正如第6章介绍的那样，当采用3次谐波注入法时，$V_{AB1,max}$可以进一步提高约15.5%。3次谐波注入法同样可以应用到串联H桥逆变器移相或移幅PWM方法中。

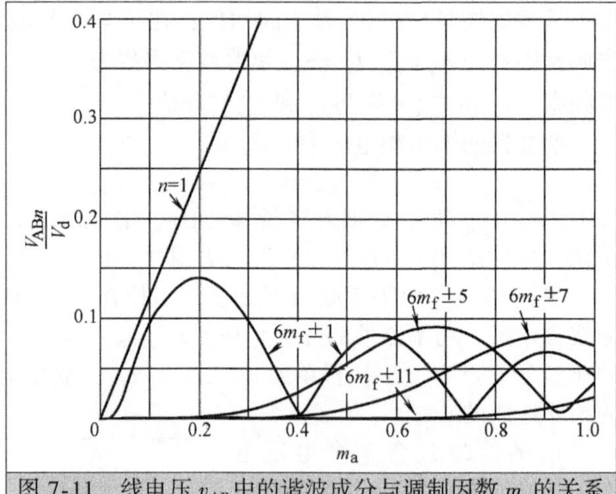

图7-11　线电压v_{AB}中的谐波成分与调制因数m_a的关系

7.4.2　移幅载波调制法 ★★★

与移相载波调制法类似，采用移幅载波调制法时，m电平的逆变器也需要（$m-1$）个幅值和频率完全相同的三角载波。所有载波垂直排列，频率调制因数与移相调制法的定义相同，为$m_f=f_{cr}/f_m$；而移幅调制法中的幅值调制因数与移相调制法中的定义不同，当$0\leqslant m_a\leqslant 1$时为

$$m_a=\frac{\hat{V}_m}{\hat{V}_{cr}(m-1)} \tag{7-8}$$

式中，$\hat{V}_m$为调制波v_m的峰值，$\hat{V}_{cr}$为各载波电压的峰值。

以5电平系统为例，图7-12给出了3种典型的移幅载波调制法：①同相层叠（In-Phase Disposition，IPD）法，其中所有载波的相位完全相同；②相邻反相层叠（Alternative Phase Opposite Disposition，APOD）法，其中任意相邻的两个载波相位相反；③正负反相层叠（Phase Opposite Disposition，POD）法，其中在零参考线以上的所有载波同相位，零参考线以下的所有载波相位也相同，但与零参考线以上的载波反相。从降低输出电压谐波的角度进行比较，三种调制法中，IPD方法效果最好[7]。下面将以此为例，进行讨论。

以7电平逆变器为例，图7-13介绍了IPD移幅载波调制的原理，工作条件为$m_f=15$、$m_a=0.8$、$f_m=60\text{Hz}$和$f_{cr}=f_m\times m_f=900\text{Hz}$。图中最上面和最下面的两个载波$v_{cr1}$

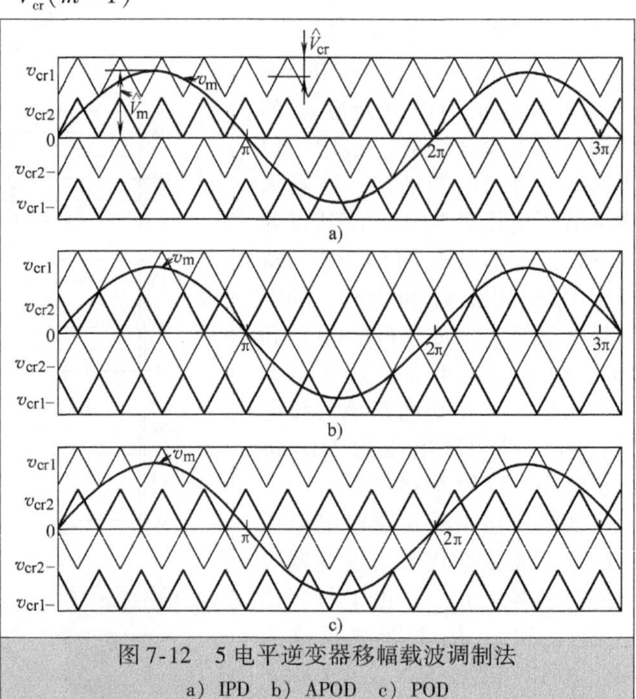

图7-12　5电平逆变器移幅载波调制法
a）IPD　b）APOD　c）POD

和 v_{cr1-} 用来产生单元 H1（如图 7-7a所示）中功率器件 S_{11} 和 S_{31} 的门（栅）极信号，最中间的两个载波 v_{cr3} 和 v_{cr3-} 用来产生单元 H3 中功率器件 S_{13} 和 S_{33} 的门（栅）极信号，剩下的两个载波 v_{cr2} 和 v_{cr2-} 用来产生单元 H2 中功率器件 S_{12} 和 S_{32} 的门（栅）极信号。对于零参考线以上的载波 v_{cr1}、v_{cr2} 和 v_{cr3}，当 A 相调制波 v_{mA} 大于对应的载波时，功率器件 S_{11}、S_{12} 和 S_{13} 导通。对于零参考线以下的载波 v_{cr1-}、v_{cr2-} 和 v_{cr3-}，当 v_{mA} 小于对应载波时，功率器件 S_{31}、S_{32} 和 S_{33} 导通。对于各 H 桥单元，下部两个功率器件的门（栅）极信号与对应上部器件门（栅）极信号互补，为简化起见，图中不再给出。各 H 桥单元的输出电压 v_{H1}、v_{H2} 和 v_{H3} 皆为单极性调制得到的波形，如图 7-13 所示。图中，逆变器的输出相电压 v_{AN} 包含有 7 个电平。

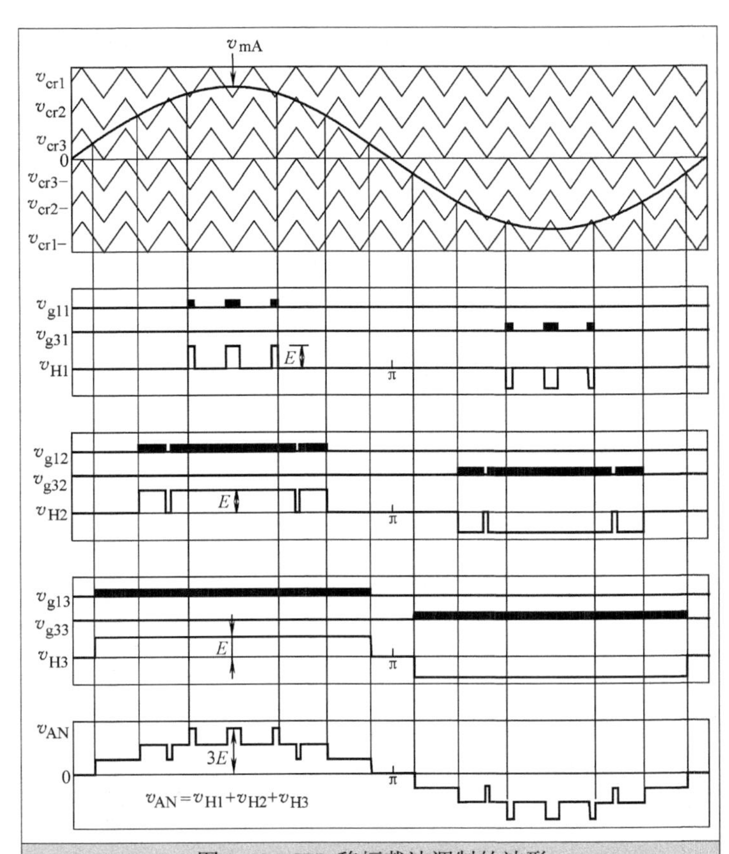

图 7-13　IPD 移幅载波调制的波形

注：图中 $m_f=15$，$m_a=0.8$，$f_m=60$Hz，$f_{cr}=900$Hz。

在移相调制法中，功率器件的开关频率和载波的频率相同，但是在 IPD 移幅调制法中，这个关系并不成立。例如，图 7-13 中的载波频率为 900Hz，而单元 H1 中的功率器件开关频率仅为 180Hz。器件开关频率的计算方法为调制波频率（60Hz）与每个周期中门（栅）极脉冲数目的乘积。进一步讲，所有功率器件的开关频率都不相同。单元 H3 中的器件在每个输出周期中仅导通和关断 1 次，所以开关频率仅为 60Hz。一般说来，采用移幅载波调制法时，逆变器的等效开关频率与载波频率相同，即

$$f_{sw,inv}=f_{cr} \tag{7-9}$$

由此可以计算出功率器件的平均开关频率为

$$f_{sw,dev}=f_{cr}/(m-1) \tag{7-10}$$

除了功率器件的开关频率不相同外，各功率器件的导通时间也不完全相同。例如，单元 H1 中的功率器件 S_{11} 的导通时间远小于单元 H3 中功率器件 S_{13} 的导通时间。为了使得各器件的开关和导通损耗相接近，各 H 桥单元的开关方式可以进行周期性的轮换。

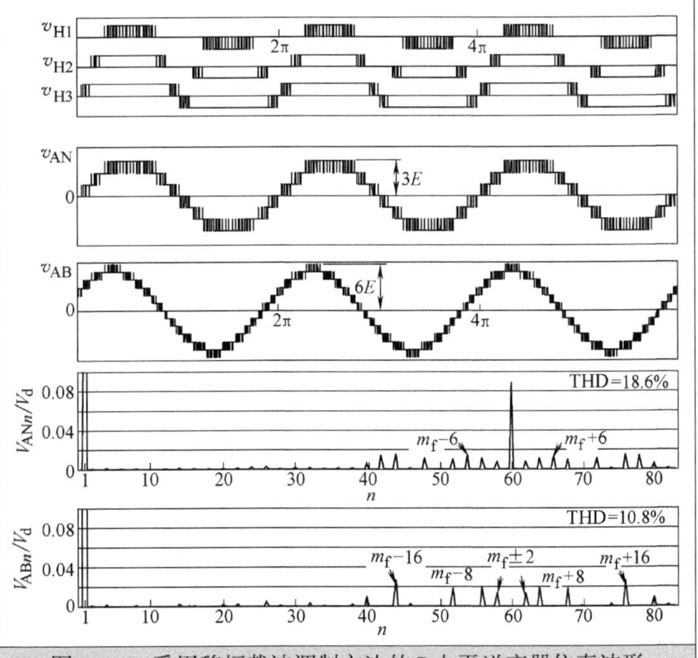

图 7-14　采用移幅载波调制方法的 7 电平逆变器仿真波形

注：图中 $m_f=60$，$m_a=1.0$，$f_m=60$Hz，$f_{cr}=3600$Hz，$f_{sw,dev}=600$Hz。

图 7-14 为 7 电平逆变器采用移幅载波调制方法时的仿真波形，其工作条

件为 $m_f=60$、$m_a=1.0$、$f_m=60$Hz 和 $f_{cr}=3600$Hz。虽然载波频率达 3600Hz，对于大功率逆变器来说比较高，但功率器件的平均开关频率仅为 600Hz。如图中所示，3 个 H 桥单元的输出电压 v_{H1}、v_{H2} 及 v_{H3} 各不相同，这也就意味着各 H 桥单元中功率器件的开关频率和导通时间不尽相同。

与移相载波调制法相似，采用移幅调制法时，逆变器的输出相电压 v_{AN} 由 7 个电压电平组成，线电压则有 13 个电平。v_{AN} 和 v_{AB} 中的谐波主要都为以 m_f 为中心的边带谐波。相电压包含有 3 的整数倍次谐波，例如图 7-14 中的 m_f 和 $m_f\pm6$，其中 m_f 为主要低次谐波，而这些谐波不会出现在线电压中。因此，线电压 v_{AB} 的 THD 仅约为 10.8%，低于相电压 v_{AN} 的 THD 的 18.6%。v_{AB} 在不同调制因数 m_a 时的频谱如图 7-15 所示。可以看出，v_{AB} 的 THD 从 $m_a=0.2$ 时的 48.8% 降低到了 $m_a=0.8$ 时的 13.1%。

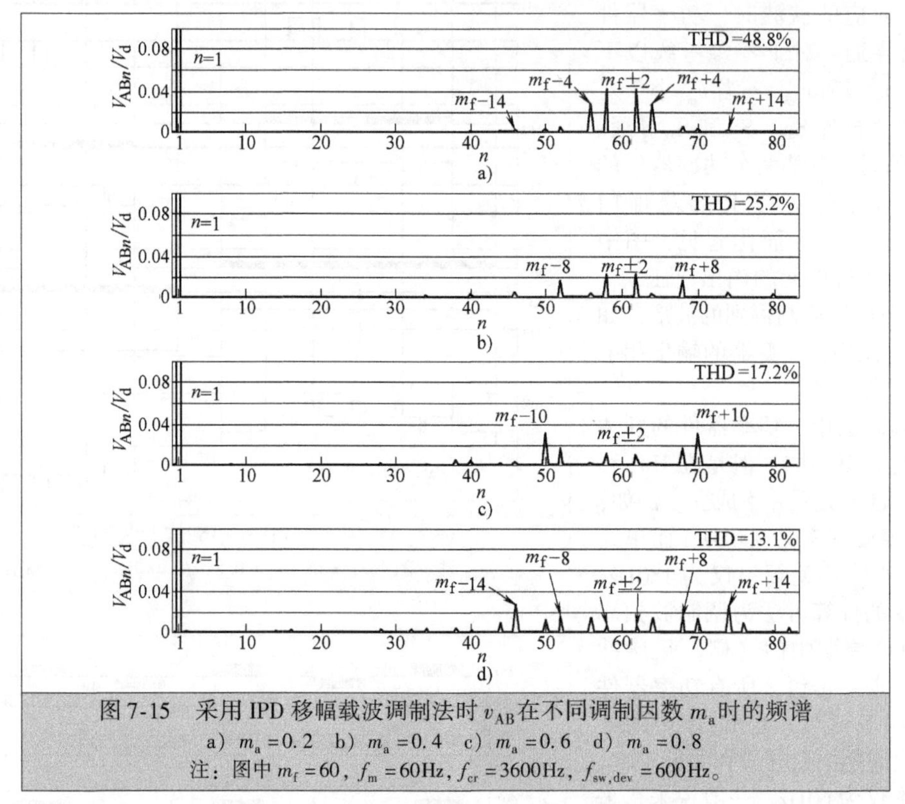

图 7-15　采用 IPD 移幅载波调制法时 v_{AB} 在不同调制因数 m_a 时的频谱

a) $m_a=0.2$　b) $m_a=0.4$　c) $m_a=0.6$　d) $m_a=0.8$

注：图中 $m_f=60$，$f_m=60$Hz，$f_{cr}=3600$Hz，$f_{sw,dev}=600$Hz。

图 7-16 为实验室 7 电平串联 H 桥逆变器输出电压 v_{AN} 和 v_{AB} 实测的波形。逆变器的工作条件为 $m_f=60$、$m_a=1.0$、$f_m=60$Hz 和 $f_{cr}=3600$Hz。对比可以看出，试验结果和图 7-14 中的分析结果相吻合。

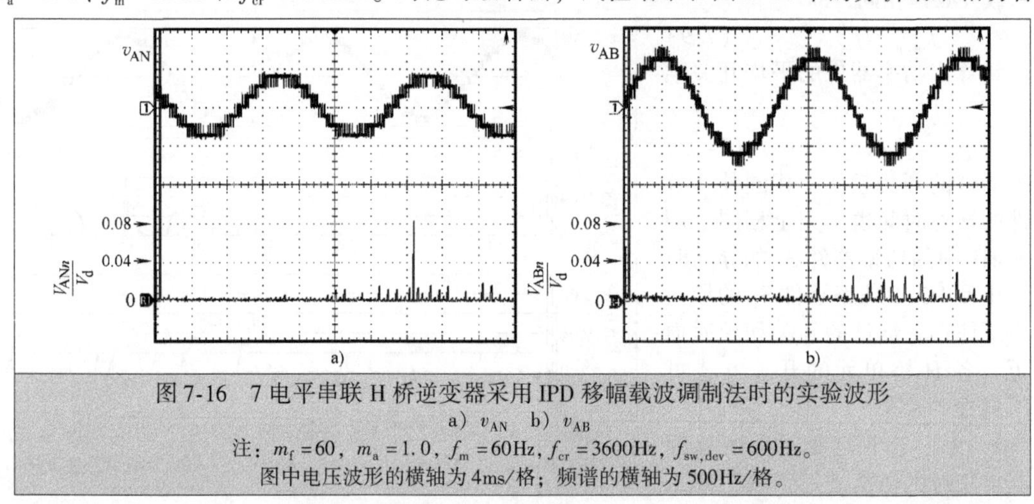

图 7-16　7 电平串联 H 桥逆变器采用 IPD 移幅载波调制法时的实验波形

a) v_{AN}　b) v_{AB}

注：$m_f=60$，$m_a=1.0$，$f_m=60$Hz，$f_{cr}=3600$Hz，$f_{sw,dev}=600$Hz。

图中电压波形的横轴为 4ms/格；频谱的横轴为 500Hz/格。

7.4.3　移相和移幅载波 PWM 方法的比较 ★★★

为了对移相和移幅两种载波 PWM 方法进行比较，假定两种方法中的器件开关频率相同。图 7-17 为 7 电平逆变器在 $m_a=0.2$ 时两种调制法的输出波形，器件的开关频率都为 $f_{sw,dev}=600Hz$。可以看出，输出波形有较大差别。

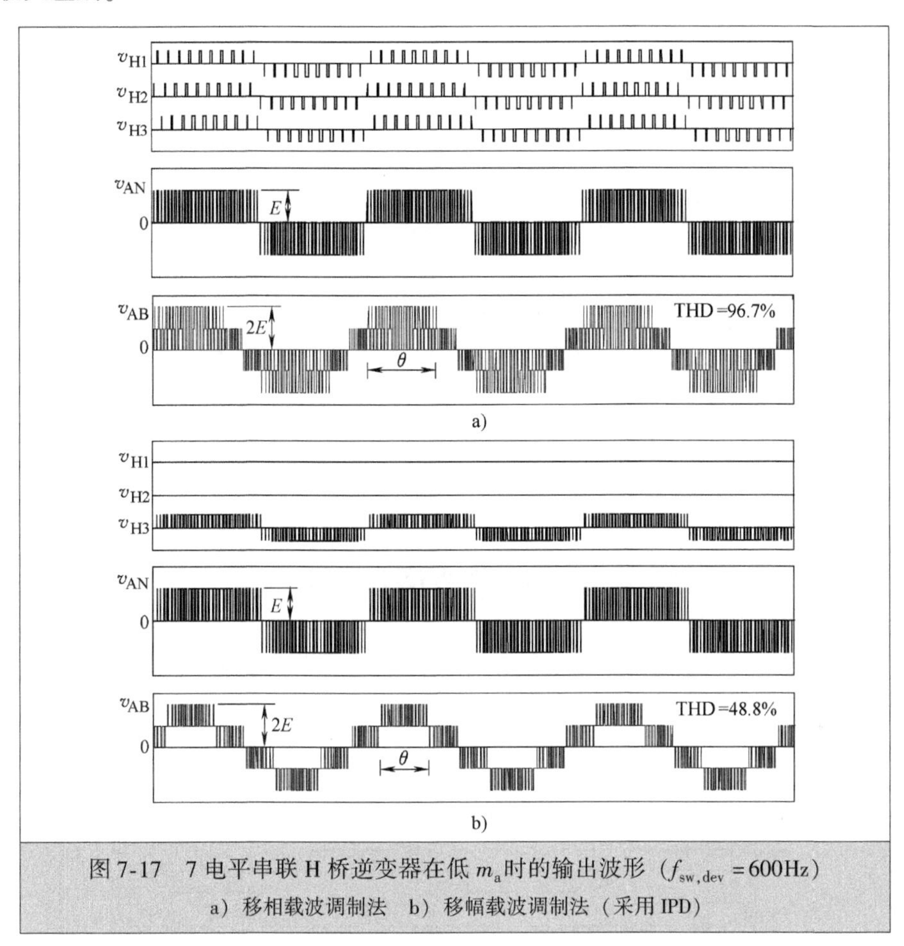

图 7-17　7 电平串联 H 桥逆变器在低 m_a时的输出波形（$f_{sw,dev}=600Hz$）
a）移相载波调制法　b）移幅载波调制法（采用 IPD）

移相载波调制法中，各 H 桥单元的输出波形 v_{H1}、v_{H2}和 v_{H3}几乎相同，只是有一个比较小的相移而已，所以功率器件具有几乎完全相同的开关频率和导通时间。而移幅载波调制法中，单元 H1 和 H2 的输出电压 v_{H1}和 v_{H2}一直为零，功率器件不动作；H3 的开关频率等于载波频率，即 3600Hz。为了使所有单元中的功率器件开关频率和导通时间平均分配，各单元的开关方式应该采用一定的循环方法。

两种调制方法中逆变器输出的相电压波形 v_{AN}比较相像，都含有 3 个电平：$+E$、0 和 $-E$，而不是 7 个电平，这是由于低调制因数造成的，逆变器输出的线电压也相应地降低了。采用移相载波调制法时，输出电压 v_{AB}的 THD 为 96.7%；而采用移幅载波调制法时，v_{AB}的 THD 仅为 48.8%。这主要是因为在正（负）半个周期中间段，采用移相载波调制法时，v_{AB}在 $0\sim 2E$（$-2E\sim 0$）之间切换，而采用移幅载波调制法时，只在 $E\sim 2E$（$-2E\sim -E$）之间切换。

图 7-18 给出了串联 H 桥逆变器采用移相和移幅两种载波调制法时，输出线电压在不同调制因数下的 THD。表 7-3 对串联 H 桥多电平逆变器基于载波的调制方法进行了总结。

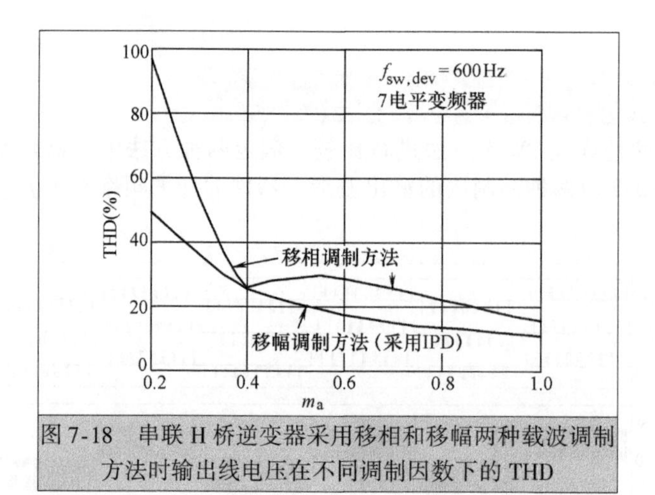

图 7-18　串联 H 桥逆变器采用移相和移幅两种载波调制方法时输出线电压在不同调制因数下的 THD

表 7-3　移相和移幅载波调制法的比较

比　　较	移相载波调制法	移幅载波调制法(采用 IPD)
功率器件开关频率	所有器件相同	不同器件不相同
功率器件导通时间	所有器件相同	不同器件不相同
开关方式循环	不需要	需要
逆变器输出线电压的 THD	好	更好

7.5　阶梯波调制方法

对于串联 H 桥逆变器来说，由于其特有的结构特点，可以非常方便地采用阶梯波调制法[8,9]。图 7-19给出了阶梯波调制法的一个例子，其中 v_{H1}、v_{H2}和 v_{H3}为图 7-7a 中所示 7 电平逆变器 3 个 H 桥单元的输出电压，v_{AN}为由 7 个电平构成的阶梯状输出相电压。

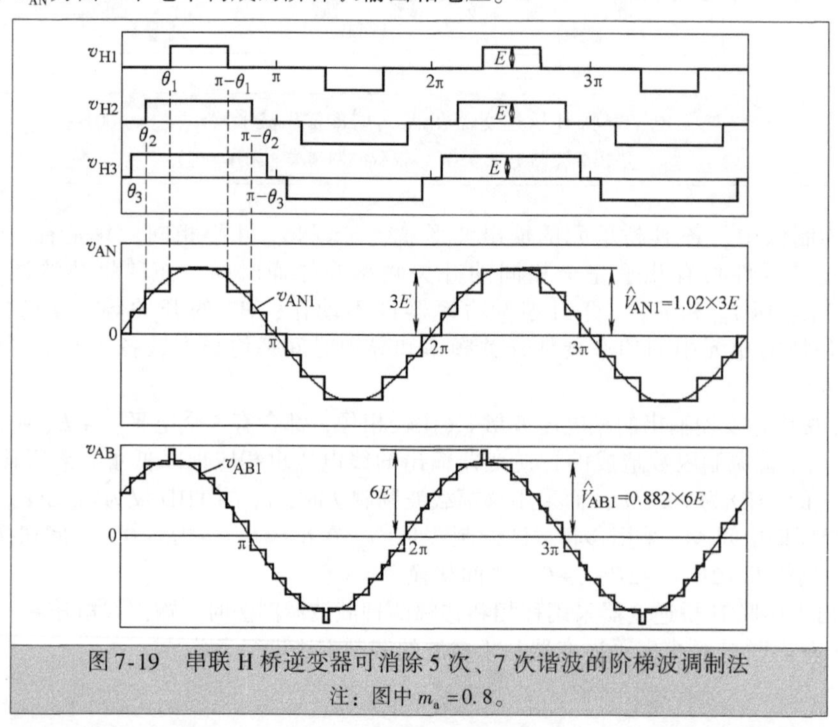

图 7-19　串联 H 桥逆变器可消除 5 次、7 次谐波的阶梯波调制法

注：图中 m_a = 0.8。

当$0 \leqslant \theta_3 < \theta_2 < \theta_1 \leqslant \pi/2$时，相电压$v_{AN}$可用傅里叶级数表示为

$$v_{AN} = \frac{4E}{\pi} \sum_{n=1,3,5,\cdots}^{\infty} \frac{1}{n} [\cos(n\theta_1) + \cos(n\theta_2) + \cos(n\theta_3)] \sin(n\omega t) \tag{7-11}$$

式中，n为谐波次数；θ_1、θ_2和θ_3为3个独立的开关导通角；$4E/\pi$为一个H桥单元的最大输出基波电压$\hat{V}_{H,max}$的峰值，例如H桥单元的导通角θ_1为0时，其输出v_{H1}的基波电压峰值即为$4E/\pi$。

3个独立的开关导通角可用来消除v_{AN}中的两个谐波，同时满足调制因数的需要，即

$$m_a = \frac{\hat{V}_{AN1}}{H \times \hat{V}_{H,max}} = \frac{\hat{V}_{AN1}}{H \times 4E/\pi} \tag{7-12}$$

式中，$\hat{V}_{AN1}$为逆变器输出相电压基波含量v_{AN1}的峰值；H为每相所含H桥功率单元的个数。

对于一个7电平串联H桥逆变器来说，一般应消除5次和7次谐波，从而有

$$\begin{cases} \cos(\theta_1) + \cos(\theta_2) + \cos(\theta_3) = 3m_a \\ \cos(5\theta_1) + \cos(5\theta_2) + \cos(5\theta_3) = 0 \\ \cos(7\theta_1) + \cos(7\theta_2) + \cos(7\theta_3) = 0 \end{cases} \tag{7-13}$$

从而有，当$m_a = 0.8$时，

$$\theta_1 = 57.106°，\theta_2 = 28.717° \text{ 和 } \theta_3 = 11.504° \tag{7-14}$$

根据式（7-14）计算出的3个导通角，逆变器的输出波形如图7-19所示，它们的频谱如图7-20所示。逆变器输出的相电压v_{AN}不包含5次和7次谐波，其THD为12.5%。线电压v_{AB}不包含3的整数倍次谐波，比如3次、9次和15次，THD进一步降低。

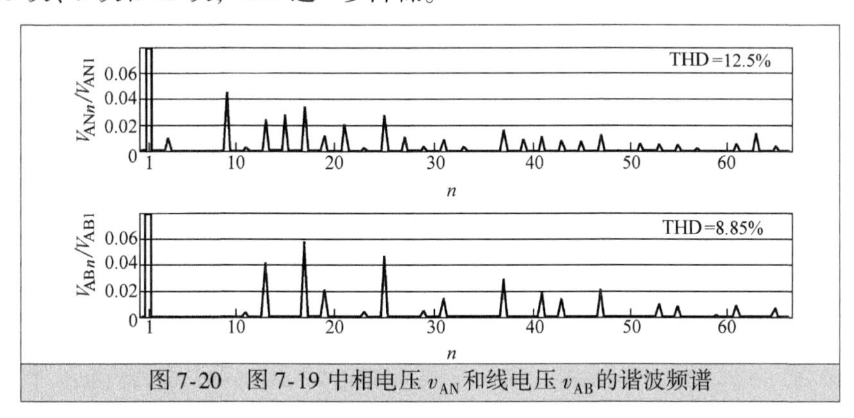

图7-20　图7-19中相电压v_{AN}和线电压v_{AB}的谐波频谱

阶梯波调制法实现起来非常简单。所有的开关导通角均可离线计算得到，数字实现时，可以通过查表得到。与载波调制法相比，阶梯波调制法中所有开关器件均以基波频率运行，因而可大大减小开关损耗。

应该指出的是，上面给出的计算开关导通角的方程式（7-13）是非线性的超越方程，所以可能在一些调制因数m_a下没有解[10]。此时，应设计开关导通角，使无法被完全消除的谐波分量的幅值最小。

7.6　小　结

本章重点研究了串联H桥多电平逆变器的拓扑结构和调制方案。串联H桥逆变器主要由多个相同的H桥功率单元串联组成。实际应用中，H桥功率单元的个数主要由逆变器工作电压、谐波要求和制造成本决定。7电平、9电平甚至更高的串联H桥逆变器在中压大功率传动系统中的应用越来越多，而

且几乎全部都采用IGBT功率器件。

本章详细介绍了两种基于载波的PWM方法——移相载波调制法和移幅载波调制法，并讨论了与之相关的问题，比如门（栅）极信号分配、频谱分析和THD特性，还对这两种方法的性能进行了比较。另一种常用的空间矢量PWM（SVM）方法在本章没有讨论，详细内容可以参考第6章和第8章。

串联H桥多电平逆变器有以下优点和缺点：

1）模块化结构。多电平逆变器由多个完全相同的H桥单元组成，这使得模块化制造非常方便，可以降低成本。

2）输出电压THD和dv/dt小。逆变器输出电压波形由几个电压电平组成，电压台阶低。与两电平电压源型逆变器相比，多电平逆变器可以输出THD非常低的电压波形和很小的dv/dt。

3）不需要器件串联，可实现高电压运行。H桥单元输出电压的串联可以得到高电压，而不需要器件的串联，从而也不需要解决器件串联时的均压问题。

4）需要大量的独立直流供电电源。这种逆变器中的直流供电电源多由采用昂贵的移相变压器供电的多脉冲二极管整流器得到。

5）器件数量多。串联H桥逆变器需要使用大量的IGBT模块。例如，一个9电平串联H桥逆变器需要48个IGBT及同样数量的栅极驱动器。

参考文献

[1] P. W. Hammond, "A new approach to enhance power quality for medium voltage AC drives," IEEE Transactions on Industry Applications, vol. 33, no. 1, pp. 202-208, 1997.

[2] L. Sun, W. Zhenxing, M. Weiming, et al., "Analysis of the DC-link capacitor current of power cells in cascaded H-bridge inverters for high-voltage drives," IEEE Transactions on Power Electronics, vol. 29, No. 12, pp. 6281-6292, 2014.

[3] M. Abolhassani, "Modular multipulse rectifier transformers in symmetrical cascaded H-bridge medium voltage drives," IEEE Transactions on Power Electronics, vol. 27, no. 2, pp. 698-705, 2012.

[4] N. Mohan, T. M. Undeland, and W. P. Robbins, Power Electronics -Converters, Applications and Design, 3rd edition John Wiley & Sons, 2003.

[5] P. W. Wheeler, L. Empringham, and D. Gerry, "Improved Output Waveform Quality for Multi-level H-bridge Chain Converters Using Unequal Cell Voltages," IEE Power Electronics and Variable Speed Drives Conference, pp. 536-540, 2000.

[6] M. D. Manjrekar, P. K. Steimer, and T. A. Lipo, "Hybrid multilevel power conversion system: a competitive solution for high power applications," IEEE Transactions on Industry Applications, vol. 36, no. 3, pp. 834-841, 2000.

[7] M. Angulo, P. Lezana, S. Kouro, et al., "Level-Shifted PWM for Cascaded Multilevel Inverters with Even Power Distribution," IEEE Power Electronics Conference, pp. 2373-2378, 2007.

[8] L. M. Tolbert, F. Z. Peng, and T. G. Habether, "Multilevel converters for large electric drives," IEEE Transactions on Industry Applications, vol. 35, no. 1, pp. 36-44, 1999.

[9] Y. Liu, H. Hong, A. Q. Huang, "Real-Time algorithm for minimizing THD in multilevel inverters with unequal or varying voltage steps under staircase modulation," IEEE Transactions on Industrial Electronics, Vol. 56, No. 6, pp. 2249-2258, 2009.

[10] J. Chiasson, L. Tolbert, K. McKenzie, and Z. Du, "Eliminating Harmonics in a Multilevel Converter Using Resultant Theory," IEEE Power Electronics Specialists Conference, pp. 503-508, 2002.

第 8 章 二极管箝位式多电平逆变器

8.1 简　　介

二极管箝位式多电平逆变器通过箝位二极管和串联直流电容器产生多电平交流电压。这种逆变器的拓扑结构通常有三、四、五这 3 种电平。目前，只有三电平二极管箝位式逆变器（简称三电平 NPC 逆变器）在中压大功率传动系统中得到了实际应用，通常称为中点箝位式（NPC）逆变器[1~3]。NPC 逆变器的主要特征是，输出电压比两电平逆变器具有更小的 dv/dt 和 THD。更重要的是，这种逆变器无需采用器件串联，就可以应用于一定电压等级的中压传动系统。例如，采用 6000V 器件的 NPC 逆变器，适用于额定电压为 4160V 的传动系统。

本章将从三电平 NPC 逆变器的拓扑结构、工作原理和器件换流等各个方面进行讨论。首先，将对适用于三电平 NPC 逆变器的传统空间矢量调制（SVM）进行详细的分析。然后，针对 SVM 产生的偶次谐波问题，提出一种改进型的调制方式。直流输入电压由电容串联分压，从而使系统具有一个浮动的中点。为此，对中点电压偏移的控制也进行了详细阐述。最后，将介绍采用基于载波调制方法的二极管箝位式四、五电平逆变器的运行原理。

8.2 三电平 NPC 逆变器

8.2.1 拓扑结构 ★★★

图 8-1 给出了三电平 NPC 逆变器的简化电路图。逆变器 A 相桥臂由带反并联二极管（$D_1 \sim D_4$）的 4 个有源开关（$S_1 \sim S_4$）组成。在实际的系统中，开关器件既可以采用 IGBT，也可以采用 GCT。

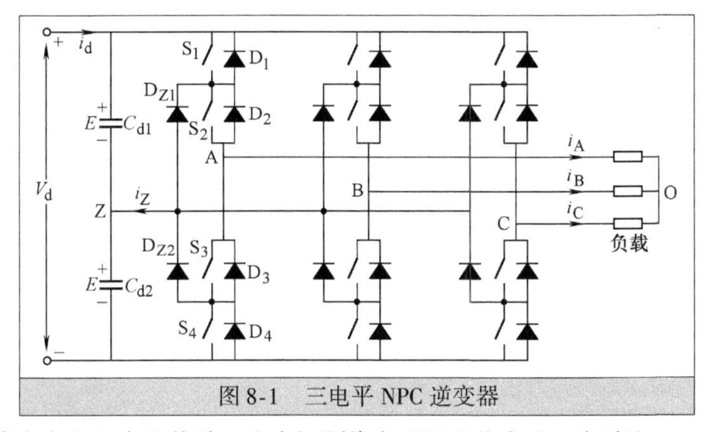

图 8-1　三电平 NPC 逆变器

逆变器直流侧的两个直流电容公共点为中点 Z。连接到中点的二极管 D_{Z1} 和 D_{Z2} 为箝位二极管。当 S_2 和 S_3 导通时，逆变器输出端 A 通过其中一个箝位二极管连接到中点。每个直流电容上的电压 E，通常为总直流电压 V_d 的一半。由于 C_{d1} 和 C_{d2} 的电容值有限，中点电流 i_Z 对电容充放电会使中点电压产生偏移。这个问题将在后面几节中进一步讨论。

8.2.2 开关状态 ★★★

对于三电平 NPC 逆变器，其有源开关的工作状态可由表 8-1 中的开关状态表示。对于 A 相桥臂，开关状态［P］表示桥臂上端的两个开关导通，逆变器 A 端相对于中点 Z 的端电压 v_{AZ} 为 $+E$。同样的，

[N] 表示下端两个开关导通，此时 $v_{AZ}=-E$。

开关状态 [O] 表示中间的两个开关导通，此时箝位二极管将 v_{AZ} 箝位在零电压上。负载电流的方向将决定哪个二极管导通。例如，正向负载电流（$i_A>0$）强迫 D_{Z1} 导通，则 A 端通过导通的 D_{Z1} 和 S_2 连接到中点 Z。

从表 8-1 可以看到，开关 S_1 和 S_3 运行在互补模式，即一个开关导通，另一个必须关断。同样，S_2 和 S_4 也是互补的。

图 8-2 所示为开关状态和门（栅）极信号序列。其中，$v_{g1}\sim v_{g4}$ 为开关 $S_1\sim S_4$ 的相应门（栅）极驱动信号。通过载波调制、空间矢量调制或者特定谐波消除调制，可以得到相应的门（栅）极驱动信号。v_{AZ} 有 3 个电平：$+E$、0 和 $-E$，三电平逆变器就是由此命名的。

表 8-1　开关状态的定义

开关状态	器件开关状态（A 相）				逆变器端电压
	S_1	S_2	S_3	S_4	v_{AZ}
[P]	通	通	断	断	E
[O]	断	通	通	断	0
[N]	断	断	通	通	$-E$

图 8-2　开关状态、门（栅）极驱动信号和逆变器端电压 v_{AZ}

图 8-3 给出了三电平 NPC 逆变器输出相电压及线电压的波形。逆变器输出相电压为相差 2π/3 的三相对称电压。线电压 v_{AB} 通过 $v_{AB}=v_{AZ}-v_{BZ}$ 计算得到，可以看出，它包括了 5 个电平（$+2E$、$+E$、0、$-E$ 和 $-2E$）。

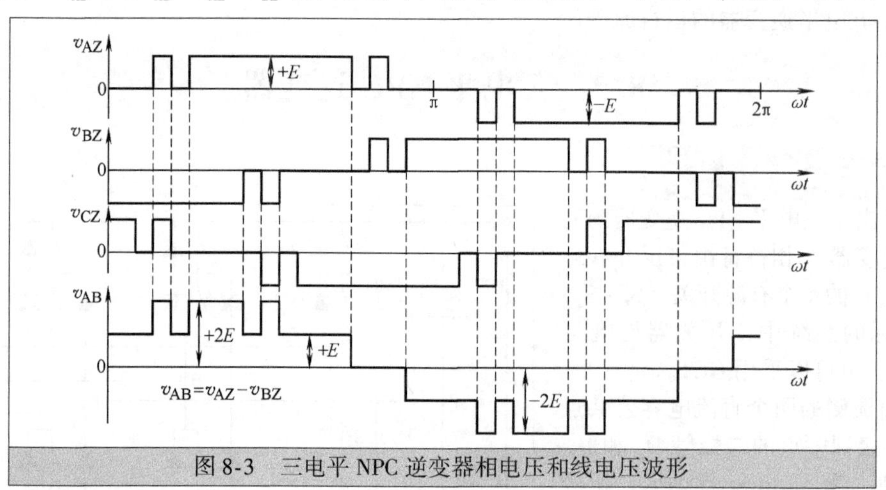

图 8-3　三电平 NPC 逆变器相电压和线电压波形

8.2.3　换流 ★★★

为了考察三电平 NPC 逆变器开关器件的换流，这里以开关状态从 [O] 变到 [P]（S_3 关断、S_1 开通）的情况为研究对象。图 8-4a 所示为开关 $S_1\sim S_4$ 相应的门（栅）极信号 $v_{g1}\sim v_{g4}$。类似于两电平逆变器的门（栅）极信号，互补开关对 $S_1\sim S_3$ 之间存在一段互锁时间 δ。

图 8-4b 和图 8-4c 给出了换流期间逆变器 A 相桥臂的电路，其中每个有源开关都并联一个电阻，用于静态均压。根据 A 相负载电流 i_A 的方向，对下面两种工况进行分析。

1. 工况1：$i_A>0$时换流

换流过程在图8-4b中给出。假设：

1）由于是感性负载，负载电流i_A在换流期间固定不变；

2）直流电容C_{d1}和C_{d2}的电容量足够大，能够保持电容两端的电压为E；

3）所有的有源开关都为理想开关。

在开关状态为［O］时，S_2和S_3导通，S_1和S_4关断。此时，正向负载电流（$i_A>0$）强迫箝位二极管D_{Z1}导通。作为理想开关，通态开关S_2和S_3上的电压为$v_{S_2}=v_{S_3}=0$，而断态开关S_1和S_4上的电压为E。

在δ时间段内，S_3开始关断，i_A流过的路径保持不变。当S_3完全关断时，考虑到静态分压电阻R_3和R_4，S_3和S_4上的电压为$v_{S_3}=v_{S_4}=E/2$。

在开关状态为［P］时，最上端开关S_1是导通的（$v_{S_1}=0$），箝位二极管D_{Z1}承受反压后关断，负载电流从D_{Z1}换流到S_1。因为S_3和S_4都已经关断，则R_3和R_4将这两个开关上的电压等分为$v_{S_3}=v_{S_4}=E$。

2. 工况2：$i_A<0$时换流

图8-4c给出了$i_A<0$时的换流过程。

在开关状态为［O］时，S_2和S_3导通，反向负载电流（$i_A<0$）迫使箝位二极管D_{Z2}导通。此时，断态开关S_1和S_4上的电压为$v_{S_1}=v_{S_4}=E$。

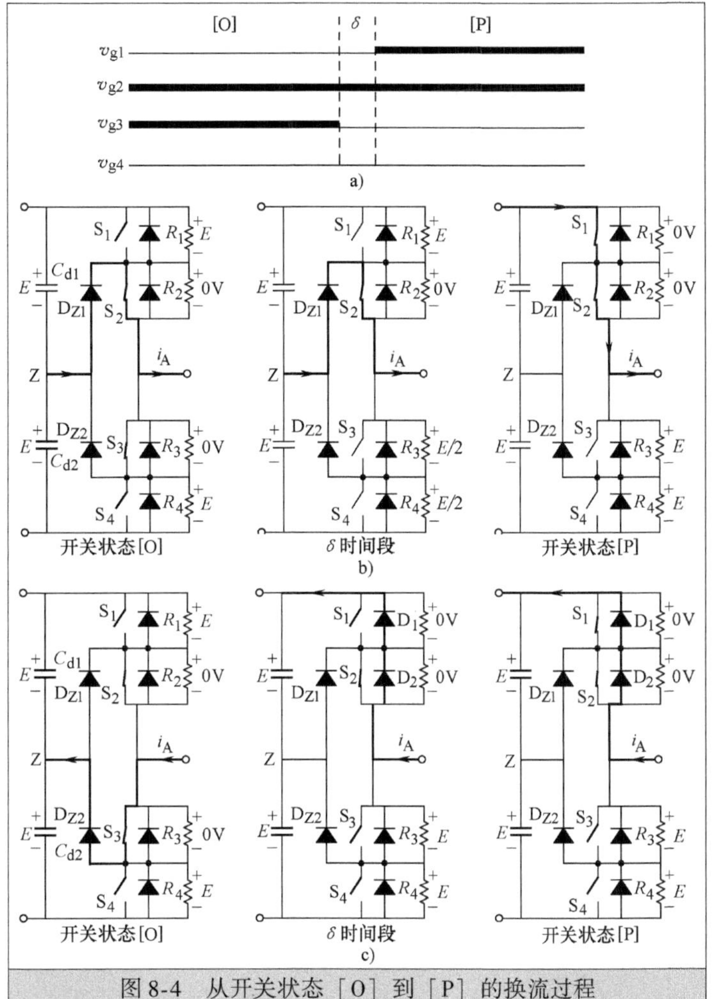

图8-4　从开关状态［O］到［P］的换流过程

a）门（栅）极信号　b）$i_A>0$时换相　c）$i_A<0$时换相

在δ时间段开始关闭S_3。由于感性负载电流i_A不能立刻改变方向，因此i_A从S_3换流到二极管上，迫使二极管D_1和D_2导通，此时$v_{S_1}=v_{S_2}=0$。在S_3关断期间，由于箝位二极管D_{Z2}的存在，S_4上的电压v_{S_4}将不会高于E；同时，由于S_3关断时的等效电阻总小于S_4的断态电阻，则v_{S_4}将不会低于E。因此，v_{S_3}从零上升到E，同时v_{S_4}保持为E。

在开关状态为［P］时，S_1的导通不会影响电路的运行，因为D_1和D_2已经导通。尽管S_1和S_2导通，但负载电流并不会流过它们。

从上面的分析可以得到下面的结论：在开关状态从［O］转换到［P］的过程中，三电平NPC逆变器的开关器件上只承受一半的直流母线电压。同样，在［P］~［O］、［N］~［O］或相反的过程中，也可以得到相同的结论。因此，三电平NPC逆变器没有动态均压问题。

需要指出，禁止在开关状态［P］和［N］之间进行直接切换，原因在于：

1）这样的切换需要一个桥臂的全部4个开关参与：两个导通、两个关断，在此期间，有源开关的动态电压可能无法保持一致；

2）开关损耗加倍。

值得注意的是：如果桥臂最上端和最下端开关（S_1和S_4）的漏电流小于中间两个开关（S_2和S_3）的，则可以省去静态分压电阻R_1~R_4。这样，即使S_1和S_4的电压有高于S_2和S_3上电压的趋势，最后稳态时，箝位二极管也会将这个电压箝制在 E 值。由于中间两个开关的电压同样是 E，这样就实现了稳态电压均衡。

下面是对三电平 NPC 逆变器特性的小结：

1）没有动态均压问题。在换流过程中，三电平 NPC 逆变器的每个有源开关均只承受总直流电压的一半；

2）无需额外的器件就可以实现静态电压均衡。当逆变器桥臂的最上端和最下端有源开关的漏电流小于中间开关的漏电流时，就能实现静态电压均衡了；

3）较低的 THD 和 dv/dt。线电压由五个电平组成，在相同的电压容量和器件开关频率下，THD 和 dv/dt 比两电平逆变器的低。

然而，三电平 NPC 逆变器也有一些缺点，例如：需要额外的箝位二极管、较为复杂的 PWM 开关模式设计以及中点电压偏移问题。后面两个缺点将在下面的章节中进行介绍。

8.3 空间矢量调制

目前已经有了一些适用于三电平 NPC 逆变器的空间矢量调制（SVM）方案[4~7]。本节将分析传统三电平 NPC 逆变器的 SVM 方案，然后提出一种用于消除偶次谐波的改进 SVM 方案[8]。

8.3.1 静止空间矢量 ★★★

前面已经指出，逆变器每相桥臂的运行状态可以用 3 个开关状态［P］、［O］和［N］表示。考虑到有三相桥臂，则逆变器有共 27 种可能的开关状态组合。这些开关状态可用方括号中分别代表逆变器 A、B 和 C 三相的 3 个字母表示，如表 8-2 所示。

表 8-2 三电平 NPC 逆变器的电压矢量和开关状态

空间矢量		开关状态		矢量分类	矢量幅值
$\vec{V}_0$		［PPP］,［OOO］,［NNN］		零矢量	0
		P 型	N 型	小矢量	$\frac{1}{3}V_d$
$\vec{V}_1$	$\vec{V}_{1P}$	［POO］			
	$\vec{V}_{1N}$		［ONN］		
$\vec{V}_2$	$\vec{V}_{2P}$	［PPO］			
	$\vec{V}_{2N}$		［OON］		
$\vec{V}_3$	$\vec{V}_{3P}$	［OPO］			
	$\vec{V}_{3N}$		［NON］		
$\vec{V}_4$	$\vec{V}_{4P}$	［OPP］			
	$\vec{V}_{4N}$		［NOO］		
$\vec{V}_5$	$\vec{V}_{5P}$	［OOP］			
	$\vec{V}_{5N}$		［NNO］		
$\vec{V}_6$	$\vec{V}_{6P}$	［POP］			
	$\vec{V}_{6N}$		［ONO］		
$\vec{V}_7$		［PON］		中矢量	$\frac{\sqrt{3}}{3}V_d$
$\vec{V}_8$		［OPN］			
$\vec{V}_9$		［NPO］			
$\vec{V}_{10}$		［NOP］			
$\vec{V}_{11}$		［ONP］			
$\vec{V}_{12}$		［PNO］			

（续）

空间矢量	开 关 状 态	矢量分类	矢量幅值
$\vec{V}_{13}$	[PNN]	大矢量	$\frac{2}{3}V_d$
$\vec{V}_{14}$	[PPN]		
$\vec{V}_{15}$	[NPN]		
$\vec{V}_{16}$	[NPP]		
$\vec{V}_{17}$	[NNP]		
$\vec{V}_{18}$	[PNP]		

通过采用第6章中给出的分析方法，可以得到开关状态和对应的空间电压矢量之间的关系。表8-2中列出的27个开关状态对应19种电压矢量，图8-5给出了这些电压矢量的空间矢量图。根据电压矢量幅值（长度）的不同，可以分为四组：

1）零矢量（$\vec{V}_0$），幅值为零，表示［PPP］，［OOO］和［NNN］三种开关状态；

2）小矢量（$\vec{V}_1 \sim \vec{V}_6$），幅值为 $V_d/3$。每个小矢量包括两种开关状态，一种为开关状态［P］，另外一种为［N］，因此可以进一步分为P型和N型小矢量；

3）中矢量（$\vec{V}_7 \sim \vec{V}_{12}$），幅值为$\sqrt{3}V_d/3$；

4）大矢量（$\vec{V}_{13} \sim \vec{V}_{18}$），幅值为 $2V_d/3$。

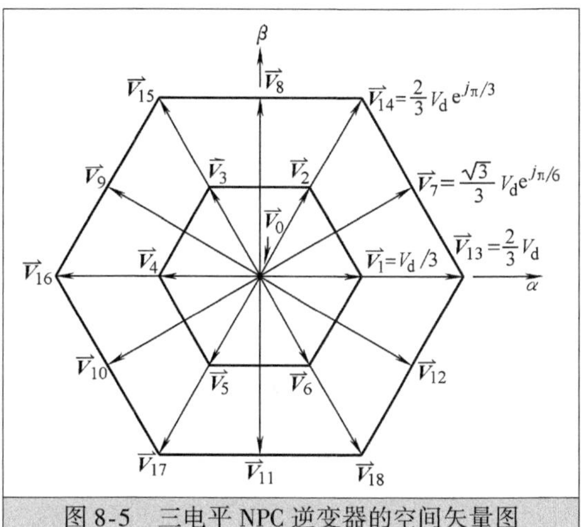

图8-5 三电平NPC逆变器的空间矢量图

8.3.2 作用时间计算 ★★★

为便于计算空间矢量的作用时间，可将图8-5所示空间矢量图分为6个三角形扇区（Ⅰ~Ⅵ）。每个扇区又可以进一步分为如图8-6给出的4个三角区域（1~4）。在图8-6中，同时给出了所有矢量的开关状态。

与两电平逆变器类似，三电平NPC逆变器的SVM算法也基于伏秒平衡原理，即：给定矢量 $\vec{V}_{ref}$与采样周期 T_s的乘积，等于所选定空间矢量与其作用时间乘积的累加和。在三电平NPC逆变器中，给定矢量 $\vec{V}_{ref}$可由最近的3个静态矢量合成。例如，在图8-7中，当 $\vec{V}_{ref}$落入扇区Ⅰ的2区时，最近的3个静态矢量为 $\vec{V}_1$、$\vec{V}_2$和 $\vec{V}_7$，则有

$$\begin{cases}\vec{V}_1 T_a + \vec{V}_7 T_b + \vec{V}_2 T_c = \vec{V}_{ref} T_s \\ T_a + T_b + T_c = T_s\end{cases} \tag{8-1}$$

式中，T_a、T_b和 T_c分别为静态矢量 $\vec{V}_1$、$\vec{V}_7$和 $\vec{V}_2$的作用时间。需要注意的是，除了最近的3个矢量外，$\vec{V}_{ref}$也可以用其他空间矢量来合成。不过，这样会使逆变器输出电压产生较高的谐波畸变，在大多数情况下是不受欢迎的。

图8-7中的电压矢量 $\vec{V}_1$、$\vec{V}_2$、$\vec{V}_7$和 $\vec{V}_{ref}$可表示为

$$\vec{V}_1 = \frac{1}{3}V_d,\ \vec{V}_2 = \frac{1}{3}V_d e^{j\frac{\pi}{3}},\ \vec{V}_7 = \frac{\sqrt{3}}{3}V_d e^{j\frac{\pi}{6}},\ \vec{V}_{ref} = V_{ref}e^{j\theta} \tag{8-2}$$

将式（8-2）代入式（8-1）中，得到

$$\frac{1}{3}V_d T_a + \frac{\sqrt{3}}{3}V_d e^{j\frac{\pi}{6}} T_b + \frac{1}{3}V_d e^{j\frac{\pi}{3}} T_c = V_{ref}e^{j\theta}T_s \tag{8-3}$$

由式（8-3）可得

$$\frac{1}{3}V_d T_a + \frac{\sqrt{3}}{3}V_d\left(\cos\frac{\pi}{6} + j\sin\frac{\pi}{6}\right)T_b + \frac{1}{3}V_d\left(\cos\frac{\pi}{3} + j\sin\frac{\pi}{3}\right)T_c = V_{ref}(\cos\theta + j\sin\theta)T_s \tag{8-4}$$

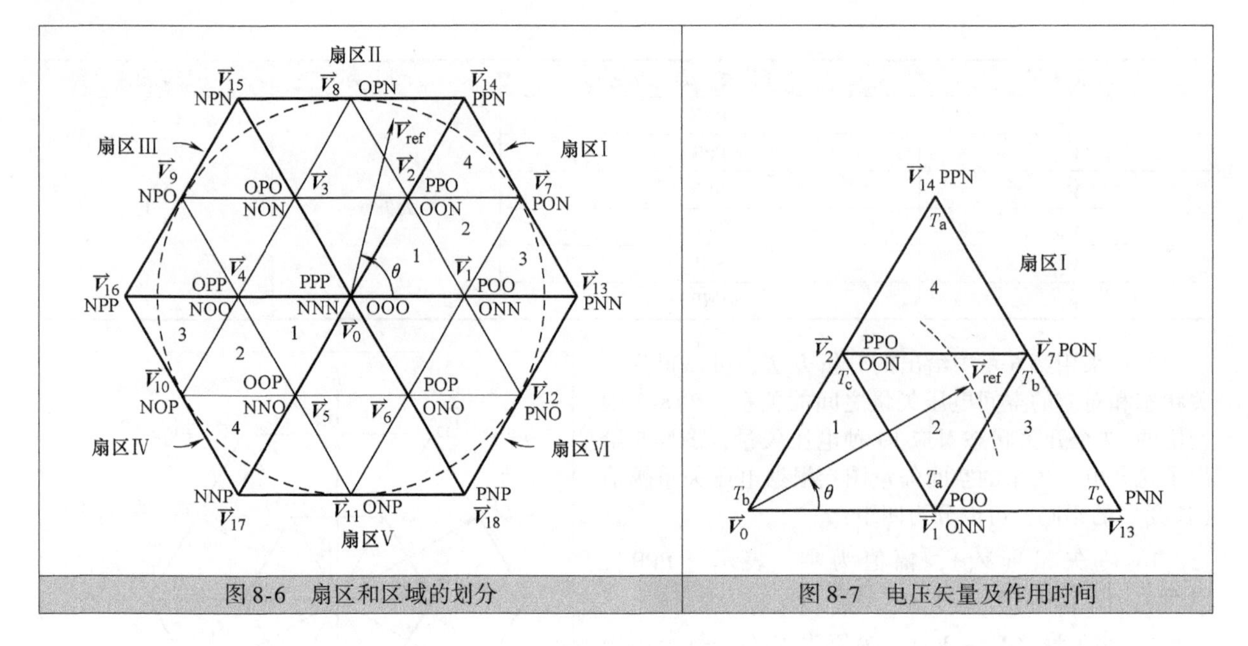

图 8-6　扇区和区域的划分

图 8-7　电压矢量及作用时间

将式（8-4）分为实部（Re）和虚部（Im），得到

$$\begin{cases}\text{实部：}T_a+\dfrac{3}{2}T_b+\dfrac{1}{2}T_c=3\dfrac{V_{ref}}{V_d}(\cos\theta)T_s\\ \text{虚部：}\dfrac{3}{2}T_b+\dfrac{\sqrt{3}}{2}T_c=3\dfrac{V_{ref}}{V_d}(\sin\theta)T_s\end{cases}\tag{8-5}$$

在 $T_s=T_a+T_b+T_c$ 的条件下求解式（8-5），得到作用时间为

$$\begin{cases}T_a=T_s[1-2m_a\sin\theta]\\ T_b=T_s\left[2m_a\sin\left(\dfrac{\pi}{3}+\theta\right)-1\right]\\ T_c=T_s\left[1-2m_a\sin\left(\dfrac{\pi}{3}-\theta\right)\right]\end{cases}\tag{8-6}$$

式中，θ 的取值范围为 $0\leqslant\theta<\pi/3$；m_a 为调制因数

$$m_a=\sqrt{3}\frac{V_{ref}}{V_d}\tag{8-7}$$

给定矢量 $\vec{V}_{ref}$ 的最大长度对应于图 8-6 中六边形最大内切圆的半径，正好是中电压矢量的长度，即

$$V_{ref,max}=\sqrt{3}V_d/3$$

将 $V_{ref,max}$ 代入式（8-7）得到最大调制因数

$$m_{a,max}=\sqrt{3}\frac{V_{ref,max}}{V_d}=1\tag{8-8}$$

则 m_a 的大小范围为

$$0\leqslant m_a\leqslant 1\tag{8-9}$$

表 8-3 给出了在扇区Ⅰ中 $\vec{V}_{ref}$ 作用时间的计算公式。

表 8-3 中的公式也可用于 $\vec{V}_{ref}$ 在其他扇区（Ⅱ～Ⅵ）时作用时间的计算。此时，需要从实际位移角 θ 中减去 $\pi/3$ 的倍数，使得结果在 0～$\pi/3$ 之间，以便计算。读者可参考第 6 章中的详细阐述。

表 8-3　扇区 I 中 $\vec{V}_{ref}$ 作用时间的计算公式

区域	T_a		T_b		T_c	
1	$\vec{V}_1$	$T_s\left[2m_a\sin\left(\frac{\pi}{3}-\theta\right)\right]$	$\vec{V}_0$	$T_s\left[1-2m_a\sin\left(\frac{\pi}{3}+\theta\right)\right]$	$\vec{V}_2$	$T_s(2m_a\sin\theta)$
2	$\vec{V}_1$	$T_s(1-2m_a\sin\theta)$	$\vec{V}_7$	$T_s\left[2m_a\sin\left(\frac{\pi}{3}+\theta\right)-1\right]$	$\vec{V}_2$	$T_s\left[1-2m_a\sin\left(\frac{\pi}{3}-\theta\right)\right]$
3	$\vec{V}_1$	$T_s\left[2-2m_a\sin\left(\frac{\pi}{3}+\theta\right)\right]$	$\vec{V}_7$	$T_s(2m_a\sin\theta)$	$\vec{V}_{13}$	$T_s\left[2m_a\sin\left(\frac{\pi}{3}-\theta\right)-1\right]$
4	$\vec{V}_{14}$	$T_s(2m_a\sin\theta-1)$	$\vec{V}_7$	$T_s\left[2m_a\sin\left(\frac{\pi}{3}-\theta\right)\right]$	$\vec{V}_2$	$T_s\left[2-2m_a\sin\left(\frac{\pi}{3}+\theta\right)\right]$

8.3.3　$\vec{V}_{ref}$位置与保持时间之间的关系 ★★★

图 8-8 中的例子演示了 $\vec{V}_{ref}$位置和保持时间之间的关系。假设 $\vec{V}_{ref}$指向区域4 的中点 Q，考虑到 Q 和最近3 个矢量 $\vec{V}_2$、$\vec{V}_7$和 $\vec{V}_{14}$之间的距离是一样的，因此 3 个矢量的保持时间相同。为验证这一点，可将 $m_a=0.882$ 和 $\theta=49.1°$ 代入表 8-3 的计算公式中，得到作用时间 $T_a=T_b=T_c=0.333T_s$。

当 $\vec{V}_{ref}$沿着虚线从 Q 向 $\vec{V}_2$移动时，$\vec{V}_2$对 $\vec{V}_{ref}$的影响增强，使得 $\vec{V}_2$的保持时间变长。当 $\vec{V}_{ref}$和 $\vec{V}_2$完全重合时，$\vec{V}_2$的保持时间 T_c达到最大值（$T_c=T_s$），此时 $\vec{V}_{14}$与 $\vec{V}_7$的保持时间 T_a与 T_b均减小到零。

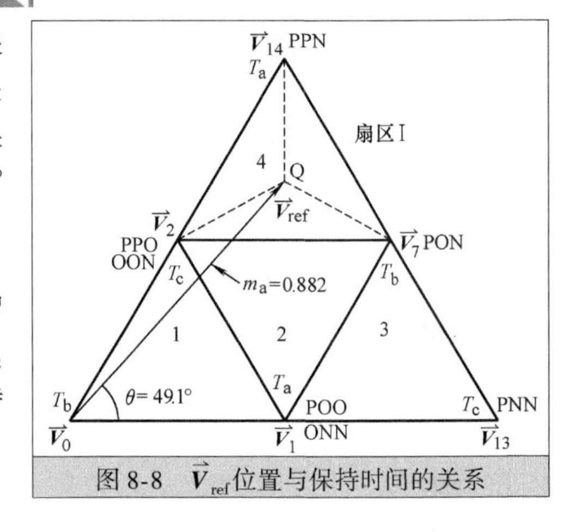

图 8-8　$\vec{V}_{ref}$位置与保持时间的关系

8.3.4　开关顺序设计 ★★★

定义中点电压 v_Z 为中点 Z 相对于负直流母线的电压。这个电压通常随着三电平 NPC 逆变器开关状态而变化。因此，在设计开关顺序时，需使开关状态对中点电压偏移的影响最小化。基于第 6 章中提出的对两电平逆变器的两点要求，对三电平 NPC 逆变器开关顺序设计的全部要求如下：

1）从一种开关状态切换到另一种开关状态的过程中，仅影响同一桥臂上的两个开关器件：一个导通，另一个关断；

2）$\vec{V}_{ref}$从一个扇区（或区域）转移到另一个扇区（或区域）时，无需开关器件动作或只需最少的开关动作；

3）开关状态对中点电压偏移的影响最小。

1. 开关状态对中点电压偏移的影响

图 8-9 给出了开关状态对中点电压偏移的影响。其中，图 8-9a 所示为逆变器工作在零矢量 $\vec{V}_0$状态，其开关状态为［PPP］。此时，每个桥臂的上面两个开关导通，将逆变器 A、B 和 C 三相输出端连接到正直流母线上。由于中性点 Z 悬空，这个开关状态并不会影响 v_Z。类似地，其他两个零开关状态［OOO］和［NNN］也不会造成 v_Z 的偏移。

图 8-9b 为逆变器工作于 P 型小矢量开关状态［POO］时的拓扑结构。因为三相负载连接在正直流母线和中点 Z 之间，流入中点 Z 的中点电流 i_Z使得 v_Z上升。与此相反，图 8-9c 中，$\vec{V}_1$的 N 型开关状态［ONN］使 v_Z减小。

中矢量同样也会影响中点电压。图 8-9d 所示为工作于开关状态［PON］的中矢量 $\vec{V}_7$，此时，负载端子 A、B 和 C 分别连接到正母线、中点和负母线上。在逆变器不同运行条件下，中点电压 v_Z可能上升也可能下降。

图8-9e所示为工作于开关状态［PNN］的大矢量$\vec{V}_{13}$，负载端连接在正负直流母线之间，此时中点Z悬空，因此中点电压不受影响。

对上面分析可以总结为：

1）零矢量$\vec{V}_0$不会影响中点电压v_Z；

2）小矢量$\vec{V}_1\sim\vec{V}_6$对v_Z有明显的影响。P型小矢量会使得v_Z升高，而N型小矢量会导致v_Z降低；

3）中矢量$\vec{V}_7\sim\vec{V}_{12}$也会影响$v_Z$，但电压偏移的方向不定；

4）大矢量$\vec{V}_{13}\sim\vec{V}_{18}$对中点电压偏移没有影响。

注意，上述结论是在逆变器运行在一般（电动机）模式的假设下得到的。再生运行模式下，开关状态对中点电压偏移的影响将在后面的章节中讨论。

2. 最小中点电压偏移的开关序列

如同前面所提到的那样，P型小矢量将使得中点电压v_Z上升，而N型小矢量则使其下降。为了使中点电压偏移最小，对于一个给定的小矢量而言，其P型和N型开关状态应在一个采样周期内平均分配。针对给定矢量$\vec{V}_{ref}$所在的三角形区域，应对下面两种工况进行考察。

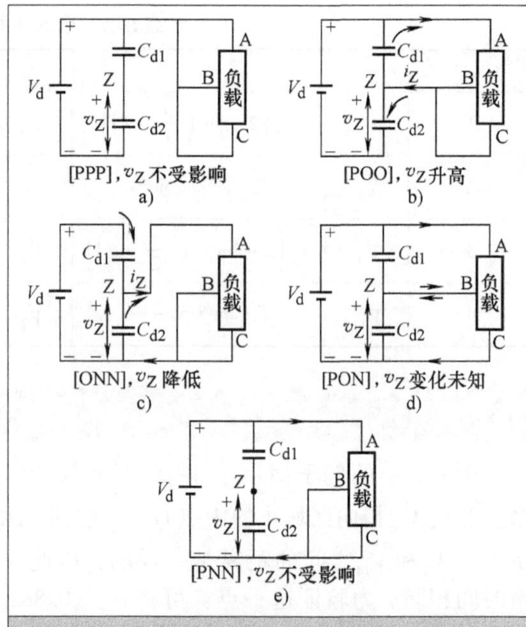

图8-9 开关状态对中点电压偏移的影响
a）零矢量 b）P型小矢量 c）N型小矢量 d）中矢量 e）大矢量

（1）工况1：选定的3个矢量中有一个小矢量

当图8-7中的给定矢量$\vec{V}_{ref}$位于扇区Ⅰ的3或4区域时，3个静态矢量中只有一个是小矢量。假设$\vec{V}_{ref}$落入扇区4，则它可以用$\vec{V}_2$、$\vec{V}_7$和$\vec{V}_{14}$来合成。小矢量$\vec{V}_2$有两个开关状态［PPO］和［OON］，为了使得中点电压偏移最小化，$\vec{V}_2$的维持时间应该在这两个状态之间平分。图8-10给出了三电平NPC逆变器典型的7段式开关顺序，从中可以发现：

1）7段的作用时间之和为采样周期（$T_s=T_a+T_b+T_c$）；

2）满足了前述的开关顺序设计第1项要求。例如，从［OON］~［PON］的跳变，通过开通S_1和关断S_3就可以实现，只有两个开关的状态发生了变化；

3）$\vec{V}_2$的作用时间T_c在P和N型开关状态之间平均分配，这样就满足了开关顺序设计第3项要求；

4）每个采样周期里，逆变器一个桥臂只有两个开关器件开通或关断。假设$\vec{V}_{ref}$从一个扇区移动到下一个扇区时不需要任何开关动作，则器件开关频率$f_{sw,dev}$刚好等于采样频率f_{sp}的一半

$$f_{sw,dev}=f_{sp}/2=1/(2T_s) \tag{8-10}$$

（2）工况2：选定的三个矢量中有两个小矢量

当$\vec{V}_{ref}$位于图8-7扇区Ⅰ的区域1或2时，所选的三个矢量中有两个小矢量。为了减小中点电压偏移，将这两个区域进一步分割成如图8-11所示的子区。假设$\vec{V}_{ref}$位于2a区域，则可以用$\vec{V}_1$、$\vec{V}_2$和$\vec{V}_7$近似合成。因为$\vec{V}_1$比$\vec{V}_2$更接近$\vec{V}_{ref}$，因此$\vec{V}_1$的作用时间T_a比$\vec{V}_2$的作用时间T_c长。称$\vec{V}_1$为主要小矢量，它的作用时间平均分为$\vec{V}_{1P}$和$\vec{V}_{1N}$，如表8-4所示。

在上面讨论的基础上，表8-5对扇区Ⅰ和Ⅱ中的全部开关顺序进行了总结。可以看到：

1）$\vec{V}_{ref}$穿越扇区Ⅰ和Ⅱ边界的跳变，不会产生任何额外的开关动作；

2）当$\vec{V}_{ref}$从一个扇区里的a区域移动到b区域时，会产生一个额外的开关动作。图8-12给出了图形

描述，其中虚线所示的大、小圆周为$\vec{V}_{ref}$的稳态轨迹，而黑点则表示有额外开关动作发生。由于每个额外开关动作包括（12个中的）2个器件，并且每个基波周期只有6次额外开关动作，因此器件的平均开关频率增加到

$$f_{sw,dev}=f_{sp}/2+f_1/2 \tag{8-11}$$

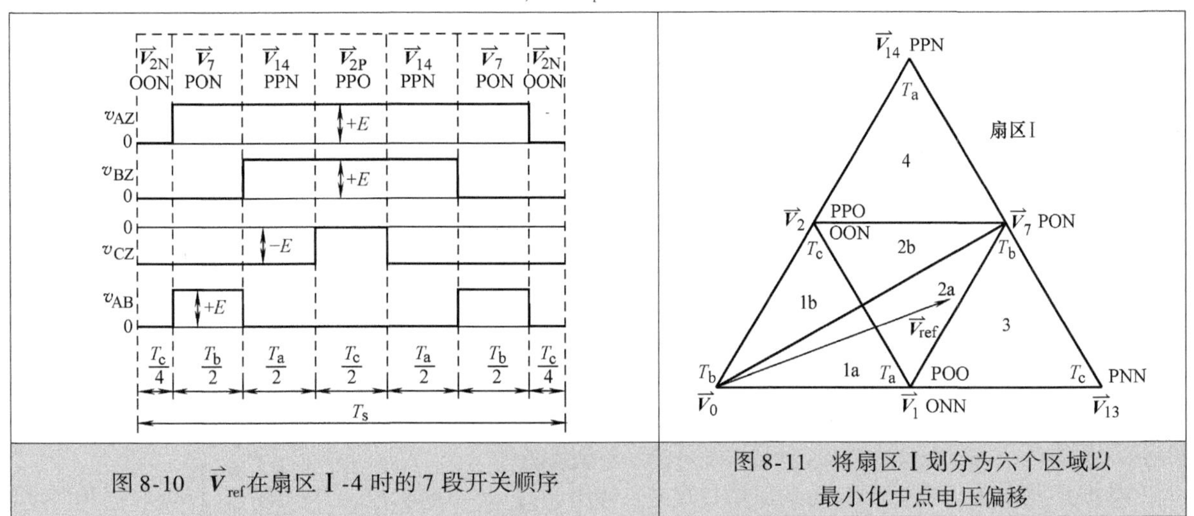

图8-10　$\vec{V}_{ref}$在扇区Ⅰ-4时的7段开关顺序

图8-11　将扇区Ⅰ划分为六个区域以最小化中点电压偏移

表8-4　$\vec{V}_{ref}$在扇区Ⅰ-2a时的7段开关顺序

段	1	2	3	4	5	6	7
电压矢量	$\vec{V}_{1N}$	$\vec{V}_{2N}$	$\vec{V}_{7}$	$\vec{V}_{1P}$	$\vec{V}_{7}$	$\vec{V}_{2N}$	$\vec{V}_{1N}$
开关状态	[ONN]	[OON]	[PON]	[POO]	[PON]	[OON]	[ONN]
作用时间	$\frac{T_a}{4}$	$\frac{T_c}{2}$	$\frac{T_b}{2}$	$\frac{T_a}{2}$	$\frac{T_b}{2}$	$\frac{T_c}{2}$	$\frac{T_a}{4}$

表8-5　7段开关序列

扇区Ⅰ												
段	1a		1b		2a		2b		3		4	
1	$\vec{V}_{1N}$	[ONN]	$\vec{V}_{2N}$	[OON]	$\vec{V}_{1N}$	[ONN]	$\vec{V}_{2N}$	[OON]	$\vec{V}_{1N}$	[ONN]	$\vec{V}_{2N}$	[OON]
2	$\vec{V}_{2N}$	[OON]	$\vec{V}_{0}$	[OOO]	$\vec{V}_{2N}$	[OON]	$\vec{V}_{7}$	[PON]	$\vec{V}_{13}$	[PNN]	$\vec{V}_{7}$	[PON]
3	$\vec{V}_{0}$	[OOO]	$\vec{V}_{1P}$	[POO]	$\vec{V}_{7}$	[PON]	$\vec{V}_{1P}$	[POO]	$\vec{V}_{7}$	[PON]	$\vec{V}_{14}$	[PPN]
4	$\vec{V}_{1P}$	[POO]	$\vec{V}_{2P}$	[PPO]	$\vec{V}_{1P}$	[POO]	$\vec{V}_{2P}$	[PPO]	$\vec{V}_{1P}$	[POO]	$\vec{V}_{2P}$	[PPO]
5	$\vec{V}_{0}$	[OOO]	$\vec{V}_{1P}$	[POO]	$\vec{V}_{7}$	[PON]	$\vec{V}_{1P}$	[POO]	$\vec{V}_{7}$	[PON]	$\vec{V}_{14}$	[PPN]
6	$\vec{V}_{2N}$	[OON]	$\vec{V}_{0}$	[OOO]	$\vec{V}_{2N}$	[OON]	$\vec{V}_{7}$	[PON]	$\vec{V}_{13}$	[PNN]	$\vec{V}_{7}$	[PON]
7	$\vec{V}_{1N}$	[ONN]	$\vec{V}_{2N}$	[OON]	$\vec{V}_{1N}$	[ONN]	$\vec{V}_{2N}$	[OON]	$\vec{V}_{1N}$	[ONN]	$\vec{V}_{2N}$	[OON]
扇区Ⅱ												
段	1a		1b		2a		2b		3		4	
1	$\vec{V}_{2N}$	[OON]	$\vec{V}_{3N}$	[NON]	$\vec{V}_{2N}$	[OON]	$\vec{V}_{3N}$	[NON]	$\vec{V}_{2N}$	[OON]	$\vec{V}_{3N}$	[NON]
2	$\vec{V}_{0}$	[OOO]	$\vec{V}_{2N}$	[OON]	$\vec{V}_{8}$	[OPN]	$\vec{V}_{2N}$	[OON]	$\vec{V}_{8}$	[OPN]	$\vec{V}_{15}$	[NPN]
3	$\vec{V}_{3P}$	[OPO]	$\vec{V}_{0}$	[OOO]	$\vec{V}_{3P}$	[OPO]	$\vec{V}_{8}$	[OPN]	$\vec{V}_{14}$	[PPN]	$\vec{V}_{8}$	[OPN]
4	$\vec{V}_{2P}$	[PPO]	$\vec{V}_{3P}$	[OPO]	$\vec{V}_{2P}$	[PPO]	$\vec{V}_{3P}$	[OPO]	$\vec{V}_{2P}$	[PPO]	$\vec{V}_{3P}$	[OPO]
5	$\vec{V}_{3P}$	[OPO]	$\vec{V}_{0}$	[OOO]	$\vec{V}_{3P}$	[OPO]	$\vec{V}_{8}$	[OPN]	$\vec{V}_{14}$	[PPN]	$\vec{V}_{8}$	[OPN]
6	$\vec{V}_{0}$	[OOO]	$\vec{V}_{2N}$	[OON]	$\vec{V}_{8}$	[OPN]	$\vec{V}_{2N}$	[OON]	$\vec{V}_{8}$	[OPN]	$\vec{V}_{15}$	[NPN]
7	$\vec{V}_{2N}$	[OON]	$\vec{V}_{3N}$	[NON]	$\vec{V}_{2N}$	[OON]	$\vec{V}_{3N}$	[NON]	$\vec{V}_{2N}$	[OON]	$\vec{V}_{3N}$	[NON]

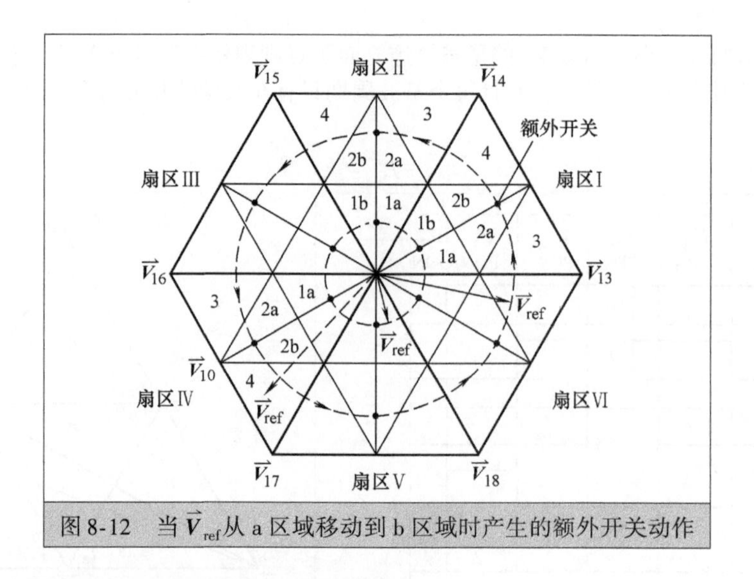

图 8-12　当 $\vec{V}_{ref}$ 从 a 区域移动到 b 区域时产生的额外开关动作

8.3.5　逆变器输出波形和谐波含量 ★★★

图 8-13 所示为三电平 NPC 逆变器运行在 $f_1=60\text{Hz}$，$T_s=1/1080\text{s}$，$f_{sw,dev}=1080/2+60/2=570\text{Hz}$ 和 $m_a=0.8$ 条件下的仿真波形。逆变器的负载是 PF 为 0.9 的感性负载。v_{g1} 和 v_{g4} 分别为图 8-1 逆变器电路中开关 S_1 和 S_4 的门（栅）极驱动信号。由于中间开关 S_2 和 S_3 分别与 S_4 和 S_1 以互补方式运行，这里就不再给出它们的驱动信号了。

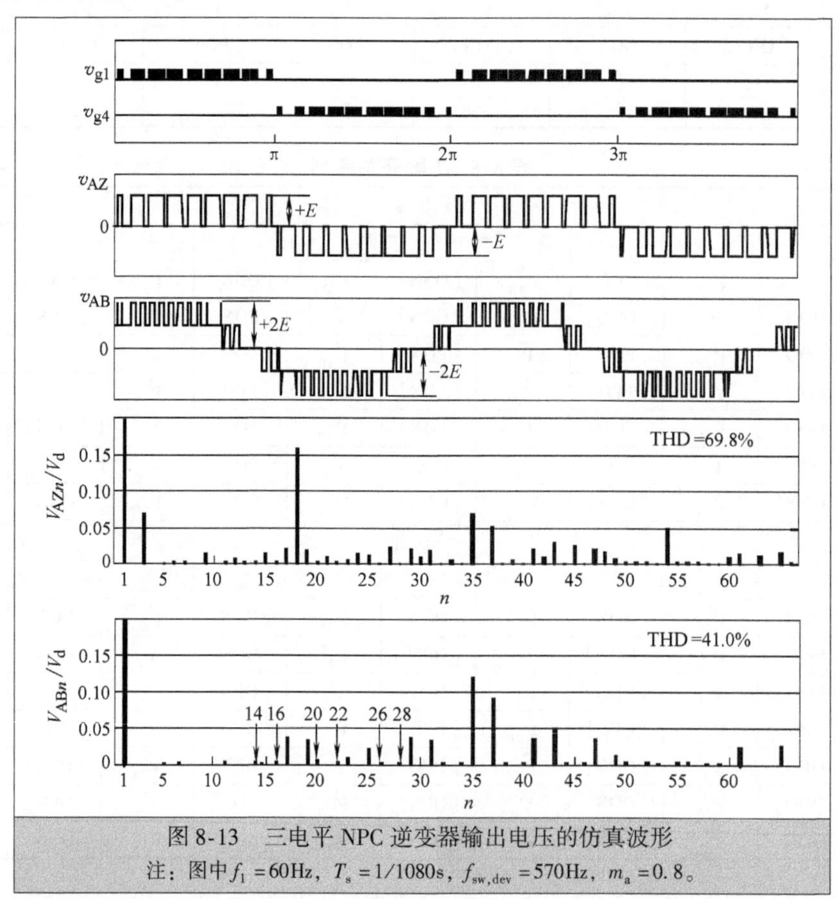

图 8-13　三电平 NPC 逆变器输出电压的仿真波形

注：图中 $f_1=60\text{Hz}$，$T_s=1/1080\text{s}$，$f_{sw,dev}=570\text{Hz}$，$m_a=0.8$。

逆变器输出相电压v_{AZ}的波形有3个电平，而输出线电压v_{AB}则有五个电平。v_{AZ}的波形包含3的整数倍次谐波，并以3次和18次谐波为主导。由于三相中3的整数倍次谐波分量同相位，因此并不会出现在线电压v_{AB}中。然而，除奇次谐波外，v_{AB}还包含偶次谐波如14次和16次，原因在于SVM方案产生的v_{AB}波形不是半波对称的。

v_{AB}中的主要谐波为17次和19次，它们都集中在频率为1080Hz的18次谐波周围。正如第6章讨论的那样，这个频率可以作为等效的逆变器开关频率$f_{sw,inv}$，约为器件开关频率$f_{sw,dev}$的两倍。

图8-14给出了v_{AB}的谐波成分和THD与m_a的关系曲线，其中V_{ABn}为n次谐波电压的有效值。v_{AB}的波形包含除了3的整数倍次谐波之外的所有低次谐波。大多数偶次谐波的幅值在$m_a=1$处达到峰值。基波电压有效值在$m_a=1$时达到的最大值为

$$V_{AB1,max}=0.707V_d \tag{8-12}$$

图8-15所示为运行在$f_1=60$Hz、$T_s=1/1080$s和$f_{sw,dev}=570$Hz工况下，三电平NPC逆变器在调制因数m_a分别为0.8和0.9时的实测波形。可见，$m_a=0.8$时的实测波形及其频谱分析与图8-13中相应的仿真结果接近。还可以观察到，$m_a=0.9$时偶次谐波的幅值远高于$m_a=0.8$时的幅值，这一点与图8-14中对谐波含量的描述一致。

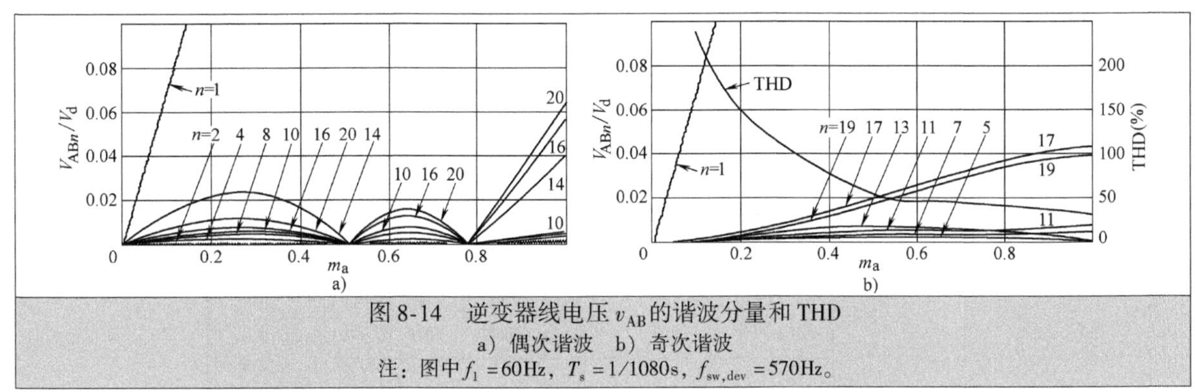

图8-14　逆变器线电压v_{AB}的谐波分量和THD

a）偶次谐波　b）奇次谐波

注：图中$f_1=60$Hz，$T_s=1/1080$s，$f_{sw,dev}=570$Hz。

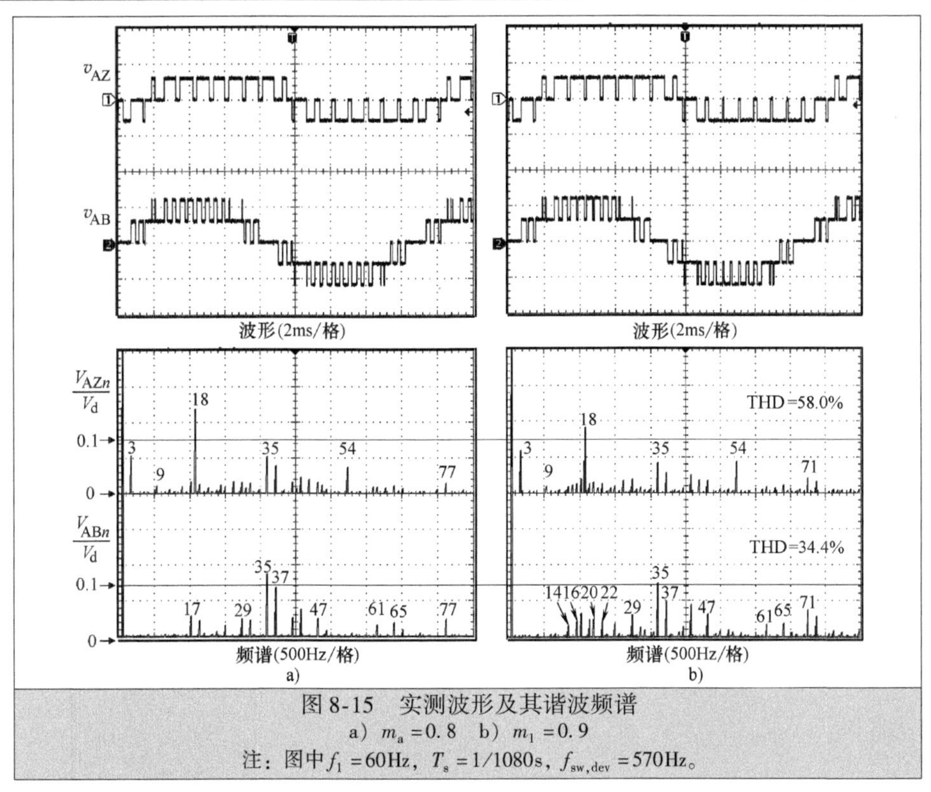

图8-15　实测波形及其谐波频谱

a）$m_a=0.8$　b）$m_1=0.9$

注：图中$f_1=60$Hz，$T_s=1/1080$s，$f_{sw,dev}=570$Hz。

8.3.6 消除偶次谐波 ★★★

在第6章中，已经讨论了两电平逆变器偶次谐波产生的机理和需要消除这些谐波的原因。这些结论同样可应用于三电平NPC逆变器，因此这里不再重复。

当$\vec{V}_{ref}$位于图8-12中空间矢量图的扇区Ⅳ-4时，它具有两种可行的开关顺序，如图8-16所示。可以看到，A型开关顺序以N型小矢量开始，而B型开关顺序则以P型小矢量开始。尽管图8-16a和8-16b中，v_{AZ}、v_{BZ}、v_{CZ}及v_{AB}的波形很不一致，然而它们之间除了一个很短时间的延迟（$T_s/2$）外，在本质上是一样的。如果给出两个或更多的连续采样周期内的波形，则更容易看到这一点。

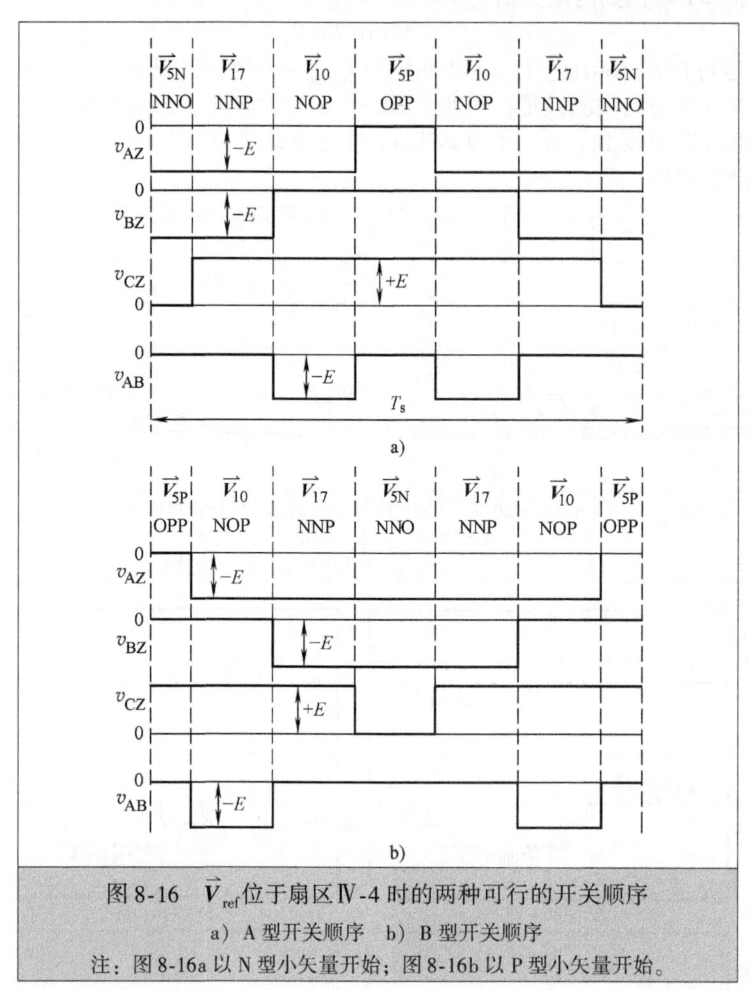

图8-16 $\vec{V}_{ref}$位于扇区Ⅳ-4时的两种可行的开关顺序

a）A型开关顺序 b）B型开关顺序

注：图8-16a以N型小矢量开始；图8-16b以P型小矢量开始。

在三电平NPC逆变器的传统SVM方案中，只采用了A型开关顺序。为了消除v_{AB}中的偶次谐波，A型和B型开关顺序可以像图8-17所示交替使用。这种消除偶次谐波的原理，读者可参考第6章。本章附录给出了改进SVM方案的完整开关顺序集。与传统的SVM方法相比，改进方案会使得器件开关频率稍高，增加的频率为$\Delta f_{sw}=f_1/2$，因此器件的平均开关频率为

$$f_{sw,dev}=f_{sp}/2+f_1 \tag{8-13}$$

图8-18是在三电平NPC逆变器试验装置上测得的采用改进SVM方案的波形。逆变器输出电压v_{AZ}和v_{AB}的波形为半波对称，从而消除了偶次谐波。有意思的是，尽管v_{AB}的谐波频谱分析与图8-15不同，但它的THD仍然维持不变。

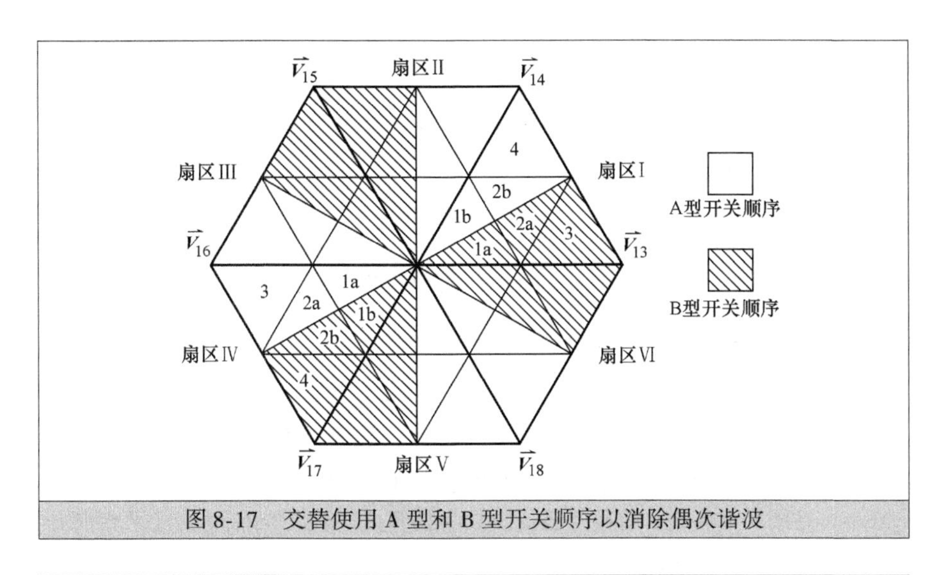

图 8-17　交替使用 A 型和 B 型开关顺序以消除偶次谐波

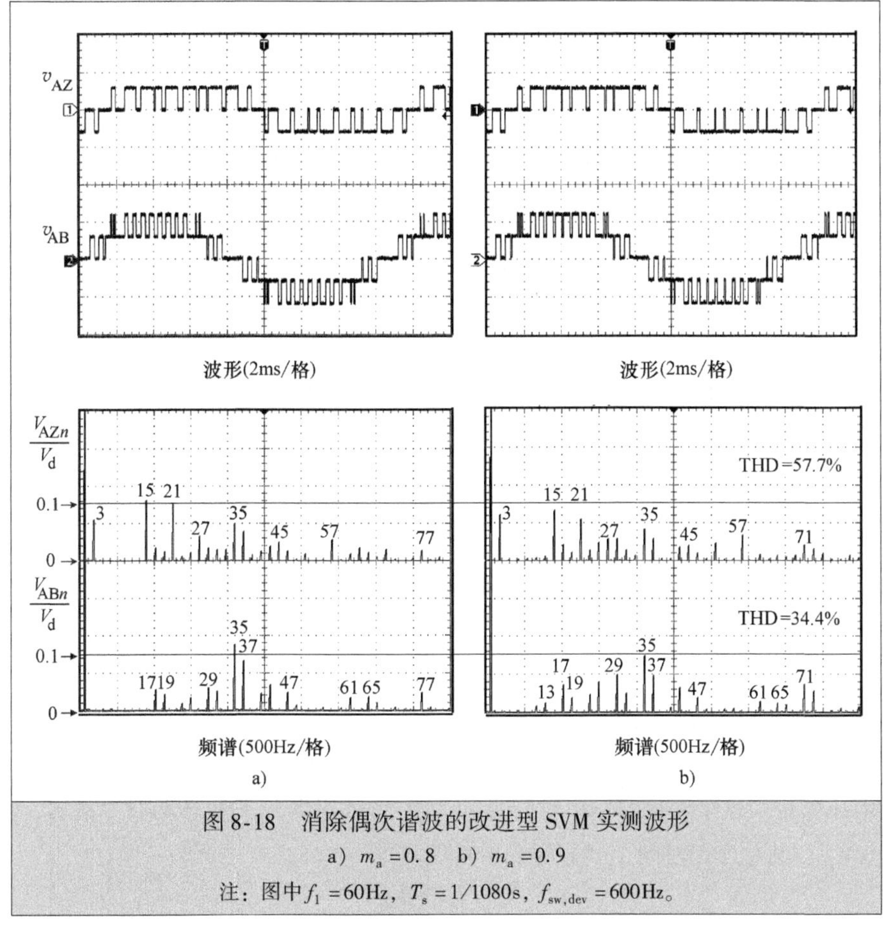

图 8-18　消除偶次谐波的改进型 SVM 实测波形

a）$m_a=0.8$　b）$m_a=0.9$

注：图中 $f_1=60\text{Hz}$，$T_s=1/1080\text{s}$，$f_{sw,dev}=600\text{Hz}$。

8.4　中点电压控制

前面已经指出，中点电压 v_Z 会随着三电平 NPC 逆变器的运行条件而改变。如果中点电压偏移过多，则会造成电压分布不均，从而导致逆变器输出电压 THD 增大及开关器件过早损坏。

8.4.1 中点电压偏移的原因 ★★★

除了小电压矢量和中电压矢量的影响外，中点电压还可能受到其他因素的影响，主要包括：

1）由于制造误差造成的电容不平衡；

2）开关器件的特性不一致；

3）三相不对称运行。

为了使中点电压偏移最小，可以采用对中点电压进行检测和控制的反馈控制方法[7,9,10]。

8.4.2 电动和再生运行模式的影响 ★★★

三电平 NPC 逆变器用于中压传动系统时，传动系统的运行模式也会影响中点电压。图 8-19 给出了传动系统在电动模式和再生运行时对中点电压偏移的影响。其中，图 8-19a 为电动模式，直流电流 i_d从直流电源流向逆变器。此时，小矢量 $\vec{V}_1$的 P 型开关状态［POO］导致中点电压 v_Z上升，而 N 型开关状态［ONN］则使 v_Z减小。在图 8-19b 所示的再生运行模式下，直流电流反向流动，使得相同开关状态下的结果刚好相反。在设计 v_Z的反馈控制时，必须考虑上述情况。

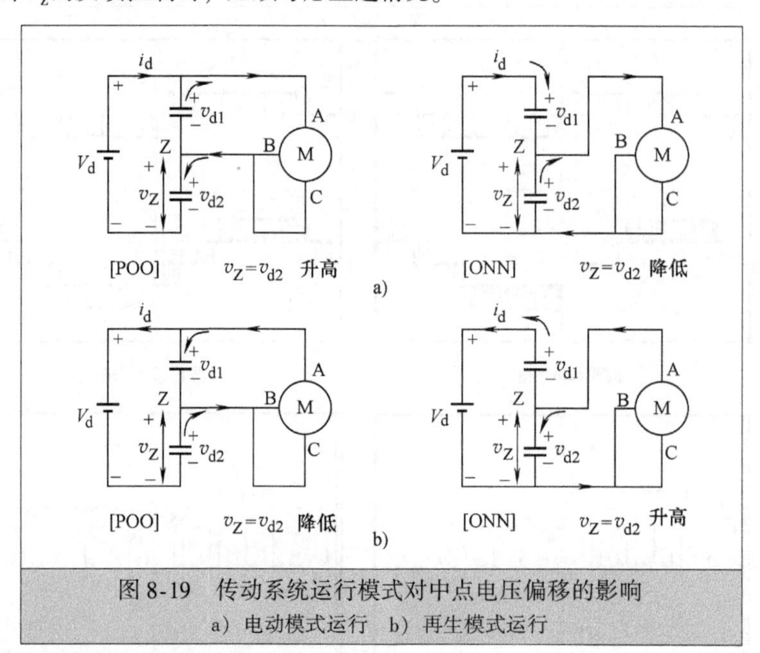

图 8-19　传动系统运行模式对中点电压偏移的影响

a）电动模式运行　b）再生模式运行

8.4.3 中点电压的反馈控制 ★★★

通过调整小电压矢量 P 型和 N 型开关状态的作用时间，可以控制中点电压 v_Z。在每个开关顺序中总存在一个小电压矢量，这个矢量的作用时间可分为 P 型和 N 型开关状态两段。例如，在表 8-4 中对半分布的 $\vec{V}_{1P}$和 $\vec{V}_{1N}$，其总作用时间 T_a可以重新分配为

$$T_a = T_{aP} + T_{aN} \tag{8-14}$$

式中，T_{aP}和 T_{aN}分别为

$$\begin{cases} T_{aP} = \dfrac{T_a}{2}(1+\Delta t) \\ T_{aN} = \dfrac{T_a}{2}(1-\Delta t) \end{cases} \tag{8-15}$$

式中，$-1 \leqslant \Delta t \leqslant 1$。

根据检测得到的直流电容电压 v_{d1} 和 v_{d2} 来调整式（8-15）中的时间增量 Δt，可以使中点电压偏移最小。例如，传动系统运行在电动模式下时，如果由于某些原因，$(v_{d1}-v_{d2})$ 大于允许的最大直流电压偏移 ΔV_d，则调节 $\Delta t(\Delta t>0)$ 就可以在增加 T_{aP} 的同时减小 T_{aN} 了。如果传动系统运行在再生模式下，则需采取相反的措施。表 8-6 给出了电容电压和时间增量 Δt 之间的关系。

表 8-6　电容电压和时间增量 Δt 之间的关系

中点电压偏移程度	电动模式($i_d>0$)	再生模式($i_d<0$)
$(v_{d1}-v_{d2})>\Delta V_d$	$\Delta t>0$	$\Delta t<0$
$(v_{d2}-v_{d1})>\Delta V_d$	$\Delta t<0$	$\Delta t>0$
$\lvert v_{d1}-v_{d2}\rvert<\Delta V_d$	$\Delta t=0$	$\Delta t=0$

注：ΔV_d 为最大允许的直流电压偏移（$\Delta V_d>0$）。

图 8-20 给出了直流电容电压 v_{d1} 和 v_{d2} 的仿真波形，其初始值均为 2800V。为了使 v_{d1} 和 v_{d2} 不平衡，下端的直流电容并联了一个电阻。在 $f_1=60\text{Hz}$、$T_s=1/1080\text{s}$、$m_a=0.8$ 和 $V_d=5600\text{V}$ 的条件下，三电平 NPC 逆变器从 $t=0$ 时刻开始运行。由于下端电容通过电阻放电，使电压 v_{d2} 下降，而上端电容的电压 v_{d1} 则相应上升。在 $t=0.026\text{s}$ 时，启动中点电压控制算法，至 $t=0.04\text{s}$，两个直流电容的电压达到平衡。

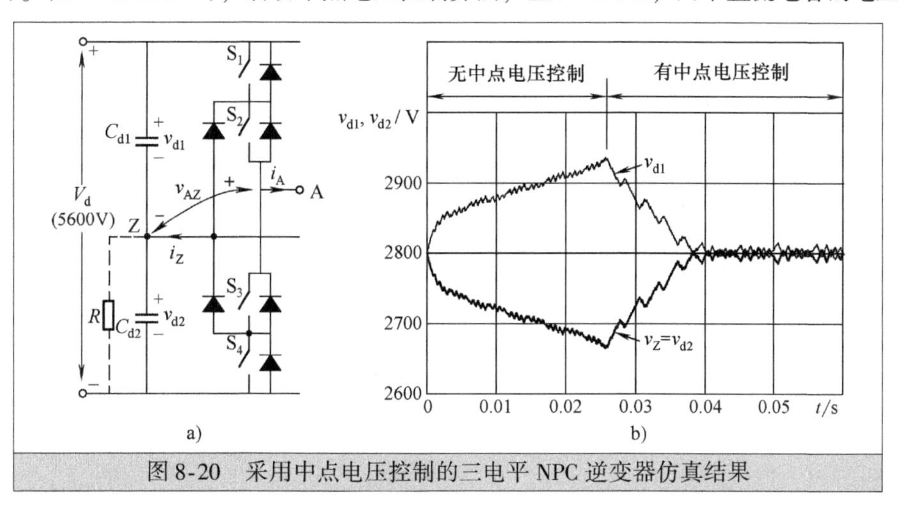

图 8-20　采用中点电压控制的三电平 NPC 逆变器仿真结果

8.5　基于载波的 PWM 方法

前面第 7 章中介绍的基于载波的 PWM 方法也可以应用于三电平逆变器。图 8-21给出了采用载波 IPD 移幅载波调制方法下三电平逆变器的仿真波形。三电平逆变器需要两个载波 v_{cr1} 和 v_{cr2}，通过和调制波 v_m 比较产生逆变器上桥臂两个开关 S_1 和 S_2 的门极驱动信号 v_{g1} 和 v_{g2}，如图 8-20a 所示。图 8－21 还给出了逆变器相电压 v_{AZ} 和线电压 v_{AB} 波形。第 7 章已详细说明了此类载波的调制方法，在此不再赘叙。

通过移幅载波调制方法控制三电平逆变器中点电压 v_z，其基本思路是在逆变器相电压 v_{AZ} 中加入直流偏置电压 v_{ofs}。若偏置电压为正，则图 8-20a 中下电容 C_{d2} 充电而上电容 C_{d1} 放电，反之亦然[15]。

图 8-22 为三电平 NPC 逆变器基于载波 PWM 方法的中点电压平衡控制方法示意图。其中，电容电压偏移参考指令 Δv_z^* 设置为零。将参考指令与电压偏移测量值 Δv_z 比较，其中 $\Delta v_z=v_{d1}-v_{d2}$。两者之差经比例积分控制器产生直流偏置电压 v_{ofs}，将其与调制波 v_m 相加得到调制波给定值 v_m^*。然后将调制波给定值和载波比较产生逆变器开关的门极开通和关断信号，进而控制实现电容电压平衡。当逆变器稳态运行时，在比例积分控制器作用下，电压偏移测量值 Δv_z 将为零。

为了验证上述中点平衡控制方法的有效性，图 8-23 给出了直流电容电压的仿真波形。其中，两个电容电压初始值为 2800V，为了使电压 v_{d1} 和 v_{d2} 不平衡，在下电容 C_{d2} 上并联了电阻，如图 8-20a 所示。

在不使能上述的中点电压控制方法时，电容 C_{d2} 通过电阻放电，其电压 v_{d2} 逐渐降低，电压 v_{d1} 逐渐增加。在0.04s时刻，使能中点电压控制方法，则可以看出在0.065s实现了电容中点电压平衡。

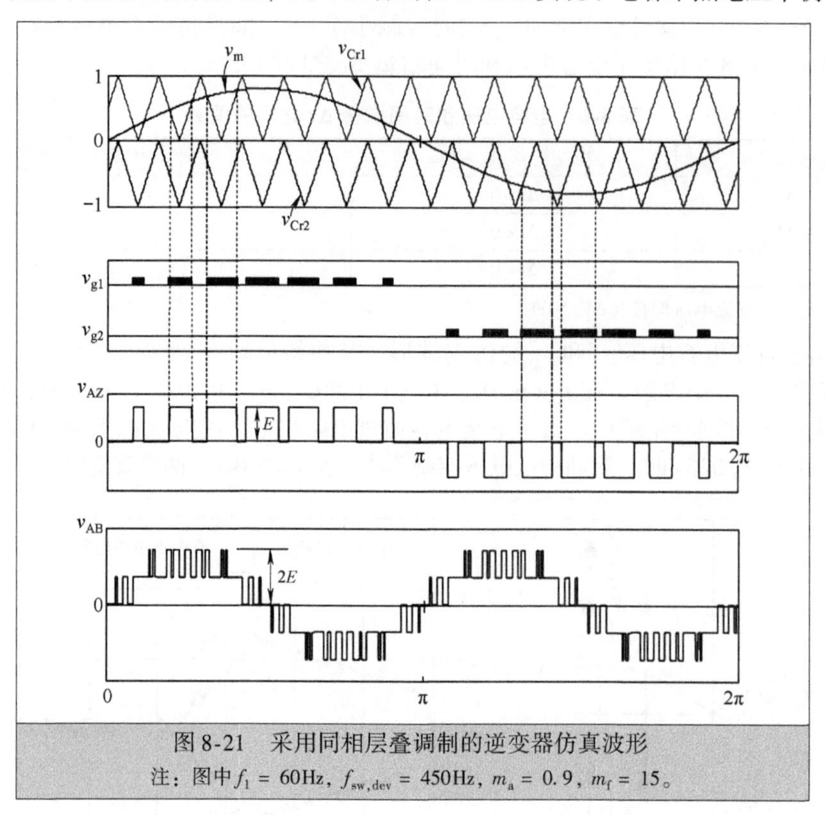

图8-21　采用同相层叠调制的逆变器仿真波形

注：图中 f_1 = 60Hz，$f_{sw,dev}$ = 450Hz，m_a = 0.9，m_f = 15。

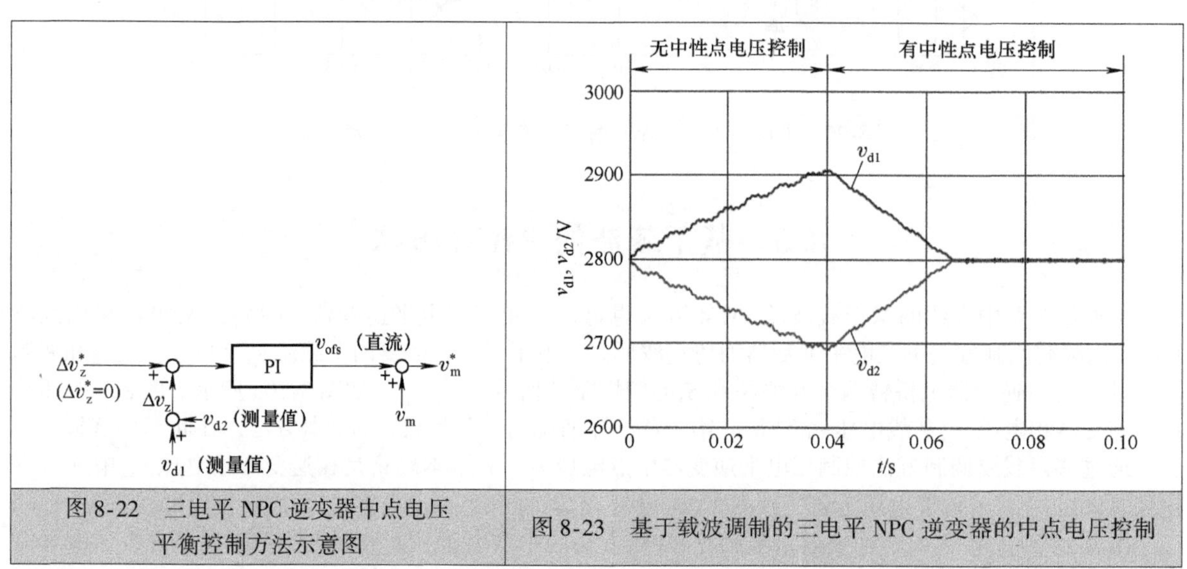

图8-22　三电平NPC逆变器中点电压平衡控制方法示意图

图8-23　基于载波调制的三电平NPC逆变器的中点电压控制

8.6　其他空间矢量调制算法

除了前面几节中给出的SVM方案，文献［11～14］中给出了其他几种可用于三电平NPC逆变器的SVM算法。这里对其中两种进行简要介绍。

8.6.1 非连续空间矢量调制 ★★★

在第6章中介绍的两电平逆变器非连续（5段）SVM方案的原理，也适用于三电平NPC逆变器。适当安排5段开关顺序，可使得逆变器3个桥臂之一的开关器件，在基波频率正半周的π/3段内没有开关动作。同样，在基波频率的负半周π/3段内也将有一个桥臂无开关动作。如果这两个π/3段以负载电流的正或负峰值为中心，则可以减少开关损耗。读者可以进一步参考文献［11］和文献［12］。

8.6.2 基于两电平算法的SVM ★★★

图8-24给出了三电平NPC逆变器的电压空间矢量图，图中有一个包含所有24个三角形区域的外六边形和一个包含6个三角形区域的内六边形。以内六边形的顶点为中心，空间矢量图可以分解为6个小六边形，每个小六边形各由6个三角形区域组成[13]，如图8-24中阴影部分所示。

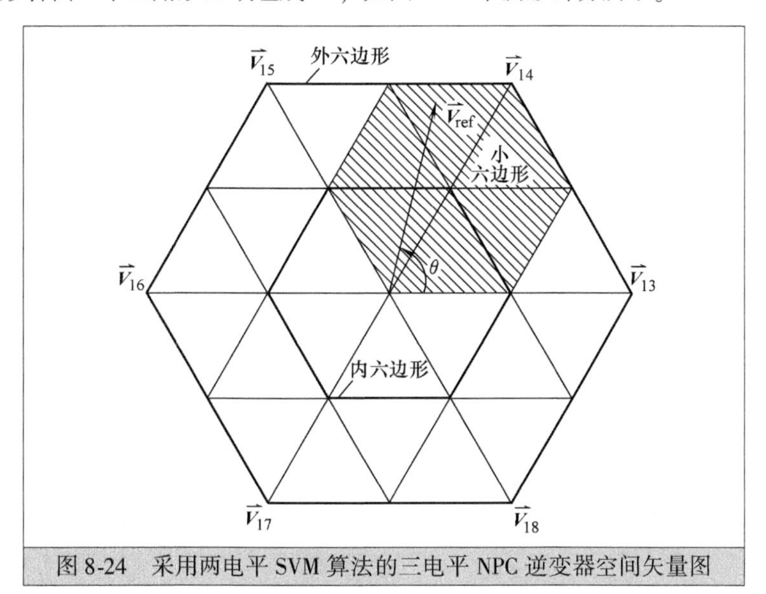

图8-24 采用两电平SVM算法的三电平NPC逆变器空间矢量图

给定矢量$\vec{V}_{ref}$在三电平NPC逆变器空间矢量图中的位置，从而可以决定从6个小六边形中选择哪一个。选中的小六边形则可平移至内六边形的中心，以便于计算作用时间和设计开关顺序。相应的，$\vec{V}_{ref}$也要转换到新坐标系。这种方法简化了三电平NPC逆变器的SVM算法，并且可以采用与两电平逆变器相同的方式完成。

8.7 多电平二极管箝位式逆变器

为增加逆变器的电压容量并改善输出波形的质量，可以引入多电平二极管箝位式逆变器。这一节将主要介绍四、五电平二极管箝位式逆变器㊀。

8.7.1 四、五电平二极管箝位式逆变器 ★★★

图8-25a给出了四电平二极管箝位式逆变器中一相的简化拓扑结构图。逆变器每相桥臂由6个有源开关和相应的箝位二极管组成，三相共享直流电容C_d。下面的分析中，假设每个电容上的电压为E，且E的大小等于总直流电压V_d的1/3，即$V_d=3E$。

表8-7对四电平逆变器的开关状态和逆变器端电压v_{AN}进行了总结。其中，“1”表示有源开关导

㊀ 本章分别简称为四、五电平逆变器。——译者注

通，“0”表示开关关断。当A桥臂上端3个开关导通（$S_1=S_2=S_3$ 为1）时，v_{AN}为 $3E$；而当A相桥臂下端3个开关导通时，v_{AN}为零。当逆变器输出端A通过导通的中间3个开关和相应的箝位二极管连接到电容电路的X或Y点时，v_{AN}分别为 $2E$ 或 E。很明显，v_{AN}的波形由 $3E$、$2E$、E 和0共4个电平组成。从表中还可以发现：①四电平逆变器中任意时刻有3个开关导通；②开关对（S_1，S_1'）、（S_2，S_2'）和（S_3，S_3'）以互补的方式工作。

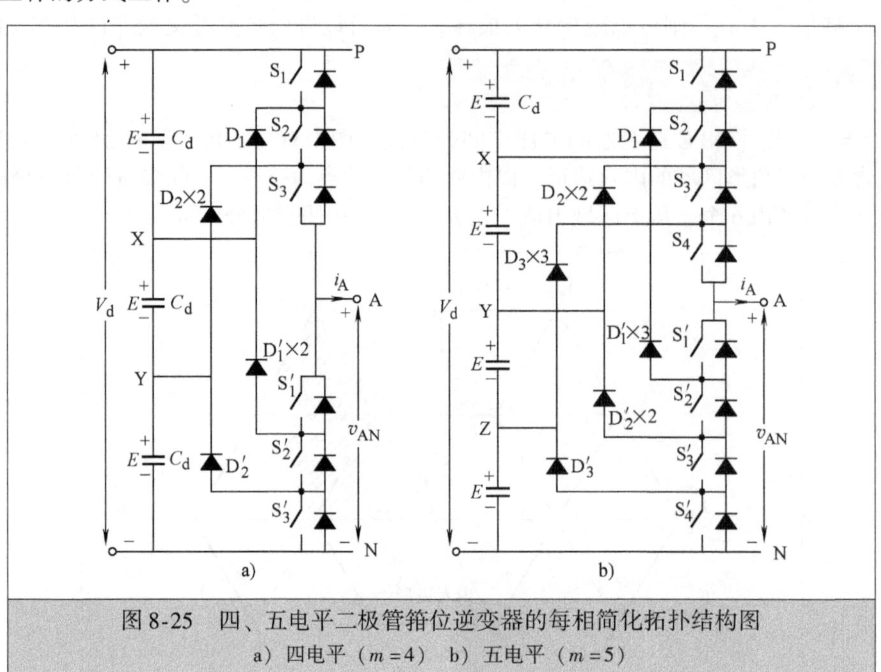

图 8-25　四、五电平二极管箝位逆变器的每相简化拓扑结构图

a）四电平（$m=4$）　b）五电平（$m=5$）

表 8-7　开关状态和逆变器端电压v_{AN}

开关状态						v_{AN}
四电平逆变器						
S_1	S_2	S_3	S_1'	S_2'	S_3'	
1	1	1	0	0	0	$3E$
0	1	1	1	0	0	$2E$
0	0	1	1	1	0	E
0	0	0	1	1	1	0

五电平逆变器								v_{AN}
S_1	S_2	S_3	S_4	S_1'	S_2'	S_3'	S_4'	
1	1	1	1	0	0	0	0	$4E$
0	1	1	1	1	0	0	0	$3E$
0	0	1	1	1	1	0	0	$2E$
0	0	0	1	1	1	1	0	E
0	0	0	0	1	1	1	1	0

需要指出的是，箝位二极管可能承受不同的反向电压。例如，当逆变器运行在 $S_1=S_2=S_3$ 为1的条件下时，图8-25a中箝位二极管 D_1 和 D_2 的阳极连接到正直流母线，D_1 和 D_2 承受的电压分别为 E 和 $2E$。在实际系统中，通常把箝位二极管的电压容量设计为和有源开关相同，这样 D_2 就需要用两个二极管串联实现（图中用 $D_2\times2$ 表示）。

图8-25b所示为五电平二极管箝位逆变器的一相电路拓扑结构图。开关状态和 v_{AN}的关系在表8-7中给出。根据开关状态的不同组合，v_{AN}的波形包含了 $4E$、$3E$、$2E$、E 和0等5个电平。

表8-8列出了多电平二极管箝位式逆变器所用器件的数量。如果所有的有源开关和箝位二极管具

有相同的电压等级，则逆变器额定输出电压正比于有源开关的数量。这意味着，如果开关数量加倍，则逆变器最大输出电压和输出功率也将增加到两倍。然而随着电压等级的上升，箝位二极管的数量急剧增加。例如，三电平 NPC 逆变器只需要 6 个箝位二极管，五电平逆变器就需要 36 个。实际上，这也是四电平或五电平逆变器很少用于工业中的一个主要原因。

表 8-8　二极管箝位式多电平逆变器的器件数量

电平数目	有源开关	箝位二极管①	直流电容
m	$6(m-1)$	$3(m-1)(m-2)$	$(m-1)$
3	12	6	2
4	18	18	3
5	24	36	4
6	30	60	5

① 所有二极管和有源开关具有相同的电压等级。

8.7.2　基于载波的 PWM ★★★

第 7 章给出的用于串联 H 桥多电平逆变器的载波调制方案，也可用于二极管箝位式逆变器。图 8-26 给出了采用同相层叠（In-Phase Disposition，IPD）载波调制方式的四电平逆变器的仿真波形。四电平逆变器需要 3 个载波信号 v_{cr1}、v_{cr2} 和 v_{cr3}，它们的相位相同并上下排列分布。幅值调制因数 m_a 为 0.9，频率调制因数 m_f 为 15。

将载波和 A 相调制波 v_{mA} 相比较，产生了上端 3 个开关 S_1、S_2 和 S_3 各自的门（栅）极信号 v_{g1}、v_{g2} 和 v_{g3}，如图 8-26 所示。下端 3 个器件 S_1'、S_2' 和 S_3' 的门（栅）极信号与 v_{g1}、v_{g2} 和 v_{g3} 互补，这里没有给出。

逆变器运行在 $f_1=60\text{Hz}$ 和 $f_{sw,dev}=300\text{Hz}$ 的工况下，为 PF 为 0.9 的三相感性负载供电。逆变器端电压 v_{AN} 有 4 个电平，而线电压 v_{AB} 则有 7 个电平。其负载电流 i_A 接近正弦波，且 THD 只有 2.53%。v_{AB} 包含 5 次和 7 次等低次谐波，但幅值相对都很小。

图 8-27 所示为 v_{AB} 的谐波成分。尽管采用 IPD 载波调制方法的四电平逆变器产生低次谐波，但其总谐波性能还是很好的。在 $m_a=1$ 时，其基波线电压的有效值为 $V_{AB1}=0.612V_d$。采用第 6 章提出的三次谐波注入技术，可以将这个有效值提高 15.5%，达到 $0.707V_d$。值得指出的是，在 $0\leqslant m_a<0.33$、$0.33\leqslant m_a<0.74$ 和 $0.74\leqslant m_a\leqslant1.0$ 时，v_{AB} 分别由 3 个、5 个和 7 个电平组成。

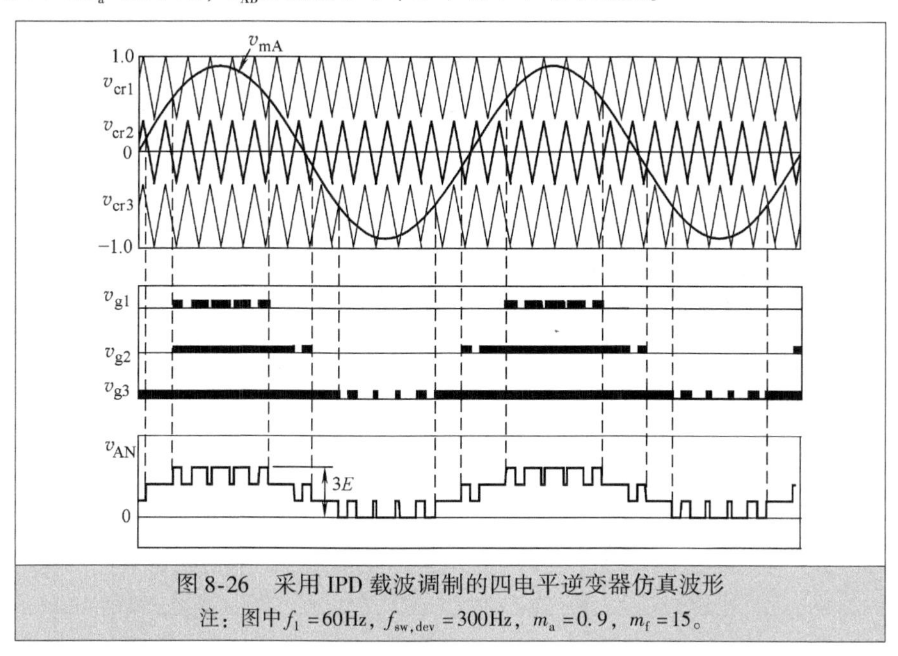

图 8-26　采用 IPD 载波调制的四电平逆变器仿真波形

注：图中 $f_1=60\text{Hz}$，$f_{sw,dev}=300\text{Hz}$，$m_a=0.9$，$m_f=15$。

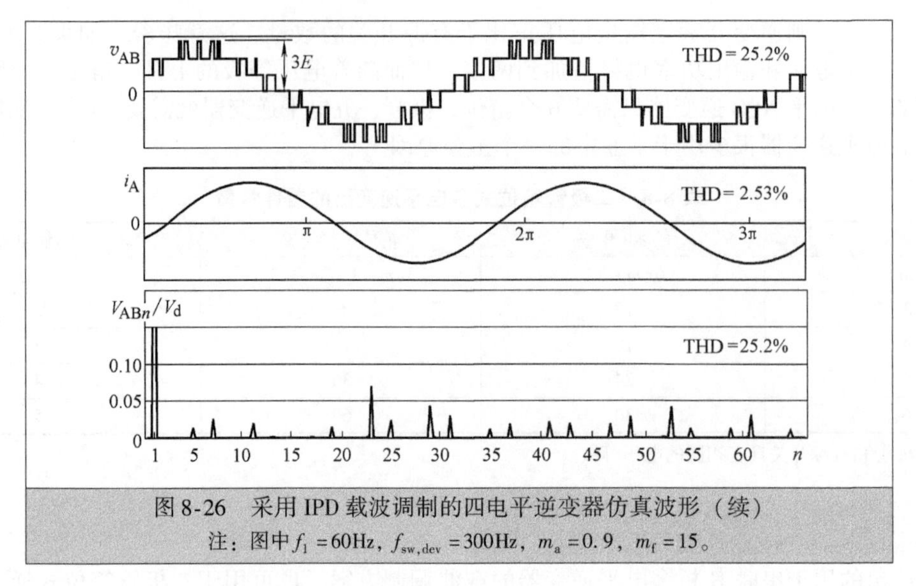

图 8-26　采用 IPD 载波调制的四电平逆变器仿真波形（续）

注：图中f_1 =60Hz，$f_{sw,dev}$ =300Hz，m_a =0.9，m_f =15。

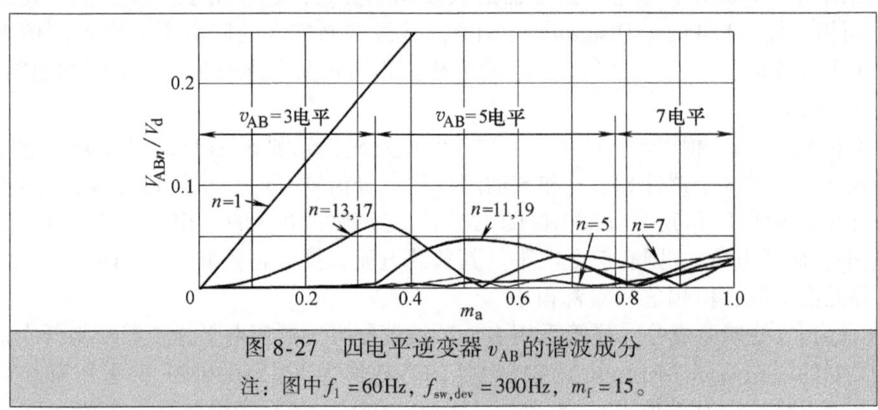

图 8-27　四电平逆变器 v_{AB}的谐波成分

注：图中f_1 =60Hz，$f_{sw,dev}$ =300Hz，m_f =15。

图 8-28 给出了采用相邻反相层叠（Alternative Phase Opposite Disposition，APOD）调制方式的四电平逆变器输出波形，其所有载波是交替反相的。当逆变器运行在与前一个例子相同的条件下时，v_{AB}和i_A的 THD 分别为 37.3% 和 4.85%，远高于采用 IPD 调制的结果。v_{AB}的波形包括两对主谐波：（11 次，13 次）和（17 次，19 次），其幅值都比较高，但波形中消除了 5 次和 7 次谐波，如图 8-28 和图 8-29 所示。

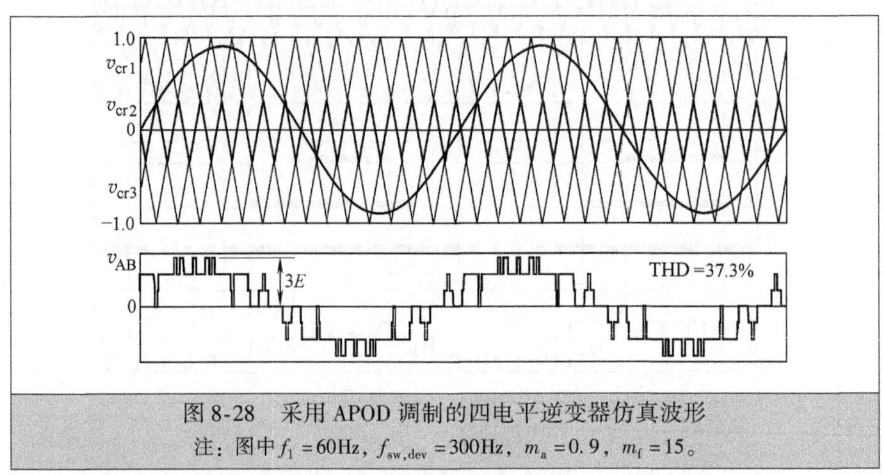

图 8-28　采用 APOD 调制的四电平逆变器仿真波形

注：图中f_1 =60Hz，$f_{sw,dev}$ =300Hz，m_a =0.9，m_f =15。

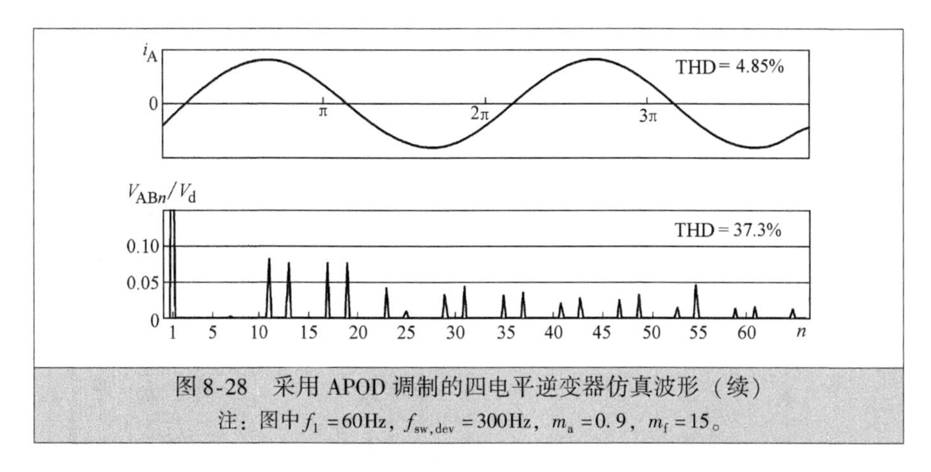

图 8-28　采用 APOD 调制的四电平逆变器仿真波形（续）

注：图中 $f_1=60\text{Hz}$，$f_{sw,dev}=300\text{Hz}$，$m_a=0.9$，$m_f=15$。

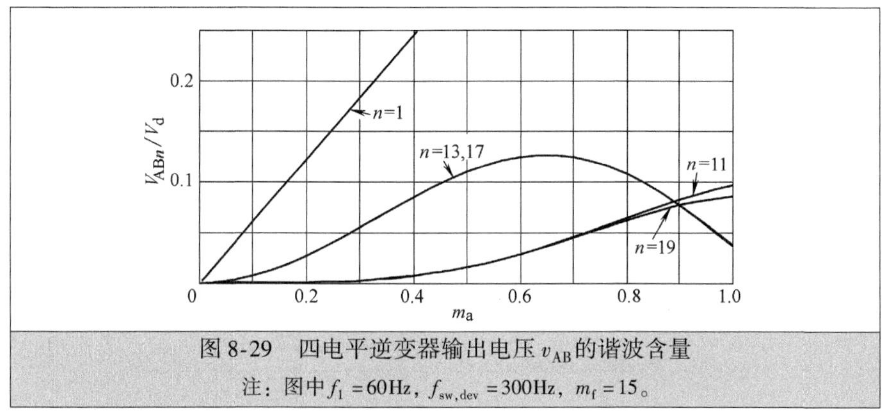

图 8-29　四电平逆变器输出电压 v_{AB} 的谐波含量

注：图中 $f_1=60\text{Hz}$，$f_{sw,dev}=300\text{Hz}$，$m_f=15$。

相比于 APOD 载波调制方法，IPD 载波调制方法具有较好的谐波性能，这一点与第 7 章的结论一致。须注意，移相载波调制方式并不适用于二极管箝位式多电平逆变器。

8.8　NPC/H 桥逆变器

NPC/H 桥逆变器由三电平 NPC 逆变器发展而来，具有一定独特性，已在中压传动工业中得到一定应用[16, 17]。

8.8.1　逆变器拓扑结构 ★★★

三电平 NPC 逆变器可以通过采用 24 个全控功率开关器件构成，它采用两两串联的方式实现输出电压的提高，使得功率增大一倍。图 8-30 中的 NPC/H 桥逆变器也可以采用 24 个全控功率开关器件来实现同样电压和功率等级的电路，该逆变器每一相由两个 NPC 桥组成 H 桥的形式。

与传统三电平 NPC 逆变器相比，NPC/H 桥逆变器有诸多优势。逆变器相电压 v_{AN}、v_{BN}、v_{CN} 为五电平，而不是 NPC 逆变器的三电平，因此 dv/dt 和 THD 更小。逆变器无需功率开关器件的串联，不存在动态和静态均压问题。然而，逆变器需要 3 个隔离直流电源，增加了系统的复杂度和成本。

8.8.2　调制方法 ★★★

图 8-31 给出了五电平 NPC/H 桥逆变器所采用的改进型 IPD 载波调制方法，其中仅以逆变器 A 相波形作为示例。两个调制波 v_{m1} 和 v_{m2} 具有相同的频率和幅值，而相位差 180°。与第 7 章中 IPD 载波调制方法类似，三角载波 v_{cr1} 和 v_{cr2} 同相但上下层叠放置。频率调制比定义为 $m_f=f_{cr}/f_m$，其中 f_m 和 f_{cr} 分别为调制波和载波的频率；幅值调制比定义为 $m_a=\hat{V}_m/\hat{V}_{cr}$，其中 $\hat{V}_m$ 和 $\hat{V}_{cr}$ 分别为调制波和载波的峰值。

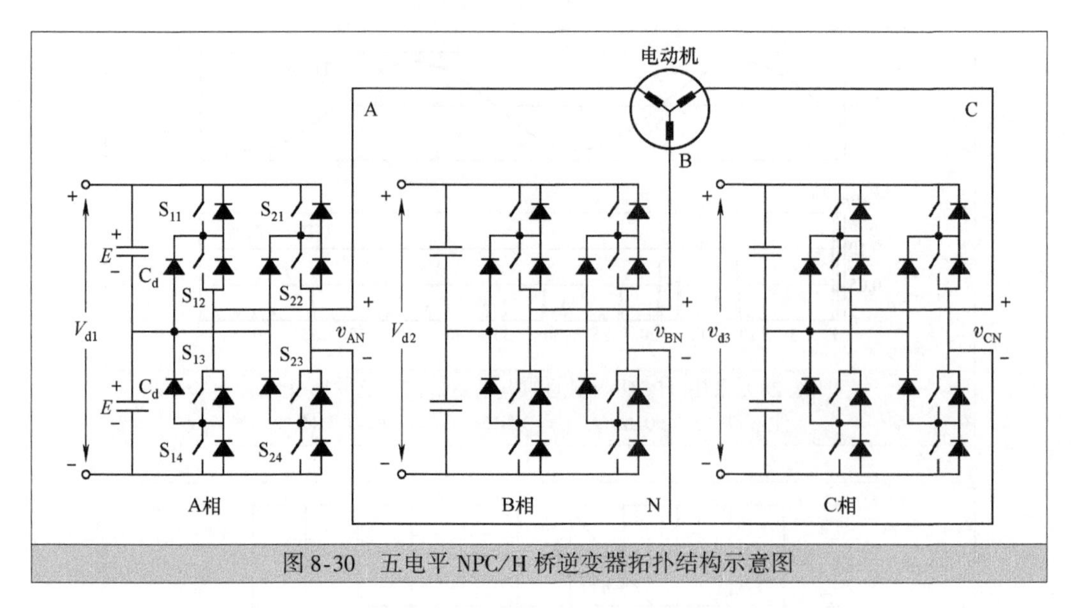

图 8-30　五电平 NPC/H 桥逆变器拓扑结构示意图

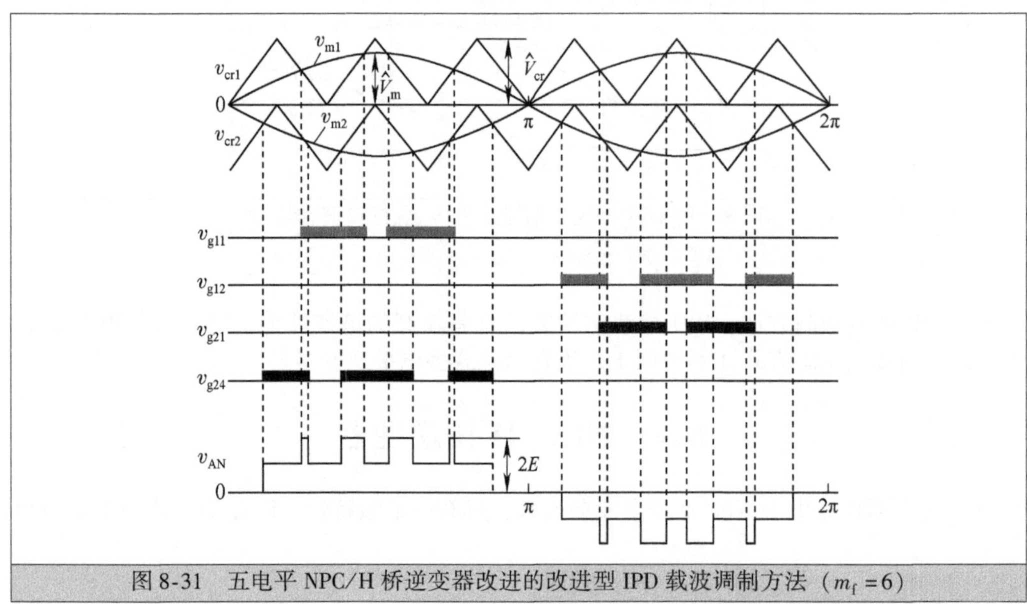

图 8-31　五电平 NPC/H 桥逆变器改进的改进型 IPD 载波调制方法（$m_f=6$）

逆变器 A 相的八个开关由 4 组互补的开关组成：（S_{11}，S_{13}）、（S_{12}，S_{14}）、（S_{21}，S_{23}）以及（S_{22}，S_{24}）。因此，此调制方案只需为逆变器顶端和底端四个功率开关器件产生 4 个独立的驱动信号。调制波 v_{m1}用于为 S_{11} 和 S_{14}产生驱动信号 v_{g11} 和 v_{g14}，其中 v_{g11} 在 v_{m1} 的正半周期内产生，而 v_{g14} 在 v_{m1} 的负半周期内产生。类似的，可以得到 S_{21} 和 S_{24} 的驱动信号。逆变器相电压 v_{AN} 的波形由 5 个电平构成。

在三电平 NPC 逆变器 IPD 调制方法中，一个工频周期内功率开关器件的导通角不等，五电平 NPC/H 桥逆变器的驱动信号序列能够确保所有功率开关器件的导通角均相同（$m_f>6$），这样便于逆变器的散热设计和器件选型。第 7 章讨论的移相载波调制不适用于 NPC/H 桥逆变器。

此逆变器中有三个中性点，其电位通常需要严格控制以避免中性点电压偏移。但是，对于采用多脉冲二极管整流器作为前级的驱动系统，通过设计可以使整流器中点直接与逆变器中性点相连接。这样，逆变器的中性点电压将由前端整流器决定，不会随着逆变器工况的变化而变化㊀。

㊀ 再生制动工况比较特殊，此处暂未考虑。——译者注

8.8.3 波形及谐波含量 ★★★

图8-32给出了NPC/H桥逆变器的相电压 v_{AN} 及其谐波含量的仿真波形。仿真参数为 $f_m=60Hz$、$m_f=18$、$m_a=0.9$。开关频率可以由 $f_{sw,dev}=f_m\times m_f/2=540Hz$ 计算得出。v_{AN} 的波形由5个电平组成，其谐波主要出现在 $2m_f$ 及其倍频，例如 $4m_f$ 等处。相电压 v_{AN} 不包含任何低于27次的谐波，但具有如 $(2m_f\pm3)$ 和 $(4m_f\pm3)$ 的3倍频谐波。

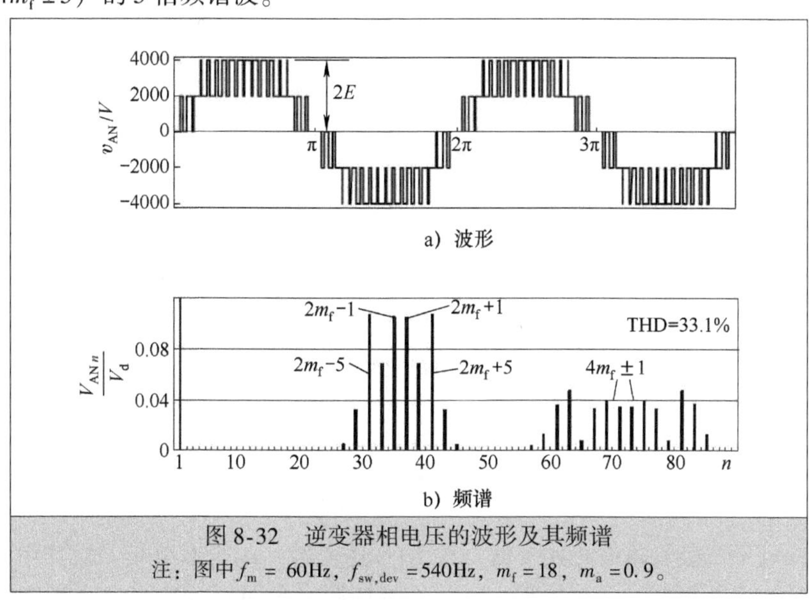

图8-32　逆变器相电压的波形及其频谱

注：图中 $f_m=60Hz$，$f_{sw,dev}=540Hz$，$m_f=18$，$m_a=0.9$。

逆变器输出的线电压 v_{AB} 的仿真波形如图8-33所示，其由9个电平组成。由于三相系统平衡，所以 v_{AN} 中的3倍频谐波不会出现在 v_{AB} 中，从而使THD由33.1%下降到28.4%。

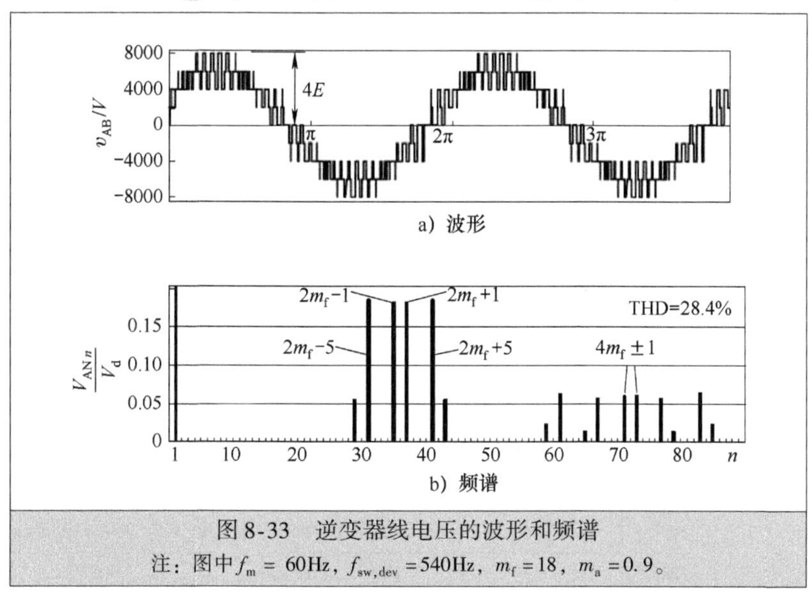

图8-33　逆变器线电压的波形和频谱

注：图中 $f_m=60Hz$，$f_{sw,dev}=540Hz$，$m_f=18$，$m_a=0.9$。

逆变器输出电压的主要谐波频率为逆变器等效开关频率 $f_{sw,inv}$。由于 v_{AN} 和 v_{AB} 中的主要谐波分布在 $2m_f$ 附近，所以逆变器开关频率可以通过 $f_{sw,inv}=f_m\times2m_f=4f_{sw,dev}$ 计算得到，且为功率器件开关频率的4倍。图8-34所示为 v_{AB} 谐波含量与调制因数 m_a 的关系。由于高次谐波分量很容易被滤波器或负载电感衰减或消除，因此图中仅绘制了集中在 $2m_f$ 周围的主要谐波。这里对 n 次谐波电压 V_{ABn}（有效值）以直

流电压 V_d为基值进行标幺化处理。$m_a=1$ 时，最大基频电压为 $V_{AB1,max}=1.224V_d$，是三电平 NPC 逆变器相应值的两倍。

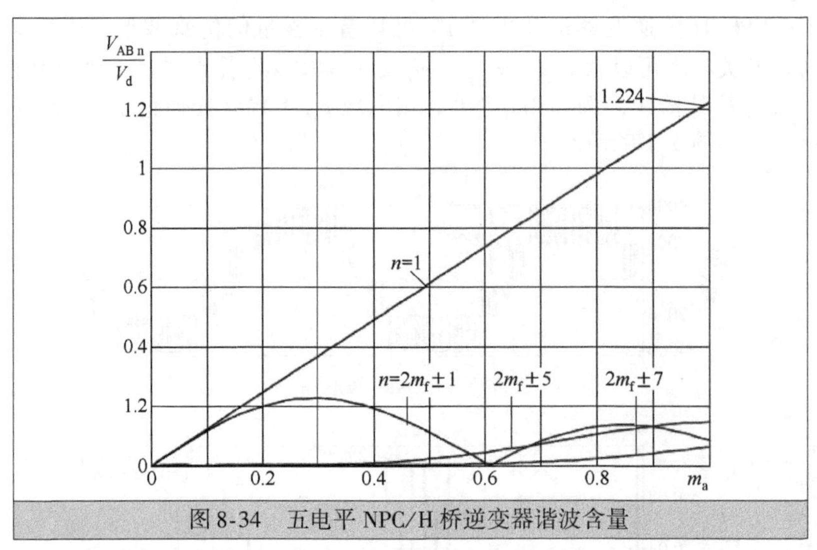

图 8-34　五电平 NPC/H 桥逆变器谐波含量

8.9　小　　结

本章给出了三电平二极管箝位式逆变器（即 NPC 逆变器）的全面分析，对其中的许多问题进行了考察研究，包括逆变器结构、运行原理、空间矢量调制（SVM）和中点电压控制等。本章重点分析了 SVM 方法，对传统 SVM 算法和用于消除偶次谐波的改进型 SVM 进行了深入细致的探讨。最后，评估了逆变器输出电压的谐波性能及其 THD，并通过仿真和实验对一些重要概念进行了阐述。

除了三电平 NPC 逆变器，本章还介绍了四电平和五电平二极管箝位式逆变器。由于其过多的器件数量以及直流电容电压平衡控制的难度，这两种逆变器在实际系统中应用很少。

附录 8A　采用偶次谐波消除方法的三电平 NPC 逆变器 7 段式开关顺序

扇区 I											
1a		1b		2a		2b		3		4	
$\vec{V}_{1P}$	[POO]	$\vec{V}_{2N}$	[OON]	$\vec{V}_{1P}$	[POO]	$\vec{V}_{2N}$	[OON]	$\vec{V}_{1P}$	[POO]	$\vec{V}_{2N}$	[OON]
$\vec{V}_0$	[OOO]	$\vec{V}_0$	[OOO]	$\vec{V}_7$	[PON]	$\vec{V}_7$	[PON]	$\vec{V}_7$	[PON]	$\vec{V}_7$	[PON]
$\vec{V}_{2N}$	[OON]	$\vec{V}_{1P}$	[POO]	$\vec{V}_{2N}$	[OON]	$\vec{V}_{1P}$	[POO]	$\vec{V}_{13}$	[PNN]	$\vec{V}_{14}$	[PPN]
$\vec{V}_{1N}$	[ONN]	$\vec{V}_{2P}$	[PPO]	$\vec{V}_{1N}$	[ONN]	$\vec{V}_{2P}$	[PPO]	$\vec{V}_{1N}$	[ONN]	$\vec{V}_{2P}$	[PPO]
$\vec{V}_{2N}$	[OON]	$\vec{V}_{1P}$	[POO]	$\vec{V}_{2N}$	[OON]	$\vec{V}_{1P}$	[POO]	$\vec{V}_{13}$	[PNN]	$\vec{V}_{14}$	[PPN]
$\vec{V}_0$	[OOO]	$\vec{V}_0$	[OOO]	$\vec{V}_7$	[PON]	$\vec{V}_7$	[PON]	$\vec{V}_7$	[PON]	$\vec{V}_7$	[PON]
$\vec{V}_{1P}$	[POO]	$\vec{V}_{2N}$	[OON]	$\vec{V}_{1P}$	[POO]	$\vec{V}_{2N}$	[OON]	$\vec{V}_{1P}$	[POO]	$\vec{V}_{2N}$	[OON]
扇区 II											
1a		1b		2a		2b		3		4	
$\vec{V}_{2N}$	[OON]	$\vec{V}_{3P}$	[OPO]	$\vec{V}_{2N}$	[OON]	$\vec{V}_{3P}$	[OPO]	$\vec{V}_{2N}$	[OON]	$\vec{V}_{3P}$	[OPO]
$\vec{V}_0$	[OOO]	$\vec{V}_0$	[OOO]	$\vec{V}_8$	[OPN]	$\vec{V}_8$	[OPN]	$\vec{V}_8$	[OPN]	$\vec{V}_8$	[OPN]

（续）

扇区Ⅱ											
1a		1b		2a		2b		3		4	
$\vec{V}_{3P}$	[OPO]	$\vec{V}_{2N}$	[OON]	$\vec{V}_{3P}$	[OPO]	$\vec{V}_{2N}$	[OON]	$\vec{V}_{14}$	[PPN]	$\vec{V}_{15}$	[NPN]
$\vec{V}_{2P}$	[PPO]	$\vec{V}_{3N}$	[NON]	$\vec{V}_{2P}$	[PPO]	$\vec{V}_{3N}$	[NON]	$\vec{V}_{2P}$	[PPO]	$\vec{V}_{3N}$	[NON]
$\vec{V}_{3P}$	[OPO]	$\vec{V}_{2N}$	[OON]	$\vec{V}_{3P}$	[OPO]	$\vec{V}_{2N}$	[OON]	$\vec{V}_{14}$	[PPN]	$\vec{V}_{15}$	[NPN]
$\vec{V}_{0}$	[OOO]	$\vec{V}_{0}$	[OOO]	$\vec{V}_{8}$	[OPN]	$\vec{V}_{8}$	[OPN]	$\vec{V}_{8}$	[OPN]	$\vec{V}_{8}$	[OPN]
$\vec{V}_{2N}$	[OON]	$\vec{V}_{3P}$	[OPO]	$\vec{V}_{2N}$	[OON]	$\vec{V}_{3P}$	[OPO]	$\vec{V}_{2N}$	[OON]	$\vec{V}_{3P}$	[OPO]
扇区Ⅲ											
1a		1b		2a		2b		3		4	
$\vec{V}_{3P}$	[OPO]	$\vec{V}_{4N}$	[NOO]	$\vec{V}_{3P}$	[OPO]	$\vec{V}_{4N}$	[NOO]	$\vec{V}_{3P}$	[OPO]	$\vec{V}_{4N}$	[NOO]
$\vec{V}_{0}$	[OOO]	$\vec{V}_{0}$	[OOO]	$\vec{V}_{9}$	[NPO]	$\vec{V}_{9}$	[NPO]	$\vec{V}_{9}$	[NPO]	$\vec{V}_{9}$	[NPO]
$\vec{V}_{4N}$	[NOO]	$\vec{V}_{3P}$	[OPO]	$\vec{V}_{4N}$	[NOO]	$\vec{V}_{3P}$	[OPO]	$\vec{V}_{15}$	[NPN]	$\vec{V}_{16}$	[NPP]
$\vec{V}_{3N}$	[NON]	$\vec{V}_{4P}$	[OPP]	$\vec{V}_{3N}$	[NON]	$\vec{V}_{4P}$	[OPP]	$\vec{V}_{3N}$	[NON]	$\vec{V}_{4P}$	[OPP]
$\vec{V}_{4N}$	[NOO]	$\vec{V}_{3P}$	[OPO]	$\vec{V}_{4N}$	[NOO]	$\vec{V}_{3P}$	[OPO]	$\vec{V}_{15}$	[NPN]	$\vec{V}_{16}$	[NPP]
$\vec{V}_{0}$	[OOO]	$\vec{V}_{0}$	[OOO]	$\vec{V}_{9}$	[NPO]	$\vec{V}_{9}$	[NPO]	$\vec{V}_{9}$	[NPO]	$\vec{V}_{9}$	[NPO]
$\vec{V}_{3P}$	[OPO]	$\vec{V}_{4N}$	[NOO]	$\vec{V}_{3P}$	[OPO]	$\vec{V}_{4N}$	[NOO]	$\vec{V}_{3P}$	[OPO]	$\vec{V}_{4N}$	[NOO]
扇区Ⅳ											
1a		1b		2a		2b		3		4	
$\vec{V}_{4N}$	[NOO]	$\vec{V}_{5P}$	[OOP]	$\vec{V}_{4N}$	[NOO]	$\vec{V}_{5P}$	[OOP]	$\vec{V}_{4N}$	[NOO]	$\vec{V}_{5P}$	[OOP]
$\vec{V}_{0}$	[OOO]	$\vec{V}_{0}$	[OOO]	$\vec{V}_{10}$	[NOP]	$\vec{V}_{10}$	[NOP]	$\vec{V}_{10}$	[NOP]	$\vec{V}_{10}$	[NOP]
$\vec{V}_{5P}$	[OOP]	$\vec{V}_{4N}$	[NOO]	$\vec{V}_{5P}$	[OOP]	$\vec{V}_{4N}$	[NOO]	$\vec{V}_{16}$	[NPP]	$\vec{V}_{17}$	[NNP]
$\vec{V}_{4P}$	[OPP]	$\vec{V}_{5N}$	[NNO]	$\vec{V}_{4P}$	[OPP]	$\vec{V}_{5N}$	[NNO]	$\vec{V}_{4P}$	[OPP]	$\vec{V}_{5N}$	[NNO]
$\vec{V}_{5P}$	[OOP]	$\vec{V}_{4N}$	[NOO]	$\vec{V}_{5P}$	[OOP]	$\vec{V}_{4N}$	[NOO]	$\vec{V}_{16}$	[NPP]	$\vec{V}_{17}$	[NNP]
$\vec{V}_{0}$	[OOO]	$\vec{V}_{0}$	[OOO]	$\vec{V}_{10}$	[NOP]	$\vec{V}_{10}$	[NOP]	$\vec{V}_{10}$	[NOP]	$\vec{V}_{10}$	[NOP]
$\vec{V}_{4N}$	[NOO]	$\vec{V}_{5P}$	[OOP]	$\vec{V}_{4N}$	[NOO]	$\vec{V}_{5P}$	[OOP]	$\vec{V}_{4N}$	[NOO]	$\vec{V}_{5P}$	[OOP]
扇区Ⅴ											
1a		1b		2a		2b		3		4	
$\vec{V}_{5P}$	[OOP]	$\vec{V}_{6N}$	[ONO]	$\vec{V}_{5P}$	[OOP]	$\vec{V}_{6N}$	[ONO]	$\vec{V}_{5P}$	[OOP]	$\vec{V}_{6N}$	[ONO]
$\vec{V}_{0}$	[OOO]	$\vec{V}_{0}$	[OOO]	$\vec{V}_{11}$	[ONP]	$\vec{V}_{11}$	[ONP]	$\vec{V}_{11}$	[ONP]	$\vec{V}_{11}$	[ONP]
$\vec{V}_{6N}$	[ONO]	$\vec{V}_{5P}$	[OOP]	$\vec{V}_{6N}$	[ONO]	$\vec{V}_{5P}$	[OOP]	$\vec{V}_{17}$	[NNP]	$\vec{V}_{18}$	[PNP]
$\vec{V}_{5N}$	[NNO]	$\vec{V}_{6P}$	[POP]	$\vec{V}_{5N}$	[NNO]	$\vec{V}_{6P}$	[POP]	$\vec{V}_{5N}$	[NNO]	$\vec{V}_{6P}$	[POP]
$\vec{V}_{6N}$	[ONO]	$\vec{V}_{5P}$	[OOP]	$\vec{V}_{6N}$	[ONO]	$\vec{V}_{5P}$	[OOP]	$\vec{V}_{17}$	[NNP]	$\vec{V}_{18}$	[PNP]
$\vec{V}_{0}$	[OOO]	$\vec{V}_{0}$	[OOO]	$\vec{V}_{11}$	[ONP]	$\vec{V}_{11}$	[ONP]	$\vec{V}_{11}$	[ONP]	$\vec{V}_{11}$	[ONP]
$\vec{V}_{5P}$	[OOP]	$\vec{V}_{6N}$	[ONO]	$\vec{V}_{5P}$	[OOP]	$\vec{V}_{6N}$	[ONO]	$\vec{V}_{5P}$	[OOP]	$\vec{V}_{6N}$	[ONO]

（续）

扇区Ⅵ											
1a		1b		2a		2b		3		4	
$\vec{V}_{6N}$	[ONO]	$\vec{V}_{1P}$	[POO]	$\vec{V}_{6N}$	[ONO]	$\vec{V}_{1P}$	[POO]	$\vec{V}_{6N}$	[ONO]	$\vec{V}_{1P}$	[POO]
$\vec{V}_{0}$	[OOO]	$\vec{V}_{0}$	[OOO]	$\vec{V}_{12}$	[PNO]	$\vec{V}_{12}$	[PNO]	$\vec{V}_{12}$	[PNO]	$\vec{V}_{12}$	[PNO]
$\vec{V}_{1P}$	[POO]	$\vec{V}_{6N}$	[ONO]	$\vec{V}_{1P}$	[POO]	$\vec{V}_{6N}$	[ONO]	$\vec{V}_{18}$	[PNP]	$\vec{V}_{13}$	[PNN]
$\vec{V}_{6P}$	[POP]	$\vec{V}_{1N}$	[ONN]	$\vec{V}_{6P}$	[POP]	$\vec{V}_{1N}$	[ONN]	$\vec{V}_{6P}$	[POP]	$\vec{V}_{1N}$	[ONN]
$\vec{V}_{1P}$	[POO]	$\vec{V}_{6N}$	[ONO]	$\vec{V}_{1P}$	[POO]	$\vec{V}_{6N}$	[ONO]	$\vec{V}_{18}$	[PNP]	$\vec{V}_{13}$	[PNN]
$\vec{V}_{0}$	[OOO]	$\vec{V}_{0}$	[OOO]	$\vec{V}_{12}$	[PNO]	$\vec{V}_{12}$	[PNO]	$\vec{V}_{12}$	[PNO]	$\vec{V}_{12}$	[PNO]
$\vec{V}_{6N}$	[ONO]	$\vec{V}_{1P}$	[POO]	$\vec{V}_{6N}$	[ONO]	$\vec{V}_{1P}$	[POO]	$\vec{V}_{6N}$	[ONO]	$\vec{V}_{1P}$	[POO]

参考文献

[1] S. Schroder, P. Tenca, T. Geyer, et al., “Modular high-power shunt-interleaved drive system: a realization up to 35 MW for oil and gas applications,” IEEE Transactions on Industry Applications, vol. 46, no. 2, pp. 821-830, 2010.

[2] L. Xiaodong, N. C. Kar, J. Liu, “Load filter design method for medium-voltage drive applications in electrical submersible pump systems,” IEEE Transactions on Industry Applications, vol. 51, no. 3, pp. 2017-2029, 2015.

[3] K. Lee and G. Nojima, “Quantitative power quality and characteristic analysis of multilevel pulse width modulation methods for three level neutral point clamped medium voltage industrial drives,” IEEE Transactions on Industry Applications, vol. 48, no. 4, pp. 1364-1373, 2012.

[4] Y. H. Lee, B. S. Suh, and D. S. Hyu. “A novel PWM scheme for a three level voltage source inverter with GTO thyristors,” IEEE Transactions on Industry Applications, vol. 32, no. 2, pp. 260-268, 1996.

[5] R. Rojas, T. Ohnishi, and T. Suzuki, “An improved voltage vector control method for neutral-point-clamped inverters,” IEEE Transactions on Power Electronics, vol. 10, no. 6, pp. 666-672, 1995.

[6] Y. Shrivastava, C. K. Lee, S. Y. R. Hui, and H. S. H. Chung, “Comparison of RPWM and PWM Space Vector Switching Schemes for 3-Level Power Inverters,” IEEE Power Electronics Specialist Conference, pp. 138-145, 2001.

[7] D. Zhou, “A Self-Balancing Space Vector Switching Modulator for Three-Level Motor Drives,” IEEE Power Electronics Specialist Conference, pp. 1369-1374, 2001.

[8] D. W. Feng, B. Wu, S. Wei, and D. Xu, “Space Vector Modulation for Neutral Point Clamped Multilevel Inverter with Even Order Harmonic Elimination”, Canadian Conference on Electrical and Computer Engineering, pp. 1471-1475, 2004.

[9] Y. Jiao, F. C. Lee, and S. Lu, “Space vector modulation for 3-level NPC converter with neutral-point voltage balancing and switching loss reduction”, IEEE Transactionson Power Electronics, vol. 29, no. 10, pp. 5579-5591, 2014.

[10] W. Song, X. Feng, and K. Smedley, “A carrier-based PWM strategy with the offset voltage injection for single-phase three-level neutral-point-clamped converters,” IEEE Transactions on Power Electronics, vol. 28, no. 3, pp. 1083-1095, 2012.

[11] L. Helle, S. M. Nielsen, and P. Enjeti, “Generalized Discontinuous DC-Link Balancing Modulation Strategy for Three-Level Inverters,” IEEE Power Conversion Conference, pp. 359-366, 2002.

[12] H. Kim, D. Jung, and S. Sul, “A New Discontinuous PWM Strategy of Neutral Point Clamped Inverter,” IEEE Industry Application Society Conference, pp. 2017-2023, 2000.

[13] J. H. Seo, C. H. Choi, and D. S. Hyun, “A new simplified space vector PWM method for three-level inverters,” IEEE Transactions on Power Electronics, vol. 16, no. 4, pp. 545-555, 2001.

[14] C. K. Lee, S. Y. R. Hui, H. Chung, and Y. Shrivastave, “A randomized voltage vector switching scheme for thee level power inverters,” IEEE Transactions on Power Electronics, vol. 17, no. 1, pp. 94-100, 2002.

[15] A. Bendre, G. Venkataramanan, D. Rosenc, and V. Srinivasan, “Modeling and design of a neutral-point voltage regulator for a three level diode-clamped inverter using multiple carrier modulation,” IEEE Transactions on Industrial Electronics, vol. 53, no. 3, pp. 718-726, 2006.

[16] Toshiba International Corporation, “Medium Voltage Drives”, Product Brochure, 6 pages, March 2008.

[17] TMEIC industry, “TMdrive-XL85 Product Application Guide,” Product Brochure, 2011.

第 9 章 其他多电平电压源型逆变器

9.1 简　　介

前面章节中介绍了串联 H 桥（CHB）多电平逆变器，以及二极管箝位式（NPC）逆变器，两者都属于中压传动系统商业化应用成熟的多电平逆变器。随着电力电子和变频器技术的发展，人们研制了更多、更先进的多电平逆变器拓扑结构，并成功应用于中压传动系统。这些拓扑包括有源中点箝位（ANPC）逆变器、中点可控（NPP）逆变器、嵌套式中点箝位（NNPC）逆变器和模块化多电平（MMC）逆变器。

考虑到一些先进的逆变器拓扑来源于电容悬浮式（FC）多电平逆变器，本章首先对经典的 FC 逆变器进行了介绍，然后对先进逆变器的拓扑结构进行深入分析，包括 ANPC、NPP、NNPC 逆变器和 MMC 逆变器，接着介绍这些逆变器的工作原理，随后对它们的优缺点进行讨论。

9.2 FC 多电平逆变器

9.2.1 逆变器结构 ★★★

图 9-1 给出了电容悬浮式五电平（五电平 FC）逆变器的典型结构[1,2]。它是在两电平逆变器的基础上，通过在级联开关上增加直流电容而得到的。逆变器每相桥臂有 3 个额定电压分别为 $3E$、$2E$ 和 E 的悬浮电容，其中 E 为直流母线电压 V_d 的 1/4，即 $E = V_d/4$。逆变器每个桥臂上还有 4 对互补的功率开关器件。例如，A 相桥臂上的互补开关对为（S_1，S'_1）、（S_2，S'_2）、（S_3，S'_3）和（S_4，S'_4）。因此，要实现对逆变器的控制，每相桥臂的 8 个开关器件只需要 4 个相互独立的门（栅）极信号即可。

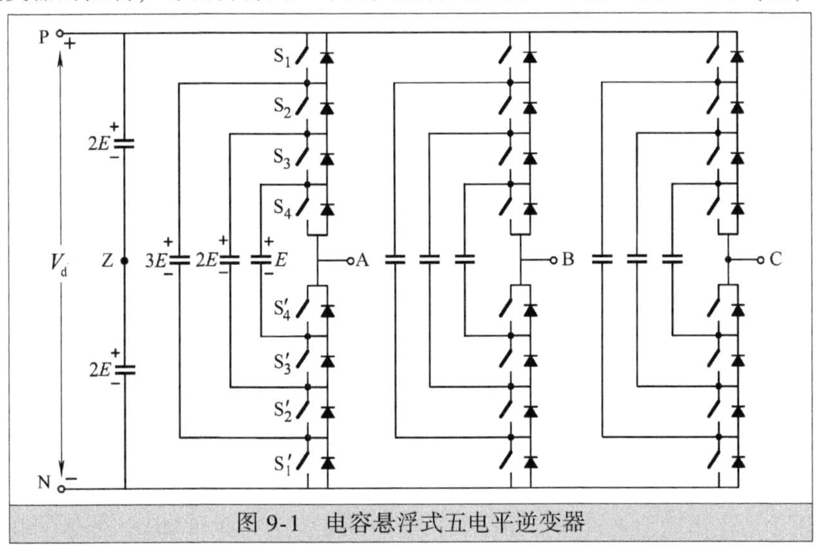

图 9-1　电容悬浮式五电平逆变器

图9-1所示的电容悬浮式逆变器可输出具有5个电平的相电压。当开关器件 S_1、S_2、S_3 和 S_4 导通时，逆变器输出端A相对于直流母线中点Z的相电压 $v_{AZ}=2E$。类似的，当 S_1、S_2 和 S_3 开通时，$v_{AZ}=E$。表9-1列出了所有的电平及对应的开关状态，其中一些电平可以由多于一种的开关状态实现。例如，电平0可以通过6组不同的开关状态实现。这种具有冗余开关状态的现象在多电平逆变器中比较普遍，为开关模式设计提供了很大的灵活性。

表9-1 五电平电容悬浮式逆变器的电平和开关状态

开关状态（A相）				逆变器相电压
S_1	S_2	S_3	S_4	v_{AZ}
1	1	1	1	$2E$
1	1	1	0	E
0	1	1	1	
1	0	1	1	
1	1	0	1	
1	1	0	0	0
0	0	1	1	
1	0	0	1	
0	1	1	0	
1	0	1	0	
0	1	0	1	
1	0	0	0	$-E$
0	1	0	0	
0	0	1	0	
0	0	0	1	
0	0	0	0	$-2E$

9.2.2 调制方法 ★★★

电容悬浮式多电平逆变器可采用第7章中给出的移相或移幅载波调制方法。图9-2给出了电容悬浮式五电平逆变器运行在基频60Hz下，采用移相载波调制方法（$m_a=0.8$，$m_f=12$，$f_{sw,dev}=720\text{Hz}$ 和 $f_{sw,inv}=2880\text{Hz}$）时，相电压 v_{AZ} 和线电压 v_{AB} 的仿真波形。其中，由于多电平输出电压使得逆变器等效开关频率 $f_{sw,inv}$ 为器件开关频率 $f_{sw,dev}$ 的4倍。逆变器等效开关频率还可以从逆变器线电压 v_{AB} 的谐波频谱中观察得到，其中主要开关谐波集中在48次周围，此谐波频率为 $60\text{Hz}\times48=2880\text{Hz}$。

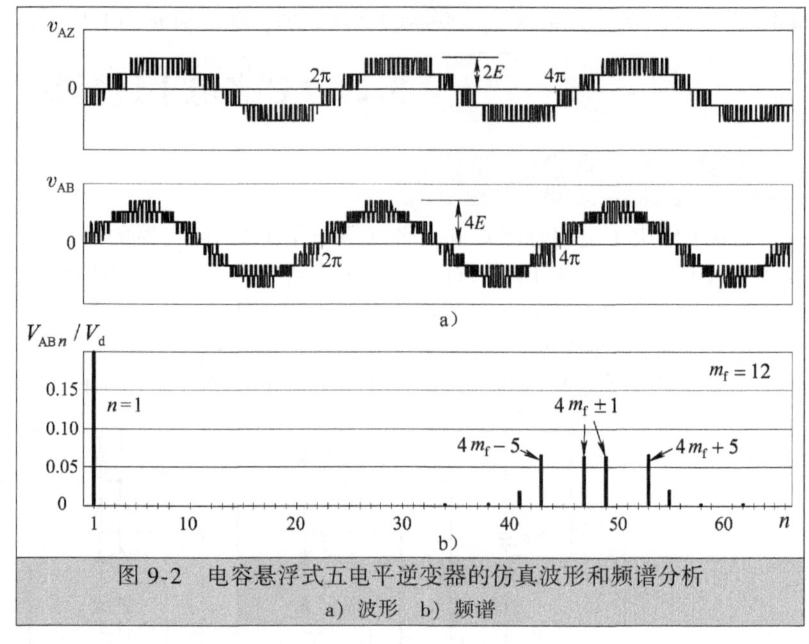

图9-2 电容悬浮式五电平逆变器的仿真波形和频谱分析
a）波形 b）频谱

电容悬浮式多电平逆变器有下列一些特征：

1）开关器件结构模块化。由于电容悬浮式逆变器的拓扑结构来源于两电平逆变器，因此具有和两电平逆变器相同的特征，如开关器件的模块化结构：每个开关模块包括一个门（栅）极驱动、短路保护、过电压保护、器件故障诊断和旁路电路等。由于开关模块可以大批量生产并用于不同电压等级的逆变器和传动系统，从而模块化结构有助于降低逆变器的生产成本。

2）逆变器输出电压的 dv/dt 和THD较小。多电平逆变器的输出电压波形为图9-2所示的多阶梯状，从而降低了输出电压的 dv/dt 和THD。

然而电容悬浮式多电平逆变器也有一些缺点，包括：

1）直流电容过多，且需要预充电电路。逆变器需要多组不同电压容量的直流电容，且都需要独立的预充电电路。

2）电容电压均压控制方法复杂。逆变器直流电容电压通常随着运行条件的变化而发生变化。为了避免直流电压偏移带来的问题，必须对直流电容上的电压进行严格控制，从而使得控制方法非常复杂。

由于存在上述不足，电容悬浮式多电平逆变器在中压传动系统中的实际应用比较有限。然而，这种逆变器拓扑可用于衍生出其他先进逆变器拓扑，例如NNPC逆变器和MMC变流器等。

9.3　ANPC 逆变器

9.3.1　逆变器结构 ★★★

第 8 章中所介绍的三电平中点箝位（NPC）逆变器已经广泛应用于中压传动系统。然而，这种广为流行的拓扑结构存在开关器件功率损耗不均的问题，从而导致半导体器件的结温分布不均。这种情况使得逆变器中开关器件的利用率不均衡。对于一个功率容量确定的逆变器，开关器件的结温较低说明其未得到充分利用[3-5]。

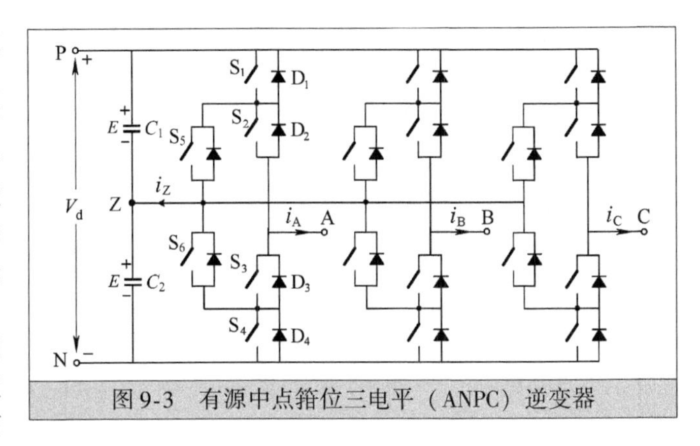

图 9-3　有源中点箝位三电平（ANPC）逆变器

为了解决三电平 NPC 逆变器的上述问题，有人提出了图 9-3 所示的有源中点箝位三电平（ANPC）逆变器[3]。这种逆变器拓扑来源于三电平 NPC 逆变器，其中箝位二极管被有源箝位开关所取代，如逆变器 A 桥臂上的 S_5 和 S_6。有源箝位开关可以控制逆变器每个桥臂上开关器件的功率损耗分布从而控制其结温。因此，ANPC 拓扑克服了 NPC 逆变器的缺点，从而使得 ANPC 在采用同样的开关器件时能够获得比 NPC 更高的输出功率。然而，有源箝位开关引入的同时也增加了整个逆变器系统的成本和复杂度。

9.3.2　开关状态 ★★★

三电平 ANPC 逆变器中开关器件的运行状况可以用表 9-2 中的开关状态来表示。开关状态［P］表示桥臂 A 上部的两个开关 S_1 和 S_2 开通，此时逆变器输出端 A 相对中点 Z 的逆变器相电压 v_{AZ} 为 $+E(E=V_d/2)$。由于在［P］状态下整个直流母线的电压施加在开关 S_3 和 S_4 上，所以需要开通开关 S_6 以便在前面两个开关上平均分配直流母线电压。开关状态［N］则表示下部两个开关 S_3 和 S_4 开通，此时 v_{AZ} 为 $-E$。相应的，在［N］状态下时 S_5 需要开通以便在 S_1 和 S_2 之间平均分配直流母线电压。

表 9-2　三电平 ANPC 逆变器的开关状态

开关状态		开关状态（A 相）						逆变器相电压
		S_1	S_2	S_3	S_4	S_5	S_6	v_{AZ}
［P］		1	1	0	0	0	1	E
［O］	［OU_1］	0	1	0	0	1	0	0
	［OU_2］	0	1	0	1	1	0	
	［OL_1］	0	0	1	0	0	1	
	［OL_2］	1	0	1	0	0	1	
［N］		0	0	1	1	1	0	$-E$

零状态［O］可能对应 4 种开关状态：［OU_1］、［OU_2］、［OL_1］和［OL_2］。对于开关状态［OU_1］，开关 S_2 和 S_5 被开通，逆变器 A 相输出电流 i_A 从如图 9-4a 所示的箝位电路的上部路径流过。当输出电流 $i_A>0$ 时，i_A 通过 D_5 和 S_2 从中点 Z 流向输出端 A。反之当 $i_A<0$ 时，电流通过 D_2 和 S_5 从 A 端流向中点 Z。无论哪种情况下，逆变器输出相电压 v_{AZ} 都为零。

对于开关状态［OU_2］，如图 9-4b 所示，除了 S_2 和 S_5 被开通外，S_4 也处于开通状态。此时，S_2 和 S_5 的运行状态和在［OU_1］下一致，并未受到 S_4 导通的影响。然而由于 S_4 导通时没有电流流过，所以其导通过程并不产生损耗。S_4的导通是为下一个开关状态做准备。如果下一个开关状态为［N］，则根据表 9-2 中定义S_4应该被开通。但实际上这个开关在［OU_2］状态下已经开通，从而消除了［OU_2］向［P］换相过程中S_4的开通损耗。另外，如果零状态之后的开关状态是［P］，在［P］状态下S_1和S_2将被导通，因此没有必要在状态［OU_2］下开通S_4。对于这种情况，可以用开关状态［OU_1］来代替［OU_2］。

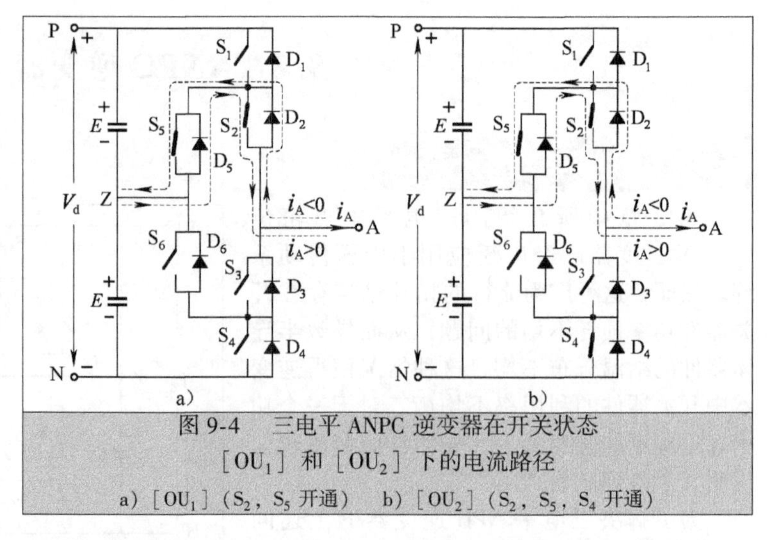

图 9-4　三电平 ANPC 逆变器在开关状态［OU_1］和［OU_2］下的电流路径

a）［OU_1］（S_2，S_5 开通）　b）［OU_2］（S_2，S_5，S_4 开通）

对于开关状态［OL_1］和［OL_2］，逆变器相电流 i_A从S_3和S_6组成的箝位电路的下部通路流过。［OL_1］和［OL_2］的运行状态与［OU_1］和［OU_2］的类似，这里不再重复。

9.3.3　开关功率损耗分配的原理 ★★★

对于传统的三电平 NPC 逆变器，如表 8-1 所示只有一个零状态［O］。在零状态［O］下中点 Z 和逆变器输出端之间的电流路径取决于逆变器输出电流的方向。如图 8-4 所示，当逆变器输出电流为正时，电流流过箝位电路的上部路径，反之则流过下部路径。因此，无法通过选择箝位电路的上部或下部路径来重新分配开关损耗。

而对于三电平 ANPC 逆变器，则有 4 种零开关状态可供选择。通过选择合适的零状态可使逆变器输出电流流过箝位电路的上部或下部路径，从而实现对开关器件开关和导通损耗的控制。下面的实例阐述了在从状态［P］换相到零状态［O］的过程中，如何将外部开关（例如S_1）的开关损耗转移到内部开关（例如S_2）的过程。

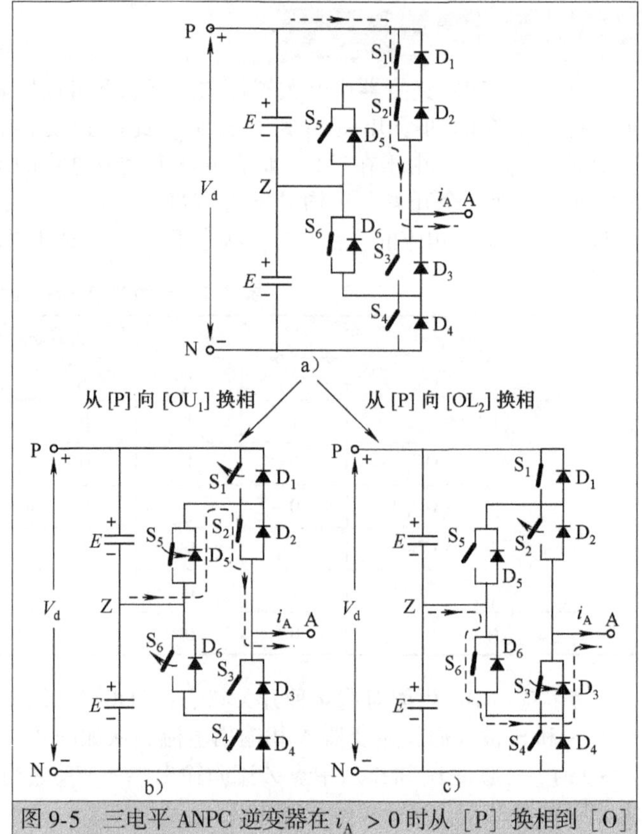

图 9-5　三电平 ANPC 逆变器在 i_A > 0 时从［P］换相到［O］

a）［P］（S_1，S_2，S_6 开通）　b）［OU_1］（S_2，S_5 开通）

c）［OL_2］（S_1，S_3，S_6 开通）

首先考虑如图 9-5 所示的在桥臂 A 上从［P］换相到［OU_1］的过程，且此时逆变器相电流 i_A为正。假设此时逆变器以 1.0 的最大调制因数运行且负载接近纯感性。在换相之前，S_1和S_2导通，如图 9-5a所示相电流 i_A从S_1和S_2中流过，S_6虽然也被开通但并不流过电流。S_6的开通是为了确保直流母线电压在S_3和S_4之间平均分配。在从［P］换相到［OU_1］状态的过程中，S_1和S_6被关断，同时S_5被开通。如图 9-5b 所示，逆变器输出电流 i_A从S_1换相到S_5（D_5）并从箝位电路的上部路径流过。由于 1.0 的高调制因数使得［P］状态延续的时间远长于［O］状态，从而使得S_1和S_2的导通损耗基本一致。除了导通损耗，S_1的关断损耗明显较高，但S_2在换相过程中

保持导通而不产生任何开关损坏。这样，S_1的功率损耗较大并承受比S_2更大的应力。

为了降低S_1上的功率损耗，可以如图9-5c所示选择从［P］换相到［OL_2］。在换相过程中，S_2被关断，S_3被开通，S_1和S_6则维持导通。逆变器输出电流i_A从S_3换相到S_2并流过箝位电路的下部路径。这样在换相过程中S_1维持导通而没有任何开关损耗，S_2则有较大的关断损耗。这样通过选择［OL_2］，将［P］状态换相到［OU_1］状态过程中S_1的开关损耗传递给了S_2，使得S_1和S_2的功率损耗分布更为均衡。

总之，三电平ANPC逆变器使用的有源箝位开关能够重新分配开关器件的功率损耗，从而使得开关器件的结温分布变得均衡。

9.3.4　调制方法和器件功耗分布 ★★★

虽然载波PWM和SVM方法都可以用于ANPC逆变器，但调制方法产生的门（栅）极驱动信号还需要进行修正，以重新分配逆变器中开关器件的功耗，从而实现开关器件结温的均衡分配。

图9-6所示为一种用于三电平ANPC逆变器的同相层叠（IPD）载波调制方法。逆变器需要两个相位相同并上下排列的载波v_{cr1}和v_{cr2}。正弦调制波v_m与两个三角形载波v_{cr1}和v_{cr2}相比较，并根据相交点给出开关S_1和S_2的门（栅）极驱动信号v_{g1}和v_{g2}。采用表9-2中定义的开关状态，可以得到PWM参考波形v_{pwm}，这个波形同时也是逆变器相电压v_{AZ}的期望波形。

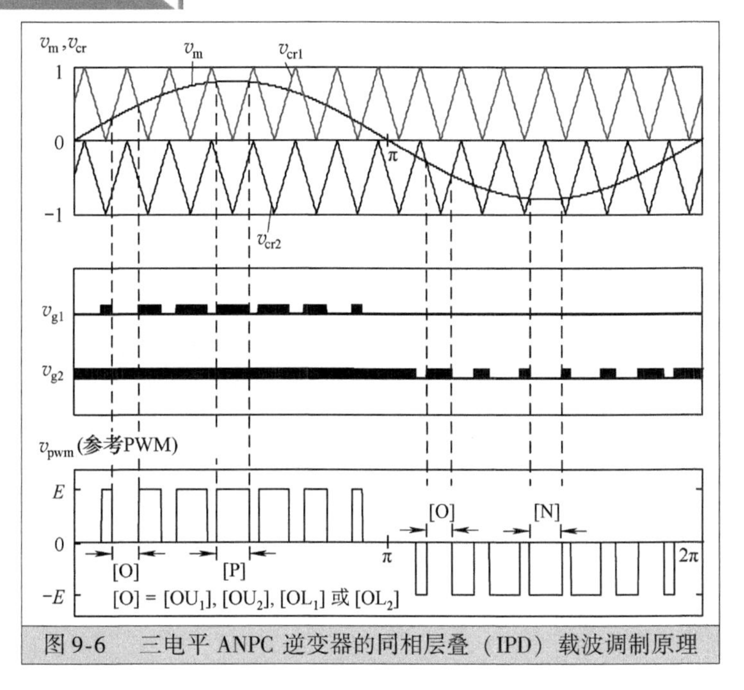

图9-6　三电平ANPC逆变器的同相层叠（IPD）载波调制原理

图9-6中的PWM参考波形v_{pwm}有3个开关状态：［N］、［P］和［O］。零状态的4个冗余状态：［OU_1］、［OU_2］、［OL_1］、［OL_2］，可以用来重新分配开关器件的功率损耗从而获得器件结温的均衡分布。因此，零状态［O］下的开关器件门极信号应该根据选择的冗余开关状态而重新安排，但［N］和［P］状态下的门极信号维持不变。

图9-7所示为开关功率损耗分布和结温控制的结构框图。主要思路是先估算逆变器中所有开关的功耗和结温，然后通过选择合适的换相顺序和零状态，将功耗从最热的开关向较冷的开关转移[3]。

为了实时计算开关器件的损耗，需要一个基于直流母线电压V_d和逆变器三相电流i_A、i_B和i_C测量值的精确开关损耗模型。通过计算得到的开关损耗和变流器的精确发热模型可以确定开关结温。在此基础上，从［OU_1］、［OU_2］、［OL_1］或［OL_2］中选择合适的零状态来重新分配相关开关的功耗，从而使得这些开关结温更加均衡。

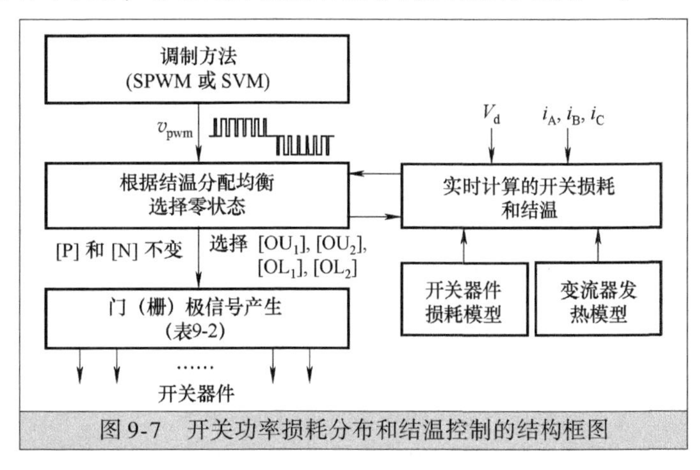

图9-7　开关功率损耗分布和结温控制的结构框图

假设使用同样的开关器件，开关器件之间的结温均衡分布将使得ANPC逆变器比传统的NPC逆变器具有更高的功率。

然而，这是以使用额外的箝位电路和更复杂的控制方案所带来的较高成本为代价实现的。

9.3.5 五电平 ANPC 逆变器 ★★★

除了上面讨论的三电平 ANPC 逆变器，一种五电平 ANPC 逆变器也被提出用于中压传动[6]。图 9-8 给出五电平 ANPC 逆变器的 A 相电路图，其结构为在三电平 ANPC 逆变器上增加了一个悬浮电容功率单元。这个功率单元由两个开关器件 S_7 和 S_8 和一个悬浮电容 C_3 所构成。为了获得 5 个电平，悬浮电容上的电压应该维持在 1/4 直流母线电压（$V_d/4 = E/2$）上，从而在三电平 ANPC 逆变器上增加了两个额外电平。

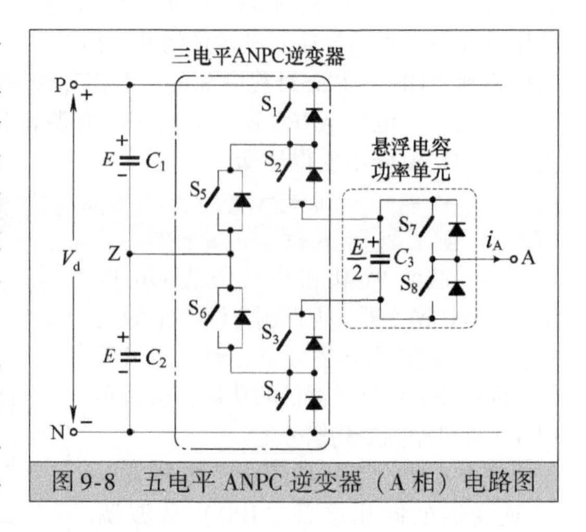

图 9-8　五电平 ANPC 逆变器（A 相）电路图

表 9-3 所示为五电平 ANPC 逆变器的开关状态表[6]。其中有 5 对互补开关（S_1，S_4）、（S_1，S_5）、（S_4，S_6）、（S_2，S_3）和（S_7，S_8），以及 8 个开关状态 [P]、[P_1]、[P_2]、[O_1]、[O_2]、[N_1]、[N_2] 和 [N]，分别对应逆变器相电压的 5 个电平：E、$E/2$、0、$-E/2$ 和 $-E$。

表 9-3　五电平 ANPC 逆变器开关状态

开关状态	开关状态（A 相）								悬浮电容电压（A 相的 C_3）		逆变器相电压 v_{AZ}
	S_1	S_2	S_3	S_4	S_5	S_6	S_7	S_8	$i_A>0$	$i_A<0$	
[P]	1	1	0	0	0	1	1	0	—	—	E
[P_1]	1	1	0	0	0	1	0	1	↑	↓	$E/2$
[P_2]	1	0	1	0	0	1	1	0	↓	↑	
[O_1]	1	0	1	0	0	1	0	1	—	—	0
[O_2]	0	1	0	1	1	0	1	0	—	—	
[N_1]	0	1	0	1	1	0	0	1	↑	↓	$-E/2$
[N_2]	0	0	1	1	1	0	1	0	↓	↑	
[N]	0	0	1	1	1	0	0	1	—	—	$-E$

对于开关状态 [P]，A 桥臂的开关 S_1、S_2和 S_7导通，逆变器输出相电压 v_{AZ}为 E。由于在 [P] 状态时直流母线电压 V_d直接施加在 S_3和 S_4这两个开关上，开关 S_6也被开通以使得直流母线电压在 S_3和 S_4上平均分配。对于状态 [N]，开关 S_3、S_4和 S_8导通使得 $v_{AZ} = -E$。同样在 [N] 状态下，S_5被导通以便在 S_1和 S_2之间平均分配直流母线电压。状态 [P] 和 [N] 对悬浮电容 C_3上的电压没有影响。

根据表 9-3，开关状态 [P_1] 下开关 S_1、S_2和 S_8都被开通。开关 S_6也被开通以使得 S_3和 S_4各自承担一半的直流母线电压。当相电流 i_A为正（$i_A>0$）时，如图 9-9a 所示，电流从正直流母线通过 C_3流向输出端 A，从而对 C_3充电。当 $i_A<0$ 时，电流从输出端 A 通过 C_3流向负直流母线从而对 C_3放电。在两种情况下，逆变器输出相电压 v_{AZ}都维持 $E/2$ 不变。

当输出电流为正（$i_A>0$）且开关状态为 [P_2] 时，如图 9-9b 所示，电流从中点 Z 通过开关 S_6、S_3、C_3和 S_7流到输出端 A 并对悬浮电容进行放电。当 $i_A<0$ 时，电流通过 C_3从输出端 A 流到中点 Z 并对电容进行充电。在两种情况下，逆变器输出相电压都是 $E/2$。

类似的，A 相输出 $-E/2$ 的电压也可以由 [N_1] 或 [N_2] 所产生，通过对这两个开关状态的选择可以调整悬浮电容 C_3上的电压。零输出电压可以由 [O_1] 或 [O_2] 产生，但这两个状态都不会影响悬浮电容的电压。表 9-3 总结了开关状态对悬浮电容电压的影响。

为了均衡开关器件的损耗，可以在 [P_1]、[P_2]、[N_1]、[N_2] 四种冗余开关状态之中选择合适的状态以控制逆变器输出电流 i_A流过如图 9-9 所示的不同路径。在前面章节中已经讨论过功耗均衡控制的

原理，所以这里不再重复。除了均衡开关器件的功耗外，开关状态的冗余性还被用于将悬浮电容电压维持在其标称电压值 $E/2$ 上。

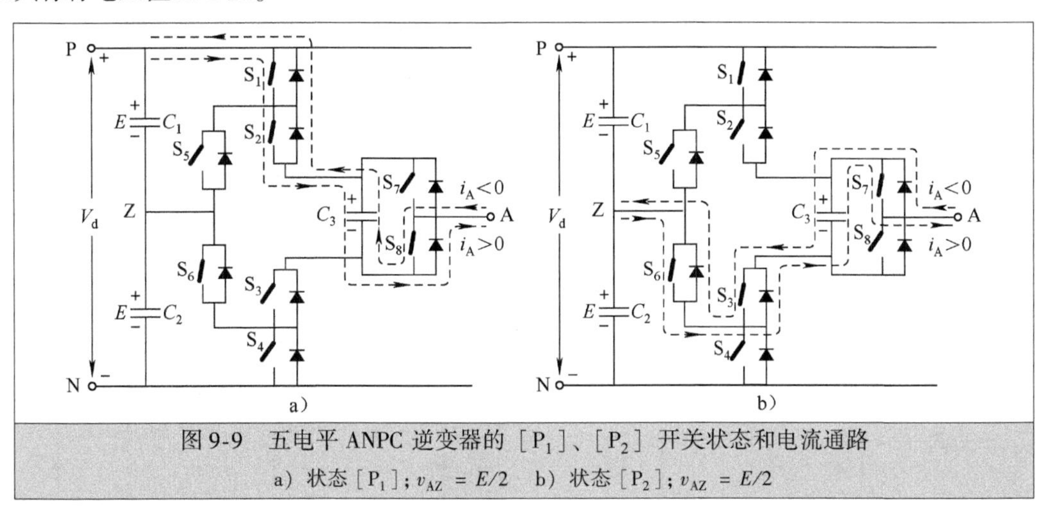

图 9-9　五电平 ANPC 逆变器的［P_1］、［P_2］开关状态和电流通路

a）状态［P_1］; $v_{AZ}=E/2$　b）状态［P_2］; $v_{AZ}=E/2$

五电平 ANPC 逆变器比三电平 ANPC 逆变器能输出更多的电平，从而减小了逆变器输出电压的 dv/dt 和 THD。然而五电平 ANPC 逆变器中开关器件上的电压是不一致的。S_1、S_4、S_5和 S_6上的电压为直流母线电压的一半，而 S_2、S_3、S_7和 S_8则只承担1/4 的直流母线电压。在实际应用中逆变器都使用同样的开关器件，则每个 S_1、S_4、S_5和 S_6开关就需要两个器件串联组成。五电平 ANPC 逆变器在工业化中压传动应用中分别达到 6.9kV 的电压等级和 2.0MW 的功率[7]。

9.4　NPP 逆变器

9.4.1　逆变器结构 ★★★

在中压传动产业领域，一种称为中点可控（NPP）逆变器的多电平结构已被用于实际产品。采用这种拓扑的中压传动产品功率容量可达48MW，输出电压可达 9.9kV[8]。图 9-10 描述了三电平 NPP 的拓扑结构，可以看到这种结构是由两电平逆变器结构所衍生的，只是每个逆变器桥臂的输出端都通过一个双向开关和直流母线电容的中点 Z 相连[9]。

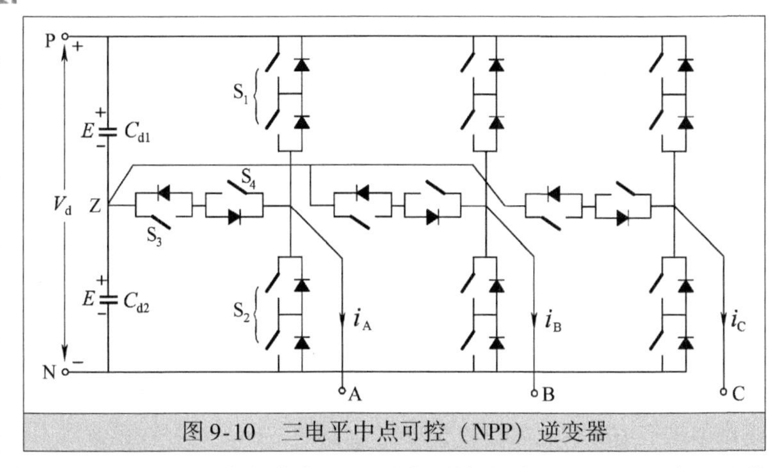

图 9-10　三电平中点可控（NPP）逆变器

双向开关为中点 Z 和逆变器输出端 A 之间的电流提供了一条可控通路。双向开关由两个反并联开关组成，如 S_3和 S_4，连接在中点 Z 和逆变器输出端 A 之间。正直流母线连接的主开关 S_1 和负直流母线连接的主开关 S_2，通常由两个或更多的串联开关组成从而能够实现中压运行。

9.4.2　开关状态 ★★★

表 9-4 给出了 NPP 逆变器的开关状态。开关状态［P］表示逆变器 A 桥臂的上部开关 S_1开通，同

时逆变器输出端A相与直流母线中点Z之间的逆变器相电压v_{AZ}为E，其中E等于直流母线电压V_d的一半。开关状态［N］则表明下部开关S_2导通，此时$v_{AZ}=-E$。对于零状态［O］，表示S_3和S_4开通且此时$v_{AZ}=0$。在NPP逆变器中，逆变器相电压的3个电平E、0和$-E$，分别由对应的3个开关状态［P］、［O］和［N］所产生，因此这里没有冗余开关状态。

图9-11所示为在不同开关状态下三电平NPP逆变器的电流通路。图9-11a所示为在状态［P］下的逆变器电流通路，其中当逆变器输出电流i_A为正时($i_A>0$)，电流从正直流母线通过S_1流向逆变器输出端A。当i_A为负时，电流通过S_1的二极管流向正直流母线。对于零状态［O］，如图9-11b所示，双向开关被开通，此时开关中电流根据i_A的极性而双向流动。图9-11c所示为［N］状态下的电流通路。

表9-4　三电平NPP逆变器的开关状态

开关状态	开关状态（A相）				逆变器相电压 v_{AZ}
	S_1	S_2	S_3	S_4	
［P］	1	0	1	0	E
［O］	0	0	1	1	0
［N］	0	1	0	1	$-E$

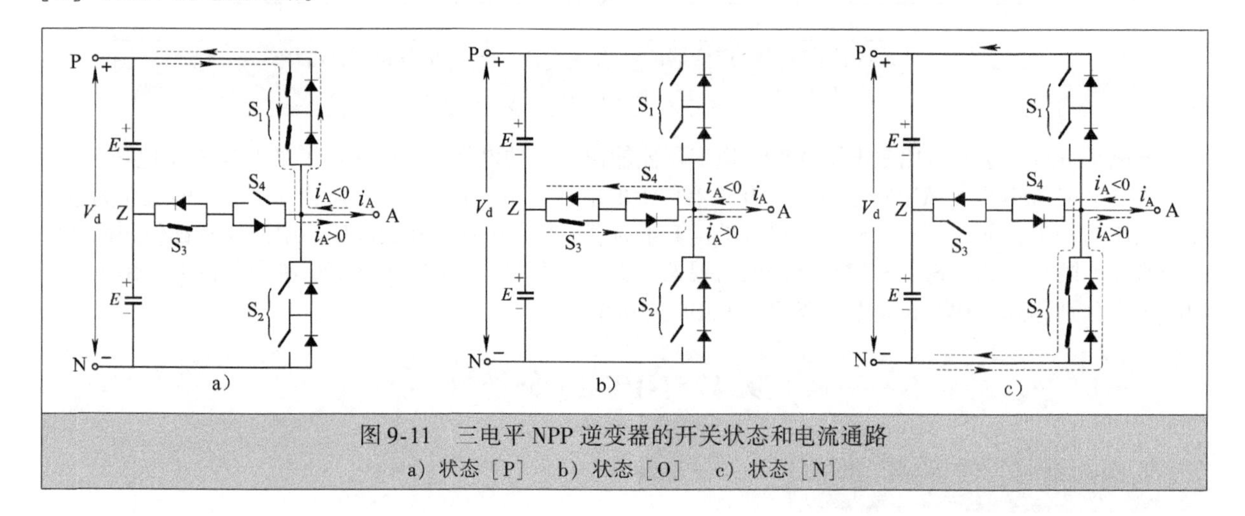

图9-11　三电平NPP逆变器的开关状态和电流通路
a）状态［P］　b）状态［O］　c）状态［N］

值得注意的是在［P］状态下，S_3也被开通，由于在开通过程中没有电流流过开关器件，此开关过程不会产生损耗。S_3的关断不会影响［P］状态的运行。在［P］状态开通S_3的主要目的是减少在［P］和［O］状态之间转换时的开关损耗。例如，在从状态［P］换相到状态［O］的过程中主开关S_1被关断，同时S_3和S_4需要被开通，而因为S_3已经在［P］状态下被开通从而省略了它的开通损耗。类似的，在［N］状态下S_4应该被开通以减少在［N］和［O］状态之间转换产生的开关损耗。

9.4.3　调制方法和中点电压控制 ★★★

基于载波的SPWM和SVM两种调制方法都可以用于NPP逆变器。这两种调制方法的原理和实现方法与用于NPC及ANPC逆变器的调制方法是一样的。因此，这里不再赘述。

和三电平NPC逆变器类似，三电平NPP逆变器的中点电压v_Z随着运行条件的改变而变化。NPP逆变器的中点电压控制原理和NPC逆变器的一样。这样在第8章中给出的用于NPC逆变器的控制方案同样可以用于NPP逆变器，因此这里不再重复。

NPP逆变器的拓扑结构，是在两电平逆变器基础上通过增加连接逆变器输出端和直流母线中点的双向开关衍生得到的。因而这个逆变器能输出具有较低dv/dt和THD的三电平电压波形。然而NPP逆变器有下列缺点：

1）根据逆变器的电压等级，逆变器桥臂上的开关需要用两个或更多的开关器件串联实现。这样就需要为串联开关配置可靠的静态和动态均压装置，从而增加了逆变器的成本，降低了逆变器的可靠性。

2）需要平衡直流母线电容电压，从而增加了控制方法的复杂度。

9.5 NNPC 逆变器

9.5.1 逆变器结构 ★★★

近几年来，一种被称为嵌套式中点箝位（NNPC）逆变器的新型多电平拓扑被提出并用于中压传动系统[10]。图 9-12 所示为四电平 NNPC 逆变器的拓扑结构。这个拓扑是由桥臂 A 上的悬浮电容（FC）拓扑和同一桥臂上的 NPC 拓扑组合而成，其中悬浮电容拓扑由外圈元器件 S_1、S_2、S_5、S_6、C_1 和 C_2 构成，而 NPC 拓扑则由内圈元器件 S_3、S_4、D_1、D_2、S_2 和 S_5 构成。内圈的 NPC 和外圈的 FC 拓扑被嵌套成一个拓扑，因此这种结构被称为嵌套式 NPC 逆变器。除了直流母线电容 C_{d1} 和 C_{d2} 需承受的电压为 E 外，这种逆变器使用器件所承受的电压为 $2E/3$，这里 E 为直流母线电压 V_d 的一半。

NNPC 和 NPC 逆变器的不同之处在于桥臂 A 上的箝位二极管 D_1 和 D_2 没有连接到直流母线中点 Z，而是将其连接到两个悬浮电容 C_1 和 C_2 的中点。需要注意的是，NNPC 逆变器的运行不需要直流母线电容 C_{d1} 和 C_{d2} 形成的直流母线中点 Z，因此实际中更倾向于用一个中压薄膜电容连接正负直流母线。图 9-12 中的直流母线中点 Z 是用来帮助对逆变器分析和讨论的。

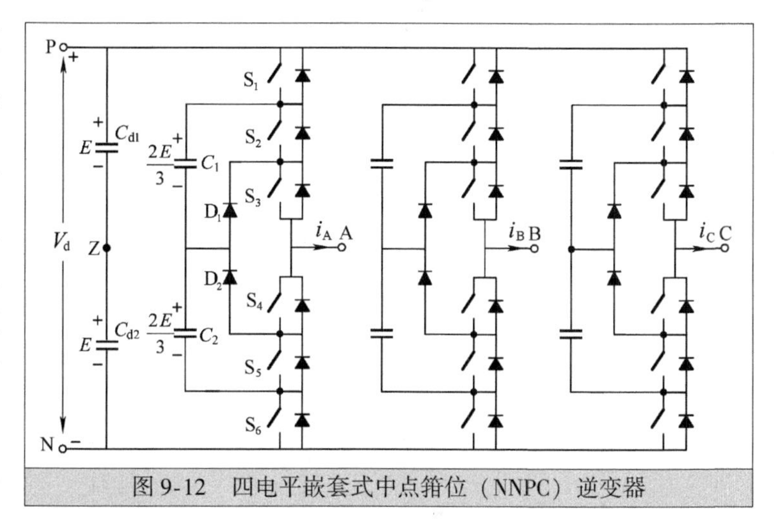

图 9-12 四电平嵌套式中点箝位（NNPC）逆变器

和图 8-25a 所示的四电平 NPC 逆变器拓扑相比较，四电平 NNPC 逆变器只需要 31 个器件，其中包括 18 个开关、6 个箝位二极管、6 个悬浮电容和 1 个直流母线电容；而前者则需要 39 个器件，包括 18 个开关、18 个箝位二极管和 3 个直流电容。因此，四电平 NNPC 逆变器拓扑比四电平 NPC 逆变器需要的器件数要少。然而四电平 NNPC 逆变器有 6 个悬浮电容且需要对其电压进行控制，而四电平 NPC 逆变器只有由 3 个串联直流母线电容形成的两个中点电压需要控制。

9.5.2 开关状态 ★★★

为了在图 9-12 所示的 NNPC 逆变器上实现 4 个电平的电压输出，每个悬浮电容的电压，例如桥臂 A 上的 C_1 和 C_2，应该维持为 $2E/3$。表 9-5 所示为四电平 NNPC 拓扑中桥臂 A 上开关元件的开关状态，其中有 3 对互补开关（S_1，S_6）、（S_2，S_4）和（S_3，S_5）以及 6 个开关状态 [P]、[P_1]、[P_2]、[N_2]、[N_1] 和 [N]，这些状态分别对应逆变器相电压的 4 个电平：E、$E/3$、$-E/3$ 和 $-E$。

对于开关状态 [P]，桥臂 A 的上部 3 个开关 S_1、S_2 和 S_3 导通，此时逆变器输出端 A 和直流母线中点 Z 之间的逆变器相电压 v_{AZ} 为 E。对于状态 [N]，下部 3 个开关 S_4、S_5 和 S_6 导通，此时 v_{AZ} 为 $-E$。

对于开关状态 [P_1]，根据表 9-5 开关 S_1、S_3 和 S_4 被开通，此时逆变器相电流 i_A 的通路如图 9-13a 所示。当相电流 i_A 为正时（$i_A>0$），电流通过 S_1、C_1、D_1 和 S_3 从正直流母线流向输出端 A。当 $i_A<0$，电流通过 S_4、D_2、C_1 和 S_1 的二极管从输出端 A 流向正直流母线。在两种情况下，逆变器相电压 v_{AZ} 维持不变为 $E-2E/3=E/3$。

在状态 [P_2] 下，开关 S_2、S_3 和 S_6 被开通，此时的电流通路如图 9-13b 所示。当输出电流 i_A 为正时，电流通过 S_6 的二极管，C_2、C_1、S_2 和 S_3 从负直流母线流向输出端 A。当 $i_A<0$，电流通过 S_3 的二极管和 S_2、C_1、C_2 及 S_6 从输出端 A 流向负直流母线。在两种情况下，逆变器输出电压 v_{AZ} 维持为 $4E/3-E=E/3$。开

关状态［P_1］和［P_2］在逆变器输出产生相同的电压。开关状态的冗余性为悬浮电容电压控制提供了有效手段，具体情况将在下一节进行讨论。类似地，开关状态［N_1］和［N_2］在逆变器输出端A产生的输出电压为$-E/3$。

表9-5　四电平NNPC逆变器的开关状态

开关状态	开关状态（A相）						逆变器相电压 v_{AZ}
	S_1	S_2	S_3	S_4	S_5	S_6	
［P］	1	1	1	0	0	0	E
［P_1］	1	0	1	1	0	0	$E/3$
［P_2］	0	1	1	0	0	1	
［N_2］	1	0	0	1	1	0	$-E/3$
［N_1］	0	0	1	1	0	1	
［N］	0	0	0	1	1	1	$-E$

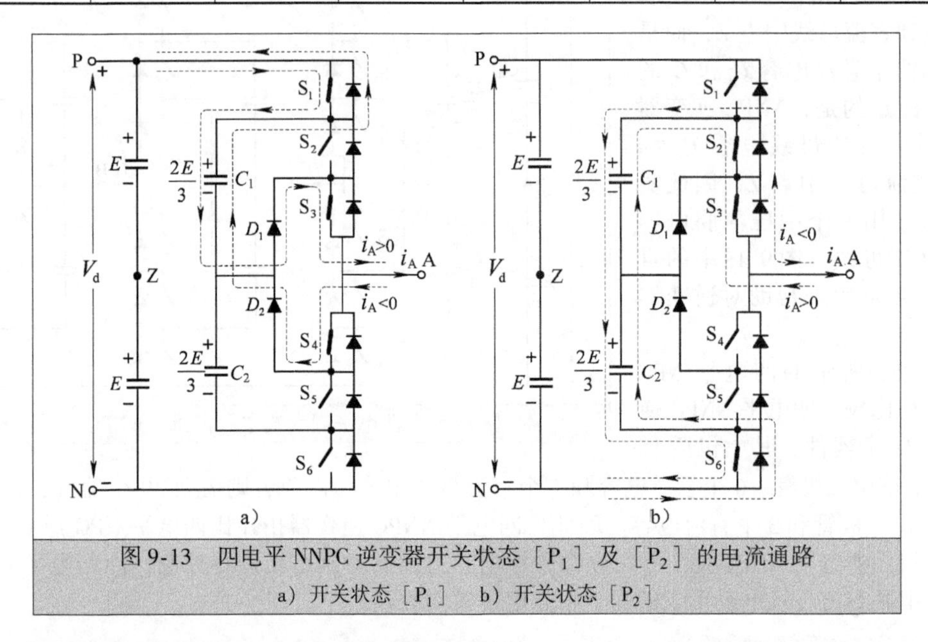

图9-13　四电平NNPC逆变器开关状态［P_1］及［P_2］的电流通路

a）开关状态［P_1］　b）开关状态［P_2］

9.5.3　悬浮电容电压控制的原理 ★★★

为了实现四电平NNPC逆变器的4个电平输出，逆变器的悬浮电容上的电压应该通过电容电压控制方法维持为$2E/3$。通过前面讨论的合理利用开关状态［P_1］、［P_2］、［N_1］和［N_2］的冗余性可以实现这一点。表9-6所示为四电平NNPC逆变器的开关状态对悬浮电容电压v_{C1}和v_{C2}的影响。

由于在开关状态［P］和［N］下逆变器输出电流i_A并不流过C_1或C_2，这两个状态对悬浮电容的电压没有影响。从图9-13a中可以观察到状态［P_1］对悬浮电容电压的影响。当$i_A>0$时状态［P_1］使v_{C1}上升，而当$i_A<0$时则使得v_{C1}下降，但C_2上的电压不受影响。

图9-13b中给出了状态［P_2］对悬浮电容的影响并在表9-6中得以总结。同样，状态［N_1］和［N_2］对悬浮电容电压的影响也在表中得以总结[11]。

为了严格控制悬浮电容电压，必须对每个悬浮电容的电压进行测量。电容电压的测量值和标称值$2E/3$之间的偏差定义如下。

对逆变器A相，有

$$\Delta v_{Ci}=v_{Ci}-\frac{2E}{3}=v_{Ci}-\frac{V_d}{3},i=1,2 \tag{9-1}$$

为保证电容电压偏差 $|\Delta v_{Ci}|$ 不会超过允许范围，需要采用一种电容电压均压控制（VBC）方法。表 9-7 描述了悬浮电容电压均压控制的机理，其中 VBC 方法的输入为逆变器相电平 $E/3$ 和 $-E/3$，电容电压偏差 Δv_{C1} 和 Δv_{C2} 以及逆变器输出电流 i_A 的极性。由于根据表 9-6 所示开关状态［P］和［N］对电容电压没有影响，所以这里没有使用对应的逆变器相电压输出电平 $+E$ 和 $-E$。

表 9-6 开关状态对悬浮电容电压的影响

开关状态	悬浮电容电压（A 相）		逆变器相电压 v_{AZ}
	v_{C1}	v_{C2}	
[P]	无影响	无影响	E
[P_1]	$i_A>0$：↑ $i_A<0$：↓	无影响	$E/3$
[P_2]	$i_A>0$：↓ $i_A<0$：↑	$i_A>0$：↓ $i_A<0$：↑	$E/3$
[N_2]	$i_A>0$：↑ $i_A<0$：↓	$i_A>0$：↑ $i_A<0$：↓	$-E/3$
[N_1]	无影响	$i_A>0$：↓ $i_A<0$：↑	$-E/3$
[N]	无影响	无影响	$-E$

表 9-7 电容电压均压控制（VBC）的机理

VBC 的输出变量			开关状态的选择	v_{C1}
v_{AZ} 电平	Δv_{C1}	i_A		
$E/3$	<0	≥ 0	[P_1]	↑
		<0	[P_2]	↑
	≥ 0	≥ 0	[P_2]	↓
		<0	[P_1]	↓
	Δv_{C2}	i_A		v_{C2}
$-E/3$	<0	≥ 0	[N_2]	↑
		<0	[N_1]	↑
	≥ 0	≥ 0	[N_1]	↓
		<0	[N_2]	↓

根据输入的变化，VBC 方法通过从［P_1］、［P_2］、［N_1］和［N_2］中选择合适的开关状态来对悬浮电容 C_1 和 C_2 进行充电或放电，从而减小偏差 $|\Delta v_{Ci}|$。例如，在电平 $E/3$，假设 $\Delta v_{Ci}<0$ 且 $i_A\geq 0$，则电容电压 v_{C1} 低于标称值 $2E/3$。根据表 9-7 选择开关状态［P_1］，则可以使 v_{C1} 上升。

9.5.4 带电容电压均压控制的调制方法 ★★★

NNPC 逆变器可以采用基于载波的 SPWM 和 SVM 两种调制方法，但需要根据悬浮电容均压控制对所产生的门（栅）极驱动信号进行修正。

图 9-14 所示为用于四电平 NNPC 逆变器的基于载波 IPD 调制方法的实例。四电平逆变器需要把 3 个载波 v_{cr1}、v_{cr2} 和 v_{cr3} 与正弦调制波 v_m 进行比较。开关 S_1、S_2 和 S_3 的门（栅）极驱动信号 v_{g1}、v_{g2} 和 v_{g3} 是根据调制波和载波的交点得到的。通过使用表 9-5 中定义的开关状态，可以得到 PWM 参考波形 v_{pwm}，同时这也是逆变器相电压 v_{AZ} 预期输出波形。

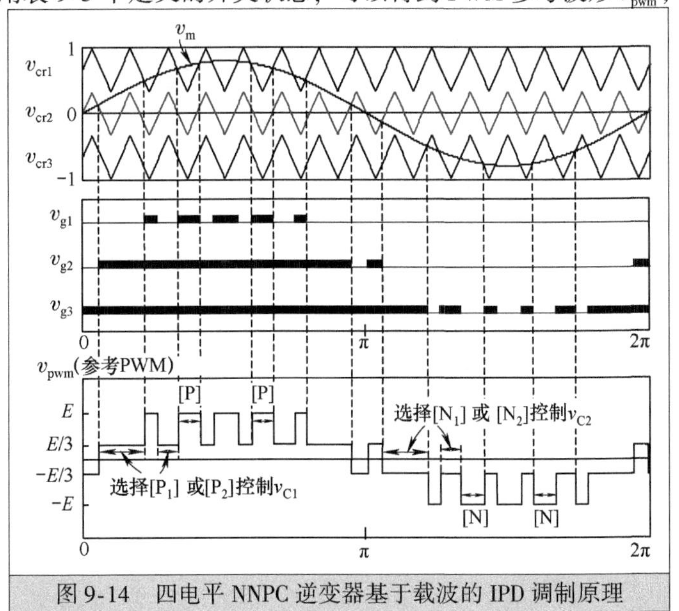

图 9-14 四电平 NNPC 逆变器基于载波的 IPD 调制原理

图 9-14 中的 PWM 参考波形 v_{pwm} 有 4 个电平，分别为 E、$E/3$、$-E/3$ 和 $-E$。如前面讨论的结果，在电平 E 或 $-E$ 下开关状态［P］或［N］无法控制悬浮电容上的电压。而输出 $E/3$ 电平的开关状态［P_1］或［P_2］则根据表 9-6 可以用来控制悬浮电容上的电压。类似的，当参考 PWM 电平为 $-E/3$ 时，开关状态［N_1］或［N_2］可以用来控制悬浮电容上的电压。

图 9-15 所示为用于四电平 NNPC 逆变器的悬浮电容电压均压控制方法，可以用基于载波的正弦波调制或空间矢量调制方法来产生参考 PWM 波 v_{pwm}。为了保证悬浮电容上的电压维持在其 $2E/3$ 的设定值上，

需要对电容电压，例如逆变器桥臂 A 上的 v_{C1} 和 v_{C2}，以及直流母线电压 V_d 进行实时测量。逆变器输出电流 i_A、i_B 和 i_C 的极性也需要被监测。

VBC 模块的主要功能是根据表 9-7从［P_1］、［P_2］、［N_1］和［N_2］中选择合适的开关状态以控制悬浮电容电压，同时［P］和［N］状态维持不变。通过这样的控制，逆变器能在输出由 v_{pwm} 定义的预期波形的同时严格控制电容电压。门极信号发生模块根据这些开关状态输出逆变器中开关器件的门（栅）极驱动信号。

图 9-16 所示为使用四电平 NNPC 逆变器结构的一台 7.2kV 传动系统的仿真波形。传动系统运行在 60Hz 的基波频率下，线电压为 7.2kV，直流母线电压为 12kV，平均开关频率为 400Hz，悬浮电容的容值为 4pu。线电压 v_{AB} 的波形有 7 个电平，其 THD 为 25.1%。逆变器 A 相的两个悬浮电容的电压 v_{C1} 和 v_{C2} 被 VBC 控制在 4kV 的标称值附近且具有较小的纹波。

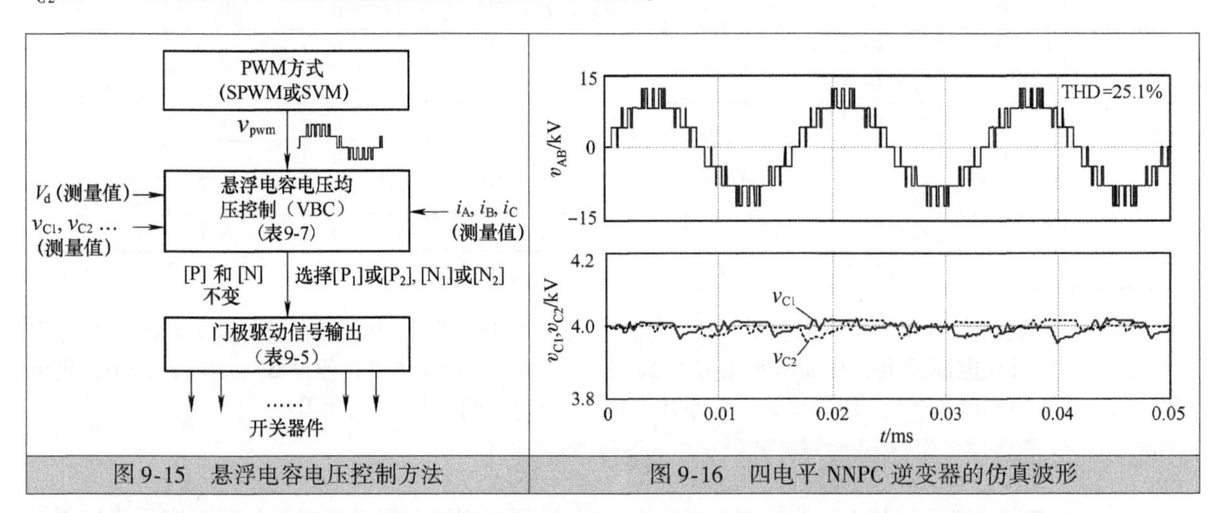

图 9-15　悬浮电容电压控制方法　　图 9-16　四电平 NNPC 逆变器的仿真波形

图 9-17 所示为在一台四电平 NNPC 试验逆变器上实际测量得到的波形，其中逆变器运行在 60Hz 基波频率下，开关频率为 400Hz，线电压为 208V，直流母线电压为 300V，功率因数为 0.95，悬浮电容的容量为 4pu。逆变器线电压波形接近图 9-16 所示的仿真波形，而逆变器输出电流波形则由于负载电感而接近正弦波。悬浮电容上的电压被控制器控制在 100V 的给定值附近，电压纹波小于 5%。

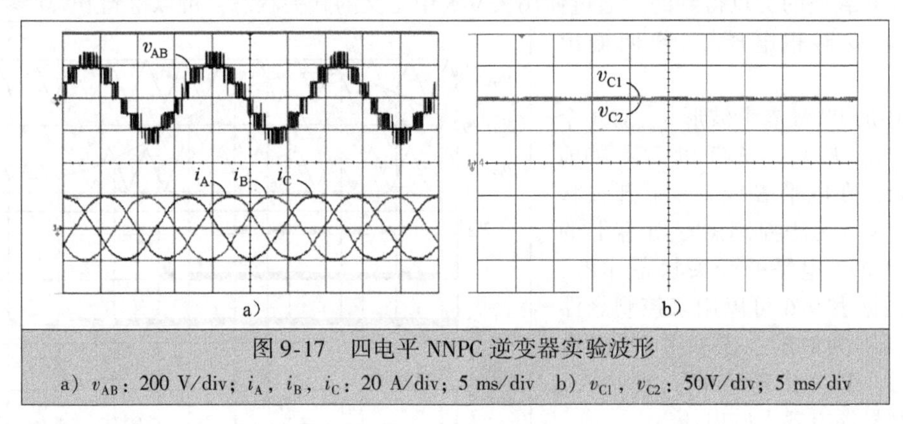

图 9-17　四电平 NNPC 逆变器实验波形

a）v_{AB}：200 V/div；i_A，i_B，i_C：20 A/div；5 ms/div　b）v_{C1}，v_{C2}：50V/div；5 ms/div

本节给出的可用于中压传动系统的四电平 NNPC 逆变器具有下列特征：

1）比三电平 NPC、ANPC 和 NPP 逆变器多一个电平，从而能产生更高的输出电压。四电平 NNPC 逆变器适用于高达 7.2kV 电压的中压传动而无需串联开关。

2）逆变器中的所有开关承受同样的电压应力。

3）与四电平 NPC 逆变器相比，其需要的器件较少。

9.5.5 更高电平 NNPC 逆变器 ★★★

上面讨论的四电平 NNPC 逆变器可以扩展成五电平或六电平逆变器。图 9-18a 给出了简化的五电平 NNPC 逆变器的单相拓扑结构图。这个逆变器每相由 8 个承受相同电压应力的全控开关器件、两个箝位二极管和两个悬浮电容组成。逆变器中所有器件的标称电压都是 $E/2$（$V_d/4$）。表 9-8 给出了五电平 NNPC 逆变器的开关状态。表中有 3 对互补开关态（S_1，S_6）、（S_2，S_4）和（S_3，S_5），对应的逆变器输出端电压 v_{AZ} 的波形由 5 个电平组成：E、$E/2$、0、$-E/2$ 和 $-E$。

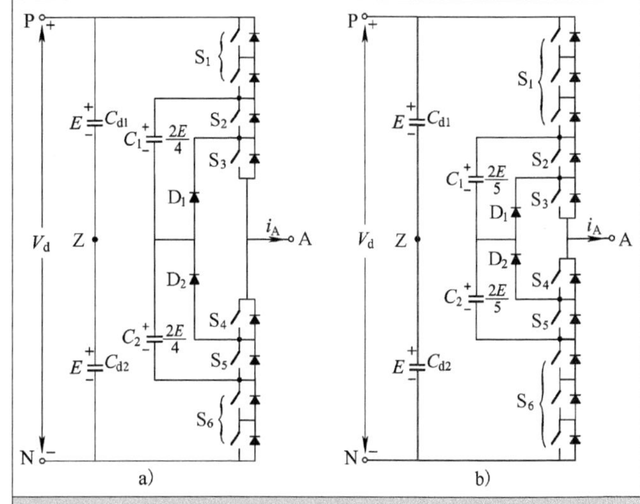

图 9-18 五电平和六电平 NNPC 逆变器的单相拓扑结构图
a）五电平 b）六电平

图 9-18b 所示为六电平 NNPC 逆变器的单相电路图。这个逆变器每相由承受相同电压应力（1/5 直流母线电压）的 10 个全控开关器件、两个箝位二极管和两个悬浮电容器而组成。为产生六电平的电压 v_{AZ}，悬浮电容电压应维持在其标称电压 $2E/5$（$V_d/5$）。开关状态和逆变器电压 v_{AZ} 之间的关系在表 9-8 中给出。v_{AZ} 的波形包含如下 6 个电平：E、$3E/5$、$E/5$、$-E/5$、$-3E/5$ 和 $-E$。

表 9-8 五电平和六电平 NNPC 逆变器的开关状态和逆变器输出电压

开关状态(A 相)						逆变器相电压 v_{AZ}
五电平 NNPC 逆变器						
S_1	S_2	S_3	S_4	S_5	S_6	
1	1	1	0	0	0	E
1	0	1	1	0	0	$E/2$
0	1	1	0	0	1	0
1	0	0	1	1	0	
0	0	1	1	0	1	$-E/2$
0	0	0	1	1	1	$-E$
六电平 NNPC 逆变器						逆变器相电压 v_{AZ}
S_1	S_2	S_3	S_4	S_5	S_6	
1	1	1	0	0	0	E
1	0	1	1	0	0	$3E/5$
0	1	1	0	0	1	$E/5$
1	0	0	1	1	0	$-E/5$
0	0	1	1	0	1	$-3E/5$
0	0	0	1	1	1	$-E$

五电平 NNPC 和六电平 NNPC 逆变器输出的电压波形的 dv/dt 和 THD 比四电平 NNPC 逆变器更低，同时能够输出更高的电压。然而逆变器中的一些开关，例如图 9-18 中的 S_1 和 S_6，需要承受比其他开关更高的电压，因此这些开关需要用两个或更多的器件串联实现，这些串联开关器件需要相应的静态和动态均压控制。

9.6 MMC 逆变器

9.6.1 逆变器结构 ★★★

最初为高压直流输电系统（HVDC）所开发的模块化多电平逆变器（MMC），目前在中压传动系统上获得越来越多的关注[13]。图 9-19 所示为模块化多电平逆变器的典型结构，其中 6 个逆变器桥臂都是由数个子模块（SM）串联而成。子模块可以采用不同的设计，但得到广泛应用的主要是图 9-19b 所示的半桥子模块。

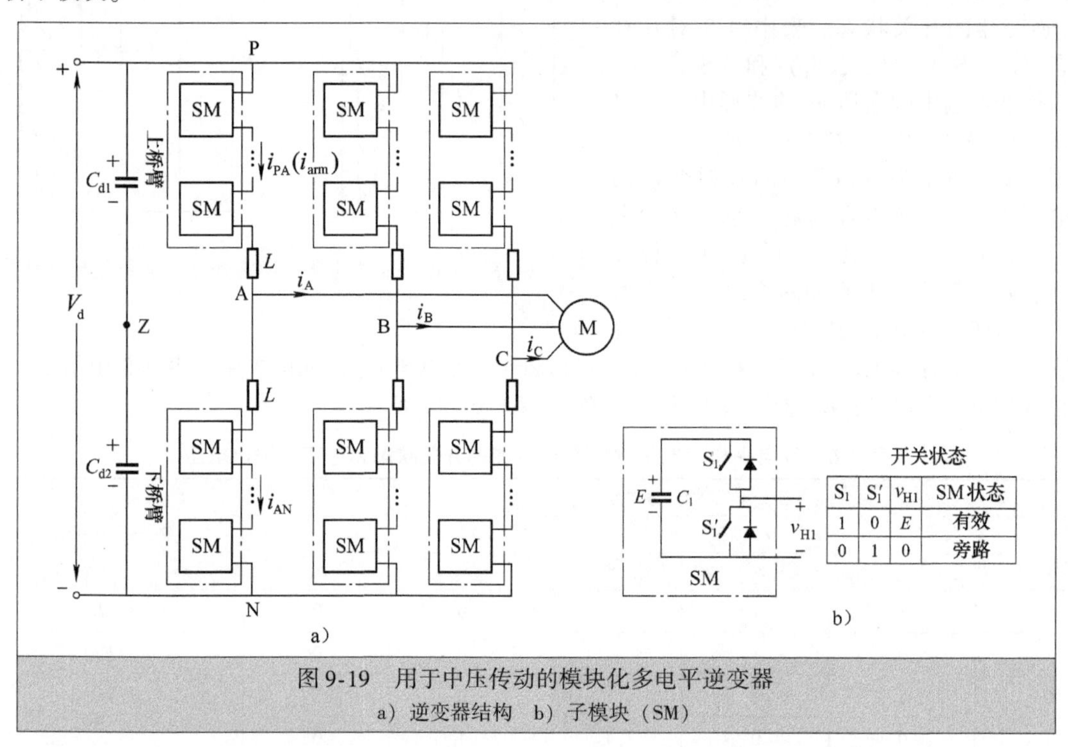

S_1	S_1'	v_{H1}	SM状态
1	0	E	有效
0	1	0	旁路

图 9-19 用于中压传动的模块化多电平逆变器

a）逆变器结构 b）子模块（SM）

不同于需要给每个串联功率单元提供隔离直流供电的串联 H 桥（CHB）逆变器，MMC 的子模块不需要隔离的直流供电。取代隔离电源的是每个子模块需要一个悬浮直流电容，如图 9-19b 中的 C_1。因此，模块化多电平逆变器可以直接连接到电压为 V_d 的公共直流母线上。

每个逆变器桥臂都有一个电感 L 用来限制启动时的冲击电流、稳态运行时的环流电流以及故障时的浪涌电流。

直流母线的中点 Z 由两个直流电容 C_{d1} 和 C_{d2} 形成。考虑到每个子模块都有自己的悬浮电容器，因而在实际应用的逆变器中并不需要这些电容器。直流母线中点 Z 也不是必需的，这里只是用来帮助对逆变器进行讨论和分析。

采用半桥子模块的 MMC 型中压传动系统的容量可达 16MVA，输出电压高达 7.2kV[14]。归功于逆变器的模块化结构，相应驱动器的功率和电压容量可以很容易地得到扩展 。

逆变器中的半桥子模块由如图 9-19b 所示的两个功率开关 S_1 和 S_1' 以及一个悬浮电容 C_1 所构成。这两个开关工作在互补模式下：一个导通，另一个必须关断。电容的标称电压为 E，E 等于 V_d/m，这里 m 是每个桥臂上子模块的数量。当开关 S_1 被导通时（$S_1=1$），子模块输出电压 v_{H1} 等于电容电压 E，此时称为“有效状态”；当 S_1 被关闭时（$S_1=0$），子模块输出电压等于零，此时子模块被旁路，因此称为“旁路状态”。

除了半桥子模块，其他形式的子模块也可以被用于模块化多电平逆变器[15-17]，图 9-20 给出了其中 3 种。全桥子模块由 4 个开关和一个悬浮电容构成。这种子模块可以产生 3 个电平：0、E 和 $-E$。悬浮电容和三电平子模块（图 9-20b 和图 9-20c）也由 4 个开关组成，但需要两个直流悬浮电容。这两种子模块输出的 3 个电平为 0、E 和 $2E$。

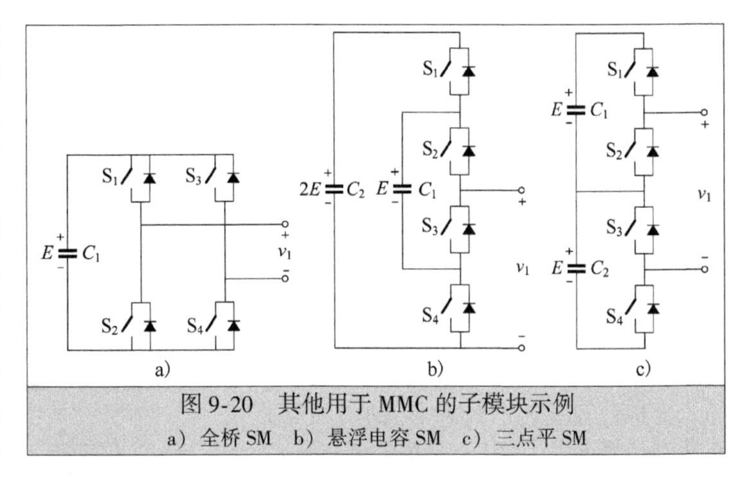

图 9-20　其他用于 MMC 的子模块示例

a）全桥 SM　b）悬浮电容 SM　c）三点平 SM

上面给出的 4 种子模块中，半桥子模块以最少的元件数量组成了最简单的结构。考虑到这种模块在运行中只有一个器件承载电流，因此导通损耗也最小。对于全桥子模块而言，开关数量翻倍且在运行中有两个器件承载电流，从而导致了成本和损耗的增加。然而全桥子模块能够输出负电压（$v_1=-E$），可以在故障时帮助限制故障电流。对于能输出 3 种电平的悬浮电容子模块，则为给定 MMC 输出电压提供了减少串联子模块数量的一种可选方案。然而悬浮电容可能有不同的标称电压，从而增加了控制和设计的复杂度。悬浮电容子模块的导通损耗和全桥子模块相同。三电平子模块和悬浮电容子模块具有相同的特性，但三电平子模块的两个直流电容的标称电压是一样的。

9.6.2　开关状态和桥臂电压 ★★★

为了考察开关状态和桥臂电压之间的关系，这里以图 9-21 中的由 3 个半桥子模块串联构成的一个上桥臂电路为对象进行分析。在下列分析中假设悬浮电容上的电压被控制器维持为标称电压 E，同时因为电感 L 对稳态分析影响很小而忽略不计。

表 9-9 给出了开关 S_1、S_2 和 S_3 的开关状态和子模块输出电压 v_{H1}、v_{H2}、v_{H3} 以及桥臂电压 v_{PA} 之间的关系，其中 v_{PA} 是直流母线 P 相对逆变器 A 相输出端的电压。图 9-21 中的开关 S_1'、S_2' 和 S_3' 与 S_1、S_2 和 S_3 是互补关系，因此在表中没有列出它们的开关状态 。桥臂电压 v_{PA} 有 4 个电平：0、E、$2E$ 和 $3E$。电平 E 可以由［100］、［010］和［001］3 个开关状态中的任一个所产生。类似地，电平 $2E$ 可以由［110］、［101］和［011］3 个开关状态中的任一个所产生。后面将会看到可以用冗余开关状态来平衡子模块悬浮电容的电压。

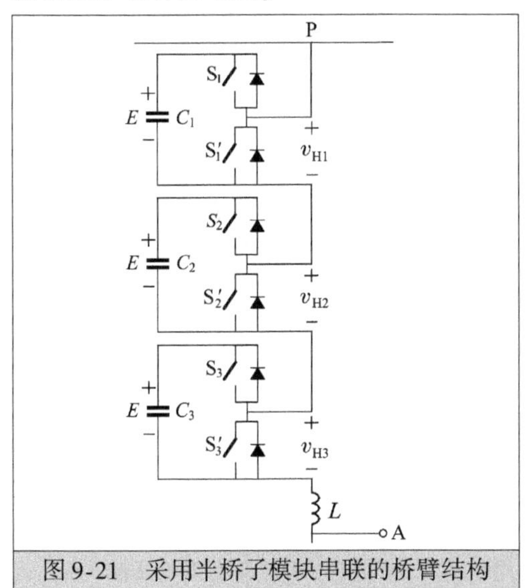

图 9-21　采用半桥子模块串联的桥臂结构

表 9-9　开关状态和桥臂电压

S_1	S_2	S_3	v_{H1}	v_{H2}	v_{H3}	v_{PA}
0	0	0	0	0	0	0
1	0	0	E	0	0	E
0	1	0	0	E	0	E
0	0	1	0	0	E	E
1	1	0	E	E	0	$2E$
1	0	1	E	0	E	$2E$
0	1	1	0	E	E	$2E$
1	1	1	E	E	E	$3E$

9.6.3 调制方法 ★★★

MMC 逆变器可以使用基于载波的 SPWM 和 SVM 两种调制方法。作为示例，图 9-22 所示为用于每个桥臂包含 3 个半桥子模块的 MMC 逆变器的相移调制。这个逆变器需要两个调制波 v_{m} 和 v_{m-} 以及 3 个载波 v_{cr1}、v_{cr2} 和 v_{cr3}。所有的载波都是完全相同的，只是相邻载波之间都有 60° 相移。

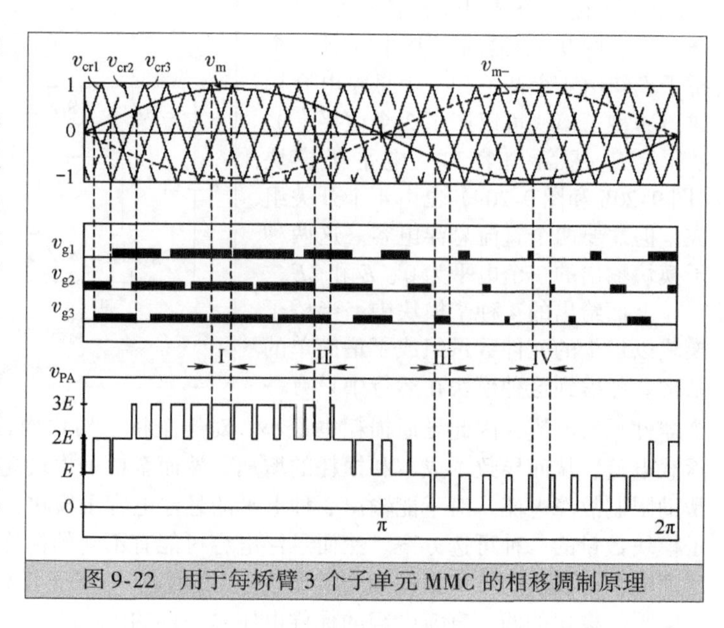

图 9-22　用于每桥臂 3 个子单元 MMC 的相移调制原理

上桥臂开关 S_1、S_2 和 S_3 的门（栅）极驱动信号 v_{g1}、v_{g2} 和 v_{g3} 是根据调制波 v_{m} 和载波 v_{cr1}、v_{cr2} 和 v_{cr3} 的交点所产生，而下桥臂开关的门（栅）极驱动信号（未显示在图上）是根据调制波 v_{m-} 和载波 v_{cr1}、v_{cr2} 和 v_{cr3} 的交点所产生的，其中 v_{m} 和 v 的频率及幅值一致，只是有 180° 的相位差。

上桥臂电压 v_{PA} 取决于上桥臂开关的门（栅）极驱动信号。例如，在阶段 I，所有 3 个开关都导通，根据表 9-9 可以确定 v_{PA} 为 $3E$。在阶段 II，S_1 和 S_3 导通使得 $v_{PA}=2E$。到了阶段 III，S_3 导通使得 $v_{PA}=E$。阶段 IV 中没有开关导通，此时 $v_{PA}=0$。

可以注意到在上面分析中桥臂电压 $2E$ 是由 S_1 和 S_3 开通所产生的，但根据表 9-9这个电压也可以通过开通 S_1、S_2 或 S_2、S_3 来获得。类似的，电平 E 也可以由 3 个不同的开关状态所产生。开关状态的冗余性提供了一定程度上的自由来实现额外的控制目标，例如对 MMC 中的悬浮电容电压的均衡控制。

图 9-23 所示为每桥臂 3 个子单元 MMC 逆变器的输出电压波形。逆变器输出频率和器件开关频率分别为 60Hz 和 420Hz。这里采用幅值调制系数 m_a 为 0.9 的相移调制方法。上桥臂电压 v_{PA} 和下桥臂电压 v_{AN} 都有 4 个电平。逆变器输出端 A 和直流母线中点 Z 之间的 A 相输出电压 v_{AZ} 可以由下式得到

$$v_{AZ}=\begin{cases}+E-v_{PA}\\-E+v_{AN}\end{cases}\qquad(9\text{-}2)$$

从上式得到

$$v_{AZ}=\frac{1}{2}(v_{AN}-v_{PA})\qquad(9\text{-}3)$$

A 相输出电压波形 v_{AZ} 有 7 个电平，而由 $v_{AB}=v_{AZ}-v_{BZ}$ 得到的线电压 v_{AB} 有 13

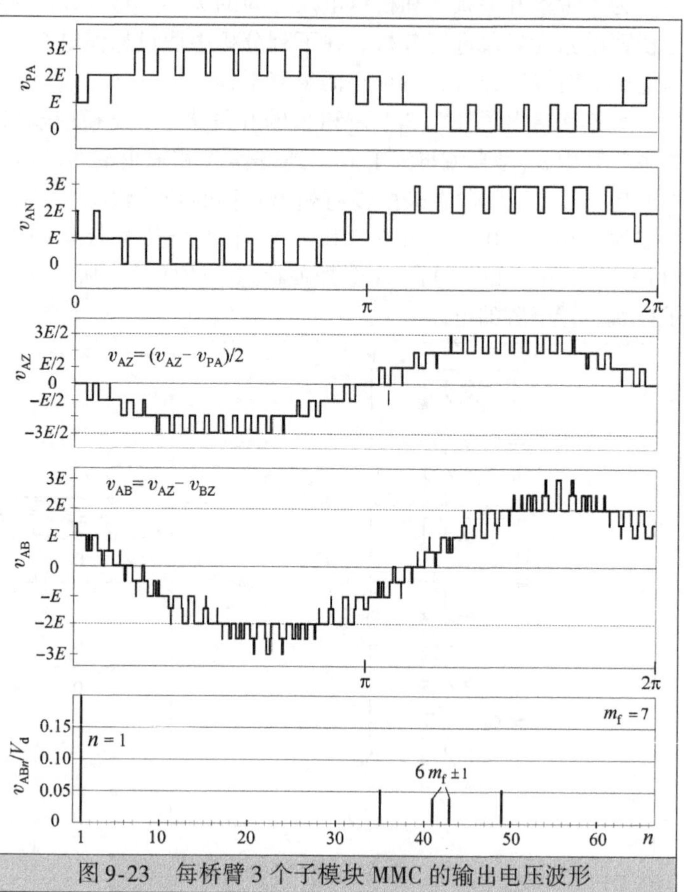

图 9-23　每桥臂 3 个子模块 MMC 的输出电压波形

个电平。较高的电平数导致 MMC 电压源型逆变器与两电平电压源型逆变器相比，其 dv/dt 和 THD 要低得多。

图 9-23 中还给出了 v_{AB}的谐波频谱，可以看到主要谐波集中在 42 次谐波附近，即 2520Hz 附近。这个大小为器件开关频率 6 倍的频率，可以看成逆变器的等效开关频率。这一点主要归功于 3 个串联子模块上在不同的时间开通或关断的开关器件。

9.6.4　MMC 的悬浮电容电压均压控制 ★★★

对于每个桥臂有 m 个半桥子模块的模块化逆变器，整个直流母线电压应该在子模块的悬浮电容上平均分配并维持在标称值 E（$E=V_d/m$）附近。目前已经有几种用于电容电压均压控制的方法[15-20]，其中大部分使用逻辑/排序算法来保持电容电压的平衡。这一节中，给出一种同样基于逻辑/排序算法的简化电容电压均压控制方法[15-16]。

图 9-24 给出了子模块运行模式对悬浮电容电压的影响方式。当子模块处于有效状态，如果桥臂电流 i_{arm}为正（$i_{arm}>0$）则悬浮电容被充电；反之，当桥臂电流为负（$i_{arm}<0$）则悬浮电容被放电；当子模块处于旁路状态，悬浮电容电压将如图 9-24b 所示保持不变。

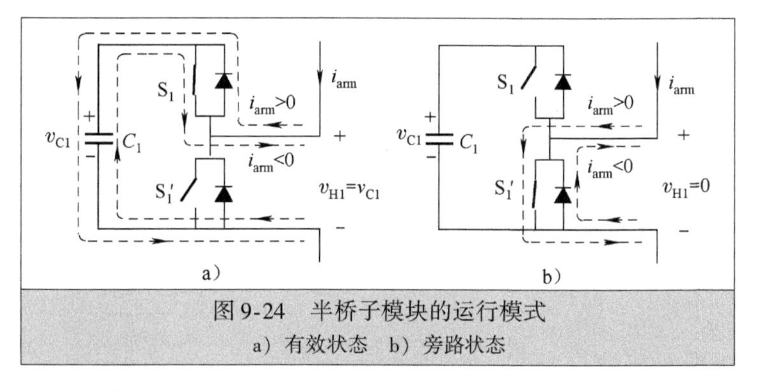

图 9-24　半桥子模块的运行模式
a）有效状态　b）旁路状态

图 9-25 所示为每桥臂 3 个子模块的 MMC 逆变器使用冗余开关状态进行电容电压均压控制的示例，其中 v_{pwm}为 PWM 参考电压。由调制方法确定的上桥臂电压 v_{PA}或下桥臂 v_{AN}可以作为参考电压 v_{pwm}使用。为了描述子模块电容电压控制的概念，考虑 PWM 参考电压 v_{pwm}的 4 个典型阶段：

- 阶段 I　$v_{pwm}=3E$：根据表 9-9 只有一个开关状态［111］可以产生 3E 这个电平。此时没有冗余开关状态可以用来调整电容电压，桥臂上的 3 个子模块都处于开通状态。
- 阶段 II　$v_{pwm}=2E$：3 个开关状态［110］、［101］和［011］中的任一个都可以被用来输出 2E，对应的 3 对有效状态子模块为（SM_1，SM_2）、（SM_1，SM_3）和（SM_2，SM_3）。基于电容电压测量值和桥臂电流的极性，可以选出一对有效状态子模块以对电压最低的电容充电或对电压最高的电容放电。
- 阶段 III　$v_{pwm}=E$：3 个开关状态［100］、［010］和［001］中的任一个都可以被用来输出 E，对应的 3 个有效状态子模块为 SM_1、SM_2 和 SM_3。相应地可以从这 3 个子模块中选择一个来对电压最低的电容充电或对电压最高的电容放电。
- 阶段 IV　$v_{pwm}=0$：所有 3 个子模块都处于旁路状态，子模块的电容不受影响。

上述分析表明，在 PWM 参考电平为 E 和 2E 时通过冗余开关状态可以控制子模块电容电压。对于每桥臂有 m 个子模块的 MMC 逆变器而言，可以在 PWM 参考电平为 E，2E，…，$(m-1)E$ 时控制子模块电容电压。当 v_{pwm} 为零电平或 mE 时无法调整子模块的电容电压。

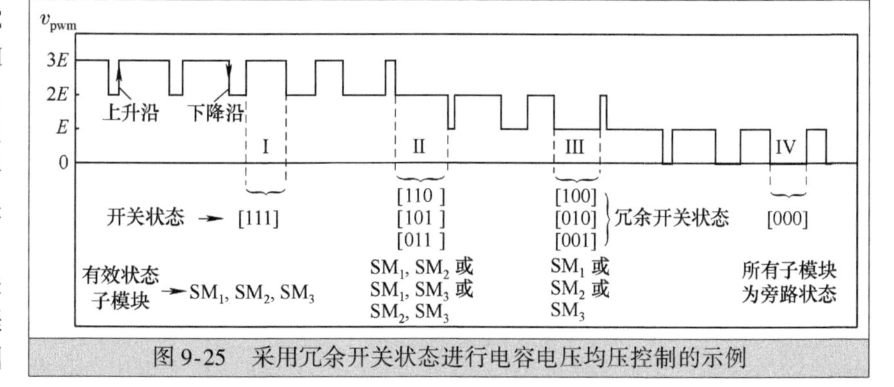

图 9-25　采用冗余开关状态进行电容电压均压控制的示例

图 9-26 所示为子模块电容电压控制的通用流程图。这里采用载波相移调制

方法作为示例。基于两个调制信号 v_m 和 v_{m-} 所产生的两个 PWM 参考电压 v_{pwm} 和 v_{pwm-} 分别用于控制上下桥臂电容的电压。基于电容电压测量值和桥臂电流的方向，VBC 模块输出用于上下桥臂开关的门（栅）极驱动信号，从而在桥臂电压 v_{PA} 和 v_{AN} 上得到需要的电压波形。

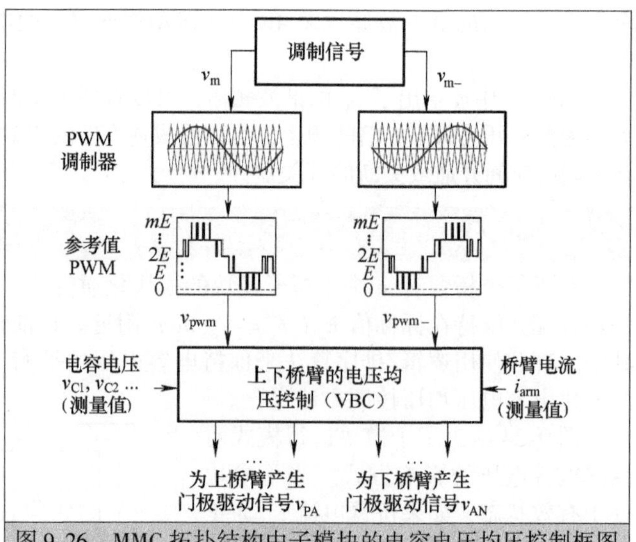

图 9-26　MMC 拓扑结构中子模块的电容电压均压控制框图

图 9-27 所示为图 9-26 中的 VBC 框图的详细算法。在这个算法中，需要对参考 PWM 波 v_{pwm} 的上升沿和下降沿进行检测。上升沿表明在下一个开关周期 v_{pwm} 的电压等级会增加一个 E，则桥臂上应有一个子模块从旁路状态切换到有效状态。下降沿表明在下一个开关周期 v_{pwm} 电压等级会降低一个 E，则桥臂上应有一个子模块从有效状态切换到旁路状态。

基于对 v_{pwm} 上升沿和下降沿的检测结果，以及桥臂电流 i_{arm} 极性的测量，加上子模块电容电压，应在接下来的开关周期内选择电容电压最低的子模块进行充电，或是选择电容电压最高的子模块进行放电。

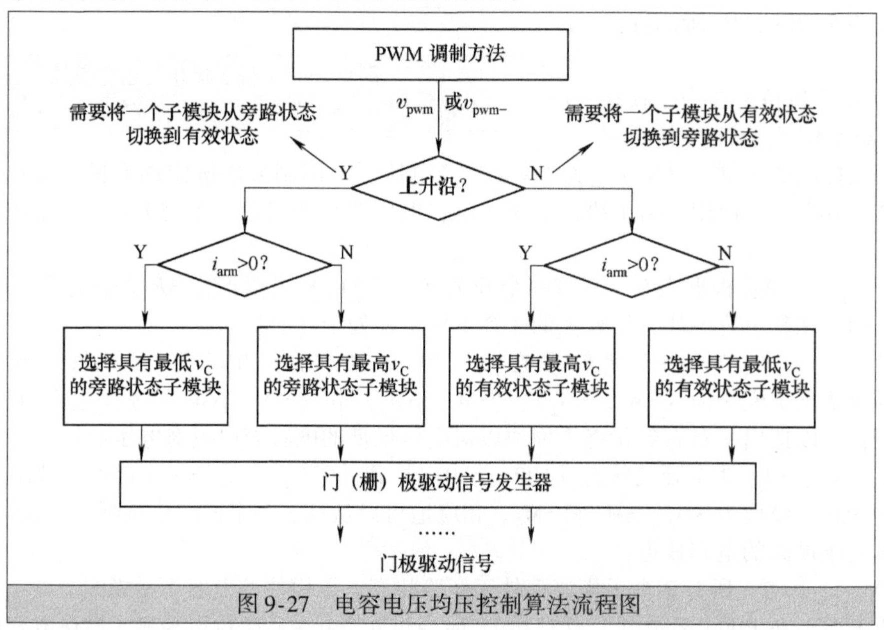

图 9-27　电容电压均压控制算法流程图

例如，当检测到 v_{pwm} 的上升沿时，桥臂上的一个子模块应该从旁路状态切换到有效状态。如果桥臂电流为正（$i_{arm}>0$），则选择切换具有最低电容电压且处于旁路状态的子模块。这个子模块的电容将在下一个开关周期中被充电。类似的，如果桥臂电流为负（$i_{arm}<0$），可以选择切换具有最高电容电压且处于旁路状态的子模块，这个子模块的电容将在下一个开关周期内被放电。

当检测到 v_{pwm} 的下降沿，桥臂上的一个子模块应该从有效状态切换到旁路状态。如果桥臂电流为正（$i_{arm}>0$），则选择切换具有最高电容电压且处于有效状态的子模块；否则这个电容将在下个开关周期内再次被充电，而这种情况应该是要避免的。类似的，如果桥臂电流为负（$i_{arm}<0$），可以选择切换具有最低电容电压且处于有效状态的子模块。否则这个子模块的电容将在下一个开关周期内被持续放电。

图 9-28 所示为每桥臂 4 个子模块 MMC 的仿真波形。表 9-10 给出了运行条件和变流器参数。图 9-28a 和 b 分别为上桥臂 4 个电容和下桥臂 4 个电容的电压波形。电容电压在标称值 $E = V_d/m$ 上下波动，表中

给出的标称值为1761V。电压波动的幅值取决于逆变器的电容值和输出频率。在这个案例中，电容值为15pu而逆变器输出频率为60Hz。

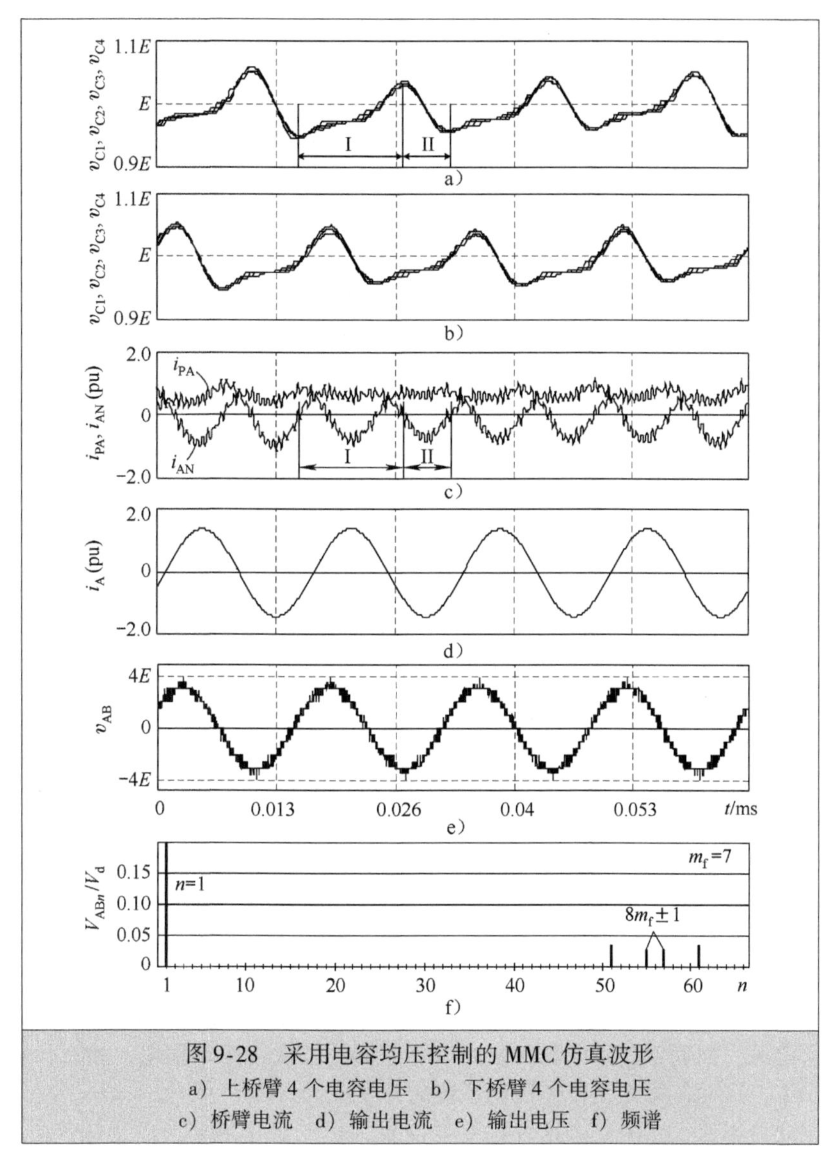

图9-28 采用电容均压控制的MMC仿真波形

a）上桥臂4个电容电压 b）下桥臂4个电容电压

c）桥臂电流 d）输出电流 e）输出电压 f）频谱

可以观察到每当逆变器输出电压v_{AB}变化一个周期，电容电压的纹波也变化一个周期。这说明电压纹波的主要谐波的频率和逆变器60Hz的输出频率是一样的，而不是420Hz的开关频率。这就是模块化多电平逆变器需要相对较大悬浮电容的原因（本案例中为15pu）。

图9-28c给出了上下桥臂电流i_{PA}和i_{AN}的波形。每个桥臂电流都包含一个直流分量、60Hz的基波频率分量以及开关谐波分量。逆变器A相输出电流则由$i_A = i_{PA} - i_{AN}$得到。

线电压由17个小的电压台阶构成，从而使得

表9-10 每桥臂4个子模块的MMC的仿真参数

参数	数值
输出电压 V_{AB}(rms)	4000V
输出电流 I_A(rms)	160A（1.0pu）
输出频率 f_o	60Hz
直流母线电压 V_d	7045V（3.05pu）
子模块类型	半桥
每桥臂子模块数量	4
悬浮电容	2.8mF(15pu)
峭壁电抗	3.0mH（0.08pu）
子模块电容电压标称值 E	$V_d/4 = 1761$V
开关频率	420Hz（$m_f = 7$）
幅值调制因数	0.9
负载功率因数	0.9

电压波形接近正弦波形。主要谐波集中在56次谐波周围，即器件开关频率420Hz的8倍频3360Hz。如果逆变器的负载为电动机，其定子电流中的高次开关谐波将会被电动机漏抗极大削弱，从而使得定子电流波形几乎完全为正弦波形。

9.6.5 电容电压纹波和环流电流 ★★★

当模块化多电平逆变器用于中压传动系统，特别当电动机低速运行时，悬浮电容上的电压纹波将变得极高。变流器运行在60Hz输出频率时，导致电容电压纹波高的主要原因在前面一节中已做了部分解释。

随着逆变器输出频率的不断降低，例如低至几赫兹，电容电压纹波将会持续增大。造成过高电容电压纹波的原因可以通过对图9-28中的波形观察来进一步研究。在阶段Ⅰ，上桥臂电流i_{PA}为正，使得上桥臂电容被持续充电，因此如图9-28a所示电容电压将持续增大。类似的，在阶段Ⅱ，i_{PA}为负，使得电容被持续放电。

上面的分析揭示了只要桥臂电流为正（$i_{arm}>0$），桥臂上的电容将持续被充电并导致电压持续升高，而在负的桥臂电流下电容电压将持续降低。当逆变器运行在较低频率，桥臂电流的正负周期将非常长，从而导致过大的悬浮电容电压纹波。

为解决低频下电容电压纹波过高的问题，悬浮电容的容值应该大幅增加。然而，考虑到MMC中大容量悬浮电容数量巨大所导致的成本问题，这不是一个可行的解决方案。

这个问题可以通过向PWM信号中注入相对高频的共模（CM）电压信号来解决[20]。通过这样做，悬浮电容将按照所注入共模电压频率被高频次地充电或放电，从而减小电容电压的纹波。然而，这个方法将在定子绕组上产生额外的共模电压应力。如果不设法减轻共模应力，将会使得定子绕组绝缘产生永久性失效。中压传动的共模电压问题将在第17章中进一步分析。

模块化多电平逆变器的另一个技术问题，是在3个桥臂之间流动的环流电流。环流电流的主要起因，是并联在同一条直流母线上3个支路上下桥臂的子模块电容电压不等所导致的。环流电流在3个逆变器桥臂之间内部流动，因而不会影响逆变器输出电压或电流的波形。然而这个电流增加了器件的开关损耗，从而降低了逆变器的效率。通过增大桥臂电感可以在一定程度上减小环流电流[13]，但这样做是以增加逆变器成本为代价的。环流电流也可以通过闭环控制方法来降低到最小[17]。

总之，本节给出的模块化多电平逆变器具有一系列特点。对采用低电压高性价比的子模块组成的串联模块化结构，提供了较好的模块化和可扩展性，从而有助于减少逆变器的制造成本。借助于桥臂上串联的众多子模块，逆变器所输出的高质量电压波形具有很低的THD和dv/dt。MMC逆变器的子模块不需要隔离直流电源，而通常这种电源需要通过变压器的二次绕组来供电。相反，MMC逆变器可以用一个直流电源供电，从而使得无变压器传动系统的开发成为可能。

然而，这种逆变器也有一些缺点。这种逆变器需要大量的悬浮电容，由于这些电容需要以逆变器基波频率而不是开关频率充放电，所以容值相对较高。每个子模块电容电压都需要被测量和控制，从而增加了控制方法的复杂度。在较低的逆变器输出频率下电容电压纹波会很高，因此对运行在低速下的传动系统需要采取一定的方法来抑制这个问题。尽管有这些缺点，但模块化多电平逆变器仍然已经在商业化的中压传动系统中得到成功应用[14,21]。

9.7 小　结

本章给出的多电平逆变器拓扑在前面的章节中并未提及。这些逆变器拓扑包括电容悬浮式逆变器、有源中点箝位（ANPC）逆变器、中点可控（NPP）逆变器、嵌套式中点箝位（NNPC）逆变器和模块化多电平（MMC）逆变器。本章对这些逆变器的运行原理进行了说明，介绍了它们的调制方法并详细描述了直流电容电压均压控制。

由于大量的悬浮电容需要隔离的预充电电路及复杂的电压均压控制，FC逆变器只有有限的实际应

用案例，但这种拓扑可以用来导出其他多电平拓扑。ANPC 拓扑是从 NPC 逆变器发展而来的，并有器件损耗均衡分布的特点，这个特点使得 ANPC 逆变器中的每个开关器件都被充分利用以获得更高的输出功率。NNPC 逆变器则是将 FC 和 NPC 拓扑相结合而得到，在相同电压水平下所需的器件比 NPC 逆变器要少。MMC 拓扑具有模块化结构，通过将不同数量的低压子模块串联，逆变器可以工作在很宽的电压范围内。这种逆变器可以用于 2.3～13.8kV 电压范围的中压传动系统中。

参考文献

[1] M. F. Escalante, J. C. Vannier, and A. Arzande, "Flying capacitor multilevel inverters and DTC motor drive applications," IEEE Transactions on Industrial Applications, vol. 49, no. 4, pp. 809-815, 2002.

[2] Y. Zhang, and L. Sun, "An efficient control strategy for a five-level inverter comprising flying-capacitor asymmetric H-Bridge," IEEE Transactions on Industrial Applications, vol. 58, no. 9, pp. 4000-4009, 2011.

[3] T. Bruckner, S. Bernet, and H. Guldner, "The active NPC converter and its loss-balancing control," IEEE Transactions on Industrial Electronics, vol. 52, no. 3, pp. 855-868, 2005.

[4] S. Kouro, M. Malinowski, K. Gopakumar, et al., "Recent advances and industrial applications of multilevel converters," IEEE Transactions on Industrial Electronics, vol. 57, no. 8, pp. 2553-2580, 2010.

[5] D. Andler, R. Alvarez, S. Bernet and J. Rodriguez, "Switching loss analysis of 4.5-kV – 5.5-kA IGCTs within a 3L-ANPC phase leg prototype," IEEE Transactions on Industry Applications, vol. 50, no. 1, pp. 584-592, 2014.

[6] J. I. Leon, L. G. Franquelo, S. Kouro, et al, "Simple Modulator with Voltage Balancing Control for the Hybrid Five-level Flying-capacitor based ANPC Converter," IEEE International Symposium on Industrial Electronics, pp. 1887-1892, 2011.

[7] "ACS 2000 Medium Voltage Drives," ABB ACS2000 Product Brochure, 24 pages, 2012.

[8] "MV 7000," GE Product Brochure, 11 pages, 2015.

[9] V. Guennegues, B. Gollentz, F. Meibody-Tabar, et al., "A Converter Topology for High Speed Motor Drive Applications," 13th European Conference on Power Electronics, pp. 1-8, 2009.

[10] M. Narimani, B. Wu, N. R. Zargari and G. Cheng, "A new nested neutral point clamped (NNPC) converter for medium-voltage (MV) power conversion," IEEE Transactions on Power Electronics, vol. 29, no. 12, pp. 2372-2377, 2014.

[11] M. Narimani, B. Wu, N. R. Zargari and G. Cheng, "A novel and simple single-phase modulator for the nested neutral point clamped (NNPC) converter," IEEE Transactions on Power Electronics, vol. 30, no. 8, pp. 4069-4078, 2015.

[12] K. Tian, B. Wu, M. Narimani, et al., "A Simple Capacitor Voltage Balancing Method for Nested Neutral Point Clamped Inverter," IEEE Energy Conversion Congress and Exposition, pp. 2133-2139, 2014.

[13] H. Akagi, "Classification, terminology, and application of the modular multilevel cascade converter (MMCC)," IEEE Transactions on Power Electronics, vol. 26, no. 11, pp. 3119-3130, 2011.

[14] "SINAMICS Perfect Harmony GH150," SIEMENS Product Brochure, 14 pages, 2015.

[15] E. Solas, G. Abad, J. A. Barrena, et al., "Modular multilevel converter with different submodule concepts – part I: capacitor voltage balancing method," IEEE Transactions on Industrial Electronics, vol. 60, no. 10, pp. 4525-4535, 2013.

[16] D. Siemaszko, "Fast sorting method for balancing capacitor voltages in modular multilevel converters," IEEE Transactions on Power Electronics, vol. 30, no. 1, pp. 463-470, 2015.

[17] S. Debnath, J. Qin, B. Bahrani, et al., "Operation, control, and applications of the modular multilevel converter: a review," IEEE Transactions on Power Electronics, vol. 30, no. 1, pp. 37-53, 2015.

[18] A. Dekka, B. Wu and N. R. Zargari, "A novel modulation scheme and voltage balancing algorithm for modular multilevel converter," IEEE Transactions on Industry Applications, vol. 52, no. 1, pp. 432-443, 2016.

[19] M. Guan, and Z. Xu, "Modeling and control of a modular multilevel converter-based HVDC system under unbalanced grid conditions," IEEE Transactions on Power Electronics, vol. 27, no. 12, pp. 4858-4867, 2012.

[20] M. Hagiwara, I. Hasegawa, and H. Akagi, "Start-up and low-speed operation of an electric motor driven by a modular multilevel cascade inverter," IEEE Transactions on Industry Applications, vol. 49, no. 4, pp. 1556-1565, 2013.

[21] "The Advanced Controls and Drives," Benshaw Product Brochure, 132 pages, 2013.

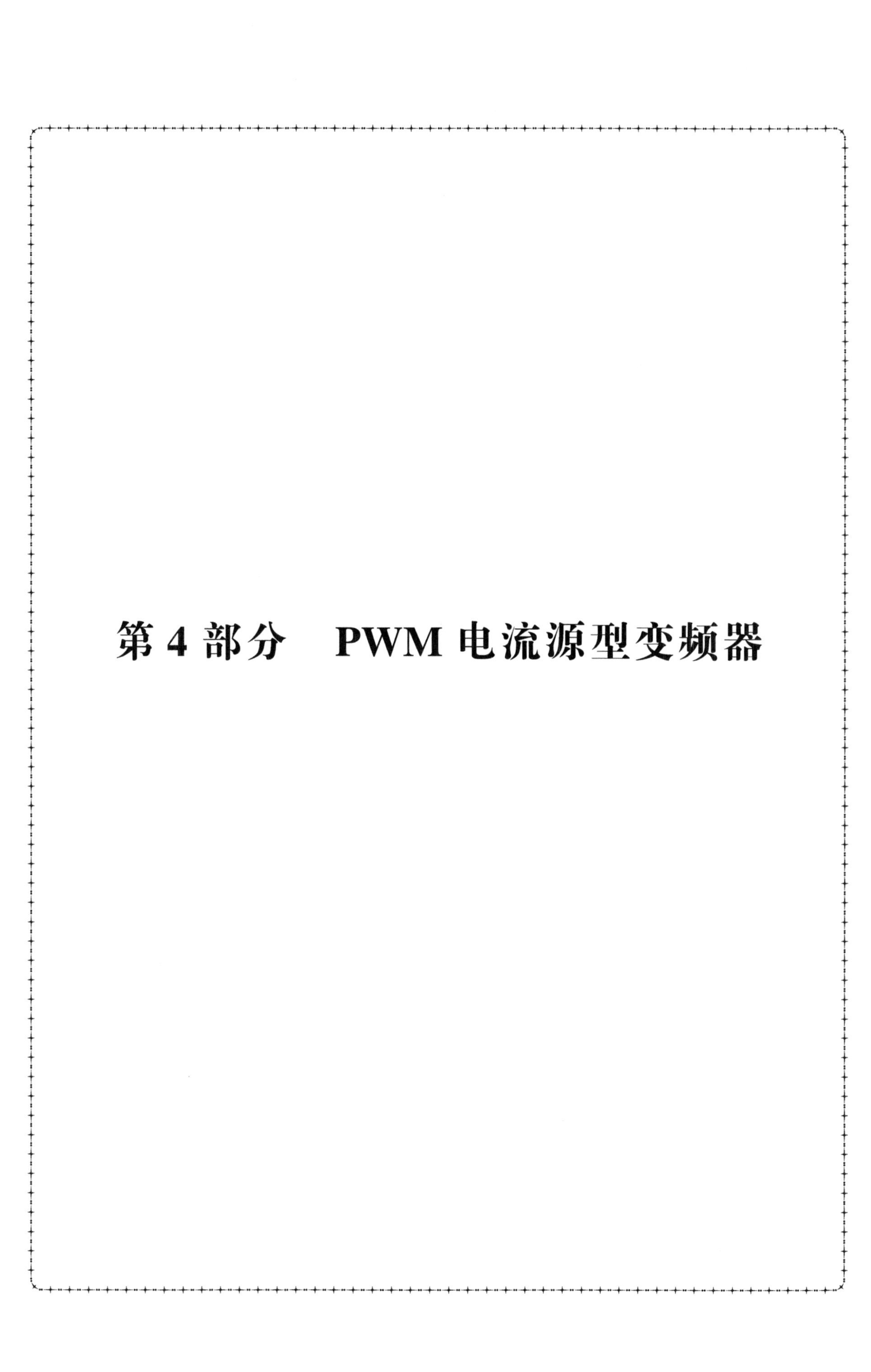

第4部分　PWM电流源型变频器

第10章 PWM电流源型逆变器

10.1 简　　介

中压传动系统采用的逆变器，一般可分为电压源型和电流源型两种。电压源型逆变器（VSI）在负载上产生特定的三相PWM电压波形，而电流源型逆变器（CSI）则产生特定的PWM电流波形。PWM电流源型逆变器具有拓扑结构简单、输出波形好、短路保护可靠等优点，是中压传动系统广泛应用的逆变器拓扑结构之一[1]。

中压传动系统通常采用两种电流源型逆变器：PWM电流源型逆变器和负载换相逆变器（LCI）。PWM电流源型逆变器中采用的是具有自关断能力的功率开关器件。在20世纪90年代后期GCT出现之前，CSI传动系统中的功率器件基本都采用的是GTO[2,3]。负载换相逆变器则采用晶闸管器件，其换相方式是借助于具有超前功率因数的负载来实现的。LCI的拓扑结构非常适合于高达100MW的大型同步电动机传动系统[4]。

本章将主要介绍PWM电流源型逆变器，并对不同的调制方法，如梯形波脉宽调制（Trapezoidal Pulse Width Modulation，TPWM）、特定谐波消除（Selective Harmonic Elimination，SHE）和空间矢量方法（SVM）进行讨论。这些调制方法都是为大功率逆变器在500Hz左右的开关频率下运行而提出的。本章将对这些调制方法的原理进行详细介绍，并分析它们的谐波特性。另外，本章将给出一种采用并联逆变器的新型CSI拓扑结构，并针对这种结构，提出基于空间矢量调制方法的直流电流平衡控制方法。本章最后还将对负载换相逆变器进行介绍。

10.2 PWM电流源型逆变器

理想化的PWM电流源型逆变器如图10-1所示，其中逆变器由6个GCT器件组成。在中压传动系统中，这6个GCT器件还可以由两个或更多个器件串联代替。在电流源型逆变器中，采用的GCT器件是具有反向阻断能力的对称型GCT器件，即SGCT。逆变器产生特定的PWM输出电流 i_w，直流侧则是一个理想电流源 I_d。在实际应用中，电流源 I_d 可用电流源型整流器（CSR）实现。

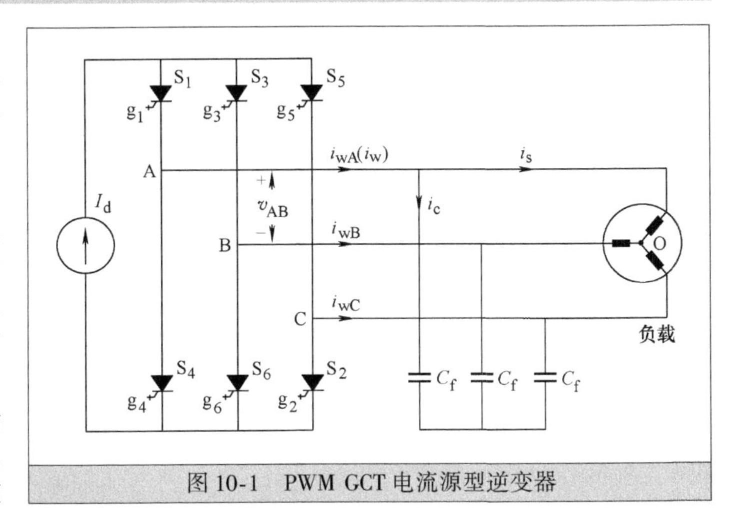

图10-1　PWM GCT电流源型逆变器

电流源型逆变器通常需要在输出端引入三相电容 C_f 来帮助开关器件换相。例如，在 S_1 关断瞬间，逆变器的PWM

电流 i_w 在很短的时间内要减小到零，电容则为储存在 A 相负载电感中的能量提供了电流通路，否则可能产生很高的电压尖峰，并导致功率开关器件损坏。电容同时还起着滤波器的作用，以改善输出电压、电流的波形。对开关频率在200Hz左右的中压传动系统，这个电容的值在0.3~0.6pu之间[5]。电容的值可随着开关频率的增加而相应减小。

直流电流源 I_d 可通过带直流电流反馈控制的SCR整流器或PWM电流源整流器实现，如图10-2所示。为了得到连续而平滑的直流电流 I_d，直流电感 L_d 是电流源整流器不可缺少的器件。通过闭环反馈来控制电流 I_d，使其幅值达到电流的给定值 I_d^*。直流电感的大小通常在0.5~0.8pu之间。

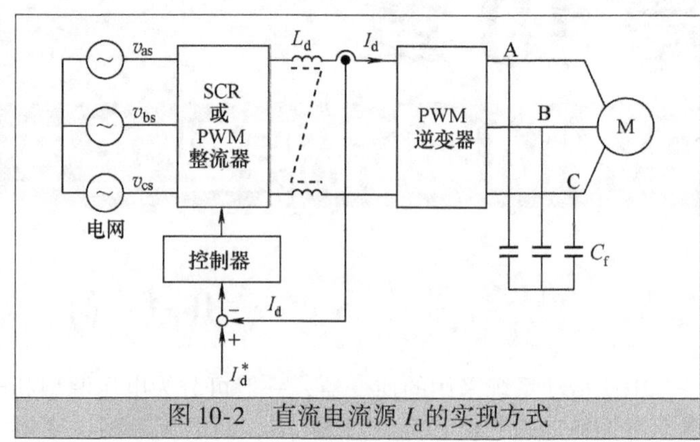

图10-2 直流电流源 I_d 的实现方式

PWM电流源型逆变器具有下列特征：

1）拓扑结构简单。逆变器使用对称型的GCT功率开关器件，无需反并联续流二极管。

2）输出波形好。电流源型逆变器产生三相PWM电流，而不是像VSI一样产生三相PWM电压。在逆变器输出端滤波电容的作用下，负载电流和电压波形都非常接近正弦波。电流源型逆变器不存在 dv/dt 过高的问题。

3）短路保护可靠。如果逆变器输出端发生短路，直流电流 I_d 的上升将受到直流电感的限制，从而为保护电路启动提供了充足的时间。

4）动态响应速度慢。由于直流电流值不能瞬时改变，所以降低了系统的动态性能。

10.2.1 梯形波脉宽调制 ★★★

为CSI设计的脉宽调制模式通常应注意两个条件：直流电流 I_d 应保持连续；逆变器PWM电流 i_w 波形应该是确定的。这两个条件可以转化为脉宽调制的开关约束条件，即在任何时刻（除了换相期间），只有两个功率开关器件导通，一个在上半桥而另一个在下半桥。当只有一个开关器件导通时，就失去了电流的连续性，直流电感上会产生极高的电压从而造成开关器件的损坏。如果超过两个开关器件同时导通，PWM电流 i_w 将不再符合开关方式所定义的波形。例如，当 S_1、S_2 和 S_3 同时导通时，虽然在开关器件 S_1 和 S_3 中流过的电流（即逆变器A相和B相的PWM电流）之和仍为 I_d，但这两个电流的大小分配则受到了负载的影响，难以确定。

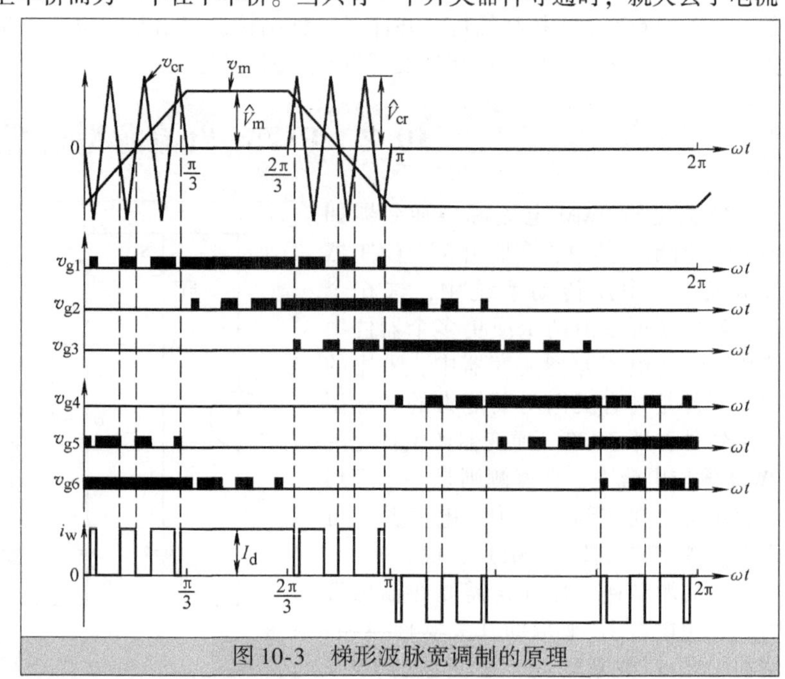

图10-3 梯形波脉宽调制的原理

图10-3所示为梯形波脉宽调制（TPWM）的原理，其中 v_m 是梯形调制波，v_{cr} 是三角形载波。幅值调制因数 m_a 为

$$m_a = \frac{\hat{V}_m}{\hat{V}_{cr}} \qquad (10\text{-}1)$$

式中，$\hat{V}_m$ 和 $\hat{V}_{cr}$ 分别为调制波和载波的峰值。

与电压源型逆变器中基于载波的 PWM 方法类似，通过比较 v_m 和 v_{cr} 可以得到开关 S_1 的门（栅）极驱动信号 v_{g1}。然而，梯形波脉宽调制在逆变器输出基波的正半周或负半周中间 π/3 段不产生门（栅）极驱动信号。这样的排列能够满足 CSI 的脉冲调制约束条件。从门（栅）极信号可以看出，任何时刻只有两个 GCT 导通，从而使得 i_w 波形是确定的，其幅值大小由直流母线电流 I_d 决定。

功率器件的开关频率可以用式（10-2）计算

$$f_{sw} = f_1 N_p \tag{10-2}$$

式中，f_1 为基波频率；N_p 为 i_w 每半周期中的脉冲数。

图 10-4a 所示为 $N_p=13$ 和 $m_a=0.83$ 时，逆变器输出电流 i_w 的频谱。式中，I_{wn} 为 i_w 中第 n 次谐波电流的有效值，$I_{w1,max}$ 是根据式（10-3）计算得到的基波电流有效值的最大值。

$$I_{w1,max} = 0.74 I_d \tag{10-3}$$

式中，$m_a=1$。

PWM 电流 i_w 为半波对称，不包含偶次谐波。在 $n=3(N_p-1)\pm1$ 和 $n=3(N_p-1)\pm5$ 处，分布着 TPWM 方法产生的两对主要谐波，在此例中分别为 35、37 和 31、41 次谐波。

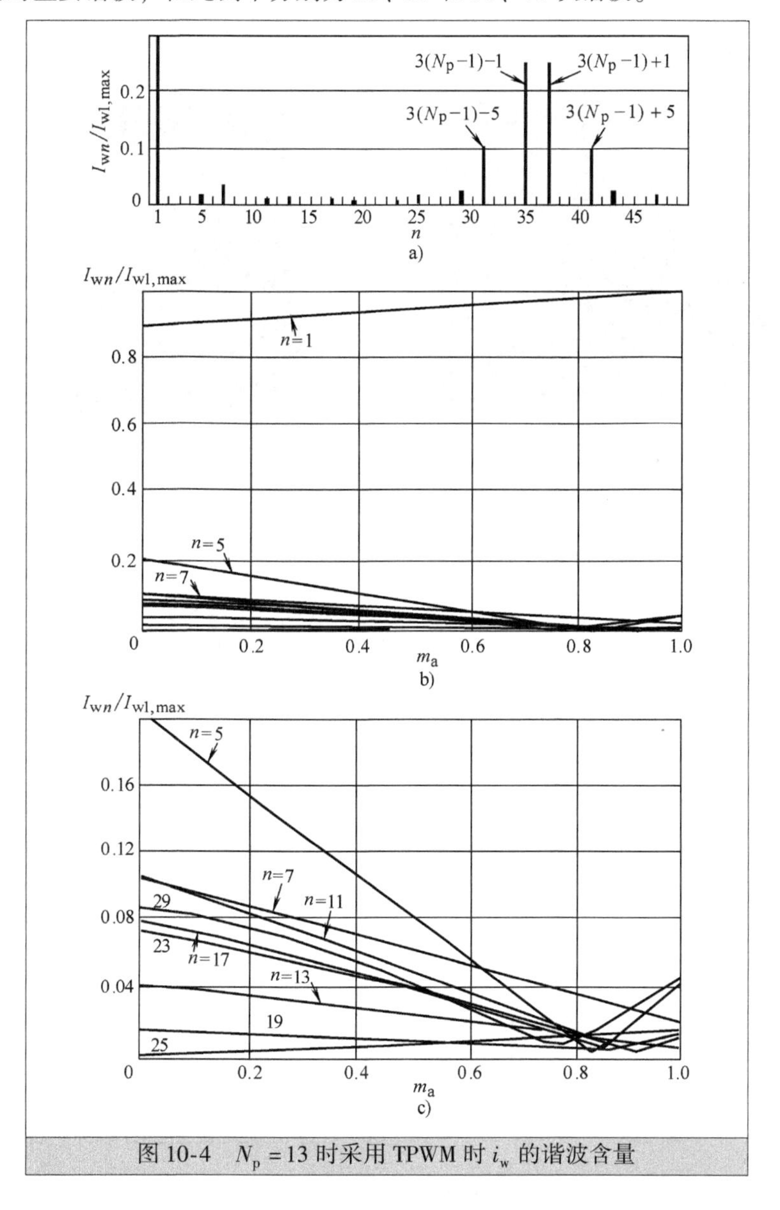

图 10-4　$N_p=13$ 时采用 TPWM 时 i_w 的谐波含量

图 10-4b 所示为 i_w 中的谐波成分。基波分量 I_{w1} 并不随着幅值调制因数 m_a 的变化而明显改变。当 m_a 从零变化到最大值 1.0 时，I_{w1} 从最小值 $0.89I_{w1,max}$ 变到 $I_{w1,max}$，只增加了 11%。这是因为，在每半个周期的中间 π/3 段，没有对 i_w 进行调制。在实际中，对 I_{w1} 的调制是通过整流器改变直流电流的幅值而不是改变 m_a 来实现的。

图 10-4c 给出了主要的低次谐波电流。在 $m_a=0.85$ 及 $C_f=0.66$pu 时，大部分谐波电流的幅值接近它们的最小值，从而使得谐波畸变比较小。这个现象在 N_p 为其他值时也是成立的。因此，m_a 应该选择为 0.85，此时 i_w 的 THD 最小，I_{w1} 接近 $I_{w1,max}$。

图 10-5 给出了当 $m_a=0.85$ 和 $C_f=0.66$pu 时，在小功率电流源型逆变器供电的异步电动机传动实验室系统上得到的实验结果。电动机以额定电流运行在较低转速。其中，图 10-5a 给出了基波频率 $f_1=13.8$Hz 和开关频率 $f_{sw}=180$Hz 下，逆变器 PWM 输出电流 i_w、定子电流 i_s 和线电压 v_{AB} 的波形。电流 i_w 的每半周包含 13 个脉冲，i_s 的波形类似梯形波叠加了一些开关噪声。v_{AB} 波形中虽然包含的谐波分量比 i_s 多，但其谐波畸变率和 dv/dt 都仍然远优于两电平电压源型逆变器。当 $f_1=5$Hz、$f_{sw}=155$Hz（$N_p=31$）时，逆变器输出的电压和电流波形如图 10-5b 所示。上述这两个例子里，开关频率分别为 180Hz 和 150Hz，v_{AB} 和 i_s 的波形还是较好的。

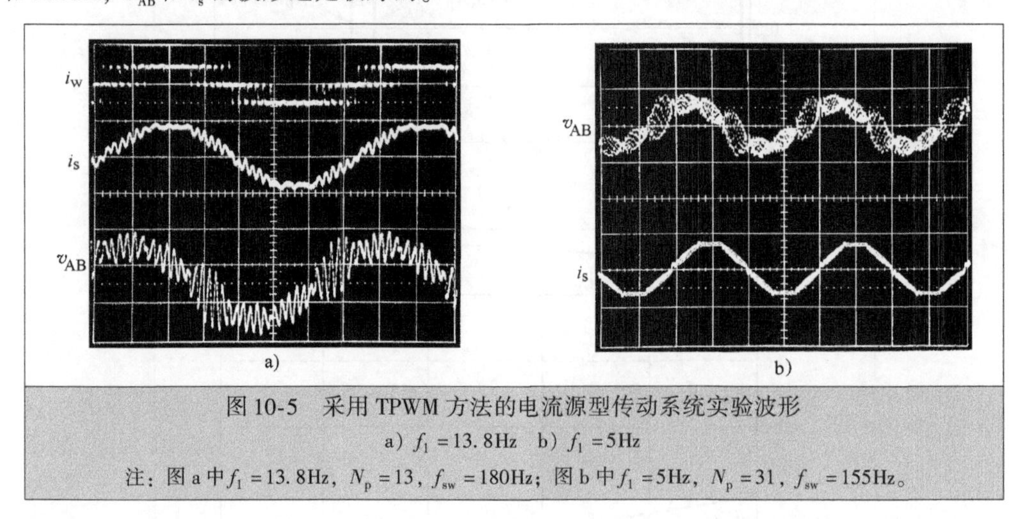

图 10-5 采用 TPWM 方法的电流源型传动系统实验波形

a) $f_1=13.8$Hz b) $f_1=5$Hz

注：图 a 中 $f_1=13.8$Hz，$N_p=13$，$f_{sw}=180$Hz；图 b 中 $f_1=5$Hz，$N_p=31$，$f_{sw}=155$Hz。

如前面指出的，TPWM 方法在 $n=3(N_p-1)\pm1$ 和 $n=3(N_p-1)\pm5$ 处产生两对主要的谐波。当 $N_p=5$ 时，i_w 中的谐波主要有 7、11、13 和 17 次谐波。这些低次谐波很难被滤波电容和电动机电感彻底消除，会对电动机的运行造成有害影响，并产生谐波损耗。因此，$N_p\leqslant7$ 的 TPWM 方法在实际中很少应用。

10.2.2 特定谐波消除法 ★★★

特定谐波消除（SHE）方法是一种离线式调制方法，可以消除逆变器 PWM 电流 i_w 中的主要低次谐波。功率器件的开关角度预先计算好并存入数字控制器，以供在运行控制中使用。图 10-6 给出了满足 CSI 约束条件的典型 SHE 波形。其中，每半个周期有 5 个脉冲，在第一个 π/2 段有 5 个开关角，但这 5 个角度中只有 θ_1 和 θ_2 是独立的。只要给出这两个角度，其他角度可据此推算得到。

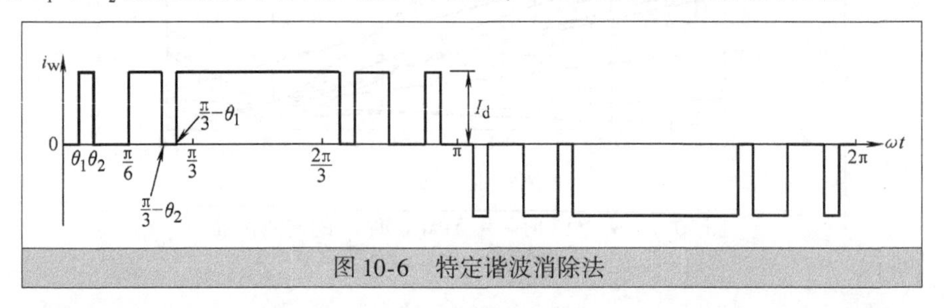

图 10-6 特定谐波消除法

两个开关角代表两个自由度，即通过改变这两个角度可以达到两种效果：消除 i_w 中的两个谐波而不能控制 m_a，或者消除 i_w 中一个谐波同时控制 m_a。因为 I_{w1} 的调整一般是通过整流器调节直流电流 I_d 实现的，所以一般选择第一种方式。这样由下式可计算被消除的谐波次数：

$$k=(N_p-1)/2$$

逆变器 PWM 电流 i_w 的表达式为

$$i_w(\omega t)=\sum_{n=1}^{\infty}a_n\sin(n\omega t) \tag{10-4}$$

式中

$$a_n=\frac{4}{\pi}\int_0^{\frac{\pi}{2}}i_w(\omega t)\sin(n\omega t)\mathrm{d}(\omega t) \tag{10-5}$$

傅里叶系数 a_n 可以从式（10-6）得到

$$a_n=\frac{4I_{dc}}{\pi}\times\begin{cases}\int_{\theta_1}^{\theta_2}\sin(n\omega t)\mathrm{d}(\omega t)+\cdots+\int_{\theta_k}^{\frac{\pi}{6}}\sin(n\omega t)\mathrm{d}(\omega t)+\\ \int_{\frac{\pi}{3}-\theta_k}^{\frac{\pi}{3}-\theta_{k-1}}\sin(n\omega t)\mathrm{d}(\omega t)+\cdots+\int_{\frac{\pi}{3}-\theta_1}^{\frac{\pi}{2}}\sin(n\omega t)\mathrm{d}(\omega t) & (k\text{ 为奇数})\\ \int_{\theta_1}^{\theta_2}\sin(n\omega t)\mathrm{d}(\omega t)+\cdots+\int_{\theta_{k-1}}^{\theta_k}\sin(n\omega t)\mathrm{d}(\omega t)+\\ \int_{\frac{\pi}{6}}^{\frac{\pi}{3}-\theta_k}\sin(n\omega t)\mathrm{d}(\omega t)+\cdots+\int_{\frac{\pi}{3}-\theta_1}^{\frac{\pi}{2}}\sin(n\omega t)\mathrm{d}(\omega t) & (k\text{ 为偶数})\end{cases} \tag{10-6}$$

式（10-6）可简化为

$$a_n=\frac{4I_{dc}}{\pi n}\times\begin{cases}\cos(n\theta_1)+\cos[n(\pi/3-\theta_1)]-\cos(n\theta_2)-\cos[n(\pi/3-\theta_2)]+\cdots\\ +\cos(n\theta_k)+\cos[n(\pi/3-\theta_k)]-\cos(n\pi/6) & (k\text{ 为奇数})\\ \cos(n\theta_1)+\cos[n(\pi/3-\theta_1)]-\cos(n\theta_2)-\cos[n(\pi/3-\theta_2)]+\cdots\\ -\cos(n\theta_k)-\cos[n(\pi/3-\theta_k)]+\cos(n\pi/6) & (k\text{ 为偶数})\end{cases} \tag{10-7}$$

为了消除 k 个谐波，需要设置 $a_n=0$ 得到 k 个方程

$$F_i(\theta_1,\theta_2,\theta_3,\cdots,\theta_k)=0 \qquad (i=1,2,\cdots,k) \tag{10-8}$$

例如，为了消除 i_w 中的5、7 和 11 次谐波，可以得到下列方程组：

$$\begin{cases}F_1=\cos(5\theta_1)+\cos[5(\pi/3-\theta_1)]-\cos(5\theta_2)-\cos[5(\pi/3-\theta_2)]+\\ \qquad\cos(5\theta_3)+\cos[5(\pi/3-\theta_3)]-\cos(5\pi/6)=0\\ F_2=\cos(7\theta_1)+\cos[7(\pi/3-\theta_1)]-\cos(7\theta_2)-\cos[7(\pi/3-\theta_2)]+\\ \qquad\cos(7\theta_3)+\cos[7(\pi/3-\theta_3)]-\cos(7\pi/6)=0\\ F_3=\cos(11\theta_1)+\cos[11(\pi/3-\theta_1)]-\cos(11\theta_2)-\cos[11(\pi/3-\theta_2)]+\\ \qquad\cos(11\theta_3)+\cos[11(\pi/3-\theta_3)]-\cos(11\pi/6)=0\end{cases} \tag{10-9}$$

式（10-9）为非线性和超越方程，可通过多种数值算法解算，牛顿-拉普逊迭代法就是其中之一[6]。这个算法的流程图如图 10-7 所示，其中 θ^0 为开关角的初始值，$\partial F/\partial\theta$ 为如下所示的雅可比矩阵：

$$\frac{\partial F}{\partial\theta}=\begin{bmatrix}\frac{\partial F_1}{\partial\theta_1} & \frac{\partial F_1}{\partial\theta_2} & \frac{\partial F_1}{\partial\theta_3} & \cdots & \frac{\partial F_1}{\partial\theta_k}\\ \frac{\partial F_2}{\partial\theta_1} & \frac{\partial F_2}{\partial\theta_2} & \frac{\partial F_2}{\partial\theta_3} & \cdots & \frac{\partial F_2}{\partial\theta_k}\\ \vdots & \vdots & \vdots & \vdots & \vdots\\ \frac{\partial F_k}{\partial\theta_1} & \frac{\partial F_k}{\partial\theta_2} & \frac{\partial F_k}{\partial\theta_3} & \cdots & \frac{\partial F_k}{\partial\theta_k}\end{bmatrix} \tag{10-10}$$

基于上面的算法，消除 5、7 和 11 次谐波的开关角为 $\theta_1=2.24°$、$\theta_2=5.60°$、$\theta_3=21.26°$。PWM 电流 i_w 和它的频谱如图 10-8 所示。与 TPWM 方法类似，SHE 产生的两对主要谐波也分布在 $n=3(N_p-1)$

±1 和 $n=3(N_p-1)\pm5$ 处。

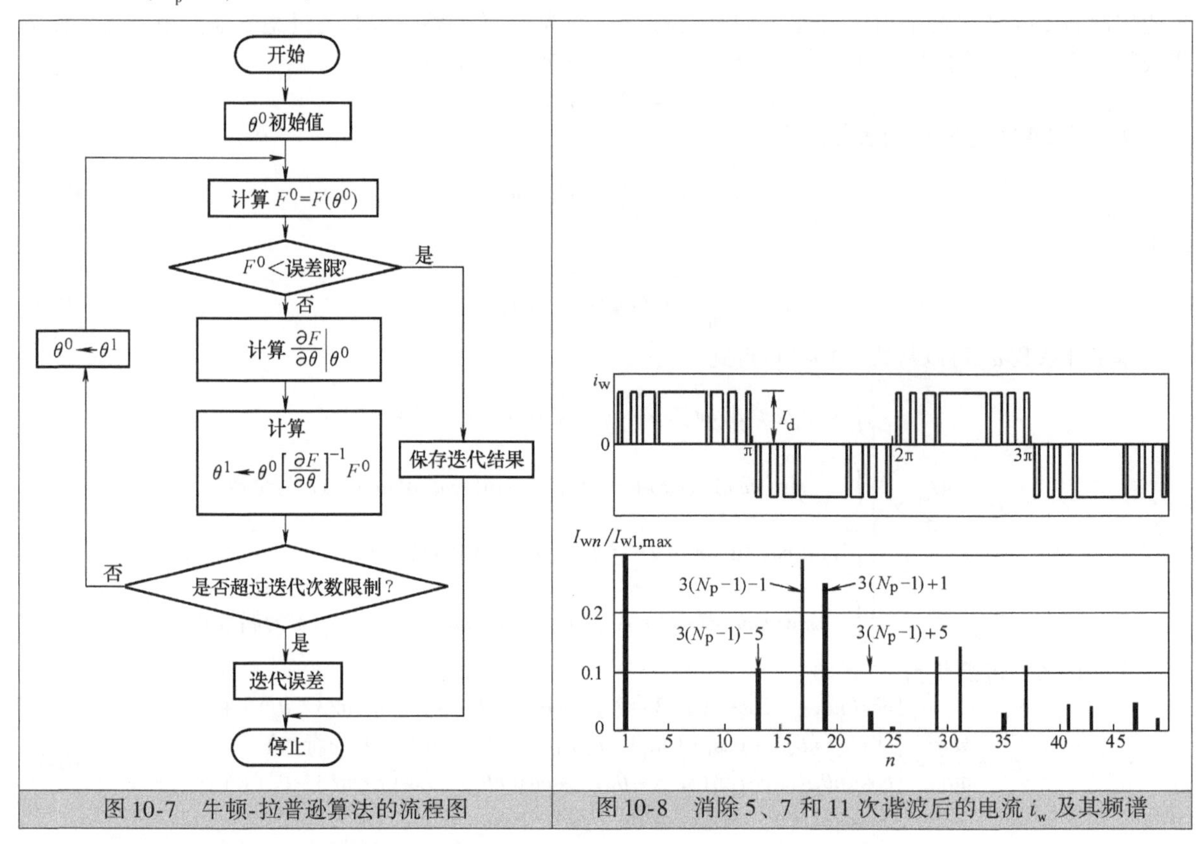

图 10-7　牛顿-拉普逊算法的流程图　　图 10-8　消除 5、7 和 11 次谐波后的电流 i_w 及其频谱

本章附录中给出了可以消除 i_w 中多达 4 个谐波分量的开关角计算结果。需要指出的是，最低次谐波通常应首先被消除，但也有例外。如果由滤波电容和负载电感引起的谐振频率是 11 次谐波，则 5 和 11 次谐波应该被消除，以避免引起谐振，而不是消除 5、7 次谐波。此外，式（10-8）不会在任何情况下都有解，例如同时可以消除 5、7、11、13 和 17 次谐波的方程解就不存在。

图 10-9 给出了 $C_f=0.66$pu 时，从小功率 CSI 异步电动机传动系统测得的一组电压和电流实验波形[5]。为了维持电动机气隙磁链恒定，当定子电流 i_s 保持在额定值时，定子电压 v_{AB} 随着逆变器基波频率 f_1 的改变而改变。

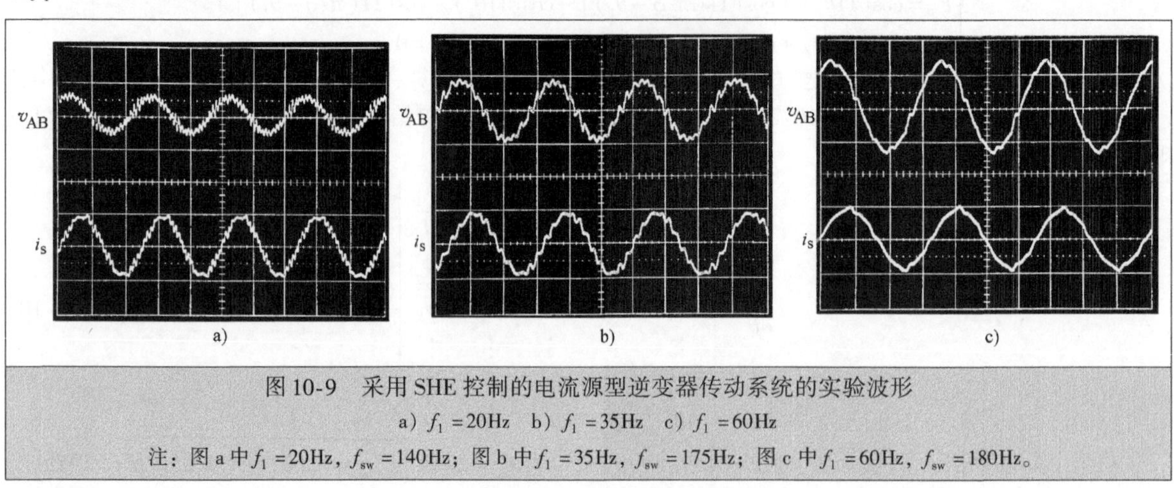

图 10-9　采用 SHE 控制的电流源型逆变器传动系统的实验波形

a）$f_1=20$Hz　b）$f_1=35$Hz　c）$f_1=60$Hz

注：图 a 中 $f_1=20$Hz，$f_{sw}=140$Hz；图 b 中 $f_1=35$Hz，$f_{sw}=175$Hz；图 c 中 $f_1=60$Hz，$f_{sw}=180$Hz。

图10-9a给出了逆变器运行在20Hz时的波形，其中5、7和11次3个低次谐波被消除，而此时的开关频率仅为140Hz。图10-9b给出的是逆变器工作在35Hz并消除了5、7次谐波的结果，其开关频率为175Hz。图10-9c是逆变器工作在60Hz时的结果，5次谐波被消除，开关频率为180Hz。

可以看到，即使在很低的开关频率下（≤180Hz），电流源型逆变器仍然能够产生接近正弦波的输出波形。电压源型逆变器所存在的dv/dt高的问题，在电流源型逆变器中并不存在。

TPWM和SHE可以组合在一起用于中压大功率传动系统，其中，当逆变器运行在较高的基波频率时，采用SHE；而当逆变器运行在较低频率时，则采用TPWM。这个问题将在第13章中进行详细讨论。

10.3 空间矢量调制

除了TPWM和SHE两种脉宽调制方法外，电流源型逆变器也可以采用空间矢量调制（SVM）方法[7,8]。本节将介绍空间矢量调制的原理和实现方法，并和TPWM、SHE进行比较。

10.3.1 开关状态 ★★★

前面已经指出，用于图10-1所示的电流源型逆变器的PWM方法必须满足下面的约束条件：任何时间同时有且仅有两个开关器件导通（换相过程除外），一个位于上半桥，另一个位于下半桥。在这个约束条件下，三相逆变器总共有表10-1所列出的9种开关状态以及其对应的电压矢量。这些开关状态分为零开关状态和非零开关状态。

表10-1 开关状态和空间电流矢量表

类型	开关状态	导通开关器件	逆变器PWM电流			空间矢量
			i_{wA}	i_{wB}	i_{wC}	
零开关状态	[14]	S_1,S_4	0	0	0	$\vec{I}_0$
	[36]	S_3,S_6				
	[52]	S_5,S_2				
非开关状态	[61]	S_6,S_1	I_d	$-I_d$	0	$\vec{I}_1$
	[12]	S_1,S_2	I_d	0	$-I_d$	$\vec{I}_2$
	[23]	S_2,S_3	0	I_d	$-I_d$	$\vec{I}_3$
	[34]	S_3,S_4	$-I_d$	I_d	0	$\vec{I}_4$
	[45]	S_4,S_5	$-I_d$	0	I_d	$\vec{I}_5$
	[56]	S_5,S_6	0	$-I_d$	I_d	$\vec{I}_6$

表中的零开关状态共有3个开关状态［14］、［36］和［52］。零开关状态［14］表示逆变器A相桥臂中的功率开关器件S_1和S_4同时导通，而另外4个开关器件全部关断。直流电流I_d被旁路，此时$i_{wA}=i_{wB}=i_{wC}=0$，这种状态通常被称为旁路运行。

除了零开关状态外，共有6个非零开关状态。开关状态［12］表示逆变器A相桥臂中的开关S_1和C相桥臂中的开关S_2导通。直流电流I_d从S_1、负载和S_2中流过，最后流回直流源，因此$i_{wA}=I_d$，$i_{wC}=-I_d$。表10-1中还给出了其他5个非零开关状态的定义。

10.3.2 空间矢量 ★★★

可以用空间矢量中的零和非零矢量分别表示零和非零开关状态。图10-10给出了电流源型逆变器的典型空间矢量图，其中$\vec{I}_1\sim\vec{I}_6$是非零矢量，而$\vec{I}_0$是零矢量。非零矢量形成一个具有6个相同扇区的正六边形，零矢量$\vec{I}_0$则位于六边形的正中间。

为了推导空间矢量和开关状态之间的关系，可采用第6章中给出的流程图。假设图10-1中逆变器的运行是三相平衡的，则有

$$i_{wA}(t)+i_{wB}(t)+i_{wC}(t)=0 \tag{10-11}$$

式中，i_{wA}、i_{wB}和i_{wC}分别为逆变器A、B和C三相的瞬时PWM输出电流。三相电流可以转换为α、β平面上的两相电流

$$\begin{bmatrix} i_{\alpha}(t) \\ i_{\beta}(t) \end{bmatrix}=\frac{2}{3}\begin{bmatrix} 1 & -\frac{1}{2} & -\frac{1}{2} \\ 0 & \frac{\sqrt{3}}{2} & -\frac{\sqrt{3}}{2} \end{bmatrix}\begin{bmatrix} i_{wA}(t) \\ i_{wB}(t) \\ i_{wC}(t) \end{bmatrix} \tag{10-12}$$

电流空间矢量通常可以用两相电流表示成

$$\vec{I}(t)=i_{\alpha}(t)+\mathrm{j}i_{\beta}(t) \tag{10-13}$$

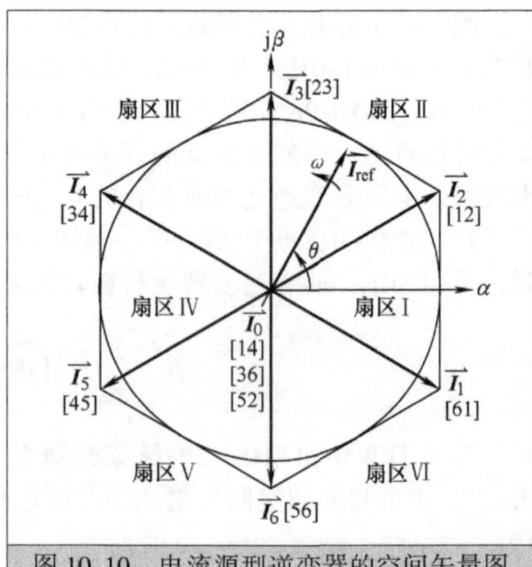

图10-10　电流源型逆变器的空间矢量图

将式（10-12）代入式（10-13）中，$\vec{I}(t)$可用i_{wA}、i_{wB}和i_{wC}表示为

$$\vec{I}(t)=\frac{2}{3}[i_{wA}(t)\mathrm{e}^{\mathrm{j}0}+i_{wB}(t)\mathrm{e}^{\mathrm{j}2\pi/3}+i_{wC}(t)\mathrm{e}^{\mathrm{j}4\pi/3}] \tag{10-14}$$

对于开关状态［61］，S_1和S_6导通，逆变器电流为

$$i_{wA}(t)=I_d, i_{wB}(t)=-I_d, i_{wC}(t)=0 \tag{10-15}$$

将式（10-15）代入式（10-14）中则得到

$$\vec{I}_1=\frac{2}{\sqrt{3}}I_d\mathrm{e}^{\mathrm{j}(-\pi/6)} \tag{10-16}$$

与此类似，其他5个非零矢量也可被推导出来。非零矢量可表示为

$$\vec{I}_k=\frac{2}{\sqrt{3}}I_d\mathrm{e}^{\mathrm{j}[(k-1)\frac{\pi}{3}-\frac{\pi}{6}]} \tag{10-17}$$

式中，$k=1，2，\cdots，6$。

可以看到非零矢量和零矢量并不在空间移动，因此也被称为静止矢量。而图10-10中的电流给定矢量$\vec{I}_{ref}$以任意速度在空间旋转，其角频率为

$$\omega=2\pi f_1 \tag{10-18}$$

式中，f_1是逆变器输出电流i_w的基波频率。$\vec{I}_{ref}$与$\alpha-\beta$坐标上（见图10-10）α轴之间的角度，可通过式（10-19）得到

$$\theta(t)=\int_0^t\omega(t)\mathrm{d}t+\theta(0) \tag{10-19}$$

对于任意给定长度和位置的矢量，基于逆变器的这些开关状态，$\vec{I}_{ref}$可通过附近的3个静止矢量合成。当$\vec{I}_{ref}$经过每个扇区时，不同组合的功率开关器件被导通或关断。这样，当$\vec{I}_{ref}$在空间旋转1周时，逆变器输出电流在时间上也变化了1个周期。逆变器输出频率对应于$\vec{I}_{ref}$的旋转速度，而输出电流则可通过调整$\vec{I}_{ref}$的长度而进行控制。

10.3.3 作用时间计算 ★★★

前面已经指出，给定矢量$\vec{I}_{ref}$可由3个静止矢量合成。静止矢量的作用时间本质上代表了该矢量对应的开关器件在1个采样周期T_s中的作用时间（导通或者关断状态时间）。作用时间的计算，是基于安秒平衡原则的，即给定矢量$\vec{I}_{ref}$和采样周期T_s的乘积，等于电流矢量与其作用时间的乘积之和。假设采样周期T_s足够小，则给定矢量$\vec{I}_{ref}$可以在T_s中被当成常数。在这个假设下，$\vec{I}_{ref}$可以被两个相邻非零矢量

和一个零矢量近似合成。例如，在图 10-11 中 $\vec{I}_{ref}$ 落入扇区 I，可以被 $\vec{I}_1$，$\vec{I}_2$ 和 $\vec{I}_0$ 合成。因此得到安秒平衡方程

$$\begin{cases}\vec{I}_{ref}T_s = \vec{I}_1T_1 + \vec{I}_2T_2 + \vec{I}_0T_0 \\ T_s = T_1 + T_2 + T_0\end{cases} \tag{10-20}$$

式中，T_1、T_2 和 T_0 分别是矢量 $\vec{I}_1$、$\vec{I}_2$ 和 $\vec{I}_0$ 对应的作用时间。将式（10-21）

$$\vec{I}_{ref} = I_{ref}e^{j\theta},\ \vec{I}_1 = \frac{2}{\sqrt{3}}I_d e^{-j\frac{\pi}{6}},\ \vec{I}_2 = \frac{2}{\sqrt{3}}I_d e^{j\frac{\pi}{6}} \text{和}\ \vec{I}_0 = 0 \tag{10-21}$$

带入式（10-20）后，把得到的方程分解为实部（α 轴）和虚部（β 轴），可以得到

$$\begin{cases}\text{实部：} I_{ref}(\cos\theta)T_s = I_d(T_1 + T_2) \\ \text{虚部：} I_{ref}(\sin\theta)T_s = \frac{1}{\sqrt{3}}I_d(-T_1 + T_2)\end{cases} \tag{10-22}$$

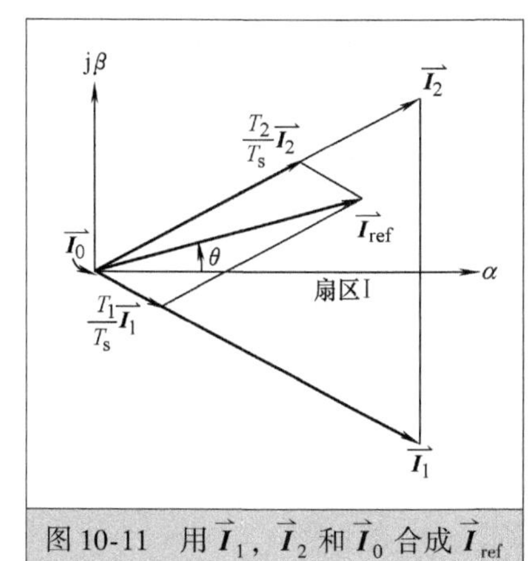

图 10-11 用 $\vec{I}_1$，$\vec{I}_2$ 和 $\vec{I}_0$ 合成 $\vec{I}_{ref}$

在 $T_s = T_1 + T_2 + T_0$ 的条件下，对上式求解得到

$$\begin{cases}T_1 = m_a\sin(\pi/6 - \theta)T_s \\ T_2 = m_a\sin(\pi/6 + \theta)T_s \\ T_0 = T_s - T_1 - T_2\end{cases} \tag{10-23}$$

式中，$-\pi/6 \leqslant \theta < \pi/6$；$m_a$ 是由式（10-24）得到的幅值调制因数

$$m_a = \frac{I_{ref}}{I_d} = \frac{\hat{I}_{w1}}{I_d} \tag{10-24}$$

式中，$\hat{I}_{w1}$ 是 i_w 基频分量的峰值。

需要注意的是，尽管式（10-23）是当 $\vec{I}_{ref}$ 在扇区 I 时推导得到的，但在其他扇区中时，此式也可以使用，只需要把实际偏移角度 θ 减掉 π/3 的倍数，使得最后的角度 θ′ 在 $-\pi/6 \leqslant \theta' < \pi/6$ 的范围内即可，可通过式（10-25）计算

$$\theta' = \theta - (k-1)\pi/3 \tag{10-25}$$

式中，$-\pi/6 \leqslant \theta' < \pi/6$；$k = 1$、2、…、6，对应扇区 Ⅰ、Ⅱ、…、Ⅵ。

给定矢量的最大长度 $I_{ref,max}$ 对应于六边形最大内接圆的半径。因为六边形是由 6 个长度为 $2I_d/\sqrt{3}$ 的非零矢量构成的，所以 $I_{ref,max}$ 可以通过式（10-26）得到

$$I_{ref,max} = \frac{2I_d}{\sqrt{3}} \times \frac{\sqrt{3}}{2} = I_d \tag{10-26}$$

将式（10-26）带入式（10-24），可得到最大幅值调制因数为

$$m_{a,max} = 1 \tag{10-27}$$

幅值调制因数的范围为

$$0 \leqslant m_a \leqslant 1 \tag{10-28}$$

10.3.4 开关顺序 ★★★

和两电平电压源型逆变器的空间矢量调制类似，电流源型逆变器的开关顺序设计应满足下面两个要求，以使得开关频率最小。

1）从一个开关状态转换到另一个开关状态只能有两个开关器件动作，一个开通，一个关断；

2）$\vec{I}_{ref}$ 从一个扇区转换到下一个扇区，需要最少的开关次数。

图 10-12 给出了给定矢量 $\vec{I}_{ref}$ 在扇区 Ⅰ 里时典型的三段法序列，这里 $v_{g1} \sim v_{g6}$ 为对应开关器件 $S_1 \sim S_6$

的驱动信号。给定矢量 $\vec{I}_{ref}$ 由 $\vec{I}_1$、$\vec{I}_2$ 和 $\vec{I}_0$ 合成；采样周期 T_s 被分成三段，由 T_1、T_2 和 T_0 组成。矢量 $\vec{I}_1$ 和 $\vec{I}_2$ 对应开关状态［61］和［12］，通态开关则分别是（S_6，S_1）和（S_1，S_2）。$\vec{I}_0$ 可选择零开关状态［14］，可以满足第一个约束条件。

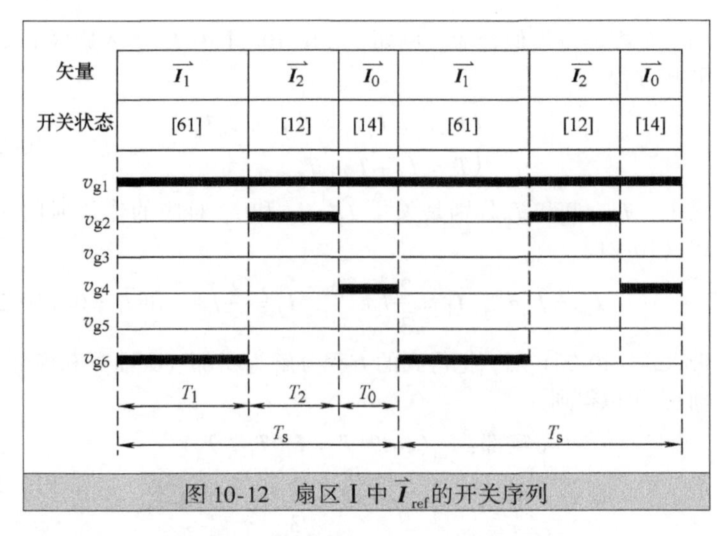

图 10-12　扇区 I 中 $\vec{I}_{ref}$ 的开关序列

图 10-13 给出了在 1 个基波周期内的开关序列和门（栅）极信号分配的细节。在每个扇区采样 2 次，则 1 个基波周期共采样 12 次。从图中可看出：

1）在任何时刻，只有两个开关导通，一个在上半桥，另一个在下半桥。

2）通过合理选择 $\vec{I}_0$ 的冗余开关状态，以满足开关序列设计的要求。尤其是当 $\vec{I}_{ref}$ 从一个扇区移动到下一个扇区时，只能有两个开关器件动作。

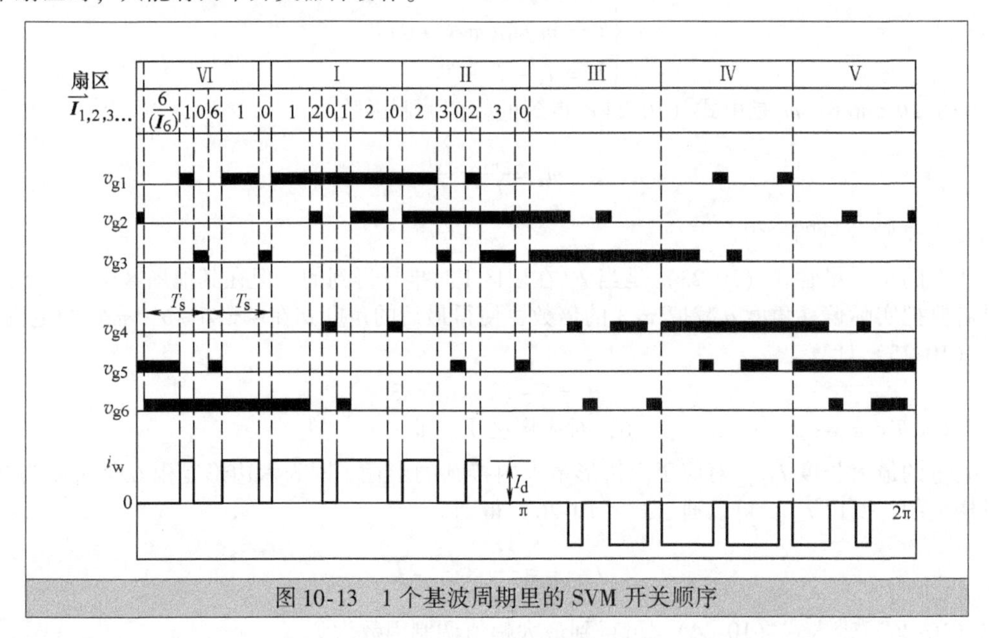

图 10-13　1 个基波周期里的 SVM 开关顺序

3）直流电流 I_d 在每个基波周期被零矢量旁路 12 次，就是因为直流电流的旁路运行才使得基波电流 i_{w1} 的幅值可调。

4）给定矢量 $\vec{I}_{ref}$ 每经过所有 6 个扇区 1 次，逆变器输出 PWM 电流 i_w 就完成 1 个周期的变化。

5）器件开关频率 f_{sw} 可以用 $f_{sw}=f_1N_p$ 计算得到。

6）采样频率是 $f_{sp}=1/T_s$，和开关频率的关系是 $f_{sw}=f_{sp}/2$。

7）SVM 的开关顺序为

$$\begin{cases}\vec{I}_k,\ \vec{I}_{k+1},\ \vec{I}_0 & k=1,\ 2,\ \cdots,\ 5\\ \vec{I}_k,\ \vec{I}_1,\ \vec{I}_0 & k=6\end{cases} \tag{10-29}$$

式中，k 为扇区号。

图 10-14 所示为采用空间矢量调制的 1MW/4160V 电流源型逆变器的仿真波形。其中，i_w 是逆变器 PWM 电流，i_s 是负载相电流，v_{AB} 是逆变器线电压。逆变器运行在 $f_1=60\text{Hz}$、$f_{sp}=1080\text{Hz}$、$f_{sw}=540\text{Hz}$ 和

$m_a=1$ 的工况下，每相滤波电容 C_f 为 0.3pu。逆变器为三相对称感性负载供电，每相的负载电阻为 1.0pu，电感为 0.1pu。通过调整逆变器直流电流，使得基波电流 i_{w1} 为额定值。

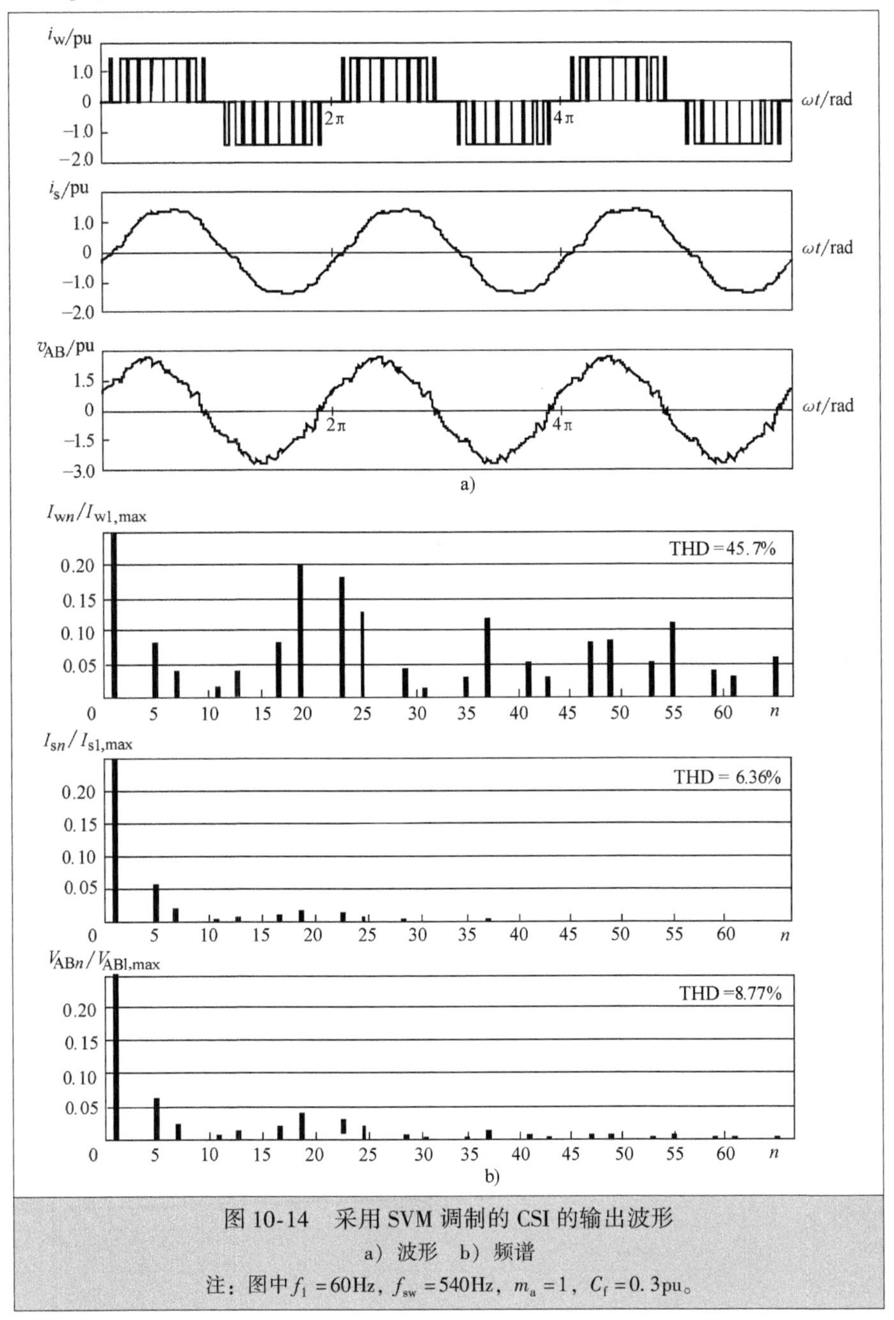

图 10-14 采用 SVM 调制的 CSI 的输出波形

a）波形 b）频谱

注：图中 $f_1=60$Hz，$f_{sw}=540$Hz，$m_a=1$，$C_f=0.3$pu。

i_w、i_s 和 v_{AB} 的频谱图也在图中给出，其中 I_{wn} 是 i_w 中第 n 次谐波电流的有效值，而 $I_{w1,max}$ 是从式（10-24）和式（10-27）得到的基波电流有效值的最大值为

$$I_{w1,max}=\frac{m_{a,max}I_d}{\sqrt{2}}=0.707I_d \tag{10-30}$$

式中，$m_{a,max}=1$。

PWM 电流 i_w 不含有偶次谐波，其 THD 为 45.7%。和两电平及三电平 NPC 逆变器类似，空间矢量调制电流源型逆变器也含有低次谐波，如 5、7 次谐波。i_s 和 v_{AB} 的 THD 分别为 6.36% 和 8.77%。

10.3.5 电流谐波分量 ★★★

图 10-15a 和图 10-15b 分别给出了逆变器运行在 $f_1=60\text{Hz}$、$f_{sw}=540\text{Hz}$ 及 $f_{sw}=720\text{Hz}$ 时 PWM 电流 i_w 中的谐波分量。图中有一对主谐波，次数为 $n=2N_p\pm1$。值得注意的是，两种工况下的 THD 曲线几乎相同。这是因为，图 10-15a 中的两个主谐波幅值和图 10-15b 中的几乎一样。

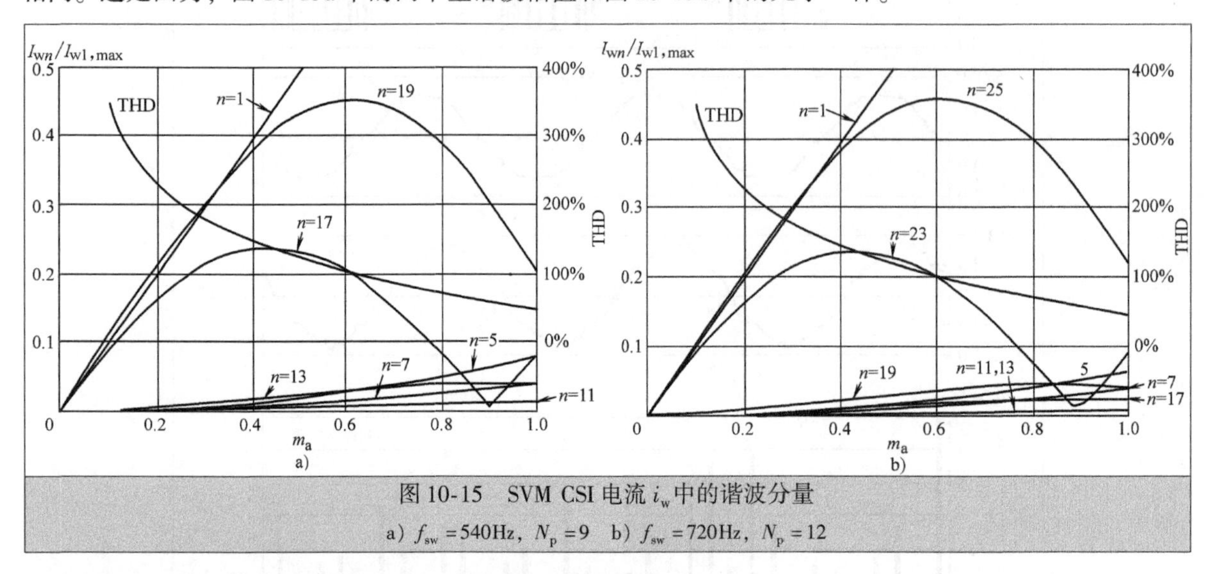

图 10-15 SVM CSI 电流 i_w 中的谐波分量

a）$f_{sw}=540\text{Hz}$，$N_p=9$ b）$f_{sw}=720\text{Hz}$，$N_p=12$

10.3.6 SVM、TPWM 和 SHE 的比较 ★★★

表 10-2 简单比较了电流源型逆变器采用的 3 种调制方法。SVM 方法的主要特点是较快的动态响应，这是因为：①可以在一个采样周期 T_s 内调整它的幅值调制因数；②逆变器 PWM 电流 i_w 可以直接通过旁路运行进行控制，而不是通过整流器调整直流电流来控制。因此，SVM 方法适合需要快速动态响应的应用场合。不过考虑到旁路控制，SVM 方法的电流利用率最低。SHE 方法具有最好的谐波性能，它的动态性能也可通过允许直流电流旁路运行来快速调整 i_w，从而得以改善。TPWM 的性能介于 SVM 和 SHE 方法之间。

表 10-2 CSI 调制方法的比较

项　目	SVM	TPWM	SHE
直流电流利用率 $I_{w1,max}/I_d$	0.707	0.74	0.73～0.78
动态性能	高	中等	低
数字化实现	实时	实时或查表	查表
谐波性能	较好	好	最好
直流电流旁路操作	有	无	可选

10.4 并联电流源型逆变器

10.4.1 逆变器拓扑结构 ★★★

为了增加电流源型逆变器传动系统的容量，2 个或 3 个电流源型逆变器可以并联运行[9,10]。图 10-16 给出了 2 个逆变器并联运行时的拓扑结构。每个逆变器都有自己的直流电感，但是 2 个逆变器在输出端共享一个公共滤波电容 C_f。

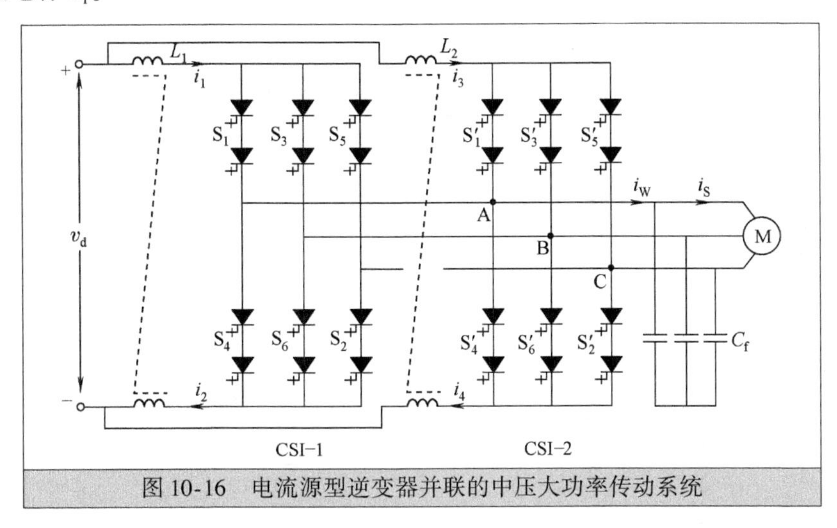

图 10-16 电流源型逆变器并联的中压大功率传动系统

在实际应用中，两个逆变器并联运行可能产生直流电流的不平衡。主要原因有：①半导体器件通态电压不等，影响稳态直流电流平衡；②两个逆变器门（栅）极信号有不同的延时，影响瞬态和稳态电流的平衡；③直流母线上的电感参数的误差。在下文中，将介绍一种可以有效解决直流电流不平衡问题的空间矢量调制方法[9]。

10.4.2 并联逆变器空间矢量调制 ★★★

参照 10.3 节给出的流程，图 10-17 给出了由并联逆变器的 19 个电流空间矢量组成的空间矢量图，这些矢量按照长度可分为四组：大、中、小和零矢量。这 19 个矢量对应表 10-3 中的 51 个开关状态。每个开关状态为用分号分开的 4 位数表示，头两位数表示 CSI-1 中的两个导通开关器件号，后两个代表

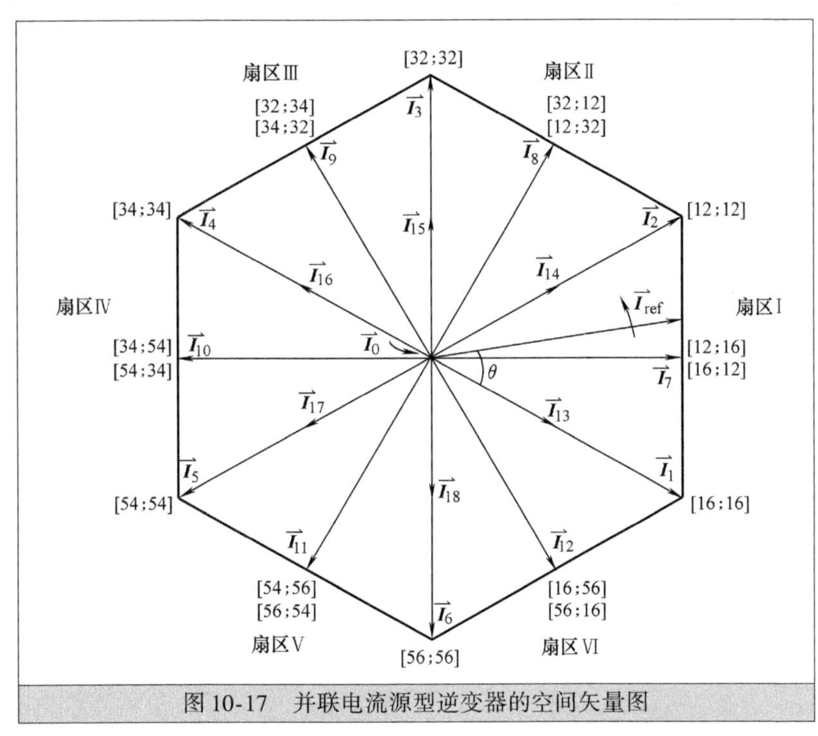

图 10-17 并联电流源型逆变器的空间矢量图

CSI-2 中的两个导通开关器件号。例如，中矢量 $\vec{I}_7$ 对应的开关状态［12；16］表示两个逆变器中的开关 S_1、S_2、S_1'和 S_6'导通。

表 10-3　空间矢量及其对应的开关状态分类

分　类	电流矢量	开关状态
大矢量	$\vec{I}_1$	[16;16]
	$\vec{I}_2$	[12;12]
	$\vec{I}_3$	[32;32]
	$\vec{I}_4$	[34;34]
	$\vec{I}_5$	[54;54]
	$\vec{I}_6$	[56;56]
中矢量	$\vec{I}_7$	[12;16],[16;12]
	$\vec{I}_8$	[32;12],[12;32]
	$\vec{I}_9$	[32;34],[34;32]
	$\vec{I}_{10}$	[34;54],[54;34]
	$\vec{I}_{11}$	[54;56],[56;54]
	$\vec{I}_{12}$	[16;56],[56;16]
小矢量	$\vec{I}_{13}$	[16;14],[14;16],[16;36],[36;16],[56;12],[12;56]
	$\vec{I}_{14}$	[12;14],[14;12],[12;52],[52;12],[16;32],[32;16]
	$\vec{I}_{15}$	[32;36],[36;32],[32;52],[52;32],[12;34],[34;12]
	$\vec{I}_{16}$	[34;36],[36;34],[34;14],[14;34],[32;54],[54;32]
	$\vec{I}_{17}$	[54;14],[14;54],[54;52],[52;54],[34;56],[56;34]
	$\vec{I}_{18}$	[56;52],[52;56],[56;36],[36;56],[54;16],[16;54]
零矢量	$\vec{I}_0$	[14;14],[14;36],[14;52],[36;14],[36;52],[36;36], [52;14],[52;36],[52;52],[12;54],[54;12],[32;56], [56;32][34;16],[16;34]

为并联逆变器设计 SVM 开关方式，应该考虑到电流矢量对直流电流的影响。

1）不允许采用零电流矢量和小电流矢量。因为这两种矢量会引入旁路运行，即逆变器同一个桥臂上的两个器件同时开通，导致开关频率和损耗的增加。在实际的中压传动系统中，逆变器输出电流的控制是通过调整直流电流实现的，而不是采用旁路运行实现调制因数控制的。

2）大矢量不能用于直流电流平衡控制。它们使得两个逆变器同一位置的开关器件导通，例如大矢量 $\vec{I}_1$ 同时开通 S_1、S_6、S_1'和 S_6'，此时不会对直流电流产生影响；

3）只有中矢量可以用于直流电流平衡控制。通过使用中矢量的冗余开关状态，两个逆变器的直流电流可以被独立控制，这将在下节中给出详细分析。

10.4.3　中矢量对直流电流的影响 ★★★

图 10-18 所示为中矢量 $\vec{I}_{12}$采用对应的开关状态［16；56］时，并联逆变器中的直流通路。直流电流 i_1流过 S_1、负载（A 相和 B 相）后，从 S_6 和 S_6'回到电流源。直流电流 i_3流过 S_5'、负载（C 相和 B 相）后，从 S_6 和 S_6'流回直流源。假设两个逆变器完全相同，那么负直流母线的直流电流是平衡的，即 $i_2 = i_4$。

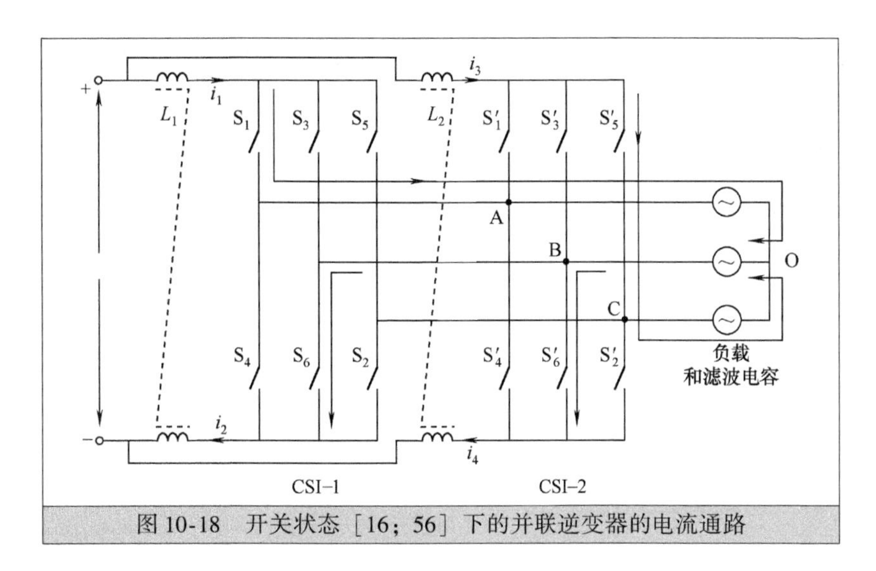

图 10-18　开关状态 [16; 56] 下的并联逆变器的电流通路

对于正直流母线的电流，i_1和 i_3受负载电压影响。假设负载相电压 v_{AO}恰好等于 v_{CO}，则这个特例中的两个正向直流母线电流是平衡的（$i_1=i_3$）。然而，当 v_{AO}大于 v_{CO}时（$v_{AO}>v_{CO}$），i_1将减小，同时 i_3将增加；如果 $v_{AO}<v_{CO}$，则直流电流的变化相反。

现在讨论中矢量 $\vec{I}_{12}$的另一种开关状态 [56; 16]，这个开关状态对 i_1 和 i_3的影响完全和开关状态 [16; 56] 相反。表 10-4 给出了两个例子的总结。可以看出，对于给定负载电压（除了 $v_{AO}=v_{CO}$），一个开关状态可以使得直流电流增加，而另一个则可以使得同样的直流电流减小。

表 10-4　中矢量 $\vec{I}_{12}$开关状态对直流电流的影响

开关状态	负载电压	i_1	i_2	i_3	i_4
[16;56]和[56;16]	$v_{AO}=v_{CO}$	×	×	×	×
[16;56]	$v_{AO}>v_{CO}$	↓	×	↑	×
	$v_{AO}<v_{CO}$	↑	×	↓	×
[56;16]	$v_{AO}>v_{CO}$	↑	×	↓	×
	$v_{AO}<v_{CO}$	↓	×	↑	×

注：符号“×”表示不影响直流电流。

进一步可以注意到，在空间矢量图中，偶数扇区（Ⅱ、Ⅳ和Ⅵ）的中矢量可以被用来调节正直流母线电流（i_1和 i_3），但它们不对负直流母线电流产生影响。相反，奇数扇区的中矢量（Ⅰ、Ⅲ和Ⅴ），可以用来控制负直流母线电流（i_2 和 i_4），而不影响正直流母线电流。因此，正、负直流母线电流可以用中矢量的两个开关状态独立进行控制。

10.4.4　直流电流的平衡控制 ★★★

为保证两个逆变器的平衡运行，应该检测和控制所有的直流电流。直流电流的误差定义为

$$\begin{cases}\Delta i_p=i_1-i_3\\ \Delta i_n=i_2-i_4\end{cases}\tag{10-31}$$

式中，Δi_p 和 Δi_n 分别为正、负直流母线的电流差。当逆变器运行在平衡状态时，它们应为零。误差信号传递给两个 PI 调节器，用以控制直流电流平衡。PI 调节器的输出，用来调节中矢量的作用时间

$$\begin{cases}t_p=K\Delta i_p+\dfrac{1}{\tau}\displaystyle\int\Delta i_p\,dt\\ t_n=K\Delta i_n+\dfrac{1}{\tau}\displaystyle\int\Delta i_n\,dt\end{cases}\tag{10-32}$$

式中，t_p和t_n分别是用于调节正、负直流母线电流的奇偶扇区中矢量的作用时间，K和τ分别为PI控制器的增益和时间常数。

假设给定矢量$\vec{I}_{ref}$位于如图10-17所示的扇区Ⅰ中，$\vec{I}_{ref}$可用两个大矢量（$\vec{I}_1$和$\vec{I}_2$）和一个中矢量（$\vec{I}_7$）合成，即

$$\vec{I}_{ref}T_s = T_1\vec{I}_1 + T_2\vec{I}_2 + T_m\vec{I}_7 \tag{10-33}$$

式中，T_1、T_2和T_m分别是$\vec{I}_1$、$\vec{I}_2$和$\vec{I}_7$的作用时间，T_s是采样周期。为了平衡直流电流，中矢量作用时间T_m由PI调节器的输出调节

$$T_m = \begin{cases} t_p & （当\vec{I}_{ref}位于扇区Ⅱ、Ⅳ和Ⅵ时） \\ t_n & （当\vec{I}_{ref}位于扇区Ⅰ、Ⅲ和Ⅴ时） \end{cases} \tag{10-34}$$

大矢量的作用时间可以通过式（10-35）计算

$$\begin{cases} T_1 = \dfrac{\sqrt{3} - \tan\theta}{\sqrt{3} + \tan\theta}T_s - \dfrac{1}{2}T_m \\ T_2 = T_s - T_1 - T_m \end{cases} \tag{10-35}$$

式中，θ为图10-17中所示的$\vec{I}_1$和$\vec{I}_{ref}$之间相差的角度。

必须指出，为了正确选择中矢量的开关状态，应同时检测三相负载电压。对CSI驱动系统，当电动机运行在不同条件下时，电动机和滤波电容的综合功率因数可能会从感性变到容性，但这不会影响直流电流平衡控制，因为中矢量的开关状态是根据测量的负载电压的符号来选择的，与负载功率因数无关。

10.4.5 试验验证 ★★★

基于空间矢量调制的直流电流平衡控制方法，在采用并联电流源型逆变器供电的实验室3.7kW（4极）异步电动机传动系统中进行了试验。该传动系统以最大开关频率420Hz运行在轻载条件下时，为了模拟两个逆变器的不平衡，在CSI-2的直流回路中添加了两个功率二极管，一个在正直流母线上，另一个在负直流母线上。二极管电压降造成了两个逆变器的直流不平衡。

图10-19给出了在电动机从90r/min加速到1500r/min时，测量得到的直流电流波形。当没有直流电流平衡控制时，CSI-1的电流i_1总是大于CSI-2的i_3，如图10-19a所示。当电动机运行在1500r/min时，直流电流上升，二极管上的压降也随之增加，使得两个直流电流相差更大。当电流平衡控制投入运行后，在瞬态和稳态运行时，两个直流电流的幅值基本保持一致，如图10-19b所示。

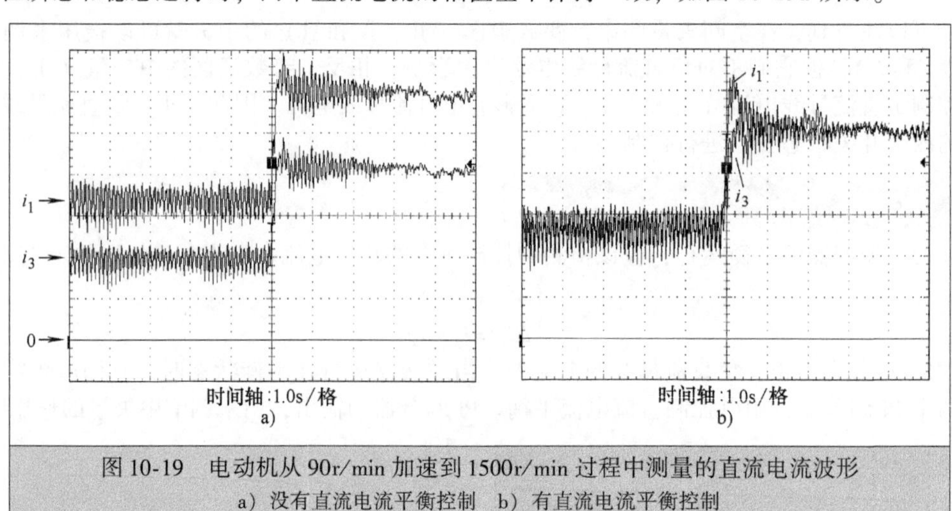

图10-19　电动机从90r/min加速到1500r/min过程中测量的直流电流波形
a）没有直流电流平衡控制　b）有直流电流平衡控制

图 10-20 给出了传动系统运行在 1500r/min 时的波形。图 10-20a 中的直流电流 i_1 和 i_3 经过控制保持了平衡，中间部分的电流波形，是未经控制的。图 10-20b 中给出了稳态时电动机的电压和电流波形，可以看到，这两个波形都非常接近正弦波。

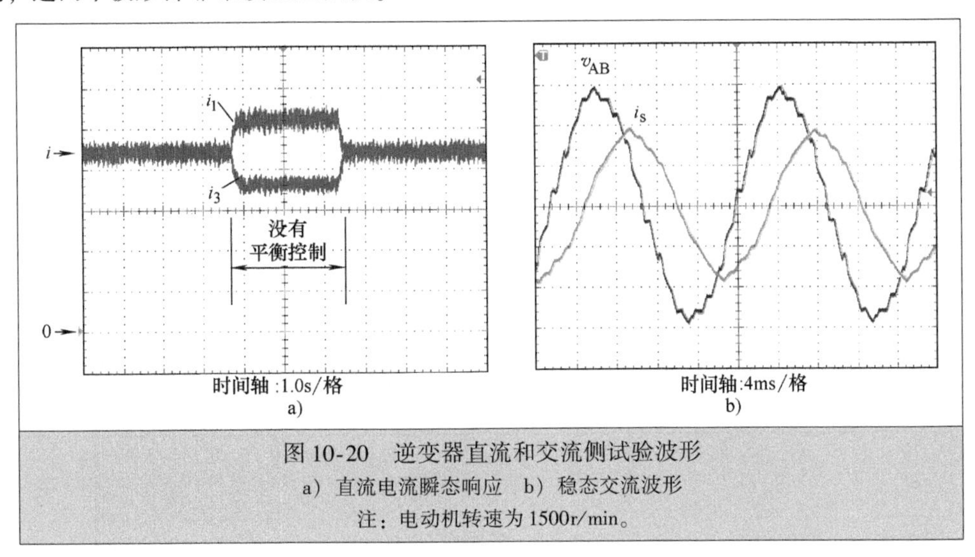

图 10-20 逆变器直流和交流侧试验波形

a）直流电流瞬态响应 b）稳态交流波形

注：电动机转速为 1500r/min。

10.5 负载换相逆变器

另一种大家所熟知的电流源型逆变器拓扑结构是负载换相逆变器（LCI）[11]。图 10-21 所示为典型 LCI 控制同步电动机（SM）的传动系统结构。在逆变器直流侧，需要由一个直流电感 L_d 来提供平滑的直流电流 I_d。逆变器采用 SCR 取代 GCT。SCR 没有自关断能力，但是，它们可以在超前功率因数下由负载电压自然换相。因此，LCI 的理想负载是运行在超前功率因数下的同步电动机，这可通过调节励磁电流 I_f 来实现。

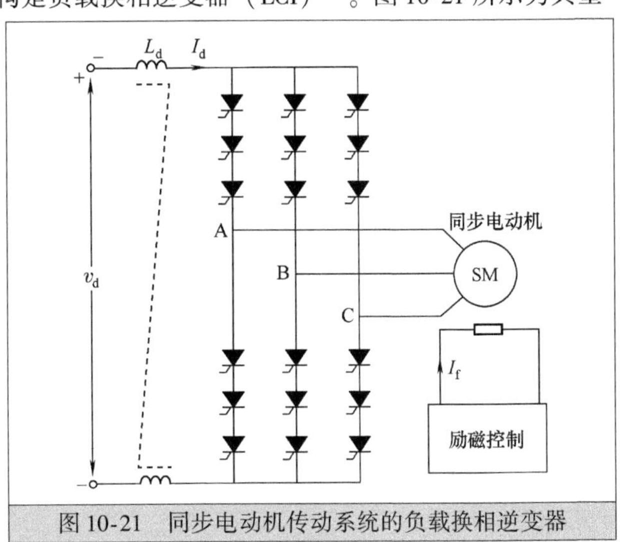

图 10-21 同步电动机传动系统的负载换相逆变器

SCR 的自然换相，本质上是通过运行在一定速度下的电动机感应电动势（Electro Motive Force，EMF）来完成的。当电动机运行在较低转速下（通常低于 10% 的额度转速）时，因感应电动势太小，以至于无法使得 SCR 换相。在这种情况下，通常需要依靠前端 SCR 整流器来完成换相。

由于使用低成本的 SCR，并且无需脉宽调制，因此 LCI 电动机传动系统具有制造成本低和效率高的特点。由于初始投资少、运行效率高等原因，LCI 被广泛应用于超大功率传动系统中。一个典型的例子是用于风洞的 100MW 同步电动机驱动系统[4]，其功率变换器（包括整流器和逆变器在内）的效率可以达到 99%。

LCI 传动系统的主要缺点表现为其有限的动态性能。因此，LCI 主要用于风机、泵、压缩机和传送带等动态响应要求不高的场合。另外，由于输出电流中含有大量谐波，所以导致电动机的功率损耗较高[12]。

10.6 小　结

本章着重介绍了用于中压大功率传动系统的电流源型逆变器技术。对电流源型逆变器的运行原理进行了讨论。分析了电流源型逆变器的 3 种调制技术：梯形波脉宽调制、特定谐波消除（SHE）和空间矢量调制（SVM）。这些调制技术主要是针对基于 GCT 的逆变器开发的，功率器件的开关频率通常低于 500Hz。本章也给出了使用并联逆变器的新型 CSI 拓扑结构，介绍了用于并联逆变器的基于 SVM 的直流电流平衡控制方法。

PWM 电流源型逆变器具有拓扑结构简单、输出波形好及短路保护可靠的优点，是中压传动系统比较理想的一种拓扑结构。在 GCT 问世前，GTO 在 CSI 传动系统中应用广泛。虽然目前仍有大量的基于 GTO 的 CSI 传动系统，但从 20 世纪 90 年代后期开始，该技术已经被基于 GCT 的电流源型逆变器所取代。

附录 10A　图 10-1 中的逆变器采用 SHE 方法时计算的开关角

消除的谐波	开关角			消除的谐波	开关角			
	θ_1	θ_2	θ_3		θ_1	θ_2	θ_3	θ_4
5	18.00	—	—	7,11,17	11.70	14.12	24.17	—
7	21.43	—	—	7,13,17	12.69	14.97	24.16	—
11	24.55	—	—	7,13,19	13.49	15.94	24.53	—
13	25.38	—	—	11,13,17	14.55	15.97	25.06	—
5,7	7.93	13.75	—	11,13,19	15.24	16.71	25.32	—
5,11	12.96	19.14	—	13,17,19	17.08	18.23	25.84	—
5,13	14.48	21.12	—	13,17,23	18.03	19.22	26.16	—
7,11	15.23	19.37	—	5,7,11,13	0.00	1.60	15.14	20.26
7,13	16.58	20.79	—	5,7,11,17	0.07	2.63	16.57	21.80
7,17	18.49	23.08	—	5,7,11,19	1.11	4.01	18.26	23.60
11.13	19.00	21.74	—	5,7,13,17	1.50	4.14	16.40	21.12
11,17	20.51	23.14	—	5,7,13,19	2.56	5.57	17.82	22.33
11,19	21.10	23.75	—	5,7,17,19	4.59	7.96	17.17	20.55
13,17	21.19	23.45	—	5,11,13,17	4.16	6.07	16.79	22.04
13,19	21.71	23.94	—	5,11,13,19	5.13	7.26	17.57	22.72
5,7,11	2.24	5.60	21.26	5,11,17,19	6.93	9.15	17.85	22.77
5,7,13	4.21	8.04	22.45	5,13,17,19	7.80	9.82	18.01	23.25
5,7,17	6.91	11.96	25.57	7,11,13,17	5.42	6.65	18.03	22.17
5,11,13	7.81	11.03	22.13	7,11,13,19	6.35	7.69	18.67	22.74
5,11,17	10.16	14.02	23.34	7,11,17,19	8.07	9.44	19.09	22.93
5,13,17	11.24	14.92	22.98	7,13,17,19	8.88	10.12	19.35	23.22
7,11,13	9.51	11.64	23.27	11,13,17,19	10.39	11.14	20.56	23.60

参考文献

[1] M. Hombu, S. Ueda, and A. Ueda, "A current source GTO inverter with sinusoidal inputs and outputs," IEEE Transactions on Industry Applications, vol. 23, no. 2, pp. 247-255, 1987.

[2] P. Espelage, J. M. Nowak, and L. H. Walker, "Symmetrical GTO Current Source Inverter for Wide Speed Range Control of 2300 to 4160 Volts, 350 to 7000HP Induction Motors," IEEE Industry Applications Society Conference (IAS), pp. 302-307, 1988.

[3] N. R. Zargari, S. C. Rizzo, Y. Xiao, et al., "A new current-source converter using a symmetric gate-commutated thyristor (SGCT)," IEEE Transactions on Industry Applications, vol. 37, no. 3, pp. 896-903, 2001.

[4] G. Sydnor, R. Bhatia, H. Krattiger, et al., "Fifteen Years of Operation at NASA's National Transonic Facility with the World's Largest Adjustable Speed Drive," The 6th IET International Conference on Power Electronics, Machines and Drives, pp. 27-29, 2012.

[5] B. Wu, S. Dewan, and G. Slemon, "PWM-CSI inverter induction motor drives," IEEE Transactions on Industry Applications, vol. 28, no. 1, pp. 64-71, 1992.

[6] B. Wu, "Pulse Width Modulated Current Source Inverter (CSI) Induction Motor Drives," Master's of Applied Science Thesis, University of Toronto, 1989.

[7] J. Wiseman, B. Wu and G. S. P. Castle, "A PWM Current Source Rectifier with Active Damping For High Power Medium Voltage Applications," IEEE Power Electronics Specialist Conference, pp. 1930-1934, 2002.

[8] J. Ma, B. Wu and S. Rizzo, "A space vector modulated CSI-based ac drive for multimotor applications," IEEE Transactions on Power Electronics, vol. 16, no. 4, pp. 535-544, 2001

[9] D. Xu, N. Zargari, B. Wu, et al., "A Medium Voltage AC Drive with Parallel Current Source Inverters for High Power Applications," IEEE Power Electronics Specialist Conference, pp. 2277-2283, 2005.

[10] A. Hu, D. Xu, J. Su, and B. Wu, "DC-Link Current Balancing and Ripple Reduction for Direct Parallel Current-Source Converters," The 38th Annual Conference on IEEE Industrial Electronics Society, pp. 4955-4960, 2012.

[11] A. Tessarolo, C. Bassi, G. Ferrari, et al., "Investigation into the high-frequency limits and performance of load commutated inverters for high-speed synchronous motor drives," IEEE Transactions on Industrial Electronics, vol. 60, no. 6, pp. 2147-2157, 2013.

[12] R. Emery and J. Eugene, "Harmonic losses in LCI-fed synchronous motors," IEEE Transactions on Industry Applications, vol. 38, no. 4, pp. 948-954, 2002.

第 11 章 PWM电流源型整流器

11.1 简　介

随着 20 世纪 90 年代后期门极换流晶闸管（GCT）器件的出现，PWM 电流源型整流器（Current Source Rectifier，CSR）越来越多地应用于中压传动系统中。与第 4 章介绍的多脉波晶闸管整流器相比，PWM 电流源型整流器具有功率因数高、输入电流畸变程度低、动态响应性能好等特点。

PWM 电流源型整流器通常需要在输入端安装三相滤波电容，这些电容有两个基本作用：①辅助整流器中的功率器件进行换相；②滤除进线电流谐波。但是，滤波电容的使用可能产生 *LC* 谐振，也会影响到整流器的输入功率因数。

本章研究电流源型整流器的 4 个问题，包括拓扑结构、PWM 方案、功率因数控制和 *LC* 谐振的有源阻尼控制。对其中的重要概念，本章将通过仿真和实验加以详细阐述。

11.2 单桥电流源型整流器

11.2.1 简介 ★★★

图 11-1 给出的是一个单桥 GCT 电流源型整流器的电路结构图[1~3]。在中压大功率传动系统中作为前端整流器，电流源型整流器需要采用两个或多个 GCT 串联连接。图 11-1 中的整流器交流侧线路电感 L_s 为供电电源和整流器之间的总电感，包括供电电源的等效电感、隔离变压器的漏电感（当中间有隔离变压器时）以及为减小网侧电流 THD 而增加的交流滤波电抗的电感。L_s 一般约为0.1～0.15pu。标幺值的定义可参见第 3 章。

如前所述，PWM 电流源型整流器需要滤波电容 C_f，以帮助 GCT 器件进行换相和滤除电流谐波。C_f 的大小取决于几个因素，包括整流器的开关频率、谐振模式、网侧电流 THD 及输入功率因数的要求等。在大功率 PWM 整流器中，功率器件的开关频率一般为几百赫兹，C_f 的值一般为 0.3～0.6pu。

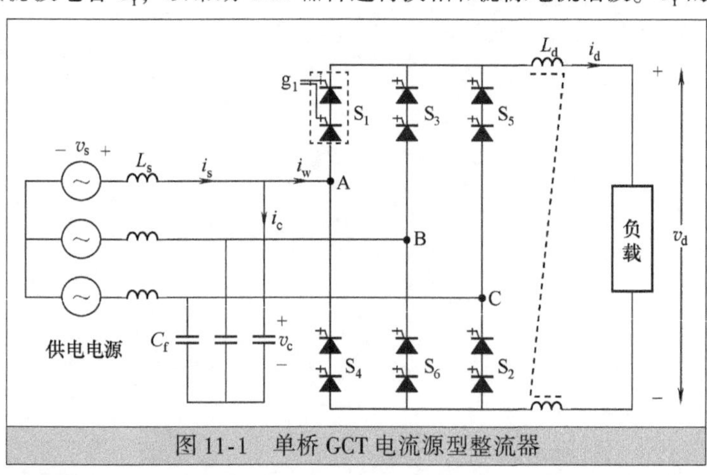

图 11-1　单桥 GCT 电流源型整流器

在整流器的直流侧必须使用直流电感 L_d，以平滑直流电流。L_d 通常由绕在一个铁心上的两个线圈组成，分别连接在直流侧正、负两个母线上。这种连接方法在实际应用中可降低电动机的共模电压[4]。当 L_d 的值在 0.5～0.8pu 时，直流电流的纹波一般低于 15%。

11.2.2 特定谐波消除法 ★★★

如第10章所述，特定谐波消除（Selective Harmonic Elimination，SHE）法是一个最优调制方法，它以最小的器件开关频率获得最好的谐波消除效果。电流源型逆变器（CSI）中也采用SHE方法，但其调制因数总是设定为最大值。而SHE方法用于电流源型整流器时，不但需要消除特定的谐波，还需要调节调制因数，实现直流电流的控制[5,6]。

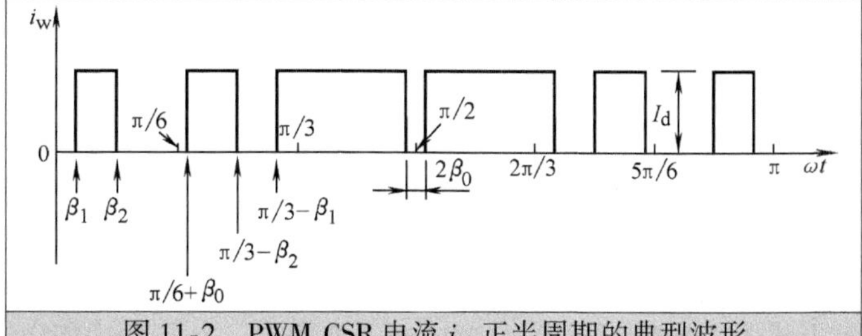

图11-2 PWM CSR电流 i_w 正半周期的典型波形
（具有3个独立开关角 β_1、β_2 和 β_0）

图11-2给出的是PWM电流源型整流器中，电流 i_w 正半周期的典型波形，满足了上一章中给出的约束条件。i_w 在每半个周期中有6个脉波，3个独立的开关角 β_1、β_2 和 β_0。这3个开关角不但可以消除两个电流谐波，而且还可用以调节调制因数。

图11-2中给出的电流波形，可以用傅里叶级数表示

$$i_w(\omega t)=\sum_{n=1}^{\infty}a_n\sin(n\omega t) \tag{11-1}$$

式中，

$$\begin{aligned}a_n&=\frac{4}{\pi}\int_0^{\frac{\pi}{2}}i_w(\omega t)\sin(n\omega t)\mathrm{d}(\omega t)\\&=\frac{4I_d}{n\pi}\left\{\cos(n\beta_1)-\cos(n\beta_2)+\cos\left(n\left(\frac{\pi}{6}+\beta_0\right)\right)-\right.\\&\left.\cos\left(n\left(\frac{\pi}{3}-\beta_2\right)\right)+\cos\left(n\left(\frac{\pi}{3}-\beta_1\right)\right)-\cos\left(n\left(\frac{\pi}{2}-\beta_0\right)\right)\right\}\end{aligned} \tag{11-2}$$

为了消除两个主要的低次谐波，即5次和7次谐波，令

$$\begin{aligned}F_1=&\cos(5\beta_1)-\cos(5\beta_2)+\cos\left(5\left(\frac{\pi}{6}+\beta_0\right)\right)-\cos\left(5\left(\frac{\pi}{3}-\beta_2\right)\right)+\\&\cos\left(5\left(\frac{\pi}{3}-\beta_1\right)\right)-\cos\left(5\left(\frac{\pi}{2}-\beta_0\right)\right)=0\end{aligned} \tag{11-3}$$

$$\begin{aligned}F_2=&\cos(7\beta_1)-\cos(7\beta_2)+\cos\left(7\left(\frac{\pi}{6}+\beta_0\right)\right)-\cos\left(7\left(\frac{\pi}{3}-\beta_2\right)\right)+\\&\cos\left(7\left(\frac{\pi}{3}-\beta_1\right)\right)-\cos\left(7\left(\frac{\pi}{2}-\beta_0\right)\right)=0\end{aligned} \tag{11-4}$$

同时，为了调节调制因数，令

$$\begin{aligned}F_3=\frac{a_1}{I_d}-m_a=&\frac{4}{\pi}\left\{\cos\beta_1-\cos\beta_2+\cos\left(\frac{\pi}{6}+\beta_0\right)-\cos\left(\frac{\pi}{3}-\beta_2\right)+\right.\\&\left.\cos\left(\frac{\pi}{3}-\beta_1\right)-\cos\left(\frac{\pi}{2}-\beta_0\right)\right\}-m_a=0\end{aligned} \tag{11-5}$$

式中，m_a 为幅值调制因数，其定义为

$$m_a=\frac{\hat{I}_{w1}}{I_d} \tag{11-6}$$

式中，$\hat{I}_{w1}$ 为PWM电流基波分量的峰值，I_d 为直流输出电流的平均值。

利用第10章中介绍的牛顿-拉普逊迭代算法或其他数值算法，可联立求解式（11-3）~（11-5），得到各种调制因数下的开关角，如表11-1所示。其中，当调制因数 m_a 为1.03时，β_0 减小为0，此时，图11-2中电流波形中间的凹槽消失了。β_1 和 β_2 与CSI中用以消除5次和7次谐波时的两个开关角相同。

表 11-1　单桥 PWM CSR 采用 SHE 消除 5 次和 7 次谐波时的开关角

m_a	0.1	0.2	0.3	0.4	0.5	0.6	0.7	0.8	0.9	1.0	1.03
β_1	-13.5°	-11.9°	-10.3°	-8.60°	-6.86°	-5.00°	-3.98°	-0.67°	2.17°	6.24°	7.93°
β_2	14.2°	13.5°	12.7°	12.0°	11.4°	10.8°	10.4°	10.3°	10.8°	12.6°	13.8°
β_0	13.6°	12.2°	10.9°	9.5°	8.0°	6.6°	5.1°	3.6°	2.1°	0.5°	0

对于一组给定的β_1、β_2和β_0，可以确定 PWM CSR 中各功率器件的门（栅）极信号。图 11-3 给出了一个例子，其中v_{g1}和v_{g4}分别是整流器 A 相桥臂中功率器件 S_1 和 S_4 的门（栅）极信号。v_{g1}包括 6 个脉冲，其中一个在θ_{11}和θ_{12}之间，起旁路作用。旁路脉冲用以实现电流 i_w 波形中宽度为 $2\beta_0$ 的凹槽，此时 S_1 和 S_4 同时导通，直流电流将流过整流器，而不经过供电电源，使得 i_w 为 0。由于 CSR 的直流滤波电感比较大，直流电流在短时间内改变很小，因此可以实现这种旁路模式。

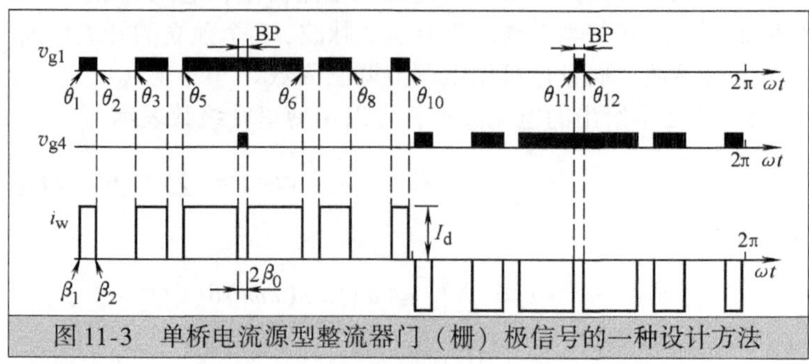

图 11-3　单桥电流源型整流器门（栅）极信号的一种设计方法

依照图 11-3 给出的门（栅）极信号，整流器的所有功率器件 SGCT 的开关频率可以通过计算得到，为 $f_{sw} = f_s \times N_p = 60\text{Hz} \times 6 = 360\text{Hz}$。式中，$f_s$为供电频率；$N_p$为每个周期中的脉冲数目。要消除两个主要的低次谐波并且输出可调，这个开关频率应是最低的开关频率。图 11-3 中的所有开关角 $\theta_1 \sim \theta_{12}$，可通过表 11-1计算得到，如图 11-4 所示。本章附录中给出了所有详细的计算结果。

值得注意的是，当调制因数 m_a 低于 0.826 时，开关角 θ_1变为负值，而 θ_{10}大于 180°。图 11-5 给出了这样一个例子，其中 $m_a = 0.4$，$\theta_1 = -8.6°$，$\theta_{10} = 188.6°$。在每个电源供电周期内，共有 4 个旁路段 BP1 ~ BP4。BP2 和 BP4 是由旁路脉冲产生的，而 BP1 和 BP3 则是由门（栅）极信号的重叠造成的。

图 11-6 为单桥 CSR 在不同调制因数下，PWM 电流 i_w 的谐波成分与调制因数的关系曲线，其中 I_{w1} 和 I_{wn}分别为基波电流及第 n 次谐波电流的有效值。可见，基波电流 I_{w1} 随调制因数 m_a 的增加而线性增加，5 次和 7 次谐波被消除，其余谐波幅值较大，尤其是第 11 次谐波。不过这些谐波电流很容易被滤波电容 C_f和网侧电感 L_s 所衰减或吸收，从而被大幅减小。

图 11-7 为消除 5、7 次谐波时，单桥 CSR 电流和电压的仿真波形。仿真参数包括：整流器的线电感为 0.1pu，滤波电容为 0.6pu，系统运行在额定直流电流下，调制因数为 0.9。如图中所示，PWM 的 i_w 波形 THD 非常大，约为73%，而网侧电流 i_s 的 THD 仅为 6.5%，这是由于采用了 SHE 方法和 LC 滤波器。

图 11-8 给出了实验室小功率 CSR 样机系统的试验波形。该系统的相关参数为：$f_s = 60\text{Hz}$，$m_a = 0.7$，$N_p = 6$，$L_s = 0.1\text{pu}$，$C_f = 0.66\text{pu}$。图中，波形从上至下分别为开关器件 S_1 中通过的电流 i_{GCT}，整流桥输出的 PWM 电流 i_w和网测电流 i_s。由于调制因数小于 0.826，如前所述，在供电电压的一个周期内，直流电流被整流器旁路 4 次。直流电流的旁路可以从 i_{GCT}和 i_w正半周的差别中反映出来。由于采用 SHE 方法和滤波电容，网侧电流近似于正弦。

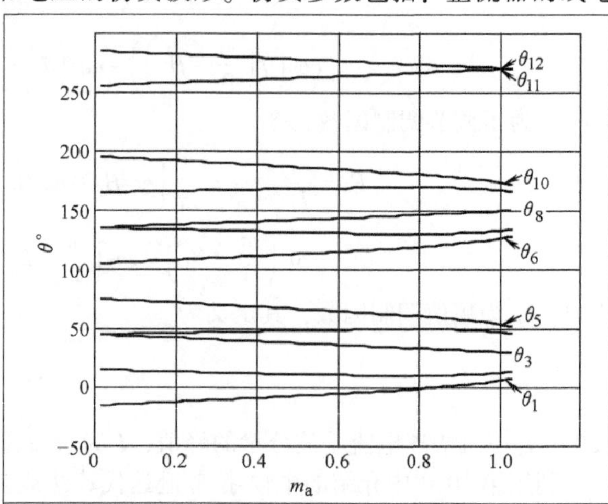

图 11-4　单桥电流源型整流器消除 5、7 次谐波时不同调制因数下的开关角

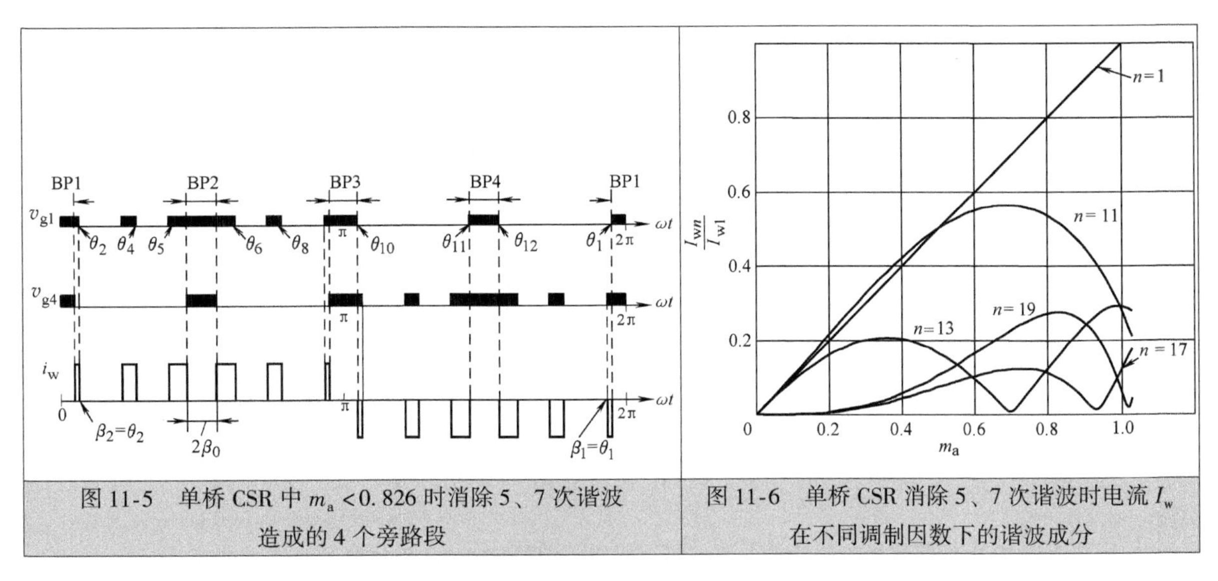

图 11-5　单桥 CSR 中 $m_a<0.826$ 时消除 5、7 次谐波造成的 4 个旁路段

图 11-6　单桥 CSR 消除 5、7 次谐波时电流 I_w 在不同调制因数下的谐波成分

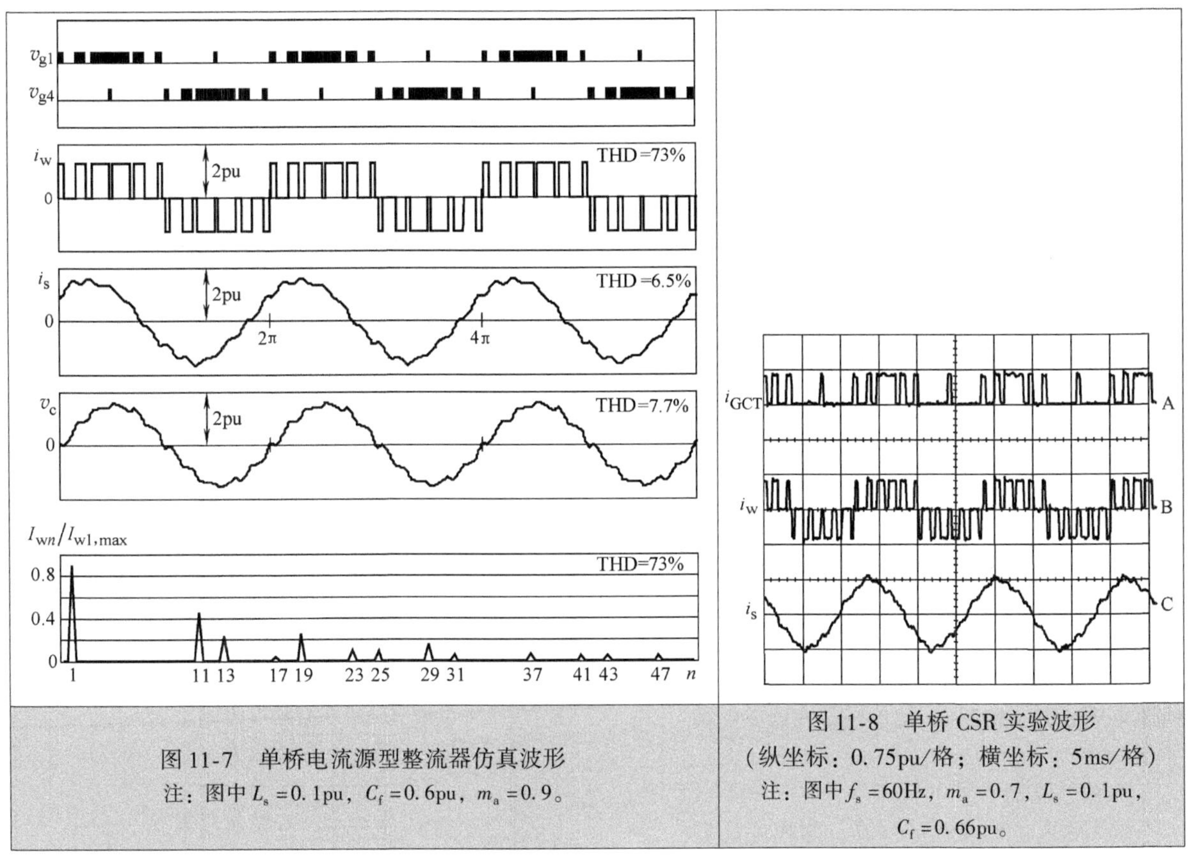

图 11-7　单桥电流源型整流器仿真波形

注：图中 $L_s=0.1$pu，$C_f=0.6$pu，$m_a=0.9$。

图 11-8　单桥 CSR 实验波形

（纵坐标：0.75pu/格；横坐标：5ms/格）

注：图中 $f_s=60$Hz，$m_a=0.7$，$L_s=0.1$pu，$C_f=0.66$pu。

11.2.3　整流器直流输出电压 ★★★

整流器的直流输出电压 v_d 有两种调节方法：一是改变调制因数 m_a；二是改变延迟角 α（α 为电源电压 v_s 和电流 i_{w1} 之间的相角差）。改变延迟角的方法与相控晶闸管整流器的原理相同。

交流输入的功率可以通过式（11-7）计算

$$P_{ac}=\sqrt{3}V_{LL}I_{w1}\cos\alpha \tag{11-7}$$

式中，V_{LL}为电源线电压的有效值。

直流输出功率可以通过式（11-8）计算

$$P_d = V_d I_d \tag{11-8}$$

式中，V_d和I_d分别为输出的直流平均电压和直流平均电流。如果忽略整流器中的功率损耗，则交流输入功率与直流输出功率应该相同，即

$$\sqrt{3} V_{LL} I_{w1} \cos\alpha = V_d I_d \tag{11-9}$$

进一步得到

$$V_d = \sqrt{3/2}\, V_{LL} m_a \cos\alpha \tag{11-10}$$

式中，$m_a = \hat{I}_{w1}/I_d = \sqrt{2} I_{w1}/I_d$。

对于单桥 CSR，当消除5次和7次谐波时，最大的调制因数为$m_{a,max} = 1.03$，相应的最大输出直流电压为

$$V_{d,max} = \sqrt{3/2}\, V_{LL} m_{a,max} \cos 0° = 1.26 V_{LL} \tag{11-11}$$

式中，$\alpha = 0$。

与相控晶闸管整流器的最大输出电压$1.35V_{LL}$相比，单桥 CSR 的最大输出电压减小了7%。

11.2.4 空间矢量调制法 ★★★

前面介绍的特定谐波消除（SHE）方法，是一种离线 PWM 方法。所有的开关角都必须预先计算，然后存储在表中，通过查表实现数字控制。虽然这种方法可在消除主要谐波的同时，使开关频率最小，但难以用于需要瞬时调整调制因数的场合。

空间矢量调制（SVM）方法是一种在线计算方法，可以用于实时数字控制系统。与 SHE 方法相比，SVM 具有快速的动态响应和更大的灵活性，这是由于在 SVM 中，调制因数在每个采样周期中都可以进行调节。例如，SVM 可用于有源阻尼控制，而有源阻尼控制为了抑制系统中 LC 引起的谐振，往往要实时对调制因数进行调节。在前面第10章电流源型逆变器中所讨论的 SVM 方法，可以直接用到电流源型整流器中。

11.3 双桥电流源型整流器

11.3.1 简介 ★★★

双桥电流源型整流器由两个完全相同的单桥 CSR 组成，分别由移相变压器的两个二次侧绕组供电，其中一个为三角形联结，另一个为星形联结，如图11-9所示[7,8]。每个二次侧绕组的线电压通常为一次侧的一半。为方便起见，将变压器线路总电感L_s全部折算到变压器二次侧。滤波电容C_f的值通常为0.15~0.3pu，比单桥整流器中的值要小。

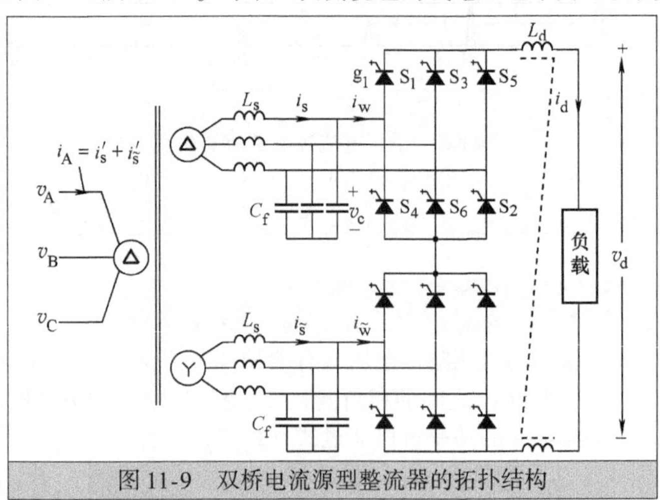

图11-9 双桥电流源型整流器的拓扑结构

双桥整流器有如下特点：

1）网侧电流接近正弦波。移相变压器可以消除5、7、17和19次谐波电流，11和13次谐波则可通过 PWM 方法来消除。因此，变压器一次侧线电流i_A不含有23次以下的谐波，而高次谐波就可以比较容易地通过滤波电容C_f加以抑制甚至消除。

2）开关频率比较低。整流器只需要消除11次和13次两个谐波，因此器件的开关

频率可以做到比较低，通常为360Hz或420Hz。

3）运行可靠。在这样的整流器中，无需GCT串联，系统的可靠性得到了增强。

4）适合改造项目。双桥整流器需要移相变压器，而移相变压器可以阻止共模电压，使其不出现在电动机绕组上，避免绕组绝缘过早老化。因此，作为前端整流器，双桥整流器比较适合用于通常使用标准交流电动机的中压传动系统的改造项目中。

11.3.2 PWM方法 ★★★

要设计双桥整流器的SHE方法，应该满足下面的条件：

1）在每个整流器中，PWM电流中的11和13次谐波应该被消除；

2）可实现全范围的调制因数控制；

3）尽可能降低开关频率。

同时，PWM方法应该满足电流源型变频器的开关约束条件，即除了换相过程，任何时候只能有两个开关器件同时导通，且其中一个和直流母线的正端相连，另一个和负端相连。

前面针对单桥CSR设计的只有一个旁路脉冲的开关模式，无法在双桥整流器中直接应用，图11-10给出的是用于双桥CSR的新开关模式，其中模式A适合低调制因数时的控制。此时，每个开关器件在一个供电电压电源周期中仅有6个脉冲，其中$\theta_7 \sim \theta_{12}$的3个脉冲为旁路脉冲。因此，器件的开关频率为360Hz，即6倍的供电电源频率。模式B适用于双桥整流器在高调制因数时的运行，每个开关器件在一个周期内开通和关断7次，开关频率为420Hz。

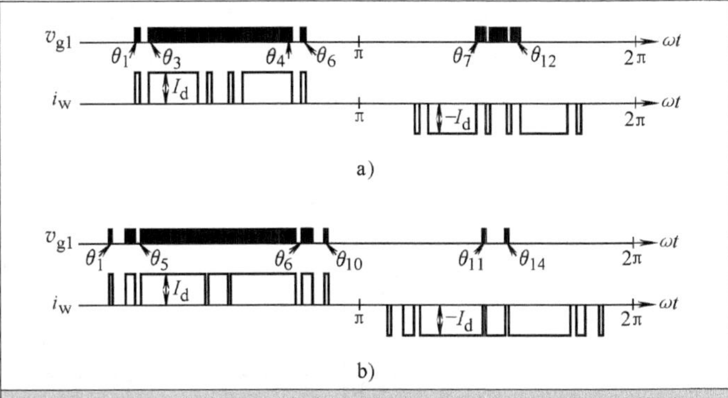

图11-10 双桥CSR消除11和13次谐波的两种开关模式
a）低调制因数m_a时的开关模式A b）高调制因数m_a时的开关模式B

图11-11分别为采用开关模式A和B时，计算得到的开关角度随调制因数变化的曲线。开关模式A在$0.02 \leq m_a \leq 0.857$时有效。可以看出，开关角θ_9和θ_{10}的差随着调制因数m_a的增加而减少，最后在$m_a = 0.857$时二者相等。当调制因数再增加时，11和13次谐波已经不能消除了。与此类似，开关模式B在$0.84 \leq m_a \leq 1.085$时有效。所以，这两种模式可结合使用，使得m_a在全范围内可以连续调节。

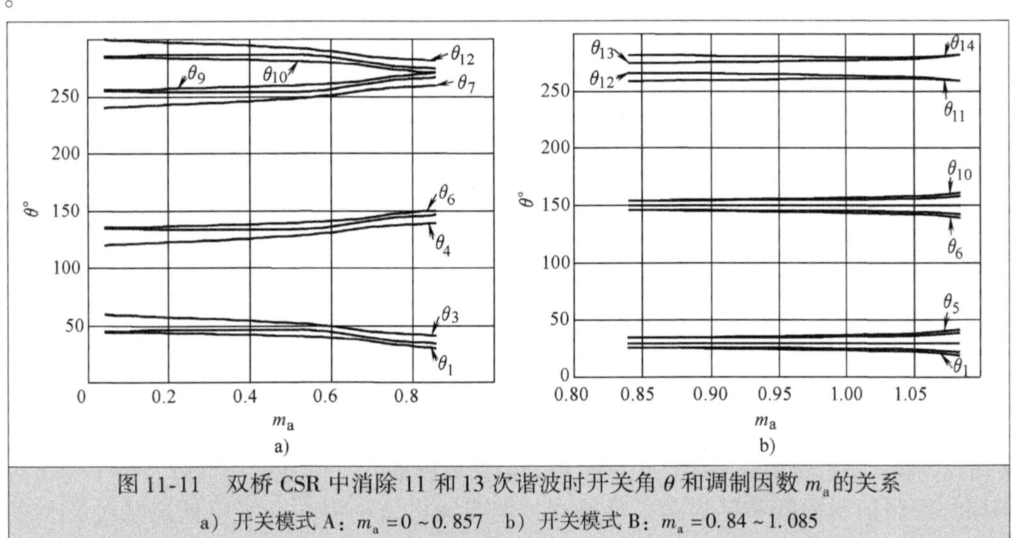

图11-11 双桥CSR中消除11和13次谐波时开关角θ和调制因数m_a的关系
a）开关模式A：$m_a = 0 \sim 0.857$ b）开关模式B：$m_a = 0.84 \sim 1.085$

11.3.3 谐波成分 ★★★

综合采用开关模式 A 和 B 时，整流器 PWM 电流 i_w 中的谐波成分如图 11-12 所示，其中 I_{w1} 和 I_{wn} 分别为基波和第 n 次谐波的有效值。基波分量 I_{w1} 随调制因数 m_a 的增加而线性增加。i_w 包含 5、7、17 和 19 次谐波，但这些谐波可以通过移相变压器消除（参见第 5 章）。值得注意的是，即使是在两种模式切换的过程中，各次谐波幅值随调制因数的增加而非常平滑地改变。

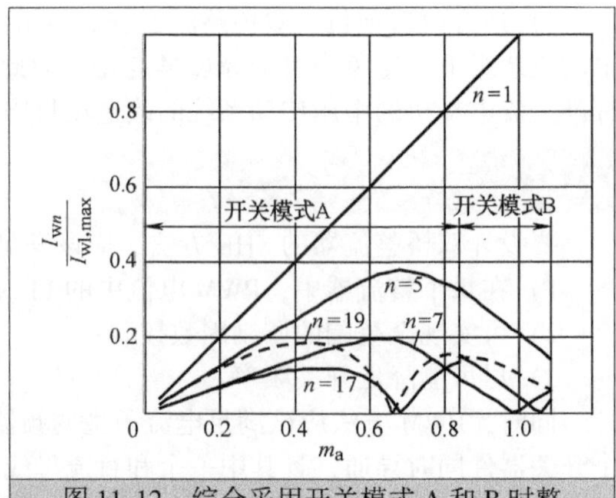

图 11-12 综合采用开关模式 A 和 B 时整流器的 PWM 电流 i_w 中的谐波成分

图 11-13 给出了实验室双桥 CSR 样机的试验波形，其中图 11-13a 和 11-13b 分别为 $m_a=0.5$ 时开关模式 A 以及 $m_a=1.02$ 时开关模式 B 的试验波形。总电感 L_s 约为 0.067pu，滤波电容为 0.15pu。图 11-13 中，波形从上到下依次为：变压器一次侧电流 i_A，二次侧电流 i_s 以及整流器 PWM 电流 i_w。可以看出，i_A 近似为正弦波，这也是双桥整流器的一个主要特点。

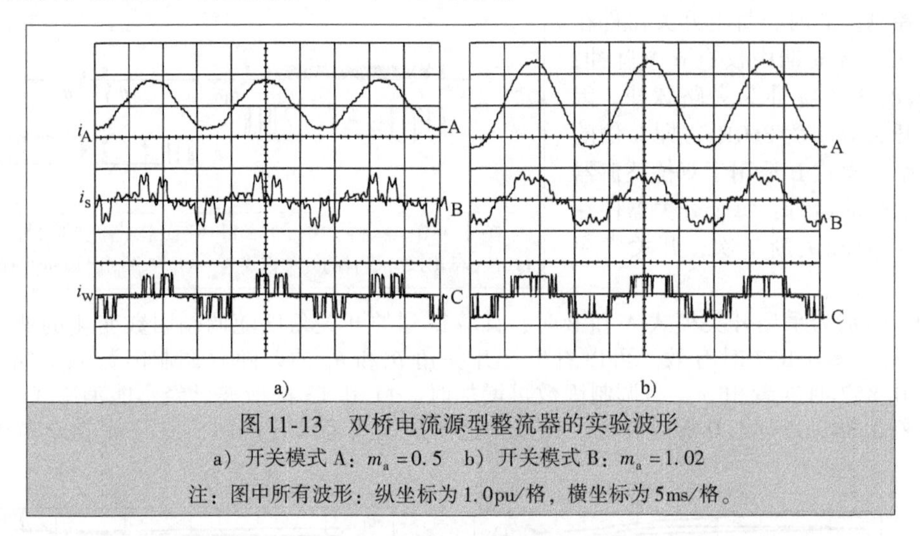

图 11-13 双桥电流源型整流器的实验波形

a）开关模式 A：$m_a=0.5$ b）开关模式 B：$m_a=1.02$

注：图中所有波形：纵坐标为 1.0pu/格，横坐标为 5ms/格。

11.4 功率因数控制

11.4.1 简介 ★★★

如前所述，PWM 电流源型整流器在输入端需要有三相滤波电容。单桥 CSR 中，开关频率为 200Hz 时，滤波电容的典型值为 0.3～0.6pu。当采用更高开关频率或使用双桥 PWM 电流源整流器时，滤波电容可以减小。如果忽略线路电抗的电压降，电容电压和电网供电电压相同，这就使得不论在什么运行方式下，电容中都会流过大小在 0.3～0.6pu 范围内固定不变的电流。

整流器的直流输出电流可以通过调制因数 m_a 来控制，也可以采用相控晶闸管整流器中改变延迟角 α 的方法加以控制。延迟角控制方法产生的是滞后的功率因数，可以补偿滤波电容产生的超前功率因数。如果同时控制调制因数和延迟角，可以在控制直流电流的同时，实现整流器的最大功率因数运行[9,10]。

11.4.2 α 和 m_a 的同时控制 ★★★

图 11-14 给出的是单桥 CSR 的电路图以及对应的相量图。图中的所有电压和电流相量，例如 I_s、I_w 和 V_c，只表示它们的基波分量，为简单起见，在此没有给出下标 1。图 11-14b 给出的是只控制调制因数时的相量图。其中，PWM 电流 I_w 和电源电压 V_s 同相位，而网侧电流 I_s 领先于电源电压 V_s 的角度为 ϕ。整流器的输入功率因数用 ϕ 表示时为

$$\mathrm{PF} = \mathrm{DF} \times \cos\phi = \cos\phi \tag{11-12}$$

式中，假设畸变功率因数 DF 为 1。这是因为，当采用了 SHE 方法和较大滤波电容时，网侧电流 i_s 非常接近正弦波。同样基于这种假设，本章所介绍的功率因数控制方法，本质上是对整流器的相移功率因数角进行控制。

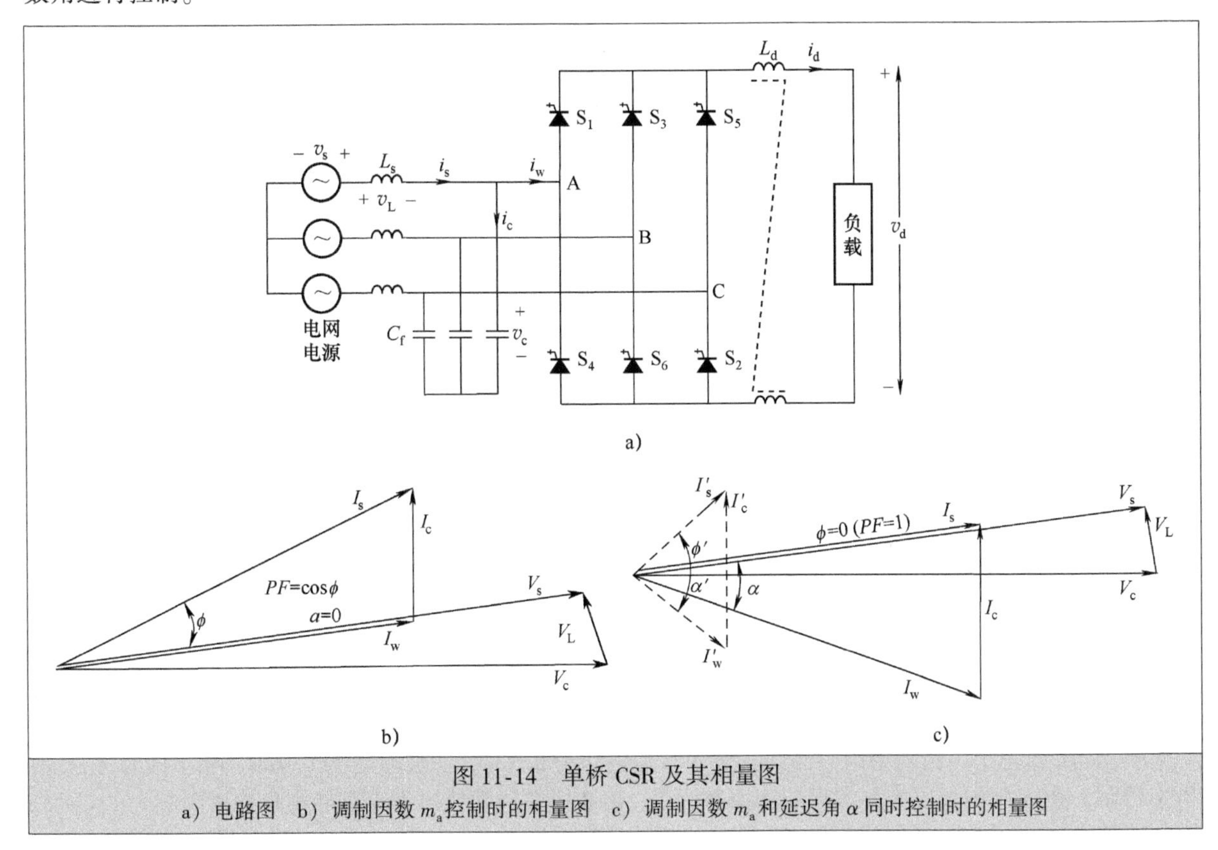

图 11-14 单桥 CSR 及其相量图

a）电路图 b）调制因数 m_a 控制时的相量图 c）调制因数 m_a 和延迟角 α 同时控制时的相量图

要提高输入功率因数，可以通过增加 I_w 和 V_s 之间的延迟角 α，如图 11-14 所示。同时提高调制因数 m_a，以补偿 α 增加后引起的直流电压降落。直流电压 V_d 与 m_a 和 α 之间的关系为

$$V_d = \sqrt{3/2}\, V_{LL} m_a \cos\alpha \tag{11-13}$$

为了实现功率因数为 1 的控制，延迟角应满足

$$\alpha \approx \sin^{-1}\frac{I_c}{I_w} \approx \sin^{-1}\frac{\omega C_f V_s}{m_a I_d} \tag{11-14}$$

这里忽略了线路电感上的电压降。

然而，不是在任何条件下都能实现功率因数为 1。图 11-14c 中的相量 I'_w、I'_c 和 I'_s 就是一个例子，此时 CSR 运行在轻载情况下。很明显，PWM 电流 I'_w 太小，不足以产生足够的滞后电流，以抵消领先的电容电流。因此，在设计功率因数控制方法时应该考虑：①当有可能实现功率因数为 1 时，控制使其功率因数为 1；②当不可能实现功率因数为 1 时，控制其功率因数尽可能高。后者可以通过下面两个方法来实现：

1）通过调节 m_a 到最大值，使 PWM 电流 I_w 为最大值，进而产生最大的滞后电流分量；

2）调节最大延迟角 α，实现所需的直流电流。

根据以上结论，图 11-15 给出了一种实用的功率因数双环控制方法。一个控制环为调制因数 m_a 环。所测量的电源电压 V_s 和线电流 I_s，先通过一个低通滤波器（Low Pass Filter，LPF），然后输出到功率因数角检测器中。将检测到的功率因数角 ϕ 与功率因数角的给定值 ϕ^* 相比较（ϕ^* 一般设为0），差值为 $\Delta\phi$，经过 PI 调节器处理后对调制因数 m_a 进行控制。

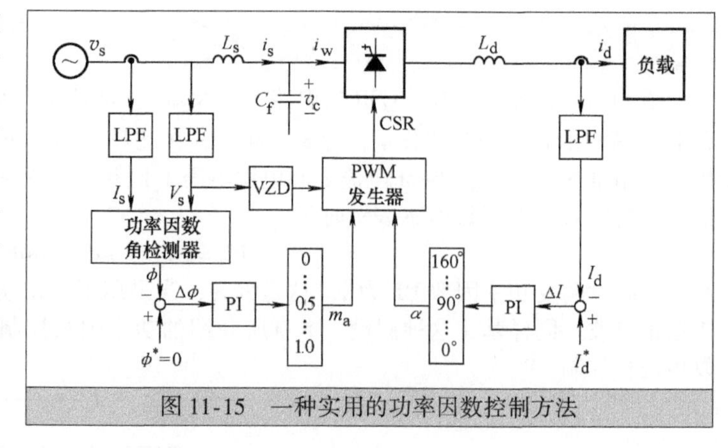

图 11-15　一种实用的功率因数控制方法

另一个控制环为 α 环通过检测直流电流 I_d，并与给定值 I_d^* 进行比较，差值为 ΔI，经过 PI 调节器处理后进行延迟角控制。本质上，调制因数 m_a 和延迟角 α 都对直流电流的值产生影响。PWM 发生器根据调制因数和延迟角，产生电流源型整流器开关器件 GCT 的门极信号。电压过零检测（VZD）可以为延迟角控制提供一个参考角度。

当单位功率因数可以实现时，上述功率因数控制方法可确保功率因数为 1。假设实际系统中负载发生变化时，网侧电流 I_s 超前于电源电压 V_s，会产生大小为 $\Delta\phi$ 的误差信号。这个误差信号使 m_a 增大，根据式（11-13），直流电压 V_d 增加，使得直流电流 I_d 随之增加，α 控制环将对此做出响应：增加 α，试图把 I_d 拉回到设定值 I_d^*。α 增加，则 ϕ 减小，改善了功率因数。这个过程一直持续到 $\phi=0$、$\Delta\phi=0$、$I_d=I_d^*$ 以及功率因数为 1 时为止，此时整流器将运行于一个新的稳定点。

当整流器轻载运行时，很难实现单位功率因数进行。与上面的分析类似，误差 $\Delta\phi$ 使调制因数 m_a 和延迟角 α 增加。由于 $\Delta\phi$ 不可能为0，上述过程将一直持续到 m_a 控制环中的 PI 调节器饱和，m_a 达到最大值 $m_{a,max}$，α 角达到一定值。在保持 I_d 达到其设定值的同时，实现了最大的输入功率因数。

很明显，上述两种运行模式，即功率因数为 1 时的运行模式和最大功率因数运行模式，它们之间的切换是平滑的、无缝的，在整个过程中不需要采取任何额外的措施。

11.4.3　功率因数曲线　★★★

图 11-16 给出了一组功率因数曲线，其中直流电压为 0.5pu，滤波电容为 0.4pu。如果同时进行 m_a 和 α 控制，在 A 区中可以控制实现功率因数为 1；在 B 区中轻载情况下不可能实现功率因数为 1，而只能实现最大功率因数。当仅进行 m_a 控制时，其功率因数曲线也在图中给出，此时由于存在超前电容电流的缘故，不可能实现功率因数为 1。通过对比可以知道，同时进行 m_a 和 α 控制可以大大改善整流器的功率因数。

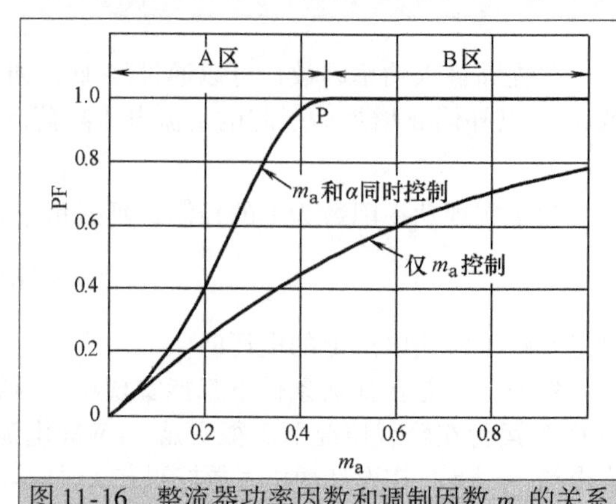

图 11-16　整流器功率因数和调制因数 m_a 的关系

注：图中 $V_d=0.5$pu，$C_f=0.4$pu。

图 11-17 为一组实验室单桥 CSR 样机上测得的波形，由上到下分别是直流电流 i_d、延迟角 α、调制因数 m_a 和 PWM 电流 i_w。CSR 总的线路电感 $L_s=0.1$pu，滤波电容 $C_f=0.6$pu，负载阻抗为 0.64pu。为了消除 5 次及 7 次谐波，该系统在 0.5pu 直流电流的情况下以开关频率 360Hz 运行。功率因数为 1 是无法实现的，这是由于 PWM 滞后的电流 i_w 小于超前的电容电流 $I_c=0.6$pu，从而不能相互抵消。此时，m_a 环中的 PI 调节器输出饱和，m_a 的最大值为 1.03。α 环中，PI 调节器的输出为 67°，

直流电流 $I_d = I_d^* = 0.5\text{pu}$，超前功率因数 PF = 0.93，是可以实现的最高功率因数。

当负载电流给定 I_d^* 从 0.5pu 突加到 1.0pu 时，CSR 可实现功率因数为 1，原因在于此时 PWM 电流 i_w 值比超前的电容电流值大，可以完全补偿。此时，负载电流从 0.5pu 增加到 1.0pu，延迟角 α 从最初的 67°减小到 35°，调制因数 m_a 从最大值降低到 0.96，整流器实现单位功率因数运行。图 11-18 给出了供电电压 v_s、线电流 i_s 和 PWM 电流 i_w 的波形，此时整流器以单位功率因数运行，网侧电流 i_s 与电源电压 v_s 同相位。

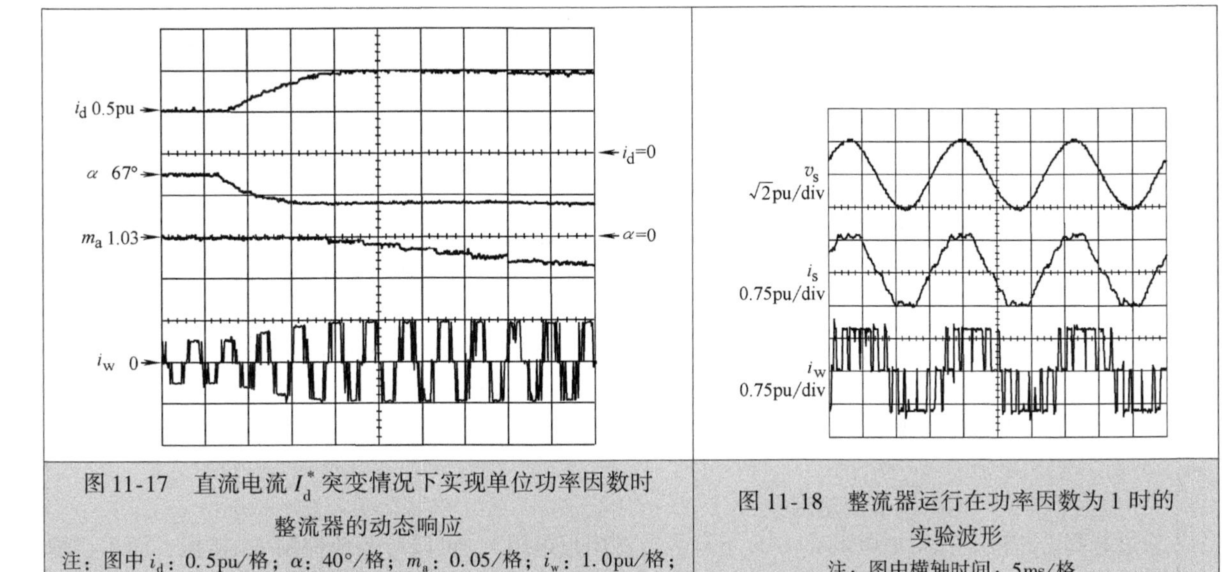

图 11-17　直流电流 I_d^* 突变情况下实现单位功率因数时整流器的动态响应

注：图中 i_d：0.5pu/格；α：40°/格；m_a：0.05/格；i_w：1.0pu/格；横轴时间 t：20ms/格。

图 11-18　整流器运行在功率因数为 1 时的实验波形

注：图中横轴时间：5ms/格。

需要指出的是，功率因数控制方法不需要任何系统参数，例如线路电感、滤波电容等。在实际系统中，这些参数的变化不会影响系统实现单位功率因数或最大功率因数。

11.5　有源阻尼控制

11.5.1　简介 ★★★

如前所述，PWM 电流源型整流器输入端的三相滤波电容 C_f 与系统总线路电感 L_s 构成 LC 谐振电路。供电电源中存在的谐波电压、CSR 产生的谐波电流都可能引发谐振。本节将介绍有源阻尼的原理，并基于此提出相应的控制方法，最后给出仿真和实验结果，验证这种有源阻尼方法的有效性。

11.5.2　串联和并联谐振模式 ★★★

根据激励源的不同，PWM CSR 中的 LC 谐振可分为两种模式：串联谐振模式和并联谐振模式。在三相对称系统中，对 LC 电路的分析可以只在一相中进行。从供电电源角度出发，图 11-14 中的 LC 电路和整流器表现为串联谐振模式，此时 CSR 可视为一个恒流源，因此在对电路进行分析时按开路处理，如图 11-19a所示。其中，L_s 与滤波电容 C_f 串联连接，R_s 为等效串联阻

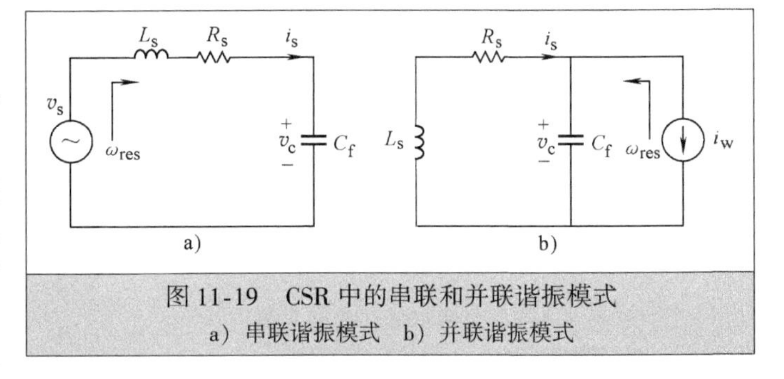

图 11-19　CSR 中的串联和并联谐振模式
a）串联谐振模式　b）并联谐振模式

抗，包括传输线阻抗、电抗器和隔离变压器阻抗（如果有的话）。大功率整流器中，等效阻抗 R_s 的值一般很小，对 LC 谐振电路只能起到很小的阻尼作用。这种串联 LC 谐振一般是由供电电源的谐波电压激发的。

研究并联谐振模式时，从整流器端看，供电电源为恒压源，可在分析时按短路处理，如图 11-19b 所示。并联谐振一般是由 PWM CSR 产生的电流谐波引起的，如果忽略等效阻抗 R_s，则串联和并联两种谐振模式下的谐振频率为 $\omega_{res}=1/\sqrt{L_sC_f}$。滤波电容一般为 0.3 ~ 0.6pu，总线路电感 L_s 为 0.1 ~ 0.15pu，因此 LC 电路的谐振频率 ω_{res} 一般在 3.3 ~ 5.8pu 范围内。

通常认为，解决 LC 谐振问题就是通过选取适当的总线路电感 L_s 和滤波电容 C_f 的值，确定其谐振频率，使该谐振频率低于整流器所产生的最低谐波频率。但是，供电电源的线路电感往往不得而知，而且还随电力系统运行情况的不同而变化。线路电感的变化，有可能使网侧低次谐波引起系统的 LC 谐振。如果采用有源阻尼控制方法，不但可以简化 LC 滤波器的设计，而且还可以有效地抑制谐振。

11.5.3 有源阻尼原理 ★★★

众所周知，LC 谐振可以通过在系统中额外添加阻尼电阻加以抑制。对于 CSR，阻尼电阻 R_p 最佳的位置是与滤波电容 C_f 并联，如图 11-20a 所示，这样对串联和并联谐振模式都有效。但是，阻尼电阻会产生额外的功率损耗，不是很实用的解决方案。

有源阻尼方法采用整流器在系统中虚拟出一个阻尼电阻[11~13]，图 11-20b 说明了有源阻尼方案的原理[11]。其中，i_p 为阻尼电流，可以通过整流器来产生，具体步骤如下：

1）检测电容电压 v_c 的瞬时值；

2）计算阻尼电流 $i_p=v_c/R_p$；

3）根据 i_p 的值，实时调节调制因数 m_a。

通过选择合适的虚拟阻尼电阻 R_p（以下称为有源阻尼电阻），可以有效地抑制 LC 谐振，而不会增加额外的损耗。

检测的电容电压 v_c 包括基波分量和谐波分量，计算得到的阻尼电流 i_p 也一样。在实际应用中，有源阻尼控制仅对除基波外的所有频率下的 LC 谐振进行抑制，而基波分量的阻尼会影响到整流器输出直流电流的控制[11]。

图 11-21 给出了 CSR 有源阻尼的控制方法，检测电容电压 v_c 并将其变换到同步坐标系。坐标变换是在 abc/dq 中进行的，旋转角 θ 由数字锁相环（Phase Locked Loop，PLL）得到。v_c 在静止坐标系下的正弦波基波分量，在同步坐标系下将变成直流量，该直流量可通过高通滤波器（High Pass Filter，HPF）滤除掉，HPF 输出所包含的信号为同步坐标系下的谐波电压分量 v'_c。当供电电源频率变化时，这种谐波检测方法基本不受影响，这一点在实际系统中很重要。HPF 的截止频率可以设置得比较低，这样谐振频率分量通过滤波器后引起的相移就非常小。

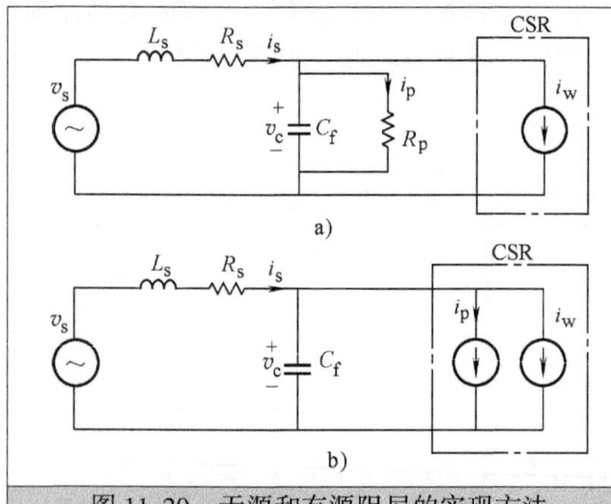

图 11-20 无源和有源阻尼的实现方法
a）无源阻尼方法 b）有源阻尼方法

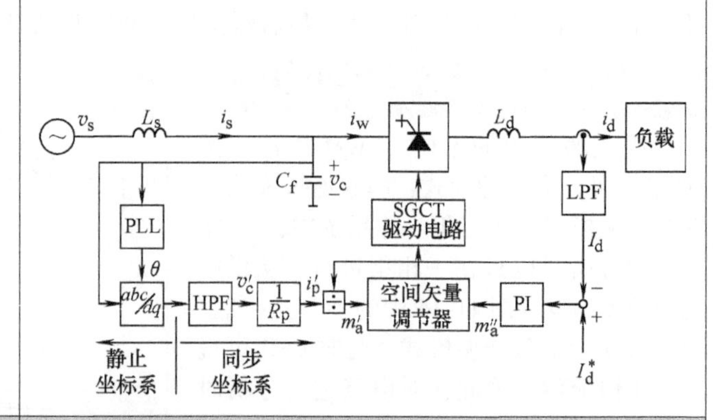

图 11-21 包含有源阻尼的电流源型整流器矢量控制框图

将 v'_c除以期望的有源阻尼电阻 R_p，就可以得到阻尼电流的参考值 i'_p，然后通过归一化处理，把 i'_p转换为阻尼调制因数 m'_a。在空间矢量调节器中，将 m'_a与直流电流控制算法得到的 m''_a相加，即可同时实现有源阻尼和直流电流的控制。

需要指出的是，空间矢量调制（SVM）是一种在线计算方法，适用于有源阻尼控制。而特定谐波消除（SHE）本质上是离线计算方法，难以满足有源阻尼控制中快速调节的需要。第 10 章中所讨论的电流源型逆变器的 SVM 方法，可以直接应用到包含有源阻尼控制的电流源型整流器系统中。

11.5.4 *LC* 谐振抑制 ★★★

为验证图 11-21 所示的有源阻尼控制方法，本节将进行计算机仿真[14]。仿真中，整流器的输入为理想的 4160V 三相电源，整流器的参数如表 11-2 所示，控制器中的有源阻尼电阻 R_p为 1.5pu。

下面仿真这样一种工况：直流电流的参考值 I_d^* 从 100% 突降到 20%，负载阻抗也随之改变，保持负载电压为 50%。这种情况类似于在电动机传动系统中，当整流器连接逆变桥并驱动电动机恒速运行时，负载转矩发生突降的情况，以此考察整流器的控制性能。

表 11-2　1MVA 整流器仿真的额定值和主要参数

额定功率	1MVA
额定电压(线电压,rms)	4160V
额定线电流(rms)	138A
线路总电感 L_s	0.17pu
滤波电容 C_f	0.3pu
等效串联电阻 R_s	0.002pu
有源阻尼电阻 R_p	1.5pu
LC 振荡频率 ω_{res}	4.43pu(266Hz)
开关频率 f_{sw}	540Hz

图 11-22 为仿真得到的电容电压 v_c和线电流 i_s的波形。直流电流参考值的突变，使系统以最快的速度对直流电流进行调节，进而引起整流侧出现了快速的动态过程，此动态过程将在 *LC* 电路中引起自然振荡。没有采用有源阻尼控制方法时，在调节过程中，电流 i_s和电容电压 v_c都会出现振荡，如图 11-22a 所示。由于阻尼很小，振荡将持续多个基波周期。当采用了有源阻尼控制方法时，振荡在一个基波周期中就消失了，如图 11-22b所示。

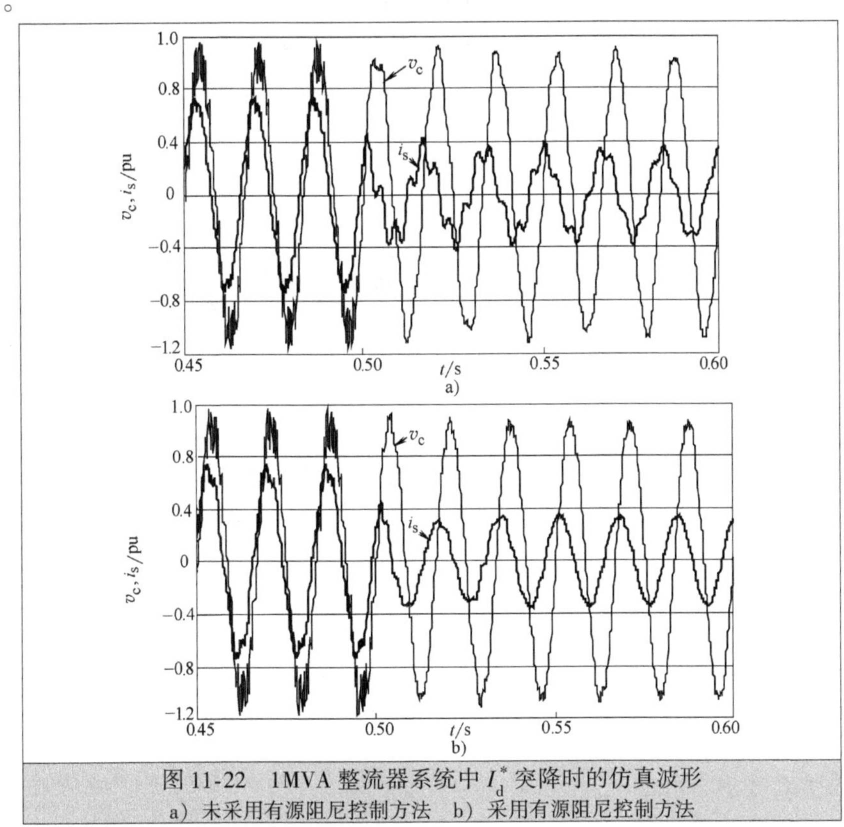

图 11-22　1MVA 整流器系统中 I_d^* 突降时的仿真波形
a）未采用有源阻尼控制方法　b）采用有源阻尼控制方法

在实验室的GTO电流源型整流器平台上，对有源阻尼控制进行了试验验证。系统采用数字控制，系统参数参见表11-3。整流器采用了空间矢量调制方法，开关频率为540Hz，供电电源的电压含有约1%的5次谐波分量。由于LC谐振频率为5.43pu，接近5次谐波的频率，因此，电源中的5次谐波电压和整流器产生的5次谐波电流都可能引起LC谐振。

表11-3　采用有源阻尼控制方法的GTO CSR样机参数

参数	数值
线路总电感L_s	0.087pu
滤波电容C_f	0.39pu
直流电路电感L_d	0.87pu
直流电路电阻R_d	1.2pu
有源阻尼电阻R_p	0.96pu
LC振荡频率ω_{res}	5.43pu(326Hz)

图11-23给出了实验室整流器电流和电压的实测波形，其中，图11-23a为未采用有源阻尼的控制方法，图11-23b为采用了有源阻尼的控制方法。直流电流参考值从额定值的75%突降到了20%。从图11-23a可以看到由于直流电流参考值变化引起的振荡动态过程，网侧电流i_s每半个基波周期出现两个明显的凸峰，即含有LC电路振荡引起的5次谐波。采用了有源阻尼控制方法之后，LC谐振得到了有效的抑制，如图11-23b所示。

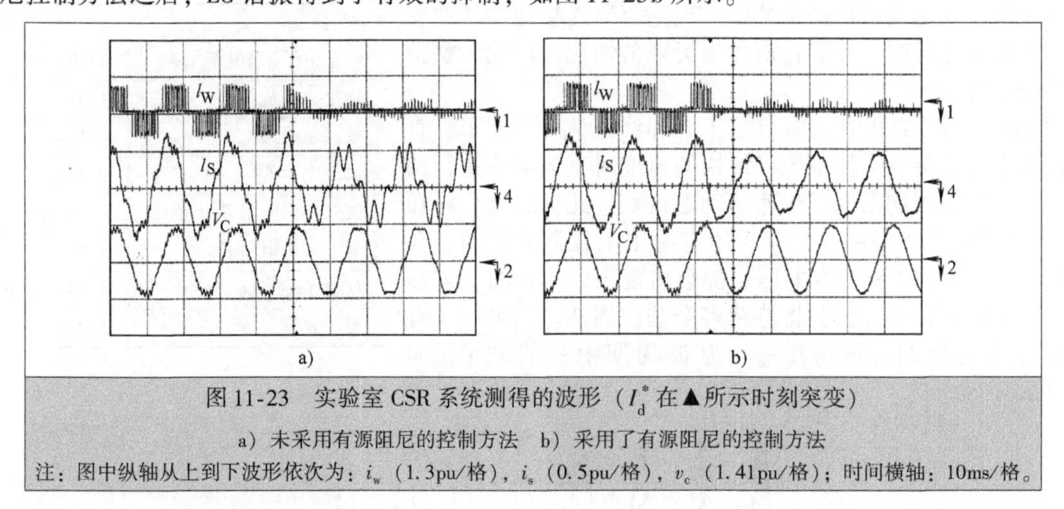

图11-23　实验室CSR系统测得的波形（I_d^*在▲所示时刻突变）

a）未采用有源阻尼的控制方法　b）采用了有源阻尼的控制方法

注：图中纵轴从上到下波形依次为：i_w（1.3pu/格），i_s（0.5pu/格），v_c（1.41pu/格）；时间横轴：10ms/格。

11.5.5　谐波抑制 ★★★

在CSR稳态运行时，有源阻尼控制方法还可以减小网侧电流的谐波[15]。为了研究LC谐振对线电流THD的影响，这里考察一个1MW/4160V的CSR系统，假定其参数为：$L_s=0.1$pu，$C_f=0.4$pu，$R_s=0.005$pu，$L_d=1.0$pu，$f_{sw}=540$Hz（SVM）。由于采用空间矢量调制，PWM电流i_w中通常包含一定量的5次、7次谐波。而LC电路的自然振荡频率恰好为5次谐波频率（$\omega_{res}=1/\sqrt{L_sC_f}=5.0$pu），这在实际系统中是最坏的情况，应该设法避免。图11-24给出了PWM电流i_w、网侧电流i_s和电容电压v_c的仿真波形。由于没有有效的阻尼，由PWM整流器

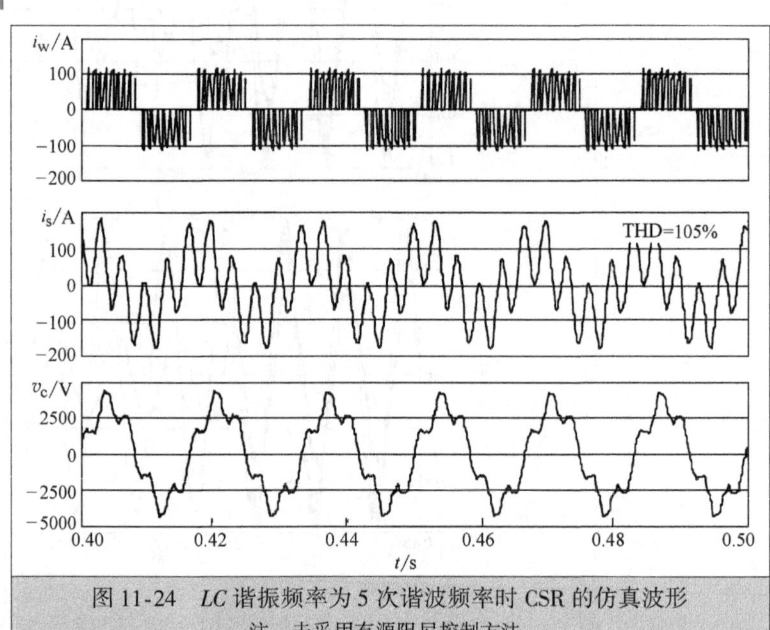

图11-24　LC谐振频率为5次谐波频率时CSR的仿真波形

注：未采用有源阻尼控制方法。

产生的5次谐波引起了LC电路的并联谐振。图中，该谐振表现得非常明显，网侧电流和电容电压的波形中都含有明显的5次谐波。i_s的THD非常大，为105%。

图11-25给出了CSR系统网侧电流THD、串联电阻R_s与谐振频率f_{res}之间的关系曲线。在确定L与C的值时，一般按照每1pu滤波电容对应4pu总线路电感这样的比例计算。当LC在5次谐波下引起谐振时，网侧电流的THD曲线出现了一个明显的尖峰。当谐振频率f_{res}为5pu、串联电阻为0.5%时，THD达到最大，为105%。在最极端的情况下，串联电阻为1.5%时（实际中几乎不可能有这么大），网侧电流的THD仍然有60%，这在实际系统中是难以接受的。

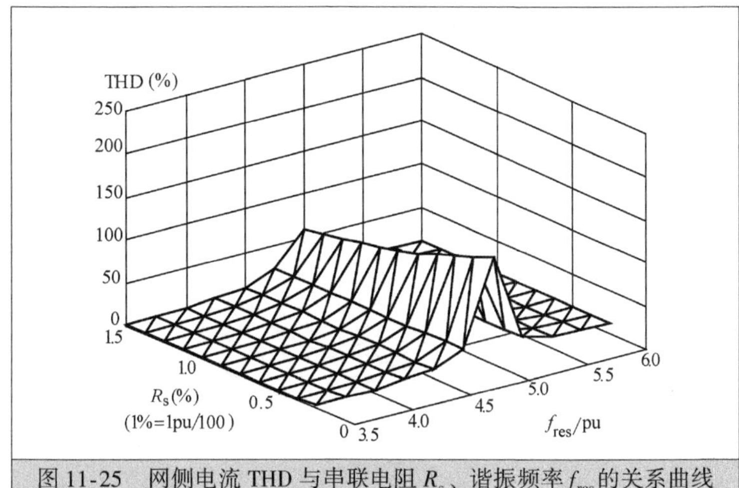

图11-25　网侧电流THD与串联电阻R_s、谐振频率f_{res}的关系曲线

注：未采用有源阻尼控制方法。

当CSR系统中其他条件不变，只是采用了有源阻尼控制方法时，其电流和电压波形如图11-26所示。LC电路在5次谐波激励下，当有源阻尼电阻为1.0pu时，其线电流的THD为5%，仅为没有采用有源阻尼控制方法时的1/21左右。

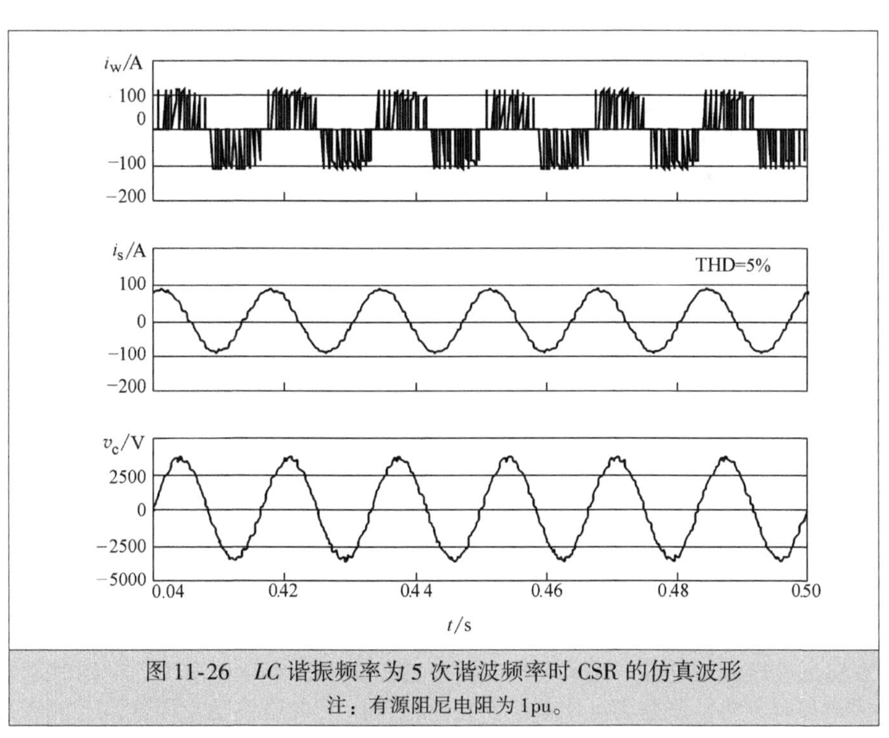

图11-26　LC谐振频率为5次谐波频率时CSR的仿真波形

注：有源阻尼电阻为1pu。

从图11-27所给出的网侧电流THD性能曲线上，可以很容易地发现有源阻尼控制对系统LC谐振模式敏感性的影响。可以看出，当增强有源阻尼效果（即减小R_p）时，THD曲线的峰值将趋向平缓。当R_p为1pu时，THD与谐振频率f_{res}之间近似为线性关系。当R_p小于1pu时，由于过强的阻尼作用导致了系统不稳定，此时波形为非周期波形，从而无法计算THD值，因此在图中并没有给出。

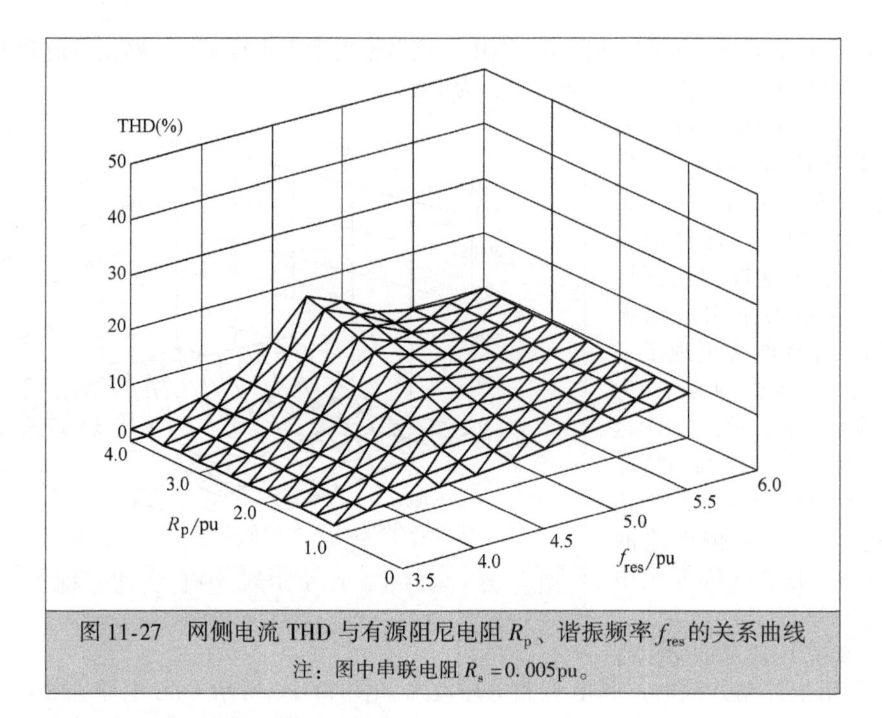

图 11-27　网侧电流 THD 与有源阻尼电阻 R_p、谐振频率 f_{res} 的关系曲线

注：图中串联电阻 R_s = 0.005pu。

11.5.6　有源阻尼电阻的选择 ★★★

如前所述，为了减小网侧电流 THD，希望有源阻尼电阻 R_p 的值越小越好。但如果 R_p 太小，CSR 系统可能出现不稳定。因此，R_p 的选择比较复杂，需要考虑多个因素，包括 *LC* 谐振模式、功率器件的开关频率、直流电流和电压大小、主要谐波成分幅值以及调制因数等。根据一般经验，当大功率变频器中器件的开关频率为数百赫兹时，R_p 不应小于 1.0pu。

为了使整个系统的性能达到最优，有源阻尼电阻 R_p 在 CSR 运行中应随时变化。其最小值取决于系统的稳定性要求，应在大部分的运行范围内都可以满足要求。但是，当调制因数接近最大值时，有源阻尼电阻应相应的增加[15]。在具体设计工作中，可以参考计算机仿真结果来选取合适的 R_p。

11.6　小　　结

本章研究了大功率交流传动系统中电流源型整流器的 4 个主要问题，包括拓扑结构、PWM 方案、功率因数控制和 *LC* 谐振的有源阻尼控制。单桥 CSR 拓扑结构具有结构简单、生产成本低的特点，而双桥 CSR 的优点则是网侧电流波形更加接近正弦波。本章介绍了应用到这两种整流器的特定谐波消除调制方法。为了减小开关损耗，这些方案都是针对开关频率在 360Hz 或者 420Hz 设计的。

CSR 需要在输入端接滤波电容。为了补偿滤波电容的影响，本章给出了一种同时调整延迟角和调制因数的功率因数控制方法。该方法可使整流器在全范围内实现单位功率因数运行或者最大功率因数运行。另外，该方法不需要系统任何额外的参数，这一点在实际应用中是非常重要的。

CSR 系统的滤波电容和线路电感形成了 *LC* 谐振电路。供电电源中的电压谐波和整流器中的电流谐波，都可能引起系统谐振。本章介绍了有源阻尼控制方法。该方法不但可以抑制系统暂态过程中的 *LC* 谐振，在稳态时还可减小网侧电流的谐波畸变。

附录 11A　电流源型整流器的开关角

表 11-4　单桥 CSR 消除 5、7 次谐波时的开关角

m_a	0.1	0.2	0.3	0.4	0.5	0.6	0.7	0.8	0.9	1.0	1.03
角度											
θ_1	-13.5	-11.9	-10.3	-8.60	-6.86	-5.00	-3.98	-0.67	2.17	6.24	7.93
θ_2	14.2	13.5	12.7	12.0	11.4	10.8	10.4	10.3	10.8	12.6	13.8
θ_3	43.6	42.2	40.9	39.5	38.0	36.6	35.1	33.6	32.1	30.5	30.0
θ_4	45.8	46.5	47.3	48.0	48.6	49.2	49.6	49.7	49.2	47.3	46.2
θ_5	73.5	71.9	70.3	68.6	66.9	65.0	63.0	60.7	57.8	53.8	52.1
θ_6	106.5	108.1	109.7	111.4	113.1	115.0	117.0	119.3	122.2	126.2	127.9
θ_7	134.2	133.5	132.7	132.0	131.4	130.8	130.4	130.3	130.8	132.6	133.8
θ_8	136.4	137.8	139.1	140.5	142.0	143.4	144.9	146.4	147.9	149.5	150.0
θ_9	165.8	166.5	167.3	168.0	168.6	169.2	169.6	169.7	169.2	167.3	166.2
θ_{10}	193.5	191.9	190.3	188.6	186.9	185.0	183.0	180.7	177.8	173.7	172.1
θ_{11}	256.4	257.8	259.1	260.5	262.0	263.4	264.9	266.4	267.9	269.5	270.0
θ_{12}	283.6	282.2	280.9	279.5	278.0	276.6	275.1	273.6	272.1	270.5	270.0

表 11-5　双桥 CSR 消除 11、13 次谐波时的开关角

	模式 A								模式 B			
m_a	0.2	0.3	0.4	0.5	0.6	0.7	0.8	0.857	0.84	0.9	1.0	1.085
角度												
θ_1	43.6	42.8	41.9	41.0	39.5	35.5	31.5	30.0	18.9	19.1	19.4	19.0
θ_2	46.2	46.6	46.8	46.4	44.4	38.7	35.1	34.2	18.6	19.6	21.1	21.7
θ_3	57.4	55.9	54.3	52.2	49.0	44.6	42.2	41.1	30.0	30.0	30.0	30.0
θ_4	122.6	124.1	125.7	127.8	131.0	135.4	137.8	138.9	33.9	34.8	36.4	38.3
θ_5	133.8	133.4	133.2	133.6	135.6	141.3	144.9	145.8	41.1	40.9	40.6	41.0
θ_6	136.4	137.2	138.1	139.0	140.6	144.5	148.5	150.0	138.9	139.1	139.4	139.0
θ_7	242.6	244.1	245.7	247.8	251.0	255.4	257.8	258.9	146.1	145.2	143.6	141.7
θ_8	253.8	253.4	253.2	253.6	255.6	261.3	264.9	265.8	150.0	150.0	150.0	150.0
θ_9	256.4	257.2	258.1	259.0	260.5	264.5	268.5	270.0	161.4	160.4	158.9	158.3
θ_{10}	283.6	282.8	281.9	281.0	279.5	275.5	271.5	270.0	161.1	160.9	160.6	161.0
θ_{11}	286.2	286.6	286.8	286.4	284.4	278.7	275.1	274.2	258.6	259.6	261.1	261.7
θ_{12}	297.4	295.9	294.3	292.2	289.0	284.6	282.2	281.1	266.1	265.2	263.6	261.7
θ_{13}	—	—	—	—	—	—	—	—	273.9	274.8	276.4	278.3
θ_{14}	—	—	—	—	—	—	—	—	281.4	280.4	278.9	278.3

参考文献

[1] N. R. Zargari, Y. Xiao, and B. Wu, "A near unity input displacement factor PWM rectifier for medium voltage CSI based AC drives," IEEE Industry Applications Magazine, vol. 5, no. 4, pp. 19-25, 1999.

[2] N. R. Zargari, S. C. Rizzo, Y. Xiao et al., "A new current source converter using a symmetric gate commutated thyristor (SGCT)," IEEE Transactions on Industry Application, vol. 37, no. 3, pp. 896-902, 2001.

[3] D. Jingya, M. Pande, and N. R. Zargari, "Input Power Factor Compensation for PWM-CSC Based High-Power Synchronous Motor Drives," IEEE Energy Conversion Congress and Exposition, pp. 3608-3613, 2011.

[4] B. Wu, S. Rizzo, N. Zargari and Y. Xiao, "Integrated dc Link Choke and Method for Suppressing Common-Mode Voltage in a Motor Drive," US Patent, #6, 617, 814 B1, 2003.

[5] Y. Xiao, B. Wu, F. DeWinter, et al., "High Power GTO AC/DC Current Source Converter with Minimum Switching Frequency and Maximum Power Factor," Canadian Conference on Electrical and Computer Engineering, pp. 331-334, 1996.

[6] J. I. Guzman, P. E. Melin, J. R. Espinoza, et al., "Digital implementation of selective harmonic elimination techniques in modular current source rectifiers," IEEE Transactions on Industrial Informatics, vol. 9, no. 2, pp. 1167-1177, 2013.

[7] Y. Xiao, B. Wu, F. DeWinter, et al., "A dual GTO current source converter topology with sinusoidal inputs for high power applications," IEEE Transactions on Industry Applications, vol. 34, no. 4, pp. 878-884, 1998.

[8] E. P. Wiechmann, R. P. Burgos, and J. Holtz, "Active front-end converter for medium-voltage current-source drives using sequential-sampling synchronous space-vector modulation," IEEE Transactions on Industrial Electronics, vol. 50, no. 6, pp. 1275-1289, 2003.

[9] Y. Xiao, B. Wu, S. Rizzo, et al., "A novel power factor control scheme for high power GTO current source converter," IEEE Transactions on Industry Applications, vol. 34, no. 6, pp. 1278-1283, 1998.

[10] E. Al-nabi, B. Wu, N. R. Zargari, and V. Sood, "Input power factor compensation for high-power CSC fed PMSM drive using d-axis stator current control," IEEE Transactions on Industrial Electronics, vol. 59, no. 2, pp. 752-761, 2012.

[11] J. Wiseman, B. Wu and G. S. P. Castle, "A PWM Current Source Rectifier with Active Damping for High Power Medium Voltage Applications," IEEE Power Electronics Specialist Conference, pp. 1930-1934, 2002.

[12] F. Liu, B. Wu, N. R. Zargari, and M. Pande, "An active damping method using inductor-current feedback control for high-power PWM current-source rectifier, "IEEE Transactions on Power Electronics, vol. 26, no. 9, pp. 2580-2587, 2011.

[13] Z. Bai, H. Ma, D. Xu, B. Wu, et al., "Resonance damping and harmonic suppression for grid-connected current-source converter," IEEE Transactions on Industrial Electronics, vol. 61, no. 7, pp. 3146-3154, 2014.

[14] J. Wiseman, "A Current-Source PWM Rectifier with Active Damping and Power Factor Compensation," Master's of Engineering Science Thesis, University of Western Ontario, May 2001.

[15] J. Wisewman and B. Wu, "Active Damping Control of a High Power PWM Current Source Rectifier for Line Current THD Reduction," IEEE Power Electronics Specialist Conference, pp. 552-557, 2004.

第 5 部分　大功率交流传动系统

第 12 章 电压源型逆变器传动系统

12.1 简　　介

在工业领域中，多电平电压源型逆变器（VSI）中压传动系统已得到广泛应用。大部分中压传动系统应用于不需要高动态性能的一般场合，而其余中压传动系统则用于需要四象限运行和高动态特性的领域。为了满足多种工业需求，中压传动系统具有基于不同变流器拓扑的多种配置，每种配置都有一些独有的特性。本章将介绍由世界领先的传动系统制造商推出的几种主流多电平电压源型中压传动系统，并对这些传动系统的优点和缺点进行分析。

12.2 基于两电平 VSI 的中压传动系统

众所周知，两电平 VSI 是低压传动系统（≤600V）主要采用的一种拓扑结构。这种结构现在已经扩展到了中压传动领域，并可实现数兆瓦的商用系统[1]。

12.2.1 功率变换模块 ★★★

图 12-1a 给出了中压传动系统中典型的两电平逆变器拓扑结构。其中，每个桥臂有 3 个串联的功率变换模块（Power Converter Building Block，PCBB）[2]，功率变换模块包括 IGBT 模块、栅极驱动、吸收电路、并联电阻 R_p 以及旁路开关，如图 12-1b所示。

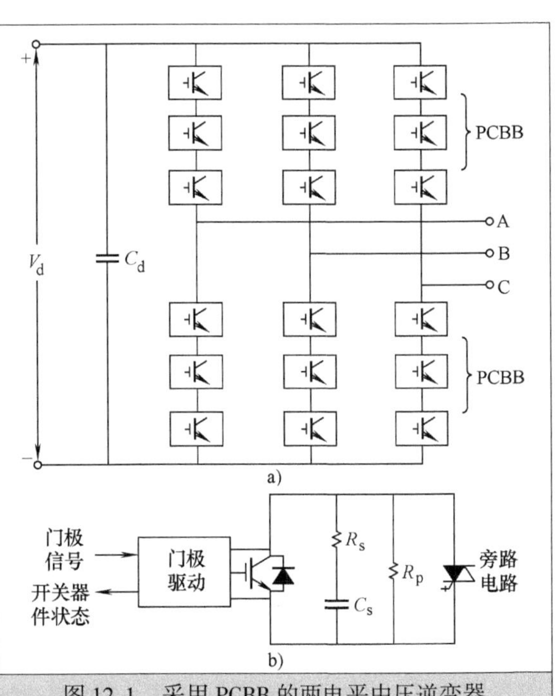

图 12-1　采用 PCBB 的两电平中压逆变器
a）两电平逆变器　b）功率变换模块（PCBB）

栅极驱动电路从传动系统的数字控制器接收信号，并转换为相应的 IGBT 栅极驱动脉冲。同时，检测 IGBT 的运行状态并反馈给控制器，以进行故障分析。通常，栅极驱动和控制器之间的通信采用光纤实现，这样就隔离了两边的电气连接，从而避免了噪声干扰。栅极驱动部分可以实现一些保护功能，如 IGBT 过电压和短路保护。第 2 章中针对 IGBT 串联而提出的有源过压箝位方案，也可用于栅极驱动中。

每个 IGBT 都并联有一个 RC 吸收电路（C_s 和 R_s），以免受到关断时过电压的损害。除此之外，在 IGBT 串联的情况下，吸收电路还有助于开关暂态时的动态均压。有源过压箝位方案可用以替代吸收电路。但是，在第 2 章已经指出，有源过压箝位方案会产生额外的开关损耗。

吸收电路提供了一种将 IGBT 的开关损耗转移到吸收电阻上的有效方法，可有效降低 IGBT 的结温，有利于 IGBT 的散热处理。此外，吸收电路还有助于减小 IGBT 关断暂态时的 dv/dt。在图 12-1b 中，并联电阻 R_p用于静态分压，旁路电路的作用将在后文中介绍。

12.2.2 带无源前端的两电平 VSI 传动系统 ★★★

图 12-2 给出了两电平 VSI 传动系统的典型结构。其前端采用了 12 脉波二极管整流器，以减小网侧电流的谐波畸变。在对谐波要求更严格的应用中，可以用 18 或 24 脉波二极管整流器。对多脉波整流器的详细分析，已在第 3 章中介绍过了，这里不再赘述。

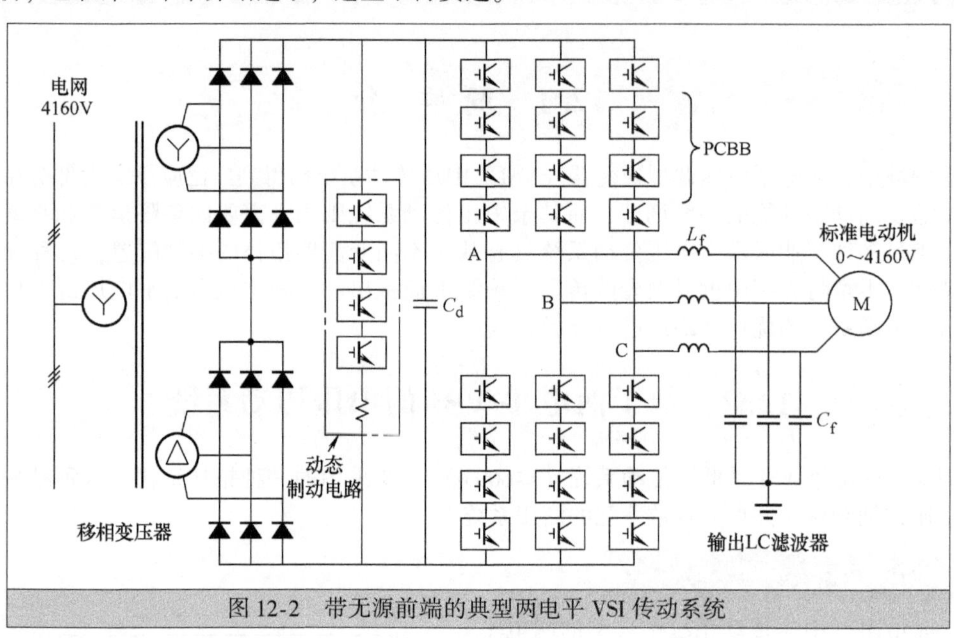

图 12-2　带无源前端的典型两电平 VSI 传动系统

系统的逆变器部分由 24 个开关模块组成，其中每个桥臂有 4 个开关模块。采用 3300V IGBT 的两电平 VSI，适用于驱动线电压为 4160V 的交流电动机。在系统的直流部分，动态制动电路是可选的。直流电容大多采用油浸式电力电容器，而不是低压传动系统常用的电解电容，因为后者的耐压一般比较低（每个几百伏）。在两电平 VSI 的输出端，通常需要增加一个 LC 滤波器，以降低输出谐波。逆变器可以采用载波调制或者空间矢量调制方案进行控制，这在第 6 章中有详细说明。

两电平 VSI 具有下面一些特性：

1）基于 PCBB 的模块化结构。将 IGBT 模块、栅极驱动、旁路开关和吸收电路集成到一个开关模块，以便于组装和规模化生产，从而可以降低生产成本。模块化设计也有助于传动系统的维护和检修，例如在运行现场可快速更换故障模块。

2）PWM 方案简单。可采用传统的正弦载波调制或空间矢量调制方案。所需栅极信号的数量不随开关串联个数的变化而变化，6 组同步开关器件只需要 6 个栅极信号。

3）对串联 IGBT 的有源过电压箝位作用。IGBT 关断时，其最大动态电压可被栅极驱动有效的箝位，能够避免开关暂态过电压可能造成的损害。

4）便于实现高可靠性的 $N+1$ 冗余方案。在可靠性要求较高的系统中，可以在逆变器的每个桥臂中都增加一个冗余模块。当某个模块不能正常工作时，可通过旁路电路将其切除，从而使得逆变器系统仍可在满载下连续运行。

5）简易的直流电容预充电电路。两电平逆变器只需要一个预充电电路，而多电平逆变器通常需要多套预充电电路。

6）提供四象限运行和再生制动能力。采用与逆变器结构类似的有源前端，来代替多脉波二极管整流器，即可实现传动系统的四象限和再生制动运行。

然而，两电平 VSI 也存在一些缺点，主要体现在下述几个方面：

1）逆变器输出的 dv/dt 较高。由于 IGBT 的开关速度较快，因此其输出电压波形的上升沿和下降沿会产生较高的 dv/dt。当 IGBT 串联并一起导通或关断时，逆变器输出的 dv/dt 尤其高。根据直流母线电压幅值和 IGBT 开关速度的不同，dv/dt 有可能远远超过 10000V/μs[3]。这将产生一系列问题，如电动机线圈绝缘和电动机轴承的过早损坏以及波反射等。更详细的解释在第 1 章中已给出。

2）电动机谐波损耗大。两电平逆变器通常运行在较低的开关频率下，典型值为 500Hz 左右，造成电动机定子电压和电流的严重畸变，而畸变产生的谐波会在电动机里产生附加损耗。

3）共模电压高。正如第 1 章所讨论的，任何变换器的整流和逆变过程，都会产生共模电压。如果不采取措施，这些电压将出现在电动机上，导致电动机绕组的绝缘过早损坏。

通过在逆变器输出和电动机之间增加 *LC* 滤波器，如图 12-2 所示，可有效解决上述的前两个问题。增加滤波器后，逆变器输出过高的 dv/dt 将被滤波器电感承受，而不是电动机。因此，电感应具有足够的绝缘强度，能够承受较高的 dv/dt。滤波器通常安装在传动装置的柜子里，并通过较短的电缆与逆变器连接，以避免波反射。滤波器可使电动机的电流和电压接近正弦波，从而减小了电动机的谐波损耗。

然而，滤波器的引入会产生一些实际问题，如制造成本的增加、基波电压的下降以及滤波器和直流电路之间的环流等。逆变器输出 PWM 电压中的谐波，还可能引起 *LC* 滤波器的谐振。在设计 *LC* 滤波器时，使其谐振频率低于最低的谐波频率，可解决谐振问题[3]。前面介绍的有源抑制控制方法，也可用于解决 *LC* 谐振问题。

对于上述的第 3 个问题，可通过采用图 12-2 中的移相变压器，以阻断共模电压，且使其有效降低。为保证电动机不受任何共模电压的影响，需将滤波电容 C_f 的中点直接或者通过 RC 接地点接入大地。在三相对称系统中，电容中点与定子绕组中点具有相同的电位，将其中一个接地，就可以使得另一个等效接地。

值得指出的是，移相变压器并不能完全消除共模电压。电容中点接地，实质上是将共模电压从电动机转移到变压器上[4]。因此，在设计变压器的绝缘强度时，必须考虑到这一点。中压传动变频器比较适合技术改造项目，控制对象一般都是常规电动机。常规电动机在设计时，并没有考虑共模电压问题，不能承受较高的共模电压。

12.3 二极管箝位式逆变器传动系统

市场上已有一些处于领先地位的传动系统制造商，推出了基于二极管箝位式（NPC）逆变器的中压传动系统[5~8]。NPC 逆变器采用的器件一般为 GCT 或 IGBT。

12.3.1 基于 GCT 的 NPC 逆变器传动系统 ★★★

图 12-3a 给出了 NPC 逆变器传动系统的典型结构，其前端通常采用 12 脉波整流器，逆变器包括了 12 个 GCT 和 6 个箝位二极管。图 12-3b 描述了逆变器一个桥臂的机械装配方式，只用 2 个螺栓就可以把 4 个 GCT、2 个二极管和几个散热器连接在一起，从而得到较高的功率密度和较低的封装成本。

图 12-3 中，有两个由 L_s、D_s、R_s 和 C_s 组成的 di/dt 箝位电路。一个箝位电路在正直流母线上，用于保护上半桥的功率开关；另一个在负直流母线上，用于保护下半桥的功率开关。当电感 L_s 取值为几个微亨时，可使 GCT 导通时的电流上升率限制在低于 1000A/μs 的范围内。

NPC 逆变器的中点 Z 可以和二极管整流器的中点直接相连。这样的连接使整个直流电压在两个直流电容间被平分。逆变器中点电压的控制在这里将不再成为问题。

类似于两电平 VSI，NPC 逆变器输出端配置了 *LC* 滤波器，以得到接近正弦的输出波形。除此之外，*LC* 滤波器还可解决由 GCT 快速开关造成的 dv/dt 较高的问题。

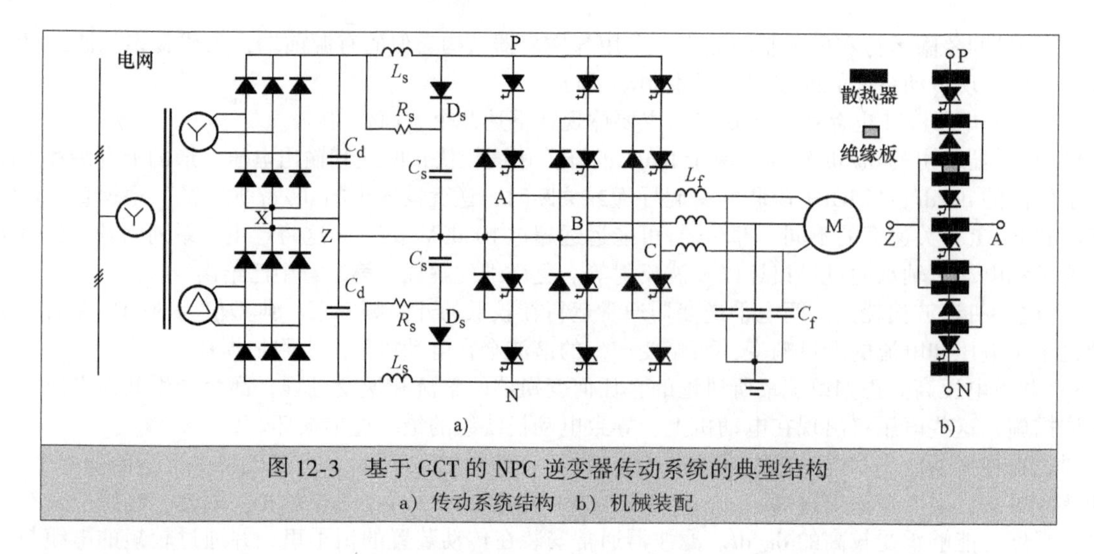

图 12-3　基于 GCT 的 NPC 逆变器传动系统的典型结构
a）传动系统结构　b）机械装配

相比于图 12-3，图 12-4 给出了额外增加两种保护措施的 NPC 传动系统方案[5,6]。其中，在直流回路上引入保护开关 S_d，以 GCT 替代熔断器实现了快速的短路保护。发生短路故障时，电感 L_s 可限制直流电流的上升速度，有助于安全关闭系统。

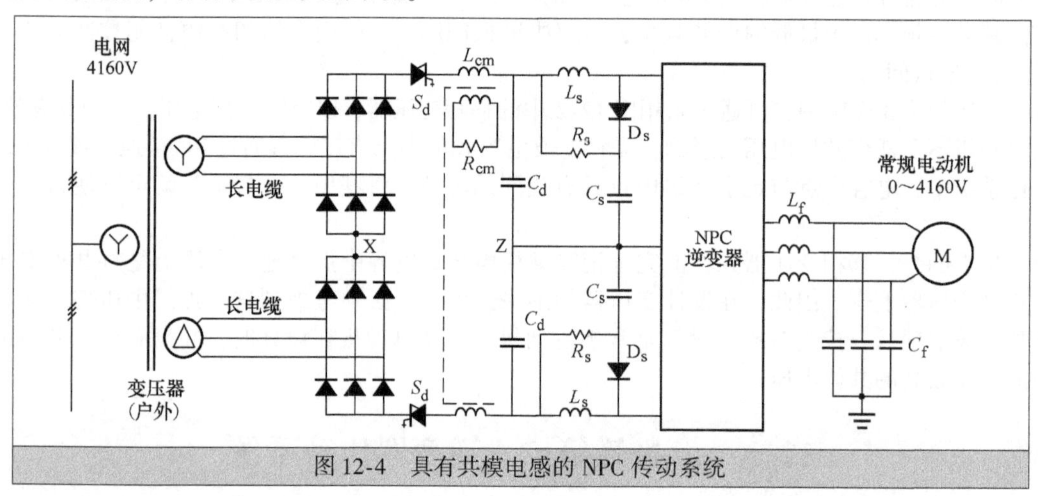

图 12-4　具有共模电感的 NPC 传动系统

如前所述，为了保护电动机，可将滤波器电容 C_f 的中性点接地，使整流器和逆变器产生的共模电压从电动机转移到变压器。为了使共模电压对变压器及其电缆的影响减到最小，在直流回路中添加了特殊的共模电感 L_{cm}。这个共模电感可减小直流母线的尖峰电流，此尖峰电流是由变压器二次侧绕组与整流器之间电缆的等效电容反复充放电而导致的。这个电感有一个辅助绕组，其上串联了电阻 R_{cm}，以抑制暂态震荡。通过合理设计电感 L_{cm} 和电阻 R_{cm}，电缆长度可以达到 300m，而不会产生任何问题[6]。这样，变压器可以放在控制室外，从而减少了对空间及房间冷却系统的要求。

需要指出，引入了 S_d 和 L_{cm} 后，NPC 逆变器的中点 Z 和 12 脉波整流器的中点 X，就不能连接在一起了。这样，根据第 8 章中的讨论，应该严格控制逆变器的中点电压。

表 12-1 给出了 NPC 逆变器传动系统的主要特性[5]。无需 GCT 串联，NPC 逆变器就可以实现额定电压为 2300V、3300V 甚至 4160V 交流电动机的传动。例如，对于 4160V 的 NPC 变频器，可以选用额定电压为 5500V 的 GCT，传动系统的额定功率在 0.3～5MW 之间。采用两个 GCT 串联，可使 NPC 逆变器扩展到 6600V 和 10MW 的应用场合[7]。

GCT 的典型开关频率在 500Hz 左右。然而，由于逆变器同一个桥臂上的 GCT 并不是同步开关动作的，使得对电动机的等效开关频率为 1000Hz，因此，可降低谐波畸变并减小输出滤波器的体积。这是

NPC 逆变器传动系统的一个主要特征。另外，无需串联 GCT，NPC 传动系统就可以工作在 4160V 的中压，其器件数量较少，从而降低了系统成本，并提高了可靠性。

表 12-1 基于 GCT 的三电平传动系统主要特性

传动系统特性	额定输入电压	2300V,3300V,4160V
	输出功率	0.3 ~ 5MW
	输出电压	0 ~ 2300V,0 ~ 3300V,0 ~ 4160V
	输出频率	0 ~ 66Hz(高至 200Hz,可选)
	传动系统效率	典型效率 >98%(包括输出滤波器损耗,但不包括变压器损耗)
	输入功率因数	基波功率因数 >0.95
	输出波形	正弦(有输出滤波器)
	电动机类型	异步或同步电动机
	过载能力	标准:每 10min 可以 110% 过载 1min 可选:每 10min 可以 150% 过载 1min
	冷却方式	强制风冷或水冷
	平均无故障时间(MTBF)	>6 年
	再生制动能力	无
控制特性	控制方式	直接转矩控制(DTC)
	动态速度误差	<0.4%(没有编码器) <0.1%(有编码器)
	稳态速度误差	<0.5%(没有编码器) <0.01%(有编码器)
	转矩响应时间	<10ms
功率变换特性	整流器类型	标准:12 脉波二极管整流器 可选:24 脉波二极管整流器
	变频器类型	三电平 NPC 逆变器
	GCT 开关频率	500Hz
	每相 GCT 数量	4
	每相箝位二极管数量	2
	调制技术	DTC 方法产生的滞环调制
	逆变器/整流器 开关故障模式	无击穿,无电弧

12.3.2 基于 IGBT 的 NPC 逆变器传动系统 ★★★

图 12-5 为采用 IGBT 的 NPC 逆变器传动系统的典型结构。该结构本质上与图 12-4 是一样的，只是不需要 di/dt 箝位电路和保护开关。这是因为，通过 IGBT 的栅极驱动控制，可有效抑制其集电极电流的上升速度，并实现快速的短路保护。

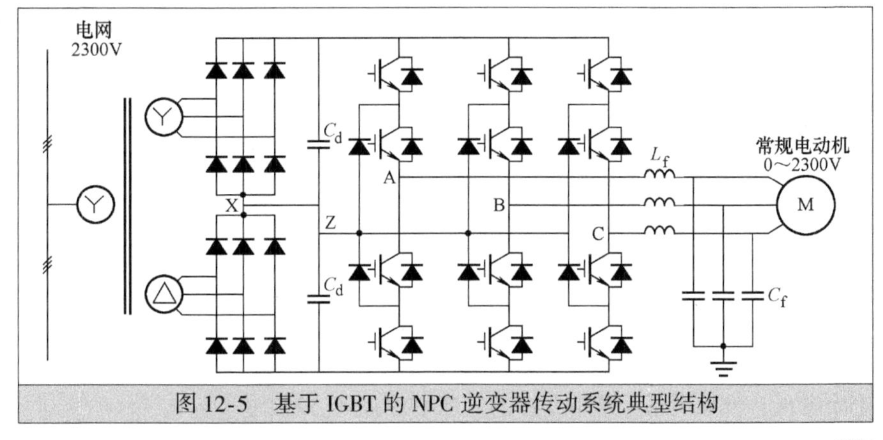

图 12-5 基于 IGBT 的 NPC 逆变器传动系统典型结构

表 12-2 给出了采用

IGBT 的 NPC 逆变器传动系统的主要特性。根据实际应用和客户需要，系统前端可以是 12 脉波或 24 脉波二极管整流器。对于需要四象限运行或再生制动的场合，可采用基于 IGBT 的 NPC 整流器。

表 12-2 采用 IGBT 的 NPC 逆变器传动系统的主要特性

整流器	标准:12 脉波二极管整流器 可选:24 脉波二极管整流器或有源前端(PWM IGBT 整流器)
基波功率因数($\cos\varphi$)	>0.96(12 脉波二极管整流器)
额定电网/电动机电压	2300V,3300V,4160V,6600V
额定输出功率	0.8~2.4MW,2300V 1.0~3.1MW,3300V 1.3~4.0MW,4160V 4.7~7.2MW,4160V(并联变频器结构) 0.6~2.0MW,6600V
输出电压范围	0~2300V,0~3300V,0~4160V,0~6600V
输出频率	0~100Hz(标准)
电动机转速范围	1:1000(有编码器)
传动系统效率	典型值>98.5%(额定工作点,包括变压器损耗)

NPC 中压传动系统可以运行在额定电压为 2300V、3300V、4160V 和 6600V 的电网或电动机系统中。对于 2300V 的应用，NPC 逆变器由 12 个 3300V 的 IGBT 组成，而无需器件串联。对于更高电压的传动系统，可采用两个甚至更多个 IGBT 的串联，以替换耐压较低的单个开关器件。

从表中可知，NPC 传动系统的最大功率在额定电压为 2300V 时为 2.4MW，3300V 时为 3.1MW，而 4160V 时则为 4MW。两个逆变器并联运行，可将 4160V 下的功率增加到 7.2MW。要进一步提高电压等级，可在 2300V 传动系统输出端增加升压自耦变压器，使得运行电压扩展到 6600V[8]。同时，由于自耦变压器存在漏抗，可代替输出滤波器中的电感，这是一种降低成本的有效方法。

12.4 多电平串联 H 桥逆变器传动系统

多电平串联 H 桥（Cascaded H-bridge，CHB）逆变器，是中压传动系统的主流拓扑结构之一[9,10]。与其他多电平逆变器需要采用高压 IGBT 或 GCT 不同的是，CHB 逆变器通常在功率单元中采用低压 IGBT 作为开关器件，然后把功率单元串联起来，以满足中压系统的要求。

12.4.1 适用于 2300V/4160V 电动机的 CHB 逆变器传动系统 ★★★

CHB 逆变器可根据电压等级的不同而进行相应的配置。图 12-6 给出了采用 7 电平 CHB 逆变器的中压传动系统结构框图。移相变压器是 CHB 逆变器不可缺少的设备，它主要提供下面 3 种功能：①为功率单元提供隔离的电源；②减小线电流的 THD；③隔离电网和变频器以减小共模电压。

移相变压器有 3 组二次侧绕组，每一组又包括 3 个相同的绕组。在 7 电平 CHB 传动系统中，每相任意两个相邻绕组间的相角差为 20°。在这种结构中，每个二次侧绕组都与一个三相二极管整流器相连，本质上就是第 3 章所讨论的 18 脉波分离型二极管整流器。

图 12-6b 所示的功率单元，由三相二极管整流器、直流电容和单相 H 桥逆变器组成。功率单元通过输入端的熔断器和输出端的双向旁路开关 S_{BP} 加以保护。每个功率单元的输出电压为 650V（基波电压有效值）。这样就可以采用低压器件，例如 1700V 的 IGBT，相比于高压器件（≥3300V）其有成本低的优势。值得注意的是，尽管采用低压器件，功率单元之间以及单元对地之间必须达到中压等级的绝缘水平。

将 3 个功率单元的交流输出串联，就得到了系统三相输出电压中的一相。在每相电压中，具有 7 种不同的电平，因此称为 7 电平逆变器。CHB 逆变器通常采用载波相移调制方案，详见第 7 章。为提高输出电压，可采用第 6 章中介绍的 3 次谐波注入方法。

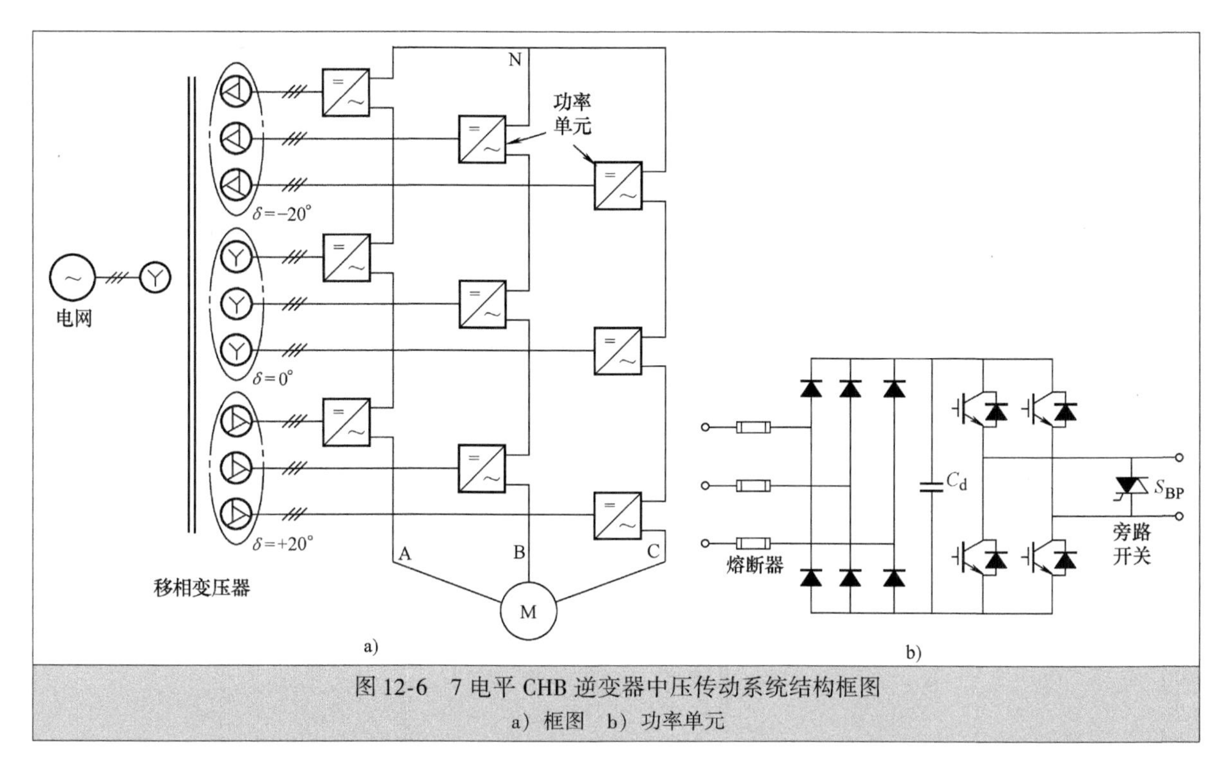

图 12-6 7 电平 CHB 逆变器中压传动系统结构框图
a）框图 b）功率单元

表 12-3 总结了采用多电平 CHB 逆变器的中压传动系统配置。随着系统运行电压的不同，整流器和逆变器的拓扑结构有所变化。例如，在电网/电动机电压为 4160V 时，可以选择 24 脉波二极管整流器和 9 电平 CHB 逆变器。为减少开关损耗，IGBT 的典型开关频率 $f_{sw,dev}$ 为 600Hz。然而，多电平结构使得逆变器的等效开关频率 $f_{sw,inv}$ 远高于 IGBT 开关频率，达到 4800Hz。这种传动系统的功率容量范围在 0.2～14MW 之间。

表 12-3 采用低压 IGBT 的 CHB 逆变器中压传动系统配置

电网/电动机额定电压/V	多脉波二极管整流器			多电平 CHB 逆变器					
	整流器脉波个数	二次绕组数	变压器二次侧电缆数	功率单元数量	IGBT 数量	电压水平(v_{AN})	功率单元额定输出电压/V	$f_{sw,dev}$ /Hz	$f_{sw,inv}$ /Hz
2300	18	9	27	9	36	7	480	600	3600
3300	24	12	36	12	48	9	480	600	4800
4160	30	15	45	15	60	11	480	600	6000
6600	36	18	54	18	72	13	650	600	7200

多电平 CHB 逆变器具有很多独有的特征：

1）模块化结构，易于降低成本和便于维修。便于规模化大批量生产的低压功率单元，可用于不同电压等级下的多电平 CHB 逆变器。而且，很容易就可以将有缺陷的功率单元替换下来，从而缩短了生产线故障停机的时间。

2）几乎正弦的输出波形。CHB 逆变器可以产生 dv/dt 很小的交流电压，因而通常不需要任何输出滤波器。在使电动机免于受到过高 dv/dt 损害的同时，可将谐波损耗减到最小。

3）旁路功能提高了系统的可靠性。将故障的功率单元旁路，利用其余正常单元，逆变器仍可继续降容运行。利用中性点偏移技术，逆变器的三相输出电压仍可保持正弦，最高输出电压的下降也比较小。

4）易于实现 $N+1$ 冗余运行。在 CHB 逆变器每相桥臂上增加一个冗余的功率单元，可提高传动系统的可靠性。当某个功率单元发生故障时，可将其旁路，而不会降低逆变器的输出容量。

5）网侧电流接近正弦。这主要是因为使用了多脉波二极管整流器。

多电平 CHB 逆变器的缺点包括：

1）移相变压器成本较高。移相变压器是 CHB 逆变器中最昂贵的设备，它的二次绕组必须采用特殊设计以保证其漏抗的对称性，以消除谐波电流。

2）需要大量电缆。多电平 CHB 逆变器通常需要 27～45 根电缆连接功率单元和变压器。因此，将变压器置于远离逆变器的地方，会使得系统成本增加很多。而将变压器安装在逆变器柜内，则会增加系统的占地面积，并且对房间冷却条件的要求也会提高。

3）需要大量的开关器件。CHB 逆变器使用了许多低压开关器件，从而潜在地降低了系统可靠性。

12.4.2 适用于 6.6kV/11.8kV 电动机的 CHB 逆变器传动系统 ★★★

CHB 逆变器的运行电压可以拓展到 6600V。图 12-7 给出了 6600V 中压传动系统一种可行的 CHB 方案：两套完全一样的 7 电平 CHB 逆变器串联。功率单元所用的 IGBT 额定电压为 1700V，单个功率单元输出电压为 650V。在不串/并联 IGBT 的条件下，逆变器功率容量的范围在 0.2～3.7MW 之间[12]。

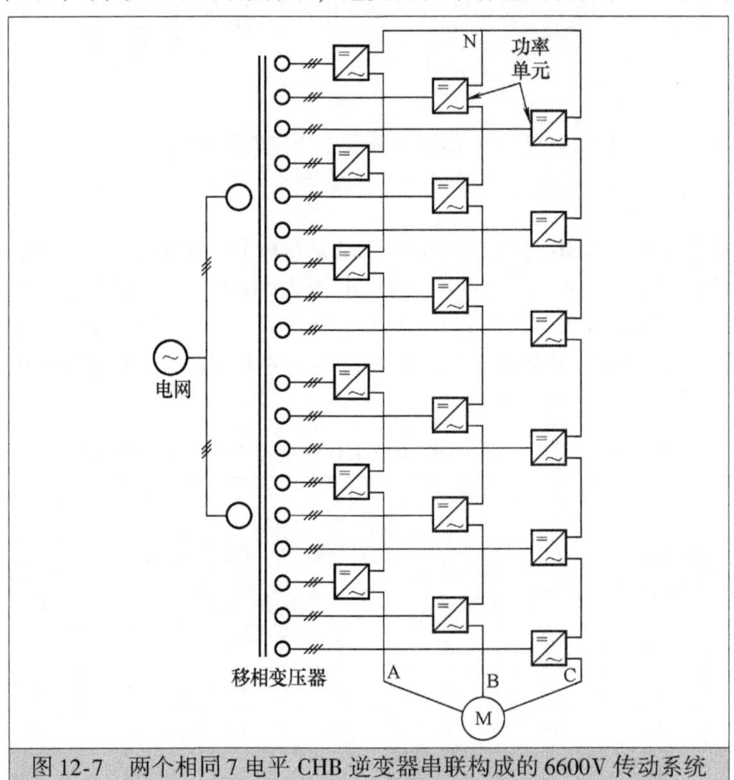

图 12-7 两个相同 7 电平 CHB 逆变器串联构成的 6600V 传动系统

对于额定电压为 11.8kV 电动机的传动系统，每个功率单元的输出电压提高到了 1370V。采用 5 个单元串联的 11 电平 CHB 逆变器，其线电压可以达到 11.8kV。对于这种传动系统，必须采用高压 IGBT。

12.5 NPC/H 桥逆变器传动系统

图 12-8 所示为采用 5 电平 NPC/H 桥逆变器的传动系统拓扑结构[14]。其中，移相变压器有三组相同的二次侧绕组，每组二次侧绕组与一个 24 脉波二极管整流器相连，而且每组任意两个相邻二次侧绕组的相角差为 15°。NPC/H 桥的中点与整流器的中点相连，以免逆变器产生中点电压漂移。正如第 9 章讨论的那样，逆变器相电压 v_{AN} 中有 5 种电平，而线电压 v_{AB} 中则有 9 种电平。

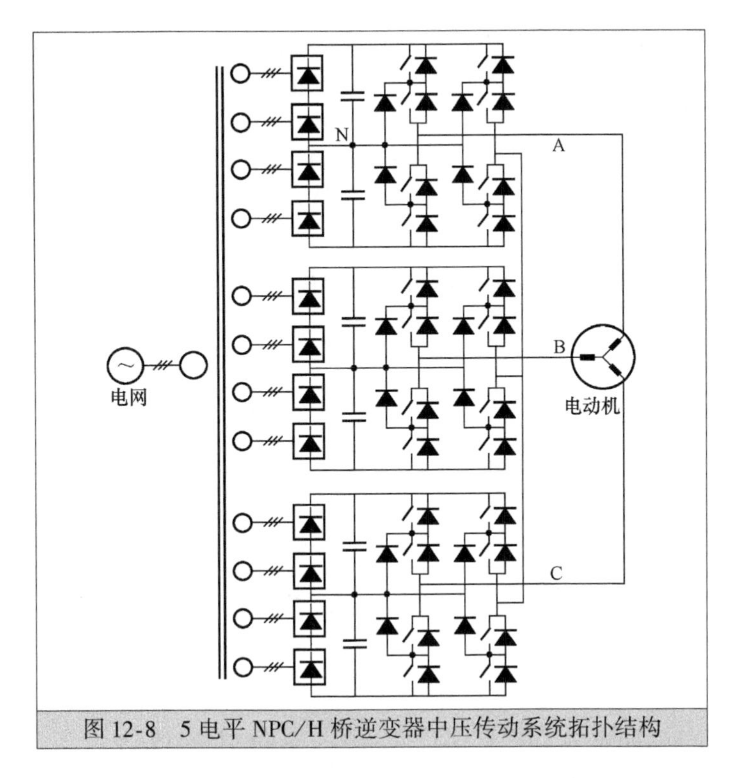

图 12-8 5 电平 NPC/H 桥逆变器中压传动系统拓扑结构

NPC/H 桥逆变器具有输入电流畸变极低、无需开关器件串联和电动机电流 THD 低的特点。然而，它所采用的移相变压器结构复杂，需要有 12 个二次侧绕组。同时，在一些电压较高的应用场合，还要在逆变器输出端增加 dv/dt 滤波器。使用高压 IGBT 时，NPC/H 桥逆变器中压传动系统的功率容量范围在 0.2～4.8MW 之间。

12.6 基于 ANPC 拓扑结构的传动系统

12.6.1 三电平 ANPC 逆变器传动系统 ★★★

图 12-9 给出了三电平 ANPC 逆变器传动系统的典型结构。正如第 9 章中所介绍的，三电平 ANPC 拓扑逆变器可使开关功耗在各半导体器件之间均衡分配，从而使逆变器的输出功率高于基于相同器件的三电平 NPC 逆变器。由于两个二极管整流器的直流输出电压为相等的固定值，将直流母线中点 Z 与两个级联的二极管整流器中点 X 相连，则可以固定直流母线的中点电压。这样，ANPC 逆变器传动系统中不再需要中点电压控制。

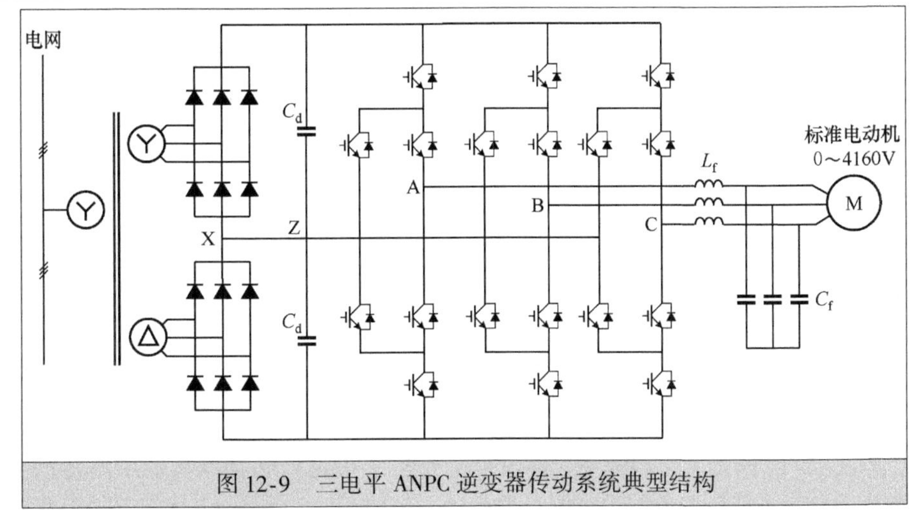

图 12-9 三电平 ANPC 逆变器传动系统典型结构

表12-4给出了三电平ANPC逆变器传动系统的主要特性。ANPC逆变器传动系统可以实现额定电压为2300V、3300V和4160V电动机的传动。对于2300V的应用，ANPC逆变器由18个3300V IGBT组成，而无需器件串联。对于更高电压的传动系统，可采用两个甚至多个IGBT的串联，以替换耐压较低的单个功率器件。根据实际应用和客户需要，系统前端的变换器可以是12或24脉波二极管整流器。ANPC逆变器采用直接转矩控制（DTC）方法，从而获得了快速的动态转矩响应。这种传动系统的功率容量范围在0.2~5MW之间。

表12-4 三电平ANPC逆变器传动系统的主要特性

传动系统特性	额定输入电压	4160V、6000V、6600V
	输出功率	风冷:0.3~2.0MW 水冷:1.8~5.0MW
	输出电压	0~2300V,0~3300V,0~4160V
	输出频率	0~82.5Hz
	传动系统效率	典型效率 >98%，不包含变压器损耗
	输入功率因数	>0.95
	输出波形	正弦（有输出滤波器）
	电动机类型	感应电动机
控制特性	控制方法	直接转矩控制(DTC)
	转矩响应时间	10~20ms
功率变换器特性	整流器类型	标准:12脉波二极管整流器 可选:24脉波二极管整流器
	逆变器类型	三电平ANPC逆变器
	开关器件和开关频率	IGBT,1000Hz
	调制技术	DTC方法产生的滞环调制

12.6.2 五电平ANPC逆变器传动系统 ★★★

类似于三电平ANPC逆变器，第9章中介绍的五电平ANPC逆变器在中压传动系统中也有实际应用[16]。目前市场上有两种基于五电平ANPC逆变器的传动系统结构。一种和图12-9所示的结构相同，只是用五电平ANPC逆变器取代了三电平ANPC逆变器。五电平ANPC逆变器能输出有9个电平的线电压，从而得到比三电平ANPC逆变器更低的dv/dt和THD。但这种传动系统不适合需要四象限运行的应用场合，因为二极管整流器只能提供单向功率流动。

另一种结构采用了背靠背的变换器拓扑，其前端用五电平ANPC整流器取代了12脉波二极管整流器。这样整流器和逆变器就具有了相同的拓扑结构，这种传动系统可以用于需要四象限运行或频繁动态制动的应用场合。这种传动系统的额定电压和功率可以达到6.9kV和2.0MW[15]。

12.7 基于MMC拓扑结构的传动系统

图12-10给出了采用模块化多电平逆变器（MMC）拓扑结构的中压传动系统结构框图。这种传动系统面向于不需要四象限运行的一般应用，其前端通常采用12脉波二极管整流器；但根据网侧谐波要求和传动系统电压的要求，也可用18或24脉波二极管整流器代替[17-18]。

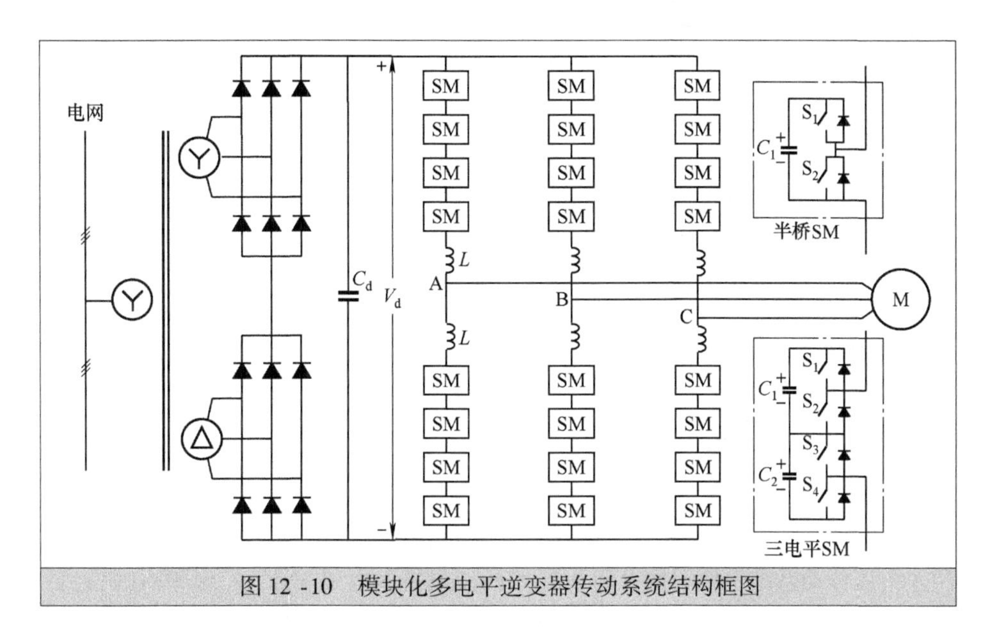

图 12-10　模块化多电平逆变器传动系统结构框图

模块化多电平逆变器采用子模块（SM）级联，每相桥臂中半桥子模块的数量取决于子模块额定电压和逆变器的输出电压。对于额定电压为 3.3 ~ 7.2kV 的传动系统，逆变器可以采用 24、30 或 36 个子模块，且都可以采用低压 IGBT。目前这种传动系统已有额定功率达 13.3MW 的商业化应用案例[17]。

对于需要四象限运行或较高动态性能要求的应用场合，可以用和逆变器相同结构的 MMC 取代图 12-10 中的多脉波二极管整流器。该 MMC 拓扑所独有的特征，源于其只需要一个直流电源（V_d）；而 CHB 逆变器就需要很多隔离直流电源用于级联功率单元，从而增加了四象限运行的复杂度和成本。

为了用较少的级联子模块实现更高的运行电压，可用图 12-10 给出的三电平子模块（三电平 SM）取代半桥子模块。这个技术已经实际应用于额定电压 13.8kV 的商业化传动系统中[18]。

12.8　10kV 电压等级的传动系统

正如前面章节中所提出的，人们已经为中压传动系统开发了多种拓扑结构的多电平变换器。大多数变频器适用于额定电压为 2.3 ~ 7.2kV 的应用场合。然而还有 10kV 等级传动系统的市场，其中传动系统的额定电压范围为 10 ~ 13.8kV。为了开发这样一种传动系统，可以用 4 种可能的方法来提高传动系统的运行电压：①提高多电平变频器的电平数（不包含多单元或多模块变频器）；②将开关功率器件进行串联；③将功率单元或子模块进行级联；④将上述方法中的几种组合在一起。

第 1 种方法是通过增加电平数来提高变频器的运行电压。然而，这种方法在 10kV 级传动系统开发中有一定局限性。例如，假定三电平 NPC 变频器的额定运行电压为 4.16kV，则六电平 NPC 变频器可以提高一倍运行电压。然而，六电平 NPC 变频器的元器件数量超过三电平 NPC 变频器的元器件数量 4 倍还多。六电平 NPC 变频器总共需要 95 个元器件，包括表 8-8 中给出的 30 个有源开关（功率器件）、60 个箝位二极管和 5 个直流电容；而三电平 NPC 变频器只需要 20 个元器件，包括 12 个有源开关、6 个箝位二极管和 2 个直流电容。因此，由于成本太高的原因，NPC 变频器拓扑结构不适于开发 10kV 级传动系统。

第 2 种方法是将开关功率器件进行串联，以提高变频器的运行电压。为了确保串联的开关功率器件之间的电压能够均分，必须安装静态和动态电压均衡电路。对于晶体管类器件如 IGBT，可以在每个串联 IGBT 上采用 2.3.3 节中提出的过电压有源箝位电路。对于晶闸管类器件如 GCT，则可以采用图 2-13中的电压无源均衡电路。此外，必须根据串联 GCT 的开关特性进行匹配使用。通过这种方法实现 10kV 级运行能力的变频器可能存在 dv/dt 问题。例如，使用串联功率器件的 10kV 两电平变换器，输出电压的 dv/dt 可能超过 10kV/μs。这么高的 dv/dt 将导致很大的轴电流，并对电机定子绕组绝缘造成损害，需要采取措施加以抑制。此外，开关功率器件的串联还会导致变换器可靠性的降低。

第3种方法是通过多个功率单元或子模块的级联以提高变频器的运行电压，使其满足10kV级传动系统的要求。由于变频器中没有功率器件的串联，因此避免了均压问题。变频器的模块化结构使其能够灵活地提高运行电压。前面章节中给出的CHB变频器和MMC拓扑是典型的模块化变频器，也是10kV级传动系统的较好选择[14,17-18]。这些模块化变频器同样能够输出具有很低 dv/dt 和THD的波形，但其代价则是功率器件数量的大量增加。

将上述第一种和第二种方法组合在一起也可以实现10kV级传动系统。例如，将前面提出的三电平NPP变频器的开关功率器件更换为功率器件的串联，可以得到10kV级的传动系统。

总之，10kV级传动系统可以通过上述几种方法实现。10kV级传动系统变换器拓扑的最终选择必须综合考虑各种因素，包括传动系统的运行条件和技术特性、功率开关器件选择、变频器的可靠性、保护功能、成本、效率和传动系统的体积等。

12.9 小　　结

本章介绍了中压传动系统中使用的几种VSI结构，包括两电平VSI、三电平NPC逆变器、多电平CHB逆变器、NPC/H桥逆变器、ANPC逆变器和MMC拓扑结构的逆变器等。为了降低成本和减小网侧电流谐波，本章中给出的大多数中压传动系统都采用了多脉波二极管整流器。这类低成本传动系统可以用于动态性能要求不高的应用场合。对于需要四象限运行或较高动态性能的应用场合，则可以用和逆变器相同拓扑结构的有源整流器来替换多脉波二极管整流器。本章的最后对10kV级传动系统开发进行了讨论。

参考文献

[1] Y. Shakweh, "New Bread of Medium Voltage Converters," IEE Power Engineering Journal, February Issue, pp. 12-20, 2000.

[2] E. A. Lewis, "Power Converter Building Blocks for Multi-Megawatt PWM VSI Drives," IEE Seminars on PWM Medium Voltage Drives, pp. 4/1-4/19, 2000.

[3] J. K. Steinke, "Use of an LC filter to achieve a motor-friendly performance of the PWM voltage source inverter," IEEE Transactions on Energy Conversion, vol. 14, no. 3, pp. 649-654, 1999.

[4] K. Tian, J. Wang, B. Wu, Z. Cheng, N. R. Zargari, "A virtual space vector modulation technique for the reduction of common-mode voltages in both magnitude and third-order component," IEEE Transactions on Power Electronics, vol. 31, no. 1, pp. 839-848, 2016.

[5] "ACS1000 Medium Voltage Drives," ABB Product Brochure, 30 pages, 2016.

[6] "SINAMICS GM150," Siemens Product Brochure, 280 pages, 2012.

[7] M. E. dos Santos and B. J. C. Filho, "Short Circuit and Over Current Protection of IGCT-based Three-Level NPC Inverters," the 35th IEEE Annual Power Electronics Specialists Conference, vol. 4, pp. 2553-2558, 2004.

[8] R. Sommer, A. Mertens, M. Griggs et al., "Medium Voltage Drive System with NPC Three-level Inverter Using IGBTs," IEE Seminars on PWM MV Drives, pp. 3/1-3/5, 2000.

[9] "PowerFlex Medium Voltage AC Drives (PF6000)," Rockwell Automation-Allen Bradley, 12 pages, 2015.

[10] D. Eaton, J Rama, and P. Hammond, "Neutral shift," IEEE Industry Applications Magazine, vol. 9, no. 6, pp. 40-49, 2003.

[11] Y. M. Park, H. S. Lyoo, H. W. Lee, et al., "Unbalanced Three-Phase Control using Offset-voltage for H-Bridge Multilevel Inverter with Faulty Power Cells," IEEE Power Electronics Specialists Conference, pp. 1790-1795, 2008.

[12] S. M. Kim, J. S. Lee and K. B. Lee, "Fault-tolerant Strategy Using Neutral-Shift Method for Cascaded Multilevel Inverters Based on Level-Shifted PWM," The 9th IEEE International Conference on Power Electronics, pp. 1327-1332, 2015.

[13] "Sinamics Perfect Harmony GH180, Medium Voltage Air-cooled Drives," Siemens Product Brochure, 116 pages, 2014.

[14] "Medium Voltage Drives (T300MVi)," Toshiba Product Brochure, 6 pages, 2014.

[15] "ACS 2000 Medium Voltage Drives," ABB ACS2000 Product Brochure, 24 pages, 2012.

[16] "The Next Level of Versatility for Cell-based Medium-voltage Drives," Siemens Product Brochure, 10 pages, 2014.

[17] "The Advanced Controls and Drives," Benshaw Product Brochure, 132 pages, 2013.

[18] "MV 7000," GE Product Brochure, 9 pages, 2014.

第13章 电流源型变频器传动系统

13.1 简　　介

电流源型变频器非常适合用于中压传动系统，其主要优点包括：拓扑结构简单、输出电流波形接近正弦波、可四象限运行、无需熔断器即可实现可靠的短路保护等。其主要的缺点是动态性能较差。但正如第1章中所指出的那样，实际中使用的中压变频器大多数应用于风机、泵和压缩机类负载，而此类负载对动态性能要求并不高，因而电流源型变频器传动系统完全可以满足这些应用。常用的PWM电流源型变频器的功率容量范围在1~10MW之间，也可通过采用变频器并联运行的方式提高容量。对于更高容量，甚至高达100MW的场合，采用负载换相逆变器（LCI）更为合适。电压源型逆变器由于其系统成本和运行效率的原因，在超大功率场合的应用受到了一定的限制。

本章将介绍采用不同前端整流器的电流源型变频器传动系统，这些前端整流器包括单桥PWM整流器、双桥PWM整流器和移相SCR整流器。在分析这些整流器优缺点的基础上，给出它们的主要特点。本章还将介绍可用于常规交流电动机的一种无变压器电流源型变频器。本章最后还将对LCI同步电动机传动系统进行介绍。

13.2 采用PWM整流器的电流源型变频器传动系统

13.2.1 采用单桥PWM整流器的电流源型变频器传动系统 ★★★

图13-1所示为采用单桥PWM电流源型整流器作为前端变换器的典型电流源型变频器传动系统。整流器和逆变器采用对称拓扑结构并均由对称型GCT组成。当在单个桥臂上用两个6000V的GCT串联时，该系统可工作在4160V电压（线电压）上。在保持变频器拓扑结构不变的前提下，通过增加串联器件的数目也可以实现更高的电压。例如在6600V系统中，可采用三个GCT串联作为一个功率开关器件应用。

PWM整流器既可以采用空间矢量调制（SVM），也可以采用特定谐波消除（SHE）方法进行控制。SHE方法在开关频率较低时，谐波性能优于空间矢量调制方法。在60Hz电网频率、420Hz开关频率时，三个主要的低次电流谐波（5、7和11次）可被完全消除。其他高次谐波则可被滤波电容所削弱，从而使得线电流的THD大大降低。

直流电流i_d可通过第11章中给出的改变整流器触发延迟角或调制因数的方法加以调整。改变触发延迟角会产生滞后的功率因数，从而可补偿滤波电容产生的超前无功电流，使功率因数得到改善。当电流源型变频器驱动泵、风机类负载时，可使输入功率因数在很宽的速度范围内都接近1[1]。这一点可通过将SHE方法和触发延迟角控制方法相结合，并选择合适的电网侧和电动机侧滤波电容参数来实现。这种控制方案具有设计简单、易于数字化、开关损耗小（因为没有旁路运行损耗）的特点，是PWM电流源型变频器传动系统中常用的控制方法。

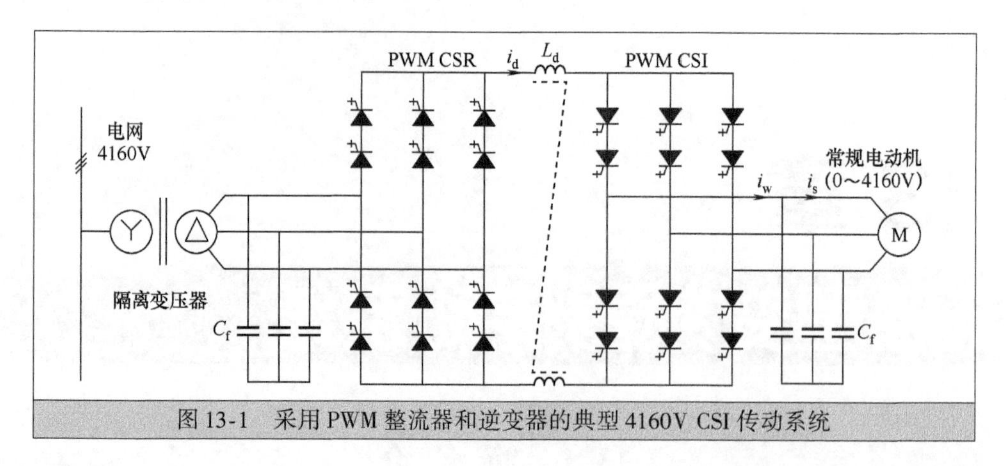

图 13-1　采用 PWM 整流器和逆变器的典型 4160V CSI 传动系统

图 13-2 给出了一种典型的调制模式组合，其中 f_{sw} 是 GCT 开关频率，f_1 是变频器输出的基波频率，N_p 则是逆变器输出 PWM 电流波形在每半个周期中的脉冲个数。在逆变器输出频率较高时采用 SHE 方法（无旁路脉冲）；当电动机运行在较低速度时，则采用梯形波脉宽调制（TPWM）方法。如前面章节所述，SHE 方法比梯形波脉宽调制方法具有更好的谐波性能，但通过 SHE 来消除 i_w 中 4 个以上的谐波分量仍然非常困难，甚至无法实现。实际电流源型变频传动系统中的逆变器开关频率通常低于 500Hz。

值得注意的是，GCT 本身可运行在更高的开关频率下。限制开关频率的主要原因是 GCT 本身具有较高的热阻，在较高开关频率运行中产生的热量无法及时、有效地从器件传递到散热器上。另外，器件开关频率的降低还有助于减小开关损耗。在 GCT 问世之前，大功率电流源型变频器使用的主要是 GTO，当时的开关频率为 200Hz 左右[2]。

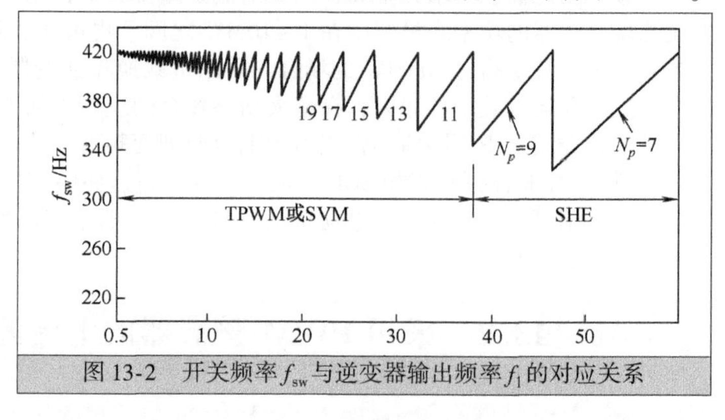

图 13-2　开关频率 f_{sw} 与逆变器输出频率 f_1 的对应关系

和 VSI 传动系统类似，CSI 传动系统的整流和逆变过程也会产生共模电压。如果不设法消除共模电压，则共模电压将叠加在电动机上，从而导致电动机绕组绝缘的过早损坏。这个问题可通过如图 13-1 所示的将逆变器侧滤波电容的中点接地并引入隔离变压器的方法，加以有效的解决，这样电动机将不会受到任何共模电压的影响。因此，CSI 传动系统特别适于应用在工业改造工程中，通常这些工程项目中采用的都是常规电动机。

中压大功率 CSI 传动系统具有下列特点：

1）拓扑结构简单，器件数目少。变频器拓扑结构简单且与运行电压无关。整流器和逆变器都可采用无需反并联续流二极管的对称 GCT，从而使得器件数最少。

2）输出波形好。电动机上的电压、电流波形接近于正弦波，不包含任何高 dv/dt 的电压阶跃，对电动机绝缘无影响。

3）高输入功率因数。采用 PWM 整流器作为前端变换器的 CSI 传动系统，可以在很宽的速度范围内保持输入功率因数不低于 98%[3]。这一点和采用 SCR 整流器作为前端变换器的传统 CSI 传动系统不同，后者的输入功率因数会随着传动系统的运行工况变化而改变。

4）PWM 方法简单。通常在 CSI 传动系统中的逆变器采用的是 SHE 和 TPWM 方法。这两种方法远比多电平 VSI 传动系统的 PWM 方法简单。每个变换器的 6 组功率开关器件只需 6 个门（栅）极驱动信号，且门（栅）极驱动信号的数目不随器件串联数的变化而改变。

5）可靠的无熔断器短路保护。一旦逆变器输出短路，直流电流的上升速度将受到直流电抗器的限制，系统控制器有足够的时间进行处理。当系统快速停机时，整流器可以输出负电压使直流电流快速减小。当直流电流降低到零时，系统可安全关闭。因此，传动系统不需要熔断器来进行过电流保护和短路故障保护。

6）可提供高可靠性的 $N+1$ 冗余方式。在需要高可靠性的特殊应用中，可以在变频器的 6 个桥臂上各增加一个冗余器件。因为 GCT 在损坏时通常处于短路状态，因此这种系统可以在一个器件损坏的情况下继续以额定容量运行。

7）输入输出电缆长度不受限制。由于输入和输出波形接近正弦波，因此对变频器的输入到变压器和输出到电动机的电缆长度都没有任何限制。

8）具有四象限运行和再生制动能力。CSI 传动系统无需额外的器件即可实现四象限运行和再生制动，使得功率双向流动。

电流源型变频器的主要缺点包括：

1）动态性能差。这主要是由于直流电抗限制了直流电流的响应速度。当逆变器的输出电流是通过改变调制比，而不是通过整流器来调整直流环节的电流来控制时，传动系统的动态性能可得到显著改善。然而，由于下列原因，在实际系统中很少使用改变调制比的方法：①旁路运行会造成损耗增加；②大多数中压传动系统用于风机、泵和压缩机，这些应用对动态性能要求都不高。

2）*LC* 谐振。电网侧和电动机侧滤波电容可能会和进线电感及电动机电感构成谐振电路。通过设计滤波电容容值及进线电抗器的感抗，可使形成的 *LC* 谐振频率低于整流器产生的最低次谐波频率，从而有效避免谐振。这个方法同样可以用在电动机侧，以抑制电动机侧的 *LC* 谐振。另外，第 11 章讨论的有源谐振阻尼方法，也可用来减小 *LC* 谐振。

图 13-3 是 4160V 电流源型逆变器传动系统的照片。整个系统由 3 个柜体组成。左边柜体安装传动系统的数字控制器及进线和电动机侧滤波电容；中间柜体为两套相同的 PWM 变换器：整流器和逆变器，每个变换器由 12 个 6000V 对称型 GCT 组成，所有 GCT 都安装在可快速组装和更换的功率单元中；右边柜体安装直流电抗器和风冷系统。

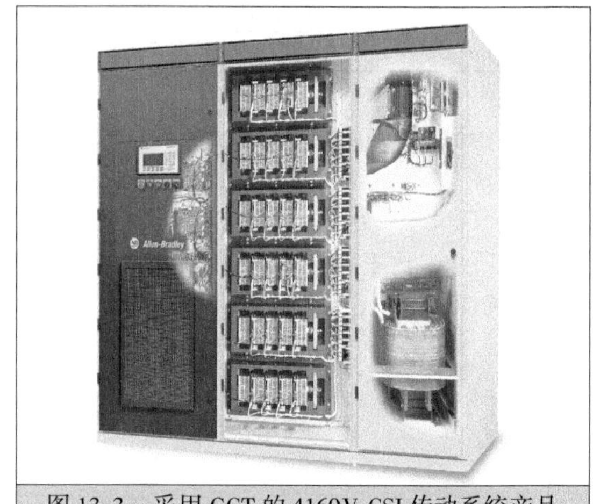

图 13-3　采用 GCT 的 4160V CSI 传动系统产品（Rockwell 加拿大公司授权使用本图片）

中压大功率电流源型逆变器传动系统的主要规格如表 13-1 所示[3]。这些规格可分为 3 组，包括传动系统规格、控制系统规格和变换器规格。传动系统规格包括额定电压/功率容量、效率、输入功率因数、输入电流 THD 和抗电源波动能力等。控制系统规格包括控制方案、参数调整方法、速度调节方式和控制器带宽等。变换器规格则包括变换器类型、调制方法和开关器件类型等。

表 13-1　中压 CSI 传动系统的主要规格

传动系统规格	额定输入电压/V	2300、3300、4160、6600
	额定输出功率	200～9000HP(150～6700kW)
	额定输出电压/V	0～2300,0～3300,0～4160,0～6600
	输出频率/Hz	0.2～85
	传动系统效率	>96.0%(包括变压器损耗)
	输入功率因数	典型值>0.98(PWM 整流器)
	进线电流 THD	典型值<5%(PWM 整流器)
	输出波形	近似正弦的电流和电压

（续）

传动系统规格	适用电动机类型	异步或同步电动机
	过载能力	150%，过载1min(标准)
	抗电源波动能力	5个基波周期内不跳闸
	冷却方式	强迫风冷或水冷
	再生制动能力	本身固有，无需额外硬件或软件
控制系统规格	控制方式	直接磁场定向矢量控制
	轴编码器	可选
	参数整定方法	自整定
	转速调节	无编码器时0.1%；有编码器时0.01%
	转速控制器带宽	5～25rad/s
	转矩控制器带宽	15～50rad/s
功率变频器规格	整流器类型	6脉波晶闸管、18脉波晶闸管或PWM GCT
	整流器每相开关个数	2(2400V时)，4(3300V/4160V时)，6(6600V时)
	逆变器类型	PWM电流源型
	逆变器每相开关个数	2(2400V时)，4(3300V/4160V时)，6(6600V时)
	GCT/SCR峰值断态电压	6000V
	调制技术	整流器：SHE；逆变器：SHE＋TPWM
	GCT开关频率	整流器：<500Hz；逆变器：<500Hz
	逆变器/整流器开关故障模式	无击穿，无电弧

13.2.2 专用电动机的电流源型逆变器传动系统 ★★★

在一些专用电动机的特殊应用中，可以用三相进线电感L_s代替隔离变压器，来降低系统成本，如图13-4所示。这里的电动机必须经过特殊处理加强绝缘，使之能够承受共模电压。去掉了隔离变压器后，系统体积减小，运行费用也会降低。

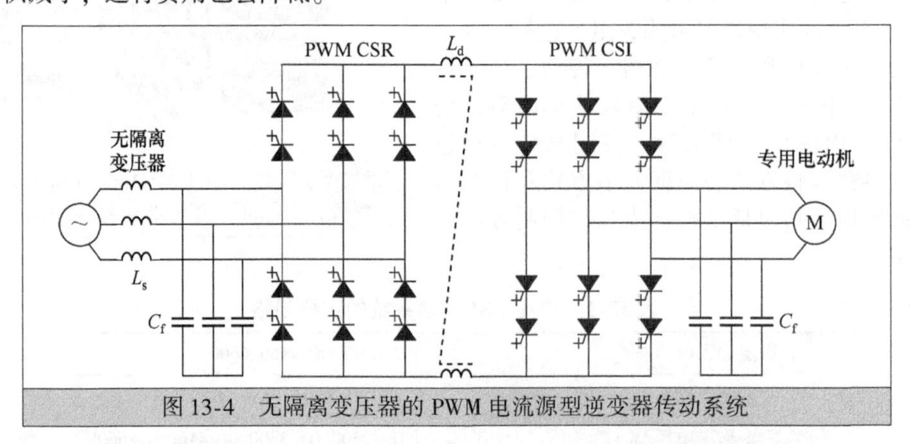

图13-4 无隔离变压器的PWM电流源型逆变器传动系统

13.2.3 采用双桥PWM整流器的电流源型逆变器传动系统 ★★★

图13-5给出了采用双桥PWM整流器的4160V电流源型逆变器传动系统。从第11章的叙述中可知道，整流器采用SHE方案可消除11和13次谐波，移相变压器可消除5、7、17和19次谐波，滤波电容可吸收多个高次谐波，这样进线电流非常接近正弦波[4,5]。这种结构可用于对进线电流畸变要求非常高的应用场合。

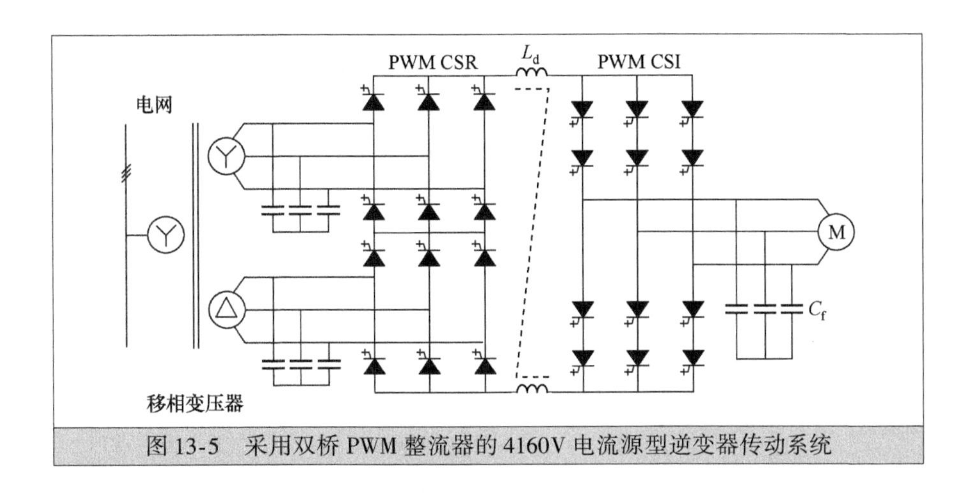

图 13-5 采用双桥 PWM 整流器的 4160V 电流源型逆变器传动系统

13.3 适用于常规变流电动机的无变压器电流源型逆变器传动系统

采用电压源型变频器和电流源型变频器的中压大功率传动系统都可能有的一个缺点，就是存在共模电压，如果不设法加以消除，将造成电动机绝缘过早损坏。虽然通过引入隔离变压器或者移相变压器可以解决这个问题，但同时会带来制造成本的增加（变压器可占总成本的20% ~25%）、体积增大、重量增加以及由于变压器损耗的存在使运行成本提高等缺点。使用增加绝缘强度的定制电动机是另外一种解决方法，然而这种解决方法不适用于对原有常规电动机进行改造的工程项目。

图 13-6 所示为无变压器电流源型逆变器的拓扑结构，它采用了由一个铁心和四个线圈组成的一体化直流电抗器。该电抗器包括两个电感：电流源型变频器所必需的差模电感 L_d 和可阻断共模电压的共模电感 L_{cm}。一体化直流电抗器替代了隔离变压器，减小了制造和运行成本。为保证电动机不受任何共模电压的影响，两组滤波电容的中性点可直接或通过低电阻电感的 *RL* 电路连在一起。这种传动系统的详细分析见第 17 章。

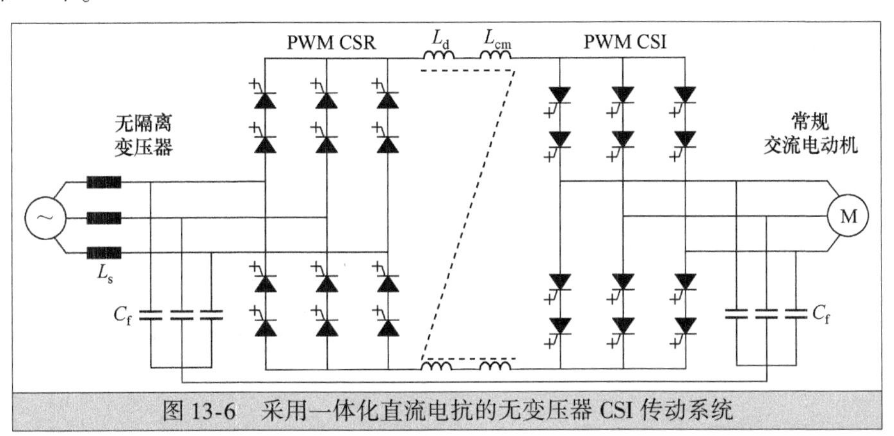

图 13-6 采用一体化直流电抗的无变压器 CSI 传动系统

13.4 采用多脉波 SCR 整流器的电流源型逆变器传动系统

13.4.1 采用 18 脉波 SCR 整流器的电流源型逆变器传动系统 ★★★

第 4 章提出的多脉波 SCR 整流器也可作为电流源型逆变器传动系统的前端变换器。在众多不同的整流器拓扑结构中，18 脉波 SCR 整流器以其较高的性价比成为人们的主要选择。对于给定电压及功率容量，12 脉波 SCR 整流器在成本上优于 18 脉波 SCR 整流器，但其进线电流的 THD 难于满足大多数标准的要求。而 24 脉波 SCR 整流器虽然在进线电流 THD 上优于 18 脉波 SCR 整流器，但由于 SCR 数量的增加和移相变压器结构的复杂而大大增加了成本。

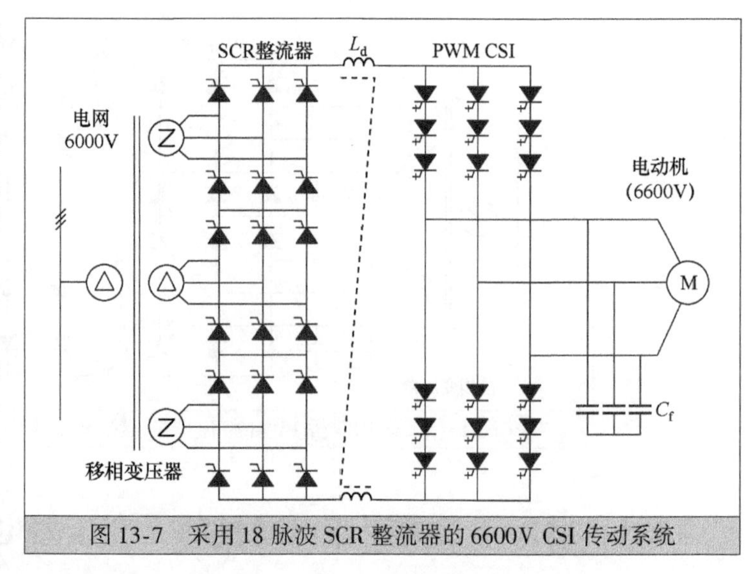

图 13-7　采用 18 脉波 SCR 整流器的 6600V CSI 传动系统

图 13-7 给出了采用 18 脉波 SCR 整流器的电流源型逆变器传动系统。整流器由 3 套 6 脉波 SCR 整流器级联而成，逆变器的每个桥臂上采用 3 个 GCT 串联工作。当每个 SCR 和 GCT 的耐压为 6000V 时，串联后的变频器系统可运行于 6600V（线电压）下。电流源型逆变器传动系统能够满足 IEEE 519—2014 标准中对谐波的要求。该系统也可以用于使用常规交流电动机的工程改造项目。

13.4.2　采用 6 脉波 SCR 整流器的低成本电流源型逆变器传动系统 ★★★

图 13-8 给出了采用 6 脉波 SCR 整流器的低成本电流源型变频器传动系统，这种传动系统可为某些应用场合提供最经济的方案。利用谐波滤波器（可选）可以降低进线电流的 THD。在采用新型电动机的场合中，还可以用三相进线电抗器代替隔离变压器来进一步降低成本。

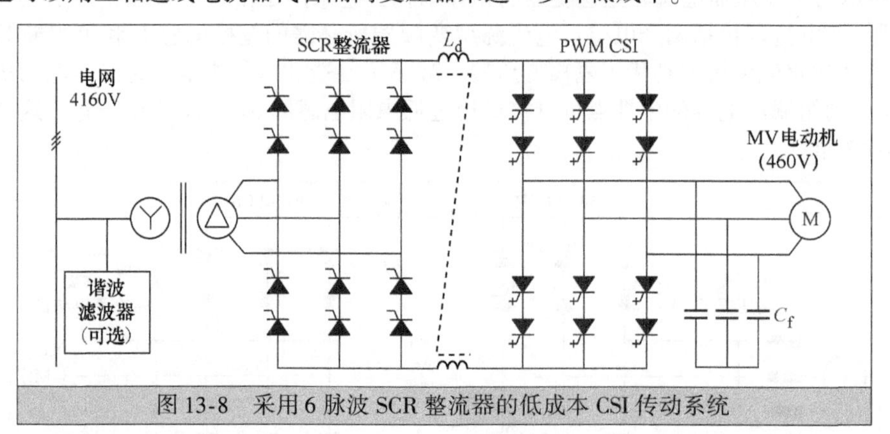

图 13-8　采用 6 脉波 SCR 整流器的低成本 CSI 传动系统

低成本电流源型逆变器传动系统还可作为需要较高起动转矩的电动机软起动器。传统的基于 SCR 的调压式电动机软起动器由于输出频率不变（电网频率），降低了电动机起动电压，因而不能产生高的起动转矩。

13.5　同步电动机的负载换相逆变器传动系统

负载换相逆变器（LCI）常用于超大功率同步电动机传动系统中，最大功率可达 100MW。LCI 系统的整流器和逆变器都采用低成本的 SCR，从而大大降低了成本。LCI 通常用来驱动大功率风机、泵、压缩机和风洞，这类负载对动态性能要求不高。

13.5.1　12 脉波输入和 6 脉波输出的 LCI 传动系统 ★★★

图 13-9 给出了典型 LCI 同步电动机传动系统的结构。其中，带直流电抗器的 12 脉波 SCR 整流器给

逆变器提供可控的直流电流。SCR 串联的数量取决于 SCR 的耐压值和电网电压[7,8]。

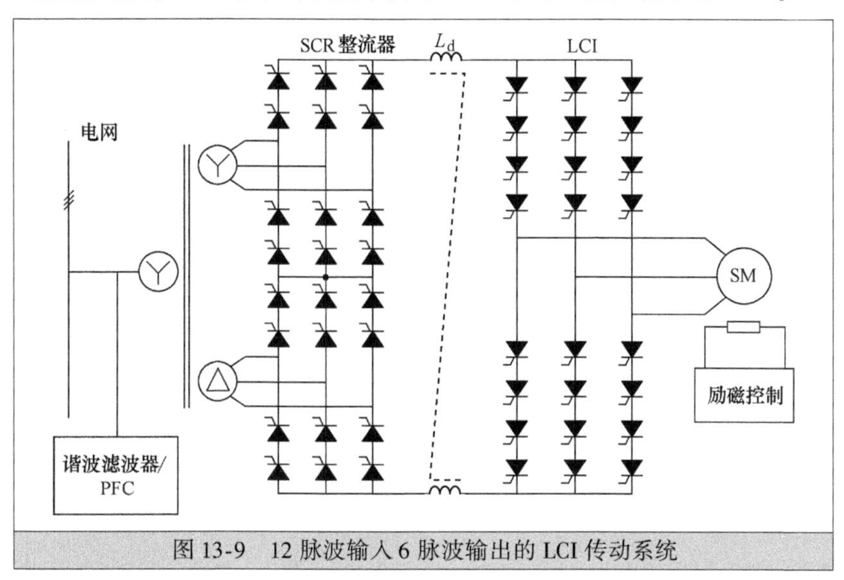

图 13-9 12 脉波输入 6 脉波输出的 LCI 传动系统

12 脉波 SCR 整流器的进线电流不包含 5、7 次谐波，但含有 11 和 13 次谐波。因此，通常 LCI 传动系统需要额外的谐波滤波器。采用 *LC* 串联谐振型滤波器，通常调节参数使其在 11 次和 13 次谐波处调谐，从而消除 11 和 13 次谐波电流。通过选择合适的参数，滤波器还可以用作功率因数校正器（PFC）。

LCI 同步电动机传动系统的主要特点是成本低、效率高、运行可靠和具有固有的再生制动能力。主要缺点为转矩脉动大、动态响应较慢和输入功率因数不固定。

13.5.2 12 脉波输入和 12 脉波输出的 LCI 传动系统 ★★★

6 脉波输出 LCI 系统的谐波电流会在同步电动机上产生谐波转矩和谐波功率损耗。谐波转矩可能引起系统的机械谐振，从而引起机械振动。这些问题可通过如图 13-10 所示的 12 脉波输出 LCI 传动系统解决。

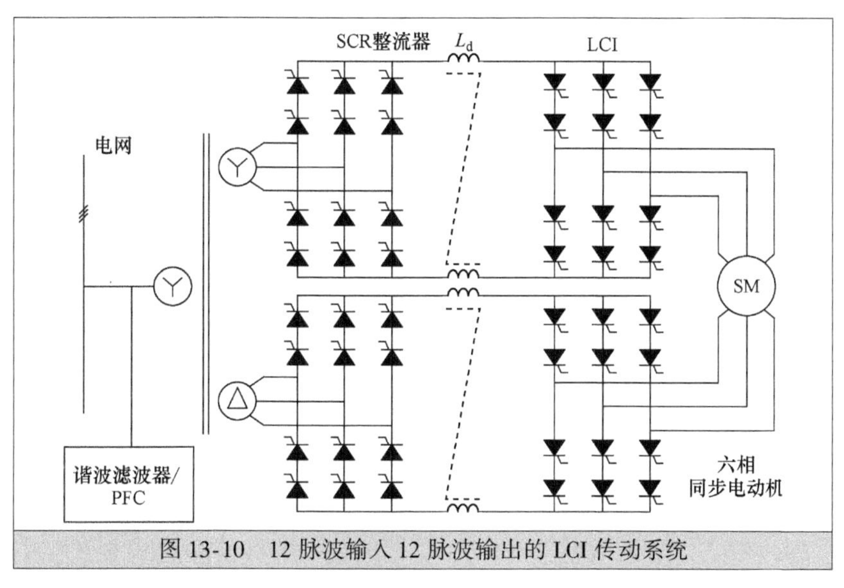

图 13-10 12 脉波输入 12 脉波输出的 LCI 传动系统

同步电动机定子上设计有两套相差 30°电角度的独立定子绕组。采用 6 相电动机可以抵消 5、7 次谐波电流产生的谐波转矩，从而大大减小了电动机的转矩脉动，同时也降低了轴承上承受的机械应力。

13.6 小　　结

本章介绍了采用不同整流器，如单桥 PWM 整流器、双桥整流器和 SCR 移相整流器的多种电流源型变频器传动系统。这些中压传动系统广泛应用于驱动大容量风机、泵、压缩机和船用螺旋桨等负载。在分析各系统的优点和缺点的基础上，给出了它们的主要特点。

文中还给出了一种可用于常规电动机的无变压器 PWM 电流源型逆变器传动系统。系统使用一体化直流电抗器取代了隔离变压器或移相变压器来阻断共模电压，从而可极大降低制造成本。这种传动系统将在第 17 章中进行详细分析和介绍。

参 考 文 献

[1] D. Jingya, M. Pande, and N. R. Zargari, "Input Power Factor Compensation for PWM-CSC Based High-Power Synchronous Motor Drives," IEEE Energy Conversion Congress and Exposition (ECCE), pp. 3608-3613, 2011.

[2] B. Wu, S. Dewan, and G. Slemon, "PWM-CSI Inverter induction motor drives," IEEE Transactions on Industry Applications, vol. 28, no. 1, pp. 64-71, 1992.

[3] "PowerFlex 7000 MV Drive," Brochure, Rockwell Automation Canada Inc., 2015.

[4] Y. Xiao, B. Wu, F. DeWinter, et al., "A dual GTO current source converter topology with sinusoidal inputs for high power applications," IEEE Transactions on Industry Applications, vol. 34, no. 4, pp. 878-884, 1998.

[5] F. DeWinter, N. R. Zargari, B. Wu, et al., "Harmonic Eliminating PWM Converter," US Patent, #5, 835, 364, November., 1998.

[6] B. Wu, S. Rizzo, N. Zargari, et al., "Integrated dc Link Choke and Method for Suppressing Common-Mode Voltage in a Motor Drive," US Patent, 6, 617, 814 B1, September 9, 2003.

[7] R. Bhatia, H. U. Krattiger, A. Bonanini, et al., "Adjustable speed drive with a single 100-MW synchronous motor," ABB Review, no. 6, pp. 14-20, 1998.

[8] G. Sydnor, R. Krattiger, J. Mylius, et al., "Fifteen Years of Operation at NASA's National Transonic Facility with the World's Largest Adjustable Speed Drive," the 6th IET International Conference on in Power Electronics, Machines and Drives (PEMD), pp. 1-10, 2012.

第 14 章 高性能传动控制方法

14.1 简　　介

有很多种控制方法都可以实现对异步电动机的控制。其中最简单的控制方法为维持电动机的电压和频率为恒定比例（V/F），即当电动机调速时异步电动机的定子电压跟随电动机的频率成比例变化。当电动机运行在稳态时，这种控制方法可以将定子磁链近似维持在接近额定值的恒值上。然而，在暂态或动态调整电动机转速时，定子磁链并不受控，则电动机的电磁转矩也不受控。因此，采用 V/F 控制的传动系统不适用于有高动态性能要求的应用场合。

研究人员同时开发了其他用于高动态性能传动系统的控制方法。其中，磁场定向控制（FOC）和直接转矩控制（DTC）几乎成为行业标准，并被广泛应用于中压大功率传动系统。这两种方法的基本原理，是将转矩和磁通分量从测得的三相定子电流中解耦出来，对异步电动机的转矩和磁通分别进行独立控制，就像控制直流电动机传动系统一样。这样就可以获得优越的动态性能。由于可以通过高性能数字处理器以较低的成本实现，所以很多对动态性能要求不高的传动系统也在广泛使用这两种控制方法。

本章将介绍异步电动机传动系统的 FOC 和 DTC 两种控制方法。首先介绍坐标系变换（以下简称坐标变换）方法，然后是异步电动机的数学模型，随后将介绍用于电压源型和电流源型传动系统的直接和间接磁场定向控制方法。本章将对用于中压传动系统的 DTC 进行比较详细的介绍，对其中重要的概念，都将给出计算机仿真进行验证。本章最后对用于异步电动机传动系统的 FOC 和 DTC 进行了对比。

14.2 坐标变换

通过坐标变换理论可以简化电动机分析，并为交流电动机复杂的控制方法提供分析和数字实现的工具。近些年来出现了很多种不同的坐标系统[1]，其中最为广泛使用的包括静止坐标系统和同步坐标系统。下文将介绍如何在两个坐标系统间进行变量变换。

14.2.1 *abc/dq* 坐标变换 ★★★

用式（14-1）可实现变量从异步电动机三相 abc 静止坐标系到等效两相 dq 旋转坐标系的转换

$$\begin{bmatrix} x_d \\ x_q \end{bmatrix} = \frac{2}{3}\begin{bmatrix} \cos\theta & \cos(\theta-2\pi/3) & \cos(\theta-4\pi/3) \\ -\sin\theta & -\sin(\theta-2\pi/3) & -\sin(\theta-4\pi/3) \end{bmatrix} \cdot \begin{bmatrix} x_a \\ x_b \\ x_c \end{bmatrix} \tag{14-1}$$

式中，x 代表电流、电压或磁链中的任意一个，θ 为图 14-1 所示的三相和两相坐标系中 a 轴和 d 轴之间的夹角。变量 x_a、x_b 和 x_c 属于在空间静止不动的三相 abc 静止坐标系，以下也称为静止坐标系；变量 x_d 和 x_q 属于在空间以同步转速 ω_e 旋转的两相 dq 旋转坐标系。注意，ω_e 是由式（14-2）给出的电动机旋转磁场的电（非机械）角速度

$$\omega_e = 2\pi f_s \tag{14-2}$$

式中，f_s是定子频率。

角度θ可由式（14-3）得到

$$\theta(t) = \int_0^t \omega_e(t)\,\mathrm{d}t + \theta_0 \tag{14-3}$$

需要说明的是，式（14-1）的变换方程只对三相对称系统有效，且有

$$x_a + x_b + x_c = 0 \tag{14-4}$$

与此类似，dq旋转坐标系中的两相变量可通过式（14-5）转换为abc三相静止坐标系的变量

$$\begin{bmatrix} x_a \\ x_b \\ x_c \end{bmatrix} = \begin{bmatrix} \cos\theta & -\sin\theta \\ \cos(\theta - 2\pi/3) & -\sin(\theta - 2\pi/3) \\ \cos(\theta - 4\pi/3) & -\sin(\theta - 4\pi/3) \end{bmatrix} \cdot \begin{bmatrix} x_d \\ x_q \end{bmatrix} \tag{14-5}$$

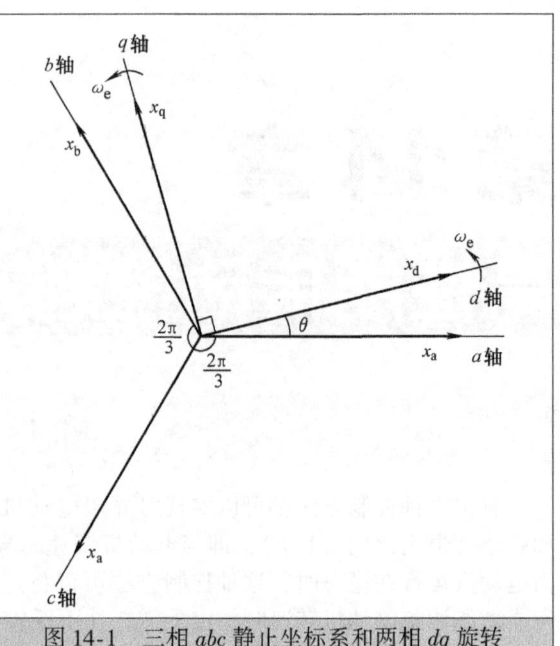

图14-1　三相abc静止坐标系和两相dq旋转坐标系中的变量

这个公式被称为dq/abc变换公式。

在图14-2a中，电流空间矢量$\vec{i}_s$在静止坐标系中以速度ω旋转（参见第6章空间矢量的定义），它映射到abc轴上可以得到对应的相电流i_{as}、i_{bs}和i_{cs}。由于这3个轴在空间中静止不动，所以$\vec{i}_s$在空间每旋转一周，3个相电流在时间上就变化一周。如果$\vec{i}_s$的旋转速度和长度（幅值）一定，3个相电流的波形将是彼此间相差$2\pi/3$的正弦波。

图14-2b为电流矢量$\vec{i}_s$在dq旋转坐标系下的变换关系。假设$\vec{i}_s$和dq轴以相同速度在空间旋转，则$\vec{i}_s$和d轴之间的夹角，即定子电流角ϕ为常数。这样，对应的dq轴电流分量$\boldsymbol{i}_{ds}$和$\boldsymbol{i}_{qs}$为直流分量。由于变换得到的两相直流变量可以等效代替三相交流变量，后面的章节中，将通过这个变换来简化传动系统的仿真、设计以及数字化实现。

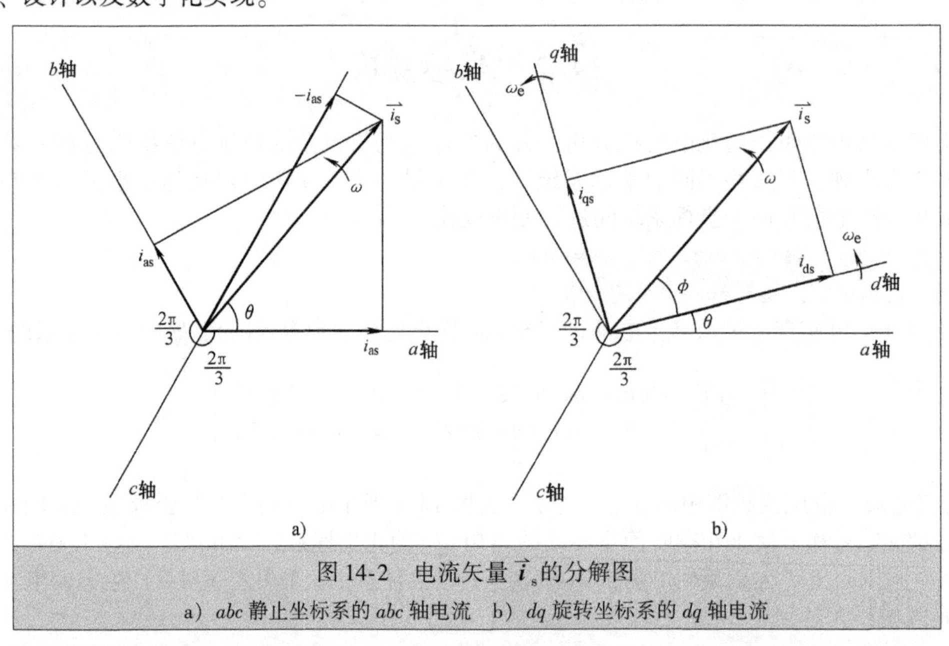

图14-2　电流矢量$\vec{i}_s$的分解图

a）abc静止坐标系的abc轴电流　b）dq旋转坐标系的dq轴电流

14.2.2 $abc/\alpha\beta$ 变换 ★★★

当两相坐标系的旋转速度为零时，二相和三相坐标系在空间都是静止的。两相坐标系称为 $\alpha\beta$ 坐标系。通过将式（14-1）中的 θ 设为零，可以得到三相静止坐标系到两相静止坐标系的变换公式

$$\begin{bmatrix} x_\alpha \\ x_\beta \end{bmatrix} = \frac{2}{3}\begin{bmatrix} 1 & -1/2 & -1/2 \\ 0 & \sqrt{3}/2 & -\sqrt{3}/2 \end{bmatrix} \cdot \begin{bmatrix} x_a \\ x_b \\ x_c \end{bmatrix} \tag{14-6}$$

其中，x_α 和 x_β 是二相坐标系中 α 轴和 β 轴的变量，该变换也称为 $abc/\alpha\beta$ 变换。同时，α 轴变量可以表示成

$$x_\alpha = \frac{2}{3}\left(x_a - \frac{1}{2}x_b - \frac{1}{2}x_c\right) = x_a \tag{14-7}$$

可以看到结果等于 a 轴变量 x_a。

类似的，由两相静止到三相静止坐标变换可称为 $\alpha\beta/abc$，通过式（14-8）得到

$$\begin{bmatrix} x_a \\ x_b \\ x_c \end{bmatrix} = \begin{bmatrix} 1 & 0 \\ -1/2 & \sqrt{3}/2 \\ -1/2 & -\sqrt{3}/2 \end{bmatrix} \cdot \begin{bmatrix} x_\alpha \\ x_\beta \end{bmatrix} \tag{14-8}$$

14.3 异步电动机数学模型

目前广泛使用的异步电动机数学模型有两种，分别基于空间矢量理论和 dq 坐标变换理论。基于空间矢量理论的空间矢量电动机模型，具有公式简单和矢量图清晰的特点；而基于 dq 坐标变换理论的 dq 电动机模型，无需使用复数或复变量。两种模型对于异步电动机暂态和稳态性能的分析效果都是一样的。下面对这两种模型进行介绍，并给出它们之间的关系。

14.3.1 空间矢量电动机模型 ★★★

在下面的分析中，假设异步电动机是三相对称的，铁心为线性非饱和且忽略铁损。异步电动机的空间矢量模型通常由三组方程组成[2]。第一组是电压方程

$$\begin{cases} \vec{\boldsymbol{v}}_s = R_s\vec{\boldsymbol{i}}_s + p\vec{\boldsymbol{\lambda}}_s + \mathrm{j}\omega\vec{\boldsymbol{\lambda}}_s \\ \vec{\boldsymbol{v}}_r = R_r\vec{\boldsymbol{i}}_r + p\vec{\boldsymbol{\lambda}}_r + \mathrm{j}(\omega - \omega_r)\vec{\boldsymbol{\lambda}}_r \end{cases} \tag{14-9}$$

式中，$\vec{\boldsymbol{v}}_s$、$\vec{\boldsymbol{v}}_r$为定子和转子电压矢量；$\vec{\boldsymbol{i}}_s$、$\vec{\boldsymbol{i}}_r$为定子和转子电流矢量；$\vec{\boldsymbol{\lambda}}_s$、$\vec{\boldsymbol{\lambda}}_r$为定子和转子磁链矢量；$R_s$、$R_r$为定子和转子电阻；$\omega$ 为任意坐标系的旋转速度；ω_r为转子角速度；p 为微分算子($p = \mathrm{d}/\mathrm{d}t$)。

式（14-9）右边的 $\mathrm{j}\omega\vec{\boldsymbol{\lambda}}_s$和 $\mathrm{j}(\omega - \omega_r)\vec{\boldsymbol{\lambda}}_r$是由坐标系旋转而感应产生的速度电压。

第 2 组方程为磁链方程

$$\begin{cases} \vec{\boldsymbol{\lambda}}_s = L_s\vec{\boldsymbol{i}}_s + L_m\vec{\boldsymbol{i}}_r \\ \vec{\boldsymbol{\lambda}}_r = L_r\vec{\boldsymbol{i}}_r + L_m\vec{\boldsymbol{i}}_s \end{cases} \tag{14-10}$$

式中，$L_s = L_{ls} + L_m$为定子自感；$L_r = L_{lr} + L_m$为转子自感；L_{ls}，L_{lr}为定子和转子漏感；L_m为励磁电感。

式（14-10）中所有的参数和变量，如 R_r、L_{lr}、$\vec{\boldsymbol{i}}_r$和 $\vec{\boldsymbol{\lambda}}_r$，都是折合到定子侧的变量。

第 3 组为运动方程

$$\begin{cases}\dfrac{J}{P}p\omega_{\mathrm{r}}=T_{\mathrm{e}}-T_{\mathrm{L}}\\[2ex] T_{\mathrm{e}}=\dfrac{3P}{2}\mathrm{Re}(\mathrm{j}\vec{\boldsymbol{\lambda}}_{\mathrm{s}}\vec{\boldsymbol{i}}_{\mathrm{s}}^{*})=-\dfrac{3P}{2}\mathrm{Re}(\mathrm{j}\vec{\boldsymbol{\lambda}}_{\mathrm{r}}\vec{\boldsymbol{i}}_{\mathrm{r}}^{*})\end{cases}\tag{14-11}$$

式中，J为转子和负载总转动惯量；P为极对数；T_{L}为负载转矩；T_{e}为电磁转矩。

上面3组方程组成了如图14-3所示的在任意旋转坐标系中的异步电动机空间矢量模型。

在高性能控制方法的仿真和数字化实现中，经常采用同步旋转坐标系和静止坐标系下的电动机模型。通过设定式（14-9）中的任意速度ω为同步速ω_{e}，可以很容易地获得同步旋转坐标系下的电动机模型。图14-4a给出了鼠笼式异步电动机在同步旋转坐标系中的等效电路，其中转子绕组是短路绕组（$\vec{\boldsymbol{v}}_{\mathrm{r}}=0$）。$\omega_{\mathrm{sl}}$是由式（14-12）给出的滑差角频率

$$\omega_{\mathrm{sl}}=\omega_{\mathrm{e}}-\omega_{\mathrm{r}}\tag{14-12}$$

为了得到鼠笼式电动机的静止（定子）坐标系模型，可以设定任意旋转坐标系的旋转速度ω为0，则等效电路如图14-4b所示。

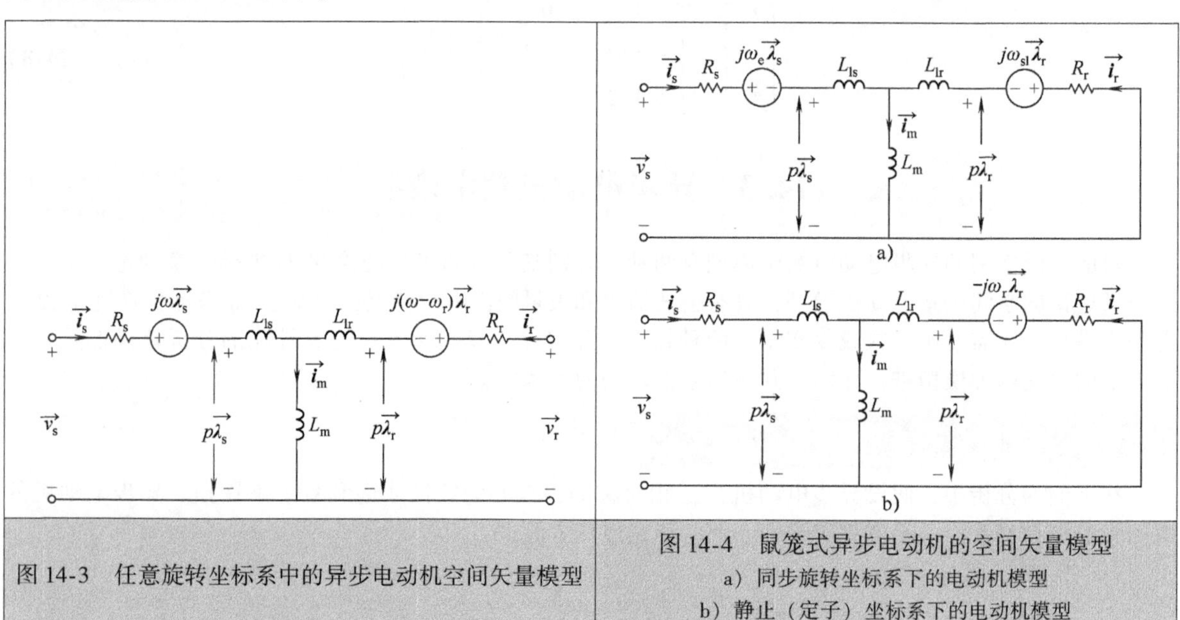

图14-3　任意旋转坐标系中的异步电动机空间矢量模型

图14-4　鼠笼式异步电动机的空间矢量模型
a）同步旋转坐标系下的电动机模型
b）静止（定子）坐标系下的电动机模型

14.3.2　*dq* 电动机模型 ★★★

通过三相电路原理推导得到的电动机模型再变换到两相dq坐标系下，就可以得到异步电动机的dq模型了[1]。另外，还可以通过将空间矢量电动机模型中的空间矢量分解为dq轴分量来获得[2]

$$\begin{cases}\vec{\boldsymbol{v}}_{\mathrm{s}}=v_{ds}+\mathrm{j}v_{qs} & \vec{\boldsymbol{i}}_{\mathrm{s}}=i_{ds}+\mathrm{j}i_{qs} & \vec{\boldsymbol{\lambda}}_{\mathrm{s}}=\lambda_{ds}+\mathrm{j}\lambda_{qs}\\ \vec{\boldsymbol{v}}_{\mathrm{r}}=v_{dr}+\mathrm{j}v_{qr} & \vec{\boldsymbol{i}}_{\mathrm{r}}=i_{dr}+\mathrm{j}i_{qr} & \vec{\boldsymbol{\lambda}}_{\mathrm{r}}=\lambda_{dr}+\mathrm{j}\lambda_{qr}\end{cases}\tag{14-13}$$

将式（14-13）式代入式（14-9），可得到异步电动机的dq坐标系下的电压方程

$$\begin{cases}v_{ds}=R_{\mathrm{s}}i_{ds}+p\lambda_{ds}-\omega\lambda_{qs}\\ v_{qs}=R_{\mathrm{s}}i_{qs}+p\lambda_{qs}+\omega\lambda_{ds}\\ v_{dr}=R_{\mathrm{r}}i_{dr}+p\lambda_{dr}-(\omega-\omega_{\mathrm{r}})\lambda_{qr}\\ v_{qr}=R_{\mathrm{r}}i_{qr}+p\lambda_{qr}+(\omega-\omega_{\mathrm{r}})\lambda_{dr}\end{cases}\tag{14-14}$$

定子和转子磁链则用式（14-15）计算

$$\begin{cases}\lambda_{ds}=L_{ls}i_{ds}+L_m(i_{ds}+i_{dr})\\ \lambda_{qs}=L_{ls}i_{qs}+L_m(i_{qs}+i_{qr})\\ \lambda_{dr}=L_{lr}i_{dr}+L_m(i_{ds}+i_{dr})\\ \lambda_{qr}=L_{lr}i_{qr}+L_m(i_{qs}+i_{qr})\end{cases}\tag{14-15}$$

电磁转矩可以用多种方式表达，通常使用的表达式为

$$T_e=\begin{cases}\dfrac{3P}{2}(i_{qs}\lambda_{ds}-i_{ds}\lambda_{qs})\\ \dfrac{3PL_m}{2}(i_{qs}i_{dr}-i_{ds}i_{qr})\\ \dfrac{3PL_m}{2L_r}(i_{qs}\lambda_{dr}-i_{ds}\lambda_{qr})\end{cases}\tag{14-16}$$

式（14-14）~式（14-16）及式（14-11）所组成的电动机方程组，即为 dq 电动机模型，其等效电路如图 14-5 所示。

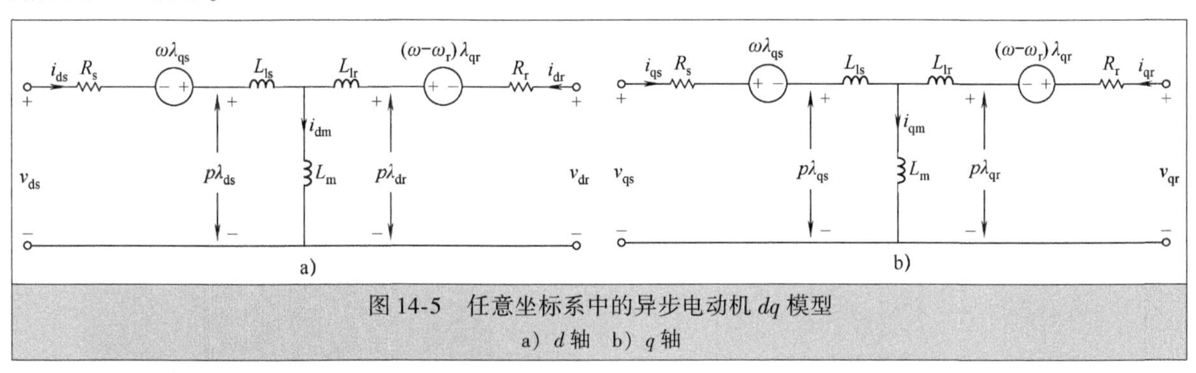

图 14-5　任意坐标系中的异步电动机 dq 模型

a）d 轴　b）q 轴

14.3.3　异步电动机暂态特性 ★★★

用电动机数学模型来研究异步电动机在自由加速过程中的暂态特性很有意义。这里以一台小功率鼠笼式异步电动机为研究对象，电动机参数如下：$V_{LL}=208\text{V}$，$f_s=60\text{Hz}$，$Z_{base}=15.4\Omega$，$R_s=0.068\text{pu}$，$R_r=0.045\text{pu}$，$L_{ls}=L_{lr}=0.058\text{pu}$，$L_m=1.95\text{pu}$，$P=1$，$J=0.02\text{ kg}\cdot\text{m}^2$。图 14-6 为采用静止坐标系（$\omega=0$）的电动机模型的计算机仿真框图。图中的 $\alpha\beta$ 坐标系定子电压 $v_{\alpha s}$ 和 $v_{\beta s}$ 是通过对三相电源电压 v_{as}、v_{bs} 和 v_{cs} 进行 3/2 变换得到的。将仿真得到的 $\alpha\beta$ 坐标系定子电流 $i_{\alpha s}$ 和 $i_{\beta s}$ 通过 2/3 变换得到三相电流 i_{as}、i_{bs} 和 i_{cs}。

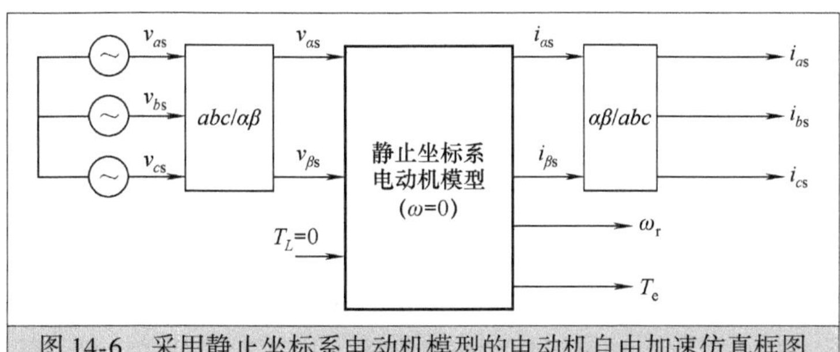

图 14-6　采用静止坐标系电动机模型的电动机自由加速仿真框图

图 14-7a 给出了在电动机自由加速过程（电动机在额定电压和频率下空载起动）中，定子电流 i_{as} 和转子速度 n_r 的仿真波形。以 r/min 为单位的转子机械速度 n_r 与转子电角速度 ω_r 的关系为

$$n_r=\frac{30}{\pi P}\omega_r\tag{14-17}$$

起动过程中电流的峰值大约为8.4pu，即起动电流有效值的标幺值为5.9pu。由于转动惯量小、起动电流大，电动机起动时间大约为0.5s。图14-7b中给出了自由加速阶段的实验波形，其波形和仿真结果非常吻合。

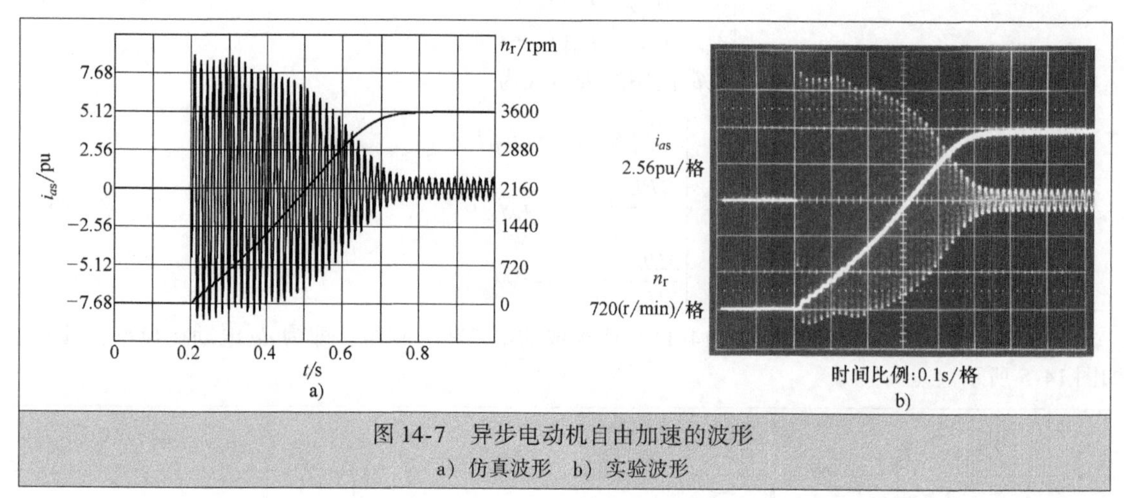

图14-7　异步电动机自由加速的波形

a）仿真波形　b）实验波形

图14-8为电动机在三相故障时的暂态仿真与实测波形。在电动机运行在接近同步转速的情况下，把电动机的三相定子短路，定子电流的峰值接近自由加速时的峰值电流。相应的测量波形和仿真波形也很接近。

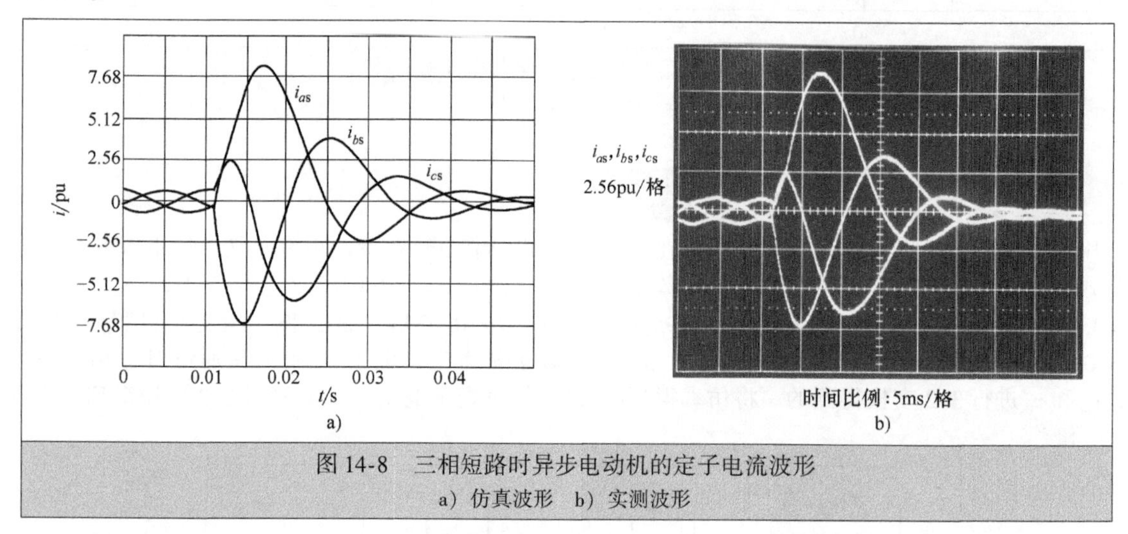

图14-8　三相短路时异步电动机的定子电流波形

a）仿真波形　b）实测波形

图14-9为采用同步旋转坐标系电动机模型的仿真框图。通过采用abc/dq和dq/abc变换模块，静止坐标系的三相电源电压v_{as}、v_{bs}和v_{cs}，可以变换为同步坐标系下的dq轴电压v_{ds}和v_{qs}；相反的，同步坐标系的dq仿真电流i_{ds}和i_{qs}，也可以转换为静止坐标系的三相电流i_{as}、i_{bs}和i_{cs}。坐标变换模块中所需的角度θ，可用图中的3/2变换和$\tan^{-1}$模块，或式（14-3）直接得到。

图14-10a所示为电动机自由加速阶段i_{as}、i_{ds}和i_{qs}的仿真波形。通过同步旋转坐标系电动机模型得到的i_{as}和图14-7中采用静止坐标系电动机模型得到的相应电流波形完全一样。在同步旋转坐标系中，当电动机稳态运行时，dq轴电流i_{ds}和i_{qs}均为直流量。这样，定子电流$\vec{i}_s$的幅值可以通过$i_s=\sqrt{i_{ds}^2+i_{qs}^2}$获得。同步坐标系中$dq$轴电压$v_{ds}$和$v_{qs}$均为直流常量，在图中没有给出。

图14-2b中所示的$\vec{i}_s$和d轴电流之间的夹角称为定子电流角ϕ，这个角度的变化会影响到i_{ds}和i_{qs}的波形。通过调整初始角θ_0，使得同步旋转坐标系d轴和$\vec{i}_s$方向一致，则定子电流角$\phi=0$，这样就可得

到如图14-10a所示的波形了。在同样的条件下，电动机稳态运行时有 $i_{qs}=0$ 和 $i_{ds}=i_s$。如果同步坐标系的 q 轴和 $\vec{i}_s$ 方向一致（$\phi=90°$），则稳态时的 dq 轴电流为 $i_{qs}=i_s$ 和 $i_{ds}=0$。但是 i_s 的波形并不受 ϕ 的影响。

电动机自由加速阶段的电动机转矩响应如图14-10b所示。虽然这里是用同步旋转坐标系中电动机模型得到的，但实际上用任何坐标系中电动机模型得到的结果都是一样的。

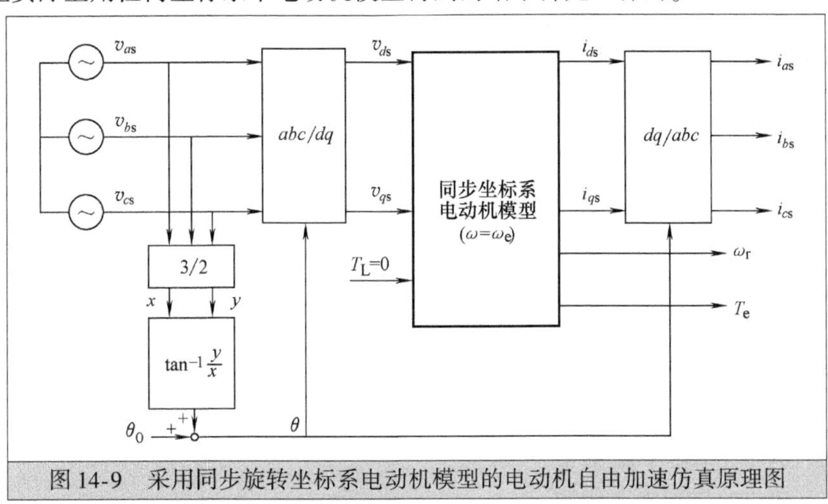

图14-9 采用同步旋转坐标系电动机模型的电动机自由加速仿真原理图

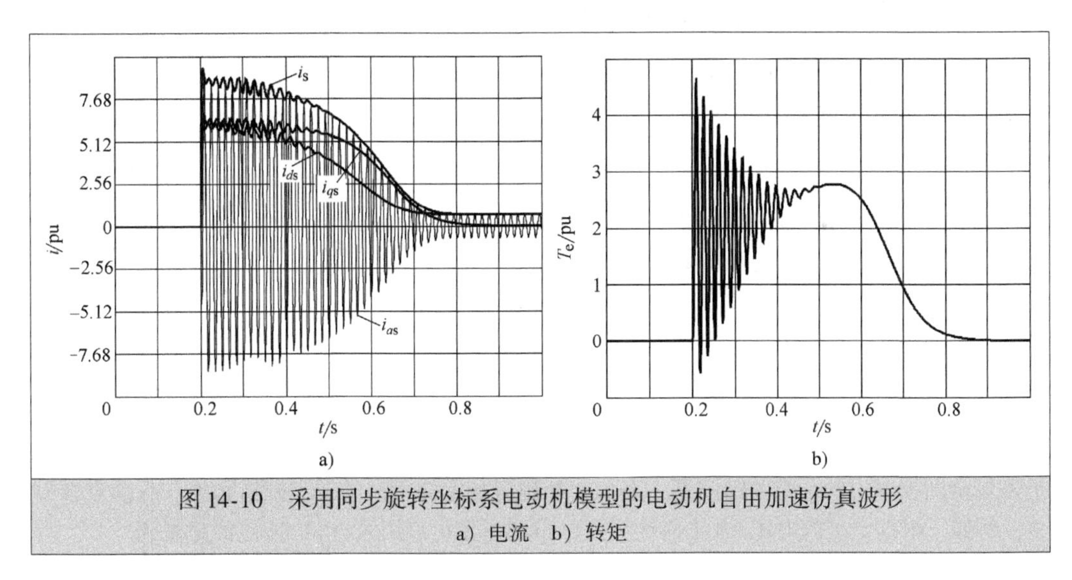

图14-10 采用同步旋转坐标系电动机模型的电动机自由加速仿真波形
a）电流 b）转矩

14.4 磁场定向控制原理

14.4.1 磁场定向 ★★★

正如大家所熟知的那样，直流电动机传动系统具有突出的动态性能，这主要归功于直流电动机定子磁场和电磁转矩的解耦控制。直流电动机的转矩是由两个正交的磁场相互作用而产生的：一个磁场是由定子绕组中的励磁电流 i_f 产生的；而另一个则由电枢（转子）电流 i_a 产生。两个磁场相互作用所产生的转矩可以表示为

$$T_e=K_a\lambda_f i_a \tag{14-18}$$

式中，K_a为电枢常数；λ_f为i_f所产生的磁链。在高性能的直流传动系统中，通常通过保持i_f恒定来使得λ_f保持不变，在这样的条件下i_a将和转矩T_e成正比，从而可以直接控制转矩。

异步电动机磁场定向控制，也称为矢量控制，是一种模拟直流电动机的控制方式。通过选择合适的磁场定向方式，定子电流可以分解为可独立控制的励磁分量和转矩分量。

磁场定向方式通常可以分为定子磁场定向、气隙磁场定向和转子磁场定向[3,4]。因为交流传动中广泛应用的是转子磁场定向方式，下面将对这一方法进行详细介绍。转子磁场定向方式的控制原理可以很容易地应用于其他两种磁场定向控制方法中。

如图14-11所示，将同步坐标系的d轴和转子磁链矢量$\vec{\boldsymbol{\lambda}}_r$重合，即可实现转子磁场定向。这样得到的$d$轴和$q$轴转子磁链分量为

$$\lambda_{qr}=0 \text{ 和 } \lambda_{dr}=\lambda_r \tag{14-19}$$

式中，λ_r为$\vec{\boldsymbol{\lambda}}_r$的幅值。

将式（14-19）代入方程组（14-16）中的最后一个方程可以得到

$$T_e=K_T\lambda_{dr}i_{qs}=K_T\lambda_r i_{qs} \tag{14-20}$$

式中，$K_T=\dfrac{3PL_m}{2L_r}$。

式（14-20）表明，在转子磁场定向方式下，异步电动机的转矩表达式和直流电动机的转矩表达式类似。如果λ_r在电动机运行期间保持恒定，则可以通过调节q轴定子电流i_{qs}直接控制电动机转矩。

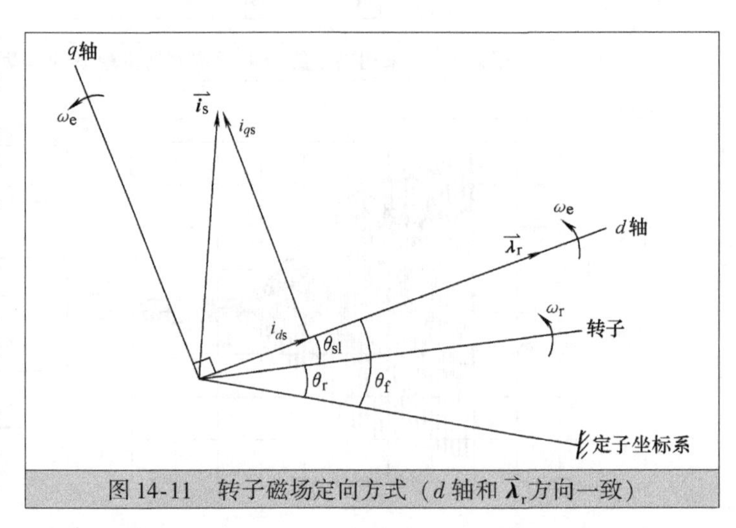

图14-11　转子磁场定向方式（d轴和$\vec{\boldsymbol{\lambda}}_r$方向一致）

图14-11中，定子电流矢量$\vec{i}_s$沿dq轴方向分解为两个分量，d轴电流i_{ds}为励磁电流分量，而和i_{ds}垂直正交的q轴电流i_{qs}，则为转矩电流分量。在磁场定向控制中，通常设定i_{ds}为额定值，而对i_{qs}进行独立控制。在i_{ds}和i_{qs}的解耦控制下，可以方便地实现高性能交流调速。

转子磁场定向控制中的一个关键问题，是如何精确得到定向所需的转子磁链角θ_f。目前有多种方法可以得到θ_f，例如，根据定子的电压/电流值计算可以得到，也可以用式（14-21）计算得到

$$\theta_f=\theta_r+\theta_{sl} \tag{14-21}$$

式中，θ_r是测量得到的转子机械位置角；θ_{sl}是计算得到的滑差角。

14.4.2　FOC的控制框图　★★★

根据转子磁链角度获得的方式不同，磁场定向控制可分为直接和间接磁场定向控制两种方法。如果θ_f是用集成在电动机内部的磁感应装置或用测量电动机端电压和电流得到的，则称为直接磁场定向控制；如果转子磁链角度θ_f是通过检测转子机械位置角θ_r和计算出来的滑差角θ_{sl}得到的（如式14-21所示），则称为间接磁场定向控制[3,5]。

图14-12中给出了转子磁场定向控制的异步电动机传动系统控制框图。因为FOC本质上是转子磁链λ_r和电磁转矩T_e的解耦控制，所以在框图中对这两个变量分别进行了控制。速度控制器根据速度给定值ω_r^*及检测或预测得到的转子速度反馈ω_r值，计算后给出转矩值T_e^*。转子磁链值λ_r^*是以转速值ω_r^*

为自变量的函数。当电动机运行于额定或低于额定速度时，λ_r^* 为额定值。当超过额定转速时，λ_r^* 则相应成比例减小。这样，定子电压和电动机输出功率将不会超过它们的额定值。

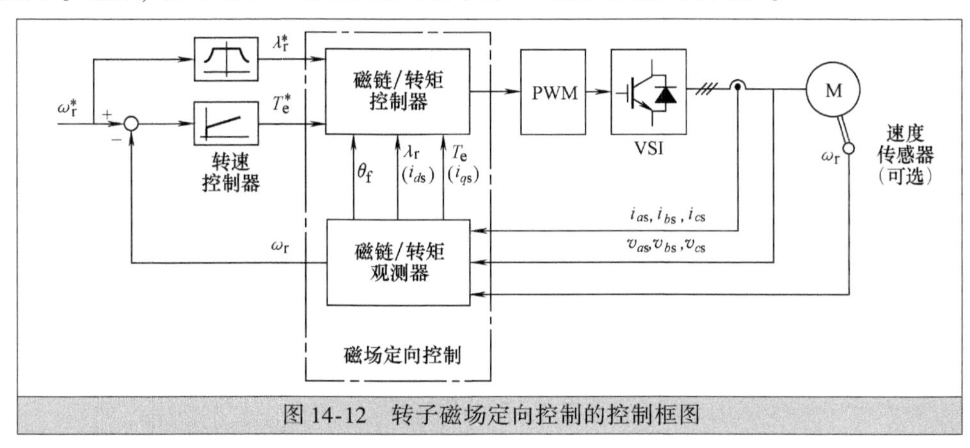

图 14-12　转子磁场定向控制的控制框图

磁链/转矩的闭环控制，是通过在磁链/转矩控制器中将值 λ_r^* 和 T_e^* 与计算得到的转子磁链 λ_r 和转矩 T_e 进行比较而实现的。磁链/转矩控制器的输出为 PWM 模块所需的信号，根据这些信号，PWM 模块输出功率器件门（栅）极驱动信号可以用来调整逆变器输出的电压和频率。

根据测量得到的定子电压和电流以及电动机模型，经过磁链/转矩计算可以得到：①磁场定向所需的转子磁链角度 θ_f；②转子磁链幅值 λ_r 或者励磁电流 i_{ds}；③电磁转矩 T_e 或者转矩电流 i_{qs}；④转子速度 ω_r。根据传动系统的需要和所采用 FOC 方法的不同，转子速度 ω_r 也可以直接用数字速度传感器测量得到。值得注意的是，在其他文献中也称磁链/转矩计算器为磁链/转矩观测器或预测器，它是 FOC 方法中最重要的功能模块。

14.5　直接磁场定向控制

14.5.1　系统框图 ★★★

图 14-13 所示为异步电动机直接磁场定向控制框图，为简化起见，图中没有给出转速控制器。图中有 3 个闭环控制：一个是转子磁链 λ_r 闭环控制；另外两个分别是 d 轴励磁电流 i_{ds} 和 q 轴转矩电流 i_{qs} 的闭环控制。

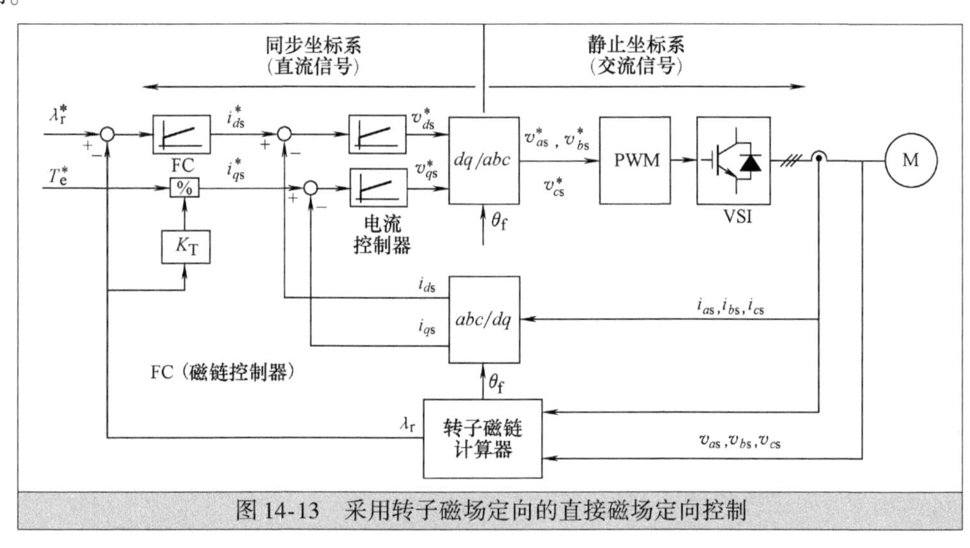

图 14-13　采用转子磁场定向的直接磁场定向控制

转子磁场控制是通过磁链控制器（Flux Controller，FC）将计算得到的 λ_r 与给定值 λ_r^* 比较，得到 d 轴励磁电流给定值 i_{ds}^* 来实现的。根据转矩给定值可以得到 q 轴转矩电流给定值 i_{qs}^*。将 dq 轴反馈电流 i_{ds} 和 i_{qs} 与它们的给定值进行比较，其误差值经过电流控制器的计算，最后得到定子电压给定值 v_{ds}^* 和 v_{qs}^*。根据 PWM 控制的需要，可将同步旋转坐标系下的 dq 轴电压 v_{ds}^* 和 v_{qs}^* 变换为静止坐标系下的三相定子电压 v_{as}^*、v_{bs}^* 和 v_{cs}^*。PWM 模块可以采用不同的 PWM 方法，例如采用基于载波调制的方法，将 v_{as}^*、v_{bs}^* 和 v_{cs}^* 和三角形载波进行比较，来产生逆变器开关器件所需的 PWM 门（栅）极驱动信号。

图 14-13 中的 abc/dq 和 dq/abc 变换模块都用到了转子磁链角 θ_f。变换模块左边的变量都是同步旋转坐标系中的直流信号，而右边的变量则是静止坐标系中的交流变量。

14.5.2 转子磁链计算 ★★★

基于图 14-4b 所示的静止坐标系电动机模型，定子磁链矢量可由式（14-22）表示

$$\vec{\boldsymbol{\lambda}}_s = \int (\vec{\boldsymbol{v}}_s - R_s \vec{\boldsymbol{i}}_s)\mathrm{d}t \tag{14-22}$$

转子磁链矢量可以从式（14-10）中得到

$$\vec{\boldsymbol{\lambda}}_r = L_r \frac{\vec{\boldsymbol{\lambda}}_s - L_s \vec{\boldsymbol{i}}_s}{L_m} + L_m \vec{\boldsymbol{i}}_s = \frac{L_r}{L_m}(\vec{\boldsymbol{\lambda}}_s - \sigma L_s \vec{\boldsymbol{i}}_s) \tag{14-23}$$

式中，σ 是由式（14-24）定义的总漏感系数

$$\sigma = 1 - \frac{L_m^2}{L_s L_r} \tag{14-24}$$

将转子磁链 $\vec{\boldsymbol{\lambda}}_r$ 分解为 d 轴和 q 轴分量，则有

$$\begin{cases} \lambda_{dr} = \dfrac{L_r}{L_m}(\lambda_{ds} - \sigma L_s i_{ds}) \\ \lambda_{qr} = \dfrac{L_r}{L_m}(\lambda_{qs} - \sigma L_s i_{qs}) \end{cases} \tag{14-25}$$

则转子磁链的幅值和角度为

$$\begin{cases} \lambda_r = \sqrt{\lambda_{dr}^2 + \lambda_{qr}^2} \\ \theta_f = \tan^{-1}\dfrac{\lambda_{qr}}{\lambda_{dr}} \end{cases} \tag{14-26}$$

根据式（14-22）~式（14-26）可以得到

1）通过定子电压 $\vec{\boldsymbol{v}}_s$ 和定子电流 $\vec{\boldsymbol{i}}_s$，以及电动机参数（L_s、L_r、L_m 和 R_s）可以计算转子磁链幅值 λ_r 和它的角度 θ_f；

2）由于公式都是基于静止坐标系电动机模型的，所以所有的变量，如 λ_{dr}、λ_{qr}、i_{ds} 和 i_{qs}（除 λ_r 及 θ_f 外）都是交流信号。当忽略功率开关器件动作而造成的谐波时，这些变量在稳态工况下都为正弦波。

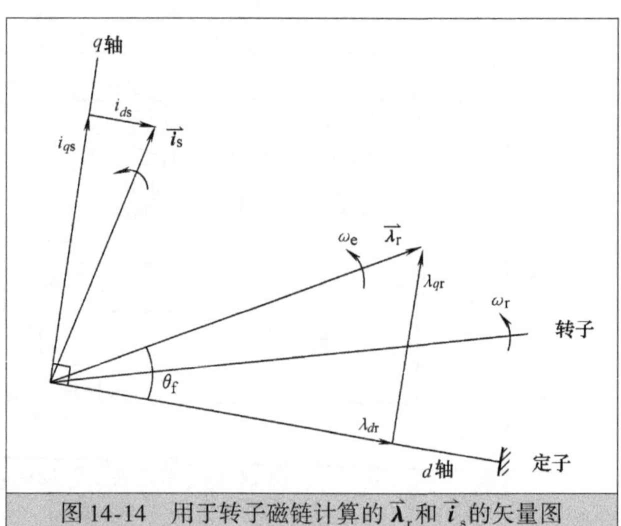

图 14-14　用于转子磁链计算的 $\vec{\boldsymbol{\lambda}}_r$ 和 $\vec{\boldsymbol{i}}_s$ 的矢量图

图 14-14 所示为转子磁链矢量 $\vec{\boldsymbol{\lambda}}_r$ 和用于转子磁链计算的定子电流矢量 $\vec{\boldsymbol{i}}_s$ 的矢量图。两个

矢量在空间每旋转一周，它们的 dq 轴分量 λ_{dr}、λ_{qr}、i_{ds} 和 i_{qs} 在静止（定子）坐标系中会相应变化一个周期。

图 14-15 给出了转子磁链的计算框图。由于 $v_{as}+v_{bs}+v_{cs}=0$，通常只需要测量三相定子电压 v_{as}、v_{bs} 和 v_{cs} 中的两个即可。定子电压也可以通过逆变器功率开关器件的开关关系和直流电压测量值重构得到，这样可以减少电压传感器的数量从而降低成本。计算框图中，通过 3/2 静止变换将定子电压和电流变为 $\alpha\beta$ 坐标系变量，其余的模块则可由式（14-22）~式（14-26）推导得到。转子磁链计算的结果包括转子磁链幅值 λ_r 和角度 θ_f。

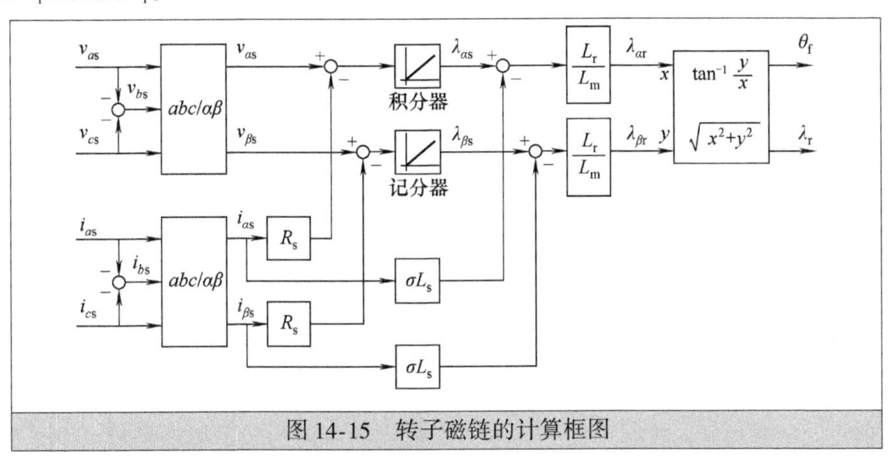

图 14-15 转子磁链的计算框图

图 14-16 给出了采用直接 FOC 方法控制的异步电动机系统的仿真波形，其系统框图如图 14-13 所示（图中没有给出速度环）。表 14-1 中为电动机铭牌数据和参数。

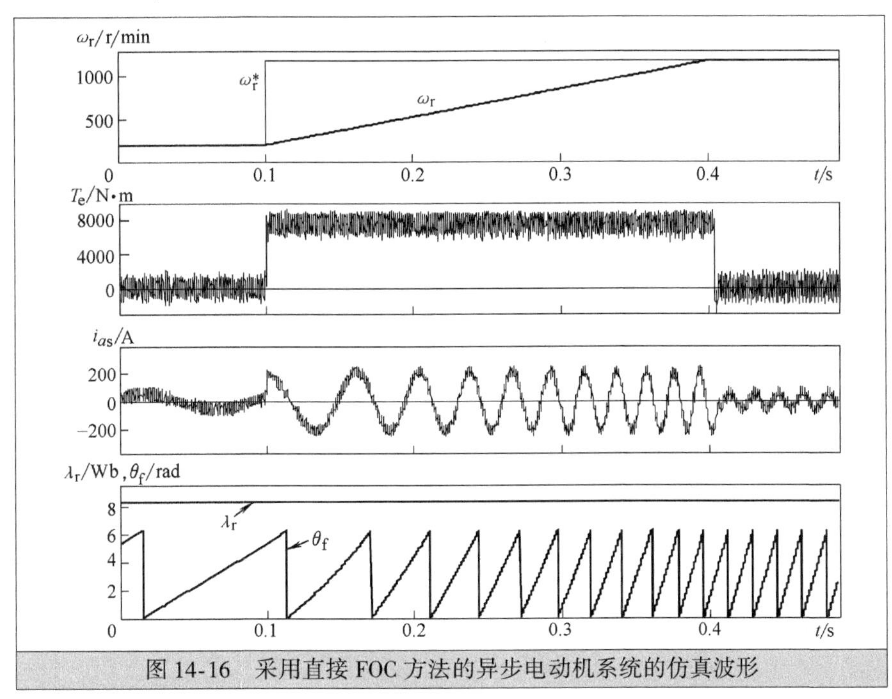

图 14-16 采用直接 FOC 方法的异步电动机系统的仿真波形

通过采用正弦 PWM 控制方式，逆变器功率器件的开关频率保持在 740Hz 左右。这里假设转子磁链给定值 λ_r^* 为额定值 8.35Wb，电动机暂态过程中的最大转矩限制为额定值 7490N·m。

电动机的初始速度为 $n_r=200$r/min。在 $t=0.1$s 时，速度给定 n_r^* 从 200r/min 突变到 1189r/min。在电动机空载加速阶段，电动机最大转矩不超过额定转矩。由于系统的开关频率比较低，因此，转矩中有比较大的纹波。定子电流 i_{as} 瞬态达到了额定值。在 $t=0.4\mathrm{s}$ 左右 n_r 达到给定转速 1189r/min，此时平均转矩 T_e 下降到零，i_{as} 减小到电动机励磁电流对应的值。由于 FOC 方法对磁链和转矩进行了解耦控制，转子磁链的幅值 λ_r 在暂态过程中一直保持恒定。转子磁链角度 θ_f 在图中也一起给出。

表 14-1　电动机铭牌和参数

电动机额定值		电动机参数	
额定功率	1250hp[①]	R_s—定子电阻	0.21Ω
额定线电压	4160V	R_r—转子电阻	0.146Ω
额定电流	150A	L_{ls}—定子漏感	5.2mH
额定转速	1189r/min	L_{lr}—转子漏感	5.2mH
额定转矩	7490N · m	L_m—激磁电感	155mH
额定定子磁链	9.0Wb	J—转动惯量	22kg · m^2
额定转子磁链	8.35Wb	—	—

①hp 即马力，1hp = 745.7W。

14.6　间接磁场定向控制

速度传感器在间接磁场定向控制中是必需的。磁场定向所需的转子磁链角度 θ_f，是由测量得到的电动机转速和基于电动机参数计算出的滑差角获得的。图 14-17给出了间接 FOC 的典型控制框图。由于转子速度 ω_r 可直接测量得到，转子磁链角度 θ_f 可以从式（14-27）得到

$$\theta_f = \int(\omega_r + \omega_{sl})\mathrm{d}t \tag{14-27}$$

式中，ω_{sl} 为滑差频率。

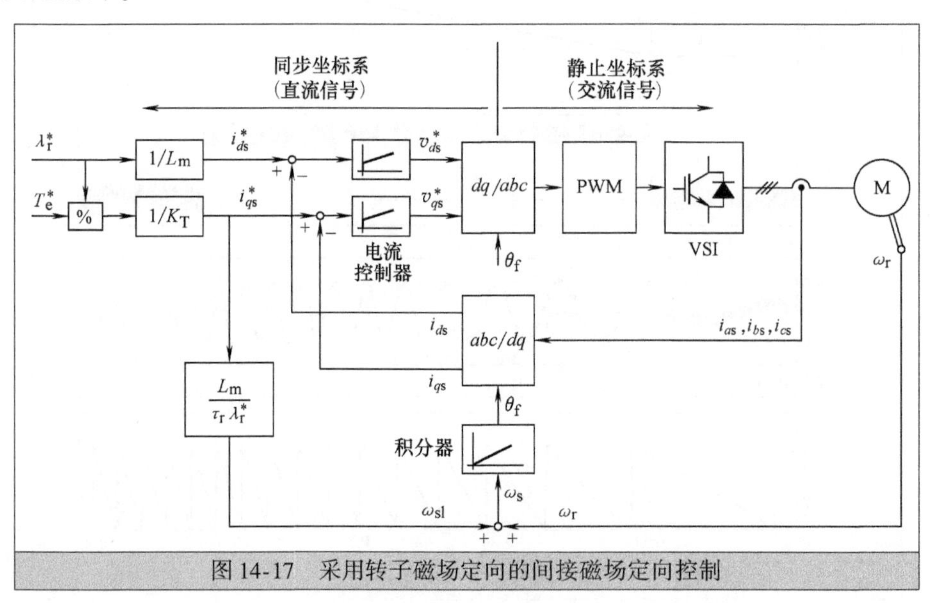

图 14-17　采用转子磁场定向的间接磁场定向控制

滑差频率 ω_{sl} 可以根据图 14-4a 中的同步坐标系电动机模型推导得到

$$p\vec{\boldsymbol{\lambda}}_r = -R_r\vec{i}_r - \mathrm{j}\omega_{sl}\vec{\boldsymbol{\lambda}}_r \tag{14-28}$$

代入转子电流

$$\vec{i}_{r}=\frac{1}{L_{r}}(\vec{\boldsymbol{\lambda}}_{r}-L_{m}\vec{i}_{s}) \tag{14-29}$$

代入式（14-28）中得到

$$p\vec{\boldsymbol{\lambda}}_{r}=-\frac{R_{r}}{L_{r}}(\vec{\boldsymbol{\lambda}}_{r}-L_{m}\vec{i}_{s})-j\omega_{sl}\vec{\boldsymbol{\lambda}}_{r} \tag{14-30}$$

则有

$$\vec{\boldsymbol{\lambda}}_{r}(1+\tau_{r}(p+j\omega_{sl}))=L_{m}\vec{i}_{s} \tag{14-31}$$

式中，τ_r是转子时间常数，其定义为

$$\tau_{r}=L_{r}/R_{r} \tag{14-32}$$

将式（14-31）分解为 dq 轴分量，并考虑转子磁场定向的条件($j\lambda_{qr}=0$和 $\lambda_{dr}=\lambda_{r}$)，得到

$$\begin{cases}\lambda_{r}(1+p\tau_{r})=L_{m}i_{ds}\\ \omega_{sl}\tau_{r}\lambda_{r}=L_{m}i_{qs}\end{cases} \tag{14-33}$$

式中，

$$\omega_{sl}=\frac{L_{m}}{\tau_{r}\lambda_{r}}i_{qs} \tag{14-34}$$

在图 14-19 中，转子磁链和转矩分别由两个闭环控制。根据式（14-33），转子磁链给定值 λ_{r}^{*} 和 d 轴电流给定值 i_{ds}^{*} 的关系可以表达为

$$i_{ds}^{*}=\frac{(1+p\tau_{r})}{L_{m}}\lambda_{r}^{*} \tag{14-35}$$

由于在电动机运行过程中，一般都会保持 λ_{r}^{*} 为常数（$p\lambda_{r}^{*}=0$），则式(14-35)可简化为

$$i_{ds}^{*}=\frac{1}{L_{m}}\lambda_{r}^{*} \tag{14-36}$$

从给定转矩的表达式式（14-20）可得到 q 轴电流给定值 i_{qs}^{*} 为

$$i_{qs}^{*}=\frac{1}{K_{T}\lambda_{r}^{*}}T_{e}^{*} \tag{14-37}$$

可见，对于给定的 λ_{r}^{*}，转矩电流 i_{qs}^{*} 和 T_{e}^{*} 成正比。

14.7 电流源型逆变器传动系统的磁场定向控制

在 VSI 中压传动系统中，采用 PWM 方法可以同时控制逆变器输出电压的幅值和频率。但是，对于图 14-18 中的电流源型逆变器(CSI) 传动系统却有所不同，PWM 方法只能控制 CSI 的输出频率，而对于输出电流 i_w，则需通过调整整流器输出直流电流 i_{dc}进行控制。另外，由于滤波电容 C_f的存在，逆变器输出电流 i_w不能直接决定定子电流 i_s的幅值。因此，在 CSI 传动系统中维持磁场定向需要有额外的措施。

图 14-19 所示为转子磁场定向控制的 CSI 传动系统空间矢量图。图中，同步坐标系的 d 轴和转子磁链矢量 $\vec{\boldsymbol{\lambda}}_{r}$ 方向一致。因为存在漏电感，所以定子磁链矢量 $\vec{\boldsymbol{\lambda}}_{s}$ 会超前转子磁链矢量 $\vec{\boldsymbol{\lambda}}_{r}$ 一个小角度。定子电压 $\vec{v}_{s}$ 为图 14-4a 给出的速度电压 $j\omega_{e}\vec{\boldsymbol{\lambda}}_{s}$ 和定子电阻压降 $R_{s}\vec{i}_{s}$ 之和。定子电流 $\vec{i}_{s}$ 落后定子电压 $\vec{v}_{s}$ 的角度为电动机功率因数角 θ_{m}。电容电流 $\vec{i}_{c}$ 超前 $\vec{v}_{s}$ 的角度为 π/2，逆变器输出的 PWM 电流 $\vec{i}_{w}$ 是 $\vec{i}_{s}$ 和 $\vec{i}_{c}$ 的矢量和，它和 $\vec{\boldsymbol{\lambda}}_{r}$ 之间夹角为 θ_{w}。逆变器触发角为

$$\theta_{\text{inv}} = \theta_{\text{w}} + \theta_{\text{f}} \tag{14-38}$$

式中，θ_{f}是磁场定向所需的转子磁链角度。

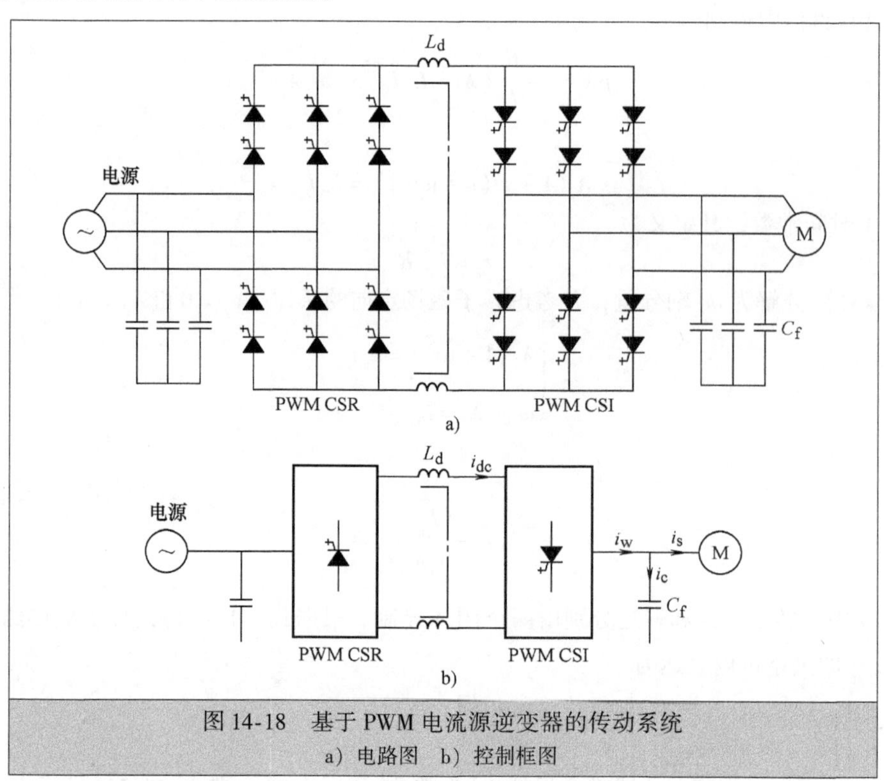

图 14-18　基于 PWM 电流源逆变器的传动系统
a）电路图　b）控制框图

当传动系统稳态运行时，由于$\vec{i}_{\text{w}}$和$\vec{\lambda}_{\text{r}}$都在同步坐标系上，同时θ_{f}和θ_{inv}在$0 \sim 2\pi$之间周期性变化，所以θ_{w}将保持为常数。

采用直接 FOC 方法控制的 CSI 传动系统的简化框图如图 14-20 所示。FOC 控制通过 3 个反馈控制环实现：转速ω_{r}环；转子磁链λ_{r}环；直流电流i_{dc}环。转子速度ω_{r}通过$\omega_{\text{r}} = \omega_{\text{e}} - \omega_{\text{sl}}$可以得到，式中，$\omega_{\text{e}} = \text{d}\theta_{\text{f}}/\text{d}t$，而$\omega_{\text{sl}}$可以由式（14-34）计算得到。

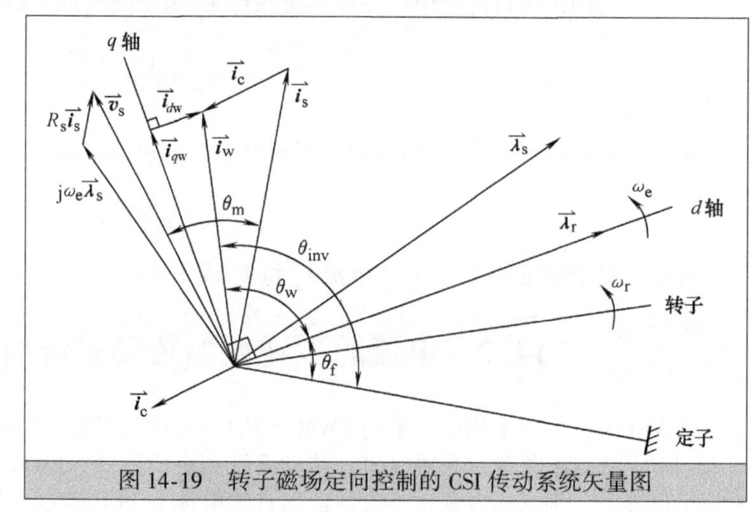

图 14-19　转子磁场定向控制的 CSI 传动系统矢量图

q 轴转矩电流给定值i_{qs}^*和d轴励磁电流给定值i_{ds}^*的产生方式在图 14-13已给出。逆变器 PWM 电流的dq轴给定值可以表示为

$$\begin{cases} i_{d\text{w}}^* = i_{cd} + i_{ds}^* \\ i_{q\text{w}}^* = i_{cq} + i_{qs}^* \end{cases} \tag{14-39}$$

式中，i_{cd}、i_{cq}是dq轴上的电容电流，由式（14-40）给出

$$\begin{cases} i_{cd} = (pv_{ds} - \omega_{\text{e}} v_{qs}) C_{\text{f}} \\ i_{cq} = (pv_{qs} + \omega_{\text{e}} v_{ds}) C_{\text{f}} \end{cases} \tag{14-40}$$

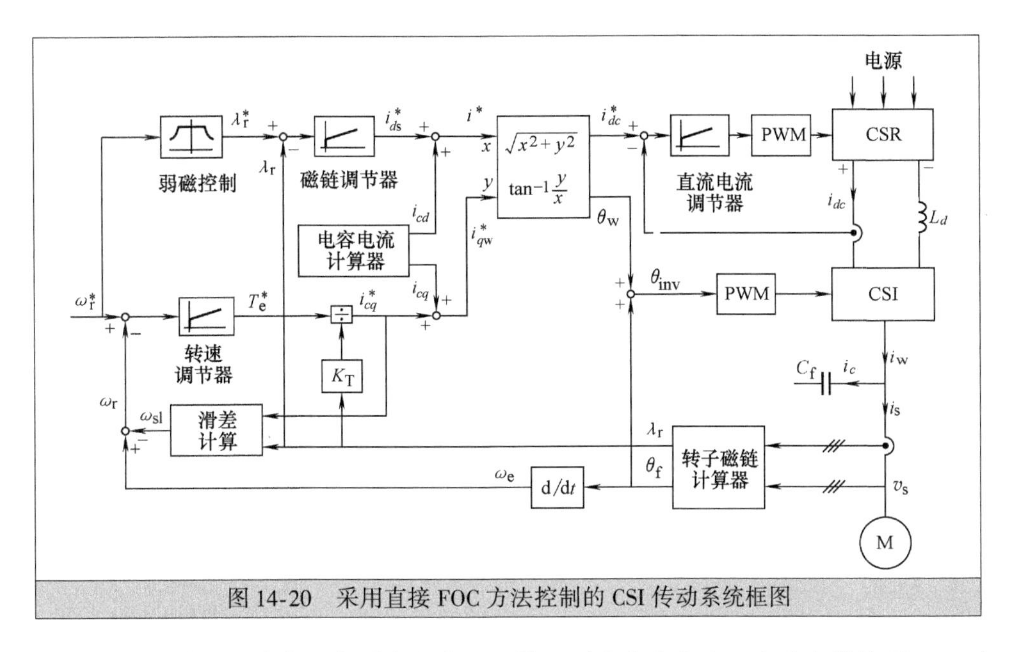

图 14-20 采用直接 FOC 方法控制的 CSI 传动系统框图

式（14-40）右边第一项代表电容瞬态电流，而第二项为稳态电流。为减小微分项（pv_{ds}和pv_{qs}）引起的噪声和敏感度，可以忽略电容瞬态响应对传动系统动态性能的影响。因此，在计算电容电流时，式（14-40）可以简化为

$$\begin{cases} i_{cd} = -\omega_e v_{qs} C_f \\ i_{cq} = \omega_e v_{ds} C_f \end{cases} \tag{14-41}$$

式（14-41）可用在图 14-20 中的电容电流计算器中。

由于i_w幅值正比于直流电流，直流电流给定值可以根据式（14-42）得到

$$i_{dc}^* = \sqrt{(i_{dw}^*)^2 + (i_{qw}^*)^2} \tag{14-42}$$

逆变器触发角θ_{inv}为转子磁链角度θ_f与θ_w之和，θ_f可由图 14-15 中的转子磁链计算得到，而θ_w可以由式（14-43）得到

$$\theta_w = \tan^{-1}(i_{qw}^*/i_{dw}^*) \tag{14-43}$$

图 14-20 中的 PWM 模块可以采用不同的 PWM 方法，如第 10 章和第 11 章给出的 SHE、TPWM 和 SVM 等。

14.8 直接转矩控制

直接转矩控制（DTC）是交流传动系统的高性能控制方法之一[6-10]，它具有控制算法简单、易于数字化实现和鲁棒性强的特点[11,12]。本节将介绍 DTC 控制的原理并给出其仿真结果。

14.8.1 直接转矩控制的原理 ★★★

异步电动机产生的电磁转矩可以用多种方法表达，其中一种为

$$T_e = \frac{3P}{2} \frac{L_m}{\sigma L_s L_r} \lambda_s \lambda_r \sin\theta_T \tag{14-44}$$

式中，θ_T是定子磁链矢量$\vec{\boldsymbol{\lambda}}_s$和转子磁链矢量$\vec{\boldsymbol{\lambda}}_r$的夹角，通常称为转矩角。式（14-44）说明改变$\theta_T$可以

直接改变 T_e。

DTC 主要的控制变量是定子磁链矢量 $\vec{\boldsymbol{\lambda}}_s$。根据图 14-4b 中静止坐标系下的电动机模型，$\vec{\boldsymbol{\lambda}}_s$和定子电压矢量 $\vec{\boldsymbol{v}}_s$ 的关系为

$$p\vec{\boldsymbol{\lambda}}_s = \vec{\boldsymbol{v}}_s - R_s\vec{\boldsymbol{i}}_s \tag{14-45}$$

式（14-45）说明 $\vec{\boldsymbol{v}}_s$ 的变化会引起 $\vec{\boldsymbol{\lambda}}_s$ 的变化。根据第 6 章的讨论，逆变器负载侧电压，即定子电压矢量 $\vec{\boldsymbol{v}}_s$，在空间矢量调制中可以用给定矢量 $\vec{\boldsymbol{V}}_{ref}$加以控制。考虑到 $\vec{\boldsymbol{V}}_{ref}$是由静止电压矢量合成的，则通过合理选择静止矢量，可对 $\vec{\boldsymbol{\lambda}}_s$ 的幅值和角度进行调整。

图 14-21 给出了两电平 VSI 异步电动机系统的直接转矩控制原理。在图中将定子磁场的 dq 轴平面从Ⅰ～Ⅵ分为 6 个扇区。图中定子磁链矢量 $\vec{\boldsymbol{\lambda}}_s$ 落在扇区Ⅰ，它相对于静止坐标系 d 轴的角度为 θ_s。转子磁链矢量 $\vec{\boldsymbol{\lambda}}_r$ 落后 $\vec{\boldsymbol{\lambda}}_s$ 的角度为 θ_T。

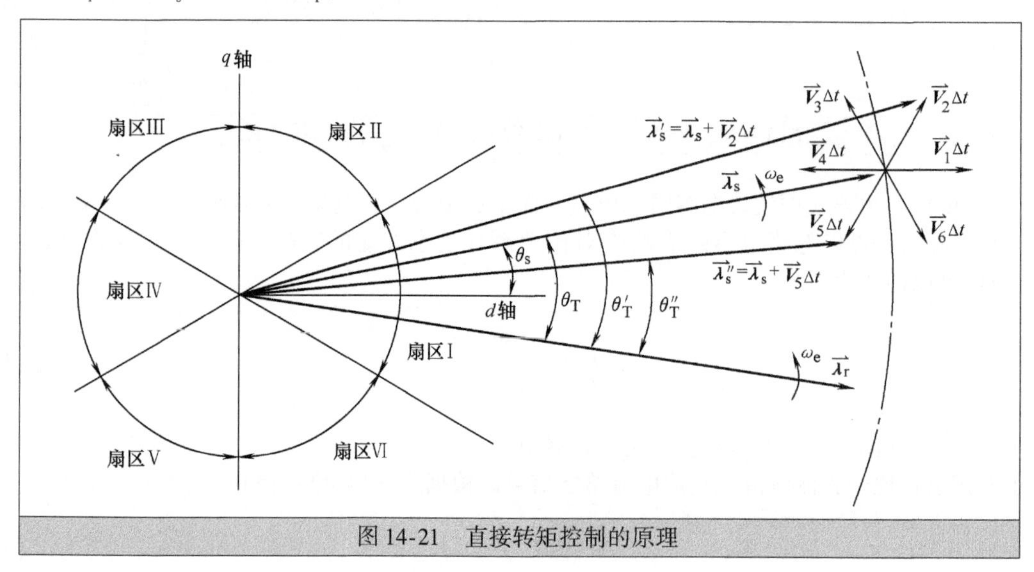

图 14-21　直接转矩控制的原理

下面考察 6 个静止电压矢量 $\vec{\boldsymbol{V}}_1 \sim \vec{\boldsymbol{V}}_6$ 对 $\vec{\boldsymbol{\lambda}}_s$ 和 θ_T的影响。假设图 14-21 中的 $\vec{\boldsymbol{\lambda}}_s$ 和 θ_T为初始定子给定磁链矢量和转矩角，当选定电压矢量 $\vec{\boldsymbol{V}}_2$ 为定子电压矢量时，经过很短的时间段 Δt 后，定子磁链矢量将变为 $\vec{\boldsymbol{\lambda}}'_s = \vec{\boldsymbol{\lambda}}_s + \vec{\boldsymbol{V}}_2\Delta t$，此时磁链矢量幅值（$\lambda'_s > \lambda_s$）和转矩角（$\theta'_T > \theta_T$）都增加了。如果选择电压矢量 $\vec{\boldsymbol{V}}_5$，$\vec{\boldsymbol{\lambda}}_s$ 将变为 $\vec{\boldsymbol{\lambda}}''_s = \vec{\boldsymbol{\lambda}}_s + \vec{\boldsymbol{V}}_5\Delta t$，则磁链矢量幅值（$\lambda''_s < \lambda_s$）和转矩角（$\theta''_T < \theta_T$）都减小了。与此类似，当选择 $\vec{\boldsymbol{V}}_3$ 和 $\vec{\boldsymbol{V}}_6$ 时，可使磁链矢量幅值和转矩角中的一个加大而另一个减小。因此，可以通过选择合适的电压矢量来控制 λ_s 和 θ_T。

需要注意的是，由于转子时间常数很大，所以在短时间段 Δt 内 $\vec{\boldsymbol{v}}_s$ 的变化对 $\vec{\boldsymbol{\lambda}}_r$ 的影响很小。因此，在前面的分析中，都假设转子给定磁链矢量 $\vec{\boldsymbol{\lambda}}_r$ 在 Δt 内始终是常数。

14.8.2　开关逻辑 ★★★

图 14-22 中给出了异步电动机 DTC 控制系统的框图，为简化起见，图中没有给出速度闭环。和 FOC 方法类似，这里对定子磁链和电磁转矩分别进行独立控制从而获得较好的动态性能。定子给定磁链 λ_s^* 和计算得到的定子磁链矢量 λ_s进行比较，其差值 $\Delta\lambda_s$作为磁链比较器的输入。转矩给定值 T_e^* 和计算得到的转矩 T_e进行比较，其差值 ΔT_e为转矩比较器的输入。开关逻辑单元根据磁链比较器和转矩比较器的输出（x_λ和 x_T）来选择合适的逆变器电压矢量（开关状态）。

磁链和转矩比较器都是滞环型（容差带）比较器，其转移特性如图14-23所示。磁链比较器有两种输出，即 $x_\lambda = +1$ 或 -1；而转矩比较器有3种输出，即 $x_T = +1$、0或 -1。其中 $+1$ 要求 λ_s 或 θ_T 增加，-1 则要求 λ_s 或 θ_T 减小，0代表没有变化。磁链和转矩比较器的滞环带宽分别为 δ_λ 和 δ_T。

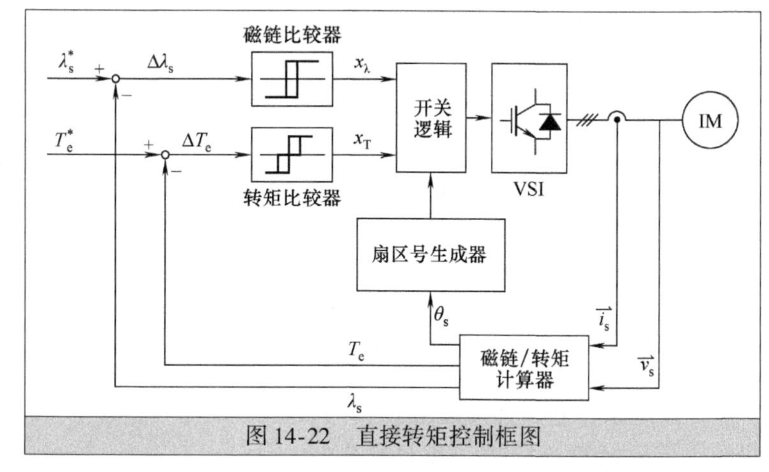

图14-22　直接转矩控制框图

表14-2给出了和逆时针方向旋转的定子给定磁链 $\vec{\boldsymbol{\lambda}}_s^*$ 相对应的开关逻辑表。表中输入变量为 x_λ、x_T 和扇区号，输出变量为逆变器电压矢量。比较器的输出决定了所选用的电压矢量。假设 $\vec{\boldsymbol{\lambda}}_s^*$ 在扇区Ⅰ，比较器的输出为 $x_\lambda = x_T = +1$，则意味着需要增加 λ_s 和 T_e，从表中可以选择电压矢量 $\vec{V}_2$。这个选择将使 λ_s 和 θ_T 增加，如图14-21所示。

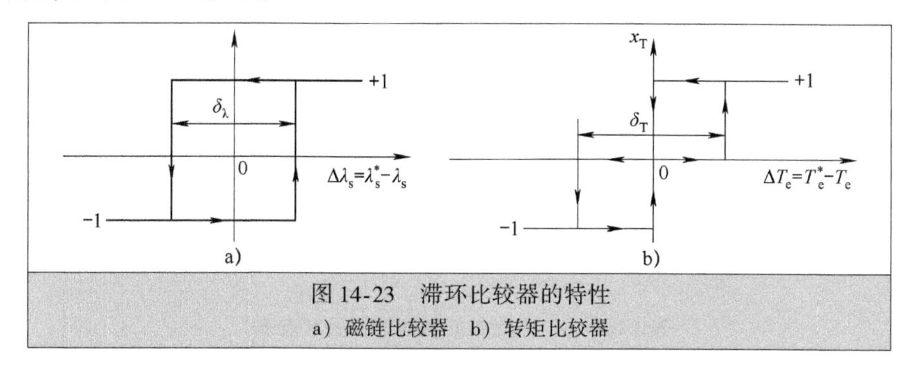

图14-23　滞环比较器的特性
a）磁链比较器　b）转矩比较器

表14-2　$\vec{\boldsymbol{\lambda}}_s^*$ 逆时针旋转时的开关逻辑表

比较器输出		扇区					
x_λ	x_T	Ⅰ	Ⅱ	Ⅲ	Ⅳ	Ⅴ	Ⅵ
+1	+1	$\vec{V}_2$ [PPO]	$\vec{V}_3$ [OPO]	$\vec{V}_4$ [OPP]	$\vec{V}_5$ [OOP]	$\vec{V}_6$ [POP]	$\vec{V}_1$ [POO]
	0	$\vec{V}_0$ [PPP]	$\vec{V}_0$ [OOO]	$\vec{V}_0$ [PPP]	$\vec{V}_0$ [OOO]	$\vec{V}_0$ [PPP]	$\vec{V}_0$ [OOO]
	−1	$\vec{V}_6$ [POP]	$\vec{V}_1$ [POO]	$\vec{V}_2$ [PPO]	$\vec{V}_3$ [OPO]	$\vec{V}_4$ [OPP]	$\vec{V}_5$ [OOP]
−1	+1	$\vec{V}_3$ [OPO]	$\vec{V}_4$ [OPP]	$\vec{V}_5$ [OOP]	$\vec{V}_6$ [POP]	$\vec{V}_1$ [POO]	$\vec{V}_2$ [PPO]
	0	$\vec{V}_0$ [OOO]	$\vec{V}_0$ [PPP]	$\vec{V}_0$ [OOO]	$\vec{V}_0$ [PPP]	$\vec{V}_0$ [OOO]	$\vec{V}_0$ [PPP]
	−1	$\vec{V}_5$ [OOP]	$\vec{V}_6$ [POP]	$\vec{V}_1$ [POO]	$\vec{V}_2$ [PPO]	$\vec{V}_3$ [OPO]	$\vec{V}_4$ [OPP]

当转矩比较器输出 x_T 为零（不需要调整 T_e）时，可以选择零矢量 $\vec{V}_0$。交替使用开关表里零矢量 $\vec{V}_0$ 对应的两个开关状态［OOO］和［PPP］有助于降低器件的开关频率。比如说，当 x_T 在"+1"和"0"之间或者在"0"和"-1"之间切换的时候，开关表里的零开关状态可以确保在状态切换时仅涉及两个功率开关：一个开通，另一个关断。

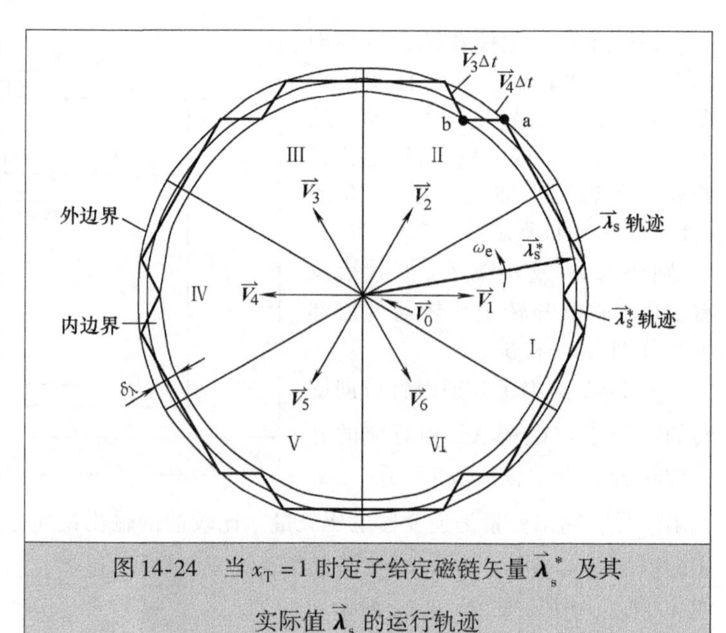

图 14-24　当 $x_T=1$ 时定子给定磁链矢量 $\vec{\boldsymbol{\lambda}}_s^*$ 及其实际值 $\vec{\boldsymbol{\lambda}}_s$ 的运行轨迹

直接转矩控制原理可以用图 14-24 中的定子磁链轨迹图进一步解释。假设在加速阶段，矢量 $\vec{\boldsymbol{\lambda}}_s^*$ 逆时针旋转，且转矩比较器的输出为 $x_T=+1$。则当 $\vec{\boldsymbol{\lambda}}_s$ 在扇区Ⅱ的 a 点到达外边界时，磁链比较器 x_λ 的输出变为 -1，从开关状态表 14-2中选择矢量 $\vec{V}_4$ 使得 λ_s 减小。当 $\vec{\boldsymbol{\lambda}}_s$ 在 b 点到达内边界时，x_λ 为 +1，选择矢量 $\vec{V}_3$ 使得 λ_s 增大。由于这里的滞环带宽 δ_λ 比较宽，使得图中 $\vec{\boldsymbol{\lambda}}_s$ 的轨迹不是很平滑，从而导致了较大的定子磁链纹波和较低的开关频率。通过减小带宽 δ_λ 可以改善定子磁链波形，但相应的需要增加开关频率。

表 14-2 中给出的开关逻辑只对逆时针方向旋转的电动机有效。当电动机运行在顺时针方向时，则可使用表 14-3 中的开关状态表。

表 14-3　$\vec{\boldsymbol{\lambda}}_s^*$ 顺时针旋转时的开关状态表

滞环比较器		扇区					
x_λ	x_T	Ⅰ	Ⅱ	Ⅲ	Ⅳ	Ⅴ	Ⅵ
+1	+1	$\vec{V}_6$ [POP]	$\vec{V}_5$ [OOP]	$\vec{V}_4$ [OPP]	$\vec{V}_3$ [OPO]	$\vec{V}_2$ [PPO]	$\vec{V}_1$ [POO]
	0	$\vec{V}_0$ [PPP]	$\vec{V}_0$ [OOO]	$\vec{V}_0$ [PPP]	$\vec{V}_0$ [OOO]	$\vec{V}_0$ [PPP]	$\vec{V}_0$ [OOO]
	-1	$\vec{V}_2$ [PPO]	$\vec{V}_1$ [POO]	$\vec{V}_6$ [POP]	$\vec{V}_5$ [OOP]	$\vec{V}_4$ [OPP]	$\vec{V}_3$ [OPO]
-1	+1	$\vec{V}_5$ [OOP]	$\vec{V}_4$ [OPP]	$\vec{V}_3$ [OPO]	$\vec{V}_2$ [PPO]	$\vec{V}_1$ [POO]	$\vec{V}_6$ [POP]
	0	$\vec{V}_0$ [OOO]	$\vec{V}_0$ [PPP]	$\vec{V}_0$ [OOO]	$\vec{V}_0$ [PPP]	$\vec{V}_0$ [OOO]	$\vec{V}_0$ [PPP]
	-1	$\vec{V}_3$ [OPO]	$\vec{V}_2$ [PPO]	$\vec{V}_1$ [POO]	$\vec{V}_6$ [POP]	$\vec{V}_5$ [OOP]	$\vec{V}_4$ [OPP]

14.8.3 定子磁链和转矩计算 ★★★

静止坐标系中定子给定磁链矢量 $\vec{\boldsymbol{\lambda}}_s$ 可以表达为

$$\begin{aligned}\vec{\boldsymbol{\lambda}}_s &= \lambda_{ds} + j\lambda_{qs} \\ &= \int(v_{ds} - R_s i_{ds})dt + j\int(v_{qs} - R_s i_{qs})dt\end{aligned} \tag{14-46}$$

它的幅值和角度为

$$\begin{cases}\lambda_s = \sqrt{\lambda_{ds}^2 + \lambda_{qs}^2} \\ \theta_s = \tan^{-1}\left(\dfrac{\lambda_{qs}}{\lambda_{ds}}\right)\end{cases} \tag{14-47}$$

式中，v_{ds}、v_{qs}、i_{ds} 和 i_{qs} 是直接测量的定子电压和电流。相应的电磁转矩可以由式（14-48）计算得到

$$T_e = \frac{3P}{2}(i_{qs}\lambda_{ds} - i_{ds}\lambda_{qs}) \tag{14-48}$$

式（14-48）表明定子给定磁链和对应的电磁转矩，可以用定子电压和电流测量值直接计算得到。在计算中，只需要一个电动机参数——定子电阻，这一点和几乎需要全部电动机参数的直接转子磁链定向控制形成了鲜明对比。

14.8.4 DTC 传动系统仿真 ★★★

图 14-25 为采用图 14-22 所示 DTC 控制方案的异步电动机传动系统的仿真波形。为简单起见，图 14-25中并未给出用以产生转矩参考值 T_e 的转速闭环反馈。表 14-1 给出了仿真中使用的电动机参数。

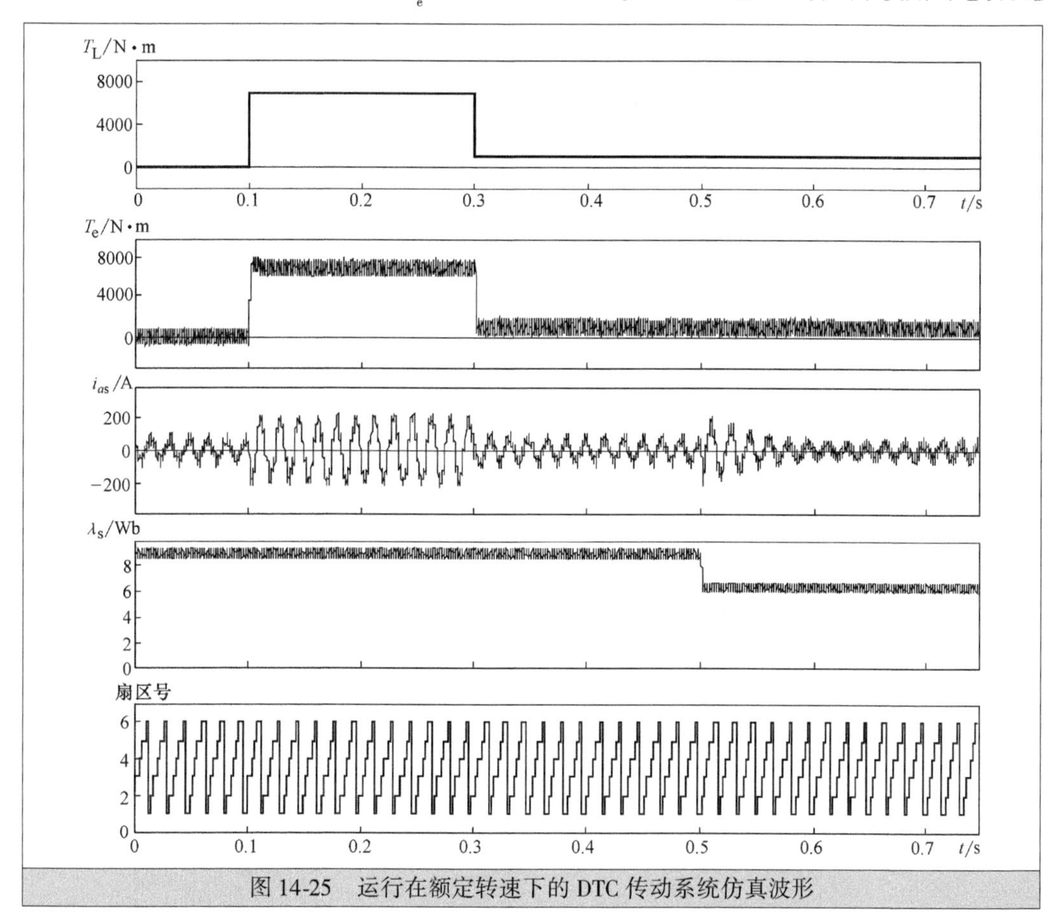

图 14-25 运行在额定转速下的 DTC 传动系统仿真波形

在仿真中通过调整转矩和磁链比较器的滞环带宽 δ_T 和 δ_λ，使得功率开关器件的平均开关频率 f_{sw} 保持在 800Hz 左右。定子磁链给定值 λ_s^* 设为额定值 9.0Wb。

首先电动机以额定转速 $n_r = 1189$r/min 运行在空载工况下。在 $t=0.1$s 处，负载转矩突然增加到额定值 7490N · m，然后在 $t=0.3$s 处，负载转矩降到 1000N · m，可以看出电动机转矩 T_e 响应很快。转矩控制器的滞环带宽 δ_T 决定了转矩纹波，定子电流 i_{as} 则相应的随 T_e 变化。

由于定子磁链 λ_s 和电动机转矩 T_e 为独立控制，在负载转矩突变时，λ_s 将保持不变。为了观察定子磁链控制对系统的影响，在 $t=0.5$s 处将磁链给定值 λ_s^* 从 9.0Wb 突降到 6.3Wb，定子磁链 λ_s 很快变化，同时定子电流 i_{as} 也作相应的调整以保持电动机转矩 T_e 的不变。根据图 14-22 中扇区号发生器得到的扇区号也已在波形图中给出。

图 14-26 为仿真中 0.35s≤t≤0.75s 这一时间段内定子磁链 λ_s 的轨迹。外面和里面的轨迹分别对应于定子磁链在 $t=0.5$s 突变前后的稳态运行轨迹。

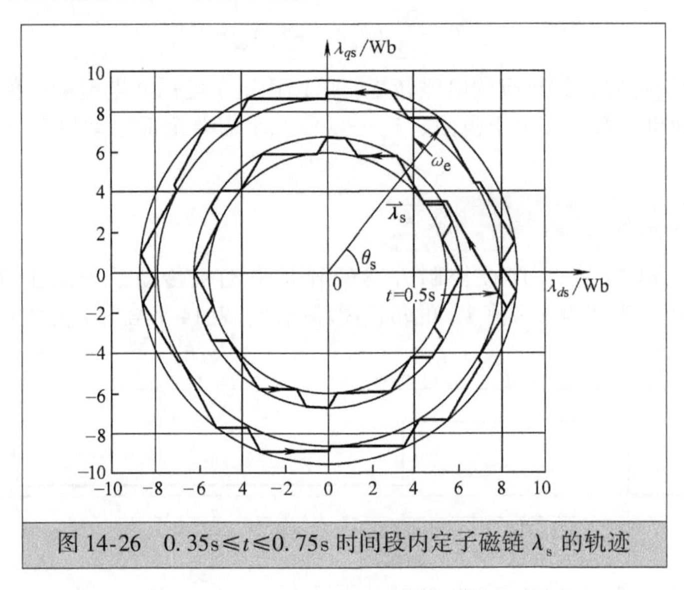

图 14-26　0.35s≤t≤0.75s 时间段内定子磁链 λ_s 的轨迹

14.8.5　DTC 和 FOC 方法之间的比较 ★★★

基于前面各节的分析，表 14-4 对 DTC 和转子磁场定向方法的优缺点进行了总结。

表 14-4　DTC 和 FOC 方法的比较

比较内容	DTC	FOC
磁场定向(坐标变换)	不需要	需要
控制方法	简单	复杂
定子电流控制	不控制	控制
所需电动机参数	R_s	R_s, L_{ls}, L_{lr}, L_m 和 R_r
对电动机参数变化的敏感度	不敏感	敏感
PWM 方法	滞环	基于载波,SVM 或滞环
开关模式	变化	固定 (基于载波的 SVM)

14.9 小 结

本章介绍了用于高性能异步电机传动系统的 FOC 和 DTC 两种先进控制方法。目前已经出现了多种采用不同变换和处理方式的磁场定向控制策略。为了便于理解，本章重点介绍了转子磁场定向控制方法。选择这种方法进行深入讨论的另一个原因是因为它结构简单，且能广泛应用于实际传动系统中。

为了进一步分析 FOC 和 DTC，文中引入了异步电机的 dq 轴动态模型，分别介绍了电压源型和电流源型传动系统的磁场定向控制方法，讨论了 DTC 控制策略的原理；并在此基础上，对两种控制方法进行了比较，对其中重要的概念同时给出计算机仿真验证。

参 考 文 献

[1] P. C. Krause, O. Wasynczuk, S. D. Sudhoff, and S. Pekarek, Analysis of Electric Machines and Drive Systems, 3rd edition, Wiley-IEEE Press, 2013.

[2] I. Boldear and S. A. Nasar, Electric Drives, 3rd Edition, CRC Press, 2016.

[3] D. W. Novotny, and T. A. Lipo, Vector Control and Dynamics of AC Drives, Clarendon Press, 1996.

[4] P. Vas, Sensorless Vector and Direct Torque Control, Oxford University Press, 1998.

[5] R. Krishnan, Electric Motor Drives: Modeling, Analysis, and Control, Prentice Hall, 2001.

[6] J. N. Nash, Direct torque control, induction motor vector control without an encoder, IEEE Transactions on Industry Applications, vol. 33, no. 2, pp. 333-341, 1997.

[7] K. K. Shyu, L. J. Shang, H. Z. Chen and K. W. Jwo, "Flux compensated direct torque control of induction motor drives for low speed operation," IEEE Transactions on Power Electronics, vol. 19, no. 6, pp. 1608-1613, 2004.

[8] Y. S. Lai, W. K. Wang, and Y. C. Chen, "Novel switching techniques for reducing the speed ripple of AC drives with direct torque control," IEEE Transactions on Industrial Electronics, vol. 51, no. 4, pp. 768-775, 2004.

[9] D. Casadei, G. Serra, A. Tani and L. Zarri, "Direct Torque Control for Induction Machines: A Technology Status Review," IEEE Workshop on Electrical Machines Design Control and Diagnosis (WEMDCD), pp. 117-129, 2013.

[10] I. Hridya and S. Srinivas, "Direct Torque Control of a Cascaded Three Level Inverter Driven Induction Motor," IEEE Power Electronics, Drives and Energy Systems (PEDES), pp. 1-6, 2014.

[11] D. Casadei, F. Profumo and A. Tani, "FOC and DTC: two viable schemes for induction motors torque control," IEEE Transactions on Power Electronics, vol. 17, no. 5, pp. 779-787, 2002.

[12] A. S. Lock, E. R. da Silva, M. E. Elbuluk and D. A. Fernandes, "Torque Control of Induction Motor Drives Based on One-Cycle Control Method," IEEE Annual Meeting on Industry Applications Society (IAS), pp. 1-8, 2012.

第 15 章 »

同步电动机传动系统控制

15.1 简　　介

大功率同步电动机传动系统在工业领域有广泛的应用，额定功率最大可达到 100MW，额定电压最高可达 13.8kV[1]。同步电动机传动系统通常应用在对动态性能要求较高的场合，如轧机和矿井提升机等。当同步电动机传动系统应用在挤压机、泵、风机和压缩机等应用场合时，调速运行相比定速运行可节约相当可观的能源。同步电动机传动系统在大型船舶推进系统中也有很多应用。

同步电动机有多种控制方法，包括零 d 轴电流（ZDC）控制、最大转矩电流比（MTPA）控制、直接转矩控制（DTC）和功率因数控制（PFC）等。本章中将对同步电动机的动态模型和静态模型进行介绍，同时将详细介绍电压源型变频器（VSC）和电流源型变频器（CSC）的 ZDC、MTPA 和 DTC 控制方法。本章还将对使用这些控制方法的传动系统动态特性进行分析。其中，重要概念将通过计算机仿真加以说明。

15.2 同步电动机的建模

15.2.1 电动机结构 ★★★

用于中压大功率传动系统的同步电动机大致可以分为两类：绕线转子同步电动机（Wound Rotor Synchronous Motor，WRSM）和永磁同步电动机（Permanent Magnet Synchronous Motor，PMSM）。在 WRSM 中，转子的磁链是由流经转子励磁绕组的电流产生的；而在 PMSM 中，转子磁链是由永磁体产生的。根据转子的形状及沿着转子圆周的气隙分布情况，同步电动机可以分为凸极式和隐极式。

顾名思义，WRSM 通过绕线式转子产生转子磁链。图 15-1 所示是一种典型的六极 WRSM，其定子结构和异步电动机非常相似。转子在其极靴上布置着励磁绕组，转子磁极以转轴为中心径向均匀分布在转子圆周上。在凸极式同步电动机中，气隙是非均匀分布的。

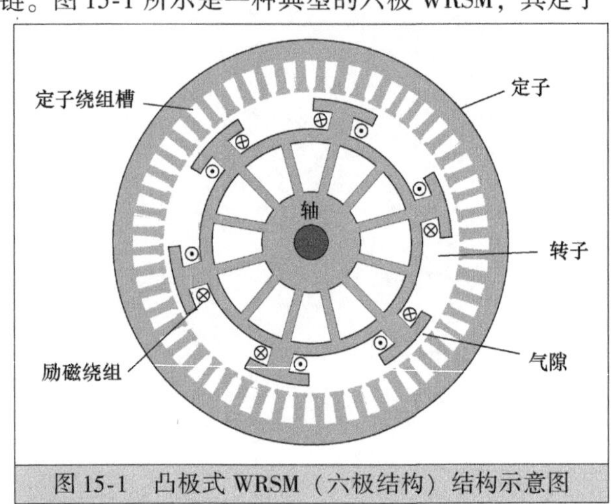

图 15-1　凸极式 WRSM（六极结构）结构示意图

转子励磁绕组需要直流电励磁。转子电流可以由轴上滑环接触的电刷提供，该方式中滑环和转子绕组直接电气连接；转子电流也可以通过与转轴相连的无刷励磁机产生，该方式中无刷励磁机产生的交流电通过安装在转轴上的二极管整流器转换为转子绕组上的直流电。第一种方式结构简单，但是电刷和滑环需要定期维护；相比之下，第二种方式更加昂贵复杂，但是维护成本低。

在 PMSM 中，转子磁链是由永磁体产生的，也就无需电刷。由于没有转子绕组，所以电动机的功率密度会增大，这反过来能够减小电动机的尺寸和质量。此外，由于没有转子绕组损耗，使得电动机的效率得到了提升。PMSM 的主要缺点是造价昂贵、容易退磁。根据永磁体的安装形式，PMSM 可分为表贴式和内嵌式永磁电动机。

表贴式 PMSM 的永磁体被安装在转子表面，如图 15-2 所示。图中，8 个永磁体均匀地分布在转子铁心的表面，相邻的两个磁体之间被非铁材料隔开。鉴于磁体的磁导率接近于非铁材料，因此转子与定子之间的有效气隙均匀地分布在转子表面附近。这种类型的电动机被称为隐极式永磁同步电动机。

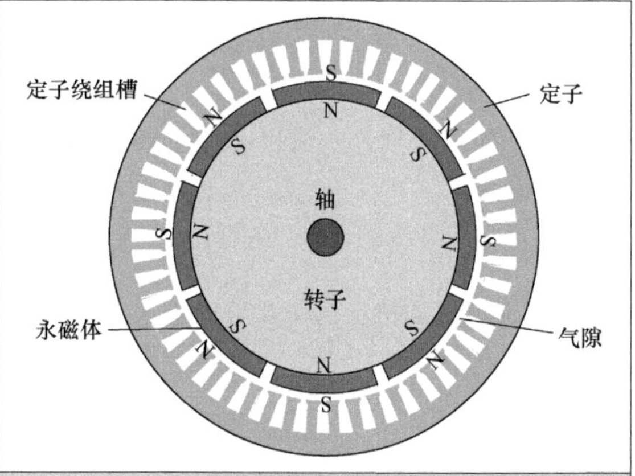

图 15-2 表贴式永磁同步电动机（8 极模型）

与内嵌式 PMSM 相比，表贴式 PMSM 的主要优势是结构简单且成本低廉。但是，在高速运行下，受到离心力的影响，永磁体可能会从电动机中脱落。所以，表贴式 PMSM 主要应用在低速的场合，其转速上限约为数千转/分钟（rpm）。

内嵌式 PMSM 的永磁体被安装在转子内部，如图 15-3 所示。其凸极性是由转子铁心材料和磁体的磁导率不同所产生的。相较于表贴式 PMSM 来说，这种结构降低了由于离心力带来的旋转应力，因而适合于以高转速运行。

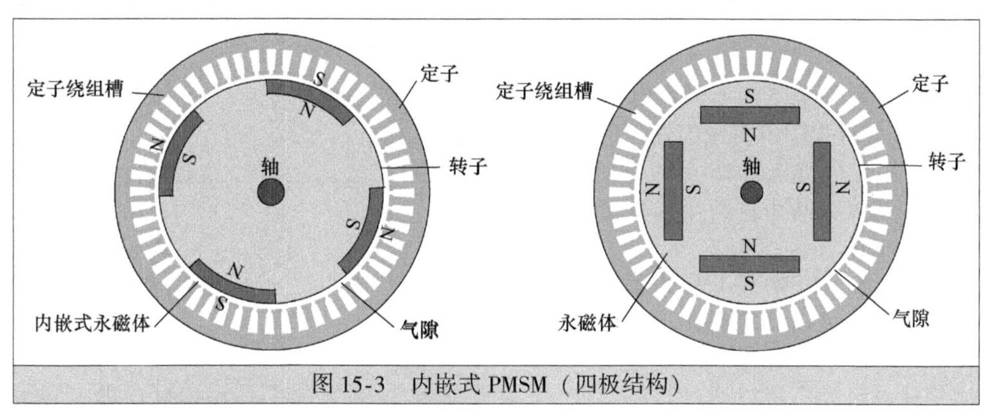

图 15-3 内嵌式 PMSM（四极结构）

15.2.2 同步电动机的动态模型 ★★★

图 15-4 所示是同步电动机的通用 dq 模型。为了简化分析，电动机模型建立在转子同步参考坐标系上，此时，所有的变量都是直流量。在该模型下，定子回路方程与异步电动机的数学模型基本相同，如图 15-4 所示，只需要做以下几点修改：

1）异步电动机数学模型中的角速度 ω 被替换为转子同步参考坐标系下的转子角速度 ω_r。

2）励磁电感 L_m 被替换为同步电动机的 dq 轴励磁电感 L_{dm} 和 L_{qm}。在隐极式同步电动机里面，d、q 轴励磁电感相等（$L_{dm}=L_{qm}$）；而凸极式同步电动机的 d 轴励磁电感通常比 q 轴励磁电感要小（$L_{dm}<L_{qm}$）。

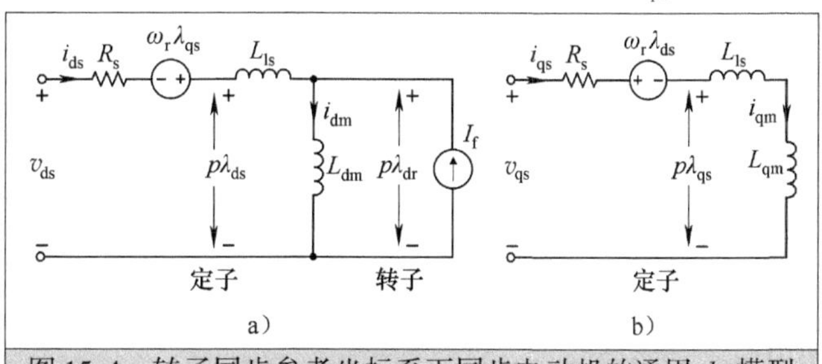

图 15-4 转子同步参考坐标系下同步电动机的通用 dq 模型
a）d 轴等效电路 b）q 轴等效电路

在对转子进行建模时，WRSM 电动机转子绕组的励磁电流可以用一个恒流源 I_f 表示，如图 15-4a 所示[2]。对 PMSM 电动机，代替 WRSM 电动机励磁绕组的永磁体可以用一个恒定的交流电流源 I_f 来等效。

为了简化图 15-4 所示的同步电动机模型，可以进行下面的数学变换。电动机的定子电压可以表示为

$$\begin{cases} v_{ds} = R_s i_{ds} - \omega_r \lambda_{qs} + p\lambda_{ds} \\ v_{qs} = R_s i_{qs} + \omega_r \lambda_{ds} + p\lambda_{qs} \end{cases} \tag{15-1}$$

式中，λ_{ds} 和 λ_{qs} 分别是 d 轴和 q 轴的定子磁链，分别由下式给出

$$\begin{cases} \lambda_{ds} = L_{ls} i_{ds} + L_{dm}(I_f + i_{ds}) = L_d i_{ds} + \lambda_r \\ \lambda_{qs} = (L_{ls} + L_{qm}) i_{qs} = L_q i_{qs} \end{cases} \tag{15-2}$$

式中，λ_r 是转子磁链；L_d 和 L_q 分别是定子 dq 轴的自感。这些变量可以由下式确定

$$\begin{cases} \lambda_r = L_{dm} I_f \\ L_d = L_{ls} + L_{dm} \\ L_q = L_{ls} + L_{qm} \end{cases} \tag{15-3}$$

把式（15-2）代入式（15-1）中，并且考虑到 WRSM 电动机励磁电流 I_f 为常量，PMSM 电动机中的转子磁链 λ_r 为常量，因此 $d\lambda_r/dt = 0$，于是可以得到

$$\begin{cases} v_{ds} = R_s i_{ds} - \omega_r L_q i_{qs} + L_d p i_{ds} \\ v_{qs} = R_s i_{qs} + \omega_r L_d i_{ds} + \omega_r \lambda_r + L_q p i_{qs} \end{cases} \tag{15-4}$$

式（15-4）即为图 15-5 所示同步电动机的简化模型，需要注意的是：

1）由于在推导过程中没有做出任何的假设，因此这个简化模型与图 15-4 的通用模型具有相同的精度，基于这两个模型分析会得到相同的结论。

2）该模型对于 WRSM 和 PMSM 都适用。通过励磁电流 I_f 可以计算得出 WRSM 的转子磁链：$\lambda_r = L_{dm} I_f$；PMSM 的转子是由永磁体产生，其数值大小可以通过铭牌数据和电动机参数得到。

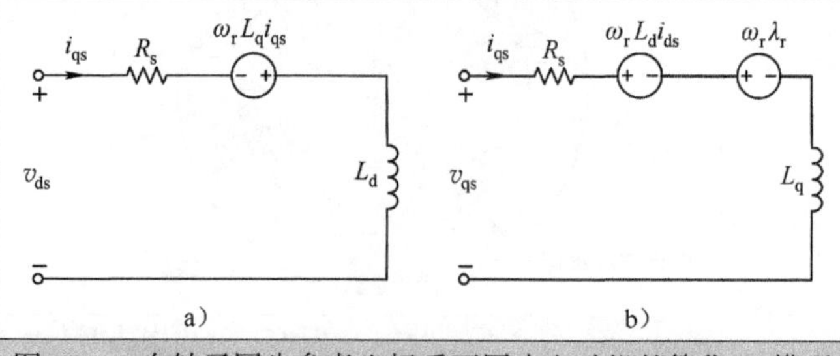

图 15-5　在转子同步参考坐标系下同步电动机的简化 dq 模型
a）d 轴等效电路　b）q 轴等效电路

3）该模型对隐极式电动机和凸极式电动机都适用。在隐极式电动机中，dq 轴的自感 L_d 和 L_q 相等；而在凸极式电动机中两者是不等的，通常 d 轴的自感要比 q 轴的自感要小（$L_d < L_q$）。

同步电动机的电磁转矩和感应电动机一样，可以用第 14 章中的式（14-16）计算，即

$$T_e = \frac{3P}{2}(i_{qs}\lambda_{ds} - i_{ds}\lambda_{qs}) \tag{15-5}$$

把式（15-2）代入式（15-5）中可得

$$T_e = \frac{3P}{2}[\lambda_r i_{qs} + (L_d - L_q) \quad i_{ds} i_{qs}] \tag{15-6}$$

由运动方程可得转子的转速 ω_r

$$\omega_r = \frac{P}{JS}(T_e - T_l) \tag{15-7}$$

式中，P 是极对数；J 是转子和机械负载的转动惯量；S 是拉普拉斯算子；T_l 是负载转矩。

为了推导同步电动机的计算机仿真模型，将式（15-4）整理可得

$$
\begin{cases}
i_{ds} = \dfrac{1}{S}(v_{ds} - R_s i_{ds} + \omega_r L_q i_{qs})/L_d \\
i_{qs} = \dfrac{1}{S}(v_{qs} - R_s i_{qs} - \omega_r L_d i_{ds} - \omega_r \lambda_r)/L_q
\end{cases}
\tag{15-8}
$$

式中将式（15-4）中的微分算子替换成了拉普拉斯算子。

根据式（15-6）~式（15-8），可以得到同步电动机的动态模型框图如图15-6所示。该模型框图的输入变量是定子电压的 dq 轴分量 v_{ds} 和 v_{qs}、转子磁链 λ_r 以及机械负载 T_l。输出变量是定子电流的 dq 轴 i_{ds} 和 i_{qs}、转子转速 ω_r 以及电动机的电磁转矩 T_e。

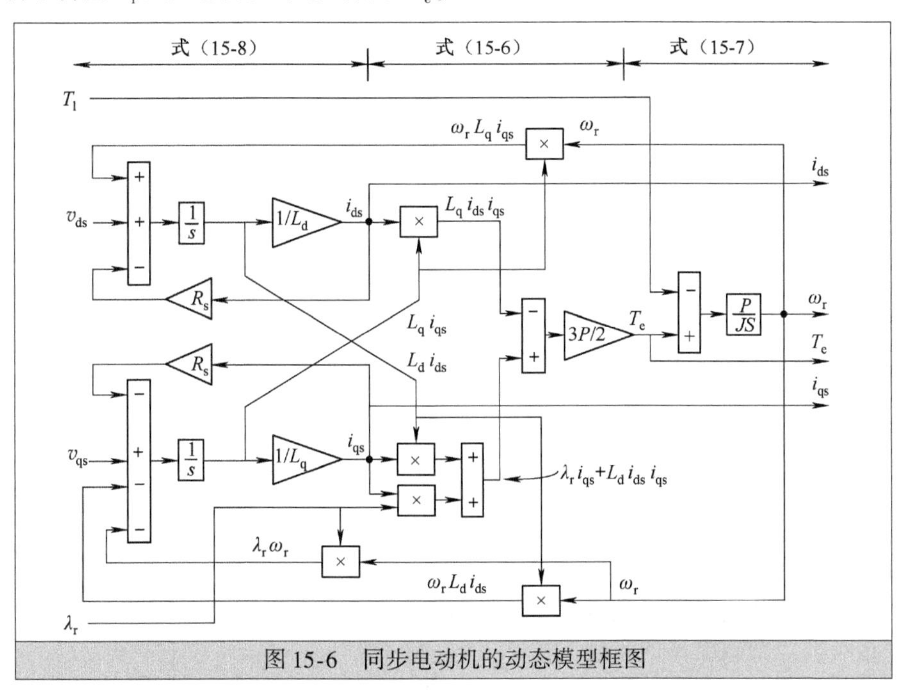

图15-6　同步电动机的动态模型框图

15.2.3　稳态等效电路 ★★★

同步电动机的稳态模型为分析电动机的稳态运行特性提供了很大的帮助。稳态同步电动机模型可以由图15-5的动态模型图推导得到。考虑到在转子同步参考坐标系中，dq 轴电流 i_{ds} 和 i_{qs} 在稳态时是恒定的直流分量，故式（15-4）中的 pi_{ds} 和 pi_{qs} 等于零。因此，同步电动机的静态特性可以描述为

$$
\begin{cases}
v_{ds} = R_s i_{ds} - \omega_r L_q i_{qs} \\
v_{qs} = R_s i_{qs} + \omega_r L_d i_{ds} + \omega_r \lambda_r
\end{cases}
\tag{15-9}
$$

根据式（15-9）可以得到同步电动机的稳态模型，如图15-7所示。

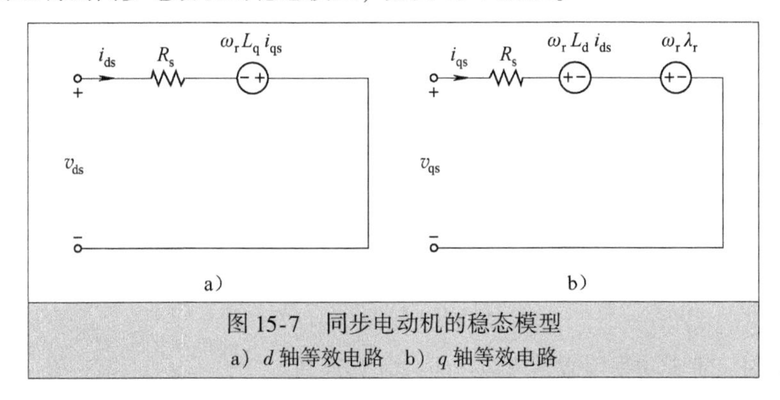

图15-7　同步电动机的稳态模型

a）d 轴等效电路　b）q 轴等效电路

15.3 基于VSC驱动的同步电动机传动系统ZDC控制

15.3.1 简介 ★★★

根据控制目标的不同，同步电动机有许多不同的控制方式[3]。比如说，为了简化控制器方案设计和实现，可以控制电动机运行时的定子 d 轴电流为0。本节将会介绍和分析零 d 轴电流控制方法（ZDC）。

15.3.2 ZDC控制原理 ★★★

零 d 轴电流控制可以通过将静止坐标系下的三相定子电流转换为同步参考坐标系下的 dq 轴分量，然后将 d 轴分量 i_{ds} 控制为0来实现[4]。由于 d 轴电流为0，定子电流 i_s 就等于其 q 轴分量 i_{qs}，即

$$\begin{cases} \vec{i}_s = i_{ds} + \mathrm{j}i_{qs} = \mathrm{j}i_{qs} \\ i_s = \sqrt{i_{ds}^2 + i_{qs}^2} = i_{qs} \end{cases} \quad (\text{此时 } i_{ds} = 0) \tag{15-10}$$

式中，$\vec{i}_s$ 是定子电流的矢量值；i_s 表示其大小，并和静止坐标系下三相定子电流的峰值相等。

电动机的电磁转矩为

$$T_e = \frac{3}{2}P[\lambda_r i_{qs} + (L_d - L_q)i_{ds}i_{qs}] \tag{15-11}$$

化简得

$$T_e = \frac{3}{2}P\lambda_r i_{qs} = \frac{3}{2}P\lambda_r i_s \tag{15-12}$$

上式表明，当 $i_{ds}=0$ 时，电动机的转矩和定子电流 i_s 成正比。由于转子磁链 λ_r 为定值，因此转矩和定子电流表现出线性关系。这与恒定励磁电流的直流电动机转矩表达式相似，直流电动机的电磁转矩与电枢电流也成比例关系。

假设定子线圈绕组 R_s 小到可以忽略不计，转子磁链矢量 $\vec{\lambda}_r$ 与同步参考坐标系的 d 轴重合，则根据同步电动机的稳态模型可以得到ZDC控制的空间矢量图，如图15-8所示。图中所有的矢量都以转子同步转速旋转，定子电流矢量 $\vec{i}_s$ 垂直于转子磁链矢量 $\vec{\lambda}_r$。定子电压的幅值由下式给出

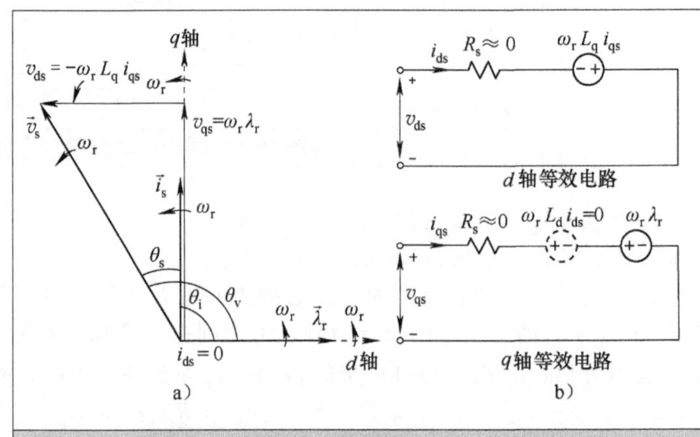

图15-8 ZDC控制下的同步电动机空间矢量图
a）矢量图 b）dq 轴稳态模型

$$v_s = \sqrt{(v_{ds})^2 + (v_{qs})^2} = \sqrt{(-\omega_r L_q i_{qs})^2 + (\omega_r\lambda_r)^2} \tag{15-13}$$

定子功率因数角定义为

$$\theta_s = \theta_v - \theta_i \tag{15-14}$$

式中，θ_v 和 θ_i 分别是定子电压和电流的相角，可以由下式得出

$$\begin{cases} \theta_v = \tan^{-1}\dfrac{v_{qs}}{v_{ds}} \\ \theta_i = \tan^{-1}\dfrac{i_{qs}}{i_{ds}} = \dfrac{\pi}{2} \end{cases} \tag{15-15}$$

采用ZDC控制时，定子功率因数角可以由下式计算得到

$$\theta_s = \theta_v - \theta_i = \left(\tan^{-1}\frac{v_{qs}}{v_{ds}}\right) - \frac{\pi}{2} \quad (此时\ i_{ds}=0) \tag{15-16}$$

15.3.3 VSC 同步电动机传动系统 ZDC 控制方法的实现 ★★★

在同步电动机中，需要被控的系统变量有：电动机转矩和转速，传动系统的输入功率因数，功率变换器的直流母线电压。电动机的转矩和转速通常都是由逆变器控制的，而输入功率因数和直流侧电压通常是由整流器控制的。本节给出了同步电动机传动系统 ZDC 控制的结构框图，并分析了其动态性能。

基于 ZDC 的同步电动机传动系统控制框图如图 15-9 所示，图中包含了一个三电平电压源型整流器（VSR）和一个三电平电压源型逆变器（VSI）。对于容量达到兆瓦级的同步电动机传动系统，通常会使用多电平变频器，如第 8 章和第 9 章提到的三电平 NPC 和三电平 ANPC。

1. 整流器控制

整流器的主要作用，是通过无功功率控制和基于电网电压定向（VOC）的直流母线电压控制，来实现输入侧的功率因数控制，如图 15-9 所示[3-4]。控制中，需要测量电网电压 v_{ag} 和 v_{bg}、直流电压 v_{dc} 和电网电流（即整流器的输入电流 i_{ag}、i_{bg}）。在测量三相变量的时候，只需要测量其中的两相即可，因为在三相平衡系统中，可以通过矢量计算式 $x_a + x_b + x_c = 0$ 计算得到第三相的变量值。

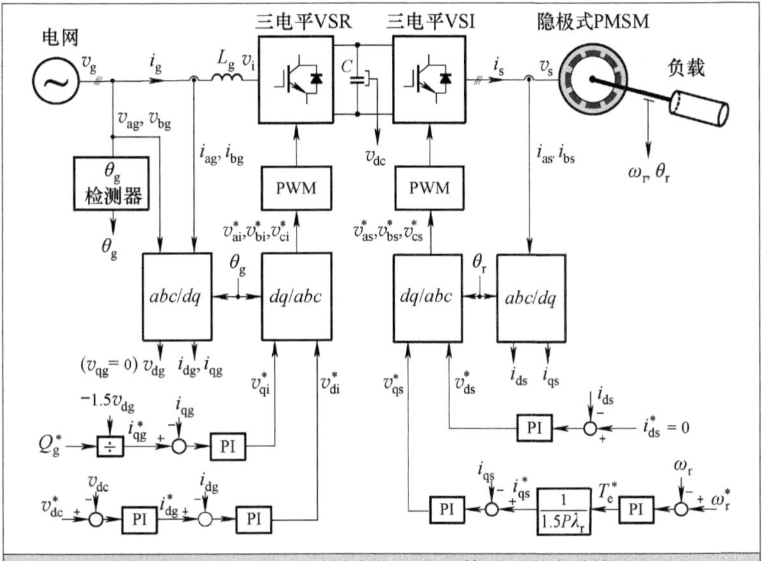

图 15-9 基于 ZDC 的同步电动机传动系统控制框图

要实现电网电压定向控制，需要检测电网电压相角 θ_g，这个角度用于图 15-9 中三相静止坐标系 abc 到两相旋转坐标系 dq 的变换及其反变换。在电网电压定向控制中，旋转坐标系 dq 轴的旋转速度可以通过式 $\omega_g = 2\pi f_g$ 计算得出，其中 f_g 是电网频率。

为了求出电网电压相角 θ_g，需要测量电网相电压 v_{ag} 和 v_{bg}，并根据第 14 章介绍的公式转化到 $\alpha\beta$ 坐标系下

$$\begin{cases} v_{\alpha g} = \dfrac{2}{3}\left(v_{ag} - \dfrac{1}{2}v_{bg} - \dfrac{1}{2}v_{cg}\right) = v_{ag} \\ v_{\beta g} = \dfrac{2}{3}\left(\dfrac{\sqrt{3}}{2}v_{bg} - \dfrac{\sqrt{3}}{2}v_{cg}\right) = \dfrac{\sqrt{3}}{3}(v_{ag} + 2v_{bg}) \end{cases} \quad (v_{ag} + v_{bg} + v_{cg} = 0) \tag{15-17}$$

电网电压的相角 θ_g 和其幅值 v_g 可以通过下式得到

$$\begin{cases} \theta_g = \tan^{-1}\dfrac{v_{\beta g}}{v_{\alpha g}} \\ v_g = \sqrt{(v_{\alpha g})^2 + (v_{\beta g})^2} \end{cases} \tag{15-18}$$

控制系统中包含 3 个控制环：两个电流内环用来控制 dq 轴电流 i_{dg} 和 i_{qg}，一个直流电压外环用来控制直流侧电压 v_{dc}。将测量得到的三相电网电流 i_{ag}、i_{bg} 和 i_{cg} 转换为 dq 旋转坐标系下的 dq 轴电流 i_{dg} 和 i_{qg}，这两个值在电网电压定向（VOC）控制下，分别代表三相电流的有功分量和无功分量。

在 VOC 控制系统中，电网电压矢量和旋转参考坐标系的 d 轴重合。因此，电网电压的 q 轴分量 v_{qg} 为 0，d 轴分量等于电网电压的幅值，即 $v_{qg}=0$ 且 $v_{dg} = \sqrt{v_g^2 - v_{qg}^2} = v_g$。于是，电网的有功功率和无功功率的计算可以简化为

$$\begin{cases} P_g = \dfrac{3}{2}(v_{dg}i_{dg} + v_{qg}i_{qg}) = \dfrac{3}{2}v_{dg}i_{dg} \\ Q_g = \dfrac{3}{2}(v_{qg}i_{dg} - v_{dg}i_{qg}) = -\dfrac{3}{2}v_{dg}i_{qg} \end{cases} \quad (v_{qg} = 0) \tag{15-19}$$

其中 q 轴电流的给定值可以用下式计算得到

$$i_{qg}^* = \frac{Q_g^*}{-1.5v_{dg}} \tag{15-20}$$

式中，Q_g^* 是无功功率的给定值，当该值为零时，表示整流器以单位功率因数运行；当该值为正时，表示整流器处于超前的功率因数运行；当该值为负时，表示整流器处于滞后的功率因数运行。如图 15-9 所示，为了准确地控制无功功率，将实测得到的 dq 坐标系下的电流 i_{qg} 与其给定值 i_{qg}^* 进行比较，其差值传给 q 轴电流的 PI 调节器，PI 调节器的输出作为整流器 q 轴电压的给定值 v_{qi}^*。

为了控制直流侧电压，将检测得到的直流侧电压 v_{dc} 与其给定值 v_{dc}^* 比较，其差值作为直流电压 PI 调节器的输入，PI 调节器的输出为 d 轴电流的给定值 i_{dg}^*。d 轴电流的给定值 i_{dg}^* 与实测值 i_{dg} 的差值为 d 轴电流 PI 调节器的输入，电流调节器的输出作为整流器 d 轴电压的给定值 v_{di}^*。

dq 轴电压给定值 v_{di}^* 和 v_{qi}^* 在 dq 轴旋转坐标系下是直流量，可以将它们通过 dq/abc 变换转换为三相静止坐标系下的三相给定电压 v_{ai}^*、v_{bi}^* 和 v_{ci}^*，三相给定电压最后被输入到 PWM 发生器中。三相给定电压为正弦波，可以使用载波调制或者空间矢量调制（SVM）来生成整流器开关器件的门（栅）极驱动信号，进而控制无功功率和直流侧电压分别跟随其给定值。

2. 逆变器控制

逆变器的主要目标是实现 ZDC 控制，即当定子 d 轴电流为 0 时，控制电动机的转矩和速度。为了达到这个目标，控制系统由如图 15-9 所示的 3 个控制环组成：两个定子电流 i_{ds}、i_{qs} 控制内环，电动机转速 ω_r 控制外环。

为了控制电动机的速度，需要检测转子的转速 ω_r，并将其与给定值 ω_r^* 比较，其差值传给速度 PI 调节器，调节器输出为转矩的给定值 T_e^*。q 轴定子电流的给定值 i_{qs}^*，即定子电流转矩分量给定值，可以通过式（15-12）计算得到。d 轴定子电流的给定值 i_{ds}^* 被设置为 0。

测量得到 dq 轴定子电流 i_{ds} 和 i_{qs} 后，将它们分别与对应的给定值 i_{ds}^* 和 i_{qs}^* 比较，差值分别传入两个 PI 调节器中，调节器的输出为逆变器的 dq 轴电压给定值 v_{ds}^* 和 v_{qs}^*。通过两相旋转坐标系到三相静止坐标系变换可得三相电压给定值 v_{as}^*、v_{bs}^* 和 v_{cs}^*。转换过程中，需要知道转子位置角 θ_r，可以通过安装在电动机转轴上的旋转编码器测得，如图 15-9 所示。

最后，三相电压给定值 v_{as}^*、v_{bs}^* 和 v_{cs}^* 送入到 PWM 发生器中。载波调制或空间矢量调制都可以用来生成逆变器开关器件的门（栅）极驱动信号，进而控制 d 轴定子电流 i_{ds} 和转子转速 ω_r 分别跟随其给定值。

15.3.4 暂态过程分析 ★★★

这里基于采用 ZDC 控制的三电平电压源型变频器，通过计算机仿真对同步电动机传动系统动态性能进行了研究。仿真中采用容量为 2.45MW 的隐极式 PMSM，电动机参数见表 15-5。电动机传动系统的参数如表 15-1 所示。

表 15-1　2.45MW VSC 传动系统系统参数

PMSM	2.45MW/4000V/53.33Hz/400rpm/490A 隐极式电动机
控制方案	零 d 轴电流控制(ZDC)
系统输入变量	d 轴定子电流：$i_{ds}^*=0$
	转子速度给定值：ω_r^*(阶跃输入)
	整流器无功给定值：$Q_g^*=0$
	直流母线电压给定值：$v_{dc}^*=7045$V　(3.05pu)

（续）

整流器	拓扑结构：三电平 NPC 整流器
	调制方式：SVM
	开关频率：740Hz
	滤波电感 L_g：0.775mH(0.045pu)
逆变器	拓扑结构：三电平 NPC 逆变器
	调制方式：正弦脉宽调制
	开关频率：740Hz
	谐波滤波：无
直流侧滤波	电容：2500μF(4.0pu)
电网电压/频率	4000V/60Hz

图 15-10 所示为 ZDC 控制下 2.45MW 同步电动机传动系统起动时的瞬态过程波形。整流器和逆变器采用的都是中点箝位三电平变换器（三电平 NPC）结构，且均采用常规 SVM 调制。功率器件的开关频率是 740Hz，由于使用的是三电平拓扑结构，因此输出等效开关频率为 1480Hz。

转速的给定值 ω_r^* 在 $t=0.05$s 从零跳变到其额定值 1pu。电动机在空载条件下加速，但其输出转矩由于速度 PI 调节器的限幅作用而被限制为额定值。由于是 ZDC 控制方式，d 轴电流 i_{ds} 保持为 0，定子电流转矩分量 i_{qs} 与转矩 T_e 成正比。在此控制方式下，a 相定子电流的峰值 i_{as} 等于 i_{qs}。直流母线电压 v_{dc} 维持在其给定值 3.05pu 附近。

需要注意的是，在空载状态下，当电动机达到稳态后，其定子电流 i_{as}（等于 i_{qs}）非常小。这主要是因为 PMSM 气隙中的旋转磁场是由永磁体产生的，只需要很小的定子电流就可抵消定子绕组损耗和旋转损耗（风阻和摩擦损耗）。这和感应电动机有很大的区别，感应电动机空载运行达到稳态时，需要较大的定子电流在气隙中产生旋转磁场。在大功率感应电动机中，空载电流的范围为 0.25～0.33pu，对应的等效励磁电感分别为 4～3pu。

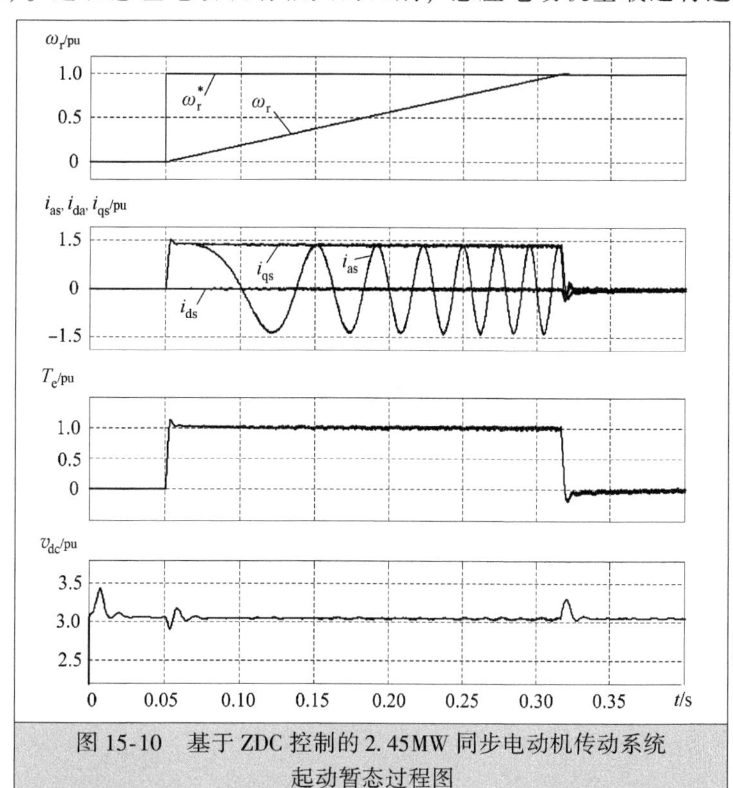

图 15-10　基于 ZDC 控制的 2.45MW 同步电动机传动系统起动暂态过程图

在仿真中，为了降低起动时间，减小了电动机的转动惯量，因此，电动机可以在短时间内完成起动过程。实际工程中，起动时间稍长，特别是当电动机带载起动时。

图 15-11 所示是 2.45MW 传动系统带载运行时的阶跃暂态响应图。电动机初始以其额定转速 400rpm（1pu）空载运行；在 0.1s 时，给电动机施加一个 1pu 的阶跃负载。通过 ZDC 控制，d 轴电流 i_{ds} 保持在 0 附近；q 轴电流 i_{qs} 与其转矩 T_e 成比例；电动机转速 ω_r^* 除了突加负载转矩瞬间外，都能够保持在其额定值 1pu 附近；直流母线电压维持在其给定值 3.05pu 附近。

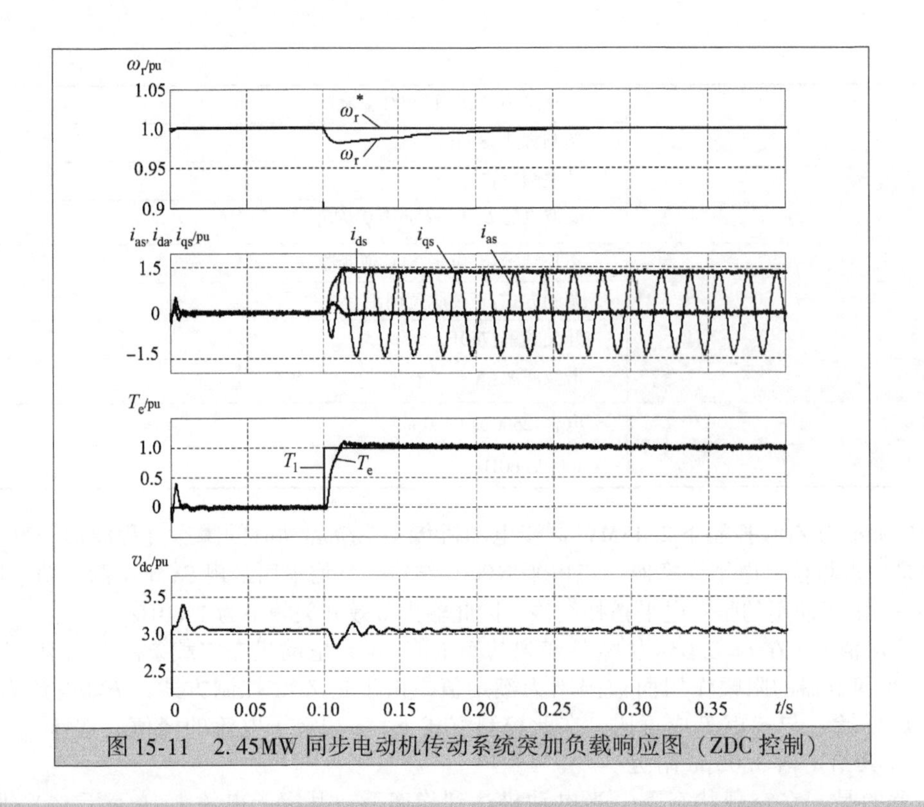

图 15-11　2.45MW 同步电动机传动系统突加负载响应图（ZDC 控制）

15.4　VSC 同步电动机传动系统的 MTPA 控制

15.4.1　简介 ★★★

除了前面介绍的 ZDC 控制方案，同步电动机也可以使用最大转矩电流比控制（MTPA），即由最小定子电流来产生电动机所需的转矩。在这种控制方式下，定子绕组和功率变换器的损耗将会最小，因此提高了整个传动系统的效率。本节将介绍并分析 MTPA 控制方法。

15.4.2　MTPA 控制原理 ★★★

如前所述，同步电动机的电磁转矩可以表示为

$$T_e = \frac{3}{2}P[\lambda_r i_{qs} + (L_d - L_q)i_{ds}i_{qs}] \tag{15-21}$$

上式表明，电磁转矩是关于 dq 轴定子电流 i_{ds} 和 i_{qs} 的函数。通过调整 i_{ds} 和 i_{qs} 的比例，就可能找到产生给定转矩的最小定子电流。对于给定的定子电流有

$$i_s = \sqrt{i_{ds}^2 + i_{qs}^2} \tag{15-22}$$

其 d 轴分量可以由下式计算得到

$$i_{ds} = \sqrt{i_s^2 - i_{qs}^2} \tag{15-23}$$

把上式带入式（15-21）的转矩方程中，可得同步电动机的电磁转矩为

$$T_e = \frac{3}{2}P[\lambda_r i_{qs} + (L_d - L_q)(\sqrt{i_s^2 - i_{qs}^2})i_{qs}] \tag{15-24}$$

对隐极式同步电动机，dq 轴自感 L_d 和 L_q 相等，因此转矩方程可以化简为

$$T_e = \frac{3}{2}P\lambda_r i_{qs} \tag{15-25}$$

其中，电磁转矩与 q 轴电流 i_{qs} 成正比，但是不受 d 轴电流 i_{ds} 的影响。为了实现隐极式电动机的

MTPA控制，可以让 d 轴电流 i_{ds} 为0，此时电磁转矩就由最小定子电流（$i_s = i_{qs}$）产生。总体而言，隐极式电动机的 MTPA 控制和 ZDC 控制基本相同。

对凸极式电动机，MTPA 控制的原理可由下面推导得出，将式（15-24）的转矩方程对 i_{qs} 求导得

$$\frac{dT_e}{di_{qs}} = \frac{3P}{2}\left(\lambda_r + (L_d - L_q)i_{ds} - (L_d - L_q)i_{qs}^2 \frac{1}{\sqrt{i_s^2 - i_{qs}^2}}\right) \tag{15-26}$$

要实现 MTPA 控制，令上式等于0，有

$$\lambda_r + (L_d - L_q)i_{ds} - (L_d - L_q)\frac{i_{qs}^2}{i_{ds}} = 0 \tag{15-27}$$

求解可得 d 轴电流为

$$i_{ds} = \frac{-\lambda_r}{2(L_d - L_q)} \pm \sqrt{\frac{\lambda_r^2}{4(L_d - L_q)^2} + i_{qs}^2} \quad (L_d \neq L_q) \tag{15-28}$$

上式表明，d 轴电流有两个可行解。因为在凸极机中，d 轴自感 L_d 要比 q 轴自感 L_q 小，所以等式右边的第一项为正值。在 MTPA 控制中，为了要让 d 轴定子电流最小，第二项应该为负值，即

$$i_{ds} = \frac{-\lambda_r}{2(L_d - L_q)} - \sqrt{\frac{\lambda_r^2}{4(L_d - L_q)^2} + i_{qs}^2} \quad (L_d \neq L_q) \tag{15-29}$$

基于 MTPA 控制的同步电动机空间矢量图如图 15-12a 所示，该图是由图 15-12b 所示的 dq 轴稳态模型推导而得的。定子电压相角 θ_v、定子电流相角 θ_i 和定子功率因数角 θ_s，三者的计算方法和前面 ZDC 控制一样，不再赘述。这两种控制方式矢量图的主要区别是：在 ZDC 控制中定子电流相角 θ_i 等于 $\pi/2$，而在 MTPA 控制中其大小根据运行状况而变化。注意到 d 轴定子电流 i_{ds} 是负值，这是由 d 轴定子电压 v_{ds} 的负极性造成的。式（15-29）右边第二项的值要比第一项大，也表明 d 轴电流是负值。

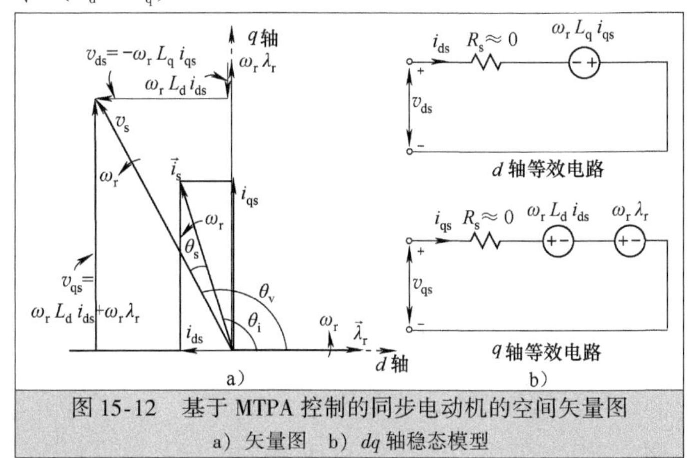

图 15-12 基于 MTPA 控制的同步电动机的空间矢量图
a）矢量图 b）dq 轴稳态模型

图 15-13 给出了转矩 $T_e = 0.8$pu 时，定子电流 i_s 随其 d 轴电流 i_{ds} 变化的曲线图。从图中可以看出，不同的 dq 轴定子电流 i_{ds} 和 i_{qs} 的组合，可以产生同样的给定转矩。但是在 Q 点位置，定子电流最小，MTPA 控制的目的即控制定子电流稳定在该点。

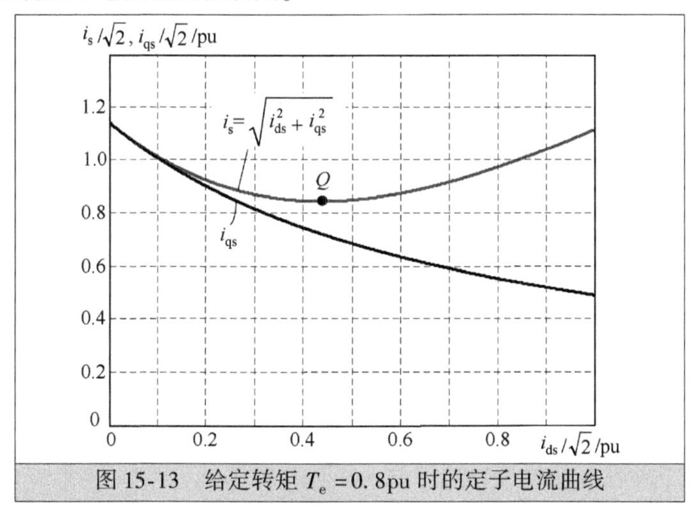

图 15-13 给定转矩 $T_e = 0.8$pu 时的定子电流曲线

15.4.3 VSC 同步电动机传动系统 MTPA 控制方法的实现 ★★★

基于 MTPA 控制的同步电动机传动系统的结构框图如图 15-14 所示。除了采用 MTPA 来控制凸极式同步电动机外，系统变换器及其他控制部分都与图 15-9 所示的 ZDC 控制方式一样。为了实现 MTPA，dq 轴定子电流 i_{ds} 和 i_{qs} 需要分别根据其给定值进行独立控制。

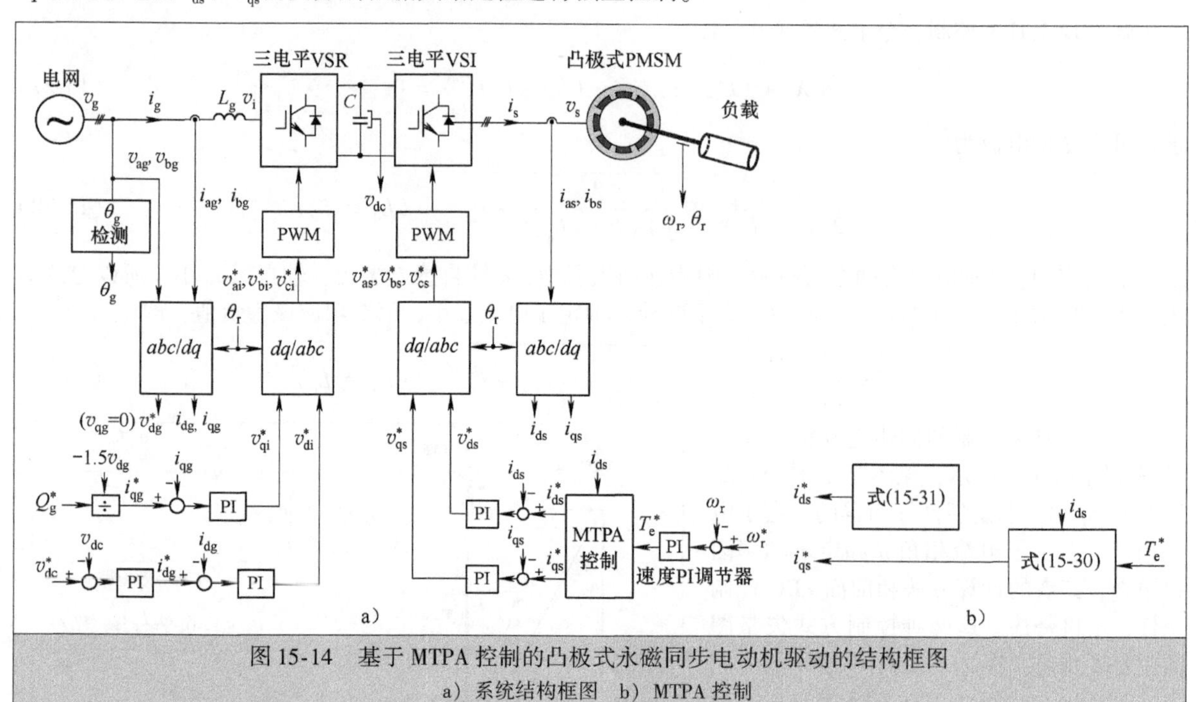

图 15-14 基于 MTPA 控制的凸极式永磁同步电动机驱动的结构框图
a）系统结构框图 b）MTPA 控制

q 轴定子电流的给定值可以从式（15-30）计算得到

$$i_{qs}^{*} = \frac{2T_{e}^{*}}{3P(\lambda_{r} + (L_{d} - L_{q}))i_{ds}} \tag{15-30}$$

式中，T_{e}^{*} 是速度 PI 调节器输出的转矩给定值；i_{ds} 是 d 轴电流的测量值；λ_{r} 是大小为常量的转子磁链，在 PMSM 中由永磁体决定，在 WRSM 中由转子励磁电流决定。

d 轴电流的给定值 i_{ds}^{*} 可以由式（15-29）得到

$$i_{ds}^{*} = \frac{-\lambda_{r}}{2(L_{d} - L_{q})} - \sqrt{\frac{\lambda_{r}^{2}}{4(L_{d} - L_{q})^{2}} + (i_{qs}^{*})^{2}} \tag{15-31}$$

式中，i_{qs}^{*} 是由式（15-30）得出的 q 轴电流给定值。

基于上述两个公式，MTPA 控制算法的结构框图如图 15-14b 所示。

15.4.4 暂态分析 ★★★

通过仿真，验证了基于 MTPA 控制的同步电动机传动系统的动态性能。除了 d 轴参考电流不再是 0，而是根据电动机的运行状态确定外，系统的其他参数都和表 15-1 所示的一样。仿真中，采用了一台 2.5MW 的凸极式同步电动机，其铭牌数据和电动机参数见表 15-6。

基于 MTPA 控制的同步电动机传动系统，其负载突变的暂态曲线如图 15-15所示。图中，速度的给定值 ω_{r}^{*} 在 $t=0.1$s 从 0 突变到额定值，电动机在空载下加速，其转矩被速度 PI 调节器限定在 1.3pu。在起动过程中，由于转矩恒定，所以速度 ω_{r} 线性上升。大约在 $t=0.6$s，转速 ω_{r} 达到其给定值，转矩降到 0。

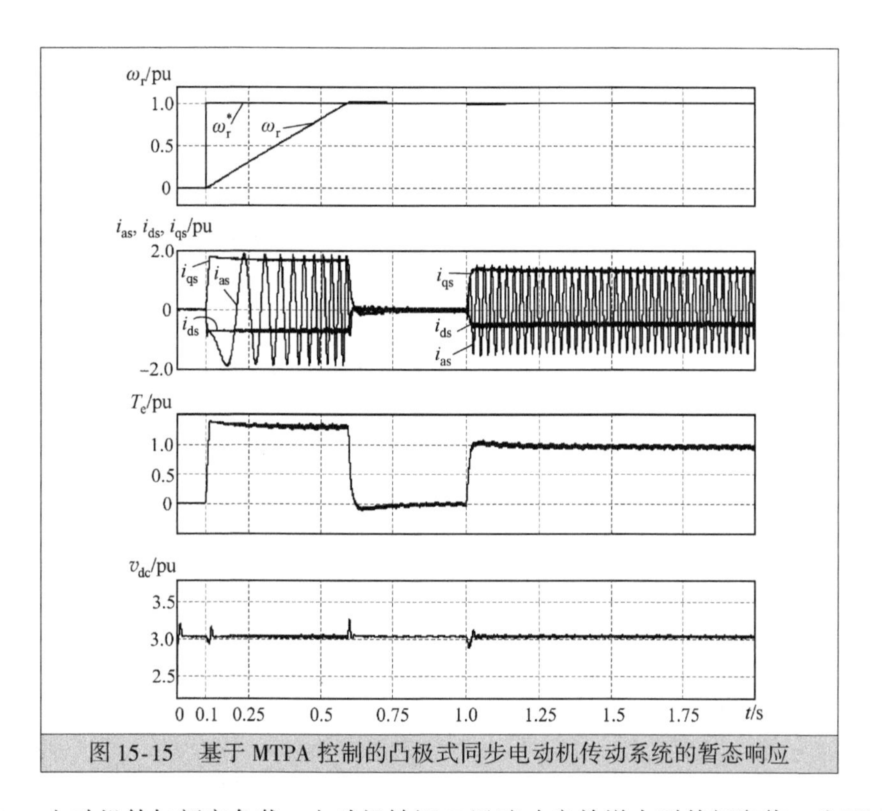

图 15-15　基于 MTPA 控制的凸极式同步电动机传动系统的暂态响应

在 $t=1.0$s，电动机外加额定负载，电动机转矩 T_e 迅速响应并增大到其额定值。为了减小定子绕组和逆变器的功率损耗，通过 MTPA 控制定子电流的幅值最小，最终可以得到定子电流的 dq 分量给定值。通过对整流器的控制，可以保证直流母线电压维持在设定值 3.05pu 左右。

15.5　VSC 同步电动机传动系统的 DTC

15.5.1　简介 ★★★

直接转矩控制（DTC）是另一种适用于动态性能要求比较高应用场合的先进电动机控制方法[6-7]。第 14 章介绍过基于两电平变换器的感应电动机 DTC 原理，本节中将会介绍基于三电平 NPC 变频器的同步电动机 DTC 原理，并探讨其动态性能。

15.5.2　DTC 原理 ★★★

同步电动机的电磁转矩可以表示为

$$T_e = \frac{3P}{2}\lambda_s\lambda_r\sin\theta_T \tag{15-32}$$

式中，θ_T 是转矩角，表示定子磁链矢量 $\vec{\lambda}_s$ 和转子磁链矢量 $\vec{\lambda}_r$ 之间的夹角。在 DTC 中，定子磁链 λ_s 的大小被控制为常量（通常为其额定值），这样通过控制 θ_T 角就可以直接实现对电动机转矩 T_e 的控制，所以这种方式被称为直接转矩控制。当定子磁链的幅值为常量时，由于定子磁链和转子磁链的唯一区别在于定子漏感产生的漏磁链，因此转子磁链的大小也几乎固定不变。

从前面建立的同步电动机模型可知，定子磁链矢量 $\vec{\lambda}_s$ 主要由定子电压决定：

$$p\vec{\lambda}_s = \vec{v}_s - R_s\vec{i}_s \tag{15-33}$$

式中，R_s 是定子绕组阻值，一般很小，特别是在大容量电动机里面可以忽略不计。上式表明 $\vec{\lambda}_s$ 的微分随着 $\vec{v}_s$ 的变化而变化。如第 14 章中所述，采用空间矢量调制时，定子电压 $\vec{v}_s$ 由参考矢量 $\vec{V}_{ref}$ 决定。由

于参考矢量 $\vec{V}_{ref}$ 可以由逆变器的电压矢量来合成，因此通过选择合适的逆变器电压矢量，可以调整定子磁链矢量 $\vec{\lambda}_s$ 的大小和角度。

1. 空间矢量图

图 15-16 所示是基于 DTC 的三电平电压源型逆变器的空间矢量图，总共有 19 个空间矢量，即 $\vec{V}_0$ ~ $\vec{V}_{18}$，在第 8 章的表 8-2 中有定义。在 DTC 控制中，这些空间矢量被分成了从Ⅰ到Ⅻ的 12 个扇区。图中也给出了定子磁链矢量 $\vec{\lambda}_s$、转子磁链矢量 $\vec{\lambda}_r$ 和转矩角 θ_T。定子和转子磁链矢量都以同步转速 ω_s 旋转。

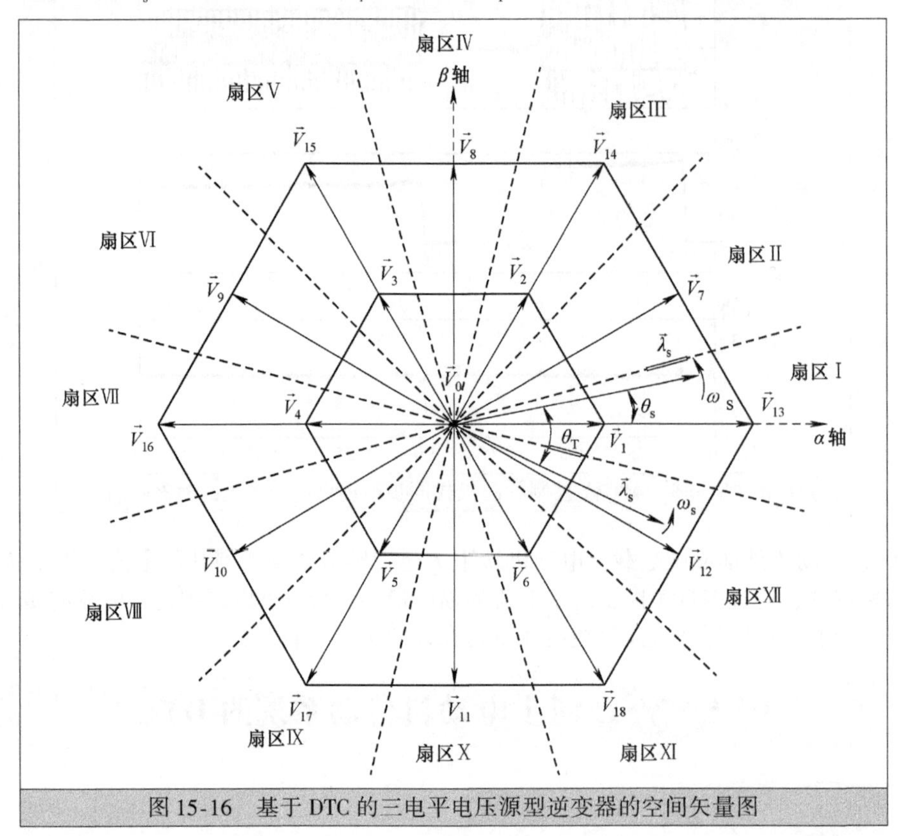

图 15-16　基于 DTC 的三电平电压源型逆变器的空间矢量图

图 15-17 给出了电压矢量的选择对 $\vec{\lambda}_s$ 和 θ_T 的影响。假设定子磁链矢量 $\vec{\lambda}_s$ 在扇区Ⅰ，选择电压矢量 $\vec{V}_7$ 将会使 λ_s 和 θ_T 同时增大，如图 15-17a 所示；而选择电压矢量 $\vec{V}_{12}$ 将会让 λ_s 增大 θ_T 减小，如图 15-17b 所示；类似的，选择电压矢量 $\vec{V}_{10}$ 将会让 λ_s 和 θ_T 同时增大，而选择电压矢量 $\vec{V}_9$ 将会让 λ_s 减小 θ_T 增大。从上面的分析可知，通过选择合适的逆变器电压矢量，可以调节定子磁链 λ_s 和转矩角 θ_T 的大小。

2. 磁链和转矩的滞环比较器

图 15-18 所示是三电平电压型逆变器 DTC 的简化结构图。为了提高动态性能，这里对电动机的定子磁链 λ_s 和电磁转矩 T_e 分别控制。定子磁链的给定值 λ_s^* 与通过磁链/转矩模块计算得到的测量值 λ_s 比较，差值 $\Delta\lambda_s$ 作为磁链比较器的输入。转矩的给定值 T_e^* 与通过磁链/转矩模块计算得到的测量值 T_e 比较，差值 ΔT_e 作为转矩比较器的输入。磁链和转矩比较器的输出（x_λ 和 x_T）传入开关逻辑单元，根据定子磁链给定值 $\vec{\lambda}_s^*$ 所在的扇区选择合适的逆变器电压矢量（开关状态）。

磁链和转矩比较器都采用滞环比较器，两者的传输特性曲线如图 15-19 所示。滞环比较器被设计为适用于三电平逆变器的形式。磁链比较器有两个输出值，$x_\lambda = +1$、-1；而转矩比较器有 5 个输出值，$x_T = +2$、$+1$、0、-1、-2，其中“+1”表示 λ_s 或 θ_T 需要增大，“+2”表示需要大幅度增大，“-1”表示需要减小，“-2”则表示需要大幅度减小，“0”意味着不需要变化。δ_λ 和 δ_T 分别是定子磁链比较器和转矩比较器的滞环环宽。如果环宽减小，那么定子磁链和电动机转矩的纹波将减小，控制精度更高，但需要逆变器以更高的开关频率运行，反之亦然。

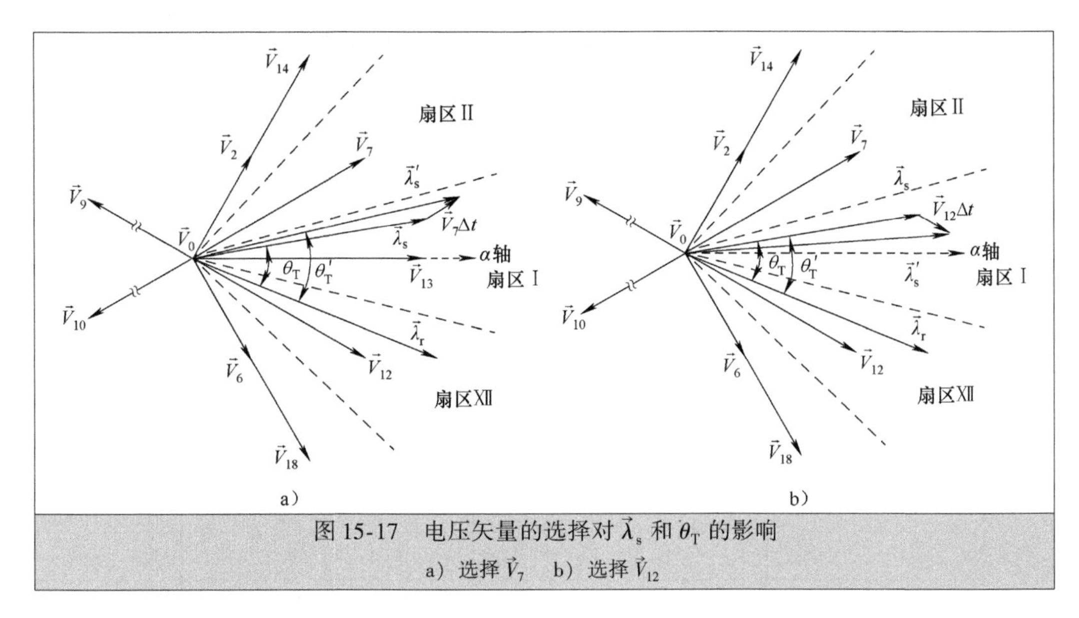

图 15-17　电压矢量的选择对 $\vec{\lambda}_s$ 和 θ_T 的影响

a）选择 $\vec{V}_7$　b）选择 $\vec{V}_{12}$

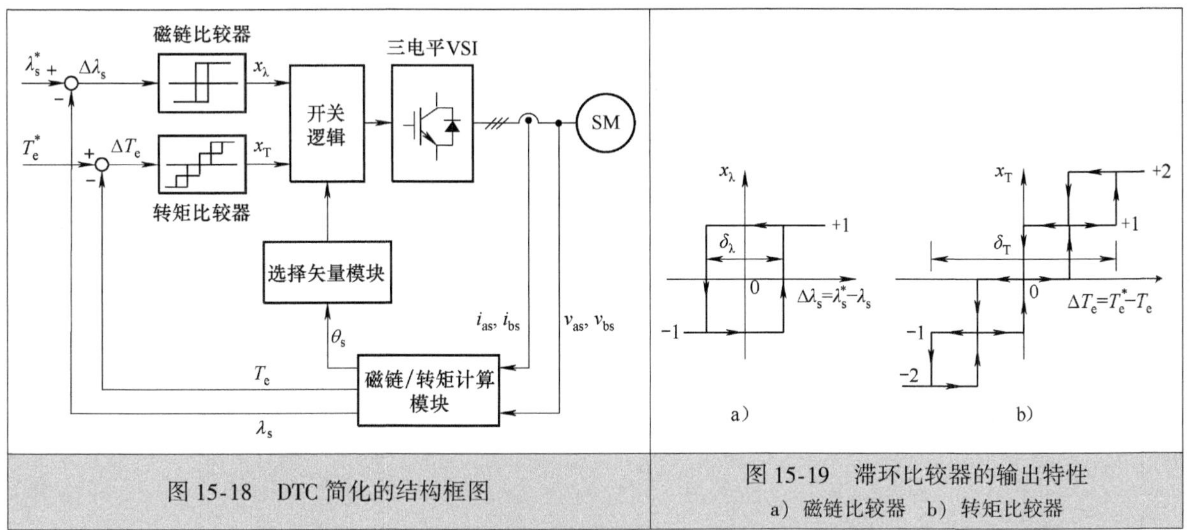

图 15-18　DTC 简化的结构框图

图 15-19　滞环比较器的输出特性

a）磁链比较器　b）转矩比较器

3. 开关逻辑

当定子磁链矢量给定值 $\vec{\lambda}_s^*$ 以逆时针旋转时，对应的开关逻辑如表 15-2 所示[7-8]。表中输入变量是 x_λ、x_T 和扇区号，输出的是和输入对应的逆变器电压矢量。假设定子磁链在扇区Ⅰ并且滞环比较器的输出是 $x_\lambda = x_T = +1$，此时需要增大 λ_s 和 T_e。在图 15-17a 中可以看到 $\vec{V}_7$ 使得 λ_s 和 θ_T（T_e）增大，因此可以从表中选择 $\vec{V}_7$。类似的，当 $x_\lambda = +1$ 并且 $x_T = -1$ 时，如图 15-17b 所示，选择矢量 $\vec{V}_{12}$ 将会让 λ_s 增大 θ_T 减小。

如果定子磁链比较器的输出为 $x_\lambda = +1$，但是转矩比较器的输出为 $x_T = +2$，则要求 T_e 快速增大，从表中可以选择矢量 $\vec{V}_{14}$。这从图 15-17a 中也可看出，选择矢量 $\vec{V}_{14}$ 相对于矢量 $\vec{V}_7$，转矩角 θ_T 的增长更大。

当转矩比较器的输出 $x_T = 0$ 时（不需要调整 T_e），由表 15-2 知可以选择零矢量 $\vec{V}_0$。12 个扇区的开关逻辑归纳如表 15-2 所示。

需要注意的是，表 15-2 所列的开关逻辑并不是唯一的。比如说，当 $x_\lambda = +1$、$x_T = +1$ 时，选择小矢量 $\vec{V}_2$ 和 $\vec{V}_6$ 来代替中矢量 $\vec{V}_7$ 和 $\vec{V}_{12}$ 也是可以的。然而，选择小矢量相对于中矢量来说，由于其长度较短（电压比较低），可能会降低系统的动态响应的速度，但也会降低逆变器输出电压的谐波畸变。

表 15-2　三电平电压源型逆变器 DTC 逻辑

比较器输出		扇区号											
x_λ	x_T	I	II	III	IV	V	VI	VII	VIII	IX	X	XI	XII
+1	+2	$\vec{V}_{14}$	$\vec{V}_{8}$	$\vec{V}_{15}$	$\vec{V}_{9}$	$\vec{V}_{16}$	$\vec{V}_{10}$	$\vec{V}_{17}$	$\vec{V}_{11}$	$\vec{V}_{18}$	$\vec{V}_{12}$	$\vec{V}_{13}$	$\vec{V}_{7}$
	+1	$\vec{V}_{7}$	$\vec{V}_{14}$	$\vec{V}_{8}$	$\vec{V}_{15}$	$\vec{V}_{9}$	$\vec{V}_{16}$	$\vec{V}_{10}$	$\vec{V}_{17}$	$\vec{V}_{11}$	$\vec{V}_{18}$	$\vec{V}_{12}$	$\vec{V}_{13}$
	0	$\vec{V}_{0}$	$\vec{V}_{0}$	$\vec{V}_{0}$	$\vec{V}_{0}$	$\vec{V}_{0}$	$\vec{V}_{0}$	$\vec{V}_{0}$	$\vec{V}_{0}$	$\vec{V}_{0}$	$\vec{V}_{0}$	$\vec{V}_{0}$	$\vec{V}_{0}$
	-1	$\vec{V}_{12}$	$\vec{V}_{13}$	$\vec{V}_{7}$	$\vec{V}_{14}$	$\vec{V}_{8}$	$\vec{V}_{15}$	$\vec{V}_{9}$	$\vec{V}_{16}$	$\vec{V}_{10}$	$\vec{V}_{17}$	$\vec{V}_{11}$	$\vec{V}_{18}$
	-2	$\vec{V}_{18}$	$\vec{V}_{12}$	$\vec{V}_{13}$	$\vec{V}_{7}$	$\vec{V}_{14}$	$\vec{V}_{8}$	$\vec{V}_{15}$	$\vec{V}_{9}$	$\vec{V}_{16}$	$\vec{V}_{10}$	$\vec{V}_{17}$	$\vec{V}_{11}$
-1	+2	$\vec{V}_{15}$	$\vec{V}_{9}$	$\vec{V}_{16}$	$\vec{V}_{10}$	$\vec{V}_{17}$	$\vec{V}_{11}$	$\vec{V}_{18}$	$\vec{V}_{12}$	$\vec{V}_{13}$	$\vec{V}_{7}$	$\vec{V}_{14}$	$\vec{V}_{8}$
	+1	$\vec{V}_{9}$	$\vec{V}_{16}$	$\vec{V}_{10}$	$\vec{V}_{17}$	$\vec{V}_{11}$	$\vec{V}_{18}$	$\vec{V}_{12}$	$\vec{V}_{13}$	$\vec{V}_{7}$	$\vec{V}_{14}$	$\vec{V}_{8}$	$\vec{V}_{15}$
	0	$\vec{V}_{0}$	$\vec{V}_{0}$	$\vec{V}_{0}$	$\vec{V}_{0}$	$\vec{V}_{0}$	$\vec{V}_{0}$	$\vec{V}_{0}$	$\vec{V}_{0}$	$\vec{V}_{0}$	$\vec{V}_{0}$	$\vec{V}_{0}$	$\vec{V}_{0}$
	-1	$\vec{V}_{10}$	$\vec{V}_{17}$	$\vec{V}_{11}$	$\vec{V}_{18}$	$\vec{V}_{12}$	$\vec{V}_{13}$	$\vec{V}_{7}$	$\vec{V}_{14}$	$\vec{V}_{8}$	$\vec{V}_{15}$	$\vec{V}_{9}$	$\vec{V}_{16}$
	-2	$\vec{V}_{17}$	$\vec{V}_{11}$	$\vec{V}_{18}$	$\vec{V}_{12}$	$\vec{V}_{13}$	$\vec{V}_{7}$	$\vec{V}_{14}$	$\vec{V}_{8}$	$\vec{V}_{15}$	$\vec{V}_{9}$	$\vec{V}_{16}$	$\vec{V}_{10}$

4. 定子磁链和转矩计算模块

与第 14 章中给出的感应电动机 DTC 控制类似，同步电动机的定子磁链矢量可以表示为

$$\begin{aligned}\vec{\lambda}_s &= \lambda_{ds} + j\lambda_{qs} \\ &= \int(v_{ds} - R_s i_{ds})\,dt + j\int(v_{qs} - R_s i_{qs})\,dt\end{aligned} \tag{15-34}$$

因此，定子磁链矢量的幅值和相角可以通过下式获得

$$\begin{cases}\lambda_s = \sqrt{\lambda_{ds}^2 + \lambda_{qs}^2} \\ \theta_s = \tan^{-1}\left(\dfrac{\lambda_{qs}}{\lambda_{ds}}\right)\end{cases} \tag{15-35}$$

式（15-34）中的 dq 轴定子电压和电流 v_{ds}、v_{qs}、i_{ds} 和 i_{qs} 可以通过实测三相定子电压和电流计算而得。产生的电磁转矩可以通过下式得到

$$T_e = \frac{3P}{2}(i_{qs}\lambda_{ds} - i_{ds}\lambda_{qs}) \tag{15-36}$$

上式表明，定子磁链幅值 λ_s 和相角 θ_s，以及电磁转矩 T_e 都可以通过实测的定子电压和电流获得。计算所需的唯一电动机参数是定子绕组电阻 R_s，其值不仅容易测得，并且大小基本不会随着电动机运行状态的变化而改变。

同步电动机定子磁链矢量 $\vec{\lambda}_s$ 也可以通过式（15-2）计算得到，即

$$\vec{\lambda}_s = \lambda_{ds} + j\lambda_{qs} = (L_d i_{ds} + \lambda_r) + j(L_q i_{qs}) \tag{15-37}$$

与式（15-34）相比，上式不需要进行积分就可以求出定子磁链，但是计算时需要知道电动机 dq 轴电感和转子磁链。

15.5.3　VSC 同步电动机传动系统 DTC 的实现 ★★★

图 15-20 所示是同步电动机 DTC 方法的结构框图，其中整流器及其控制方法在前面章节已经讨论过，不再赘述。直流母线电压由整流器控制为定值，电动机转矩和转速由逆变器采用 DTC。

相比于图 15-18，图 15-20 中只增加了一个速度反馈环。如前所述，DTC 的本质是控制定子磁链令其为常量并独立控制电动机转矩，这一点是由定子磁链比较器和转矩比较器实现的，而两个比较器的输出传到开关逻辑单元以产生逆变器的开关信号。DTC 的特点如下：

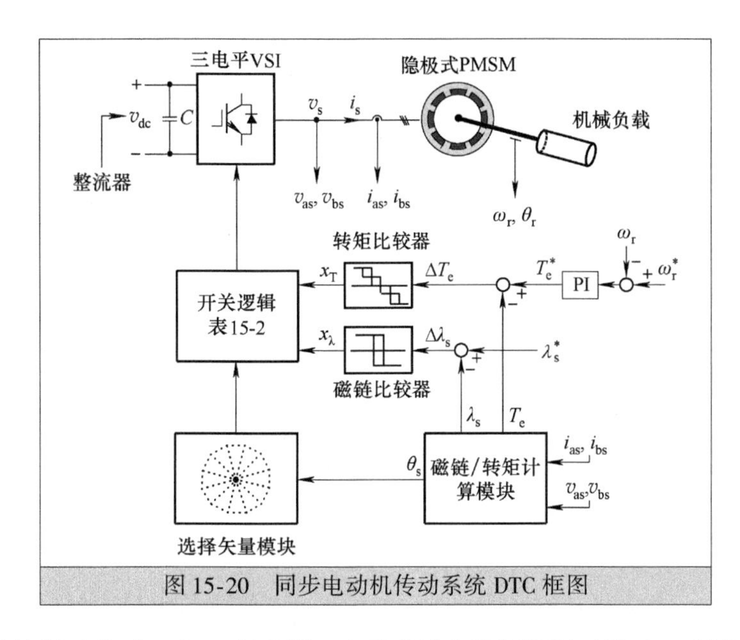

图 15-20　同步电动机传动系统 DTC 框图

1）电动机转速控制只需要一个 PI 调节器，定子磁链和转矩控制不需要 PI 调节器。

2）不需要 PWM 调制器，如载波调制、空间矢量调制。逆变器的门（栅）极控制信号是由开关逻辑表直接产生的。

3）不需要在 abc 静止坐标系与 dq 旋转坐标系之间进行变换。

因此，DTC 要比 ZDC 和 MTPA 控制更简单，并且由于定子磁链和转矩控制的解耦，它的动态性能也不会变差。

15.5.4　暂态分析 ★★★

这里通过计算机仿真分析了基于 DTC 的同步电动机传动系统的性能，仿真模型参数如表 15-3 所示。仿真中同步电动机选用 2.45MW 的隐极式 PMSM，电动机参数见本章附件表 A-1。

当采用 DTC 方法时，同步电动机传动系统在负载阶跃变化时的动态响应如图 15-21 所示。起初电动机在空载状态下以额定转速 n_r = 400rpm 运行。负载转矩 T_l 在 t = 0.2s 时刻增大到额定值 1.0pu，在 t = 0.4s 时刻减小到 0，在 t = 0.6s 时刻又增加到 0.5pu。从图中可以看出，电动机转矩能快速响应并紧跟负载转矩的变化而变化，电动机转矩的纹波大小由滞环环宽 δ_T 决定，a 相定子电流 i_{as} 也相应地跟随着转矩 T_e 的改变而变化。

定子磁链 λ_s 由定子磁链比较器控制为定值。负载转矩突变的过程中，定子磁链波形没有明显的扰动。这是由于定子磁链是

表 15-3　使用 DTC 的 2.45MW 电动机传动系统参数

绕线式同步电动机	2.45MW/4000V/53.3Hz/400rpm/490A 隐极式同步电动机
控制方式	使用表 15-2 开关逻辑的 DTC 控制
系统输入变量	定子磁链给定值 λ_s^* = 6.892Wb（额定）
	转速给定值：ω_r^* = 400rpm（额定）
	整流器无功给定值：Q_g^* = 0
	直流侧电压给定值：v_{dc}^* = 7045V（3.05pu）
整流器	拓扑结构：三电平 NPC
	调制方式：无
	平均开关频率：1000Hz
	滤波电感 L_g：0.775mH（0.045pu）
逆变器	拓扑结构：三电平 NPC
	调制方式：无
	平均开关频率：1000Hz
	定子磁链滞环环宽 δ_λ = 0.8Wb（0.16pu）
	转矩滞环环宽 δ_T = 4000N·m（0.07pu）
	谐波滤波器：无
直流侧滤波器	电容：2500μF（4.0pu）
电网电压/频率	4000V/60Hz

根据 $\vec{\lambda}_s = \int(v_{ds} - R_s i_{ds})dt + j\int(v_{qs} - R_s i_{qs})dt$ 计算而得，该式中 R_s 非常小，尤其是大容量同步电动机。此外，该式中的积分函数可以视为一个低通滤波器，因此由于负载变化引起的定子电流的突变并不会给定子磁链波形造成明显的扰动。

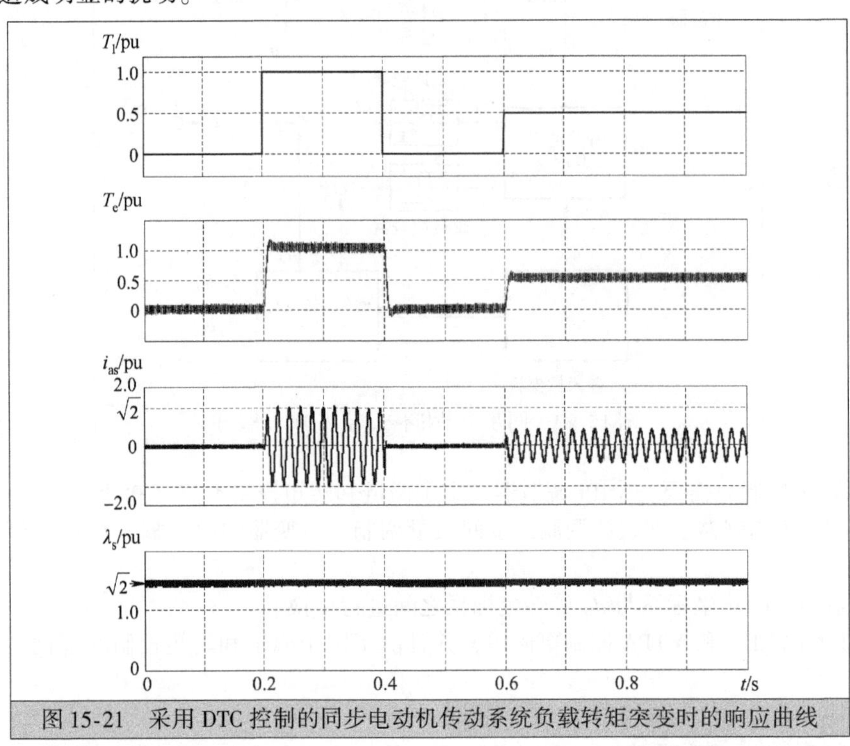

图 15-21　采用 DTC 控制的同步电动机传动系统负载转矩突变时的响应曲线

15.6　CSC 同步电动机传动系统的控制

15.6.1　简介 ★★★

基于 CSC 的同步电动机传动系统在工业领域有很多应用。图 15-22 所示是基于 PWM CSC 的同步电动机传动系统的典型结构图，图中包含了一个电流源型整流器（CSR）和一个电流源型逆变器（CSI）。两个变换器通过直流电感 L_{dc} 相连，电感的作用是维持直流环节电流平滑连续。

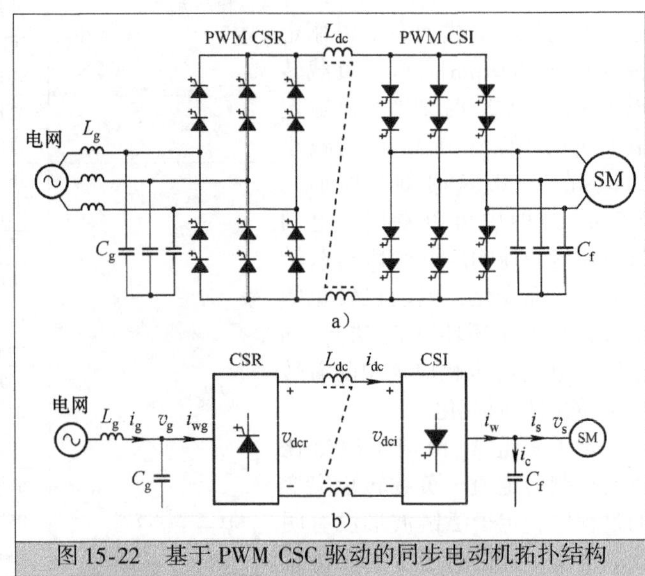

图 15-22　基于 PWM CSC 驱动的同步电动机拓扑结构
a）原理图　b）简化结构框图

基于 CSC 的同步电动机传动系统具有结构简单、固有的四象限运行能力以及可靠的无熔断器短路保护等特点。对于电压源变换器，其输出电压幅值和频率取决于其 PWM 调制方法；相比之下，电流源变频器的输出电流幅值是由直流电流 i_{dc} 控制的，而输出电流的频率是由 PWM 方法决定的。此外，由于逆变器和电动机之间存在着滤波电容，所以电动机的定子电流无法由逆变器直接控制，

还需额外测量一些参数才能实现对电动机的控制。

前面章节中基于VSC驱动的同步电动机控制方法同样适用于基于CSC驱动的同步电动机上，包括零d轴电流控制（ZDC）和最大转矩电流比控制（MTPA）。本节将介绍ZDC和MTPA控制方法在基于CSC驱动的同步电动机上的应用。

15.6.2　CSC同步电动机传动系统的ZDC控制 ★★★

1. 逆变器控制

为了便于对同步电动机CSC传动系统进行分析，这里给出如图15-23所示的空间矢量图。转子在空间以同步转速ω_r旋转，并与同步旋转坐标系的d轴重合。由于ZDC控制中，d轴电流为0，因此定子电流矢量$\vec{i}_s$和同步旋转坐标系的q轴重合且幅值与q轴电流相等。定子电压矢量超前电流矢量的角度为θ_s，θ_s为定子的功率因数角。电容电流$\vec{i}_c$超前$\vec{v}_s$的角度为$\pi/2$。逆变器PWM输出电流$\vec{i}_w=\vec{i}_s+\vec{i}_c$，$\vec{i}_w$相对于$d$轴的相角为$\theta_w$，可以通过$\theta_w=\tan^{-1}(i_{qw}/i_{dw})$计算得到。从图15-23可知，逆变器的触发角可以由下式计算得到

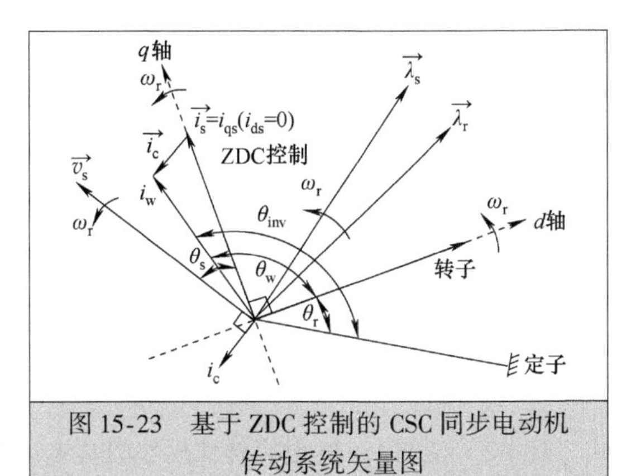

图15-23　基于ZDC控制的CSC同步电动机传动系统矢量图

$$\theta_{inv}=\theta_w+\theta_r \tag{15-38}$$

式中，θ_r是转子的位置角。

基于CSC的同步电动机传动系统ZDC控制框图如图15-24所示，其中整流器控制直流母线电流，逆变器控制电动机转速。为了将整流器输入侧和逆变器输出侧的电流的谐波畸变降到最低，这两个变换器都使用特定谐波消除（SHE）法调制。这里SHE调制的调制因数固定为最大值，整流器和逆变器分别由其触发角θ_{rec}和θ_{inv}控制。

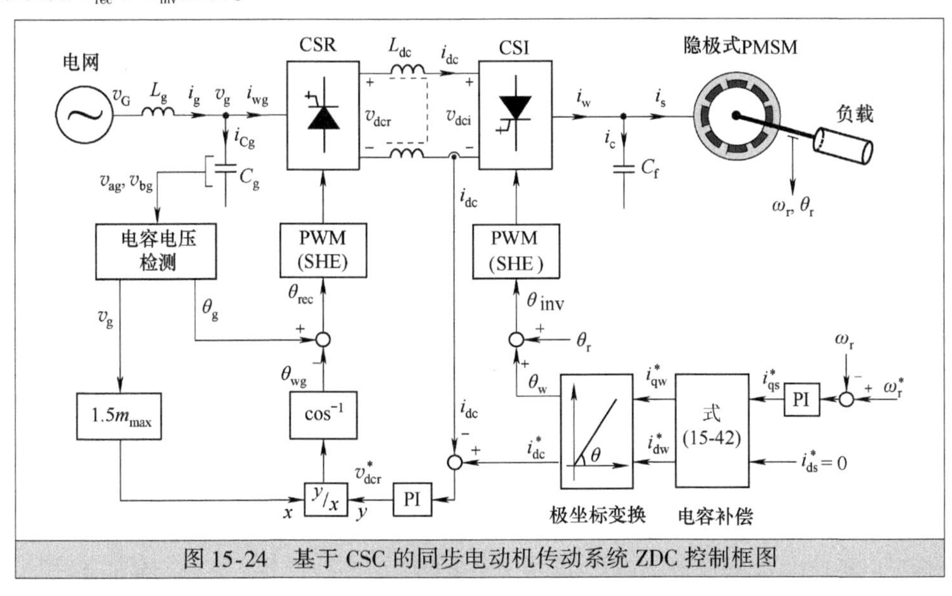

图15-24　基于CSC的同步电动机传动系统ZDC控制框图

为了实现ZDC控制，d轴电流给定值i_{ds}^*必须设定为0，q轴电流给定值i_{qs}^*为速度PI调节器的输出，如图15-24所示。速度PI调节器将转速的实测值ω_r和其给定值ω_r^*进行比较，使得电动机转速能紧紧跟随其给定值的变化。逆变器输出电流i_w是滤波电容电流i_c和定子电流i_s之和。逆变器输出电流的dq分量可以由下式计算得到

$$\begin{cases} i_{dw} = i_{cd} + i_{ds} = -\omega_r C_f v_{qs} + i_{ds} \\ i_{qw} = i_{cq} + i_{qs} = \omega_r C_f v_{ds} + i_{qs} \end{cases} \tag{15-39}$$

式中，i_{cd} 和 i_{cq} 是滤波电容电流的 dq 轴分量，由下式计算得到

$$\begin{cases} i_{cd} = -\omega_r C_f v_{qs} \\ i_{cq} = \omega_r C_f v_{ds} \end{cases} \tag{15-40}$$

必须说明的是，上式为了简化处理，电容电流不包含微分项，因为微分项对电动机的动态性能影响非常小。

式（15-39）中逆变器输出电压 dq 轴分量是关于定子电压、电流 dq 轴分量的函数。将 dq 轴的电压表达式（15-9）带入式（15-39），可以得到逆变器 dq 电流与定子电流的关系式

$$\begin{cases} i_{dw} = -\omega_r^2 C_f \lambda_r - \omega_r^2 C_f L_d i_{ds} + i_{ds} \\ i_{qw} = -\omega_r^2 C_f L_q i_{qs} + i_{qs} \end{cases} \tag{15-41}$$

式中，忽略了定子绕组电阻的影响以简化公式。式（15-41）可以看作考虑滤波电容电流影响后的逆变器输出电流给定值 i_{dw}^* 和 i_{qw}^*

$$\begin{cases} i_{dw}^* = -\omega_r^2 C_f \lambda_r + (1 - \omega_r^2 C_f L_d) i_{ds}^* \\ i_{qw}^* = (1 - \omega_r^2 C_f L_q) i_{qs}^* \end{cases} \tag{15-42}$$

式（15-42）是图 15-24 电容补偿模块的具体实现方法。

通过直角坐标系到极坐标系的变换，逆变器输出电流的给定值 i_{dw}^* 和 i_{qw}^* 可以转换为直流母线电流给定值 i_{dc}^* 和逆变器输出电流相角 θ_w，即

$$\begin{cases} \theta_w = \tan^{-1}\left(\dfrac{i_{qw}^*}{i_{dw}^*}\right) \\ i_{dc}^* = \sqrt{(i_{dw}^*)^2 + (i_{qw}^*)^2} \end{cases} \tag{15-43}$$

因此，逆变器的触发角 θ_{inv} 可以根据式（15-38）计算得到，即 $\theta_{inv} = \theta_w + \theta_r$。

2. 整流器控制

如图 15-24 所示，PWM 电流源型整流器的主要作用是通过控制触发角来调节直流母线电流 i_{dc}。整流器输出电压为

$$v_{dcr} = \frac{2}{3} v_g \cos(\theta_{wg}) m_a \tag{15-44}$$

式中，v_g 是网侧电容相电压的峰值；θ_{wg} 是整流器输出电流 i_{wg} 的相角，其定义为 $\theta_{wg} = \tan^{-1}(i_{qwg}/i_{dwg})$；$m_a$ 是 SHE 调制的调制因数。由式（15-44）可得整流器输入电流的相角为

$$\theta_{wg} = \cos^{-1} \frac{v_{dcr}}{1.5 m_{max} v_g} \tag{15-45}$$

式中，m_{max} 取值范围为 0.98 ~ 1.1，具体取值要根据所要消除的谐波的次数来确定。式（15-45）可以用来求解图 15-24 中整流器控制部分的 θ_{wg}。

整流器输入电流的相角 θ_{wg}、网侧电容电压相角 θ_g 和整流器触发角 θ_{rec} 的关系如图 15-25 所示。与 15.3 节讨论过的电网电压定向控制（VOC）类似，这里将网侧电容电压，即整流器输入电压矢量 $\vec{v}_g$ 与旋转坐标系的 d 轴重合。旋转坐标系以角速度 $\omega_g = 2\pi f_g$ 旋转，其中 f_g 是电网频率。当采用电流滞后控制时，整流器输入电流 $\vec{i}_{wg}$ 滞后输入电压 $\vec{v}_g$ 的角度为 θ_{wg}。电容电流 $\vec{i}_{Cg}$ 超前 $\vec{v}_g$ 的角度为 $\pi/2$。从图 15-25 中还可以看出，电网电流 $\vec{i}_g$ 由 $\vec{i}_{wg}$ 和 $\vec{i}_{Cg}$ 合成而得。因此整流器的触发角可以通过下式得到

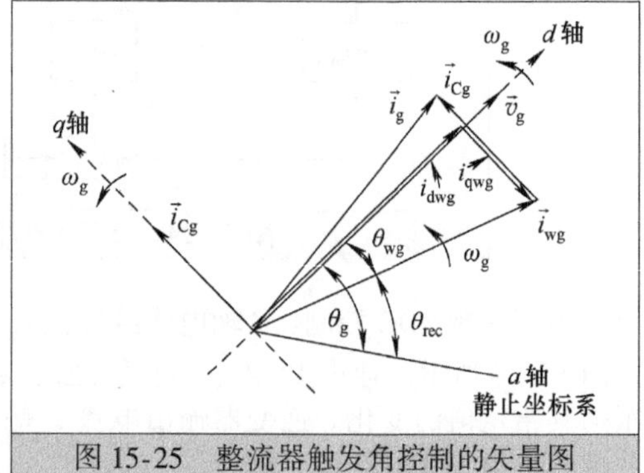

图 15-25　整流器触发角控制的矢量图

$$\theta_{rec} = \theta_g - \theta_{wg} \tag{15-46}$$

要检测网侧的电容电压，需要测量其相电压 v_{ag} 和 v_{bg}。将测得的电容电压传给电容电压检测模块，计算得到网侧电容电压的幅值 v_g 和相角 θ_g。电容电压检测模块的算法如式（15-18）所示。

在图 15-25 中，需要注意的是，仅仅只控制触发角（不控制调制因数），将不能调节整流器的输入功率因数。然而，整流器输入电流的滞后无功分量补偿了网侧电容电流的超前无功分量，因此整体上提高了系统输入侧的功率因数。对整流器输入功率因数的整体控制，可以使用第 11 章介绍的 PWM 电流源整流器的控制方法实现。

15.6.3 CSC 同步电动机传动系统的 ZDC 控制暂态过程分析 ★★★

这里通过计算机仿真分析了基于 CSC 同步电动机传动系统在 ZDC 控制下的性能。仿真中同步电动机选用 2.45MW 的隐极式 PMSM，电动机参数见本章的附件表 A-1，仿真模型参数如表 15-4 所示。

表 15-4　基于 CSC 驱动的同步电动机 ZDC 控制系统仿真参数

永磁同步电动机	2.45MW/4000V/53.3Hz/400rpm/490A 隐极式同步电动机
控制方式	零 d 轴电流(ZDC)控制
系统输入参数	d 轴电流给定值 $i_{ds}{}^* = 0$
	定子转速给定值 $\omega_r{}^*$ （斜坡函数）
整流器	拓扑结构:PWM 电流源型整流器
	调制方式:SHE
	调制因数 $m_a \approx 1$
	开关频率 420Hz
	谐波滤波器:$L_g = 0.15$pu,$C_g = 0.35$pu
逆变器	拓扑结构:PWM 电流源型逆变器
	调制方式:SHE
	调制因数 $m_a \approx 1$
	开关频率 420Hz
	谐波滤波器 $C_f = 0.3$pu
直流侧滤波器	直流电抗器 $L_{dc} = 1.3$pu
电网电压/频率	4000V/60Hz

电动机起动后负载转矩突变时系统的动态响应如图 15-26 所示。为了让电动机平滑起动，电动机转速的给定值 ω_r^* 被设置为一个斜坡函数，从 0 开始随着时间线性增大，并在 1s 时到达额定值 1pu。电动机在空载条件下起动。在 $t = 1.5$s，给电动机施加额定负载转矩。除了在突加负载转矩的瞬间，电动机转速 ω_r 会出现一个小的跌落外，其他时刻 ω_r 都能紧紧跟随其给定值。最终，当电动机起动过程结束后，ω_r 保持为定值。

设置 d 轴电流给定值 i_{ds}^* 为 0，而 q 轴电流的给定值 i_{qs}^* 由速度 PI 调节器的输出给定。实测得到的 dq 轴定子电流 i_{ds} 和 i_{qs} 都能够跟随各自的给定值，只是会存在一些纹波，这是由三相定子电流的开关谐波造成的。a 相定子电流 i_{as} 的波形也在图 15-26 中给出。

在 ZDC 控制下，电动机的电磁转矩 T_e 和 q 轴定子电流 i_{qs} 呈线性关系，这可以由图 15-26 中 T_e 和 i_{qs} 的波形图看出。直流母线电流 i_{dc} 由整流器控制，其波形也在图 15-26 中给出。

需要注意的是，当系统在 $1.2\text{s} < t < 1.5\text{s}$ 的空载稳态期间，定子电流 i_{as} 非常的小，其原因在 15.3.4 节已作过解释，不再赘述。然而，在这期间直流母线电流 i_{dc} 并没有明显的下降，它主要从逆变器输出侧的滤波电容 C_f 流过，但直流母线电压很低。在这种情况下，直流侧功率等于逆变器功率损耗和电动机铜耗、铁耗以及旋转损耗之和。

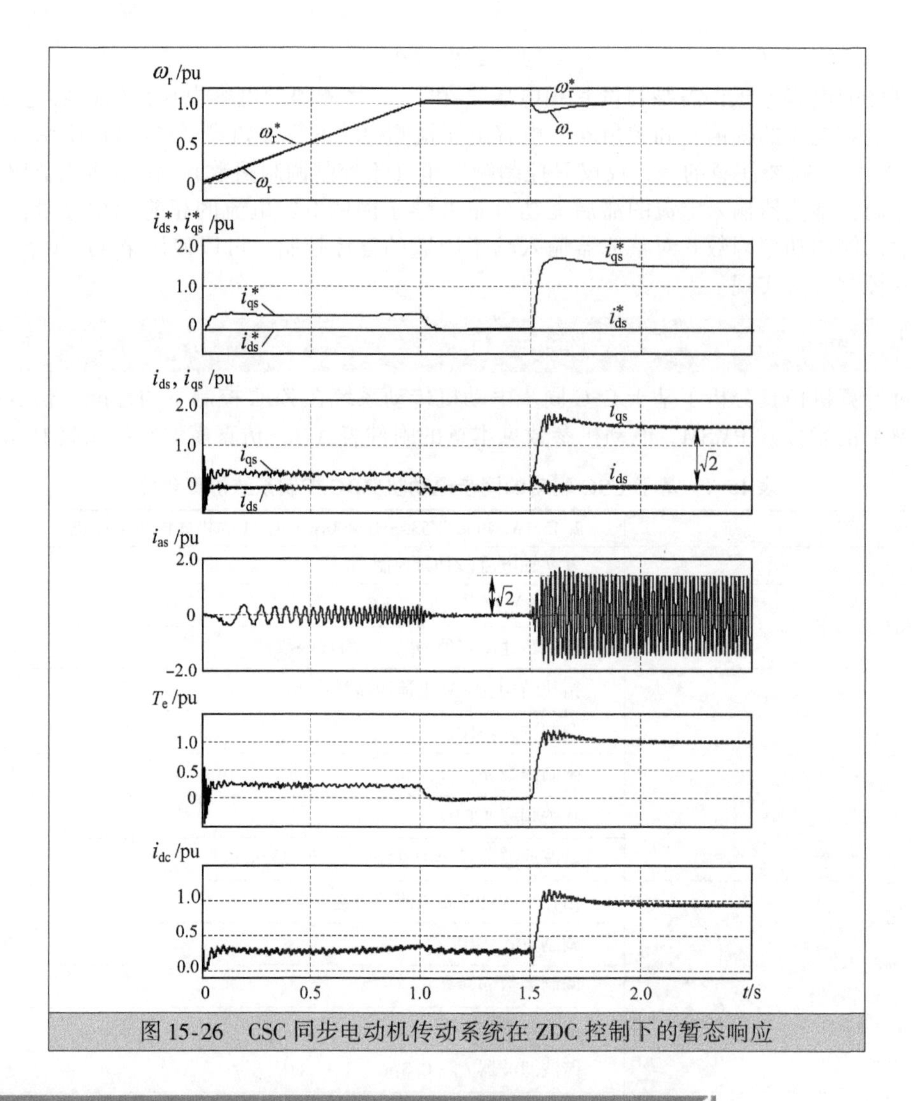

图 15-26　CSC 同步电动机传动系统在 ZDC 控制下的暂态响应

15.6.4　CSC 同步电动机传动系统的 MTPA 控制 ★★★

前面介绍的 VSC 同步电动机传动系统的 MTPA 控制同样可以用在 CSC 同步电动机传动系统上。图 15-27所示是 CSC 同步电动机传动系统的 MTPA 控制框图。该图和图 15-24 基本一致，只是在图 15-24的基础上加入了一个 MTPA 控制模块。MTPA 控制的目标是独立地调节 dq 轴电流，从而以最小定子电流来产生给定转矩。根据之前的推导，MTPA 的控制算法可以描述为

$$\begin{cases} i_{qs}^* = \dfrac{2T_e^*}{3P\left(\lambda_r + (L_d - L_q)\right)i_{ds}} \\ i_{ds}^* = \dfrac{-\lambda_r}{2(L_d - L_q)} - \sqrt{\dfrac{\lambda_r^2}{4(L_d - L_q)^2} + (i_{qs}^*)^2} \end{cases} \tag{15-47}$$

这里通过计算机仿真分析了 CSC 同步电动机传动系统 MTPA 控制的性能特点。仿真参数除了 d 轴电流不再为 0，而是随着电动机运行状况的变化而变化外，其余参数的都和表 15-4 相同。仿真中同步电动机选用 2.5MW 的凸极式同步电动机，电动机参数见本章的附录表 A-2。

电动机起动后突加负载转矩时的动态响应如图 15-28 所示。为了让系统平滑起动，转速的给定值 ω_r^* 从 0 开始随着时间线性上升，并在 $t=1.0$s 时刻达到其额定值。转速的实际值跟随其给定值变化。在 $t=1.5$s 时刻，电动机突加额定负载，电磁转矩 T_e 相应的增大。采用 MTPA 控制时，dq 轴定子电流

i_{ds}和i_{qs}都会相应地变化，这样在任何运行状况下，定子电流的幅值i_s都可以保持在最小值。和ZDC控制不同，电磁转矩T_e由i_{ds}和i_{qs}共同产生，与i_{qs}不再是线性关系。和15.4.2节的分析一样，d轴定子电流i_{ds}也是一个负值。

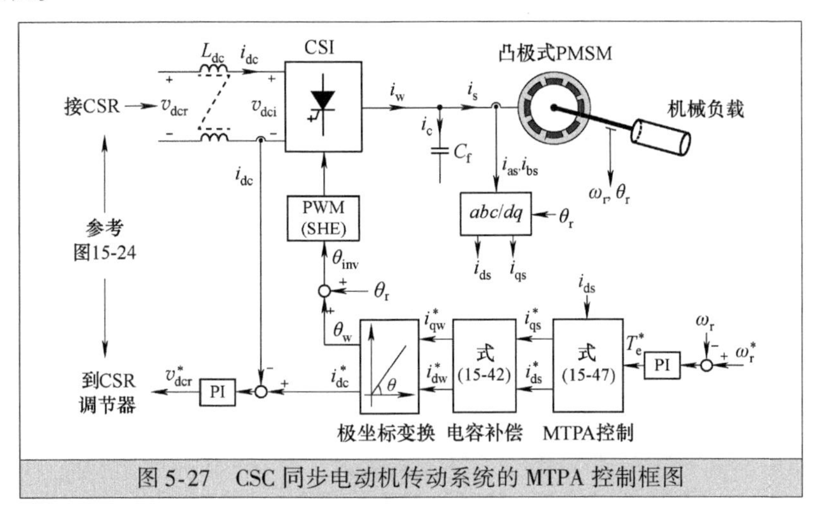

图5-27 CSC同步电动机传动系统的MTPA控制框图

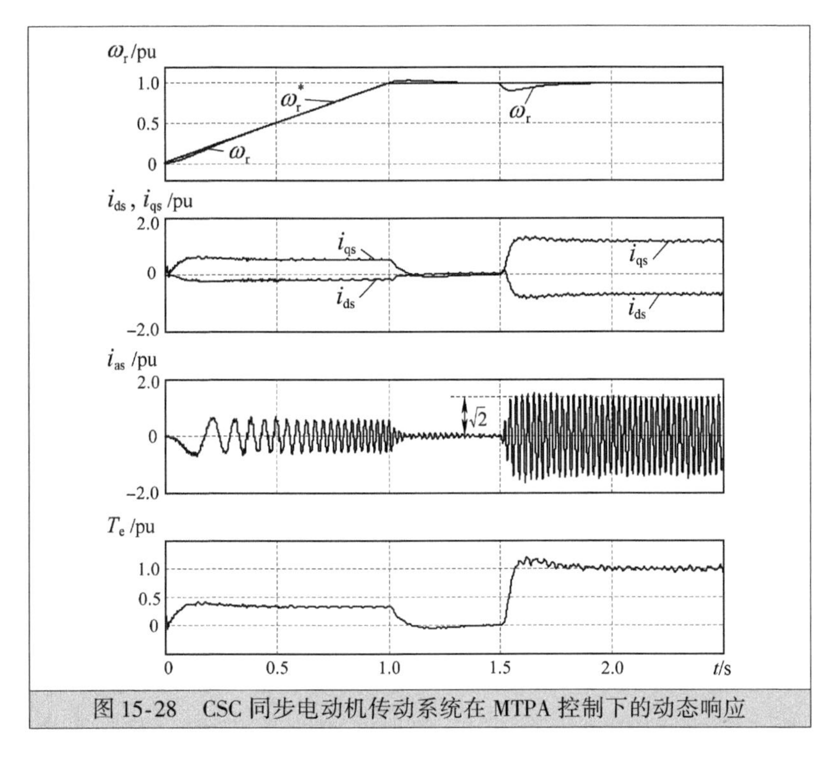

图15-28 CSC同步电动机传动系统在MTPA控制下的动态响应

15.7 小　　结

本章主要介绍了同步电动机传动系统的控制方法，首先介绍了转子定向同步坐标系下同步电动机的动态和稳态模型。该模型对绕线式同步电动机和永磁同步电动机都适用，也同时适用于凸极式电动机和隐极式电动机。

本章还介绍了多种同步电动机传动系统的控制方法，包括零d轴电流（ZDC）控制、最大转矩电流比（MTPA）控制和直接转矩控制（DTC）；分析了这些控制方法的原理，并讨论了它们在VSC和

CSC驱动同步电动机中的实现方法，通过计算机仿真对这些系统的动态性能进行了说明。ZDC控制方法具有转矩—电流呈线性关系、控制器设计简单、易于工程实现等优点，MTPA控制方法具有电动机和变流器损耗低的优点，而DTC的传动系统则具有控制方法简单和易实现的优点。

附录15A 附件

表15-5 2.45 MW/4000V/53.3Hz隐极式永磁同步电动机

电动机等级		电动机参数	
额定输出功率	2.45MW	定子电阻 R_s	24.21mΩ
额定线电压	4000V	d轴同步电感 L_d	9.816mH
额定定子电流	490A	q轴同步电感 L_q	9.816mH
额定转速	400rpm	额定定子频率	53.33Hz
额定转矩	58.5kN·m	额定功率因数	0.716
额定转子磁链	4.97Wb	极对数	8
转动惯量	312kg·m^2		

表15-6 2.5 MW/4000V/40Hz凸极式永磁同步电动机

电动机等级		电动机参数	
额定输出功率	2.5MW	定子电阻 R_s	24.25mΩ
额定线电压	4000V	d轴同步电感 L_d	8.9995mH
额定定子电流	485A	q轴同步电感 L_q	21.8463mH
额定转速	400rpm	额定定子频率	40Hz
额定转矩	59.7kN·m	额定功率因数	0.739
额定转子磁链	4.76Wb	极对数	6
转动惯量	420kg·m^2		

参考文献

[1] R. Bhatia, H. U. Krattiger, A. Bonanini, et al., "Adjustable speed drive with a single 100-MW synchronous motor," ABB Review, no. 6, pp. 14-20, 1998.

[2] "Synchronous Motors-High Performance in all Applications," ABB Product Brochure, 20 pages, 2011.

[3] B. K. Bose, Power Electronics and Motor Drives: Advances and Trends, Academic Press, 2006.

[4] P. C. Sen, Principle of Electric Machines and Power Electronics, 3rd Edition, Wiley, 2013.

[5] C. T Pan and S. M. Sue, "A linear maximum torque per ampere control for IPMSM drives over full-speed range," IEEE Transactions on Energy Conversion, vol. 20, no. 2, pp. 359-366, 2005.

[6] B. Wu, Y. Lang, N. Zargari, and S. Kouro, Power Conversion and Control of Wind Energy Systems, Wiley/IEEE Press, 2011.

[7] M. Kadjoudj, S. Taibi, N. Golea, and H. Benbouzid, "Modified direct torque control of permanent magnet synchronous motor drives," International Journal of Sciences and Techniques of Automatic Control & Computer Engineering, Vol. 1, no. 2, pp. 167-180, 2007.

[8] A. Damiano, G. Gatto, I. Marongiu and A. Perfetto, "An Improved Multilevel DTC Drive," IEEE Power Electronics Specialists Conference, pp. 1452-1457, 2011.

第 6 部分　中压传动系统专题

第16章 用于中压传动的矩阵变换器

16.1 简　　介

在前面章节中介绍过，中压传动系统中常用到交—直—交变换器的拓扑结构，其整流器和逆变器通过直流母线连接在一起。经典的矩阵变换器（MC），作为可以替代交—直—交变换器的一种交—交变换器，已经在变速电动机传动系统中得到了应用[1-4]。然而，由于缺少足够高电流和电压等级的开关器件，经典矩阵变换器不能直接用于中压传动系统中。借助多电平串联H桥式（CHB）变频器的思想，模块化级联矩阵变换器（CMC）在中压传动系统中得到应用，它可以通过易于采购的低压开关器件搭建出功率等级达到6MW、电压等级达到6.6kV[5-6]的传动系统。

模块化级联矩阵变换器（CMC）的每一相，都是由多个三相转一相（3×1）的矩阵变换器模块级联而成。CMC拓扑的一个主要特征是功率变换不需要经过直流环节，直接从交流输入侧转换到交流输出侧。用于中压传动系统的交—直—交电压源型变频器，其直流侧需要一个很大的电容。和低压驱动中常用的电解电容不同，这个电容必须是耐压值较高的薄膜电容，因此其造价高、体积大。同样，用于中压传动系统的电流源型变频器（CSC），其直流侧电感同样也是造价高、体积大。由于CMC取消了直流环节，因此可以大大降低传动系统的成本和体积。

作为直接功率转换和多模块级联结构的组合，CMC还有许多其他特征，包括可以降低成本的模块化设计、具备四象限运行能力、输入和输出都接近正弦波等。然而，由于缺少直流环节，CMC的调制方法比较复杂。同时，CMC对输入电压的扰动很敏感，不具备故障穿越能力[4,7]。尽管存在着一些缺点，模块化变换器CMC在中压传动系统中还是得到了很多应用。

本章将对典型矩阵变换器进行介绍；接着将分析级联矩阵变换器的基本单元，即3×1矩阵变换器；还将给出用于中压传动系统的三模块和六模块CMC拓扑结构，以及这些拓扑结构的典型输出电压和输入电流波形；最后介绍一种基于模块化级联矩阵变换器的商用中压传动系统。

16.2 经典矩阵变换器

经典矩阵变换器（MC）是一种单级功率变换器，它将电压和频率固定的三相交流电转换为电压和频率可变的三相交流电。这种变换器不需要直流环节，并且通过双向开关使任意输出相都能和任意输入相直接相连。经典矩阵变换器具有四象限运行、功率密度大、输入侧功率因数可控等特点[8-9]。

16.2.1 经典矩阵变换器结构 ★★★

图16-1所示是传统的三相输入三相输出（3×3）矩阵变换器的简化电路图，图中，包含了9个双向开关。这些开关将输出端A、B、C直接与输入端的a、b、c相连，这样所需的输出电压就可以通过输入电压合成。变换器输入侧的滤波器（L_f、C_f）不仅能够抑制高频开关谐波，还可以降低MC变换器开关器件动作时的电压应力[8]。

图16-2所示是矩阵变换器中所使用双向开关的两种典型结构图。在实际应用中，双向开关可以通过两个IGBT-Diode模块反向串联或者两个能够反向阻断的IGBT（RB-IGBT）反并联得到，如图16-2a

和图 16-2b 所示。双向开关允许电流双向流通，阻断两种极性的电压。反向串联结构的双向开关由于是两个器件（IGBT 和二极管）形成电流通路，所以其通态损耗较高；而反并联结构的双向开关则由于使用了 RB-IGBT，增加了成本。

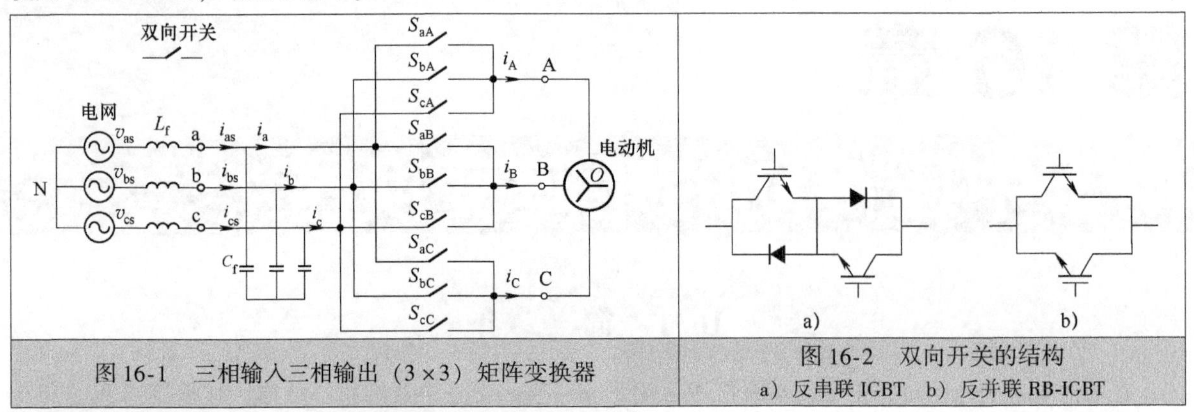

图 16-1　三相输入三相输出（3×3）矩阵变换器

图 16-2　双向开关的结构
a）反串联 IGBT　b）反并联 RB-IGBT

16.2.2　开关约束条件与波形合成 ★★★

与电压源型变频器或者电流源型变频器类似，矩阵变频器也受到开关约束条件的限制，不允许存在使得输入滤波电容短路或者感性负荷电流突变的开关状态。所以在任何时刻，变换器中有且只有 3 个功率器件处于导通状态，一个来自 A 相的开关组（S_{aA}、S_{bA}、S_{cA}），一个来自 B 相的开关组（S_{aB}、S_{bB}、S_{cB}），一个来自 C 相的开关组（S_{aC}、S_{bC}、S_{cC}）。如果处于导通状态的开关器件数目多于 3 个，变换器输入端的滤波电容 C_f 将会被开关短路，产生过大的电流；而如果在关断一个开关器件的同时没有开通同一个开关组的另一个开关器件，则感性负载电流将突变，使得开关器件承受过高的电压。上述开关动作条件可以表述为

$$\begin{cases} S_{aA} + S_{bA} + S_{cA} = 1 \\ S_{aB} + S_{bB} + S_{cB} = 1 \\ S_{aC} + S_{bC} + S_{cC} = 1 \end{cases} \tag{16-1}$$

式中

$$S_{jk} = \begin{cases} 1 & (S_{jk}\ \text{关断}) \\ 0 & (S_{jk}\ \text{导通}) \end{cases} \quad (j \in \{a,b,c\}, k \in \{A,B,C\}) \tag{16-2}$$

当设计矩阵变换器的 PWM 调制方法时，必须严格遵守这些约束条件。目前针对矩阵变换器已提出了许多调制方案[1,9-11]，包括空间矢量调制（SVM）、正弦载波调制、基于传递函数的调制方法等。但是由于矩阵变换器没有直流环节，功率变换是直接从交流到交流，从而使得这些调制方式都很复杂。但是这些调制方法的基本原理都很简单：变换器的输出电压由其输入电压合成，变换器的输入电流由其输出电流组合得到。变换器的三相输出电压可以通过下式得到

$$\begin{cases} v_{AN} = S_{aA}v_{aN} + S_{bA}v_{bN} + S_{cA}v_{cN} \\ v_{BN} = S_{aB}v_{aN} + S_{bB}v_{bN} + S_{cB}v_{cN} \\ v_{CN} = S_{aC}v_{aN} + S_{bC}v_{bN} + S_{cC}v_{cN} \end{cases} \tag{16-3}$$

由此可以得到变换器输出线电压为

$$\begin{cases} v_{AB} = v_{AN} - v_{BN} \\ v_{BC} = v_{BN} - v_{CN} \\ v_{CA} = v_{CN} - v_{AN} \end{cases} \tag{16-4}$$

变换器三相输入电流为

$$\begin{cases} i_a = S_{aA}i_A + S_{aB}i_B + S_{aC}i_C \\ i_b = S_{bA}i_A + S_{bB}i_B + S_{bC}i_C \\ i_c = S_{cA}i_A + S_{cB}i_B + S_{cC}i_C \end{cases} \tag{16-5}$$

图 16-3 描述了通过输入电压得到变换器输出电压的方法。其中，v_{aN}、v_{bN}和 v_{cN}是变换器输入端 a、b 和 c 相对电网中点 N 的电压；S_{aA}、S_{bA}和 S_{cA}是 A 相开关器件组的开关状态；v_{AN}是 A 相输出电压对电网中点的电压；v_{AN1}是 v_{AN}的基频分量。图中的开关状态必须满足开关约束条件，即式（16-1）。

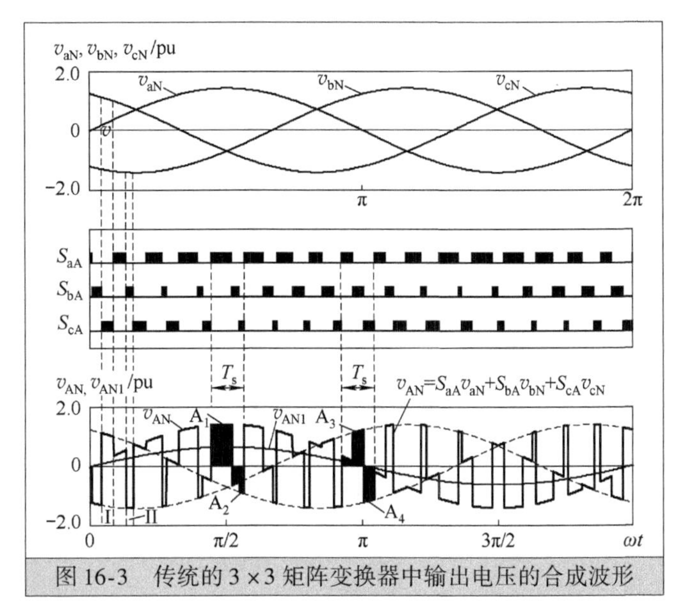

图 16-3 传统的 3×3 矩阵变换器中输出电压的合成波形

矩阵变换器 A 相输出电压可以由 $v_{AN}=S_{aA}v_{aN}+S_{bA}v_{bN}+S_{cA}v_{cN}$合成得到。在图 16-3 中的区段 I，$S_{cA}$导通（$S_{cA}=1$）、$S_{aA}$和 S_{bA}关断（$S_{aA}=S_{bA}=0$），则 $v_{AN}=v_{cN}$；在区段 II，$S_{bA}=1$、$S_{aA}=S_{cA}=0$，由此 $v_{AN}=v_{bN}$。依次类推，同理可得其他区段的输出电压，综合所有区段可以得到由三相输入电压波形合成的输出电压波形 v_{AN}。

图 16-3 还给出了变换器 A 相输出电压的基频分量 v_{AN1}，其可以看成是 v_{AN}在一个开关周期 T_s内的平均值。例如，当 v_{AN1}在 $\omega t=\pi/2$ 时达到其峰值，区段 A_1（正）的面积比区段 A_2（负）的面积大得多，A_1 和 A_2 在 T_s内的平均值就是 v_{AN1}的幅值，为正。当 v_{AN1}在 $\omega t=\pi$ 时减小为 0，正区域 A_3 的面积和负区域 A_4 的面积接近，A_3 和 A_4 的平均值也接近 0。

图 16-4 描述的是矩阵变换器的输入电流合成方式。其中，i_A、i_B和 i_C是变换器三相输出电流；S_{aA}、S_{aB}和 S_{aC}是连接变换器输入端 a 的器件开关状态；i_a是变换器 a 相输入电流；i_{as}是 a 相电源电流。

a 相输入电流可以通过 $i_a=S_{aA}i_A+S_{aB}i_B+S_{aC}i_C$得到。如图 16-4 所示，在区段 I，开关 S_{aA}、S_{aB}和 S_{aC}导通（$S_{aA}=S_{aB}=S_{aC}=1$），由于三相电流平衡，则$i_a=i_A+i_B+i_C=0$。在区段 II，全部的 3 个开关关断（$S_{aA}=S_{aB}=S_{aC}=0$），导致 $i_a=0$。在区段 III，$S_{aA}=1$、$S_{aB}=S_{aC}=0$，从而 $i_a=i_A$。在区段 IV，$S_{aA}=S_{aB}=1$，$S_{aC}=0$，$i_a=i_A+i_B$。在所有开关周期里进行类似的分析，变换器输入电流就可以通过其三相输出电流合成得到。

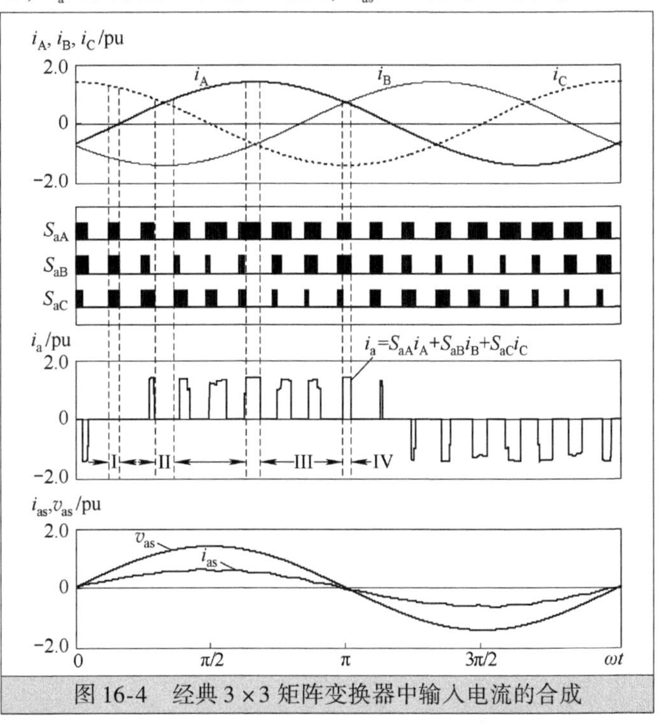

图 16-4 经典 3×3 矩阵变换器中输入电流的合成

图 16-4 中还给出了 a 相电流 i_{as}和电压 v_{as}波形图。由于 i_a中的开关谐波被电感 L_f和电容 C_f滤除，使得 i_{as}接近正弦波。

图 16-5 所示是使用参考文献［1］中的调制方法得到的经典矩阵变换器的波形。变换器的开关频率是 1kHz，调制因数是 0.9，输出频率 f_o是 90Hz。电网频率 f_g是 60Hz，输入侧的滤波电感和电容分别是 0.05pu 和 0.25pu，负载电阻和电感分别是 0.5pu 和 0.35pu。

A 相输出电压 v_{AN}由变换器输入电压合成，其基频成分 v_{AN1}如图 16-5 所示。负载电流 i_A接近正弦波，变换器 a 相输入电流是由其输出电流合成而得。i_a中的开关谐波由 C_f和 L_f滤除，使得电流 i_{as}为正弦波。变换器的输入功率因数此时可通过调制方法控制为单位功率因数。

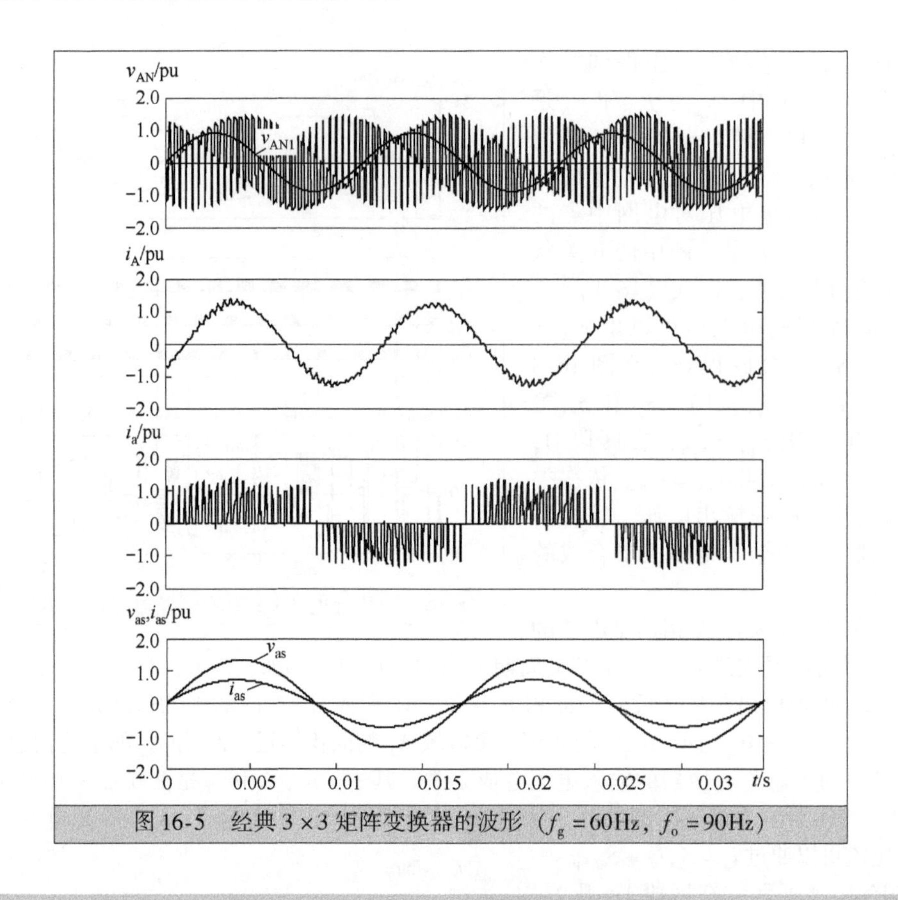

图 16-5　经典 3×3 矩阵变换器的波形（$f_g=60\text{Hz}$，$f_o=90\text{Hz}$）

16.3　三模块矩阵变换器

为了提高矩阵变换器的电压和功率等级，在中压驱动系统中常使用多模块矩阵变换器[5-6,12,13]。图 16-6所示是三模块矩阵变流传动系统的结构框图，其中电动机连接到 3 个 3×1 矩阵变换器模块单元中。每一个 3×1 矩阵变换器需要由独立的三相电源供电，可以通过采用二次侧为多绕组的变压器实现。为了进一步提高传动系统的电压和功率等级，还可以在变换器的每一相级联两个以上的 3×1 矩阵变换器模块，后面将会详细介绍。

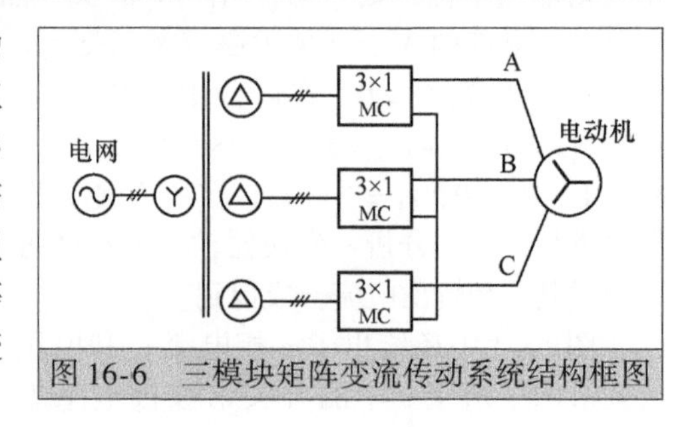

图 16-6　三模块矩阵变流传动系统结构框图

16.3.1　三相转单相（3×1）MC 模块 ★★★

3×1MC 模块是多模块级联矩阵变换器的基本单元，其电路结构如图 16-7 所示。MC 模块由 6 个双向开关组成，3 个在上组（S_{ap}，S_{bp}，S_{cp}），3 个在下组（S_{aq}，S_{bq}，S_{cq}）。在模块的输入端连接着一个三相滤波电容 C_f，用来抑制开关谐波，以及协助模块中开关器件的换流。

经典 3×3 矩阵变换器的开关约束条件也适用于 3×1MC 模块。在任何时刻，变换器中有且只有两个开关处于导通状态，其中一个来自上组，另一个来自下组。如果导通的开关数大于两个，滤波电容 C_f将会被短路，造成过高的电流；如果断开其中一个开关的同时没有立刻导通同一组的另一个开关，则感性负载电流将会突变，使得开关承受过高的感应电压。开关状态约束条件可以描述为

$$\begin{cases}S_{ap}+S_{bp}+S_{cp}=1\\S_{aq}+S_{bq}+S_{cq}=1\end{cases}\tag{16-6}$$

其中

$$S_{jk}=\begin{cases}1 & (S_{jk}\ \text{关断})\\ 0 & (S_{jk}\ \text{导通})\end{cases}\quad (j\in\{a,b,c\},k\in\{p,q\}) \tag{16-7}$$

3×1MC 模块的输出电压 v_{pq} 可以通过其输入电压 v_a、v_b 和 v_c 合成得到

$$v_{pq}=(S_{ap}v_a+S_{bp}v_b+S_{cp}v_c)-(S_{aq}v_a+S_{bq}v_b+S_{cq}v_c) \tag{16-8}$$

因此，开关状态和输出电压的关系如表 16-1 所示。

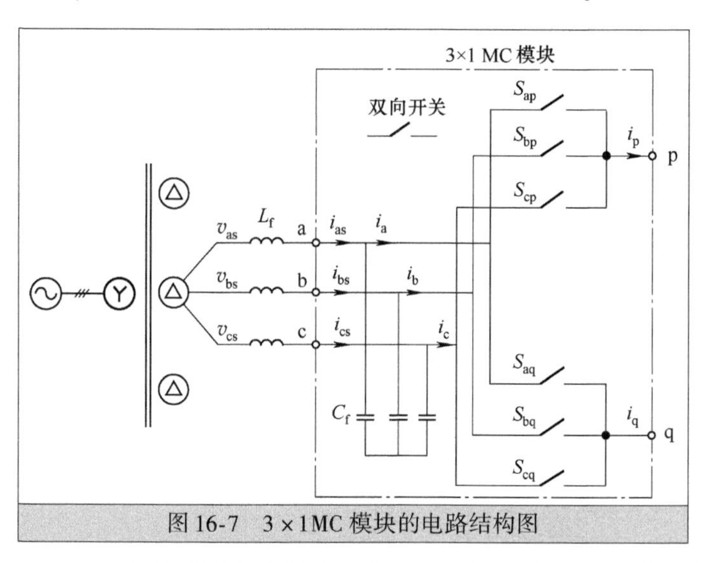

图 16-7 3×1MC 模块的电路结构图

表 16-1 3×1MC 模块的开关状态和输出电压

开关状态						输出电压
S_{ap}	S_{bp}	S_{cp}	S_{aq}	S_{bq}	S_{cq}	v_{pq}
1	0	0	1	0	0	$v_a-v_a=0$
0	1	0	0	1	0	$v_b-v_b=0$
0	0	1	0	0	1	$v_c-v_c=0$
1	0	0	0	1	0	$v_a-v_b=v_{ab}$
0	1	0	0	0	1	$v_b-v_c=v_{bc}$
0	0	1	1	0	0	$v_c-v_a=v_{ca}$
1	0	0	0	0	1	$v_a-v_c=v_{ac}$
0	1	0	1	0	0	$v_b-v_a=v_{ba}$
0	0	1	0	1	0	$v_c-v_b=v_{cb}$

3×1 矩阵变换器的输入电流 i_a、i_b 和 i_c 可以通过其输出电流 i_p 合成得到

$$\begin{cases}i_a=(S_{ap}-S_{aq})i_p\\ i_b=(S_{bp}-S_{bq})i_p\\ i_c=(S_{cp}-S_{cq})i_p\end{cases} \tag{16-9}$$

图 16-8 所示是 3×1 矩阵变换器典型的输出电压和输入电流波形，其中 v_{ab}、v_{bc} 和 v_{ca} 是输入线电压，v_{pq} 是输出电压，i_p 是输出电流，i_a 是输入电流。为了方便分析，图中也给出了 v_{cb}、v_{ac} 和 v_{ba} 的波形。在区段 I，开关 S_{ap} 和 S_{bq} 导通，其余开关都关断（这里未给出门极信号的波形）。由表 16-1 知，变换器输出电压 v_{pq} 等于 v_{ab}，输入电流 $i_a=(S_{ap}-S_{aq})\ i_p=i_p$。类似，在区段 II，$S_{ap}=S_{cq}=1$，其他开关关断，有 $v_{pq}=v_{ac}$、$i_a=i_p$。总结所有区段可知，v_{pq} 能够通过变换器的输入线电压合成，输入电流能够通过变换器的输出电流合成。

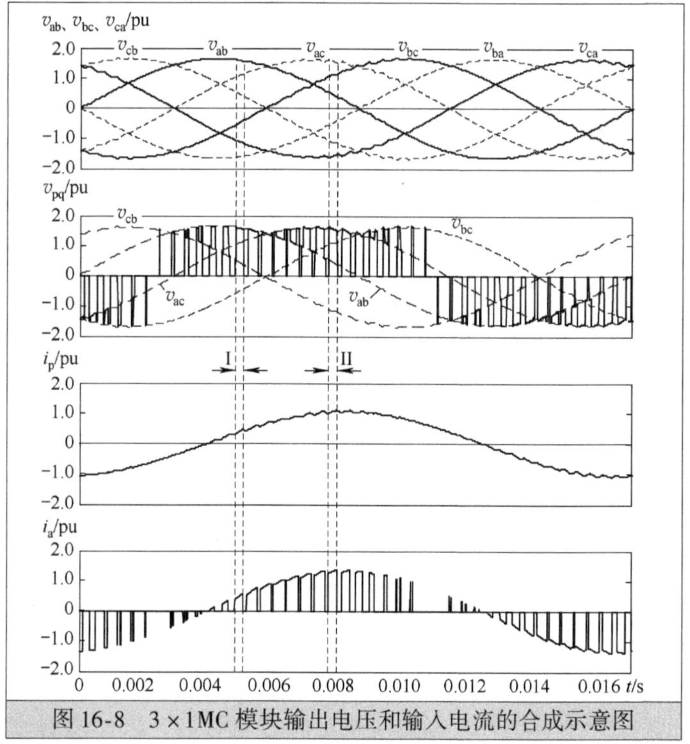

图 16-8 3×1MC 模块输出电压和输入电流的合成示意图

16.3.2 三模块 MC 拓扑结构 ★★★

图 16-9 所示是三模块矩阵变换器的电路拓扑结构图[12,13]，其中每一个模块都是一个 3×1 矩阵变换

器。该结构中包含了一个三相多绕组变压器，3 个二次绕组分别给 3 个 3×1MC 模块供电。每个模块输入并联一组三相滤波电容，用来滤除输入电流的开关谐波，并吸收变换器开关器件在换相过程中可能产生的冲击电压。

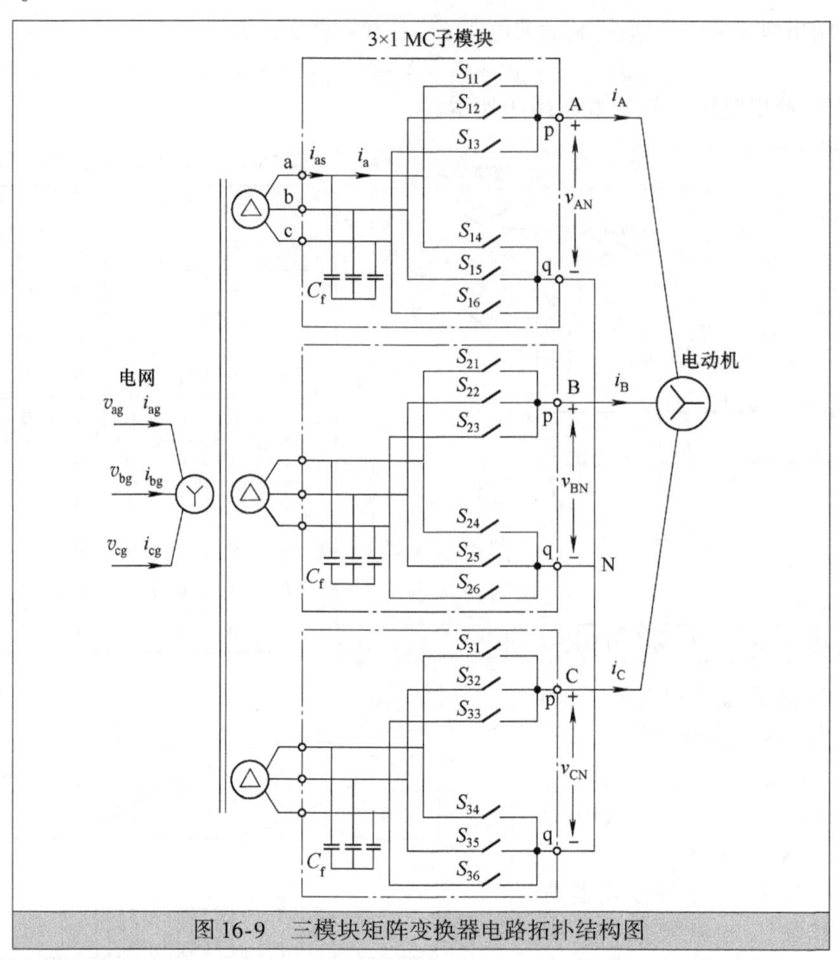

图 16-9　三模块矩阵变换器电路拓扑结构图

由于变压器的漏电感可以作为滤波电感，所以变压器二次侧和 MC 模块之间不需要另加电感。但变压器的一次侧需要安装三相滤波器来降低网侧电流的畸变率，以达到电网相关规范要求。在变换器的输出侧，3 个模块的 q 端连接在一起构成中点 N，各 p 端与电动机相连。

16.3.3　输入和输出波形 ★★★

多模块矩阵变换器调制的主要目标是让变换器输出电压和频率可调，同时使系统的输入电流，即变压器一次侧电流波形接近正弦波，同时谐波失真尽可能地小。矩阵变换器的输入功率因数也应可控。

多模块矩阵变换器有许多调制方法[12-15]，其中一种称为基于直接传递函数的调制，该调制方法中建立了三模块矩阵变换器的数学模型。该模型通过传递函数建立了变压器一次侧（输入）电流和变换器输出电流以及变压器二次侧电压的直接关系。传递函数包含一个转移矩阵，通过这个矩阵可以得到幅值和频率可变的三相输出电压，同时实现变压器一次侧输入电流的正弦化。

另一种调制方式称为间接空间矢量调制，该种调制方式中建立了三模块 MC 拓扑的间接电路模型[13]。这种电路模型由一个整流器、一个虚拟的直流环节和一个逆变器组成，整流器和逆变器分别使用 SVM 来确定开关状态和导通时间。整流器和逆变器的开关状态和导通时间配合形成三模块矩阵变换器最终的门（栅）极信号。

图 16-10 所示是基于直接传递函数调制的三模块矩阵变换器的仿真波形，仿真参数如表 16-2 所示。

变换器 A 相输出电压 v_{AN}的波形与图 16-8 所示 3×1MC 变换器波形相似。变换器线电压通过 $v_{AB}=v_{AN}-v_{BN}$得到。由于负载电感的存在，A 相输出电流的波形接近正弦。3×1 模块的输入电流 i_a呈现非周期变化波形，主要是由于电网频率和输出频率不同导致的。由于滤波电容 C_f的存在，变压器二次侧电流 i_{as}谐波含量比 i_a少得多；而一次侧的电流 i_{ag}接近正弦，这是通过直接传递函数调制实现的。此时的输入功率因数为单位功率因数。

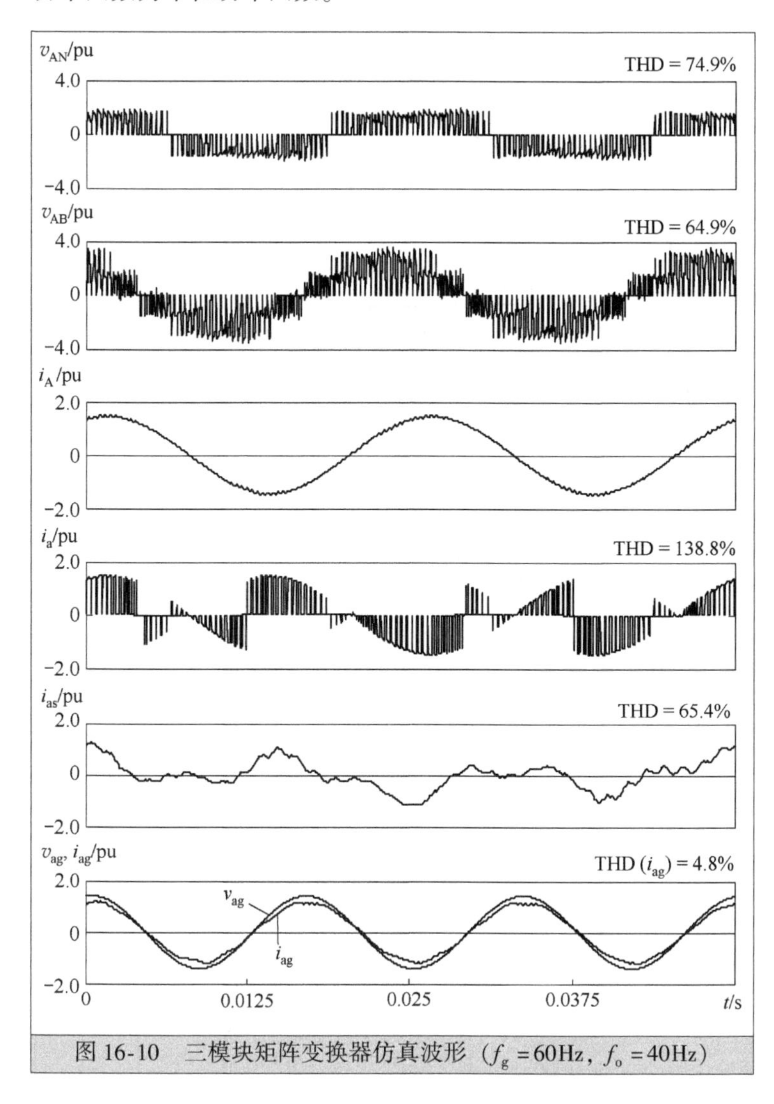

图 16-10 三模块矩阵变换器仿真波形（$f_g=60Hz$，$f_o=40Hz$）

表 16-2 三模块矩阵变换器仿真参数

参数	值
电网频率(f_g)	60Hz
电网电压(线电压)	1387V
变压器变比(N_p/N_s)	3/2
变压器漏电感(折算到二次侧)	0.6mH (0.04pu)
输入侧滤波电容(C_f)	91μF(0.2pu)
开关频率	1.8kHz
调制因数	0.9
输出频率(f_o)	40Hz
负载电阻	4.3Ω(0.75pu)
负载电感	7.7mH(0.5pu)

16.4 多模块级联矩阵变换器

三模块矩阵变换器相较于经典的 3×3 矩阵变换器有更高的电压和功率等级。为了进一步提高中压传动中变换器的电压和功率等级，可以考虑使用级联矩阵变换器（CMC）结构[6,12,13]。其与第 7 章介绍的多电平串联 H 桥（CHB）变换器类似，CMC 结构只是将 CHB 拓扑中的多个 H 桥功率模块串联替换为 3×1MC 模块串联。

图 16-11 所示是应用在中压传动中的两种 CMC 拓扑结构，其中图 16-11a 总共有 6 个模块，每相两个模块串联在一起；图 16-11b 总共有 3n 个模块，每相由 n 个模块串联组成。每个模块都是一个 3×1 矩阵变换器。串联模块数取决于模块和电动机的电压等级。据报道，在一个 6.6kV 的驱动系统中，每

相串联6个额定电压为635V的子模块，传动系统总共需要18个MC模块[5,6]。CMC拓扑中的每个MC模块需要一个独立的三相电源供电，可以通过有多个二次绕组的变压器来实现。

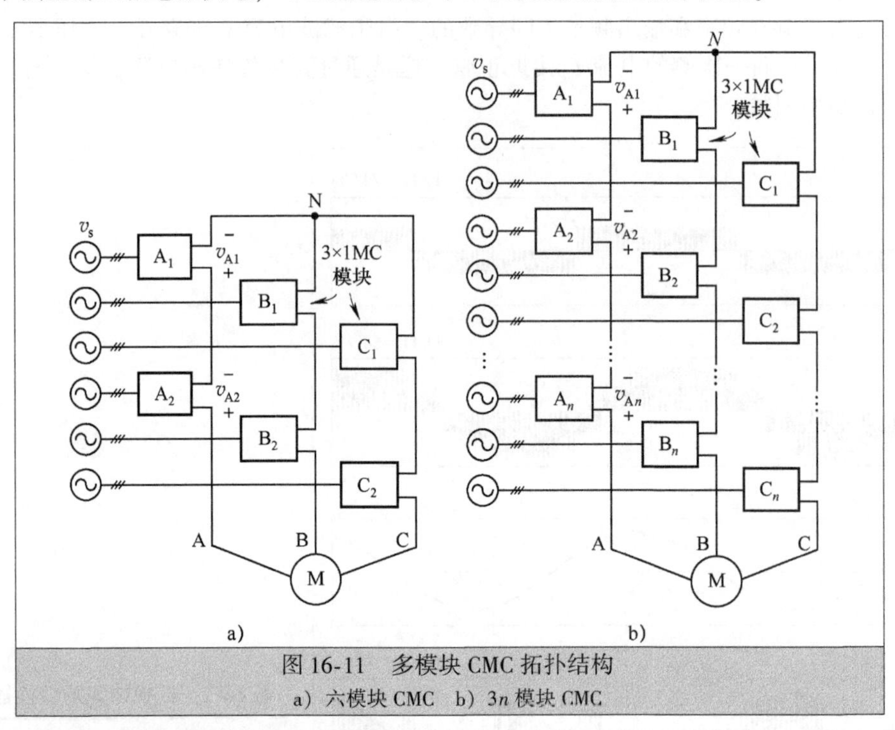

图 16-11　多模块 CMC 拓扑结构

a）六模块 CMC　b）3n 模块 CMC

16.4.1　九模块 CMC 拓扑结构 ★★★

图16-12所示为九模块CMC拓扑结构图。图中，具有9个二次绕组的移相变压器为MC模块提供了9组三相平衡电压。9个二次绕组分为3组，相邻两组绕组之间相位相差20°，这和18脉冲整流器中使用的变压器基本相同。变压器能够消除二次侧电流的4种主要低次谐波（5、7、11、13次），因此一次侧即使没有任何滤波器，电流仍接近正弦波。除此之外，变压器还起到电气隔离的作用。

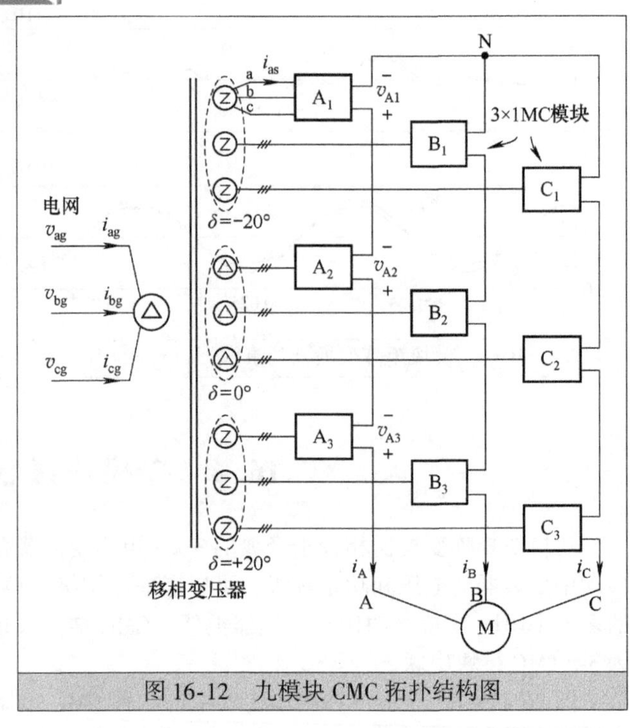

图 16-12　九模块 CMC 拓扑结构图

16.4.2　输入输出波形 ★★★

图16-13所示是基于直接传递函数调制的九模块CMC的典型波形图[12]。仿真参数如表16-3所示。MC模块A_1的输出电压v_{A1}波形和图16-8中的v_{pq}相似。由于每相有3个MC模块串联，所以A相输出电压v_{AN}的波形很接近叠加有开关谐波的正弦波。变换器线电压v_{AB}的THD为20.5%，比图16-10所示的三模块MC的电压畸变率64.9%要低得多。变换器A相输出电流i_A、变压器二次侧电流i_{as}和变压器一次侧电流i_{ag}都和图16-10所示的三模块矩阵变换器波形相似，不再讨论。

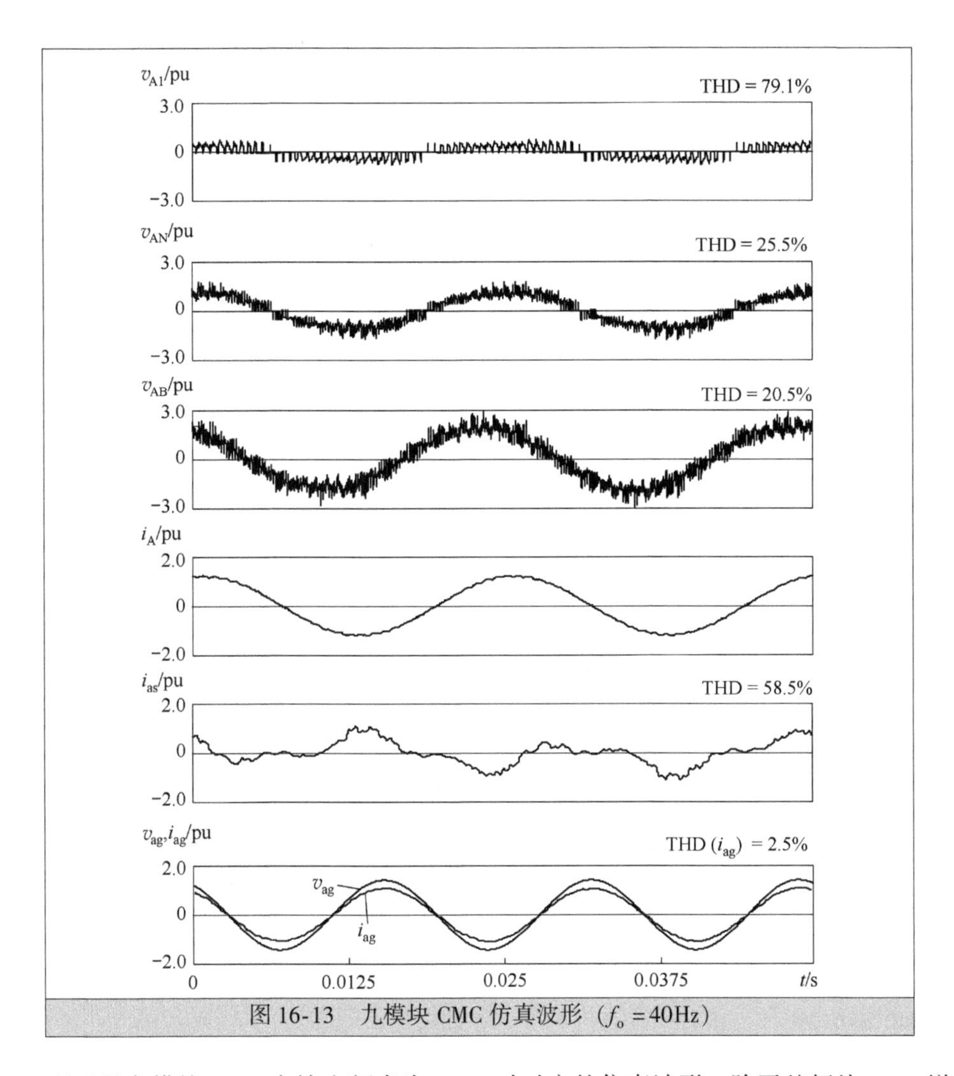

图 16-13 九模块 CMC 仿真波形（f_o =40Hz）

图 16-14 所示是九模块 CMC 在输出频率为 80Hz 时对应的仿真波形。除了基频从 40Hz 增加到 80Hz 外，变换器输出线电压 v_{AB} 基本和图 16-13 一样。变换器输入电流 i_{ag} 的 THD 只有 2.6%，并且可通过调制方法来实现单位功率因数运行。

表 16-3 九模块 CMC 仿真参数

电网频率(f_g)	60Hz
电网电压(线电压)	4160V
变压器变比(N_p/N_s)	9/2
变压器漏电感(折算到二次侧)	0.6mH(0.04pu)
输入侧滤波电容(C_f)	91μF(0.25pu)
开关频率	1.8kHz
调制因数	0.9
输出频率(f_o)	40Hz
负载电阻	17.3Ω(1.0pu)
负载电感	11.5mH(0.25pu)

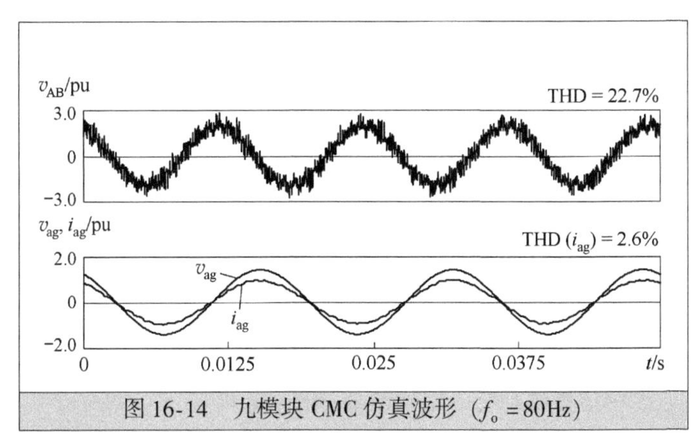

图 16-14 九模块 CMC 仿真波形（f_o =80Hz）

实验测得九模块 CMC 的波形如图 16-15 所示。其中，v_{AN}是变换器相电压，v_{AB}是线电压，i_A是 A 相输出电流。与图 16-12 一样，这里使用了具有 9 个二次绕组的移相变压器。工况为：v_{AB} = 208V，

调制比 $m_a = 0.9$，开关频率 1.8kHz，输出频率 40Hz 和 80Hz。实验结果与图 16-13 和 16-14 中的仿真波形图一致。

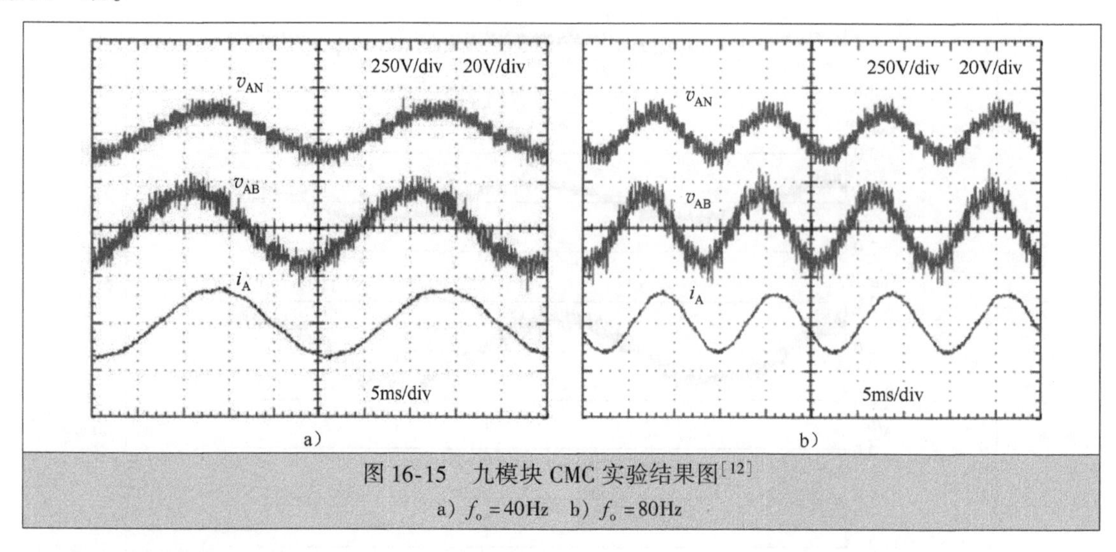

图 16-15 九模块 CMC 实验结果图[12]
a）$f_o = 40$Hz b）$f_o = 80$Hz

本节介绍的多模块 CMC 拓扑结构具有很多优点：

1）模块化结构。变换器可以通过许多独立的 3×1MC 模块组成，这些模块可以批量生产，组合之后可以适用于不同电压和功率等级的中压传动系统，大大降低了生产成本。

2）没有直流环节。不像电压源、电流源型传动系统需要一个很大的直流电容或者电抗，CMC 型传动系统不需要任何的直流环节，降低了成本。

3）输出电压和输入电流谐波含量小。变换器输出电压由移相串联的3×1MC模块产生，这样使得 THD 很低并且 dv/dt 很小。由于使用了移相变压器并且每个 MC 模块的输入端都安装了小的滤波器，因此变换器的输入电流波形近似为正弦波。

4）不需要开关器件串联即可实现中压运行。不需要开关器件串联即可通过串联低压 MC 模块的方式实现较高的交流输出电压，因此不存在串联开关器件均压的问题。

5）四象限运行。无需额外设备，基于 CMC 拓扑的中压传动系统就可以实现四象限运行。

但是，级联型矩阵变换器也有一些缺点，包括：

1）需要移相变压器给 MC 模块提供独立的交流电源，提高了传动系统的生产和运行成本。

2）需要大量的开关器件，如一个九模块 CMC 需要 108 个 IGBT。

16.5 用于中压传动的多模块 CMC

图 16-16 所示是工程上使用的 3.3kV 九模块 CMC 传动系统[5]。左边的机柜包含一个具有 9 个二次绕组的移相变压器和系统的数字控制器，右边的机柜包含了 9 个 3×1 矩阵变换器模块单元。因为模块单元可以大批量生产，所以在用于不同电压等级传动系统时，可以大幅度降低生产成本，也有利于减少模块损坏后更换的停机检修时间。

图 16-16 3.3kV 九模块 CMC 传动系统

该中压传动系统的结构组成如图 16-17 所示。每一个 3×1MC 模块的额定电压是 635V，可以使用便宜的低电压等级的 IGBT，减小了传动系统的生产成本。每相串联 3 个模块，变换器的相电压为 1905V，线电压达到 3.3kV，为标准中压。线电压 v_{AB} 与图 16-15 所示的波形非常相似。由于电动机漏感的存在，电动机的电流接近正弦，因此变换器的输出侧不需要 *LC* 滤波器。

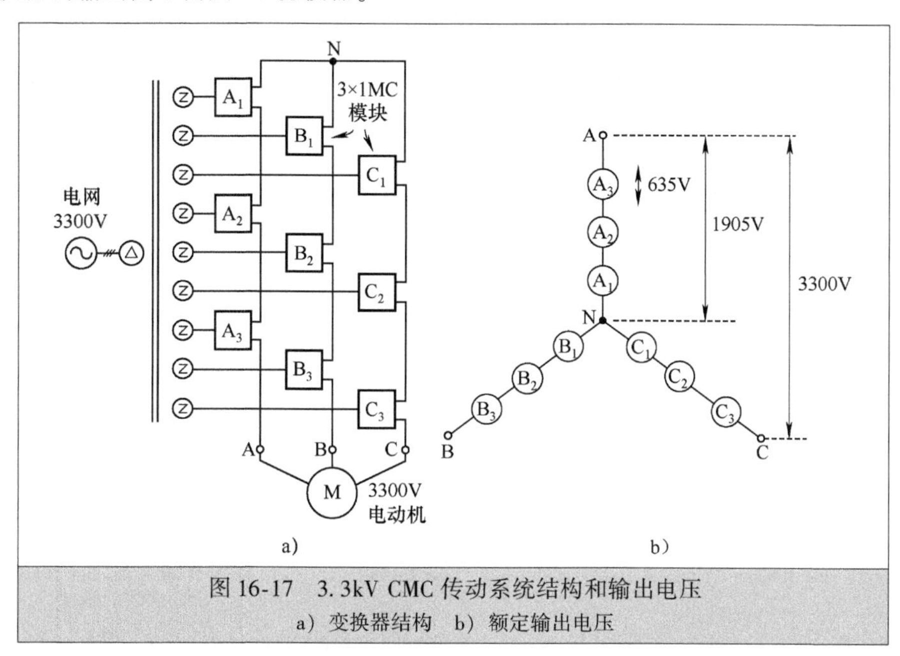

图 16-17　3.3kV CMC 传动系统结构和输出电压
a）变换器结构　b）额定输出电压

CMC 中压传动系统的主要技术指标如表 16-4 所示[5]。该传动系统有两种电压等级：3.3kV 和 6.6kV，这两种电压等级使用了相同的 3×1MC 模块。对于 3.3kV 的电压等级，传动系统总共用了 9 个 MC 模块，每相并联 3 个；而 6.6kV 的传动系统总共用了 18 个模块，每相 6 个模块级联。传动系统的输出频率能够达到 120Hz，适用于绝大多数的中压驱动。

表 16-4　CMC 型传动系统的主要技术指标

驱动系统技术指标	标准输入电压	3.3kV 或 6.6kV
	输出功率等级	0.2～6.0MVA
	输出电压等级	0～3.3kV（9 模块 CMC） 0～6.6kV（18 模块 CMC）
	输出频率	0～120Hz
	输入功率因数	>0.95
	电动机类型	感应电动机
	过载能力	标准：120%，1min 可选：250%，1min
	冷却	风冷
	再生制动能力	能
控制指标	控制方案	开环矢量控制，或磁链定向矢量控制
	频率精确度	±0.5%
	四象限运行	能
功率转换指标	变压器	6 个或者 9 个二次绕组的移相变压器
	变换器类型	多模块级联矩阵变换器（每个 3×1MC 子模块电压 635V）
	变换器效率	～0.98%

16.6 小　结

本章介绍了一种基于多模块级联矩阵变换器（CMC）的中压传动系统。这种矩阵变换器拓扑结构独特，只有一级功率变换，不需要电压源、电流源型变频器中的直流环节，即可直接实现交流到交流的转换。在3×3矩阵变换器的基础上发展而来的3×1矩阵变换器，构成了多模块级联矩阵变换器的基本单元。本章介绍了3×1、3×3和多模块级联矩阵变换器的工作原理，并给出了这些变换器的仿真波形来阐述交流-交流转换的过程。本章最后介绍了一种工程应用的多模块CMC中压传动系统。

参考文献

[1] A. Alesina and M. Venturini, "Analysis and design of optimum-amplitude nine-switch direct AC-AC converters, "IEEE Transactions on Power Electronics, vol. 4, no. 1, pp. 101-112, 1989.

[2] P. W. Wheeler, J. Rodriguez, J. C. Clare, et al., "Matrix converters: a technology review," IEEE Transactions on Industrial Electronics, vol. 49, no. 2, pp. 276-288, 2002.

[3] H. Cha and P. Enjeti, "Matrix Converter-fed ASDs," IEEE Industrial Applications Magazine, vol. 10, no. 4, pp. 33-39, 2004.

[4] R. Prasad, K. Basu, K. K. Mohapatra, and N. Mohan, "Ride-Through Study for Matrix-Converter Adjustable-Speed Drives During Voltage Sags," The 36th IEEE Annual Conference on Industrial Electronics, pp. 686-691, 2010.

[5] "Super Energy-Saving Medium-Voltage Matrix Converter with Power Regeneration," Yaskawa Product Brochure (FSDrive-MX1S), 16 pages, 2013.

[6] E. Yamamoto, H. Hara, T. Uchino, et al., "Development of MCs and its applications in industry," IEEE Transactions on Industrial Electronics, vol. 5, no. 1, pp. 4-12, 2011.

[7] D. Orscrand and N. Mohan, "A matrix converter ride-through configuration using input filter capacitors as an energy exchange mechanism," IEEE Transactions on Power Electronics, vol. 30, no. 8, pp. 4377-4385, 2015.

[8] J. W. Kolar, T. Friedli, J. Rodriguez, and P. W. Wheeler, "Review of three-phase PWM AC-AC converter topologies," IEEE Transactions on Industrial Electronics, vol. 58, no. 11, pp. 988-5006, 2011.

[9] J. Rodriguez, M. Rivera, J. W. Kolar, and P. W. Wheeler, "A review of control and modulation methods for matrix converters," IEEE Transactions on Industrial Electronics, vol. 59, no. 1, pp. 58-70, 2012.

[10] A. Formentini, A. Trentin, M. Marchesoni, et al., "Speed finite control set model predictive control of a PMSM fed by matrix converter," IEEE Transactions on Industrial Electronics, vol. 62, no. 11, pp. 6786-6796, 2015.

[11] J. Itoh, I. Sato, A. Odaka, H. Ohguchi, H. Kodachi, and N. Eguchi, "A novel approach to practical matrix converter motor drive system with reverse blocking IGBT," IEEE Transactions on Power Electronics, vol. 20, no. 6, pp. 1356-1363, 2005.

[12] J. Wang, B. Wu, D. Xu, and N. Zargari, "Multi-modular matrix converters with sinusoidal input and output waveforms," IEEE Transactions on Industrial Electronics, vol. 59, no. 1, pp. 17-26, 2012.

[13] J. Wang, B. Wu, D. Xu and N. R. Zargari "Indirect space-vector-based modulation techniques for high-power multi-modular matrix converters," IEEE Transactions on Industrial Electronics, vol. 60, no. 8, pp. 3060-3071, 2013.

[14] Y. Sun, W. Xiong, M. Su, X. Li, H. Dan, and J. Yang, "Carrier-based modulation strategies for multimodular matrix converters," IEEE Transactions on Industrial Electronics, vol. 63, no. 3, pp. 1350-1361, 2016.

[15] Y. Sun, W. Xiong, M. Su, H. Dan, X. Li, and J. Yang, "Modulation strategies based on mathematical construction method for multimodular matrix converter," IEEE Transactions on Power Electronics, vol. 31, no. 8, pp. 5423-5434, 2016.

第 17 章 无变压器的中压传动系统

17.1 简 介

在中压传动系统中，变频器中半导体器件的开关动作会使整流器和逆变器产生共模电压。如果没有措施抑制共模电压，共模电压将叠加到电动机的相（线对中点）电压上，导致电动机绕组绝缘的过早失效。为了解决这个问题，传统方法是在公共电网和传动系统整流器之间引入隔离变压器或者移相变压器。此时由于变压器的隔离，共模电压将不会出现在电动机上。在这种情况下，需要专门设计隔离变压器的绝缘来承受由于共模电压所产生的额外电压应力。

尽管这种方法非常有效，并且隔离变压器的漏电感也可以有效抑制输入电流谐波，同时移相变压器还具有消除开关谐波的作用；但是由于使用了变压器，也会使传动系统的成本和物理尺寸增加，且变压器的功率损耗会增加传动系统的运行成本。例如，在额定工作情况下的变压器效率为98%，此时一个10MW的传动系统将会损失200kW的功率。由于大部分的中压传动系统在现场都是全年运行的，那么变压器功率损耗所产生的运行成本是非常高的。

本章重点讨论了无隔离变压器或移相变压器的中压传动系统发展情况，分析了中压传动系统的共模电压问题，并讨论了如何降低或者消除共模电压，还给出了无变压器的VSC和CSC中压传动系统的原理和实现方法。

17.2 共模电压及常规解决方案

17.2.1 共模电压的定义 ★★★

为了分析传动系统中的共模电压，这里给出了中压传动系统的简化结构图，如图17-1所示，图中，v_{cm1}和v_{cm2}分别表示由VSR和VSI所产生的共模电压。为了满足电网规范要求，网侧需要用差模滤波器来滤除由整流器产生的开关谐波。电动机侧是否安装差模滤波器取决于逆变器的拓扑结构和传动系统的要求。该差模滤波器可以是一个正弦滤波器，用来保证施加到电动机上的电压为正弦波；也可以是一个dv/dt滤波器，用来减小逆变器输出电压的dv/dt。如果逆变器的输出电压由很多具有较小dv/dt的阶梯波组成，则可以取消差模滤波器。

在以下分析中，假定差模滤波器不会产生共模阻抗。在实际应用中，由于结构和设计的原因，差模滤波器会产生一定的共模阻抗。例如，差模滤波器中的三相电感的漏感也可以认为是共模电感，但是它的值很小，对共模电压的分析几乎没有影响。

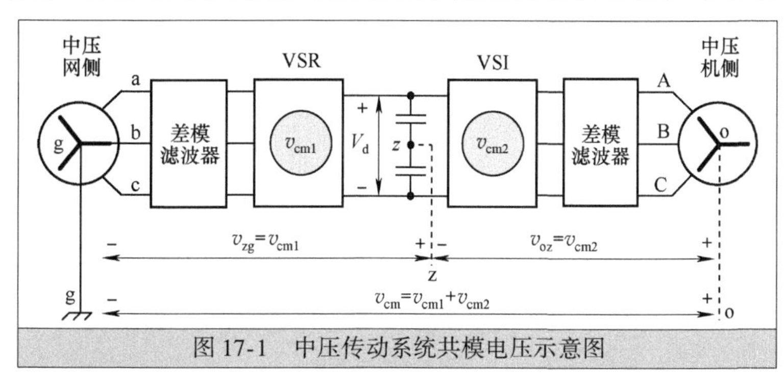

图17-1 中压传动系统共模电压示意图

整流器产生的共模电压 v_{cm1} 可以通过测量直流母线中点 z 和三相电网中点 g 之间的电压获得

$$v_{cm1} = v_{zg} \tag{17-1}$$

三相电网的中点 g 通常接地。

逆变器产生的共模电压可以通过测量定子绕组的中点到直流母线中点 z 的电压获得

$$v_{cm2} = v_{oz} \tag{17-2}$$

为了计算逆变器产生的共模电压，电动机端 A、B 和 C 到直流母线中点 z 的电压可表示为

$$\begin{cases} v_{Az} = v_{Ao} + v_{oz} \\ v_{Bz} = v_{Bo} + v_{oz} \\ v_{Cz} = v_{Co} + v_{oz} \end{cases} \tag{17-3}$$

式中，v_{Ao}、v_{Bo} 和 v_{Co} 是定子绕组的相电压。从式（17-3）可得

$$(v_{Az} + v_{Bz} + v_{Cz}) = (v_{Ao} + v_{Bo} + v_{Co}) + 3v_{oz} \tag{17-4}$$

考虑三相对称系统有 $v_{Ao} + v_{Bo} + v_{Co} = 0$，则式（17-4）可化简为

$$v_{oz} = v_{cm2} = (v_{Az} + v_{Bz} + v_{Cz})/3 \tag{17-5}$$

式（17-5）可以用来计算逆变器产生的共模电压。同样，整流器所产生的共模电压可以用下式计算

$$v_{zg} = v_{cm1} = (v_{za} + v_{zb} + v_{zc})/3 \tag{17-6}$$

式中，v_{za}、v_{zb} 和 v_{zc} 分别为整流器的 a、b 和 c 相输入端与直流母线中点 z 之间的电压。

传动系统的总共模电压的定义为定子绕组的中点 o 和系统接地点 g 之间的电压，可以由下式表示

$$v_{cm} = v_{og} = v_{oz} + v_{zg} = v_{cm2} + v_{cm1} \tag{17-7}$$

17.2.2 共模电压波形 ★★★

这里以由两电平 VSR 和 VSI 构成的图 17-1 所示传动系统为例，对共模电压及其对定子绕组的影响进行了研究。这里使用的正弦载波调制频率为 720Hz，调制因数为 1，电网频率为 60Hz，逆变器的输出频率也为 60Hz。

图 17-2 所示是以直流母线电压 V_d 为基准值的标幺值共模电压仿真波形图，其中图 17-2a 和图 17-2b 分别是整流器和逆变器产生的共模电压波形，图 17-2c 所示是总的共模电压 v_{cm} 的波形。整流器和逆变器产生的共模电压的大小为直流母线电压的一半，总的共模电压 v_{cm} 是整流器和逆变器产生共模电压的两倍。

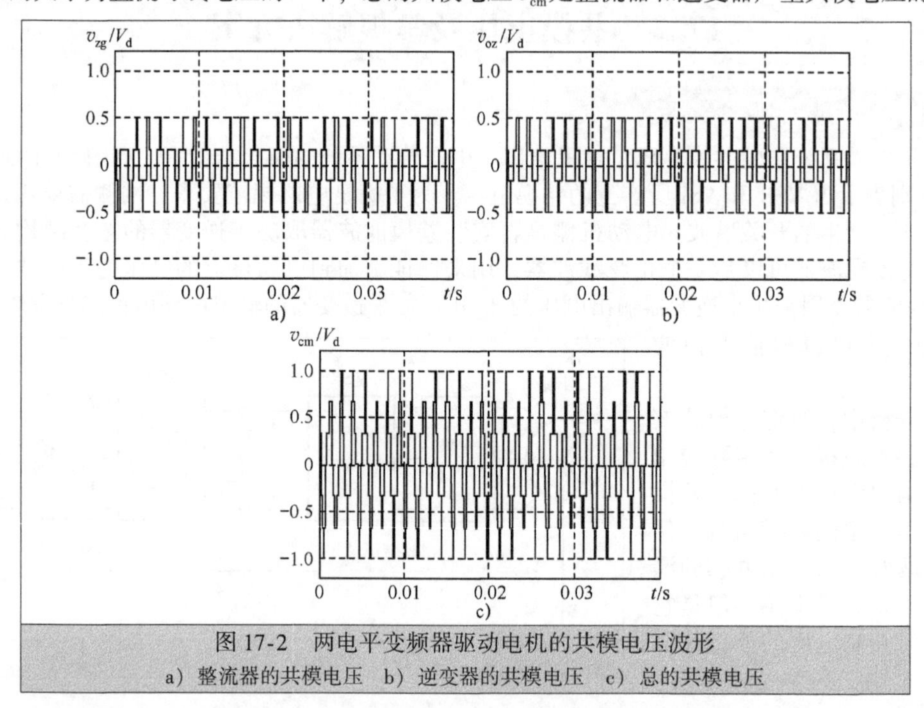

图 17-2 两电平变频器驱动电机的共模电压波形

a）整流器的共模电压 b）逆变器的共模电压 c）总的共模电压

图 17-3 所示为定子绕组的电压波形。其中，图 17-3a 为电动机相（线对中点）电压 v_{Ao}的波形，由于电动机侧差模滤波器的作用，v_{Ao}接近正弦波形。图 17-3b 所示为电动机线对地电压 v_{Ag}的波形，此波形由电动机相电压 v_{Ao}和共模电压 v_{cm}叠加形成，v_{Ag}的峰值大约是 v_{Ao}峰值的 3 倍。对于标准中压电动机，定子绕组的设计无法承受如此高的电压，其绝缘性能在共模电压的作用下会恶化而导致失效。

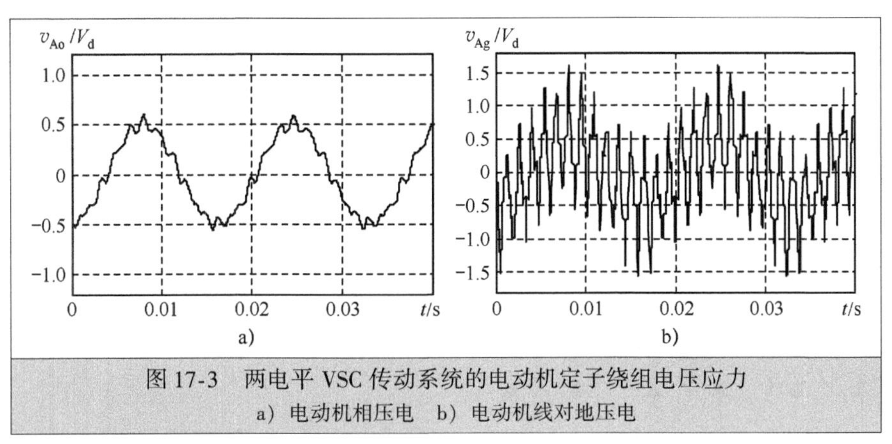

图 17-3　两电平 VSC 传动系统的电动机定子绕组电压应力
a）电动机相压电　b）电动机线对地压电

17.2.3　传统解决方案 ★★★

共模电压的传统解决方法是在中压传动系统中增加一个隔离变压器（或者一个移相变压器配 12 脉波或 18 脉波整流器）来阻断共模电压，如图 17-4 所示。定子绕组中点接地，则整流器和逆变器产生的共模电压 v_{cm}作用在变压器的绕组中点上。需要注意的是，在传动系统中引入隔离变压器并不能消除共模电压，仅仅是将共模电压从电动机转移到变压器上。因此，变压器绕组需采取更高的绝缘设计来承受额外的共模电压。

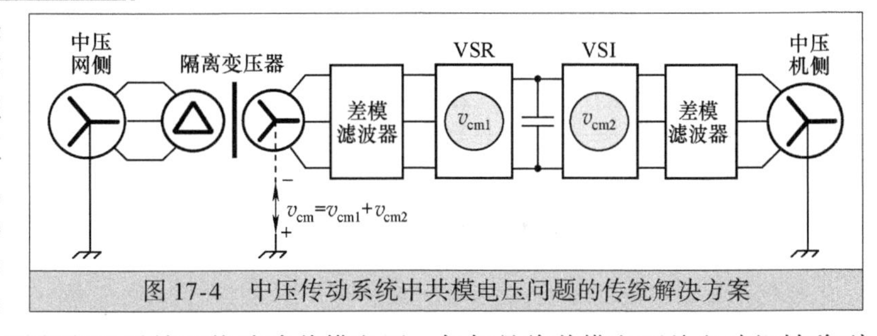

图 17-4　中压传动系统中共模电压问题的传统解决方案

然而在实际中，中压电动机的定子绕组中点通常无法接地。更为实际的做法是将电动机和变压器的中点直接悬空不接地。此时，共模电压的分布则由变压器和电动机绕组对地的寄生电容 C_T和 C_M决定，如图 17-5 所示。二者都是共模电容，只能流过由 v_{cm}所产生的共模电流。

根据变压器和电动机的铁心和绕组结构，电动机寄生电容 C_M一般远大于变压器寄生电容 C_T。因此，共模电压通常出现在变压器的中点对地电压上，而电动机上的共模电压通常可以忽略。例如，在参考文献［1］提到的中压传动系统中，$C_M=60\text{nF}$，$C_T=0.5\text{nF}$，在 C_M上的共模电压不到总共模电压的 1%，大部分的共模电压作用在 C_T上。

另外一种解决共模电压的方案是，设计高绝缘电压等级的中压电动机来承受共模电压。这种方法只适用于需要新电动机的应用场合，它不适用改造已经安装并运行的常规电动机。然而，如第 1 章所述，对中压电动机进行技术改造以实现节能降耗是中压传动系统的一个重要应用领域。

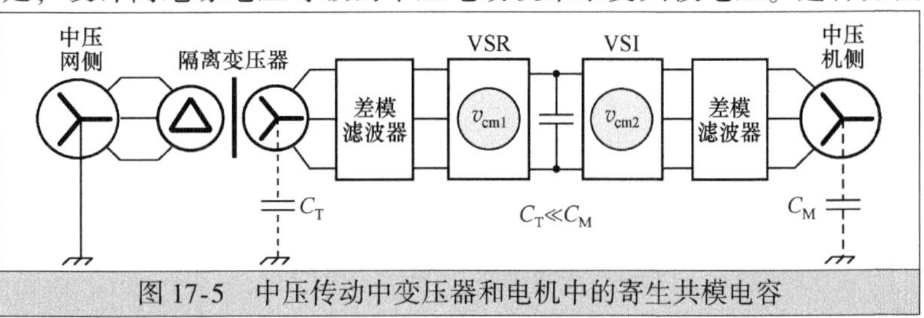

图 17-5　中压传动中变压器和电机中的寄生共模电容

17.3 多电平电压源型变频器的共模电压抑制

多电平电压源型变频器，如二极管箝位式变频器，已经被广泛地应用在中压传动领域内。如前几章所述，多电平变频器中冗余的开关状态数量会随电平数成指数级增加。因此，可以通过选择合适的开关状态来尽可能地降低或者消除共模电压。本节将分析减小/消除共模电压的方法。

17.3.1 降低共模电压的空间矢量调制方法 ★★★

为了便于理解，这里以如图17-6所示的三电平二极管中点箝位式（NPC）变频器为例讨论减小共模电压的原理。

三电平NPC逆变器的开关状态如表17-1所示，逆变器A相的开关状态［S_A］以2、1、0分别代替第8章表8-2中的字母P、O和N，替换后会使电平数增多后的讨论更加清晰易懂。

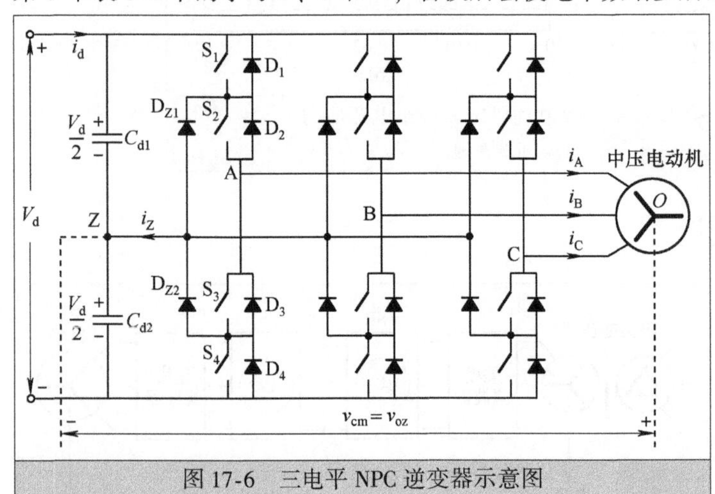

图17-6 三电平NPC逆变器示意图

表17-1 三电平NPC逆变器的开关状态

开关状态 S_A	器件开关状态（A相）				逆变器端电压 v_{AZ}
	S_1	S_2	S_3	S_4	
2	开	开	关	关	$V_d/2$
1	关	开	开	关	0
0	关	关	开	开	$-V_d/2$

根据第8章给出的方法，三电平NPC逆变器的19个空间矢量（V_0 ~ V_{18}）如图17-7所示。图中共显示了27个开关状态。需要说明的是，由于本章有大量的空间矢量，为了简化而忽略了空间矢量符号$\vec{V}$中的箭头。

根据表17-1可知，逆变器的输出端对直流母线中点z的电压公式可表示为

$$\begin{cases} v_{Az} = V_d(S_A - 1)/2 \\ v_{Bz} = V_d(S_B - 1)/2 \\ v_{Cz} = V_d(S_C - 1)/2 \end{cases} \tag{17-8}$$

式中，S_A、S_B和S_C分别表示A、B、C三相的开关状态。将式（17-8）带入式（17-5），则逆变器的共模电压可由开关状态［$S_AS_BS_C$］表示为

$$v_{cm2} = V_d(S_A + S_B + S_C - 3)/6 \tag{17-9}$$

例如，开关状态［200］所产生的共模电压为

$$v_{cm2} = V_d(2 + 0 + 0 - 3)/6 = -V_d/6 \tag{17-10}$$

同理，其他开关状态产生的共模电压如表17-2所示。共模电压的幅值可分为0、$\pm V_d/2$、$\pm V_d/3$、$\pm V_d/6$。最大的共模电压为直流母线电压V_d的一半，即$V_d/2$。

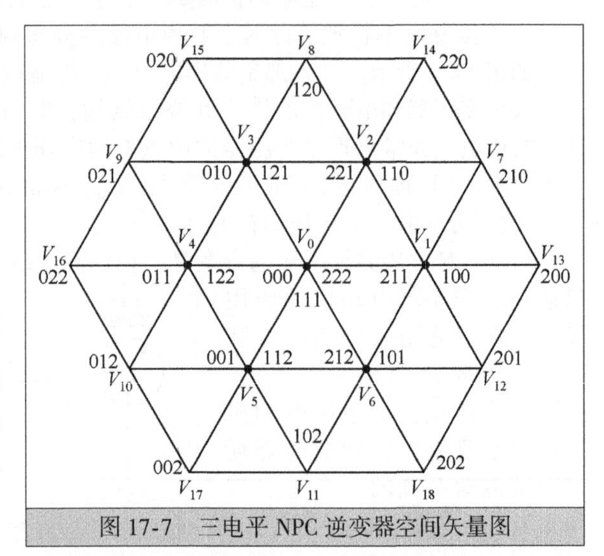

图17-7 三电平NPC逆变器空间矢量图

表 17-2　三电平 NPC 逆变器不同开关状态的共模电压

电压矢量	开关状态	共模电压	电压矢量	开关状态	共模电压
V_0	000	$-V_d/2$	V_7	210	0
	111	0	V_8	120	0
	222	$V_d/2$	V_9	021	0
V_1	100	$-V_d/3$	V_{10}	012	0
	211	$V_d/6$	V_{11}	102	0
V_2	110	$-V_d/6$	V_{12}	201	0
	221	$V_d/3$	V_{13}	200	$-V_d/6$
V_3	010	$-V_d/3$	V_{14}	220	$V_d/6$
	121	$V_d/6$	V_{15}	020	$-V_d/6$
V_4	122	$V_d/3$	V_{16}	022	$V_d/6$
	011	$-V_d/6$	V_{17}	002	$-V_d/6$
V_5	001	$-V_d/3$	V_{18}	202	$V_d/6$
	112	$V_d/6$	—	—	—
V_6	101	$-V_d/6$	—	—	—
	212	$V_d/3$	—	—	—

17.3.2　共模电压抑制方案 1 ★★★

抑制共模电压的基本原理是：在设计空间矢量调制方法的时候，不使用产生高共模电压的开关状态。同时由于取消了特定的开关状态，调制因数 m_a 的范围会受到影响。由此，产生了两种共模电压抑制方法：

1）方案 1：RCM1，维持调制因数在 $0 \leqslant m_a \leqslant 1$ 的范围内。

2）方案 2：RCM2，尽量降低共模电压，最小可能到 0，同时调制因数的范围会减小到 $0 \leqslant m_a < 0.962$。

仍以三电平 NPC 逆变器为例来讨论方案 1。为了降低共模电压，需要消除产生高共模电压（如 $\pm V_d/2$ 和 $\pm V_d/3$）的开关状态，此时逆变器开关状态所能产生的最高共模电压仅为 $V_d/6$，如表 17-3 所示。

表 17-3　采用 RCM1 时需要消除的开关状态

电压矢量	开关状态	共模电压	电压矢量	开关状态	共模电压
V_0	~~000~~	~~$-V_d/2$~~	V_7	210	0
	111	0	V_8	120	0
	~~222~~	~~$V_d/2$~~	V_9	021	0
V_1	~~100~~	~~$-V_d/3$~~	V_{10}	012	0
	211	$V_d/6$	V_{11}	102	0
V_2	110	$-V_d/6$	V_{12}	201	0
	~~221~~	~~$V_d/3$~~	V_{13}	200	$-V_d/6$
V_3	~~010~~	~~$-V_d/3$~~	V_{14}	220	$V_d/6$
	121	$V_d/6$	V_{15}	020	$-V_d/6$
V_4	~~122~~	~~$V_d/3$~~	V_{16}	022	$V_d/6$
	011	$-V_d/6$	V_{17}	002	$-V_d/6$
V_5	~~001~~	~~$-V_d/3$~~	V_{18}	202	$V_d/6$
	112	$V_d/6$	—	—	—
V_6	101	$-V_d/6$	—	—	—
	~~212~~	~~$V_d/3$~~	—	—	—

图 17-8 所示为三电平 NPC 逆变器采用 RCM1 控制下的空间矢量图，其中产生共模电压 $\pm V_d/2$ 和 $\pm V_d/3$ 的开关状态都被取消，但组成空间矢量图外六边形边的电压矢量未被取消。这意味着参考矢量的最大长度与空间矢量图中外六边形内接圆的半径是相等的，因此可以确定调制因数的范围为 $0 \leqslant m_a \leqslant 1$。

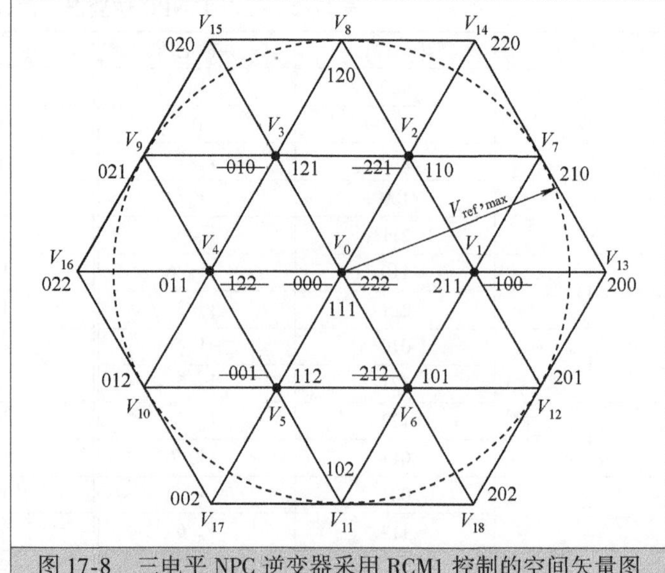

图 17-8　三电平 NPC 逆变器采用 RCM1 控制的空间矢量图

应当注意的是，通过消除特定开关状态来降低共模电压的同时，也会减少冗余开关状态。例如，在空间矢量图 17-8 中并没有冗余的开关状态，每一个电压矢量仅对应一个开关状态。因此，开关状态序列的设计可能没有传统空间矢量调制方案灵活。

逆变器采用 RCM1 方法时的共模电压和输出线电压的波形如图 17-9 所示。逆变器运行参数为：基波频率 60Hz，器件开关频率 720Hz，调制因数 0.8。由图 17-9a可知，逆变器产生的共模电压幅值仅为 $V_d/6$。逆变器输出的线电压如图 17-9b所示，总谐波畸变率（THD）为 39%。

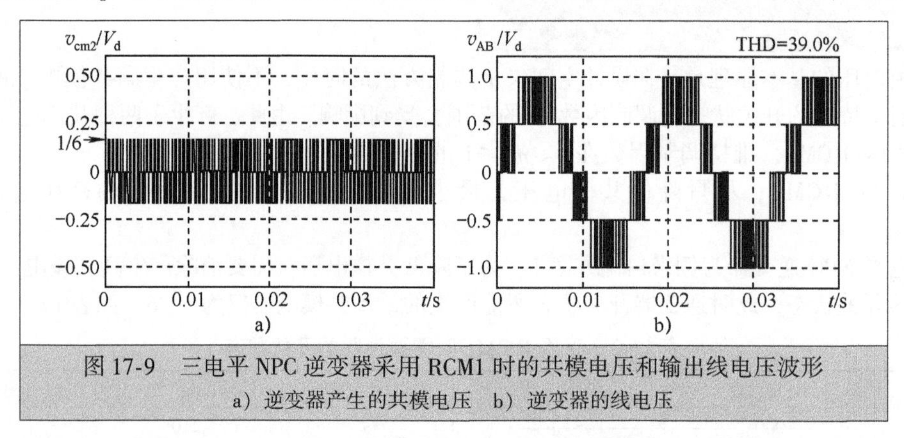

图 17-9　三电平 NPC 逆变器采用 RCM1 时的共模电压和输出线电压波形

a）逆变器产生的共模电压　b）逆变器的线电压

采用传统的空间矢量调制方法时，逆变器输出的共模电压和线电压波形如图 17-10所示。逆变器的运行参数和 RCM1 方法一样。从图中可以看出，传统空间矢量调制（C-SVM）所产生的共模电压为 $V_d/3$，是 RCM1 的两倍。需要说明的是，在 C-SVM 方法中，没有使用零矢量 V_0的冗余开关状态［000］和［222］，否则其产生的共模电压可能达到 $V_d/2$。

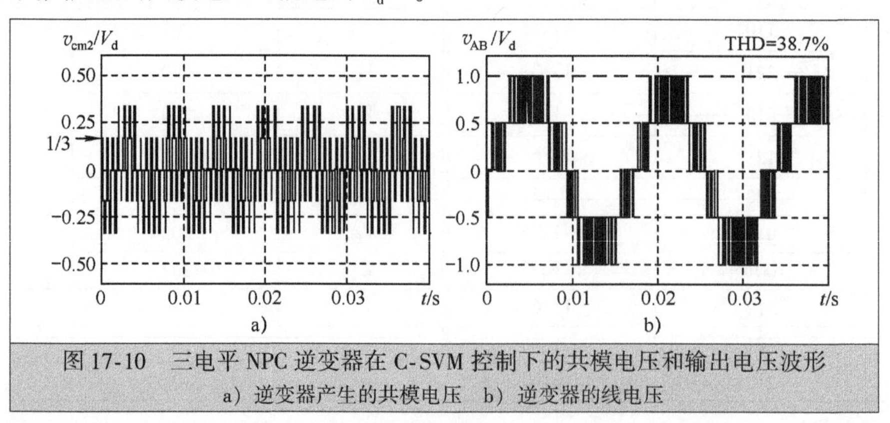

图 17-10　三电平 NPC 逆变器在 C-SVM 控制下的共模电压和输出电压波形

a）逆变器产生的共模电压　b）逆变器的线电压

值得注意的是，不管是 RCM1 还是 C-SVM，逆变器输出线电压的谐波畸变率基本相同，分别为 39.0% 和 38.7%。这主要是因为所有的空间矢量，即 $V_0 \sim V_{18}$在两种调制方法中都被使用到了。

17.3.3 共模电压抑制方案2 ★★★

为了尽可能地降低共模电压，RCM2 通过取消更多的开关状态将共模电压最小化。对于奇数电平逆变器，如三电平和五电平逆变器，这种方法可以消除所有产生共模电压的开关状态，从而得到一组不产生共模电压的开关切换模式。

采用 RCM2 控制的三电平 NPC 逆变器，将表 17-2 中产生共模电压（$\pm V_d/2$、$\pm V_d/3$ 和 $\pm V_d/6$）的开关状态取消，可使得逆变器不再产生任何共模电压。采用 RCM2 的三电平 NPC 逆变器空间矢量图如图 17-11 所示，从图中可知：

1）所有的小矢量，即 $V_1 \sim V_6$都不再被使用，因为这些矢量所对应的开关模式都被取消了；

2）所有在外六角上的大矢量，即 $V_{13} \sim V_{18}$，也不再被使用；

3）只使用零矢量 V_0和中矢量 $V_7 \sim V_{12}$；

4）参考向量的最大长度与矢量 $V_7 \sim V_{12}$组成的新六边形的内接圆的半径相等。分析图 17-11 中的内外六边形的几何关系可知，最大调制因数从 1 减小到 0.866。

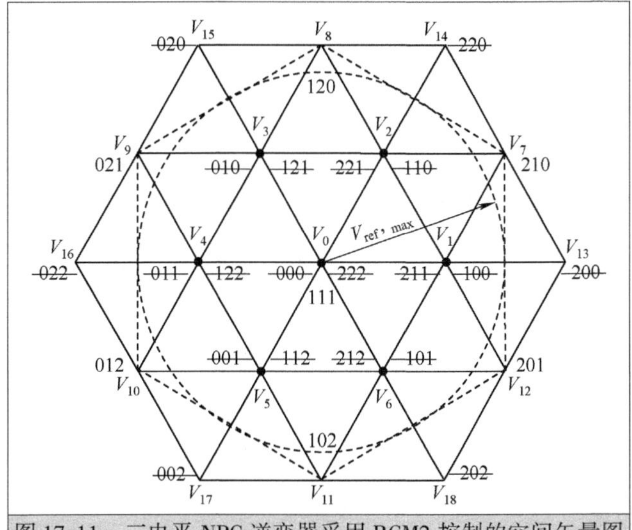

图 17-11 三电平 NPC 逆变器采用 RCM2 控制的空间矢量图

三电平 NPC 逆变器采用 RCM2 时的共模电压和线电压仿真波形如图 17-12 所示。逆变器的运行参数为：基波频率 60Hz，开关频率 720Hz，调制因数 0.8，0.9 的滞后功率因数。从图中可以看出，虽然共模电压被完全消除，但代价是线电压的畸变率从 C-SVM 下的 38.7% 增加到 62.6%。

应当指出的是，三电平 NPC 逆变器采用 RCM2 时，不再有冗余的开关状态，并且 27 种开关状态中只有 7 种用于开关模式设计。然而，这并不会导致在开关转换过程中逆变器相电压 v_{Az}、v_{Bz}和 v_{Cz}出现两个电平的跳变。例如，在图 17-11中参考电压向量 V_{ref}可以由电压矢量 V_0、V_7和 V_{12}来合成，合成时 V_0、V_7和 V_{12}所处的开关状态分别为［111］、［210］和［201］。逆变器 A 相开关器件的开关状态在［1］、［2］、［2］间变化。因此，在开关转换过程中，当从［1］变到［2］时，只存在一个电平的变化；当从［2］变到［2］时，不存在电平的变化。这意味着，这种开关模式满足 6.3.5 节提出的对开关模式设计要求。

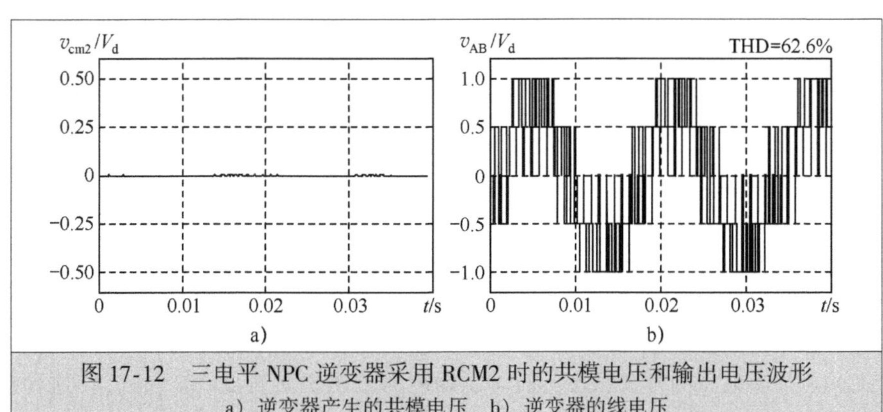

图 17-12 三电平 NPC 逆变器采用 RCM2 时的共模电压和输出电压波形

a）逆变器产生的共模电压 b）逆变器的线电压

三电平 NPC 逆变器采用 C-SVM、RCM1 和 RCM2 的调制因数范围、共模电压幅值，以及调制因数为 0.8 时的输出电压谐波畸变率对比如表 17-4所示。采用适当的开关模式，可以使 C-SVM 所产生的共模电压减小为 $V_d/3$（当模式设计中使用了零矢量 V_0的冗余开关状态［000］和［222］时，共模电压为 $V_d/2$）。RCM1 可以使共模电压降到 $V_d/6$，RCM2 则可以彻底消除共模电压，但这是以调制因数范围的降低及线电压谐波畸变率增大为代价实现的。需要指出的是，虽然表 17-4 是建立在三电平 NPC 逆变器的基础上，但对其他类型的三电平逆变器也同样适用。

表 17-4　三电平 NPC 逆变器采用不同调制方法的对比结果

调制方法	C-SVM	RCM1	RCM2
调制因数 m_a的范围	0～1	0～1	0～0.866
共模电压的大小	$V_d/3$	$V_d/6$	0
线电压的 THD(m_a=0.8)	38.7%	39%	62.6%

17.3.4　N 电平 VSI 共模电压抑制方法 ★★★

随着电平数的增加，冗余开关状态也会变得更多，因此能够更加灵活地通过消除开关状态来降低共模电压。表 17-5 列出了四电平 VSI 的所有电压矢量、开关状态和共模电压，其中共有 37 个电压矢量和 64 种开关状态。由不同开关状态产生的共模电压的共有 5 组电平：$\pm 9V_d/18$、$\pm 7V_d/18$、$\pm 5V_d/18$、$\pm 3V_d/18$ 和 $\pm V_d/18$。

表 17-5　四电平 VSI 开关状态及共模电压

电压矢量	开关状态	共模电压	电压矢量	开关状态	共模电压	电压矢量	开关状态	共模电压
V_0	000	$-9V_d/18$	V_7	200	$-5V_d/18$	V_{18}	201	$-3V_d/18$
	111	$-3V_d/18$		311	$V_d/18$		312	$3V_d/18$
	222	$3V_d/18$	V_8	210	$-3V_d/18$	V_{19}	300	$-3V_d/18$
	333	$9V_d/18$		321	$3V_d/18$	V_{20}	310	$-V_d/18$
V_1	100	$-7V_d/18$	V_9	220	$-V_d/18$	V_{21}	320	$V_d/18$
	211	$-V_d/18$		331	$5V_d/18$	V_{22}	330	$3V_d/18$
	322	$5V_d/18$	V_{10}	120	$-3V_d/18$	V_{23}	230	$V_d/18$
V_2	110	$-5V_d/18$		231	$3V_d/18$	V_{24}	130	$-V_d/18$
	221	$V_d/18$	V_{11}	020	$-5V_d/18$	V_{25}	030	$-3V_d/18$
	332	$7V_d/18$		131	$V_d/18$	V_{26}	031	$-V_d/18$
V_3	010	$-7V_d/18$	V_{12}	021	$-3V_d/18$	V_{27}	032	$V_d/18$
	121	$-V_d/18$		132	$3V_d/18$	V_{28}	033	$3V_d/18$
	232	$5V_d/18$	V_{13}	022	$-V_d/18$	V_{29}	023	$3V_d/18$
V_4	011	$-5V_d/18$		133	$5V_d/18$	V_{30}	013	$-V_d/18$
	122	$V_d/18$	V_{14}	012	$-3V_d/18$	V_{31}	003	$-3V_d/18$
	233	$7V_d/18$		123	$3V_d/18$	V_{32}	103	$-V_d/18$
V_5	001	$-7V_d/18$	V_{15}	002	$-5V_d/18$	V_{33}	203	$V_d/18$
V_6	112	$-V_d/18$		113	$V_d/18$	V_{34}	303	$3V_d/18$
	223	$5V_d/18$	V_{16}	102	$-3V_d/18$	V_{35}	302	$V_d/18$
	101	$-5V_d/18$		213	$3V_d/18$	V_{36}	301	$-V_d/18$
	212	$V_d/18$	V_{17}	202	$-V_d/18$	—	—	—
	323	$7V_d/18$		313	$5V_d/18$	—	—	—

从表 17-5 可知，没有开关状态能产生零共模电压，这表明四电平逆变器不能完全消除共模电压。该结论同样适用于所有的偶数电平 VSI。对于四电平逆变器，采用 RCM1 时，可以取消产生 $\pm 9V_d/18$、$\pm 7V_d/18$、$\pm 5V_d/18$ 共模电压的开关状态，而调制因数的范围仍然为 $0 \leqslant m_a \leqslant 1$。在这种情况下，共模电压最大幅值为 $V_d/6$。

采用 RCM2 时，仅仅保留产生最低共模电压（即 $\pm V_d/18$）的开关状态而消除其他的开关状态。在这种情况下，64 种开关状态只有 24 种参与开关状态切换，由此得到的空间矢量图如图 17-13 所示。从图中可以看出，由于取消了产生电压矢量（V_{19}、V_{22}、V_{25}、V_{28}、V_{31} 和 V_{34}）的开关状态，因此无法使用对应的外六角电压矢量。此时，电压矢量的最大长度 $V_{ref,max}$ 变小，导致调制因数的范围降到 $0 \leqslant m_a \leqslant 0.9623$。由逆变器产生的共模电压减小到 $V_d/18$，只占直流母线电压的 5.6%。

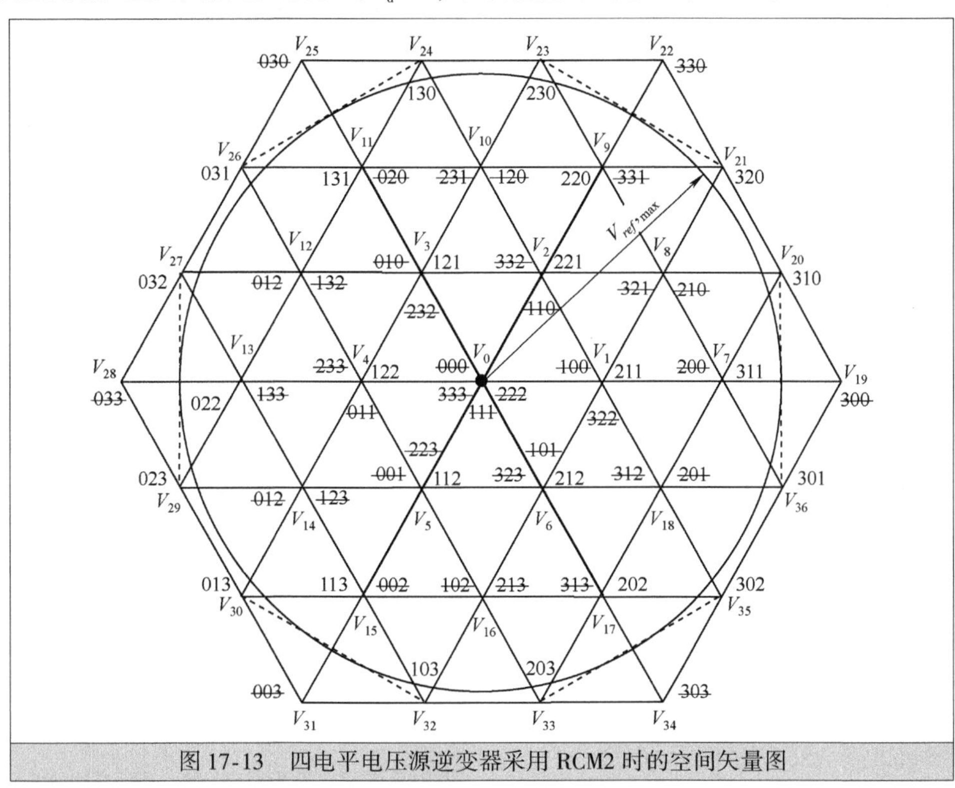

图 17-13　四电平电压源逆变器采用 RCM2 时的空间矢量图

四电平 VSI 采用 RCM2 时的共模电压和线电压仿真波形如图 17-14 所示。逆变器的运行参数为：基波频率 60Hz，器件开关频率为 720Hz，调制因数 0.8，负载功率因数 0.9。仿真结果与理论分析一致，共模电压为 $V_d/18$。但是，采用传统空间矢量调制时，输出线电压畸变率仅为 24.8%，而采用 RCM2 时的畸变率为 36.7%。

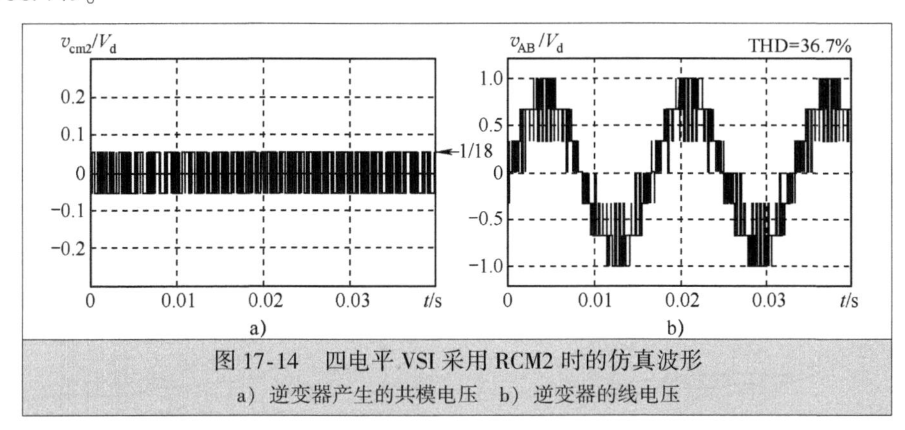

图 17-14　四电平 VSI 采用 RCM2 时的仿真波形
a）逆变器产生的共模电压　b）逆变器的线电压

图 17-15 所示为四电平逆变器采用 C-SVM 和 RCM2 时的共模电压和线电压的电压波形。逆变器参数为：直流电压 300V，基波频率 60Hz，调制因数 0.8，开关频率为 420Hz。从图中可以看出，采用 C-SVM 产生的共模电压的大小为 $5V_d/18$，是采用 RCM2 的 5 倍。

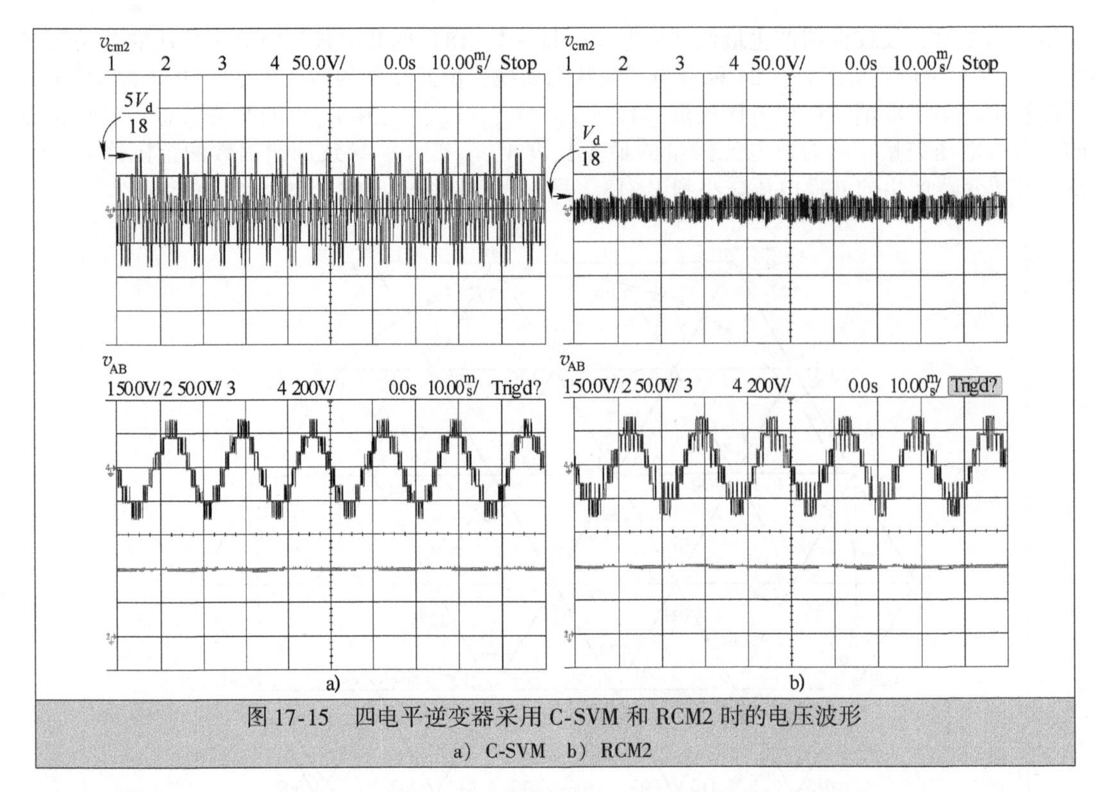

图 17-15 四电平逆变器采用 C-SVM 和 RCM2 时的电压波形
a）C-SVM b）RCM2

采用 C-SVM、RCM1、RCM2 的结果对比如表 17-6 所示。对开关模式进行适当的选择，可以使 C-SVM 控制下的共模电压为 $5V_d/18$。需要注意的是，采用 C-SVM 时，如果使用了矢量 $V_1 \sim V_6$，则共模电压的大小将达到 $7V_d/18$；如果使用零矢量 V_0 的冗余开关状态［000］和［333］，则共模电压可以进一步增大到 $9V_d/18$。采用 RCM1 可以将共模电压降低到 $3V_d/18$，而 RCM2 可以进一步将共模电压降低到 $V_d/18$。

四电平和五电平 VSI 采用不同调制方法时线电压 THD 随调制因数变化的曲线如图 17-16 所示。采用 RCM1 和传统空间矢量调制时线电压具有相同的畸变率，这是因为所有电压矢量对应开关状态都被使用到；而 RCM2 的畸变率最大，这是由于在进行共模抑制时，部分电压矢量没有被使用到而造成的。

表 17-6 四电平逆变器采用 C-SVM、RCM1 和 RCM2 的对比

调制方法	C-SVM	RCM1	RCM2
调制因数 m_a 的范围	0～1	0～1	0～0.962
共模电压的大小	$5V_d/18$	$3V_d/18$	$V_d/18$
调制因数为 0.8 时线电压的 THD	25.1%	25.1%	37.2%

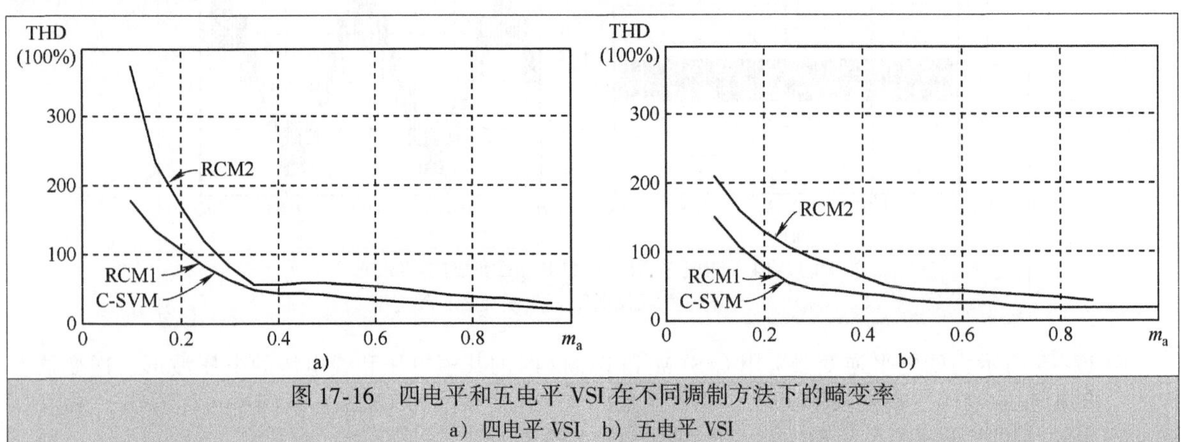

图 17-16 四电平和五电平 VSI 在不同调制方法下的畸变率
a）四电平 VSI b）五电平 VSI

N 电平 VSI 采用不同调制方法下共模电压的总结如表17-7 所示。如前所述，RCM1 在抑制共模电压的同时，可以保持调制因数范围不变；RCM2 可以使共模电压降到更低甚至为 0，但这是以调制因数范围减小和逆变器输出线电压畸变率增大为代价实现的。需要说明的是，本节的分析都是基于多电平 VSI 的，结论也适用于多电平 VSR。

表 17-7　N 电平 VSI 采用 RCM1 和 RCM2 时的共模电压

降低共模电压的方案	电压电平数	共模电压的大小	调制因数
RCM1	3	$V_d/6$	0～1.0
	4	$V_d/6$	0～1.0
	5	$V_d/12$	0～1.0
	6	$V_d/10$	0～1.0
	7	$V_d/9$	0～1.0
RCM2	3	0	0～0.866
	4	$V_d/18$	0～0.962
	5	0	0～0.866
	6	$V_d/30$	0～0.923
	7	0	0～0.866

17.4　无隔离变压器的多电平 VSC 传动系统

为了实现无隔离变压器的多电平 VSC 中压传动，有 3 种方法可供选择：①采用 RCM2 消除共模电压；②采用共模滤波器抑制共模电压；③采用共模滤波器与 RCM1/RCM2 相结合的方法。本节将介绍这几种方法的原理及其优缺点。

17.4.1　多电平 VSC 通过开关切换规则消除共模电压 ★★★

如前所述，采用 RCM2 可以完全消除奇电平 VSC 中的共模电压，此时中压传动系统中将不需要隔离变压器或共模滤波器来抑制共模电压。图 17-17 所示为无隔离变压器的中压传动系统，其中整流器和逆变器都是奇电平 VSC。

为了满足电网要求，需要在电网侧安装差模滤波器来滤除由整流器产生的开关谐波。电动机侧是否安装差模滤波器，取决于逆变器输出电压的等级和电动机对电压畸变率的要求。此外，定子和转子绕组的漏感也有助于降低电动机侧电流的畸变率。

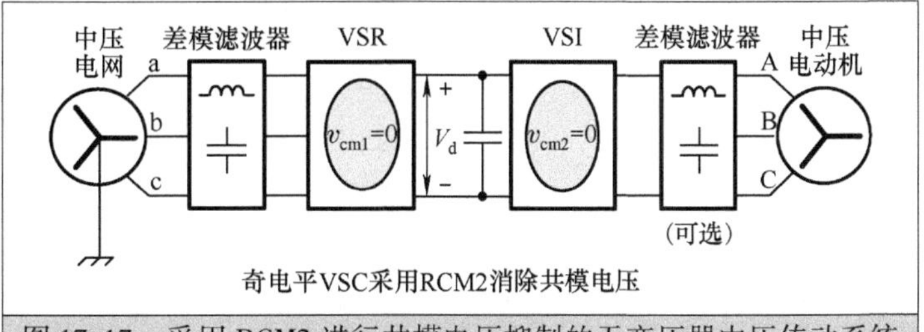

图 17-17　采用 RCM2 进行共模电压抑制的无变压器中压传动系统

在中压传动系统中取消隔离变压器可以降低制造成本、体积和运行费用，但这种方法也有局限性和缺陷：

1）不适用于偶数电平的变换器，如四电平或六电平变频器。

2）整流器输入电流和逆变器输出电压的畸变率增大，因此网侧需要大尺寸差模滤波器来达到电网要求。

3）RCM2 的最大调制因数仅为 0.866，因此整流器需要将直流母线电压提高 15.5%。这是由于整流器可以被当作一个升压变换器考虑，通过降低其调制因数可以抬高整流器输出的直流母线电压。因此，包括直流电容和半导体开关器件在内，传动系统所有元件的额定电压都会提高，增加了传动系统的制造成本。

17.4.2　采用共模滤波器抑制共模电压 ★★★

为了减小中压传动系统的共模电压，可以在系统中引入共模滤波器，如图 17-18a 所示。图中，三相共模电感 L_{CM} 作为共模滤波器可以抑制共模电压并减小共模电流。

共模电感可以放在传动系统的不同位置处。如图 17-18 所示共模电感可以放在电网侧，也可放在直流母线上或者电动机侧。在共模电流的路径上增加了共模电阻 R_{cm}，其作用是提供一个阻尼电阻来抑制

可能发生的 LC 振荡。但是其电阻值相对于共模电感很小，因此并不能用于减小共模电压。

图 17-18a 中采用两个差模滤波器用于滤除由变频器产生的开关谐波。两个差模滤波器的电容器中点连接在一起，为共模电压所引起的共模电流提供通路，同时可以保证大部分共模电压被共模电感所抑制。为了使共模电流降到一个可以接受的水平，需要有足够大的共模电感 L_{cm}。

图 17-18b 所示为差模电感 L_{dm} 的结构图。磁心由 3 个桥臂组成，每个桥臂上有一个绕组。三相电流（i_a、i_b 和 i_c）和共模电流（$i_{cm}/3$）都经过三相绕组流通。三相电流在磁心中产生的三相磁通（ϕ_a、ϕ_b 和 ϕ_c）会形成差模电感 L_{dm}。在三相绕组中的共模电流具有相同幅度和波形及相位，因而流过磁心时产生的磁通将相互抵消。因此，在理想情况下差模滤波器不会产生共模电感。在工程中，差模滤波器总会有一定漏感，可以被视为非常小的共模电感。

图 17-18c 所示为共模电感 L_{cm} 的结构。磁心与差模电感具有相似的结构，但三相绕组均位于中间的桥臂上。三相电流（i_a、i_b 和 i_c）和共模电流（$i_{cm}/3$）都流过这个绕组。对于三相平衡系统，由于三相电流在任意时刻之和为零，因此流过共模电感产生的磁通相互抵消。共模电流 i_{cm} 在磁心中产生共模磁通 ϕ_{cm}，从而形成共模电感 L_{cm}。

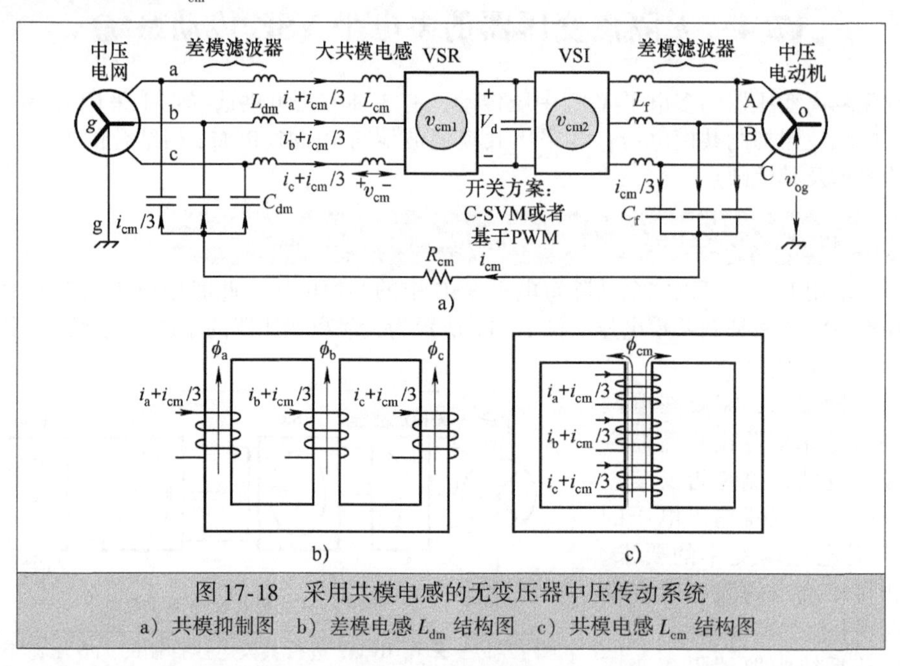

图 17-18 采用共模电感的无变压器中压传动系统

a）共模抑制图 b）差模电感 L_{dm} 结构图 c）共模电感 L_{cm} 结构图

为了进一步研究图 17-18 所示的无变压器中压传动系统，考虑由五电平 VSR 和 VSI 组成的 6kV/5MW 传动系统。其中，整流器和逆变器采用 C-SVM 方案，调制因数为 0.95，开关频率为 720Hz。整流器连接在 6kV/60Hz 的中压电网上，逆变器的输出频率为 60Hz。网侧差模滤波器的三相电感 L_{dm} 为 0.15pu，三相电容 C_{dm} 为 0.2pu（74μF）。电动机侧差模滤波器的三相电感 L_f 为 0.03pu（0.57mH），三相电容 C_f 为 0.05pu（18μF）。为了有效抑制共模电压和电流，采用了 28pu（535mH）的共模电感，共模电流约为 0.03pu，电动机侧的共模电压约为 0.1pu，共模阻尼电阻 R_{cm} 为 0.5pu（3.6Ω）。

整流器和逆变器产生的共模电压 v_{cm1} 和 v_{cm2} 的波形如图 17-19 所示，幅值为 $0.25V_d$。总的共模电压 v_{cm} 的大小为整流器或者逆变器产生共模电压的两倍，如图 17-19c 所示。

图 17-20a 和图 17-20b 分别为图 17-18 中共模电流 i_{cm} 和电动机侧共模电压 v_{og} 的波形，系统中 28pu 的共模电感将共模电流抑制在 0.03pu 上下。定子绕组中点 o 对地 g 的共模电压 v_{og} 仅为 0.1pu。共模电压的谐波主要集中在 180Hz，是基波频率 60Hz 的 3 倍。因此共模电压也被视作零序电压，需要注意的是：

1）三相差模滤波电容 C_f 也可以当作一个共模滤波电容，其等效共模容值为 $3C_f$。由于它的阻抗比共模电感器的阻抗小很多，所以 C_f 上的共模电压很小。类似的，共模电压也会出现在网侧的差模滤波

电容 C_{dm} 上。

2）对于给定的总共模电压 v_{cm}，共模电流 i_{cm} 及电动机侧共模电压 v_{og} 的大小可以通过 L_{cm}、C_{dm} 和 C_f 的大小来调整。

3）由于 L_{cm} 和 C_f 的存在，v_{og} 波形中没有出现很高的 dv/dt 暂态过电压。

电动机的线电压 v_{AB} 和 A 相定子电流 i_A 的波形分别如图 17-20c 和图 17-20d 所示。

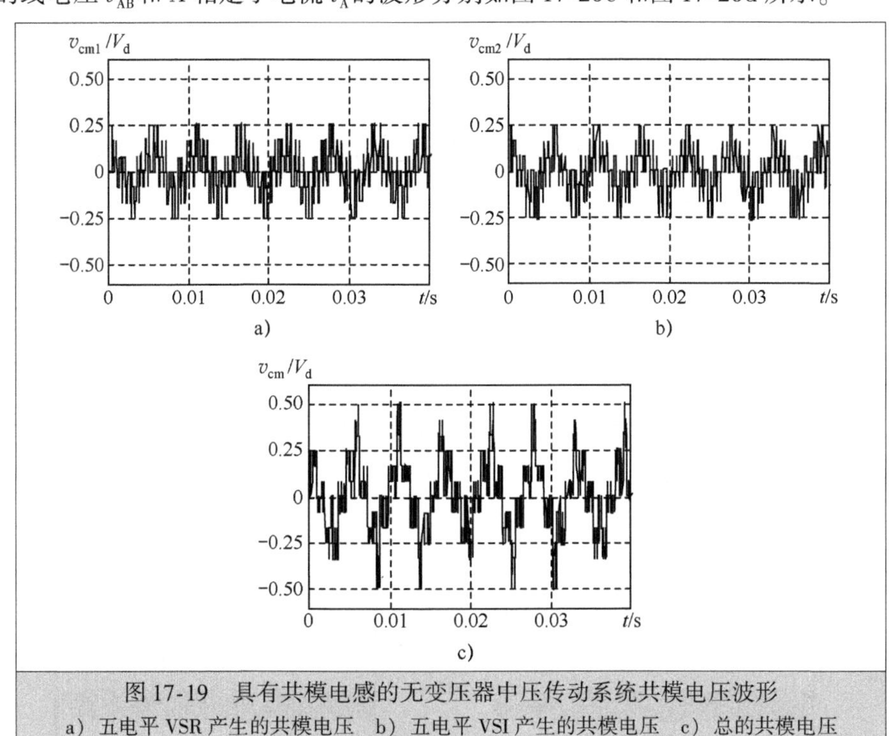

图 17-19　具有共模电感的无变压器中压传动系统共模电压波形
a）五电平 VSR 产生的共模电压　b）五电平 VSI 产生的共模电压　c）总的共模电压

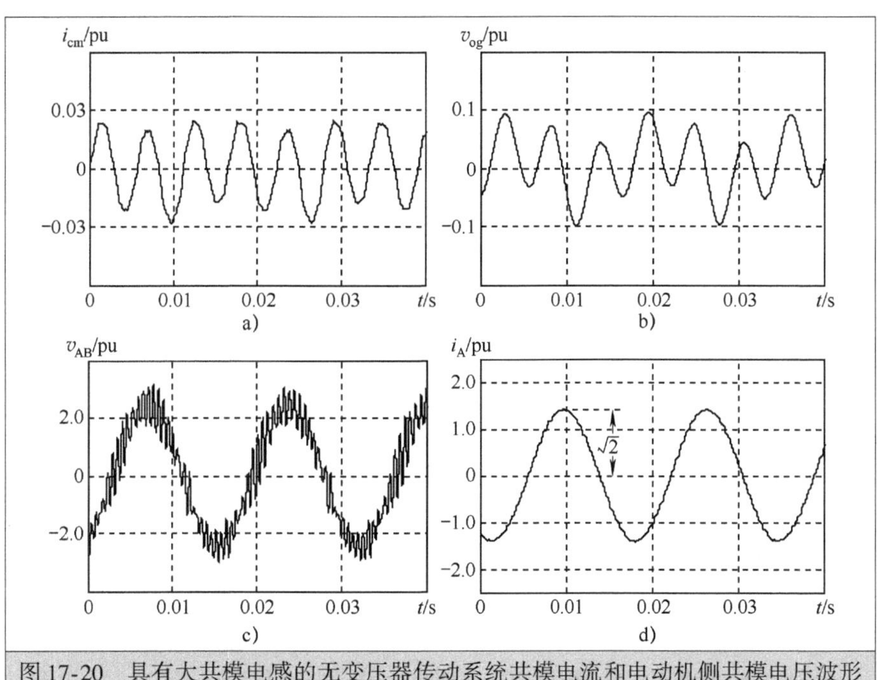

图 17-20　具有大共模电感的无变压器传动系统共模电流和电动机侧共模电压波形
a）共模电流　b）电动机侧共模电压　c）电动机线电压　d）A 相定子电流

17.4.3 共模滤波器和 RCM1/RCM2 组合方案 ★★★

为了降低共模滤波器的尺寸和成本，可以将共模滤波器和 RCM1/RCM2 方法组合使用，如图 17-21 所示。随着共模电压的降低，只需要一个很小的共模电感即可抑制共模电压。这种方法对奇电平和偶电平的变频器都适用。

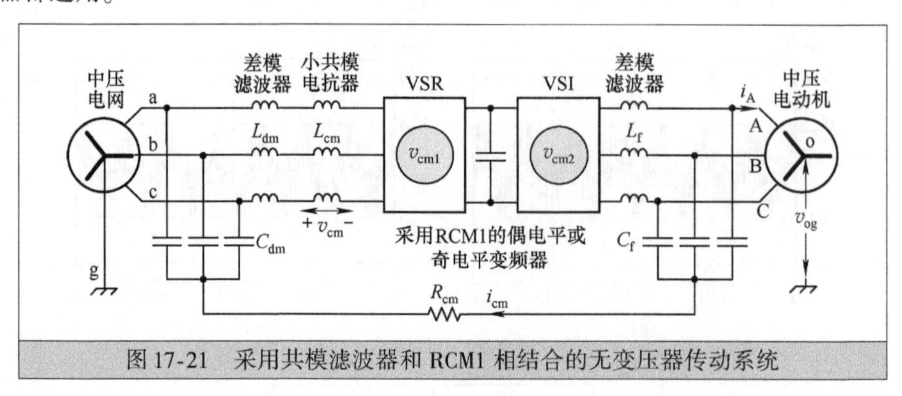

图 17-21 采用共模滤波器和 RCM1 相结合的无变压器传动系统

采用 RCM1 的五电平整流、逆变中压传动系统的共模电压仿真波形如图 17-22 所示。变频器的运行参数如前所述，分别由五电平整流器和逆变器产生的共模电压 v_{cm1} 和 v_{cm2} 的大小为 $V_d/12$（$0.083V_d$），而总的共模电压为 $0.166V_d$。

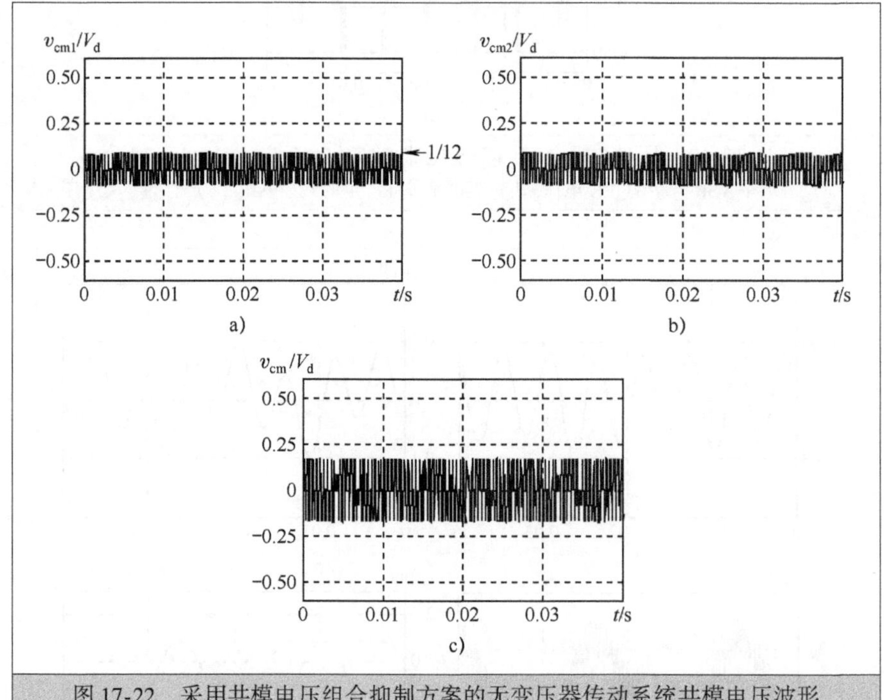

图 17-22 采用共模电压组合抑制方案的无变压器传动系统共模电压波形
a）五电平 VSR 产生的共模电压 b）五电平 VSI 产生的共模电压 c）总的共模电压

为了将共模电压降低到 0.03pu，选择电感 L_{cm} 的值为 8pu，传动系统的其他参数如前所述。共模电流 i_{cm} 和电动机侧共模电压 v_{og} 的仿真波形如图 17-23a 和图 17-23b 所示，i_{cm} 和 v_{og} 的峰值分别为 0.03pu 和 0.1pu。相比于前述共模电感值 28pu，本方案的共模电感降至 8pu，从而节省了中压传动系统的成本。电动机线电压 v_{AB} 和 A 相定子电流 i_A 的波形如图 17-23c 和图 17-23d 所示。

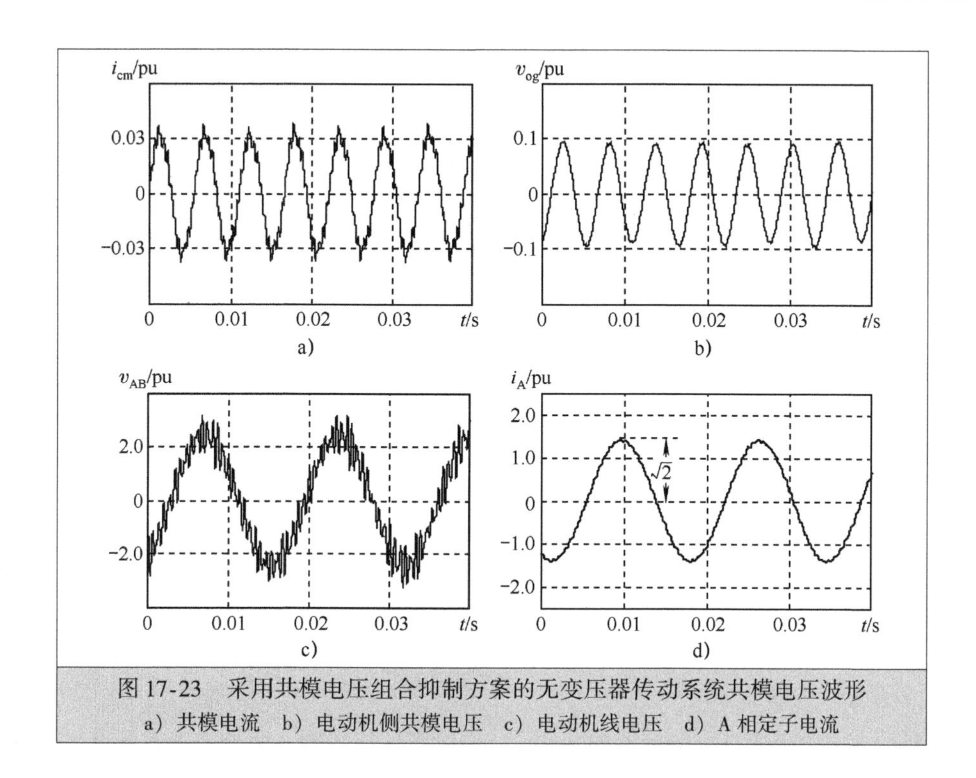

图 17-23　采用共模电压组合抑制方案的无变压器传动系统共模电压波形
a）共模电流　b）电动机侧共模电压　c）电动机线电压　d）A 相定子电流

17.5　基于 CSI 的无变压器传动系统

17.5.1　传统解决方法 ★★★

与 VSC 类似，由于存在半导体功率器件开关动作，电流源整流器（CSR）和电流源逆变器（CSI）也会产生共模电压。如果不采取措施抑制共模电压，共模电压会叠加在电动机相电压上，从而增加电动机绕组的电压应力，导致绕组绝缘的过早失效。

CSI 中压传动系统共模电压的传统解决方案是引入隔离变压器，如图 17-24 所示。如前所述，电动机绕组对地寄生电容 C_M远大于变压器绕组对地电容 C_T。因此，整流器和逆变器产生的共模电压主要出现在变压器上，此时共模电压便不会损害电动机。

另外，可以将电动机侧滤波电容 C_f的中点接地。在三相对称系统中，定子绕组中点的电位和电容中点的电位是相等的，因此将 C_f中点接地就等同于将定子绕组接地。其结果是所有的共模电压都被转移到变压器上，因此电动机不再承受共模电压。

然而，如前所述，使用隔离变压器不仅增加了传动系统的制造成本和物理尺寸，同时由于变压器的损耗，也增加了传动系统的运行成本。

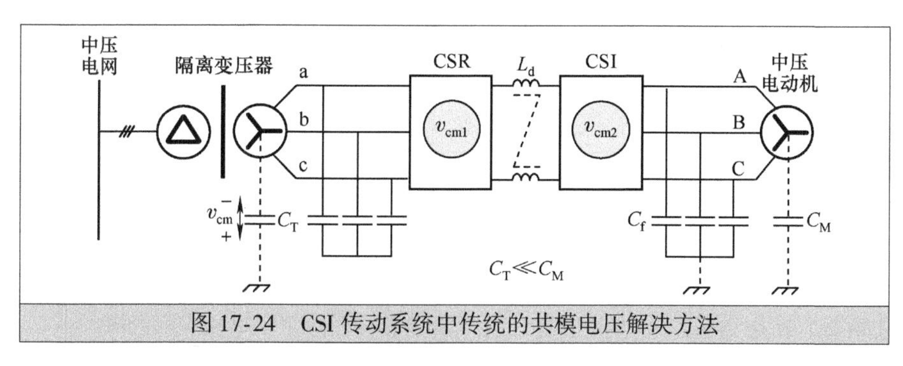

图 17-24　CSI 传动系统中传统的共模电压解决方法

17.5.2 无变压器 CSI 传动系统的集成直流电抗器 ★★★

图 17-25 所示为集成了直流电抗器的无变压器 CSI 传动系统原理图[7]。电抗器提供了两个电感，一个是 CSI 传动系统本身要求的差模电感 L_d，一个是可以抑制共模电压的共模电感 L_{cm}。由于集成电抗器可替代隔离变压器，从而大大降低了制造成本和运行成本。为了确保电动机不受共模电压的影响，需要将网侧和电动机侧的滤波电容的中点连接在一起。

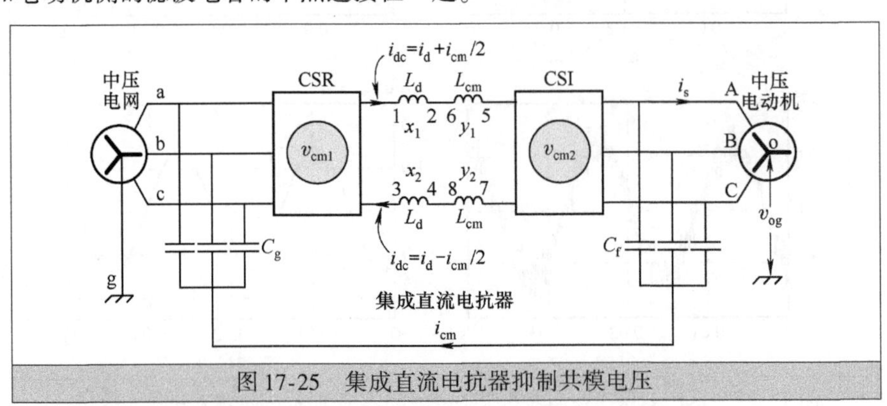

图 17-25 集成直流电抗器抑制共模电压

图 17-26 所示为两个集成直流电抗器的结构图，一个有四组线圈，另外一个有两组线圈。两个电抗器都采用单磁心和三桥臂设计方式。图 17-26a 所示为四线圈结构，电抗器在外臂上有两个长度相等的气隙。差模线圈 x_1 和 x_2 缠绕在外臂上，而共模线圈 y_1 和 y_2 缠绕在中间臂上。通过调整差模线圈和共模线圈的匝数，可以独立对电抗器的差模电感和共模电感进行调整。

图 17-25 所示为直流母线上集成电抗器的连接方式。从图中可看出，在直流母线的正极上差模线圈 x_1 和共模线圈 y_1 串联，在直流母线的负极上差模线圈 x_2 与共模线圈 y_2 串联。

直流电流 i_{dc} 由差模电流 i_d 和共模电流 i_{cm} 两部分组成。其中差模电流 i_d 从直流母线正极出发并通过整流器返回到直流负极；共模电流 i_{cm} 在直流回路里等分为两部分，由于将电抗器和变换器对称布置，所以一半共模电流（$i_{cm}/2$）流过直流正母线，另一半共模电流（$i_{cm}/2$）流过直流负母线。共模电流 i_{cm} 从整流器出发，经直流环节、电动机侧滤波电容、网侧滤波电容最终返回到整流器，其大小主要由电抗器的共模电感决定。假设所有线圈的匝数相同，则 L_{cm} 和 L_d 的比值可达到 2.25[7,8]。通过调整差模线圈和共模线圈的匝数，可改变差模电抗与共模电抗的比值。

图 17-26b 所示为两线圈的集成电抗器结构图，其磁心与四线圈设计的电抗器结构相似，但只有两个线圈。两个线圈放置在中间桥臂上用来产生共模磁通 ϕ_{cm}。当共模电流流过线圈时，电抗器会提供一个非常大的共模电感。差模电感 L_d 由漏磁通 ϕ_d 产生，不需要单独的差模线圈。通常将电抗器设计为具有高漏磁通的结构，由此可以产生足够大的差分电感来平抑直流母线（差分）电流。由于两线圈集成电抗器比四线圈集成电抗器具有更高的效率，因此这种电抗器已在中压传动系统中实现了商业应用。

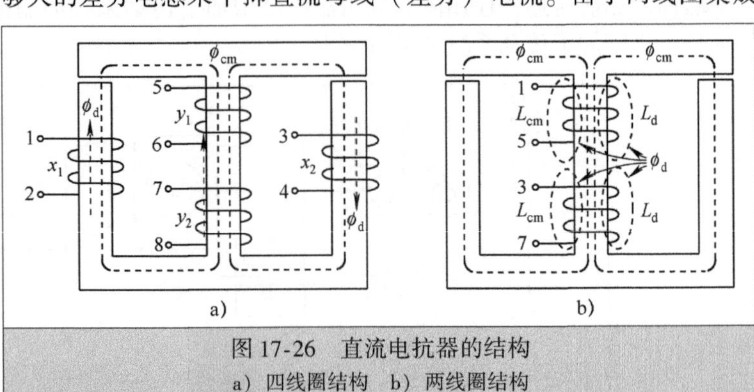

图 17-26 直流电抗器的结构
a）四线圈结构 b）两线圈结构

四线圈集成电抗器在实验室的小功率 CSI 传动系统中得到了验证，实验中，差模电感 L_d 为 1.0pu，共模电感 L_{cm} 为 4.8pu，6 脉波晶闸管整流器连接到 208V/60Hz 的三相电源。逆变器参数为：开关频率 180Hz，电动机侧滤波器电容 C_f =

0.31pu。在空载条件下，电动机转速接近额定转速，此时共模电压达到最大值。实验中，传动系统基波频率为57.7Hz，因此可以观察到电网和逆变器之间的频差效应。

图17-27所示为集成了直流电抗器的传动系统实测波形。其中，v_{AB}为电动机的线电压、i_s为定子电流、i_{dc}为直流电流、v_{Ag}为电动机相电压、v_{og}为电动机中点对地电压，即电动机侧的共模电压、i_{cm}为共模电流。

图17-27a所示为传动系统输出波形，实验中，$L_d=1.0$pu、$L_{cm}=0$（实验中不使用共模线圈y_1和y_2）。由于$L_{cm}=0$，为了避免共模电流过大，故将机侧滤波器电容的中点悬空。电动机中性点对地电压v_{og}包含三倍频谐波，即主要包含3次谐波和6次谐波的零序分量。电动机对地电压v_{Ag}由电动机相电压v_{Ao}和中点对地电压v_{og}两部分组成。显然，由于v_{og}叠加在v_{Ao}上，导致电动机线电压v_{Ag}出现严重畸变和很高的尖峰，损害了电动机的绝缘系统。

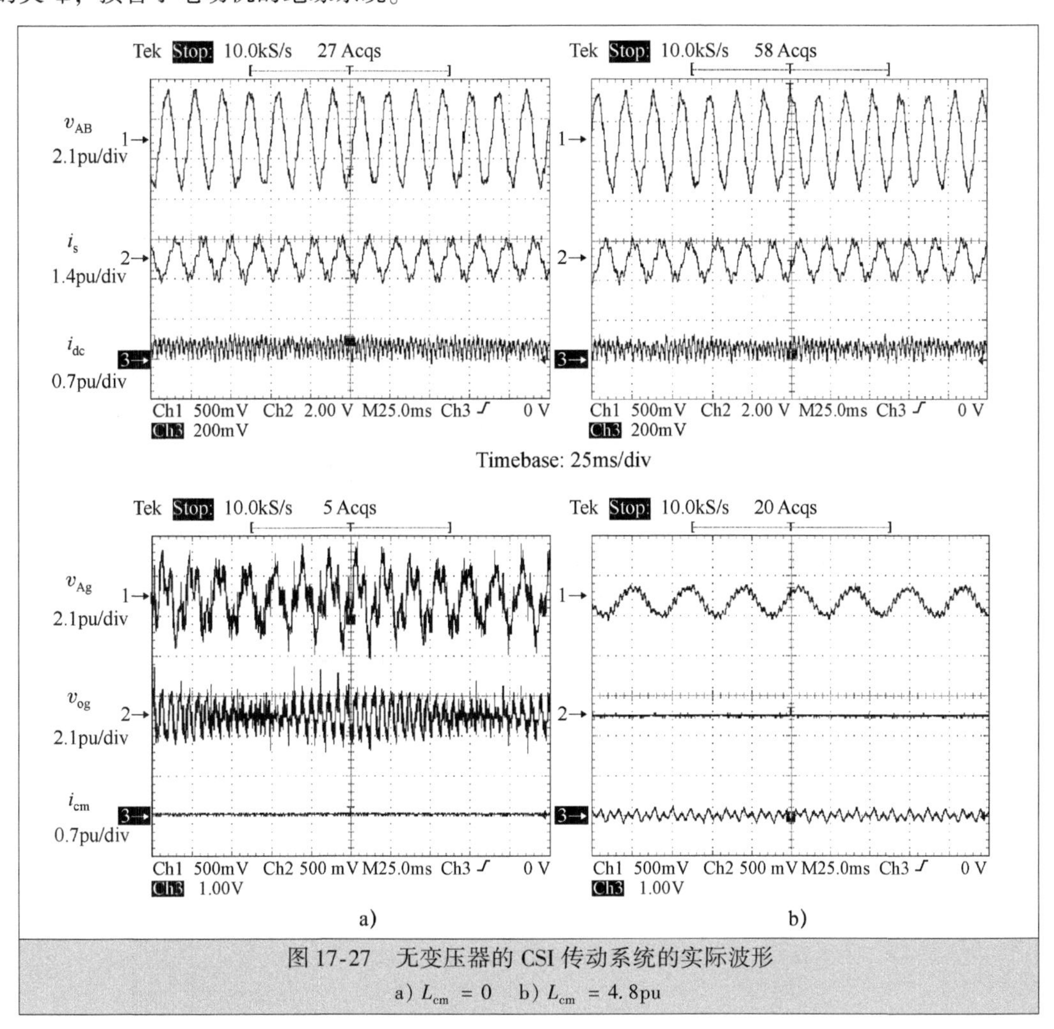

图17-27 无变压器的CSI传动系统的实际波形

a) $L_{cm}=0$ b) $L_{cm}=4.8$pu

图17-25中，将共模线圈和电容中点相连，此时的波形如图17-27b所示。与图17-27a的波形相比，可以得出以下结论：

1）图17-27a和图17-27b中的电动机线电压v_{AB}、定子电流i_s、直流电流i_{dc}基本上是一样的。这表明集成直流电抗器中的共模电感不会影响传动系统的运行。

2）电动机对地电压v_{Ag}的波形接近正弦波，并且没有共模电压，即共模电压已被集成电抗器完全抑制。这也可以通过共模电压v_{og}的波形来解释，观察可得v_{og}基本为零。

3）存在较小的共模电流i_{cm}。为了进一步降低共模电流，可以增加共模线圈的匝数。

采用集成电抗器的无变压器 CSI 中压传动系统（如图 17-26b 所示）已于 2003 年投入运行。传动系统的图片如图 13-3 所示，这是世界上第一套用于标准电动机的无变压器中压传动系统。目前，已经有上千个类似系统投入实际现场运行。

17.6 小　结

在开发无变压器中压传动系统时，功率变换器产生的共模电压是一个主要难点。本章给出了中压传动系统中的共模电压的定义，分析了共模电压产生的机理，讨论了降低共模电压的开关切换策略；以多电平电压源型变换器为例，阐述了降低共模电压的两种开关切换方法 RCM1 和 RCM2；提出了 3 种无变压器的 VSI 传动系统，讨论了使用集成电抗器的无变压器 CSI 传动系统。通过计算机仿真和实验，本章对开发无变压器传动系统的主要概念进行了说明。

参考文献

[1] B. Horvath, "How Isolation Transformers in MV Drives Protect Motor Insulation," TM GE Automation Systems, Roanoke, VA, 2004.

[2] A. M. Hava, and E. Un, "A high-performance PWM algorithm for common-mode voltage reduction in three-phase voltage source inverters," IEEE Transactions on Power Electronics, vol. 26, no. 7, pp. 1998-2008, 2011.

[3] K. Tian, J. Wang, B. Wu, Z. Cheng, and N. R. Zargari, "A virtual space vector modulation technique for the reduction of common-mode voltages in both magnitude and third-order component," IEEE Transactions on Power Electronics, vol. 31, no. 1, pp. 839-848, 2016.

[4] P. R. Kumar, P. P. Rajeevan, K. Mathew, K. Gopakumar, J. I. Leon and L. G. Franquelo, "A three-level common-mode voltage eliminated inverter with single DC supply using flying capacitor inverter and cascaded H-bridge," IEEE Transactions on Power Electronics, vol. 29, no. 3, pp. 1402-1409, 2014.

[5] P. N. Tekwani, R. S. Kanchan, and K. Gopakumar, "Five-level inverter scheme for an induction motor drive with simultaneous elimination of common mode voltage and DC-link capacitor voltage imbalance," IEE Proceedings on Electric Power Applications, vol. 152, no. 6, pp. 1539-1555, 2005.

[6] A. K. Gupta and A. M. Khambadkone, "A space vector modulation scheme to reduce common mode voltage for cascaded multilevel inverters," IEEE Transactions on Power Electronics, vol. 22, no. 5, pp. 1672-1681, 2007.

[7] B. Wu, S. Rizzo, N. R. Zargari, and Y. Xiao, "An Integrated dc Link Choke for Elimination of Motor Common-Mode Voltage in Medium Voltage Drives," IEEE Industry Application Society Conference, pp. 2022-2027, 2001.

[8] B. Wu, S. Rizzo, N. R. Zargari and Y. Xiao, "Integrated dc Link Choke and Method for Suppressing Common-Mode Voltage in a Motor Drive," US Patent, #6, 617, 814 B1, 2003.

附　　录

附录 A　缩略语中英文对照表

英文缩写	英文释义	中文释义
ABB	Asea Brown Boveri	ABB 公司
AFE	Active Front End	有源前端
ANPC	Active Neutral Point Clamped	有源中点箝位
APOD	Alternative Phase Opposite Disposition	相邻反相层叠
CHB	Cascade H-Bridge	串联 H 桥
CM	Common Mode	共模
CMC	Cascaded Matrix Converter	级联矩阵变换器
CMV	Common Mode Voltage	共模电压
CSC	Current Source Converter	电流源型变频器
CSI	Current Source Inverter	电流源型逆变器
CSR	Current Source Rectifier	电流源型整流器
C-SVM	Conventional Space Vector Modulation	传统的空间矢量调制
DCC	Diode Clamped Converter	二极管箝位式变频器
DF	Distortion Factor	畸变因数
DFE	Diode Front End	二极管前端
DPF	Displacement Power Factor	相移功率因数
DSP	Digital Signal Processor	数字信号处理器
DTC	Direct Torque Control	直接转矩控制
emf	Electromotive Force	感应电动势
EMI	Electromagnetic Interference	电磁干扰
ETO	Emitter Turn-Off thyristor	发射极关断晶闸管
FC	Flying Capacitor	悬浮电容
FOC	Field Oriented Control	磁场定向控制
FPGA	Field Programmable Gate Array	现场可编程门阵列
GAN	Gallium Nitride	氮化镓
GCT	Gate Commutated Thyristor (also known as Integrated Gate Commutated Thyristor)	门极换流晶闸管
GTO	Gate Turn-Off Thyristor	门极关断晶闸管
HPF	High Pass Filter	高通滤波器
HVDC	High-Voltage DC Current	高压直流
IEEE	Institute of Electrical and Electronics Engineers	电气与电子工程师学会
IEGT	Injection Enhanced Gate Transistor	注入增强型绝缘栅晶体管
IGBT	Insulated Gate Bipolar Transistor	绝缘栅双极型晶体管

（续）

英文缩写	英文释义	中文释义
IM	Induction Motor	感应电动机
IPD	In-Phase Disposition	同相层叠
LCI	Load Commutated Inverter	负载换相逆变器
LPF	Low Pass Filter	低通滤波器
MCT	MOS Controlled Thyristor	MOS 控制晶闸管
MC	Matrix Converter	矩阵变换器
MMC	Modular Multilevel Converter	模块化多电平逆变器
MOSFET	Metal-Oxide Semiconductor Field-Effect Transistor	功率场效应晶体管
MTPA	Maximum Torque Per Ampere	最大转矩电流比
MV	Medium Voltage (2.3 ~ 13.8KV)	中压（2.3 ~ 13.8kV）
NPC	Neutral Point Clamped	中性箝位
NPP	Neutral Point Piloted	中点可控
NNPC	Nested Neutral Point Clamped	嵌套式中点箝位
PCBB	Power Converter Building Block	功率变换子模块
PF	Power Factor (DF × DPF)	功率因数
PFC	Power Factor Compensator	功率因数补偿
PI	Proportional and Integral	比例积分
PLL	Phase Locked Loop	锁相环
PM	Permanent Magnet	永磁
PMSM	Permanent-Magnet Synchronous Motor	永磁同步电动机
POD	Phase Opposite Disposition	正负反向层叠
PS-SPWM	Phase-Shifted Sinusoidal Pulse Width Modulation	移相正弦脉宽调制
PWM	Pulse Width Modulation	脉宽调制
pu	Per Unit	标幺
RCM	Reduction Common Mode	共模抑制
rms	Root Mean Square	方均根（有效值）
rpm	Revolutions Per Minute	每分钟转数
SCR	Silicon Controlled Rectifier Thyristor	晶闸管
SHE	Selective Harmonic Elimination	特定谐波消除
Si	Silicon	硅
SiC	Silicon Carbide	碳化硅
SIT	Static Induction Thyristor	静电感应晶闸管
SM	Synchronous Motor	同步电动机
SPWM	Sinusoidal Pulse Width Modulation	正弦脉宽调制
STATCOM	Static Synchronous Compensator	静止无功补偿器
SVM	Space Vector Modulation	空间矢量调制
THD	Total Harmonic Distortion	总谐波畸变率
TPWM	Trapezoidal Pulse Width Modulation	梯形波脉宽调制
VBC	Voltage Balancing Control	电压均匀控制
VOC	Voltage-Oriented Control	电压定向控制
VSC	Voltage Source Converter	电压源型变频器
VSI	Voltage Source Inverter	电压源型逆变器
VSR	Voltage Source Rectifier	电压源型整流器
VZD	Voltage Zero Crossing Detector	电压过零检测
WRSM	Wound-Rotor Synchronous Motor	绕线转子同步电动机
ZDC	Zero D-axis Current	零 d 轴电流控制

附录B 教学作业[㊀]

B.1 简介 ★★★

为了帮助学生更好地理解书中的内容，也便于教师考查教学效果，下面给出一些需要进行仿真计算的教学作业：

1）12 脉波串联型二极管整流器；

2）18 脉波 SCR 整流器；

3）两电平 VSI 的空间矢量调制方法；

4）串联 H 桥多电平变频器的载波调制方法；

5）三电平 NPC 变频器的空间矢量调制方法；

6）二极管箝位式多电平变频器的 IPD 和 APOD 调制方法；

7）电流源型变频器的空间矢量调制方法；

8）电流源型变频器的 TPWM 和 SHE 调制方法；

9）双桥电流源型整流器；

10）VSI 中压传动系统中的共模电压抑制方法；

11）CSI 中压传动系统中的共模电压抑制方法；

12）磁场定向的高性能异步电动机控制方法。

建议在研究生课程中，每学期选择 5 ~6 个教学作业进行考核。作业的详细要求和结果在指导老师的教学材料中给出，下面以教学作业 3 为例进行说明。

B.2 教学作业示例——教学作业 3：两电平 VSI 的空间矢量调制方法 ★★★

1. 目的

1）理解空间矢量调制方法的原理；

2）研究观察两电平 VSI 传动系统的谐波性能特性。

2. 建议使用的仿真软件

Matlab/Simulink

3. 内容

变频器拓扑结构：图 6-1 给出的两电平 VSI 拓扑结构

变频器额定输出容量：1MVA

变频器额定输出电压：4160V（基波线电压有效值）

变频器额定输出电流：138.8A（基波电流有效值）

额定直流输入电压：直流恒压电压源（学生计算确定）

负载：*RL* 负载。每相电阻为 0.9pu，每相电感为 0.31pu，因此负载阻抗为 1pu，功率因数为 0.95（滞后）（在各种试验情况下负载都保持不变）

功率开关器件：理想开关器件（无功率损耗，导通压降为 0）

4. 要求

第 1 部分

1）计算直流输入电压 V_d，使得当 $m_a=1.0$ 时，其可以在逆变器输出产生基波有效值为 4160V（rms）的线电压有效值。

2）计算负载电阻（Ω）和电感（mH）。

㊀ 对象为电力电子和交流传动专业学生。

第2部分

参考表6-4的内容，设计常规七段法SVM的仿真程序，并按照表B-1中的要求进行仿真。

1）对于表B-1的每个仿真内容，画出逆变器输出线电压的波形 v_{AB}（V）和逆变器输出电流的波形 i_A(A)（要求每个波形至少包括2个周期的波形）。

表B-1　常规七段法SVM的仿真内容

仿真内容	f_1/Hz	m_a	T_s/s
1	30	0.4	1/720
2	30	0.8	1/720
3	60	0.4	1/720
4	60	0.8	1/720

2）给出 v_{AB}、i_A 中0~60次的谐波频谱。电压和电流都需进行标幺化处理，电压的相对基值取为直流电压 V_d，电流的相对基值取为其额定基波电流 $I_{A1,RTD}$（138.8A）。并计算 v_{AB} 和 i_A 的THD。

3）分析仿真结果，得出结论。

第3部分

修改第2部分中的程序，以消除偶次谐波。开关顺序的设计可参考表6-5。运行仿真程序，完成表B-2中的内容。

1）对于表B-2中的每个仿真内容，画出 v_{AB} 和 i_A 的波形；

2）计算 v_{AB} 和 i_A 的THD；

3）给出 f_1=60Hz，T_s=1/720s时，电压 v_{AB} 的谐波分量和调制因数 m_a 的关系曲线；

4）分析仿真结果，得出结论。

5. 教学作业的报告要求

报告应包括以下内容：

1）题目封面；

2）摘要；

3）内容介绍；

4）理论分析；

5）仿真结果；

6）结论。

表B-2　修改后的改进SVM方法的仿真内容

仿真内容	f_1/Hz	m_a	T_s/s
5	30	0.8	1/720
6	60	0.8	1/720

B.3　教学作业答案

1. 第1部分

1）V_d = 5883V；

2）每相相电阻 R = 16.4Ω，相电感 L = 14.2mH。

2. 第2部分

1）仿真波形（如图B-1、图B-2所示）。

2）谐波频谱及THD（如图B-3、图B-4所示）。

3）结论

① v_{AB} 的波形并非半波对称，如 $f(\omega t) \neq -f(\omega t+\pi)$。因此，它既包含奇次谐波又包含偶次谐波。

② 由于负载电感的滤波效果，i_A 的THD远小于 v_{AB} 的THD，这是由于受到了负载电感滤波的影响。

③ 电压和电流的谐波以边带形式出现，以采样频率（720Hz）及其倍频（例如，1440Hz）为中心分布在两边。

④ 基波电压 V_{AB1} 与调制因数 m_a 成正比。

⑤ v_{AB} 的THD随着 m_a 的增加而减小，和图6-13中的THD曲线相吻合。

⑥ 每半个基波周期中的脉冲个数 N_p 对THD影响并不大。例如，图B-1a所示 N_p = 22时 v_{AB} 的THD为147.6%，而图B-2a所示 N_p = 12时 v_{AB} 的THD也仅为150.9%。

⑦ 图B-4b中 v_{AB} 的谐波频谱和如图6-12所示的实际测量值非常接近。

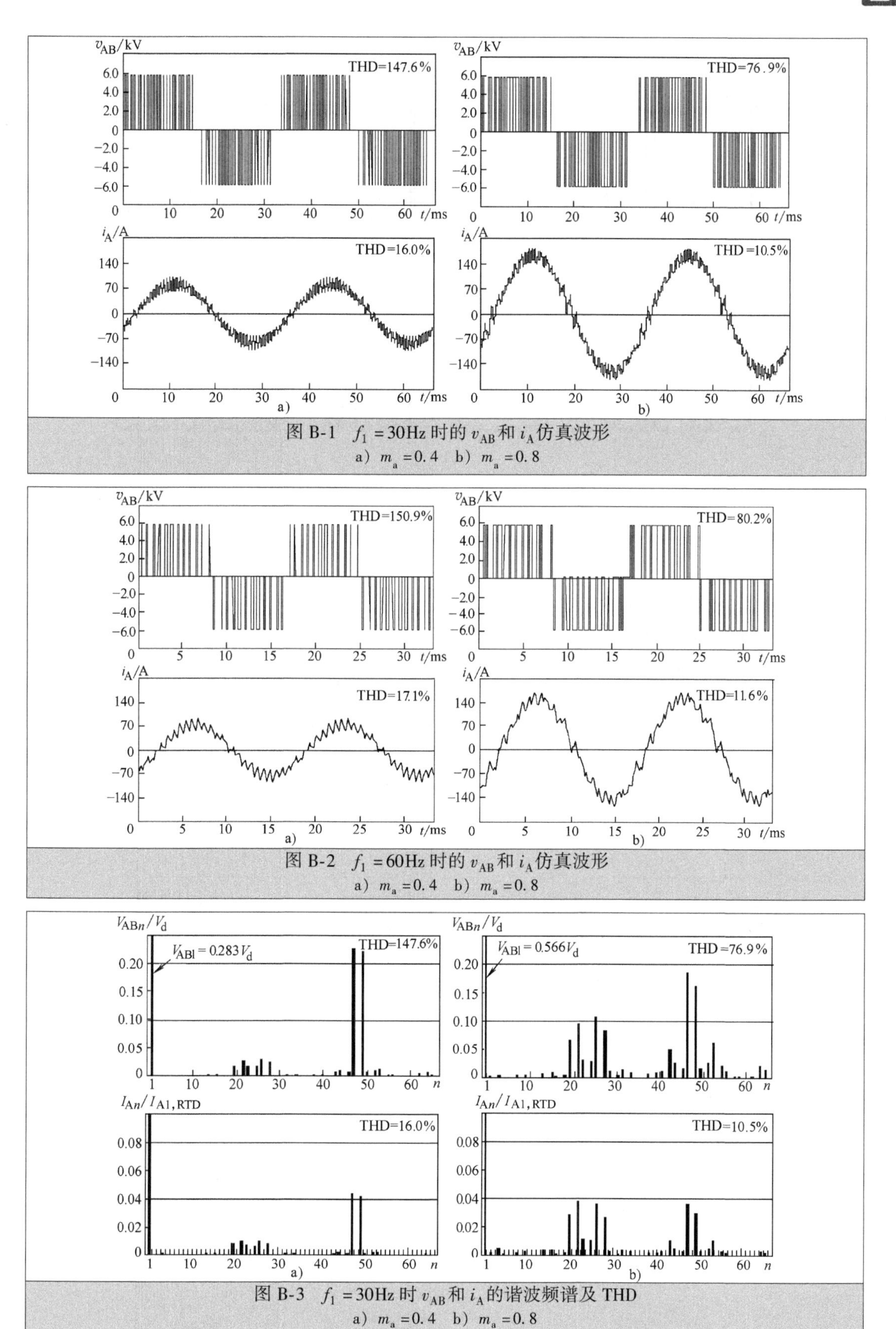

图 B-1　$f_1=30$Hz 时的 v_{AB} 和 i_A 仿真波形

a）$m_a=0.4$　b）$m_a=0.8$

图 B-2　$f_1=60$Hz 时的 v_{AB} 和 i_A 仿真波形

a）$m_a=0.4$　b）$m_a=0.8$

图 B-3　$f_1=30$Hz 时 v_{AB} 和 i_A 的谐波频谱及 THD

a）$m_a=0.4$　b）$m_a=0.8$

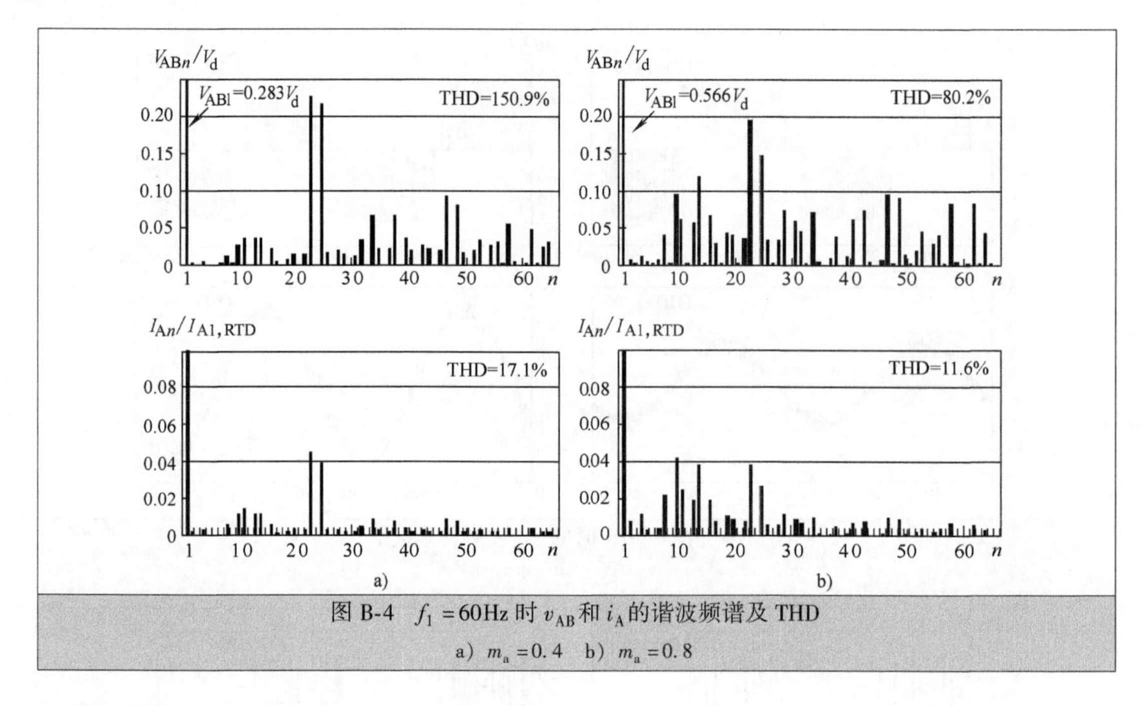

图 B-4 $f_1=60\text{Hz}$ 时 v_{AB} 和 i_A 的谐波频谱及 THD

a) $m_a=0.4$ b) $m_a=0.8$

3. 第 3 部分

1）仿真波形（如图 B-5 所示）。

2）谐波频谱和 THD（如图 B-6 所示）。

3）谐波分量（如图 B-7 所示）。

4）结论

① v_{AB}的波形为半波对称，如$f(\omega t)=-f(\omega t+\pi)$，因此其不包含偶次谐波。

② 图 B-6 中 v_{AB}和 i_A的 THD 和图 B-3a、B-4b 中的结果几乎完全相同。这说明，采用改进后的 SVM 方法，在消除偶次谐波的同时，并不影响逆变器输出的输出谐波性能。

③ 图 B-6b 中 v_{AB}的谐波频谱和图 6-16 的实际测量结果非常相似。

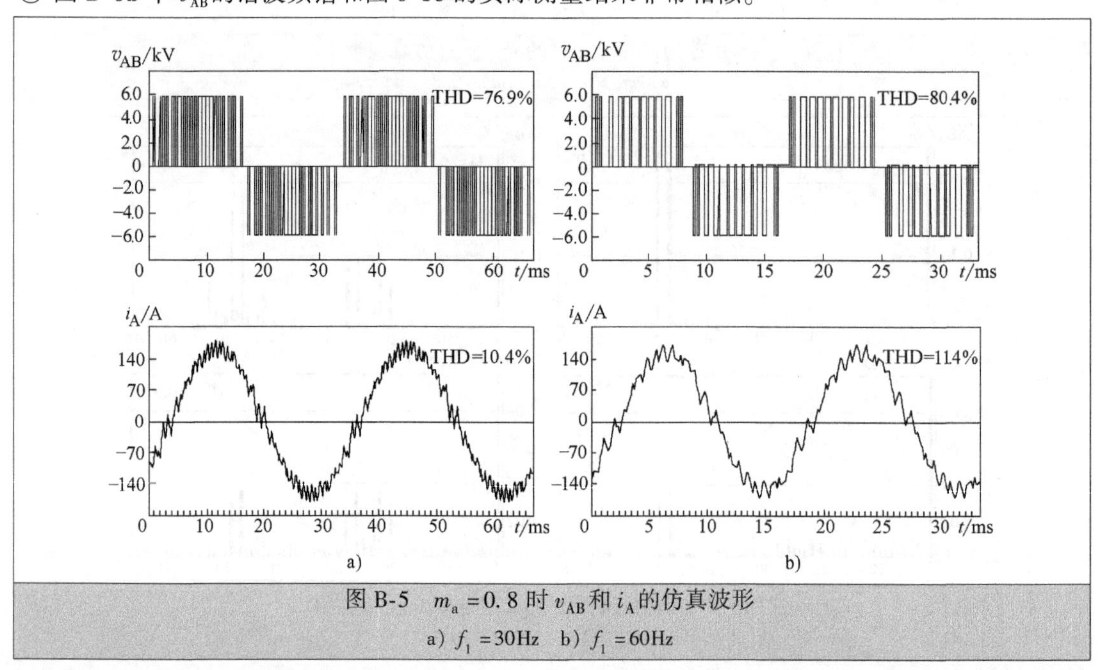

图 B-5 $m_a=0.8$ 时 v_{AB}和 i_A的仿真波形

a) $f_1=30\text{Hz}$ b) $f_1=60\text{Hz}$

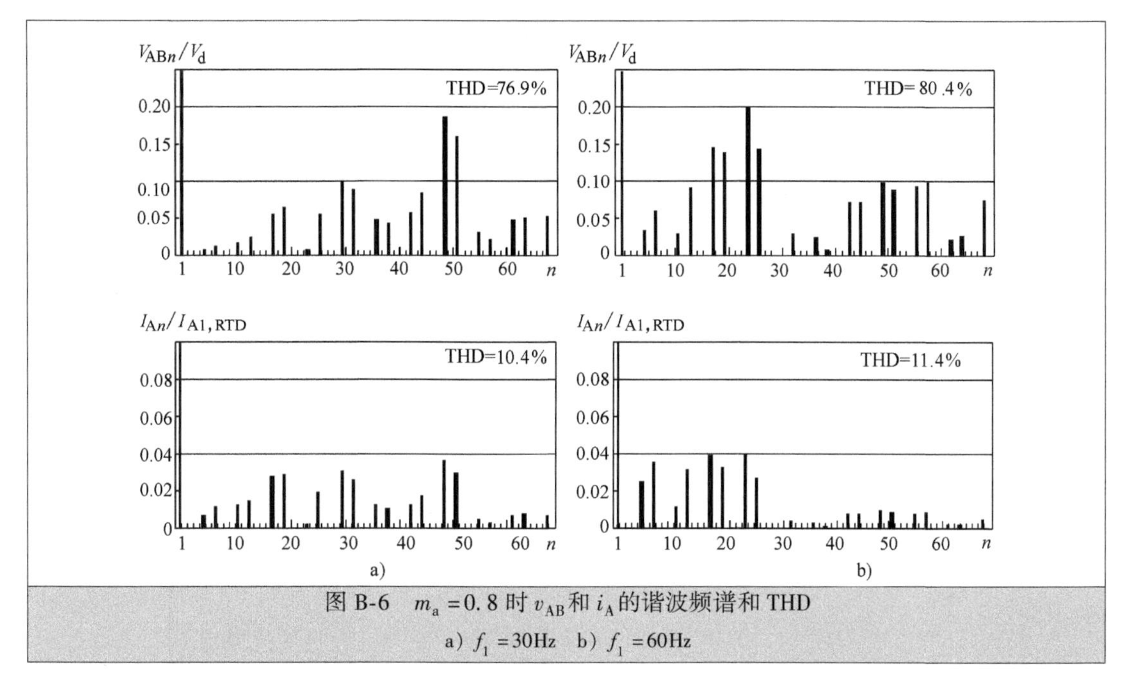

图 B-6　$m_a=0.8$ 时 v_{AB} 和 i_A 的谐波频谱和 THD

a）$f_1=30\text{Hz}$　b）$f_1=60\text{Hz}$

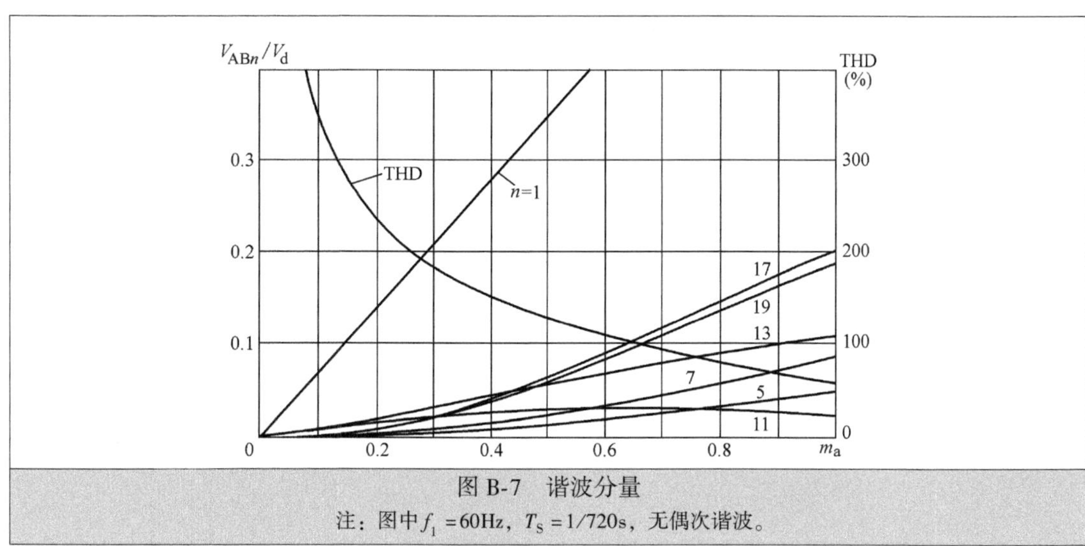

图 B-7　谐波分量

注：图中 $f_1=60\text{Hz}$，$T_S=1/720\text{s}$，无偶次谐波。

编著图书推荐表

姓名：		出生年月：		职称/职务：		专业：	
单位：				E-mail：			
通讯地址：						邮政编码：	
联系电话：		研究方向及教学科目：					
个人简历(毕业院校、专业、从事过的以及正在从事的项目、发表过的论文)							
您近期的写作计划有：							
您推荐的国外原版图书有：							
您认为目前市场上最缺乏的图书及类型有：							

地址：北京市西城区百万庄大街22号　机械工业出版社　电工电子分社

邮编：100037　网址：www. cmpbook. com

联系人：刘星宁　联系电话：010-88379768